长三角医院建设与运维论坛系列丛书
［第一辑］

医院建筑案例精选

主编 张建忠 魏建军 朱亚东 张 威 董辉军

同济大学 出版社
TONGJI UNIVERSITY PRESS

内 容 简 介

　　根据长三角医院建设与运维国际论坛"绿色、引领、创新"的主题方向,本书在百余座医院建筑案例中,共遴选出江浙沪皖三十七个医院建筑优秀案例。这些医院建筑具有独特性、代表性、创新性,同时具备人性化医疗建筑的各种实用功能。这些成功案例是一大批医院建设者辛勤工作的成果,充分展现了他们的智慧,从建设者角度解读了医院建设中的重点和难点,并且详述了如何克服以收获满意的结果。本书是一本理论和实践相结合的专著,可供医院建设从业者参考。

图书在版编目(CIP)数据

医院建筑案例精选 / 张建忠等主编. —上海:同济大学出版社,2019.9

(长三角医院建设与运维论坛系列丛书.第一辑)

ISBN 978-7-5608-8754-8

Ⅰ. ①医… Ⅱ. ①张… Ⅲ. ①长江三角洲-医院-建筑设计-案例 Ⅳ. ①TU246.1

中国版本图书馆 CIP 数据核字(2019)第 206859 号

医院建筑案例精选

主编　张建忠　魏建军　朱亚东　张　威　董辉军

责任编辑　姚烨铭　　责任校对　徐春莲　　封面设计　钱如潺

出版发行　同济大学出版社　　www.tongjipress.com.cn
　　　　　(地址:上海市四平路 1239 号　邮编:200092　电话:021-65985622)
经　销　全国各地新华书店
排　版　南京新翰博图文制作有限公司
印　刷　深圳市国际彩印有限公司
开　本　787 mm×1092 mm　1/16
印　张　27.75
字　数　693 000
版　次　2019 年 9 月第 1 版　　2019 年 9 月第 1 次印刷
书　号　ISBN 978-7-5608-8754-8

定　价　169.00 元

医院建筑案例精选—绿色·创新·引领

本书编委会

BOOK EDITORIAL BOARD

杭州市滨江医院
杭州市儿童医院
台州恩泽医院
温州医科大学附属第一医院
丽水市中心医院
江苏省人民医院
东南大学附属中大医院
南京鼓楼医院
南京儿童医院
徐州市第一人民医院
苏州大学附属第一医院
连云港市第一人民医院
泰州市人民医院
宿迁市第一人民医院
溧阳市人民医院
中国科学技术大学附属第一医院(安徽省立医院)
安徽医科大学第一附属医院
弋矶山医院
皖南医学院
安庆市立医院
阜阳市人民医院
蚌埠医学院第二附属医院
太和县人民医院
艾信智慧医疗科技发展(苏州)有限公司

建筑是一门艺术,而医院建筑则是赋予生命的艺术。一座优秀的医疗建筑,除了具备传统建筑的优秀设计理念外,还需让其内部流程的每个环节清晰化,并且能够跟随宏观社会背景的改变,满足人民群众不断增长的社会需求,让患者和医护人员有更舒适的空间体验,让建筑传递对人的理解与尊重。

2016年,由上海市医院协会医院建筑与后勤专业委员会联合江苏省医院协会医院建筑与规划专业委员会、浙江省医院协会医院建筑管理专业委员会以及安徽省医院后勤专委会共同主办"长三角医院建设与运维国际论坛"。搭建这个合作交流的平台,目的在于加强国际与长三角地区学术互动、经验分享,整合区域内行业优质资源,引领医院建筑设计、规划、建设与后勤管理的国际化新理念,同时增进与国际相关机构的学术互动,加强对国内外发展趋势的了解,推动建立伙伴关系,提升建设和管理水平。

长三角区域内优秀医院云集,论坛组委会成员们希望把长三角区域内的优秀医院建筑通过案例的形式汇集起来,清晰地展示医院建筑建设过程中遇到的重点难点以及解决问题的技术方法,使医院建设者们的宝贵经验及智慧得以传承。经历两年多时间的组织、讨论、整合,《医院建筑案例精选》终于得以与大家见面。这本书按照长三角医院建设与运维国际论坛"绿色、引领、创新"的主题,在长三角区域内百余座医院建筑候选案例中,遴选出总计37个医院建筑优秀案例,兼具理论性和实操性,能对医院建筑的建设具有很好的指导作用,可供医院管理者、医院后勤方面专业人士以及感兴趣的读者参考和借鉴。

上海市市级医院坚持以人为本、节能环保的建设理念,按照布局合理、流程科学、规模适宜、经济安全的建设要求,突出重点,注重内涵,稳步推进市级医院基本建设,切实改善诊疗环境,进一步提升市级医院的医疗服务能力和综合竞争力。在医院的设计与运维中,不追求简单的外观变化以及建筑技术的堆砌和叠加,而是希望能为人们提供健康、适用和高效的使用空间,与自然和谐共生的建筑。随着经济和社会的飞速发展,不断应用新的技术,上海医院建设以及运维管理方式也将进一步朝着前瞻化、精细化变革。

江苏省医院建设者利用各种投资渠道,加大医院投资力度,新建、改扩建了一大批医院,改善了医院的就医条件,满足人民群众对健康医疗环境的需求。医院也始终把围护人民群众的身心健康作为自己神圣职责和使命,坚持突出公立医院性质,把社会效益放在首位,切实提升了群众对医院的满意度。

浙江省医院建设在"十三五"期间得到飞跃式发展,在不断改善满足人民群众就医条件和医务人员工作环境的同时,注重医院建设的可持续发展的理念,充分体现公立医院公益性质和主体作用。每一个的项目基本建设都积累了宝贵的经验,取长补短,为下一次医院建设奠定更好的管理基础,着力为患者提供更为贴心的诊疗环境,为医护人员提供更为舒适的工作环境。

安徽省在智慧化医院建设领域不断探索。在发展方式上,从规模扩张型转向质量效益型,提高医疗质量;在管理模式上,从粗放管理转向精细管理,提高效率;在经济运营上,从医院规模发展建设转向内涵建设、技术提升。逐步推进智慧医院建设,打造便捷、流畅、人性化的诊疗服务体系。

本书的案例各具特点,有的凸显人性化的设计理念,有的采用创新性的技术措施,有的运用精细化的管理方式,有的创造高品质的质量目标,有的开创示范性的医疗技术……,这些成功的案例是一大批医院建设者辛勤工作的成果,凝聚众多从业者的智慧结晶和建设心得。为此,特别感谢供稿者们毫无保留地分享其成果,感谢部分行业专家对本案例集的指导和支持。

由于编写任务繁重、编纂时间仓促,虽经多轮校对审核,也难免存有疏漏或欠妥之处,恳请读者批评指正,也期盼业界专家不吝赐教,以助我们将来编撰出更加完善、更加精彩的作品。

本书编委会

2019 年 9 月

序

CONTENTS

目录

城市更新之医院新老建筑共生

——上海市第一人民医院改扩建项目

一、上海市第一人民医院背景

上海市第一人民医院是一所市级大型综合性医院,其前身为公济医院,始建于 1864 年,迄今已有 154 年历史。近几十年来,医院以其雄厚的医疗、教学和科研实力已跻身上海三级甲等医院的前十名。

学科齐全,具有特色:医院共设 48 个临床科室,有教育部重点学科 1 个(心血管病学),国家临床重点专科建设项目 8 个(眼科、耳鼻喉科、呼吸科、泌尿外科、普外科、肿瘤科、妇科、临床药学科),国家卫健委内镜培训基地 4 个(消化科、普外科、泌尿外科、妇科),上海市临床医学中心 2 个(上海市器官移植临床医学中心、上海市视觉复明临床医学中心),上海市"重中之重"临床医学中心 1 个(眼部疾病临床医学中心),上海市卫计委重点薄弱学科 3 个(急诊危重病学、临床药学、护理学),上海市重点实验室 2 个(上海市眼底病重点实验室、上海市胰腺疾病重点实验室)。挂牌设立国家标准化代谢性疾病管理中心、胸痛中心、卒中中心、上海市眼科研究所、上海市骨肿瘤研究所、上海交通大学泌尿外科研究所、上海交通大学医学院胰腺疾病研究所、上海交通大学眼科与视觉科学系、病理学系、上海交通大学公济-安泰医院全质量管理研究中心等研究机构。医院共有硕士生培养点 36 个、博士点 25 个、博士后流动站 25 个。

学科人才济济,科研硕果累累:全院现有职工 3 885 名,其中具有副高级以上职称的医师达 551 名,在院培养各类研究生达 816 名。

近十几年来,医院从国内外引进 200 名优秀人才,并大力加强中青年人才的自身培养,形成老中青结合,以中青年为骨干队伍的人才梯队。主要学科的带头人均为国外服务2年以上的高学历人才。目前有在职正副主任医师(高级职称)551人,硕士以上学历1 374人。其中有博士生导师62名,硕士生导师122名。2017年度,医院获国家自然科学基金63项,含重点项目1项;科技部重大专项资助2项,国家重点研发计划1项。获市科委基础处重点项目1项、市科委国内地区合作项目1项、市科委自然基金7项、市科委引导项目4项、生物医药领域科技支撑项目2项、长三角科技联合攻关领域重点项目1项、实验动物研究领域项目3项。获上海申康医院发展中心资助三年行动计划四大类项目19项、第九批新兴前沿项目1项。

业务饱满,服务管理水平高:医院不仅医疗技术精湛,而且重视精神文明建设,处处以病人为中心,优化管理服务,严格执行法律法规和各项制度,提高医疗质量、服务和管理水平。

2017年,全院门诊量339.6万人次,急诊量46.1万人次,出院病人11.6万人次,手术台次8.6万人次。远近病人都来就医,外省市病人约占总数25%以上,而郊区如松江、金山等地来就医的病人也与日俱增。随着上海日益开放,外籍人士、港、澳、台、海外侨胞慕名而来就医的也大量增加。

医院是全国百佳医院、国家卫健委先进集体,多次荣获全国创建精神文明先进单位称号,并24年连续十二连冠获得"上海市文明单位"称号。

二、项目概况

本案例依托第一人民医院改扩建项目,着重从项目建设管理的角度,落脚新老建筑的共生,探索医院改扩建项目的特色和经验。

1. 工程概况

上海市第一人民医院改扩建项目总投资为6.58亿元(含土地费用2亿元),建设基地位于上海市虹口区武进路86号地块(原虹口高级中学),总用地面积约8 320 m²,总建筑面积48 852 m²,其中地上建筑面积35 352 m²(含改建保留建筑面积5 903 m²),地下建筑面积13 500 m²(地下三层)。主要建设内容为:新建一幢具有急诊中心(1 500人/日门诊量)、急救中心、手术中心、中心供应室、功能检查、病房(300张床位)等功能的综合医疗建筑(A楼,表1),保留建筑改造成急诊中心诊室及行政办公用房(B楼,表2),在A楼和B楼之间建设一层连接体约555 m²,并在武进路上空建设2个过街连廊与南院区连通,连廊建筑面积约1 054 m²。新建高层主楼(A楼)15层,建筑高度61.6 m,建筑面积43 049 m²。加固改建保留建筑(B楼)4层,建筑高度16.4 m,建筑面积5 803 m²。裙房5层,建筑高度22 m。项目开工时间为2014年6月6日,竣工时间为2017年5月18日,历经1 077 d。

2. 主要参建单位

建设单位:上海市第一人民医院
代建单位:上海申康卫生基建管理有限公司
设计单位:同济大学建筑设计研究院(集团)有限公司

表1 综合医疗建筑(A楼)项目分层功能

楼层	主要功能
地下三层	停车库、六级人防、污水处理
地下二层	机械停车库、设备用房
地下一层	放射科

（续表）

楼层	主要功能
一层	干保门诊、急救中心、功能检查
二层	干保门诊、普通急诊
三层	手术中心、中心供应室、血库、连廊
四层	手术中心、麻醉科、连廊
五层	设备层
六层~十四层	老年医学科（病房）

表2　保留建筑/急诊中心诊室及行政办公用房（B楼）分层功能

楼层	主要功能
一层	急诊诊室、输液留观
二层	教研室、示教室
三层	行政办公
四层	行政办公
屋顶	绿化休息

工程监理：上海市工程建设咨询监理有限公司
工程总承包：上海建工二建集团有限公司
投资监理：上海伟申工程造价咨询有限公司

3. 项目基本情况及特点

（1）保留建筑的历史价值

原虹口中学教学楼位于武进路与哈尔滨路、吴淞路与九龙路之间，为一幢四层的中学教学楼，始建于20世纪20年代，是日本人1929年在靶子路（今武进路）设立的日本寻常高等小学，1945年抗战胜利后成为上海师范专科学校和新陆师范学校，并设附中、附小各一所。如图1、图2所示。1949年后，两校迁出，原师专附中由人民政府接管，更名为上海市虹口中学，至今已投入使用约90年。

（2）保留建筑的结构现状

保护建筑原为虹口中学教学楼，主体

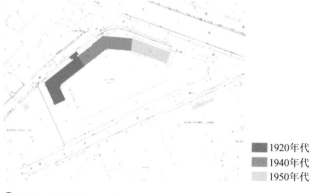

1920年代
1940年代
1950年代

⋀ 图1　保留建筑各部分建造年代

为一幢四层建筑，建筑总面积为5 908 m²，其中一至四层建筑面积为1 446 m²。教室大部分为北向，南向为走廊，教室进深为7.05 m，走廊宽度为2.80 m。结构体系结构形式大部分为钢筋混凝土框架结构，局部为砖混结构，填充墙为青砖墙，楼板为木楼板（图3）。柱间跨度以2.76 m为主。建筑的进深及层高较小，结构的载荷能力较弱（图4）。

△ 图 2　保留建筑历史图片及历史地图

△ 图 3　保留建筑内部结构、结构细部　　　△ 图 4　保留建筑立面现状

医院的使用需要,要求流线短、布局紧凑,部分诊疗用房面积较大。老建筑由于平面的形状、开间及进深限制,难以满足医院诊疗用房使用方便、面积合理的要求,对老建筑再利用只能作为对空间进深、荷载要求、机电要求较低的诊室、办公室、会议室等用房。

（3）项目重难点

上海市第一人民医院改扩建项目的重难点归纳为三点:其一,四周建筑构成复杂,安全保护要求高:周边环境复杂,场地狭小,建设场地占用率高,老城区地下管线错综复杂,且年久失修;其二,新老建筑、新老院区融合难:历史保留建筑与新建建筑的融合,老院区与新院区的全面对接;其三,建筑功能复杂:主要功能包含急诊、手术、ICU、放射、核医学、行政办公等,涉及共 20 项专业分包。针对医院改扩建项目棘手的建设重难点,医院从管理的角度,提出三个方向的管理对策,综合管理、规划设计管理、施工管理,逐层深入项目管理,将管理的三个方向化为三个矛头直指医院建设的重难点,竭力为医院建设提供良好的建设环境。这些困难都会给各参建单位的工作带来巨大挑战。结合医院改扩建项目的难特点,其特色同时可以用四个词来概括:新老共生,小中见大,闹中取静,绿色人性。

新老共生。"新老共生"里面有三层含义:其一是新建的房子与基地内原有老建筑之间的关系,其二是基地内的新老建筑与城市周边建筑的关系,其三是新建的武进路以北的新院区与武进路以南老院区之间的关系。如何处理好上述三层新与老之间的关系,使其共生共融是建设管理方的又一个难题。

医院中都有着历史建筑的遗存,而医疗建筑的公共性、公益性及象征性,使得这些历史建筑成为城市中最优秀、最优美而最具有历史记忆的建筑。随着社会与城市的快速发展,考虑到历史建筑完全拆除重建不利于历史（风貌）建筑的保护,不利于城市发展,近代历史建筑的再利用也成为上海城市建设中不可忽视的问题。

首先要处理好基地内新老建筑之间的关系。保留建筑位于武进路与哈尔滨路、吴淞路与九龙路之间,为一幢四层的中学教学楼（图 5）,该中学教学楼建设分为三个时期,始建于 20 世纪 20 年代,以后陆续加建,至今已使用约 90 年。建筑总面积为 5 939 m²,建筑总高度为16. 4 m。建筑层高一至四层为 3. 81 m,女儿墙高度为 1. 07 m。保留建筑的结构形式大部分为钢筋混凝土框架结构(已有 90 年历史),部分为砖混结构(已有 60 年历史)。

∧ 图 5　保留建筑原图

对于保留建筑的建设策略,采取"保护+置换"的原则,即尽量保留老建筑外立面的建构形制和细节处理,并采用新的建筑材料和施工工艺,使其能够满足防水保温等现行国家相关规范的要求。对于外立面破损和损坏的部分参照其他部分的细节进行修补(图 6)。针对内部结构按照现行国家规范进行加固处理,使其能够满足相关功能用房的使用要求。同时考虑整体的安全性,拆除了 20 世纪 50 年代建造的砖混结构的部分,按照事先测绘的图纸原址原貌复建。经过整修的老建筑既保留了其历史风貌,也留住了一段历史的记忆,同时其全新的功能内核也使其焕发出新的生命,它必将伴随着第一人民医院这所拥有近150 多年历史的老医院载入其史册。

∧ 图 6　保留建筑实景图

基地周边尤其是东侧虹口港以东为虹口区历史风貌区,既有以上海市优秀历史保护建筑——"1933"老场坊为代表的记录 20 世纪老上海工业文明的历史产物,也有升级改造的"音乐谷",至今还遗存有大量独具虹口特色的石库门建筑群,其中瑞康里和瑞庆里被列入了"上海市历史文化风貌区"名单,是上海城市演变过程中极具代表性的地理地标和文化地标。基地西侧还紧邻上海市优秀历史保护建筑——武进路救火会。

复杂的周边关系,使得如何处理建筑形体关系和建筑立面风格成为所关注的焦点。在深入研究周边历史建筑的立面比例关系和同时期其他历史建筑的相关资料文献之后,建设管理单位重新聚焦基地内保留建筑,将其比例和形制拓展并延续到新的建筑立面构成手法之中。同时,在建筑立面的色彩和细节处理上也有所联系,做到医院中有你,新老共存,这也是处理项目与周边城市空间关系的写照。

在处理医院新老院区关系时,按照"功能上互补,空间形态上引领"原则,将新植入的功能通过跨武进路的两条空中连廊与原有老院区进行全方位的对接,既融入整个院区大的医疗流程之中,也改进了老院区原有的不足之处,为患者和医护人员提供了更加舒适和便捷的诊疗环境(图 7)。

小中见大。中国有句老话叫"螺蛳壳里做道场",常

∧ 图 7　新老建筑之间的连接体(急诊大厅)实景

用来比喻在狭小的地方做复杂的事情,这用来形容本项目非常合适。

用地面积原本只有 8 320 m²,且形状较不规则,基地内北侧还保留了一栋四层的原虹口高级中学的教学楼,扣除道路退界及建筑退界,所剩的可建用地面积只有区区 4 740 m²。并且,基地外西侧紧邻市级优秀历史保护建筑——武进路救火会,北侧还有大量住宅建筑,东侧比邻虹口港,总体布局十分受限。在如此狭小的基地内要建设总建筑面积约 4.58 万 m² 的综合医疗功能建筑,其难度可见一斑。

本项目的主要功能可以概括为上海市第一人民医院南部院区的急诊急救中心、手术中心(25 间手术室及中心供应)、IMCC 高端诊疗及住院中心(300 床)、行政办公中心以及放射及核医学检查分中心(2 台 CT、2 台 DR、1 台 MRI、1 台 DSA、1 台 PET-CT),这五大中心以及地下停车库、中央污水处理站等相关辅助配套功能。如何在如此紧张的用地范围内统筹规划好上述功能,是决策之初摆在建设管理方面前的首要问题。

通过反反复复多轮次的方案比较和论证,最终得到目前这个最优的解决方案。考虑层高和承重等诸多因素,对保留的历史建筑内部进行改造,首层作为急诊中心诊疗用房,二至四层作为医院的行政办公中心。新建部分地上 15 层,地下 3 层。其中裙房 5 层,塔楼为 10 层。其中裙房一二层设置急救中心功能用房,三四层设置手术中心,五层为净化设备层,塔楼六层为 IMCC 高端诊疗中心,七至十五层为高端住院中心。地下一层设置了放射及核医学检查分中心,地下二三层设置了可停 130 辆车的地下停车库、能源中心、中央污水处理站、污物暂存间、太平间等相关辅助配套功能。

在基地东西两侧靠近建筑主要出入口处,结合机动车流线的组织,分别设置一组双进双出的地下车库出入口,方便车辆进出。同时横跨武进路,东西各设置一个空中连廊,将武进路南北院区在医疗流程、功能流线、设施设备上串联为一个有机的整体。

闹中取静。由于场地的限制,如何在解决复杂功能合理布局的基础上还能为各个中心提供相对独立和私密的交通组织和功能分区,做到动静分区、医患分区,分而不散、合而不乱是在深化设计过程中急需解决的难题。

在外部交通方面,做到动静区分。即将 24 小时开放的急诊急救中心的人行车行出入口与 IMCC 高端诊疗中心和行政中心的人行车行出入口分别设置在基地的东西两侧,相互独立(图 8、图 9)。在基地西侧尽最大可能留出一个室外广场,为急诊急救中心服务,同时也与人流来向及老院区的门诊中心建立有效的联系。在新老建筑之间,通过一个通透的玻璃连接体,将两栋建筑连为一体,通过两层连廊将功能相互衔接,自然形成了急诊中心四层通高宽敞的入口大厅,可以处理大人流突发性事件,同时结合明晰的标识系统可以快速疏解人流。在基地东侧形体转角处,建筑一二层底层内收,形成两层通高的室外灰空间,既缓解了底层形体尖角对城市道路的压迫,同时自然形成了一个拥有良好景观朝向的独立的建筑入口,独立为 IMCC 高端诊疗及住院中心提供服务。在基地东侧新老建筑之间围合了一个狭长的小广场,在解决消防设计的同时也为行政中心创造一个环境相对安静宜人的入口广场,为医疗工作者在繁忙的工作之余提供一处放松休息的场所。

图 8　西侧(急诊)出入口

图 9　东侧(干保、IMCC、行政)出入口

在建筑内部交通方面，通过水平交通和垂直交通的有效组织，尽量做到分区独立、医患分开。本项目共设置了 13 台医梯（兼做客梯、污梯和消防电梯）、3 台客梯和 2 台自动扶梯，有效分流各个中心的人流。在塔楼病房规划上，设定 7 台医梯（5 台兼做客梯、1 台直通手术中心、1 台为污梯）和 1 台客梯（医护专用，兼作送餐），基本满足 300 床住院中心的使用。在平面规划上，采用两走道三分区的布局形式，南侧为病房，北侧为医护办公，中间为护士站，做到医患相对独立，分区明确。

在诊疗区域的候诊区方面（如地下一层的放射中心候诊区），采用分级候诊并结合自然通风和自然采光设计的微气候微环境方法，为患者创造安静舒适的等候空间。

由于场地的限制，使得项目用地内无法拥有大片集中的绿化来提供安静的室外空间，供患者和医护人员休息。根据现状，充分发掘建筑屋面，并引入下沉庭院，创造了一个地下、两个空中一共三个庭院。地下一层的下沉庭院为放射和核医学中心引入自然通风和采光的同时，也为患者提供了一个放松休憩的场所；新建裙房屋面则打造成为 IMCC 高端诊疗及住院中心病人活动的场所；而老建筑的屋面规划成为医生闲暇时间放松心情、俯瞰虹口港区的好去处。

绿色人性。项目在决策之初即按照绿色医院的规范要求提出需求，目前已经获得国家绿色建筑二星级设计标识。本着"节能、节地、节水、节材、保护环境"这五大标准和要求，从能源系统的选择到控制系统的配套，再到各个末端的选型，按照绿色建筑设计的相关要求进行建设，使本项目能够引领绿色医疗建筑建造的新方向。

在人性化建设方面，贯彻到每一处细节。既反映在标识系统的建造中，也体现在室内色彩和材料的选择上。每一个看似不经意的处理都力求以医患为中心，以使用者为中心，如护士台高低台的处理、无障碍扶手木质把手、住院部走廊上的灯光方式和内嵌式洗手台、无障碍楼层的无障碍病房、助浴间、医护休息区等。

4. 项目建设目标

项目决策阶段，建设目标明确，设立高标准的项目建设目标体系，以此来引导整体的项目建设始终处于高起点、高水准的状态。开工伊始，建设方组建优秀项目管理团队，工程资料和工程实体按照鲁班奖的标准实施，并确立了誓夺鲁班奖的质量目标，建立健全质量保证体系，强化总承包管理职能，认真做好工程策划，强化参建各方的管理，严格过程控制，确保过程精品，坚持"样板引路"，做到"一次成型、一次成优"。其中的质量目标（确保白玉兰奖，争创鲁班奖）、文明施工（市重大工程安全文明示范工程）、安全控制（无伤亡事故、无火灾事故等）、造价控制（合理可控）等均有相应明确要求。

三、项目管理实施

1. 总体管理思路

医院建设管理方既是项目发起者，又是最终项目使用者，而医院建设管理方相对于业主、建设单位等称谓，更能突出其在项目建设过程中的主体地位。由于上海市医院项目普遍采取了代建制等专业化项目管理模式，所以这里的"医院建设管理方"不同于狭义的"建设单位"，而是广义上大医院建设管理方的概念，包括建设单位和项目管理单位。医院建设管理方管理是一项集成化管理工作，目的是使临时组织的各单位能在短时间内迅速相互配合，和谐共处，协同作战，通过标准化的管理技术的采用，使大型医院项目从宏观管理到各项具体工作都能实现专业化、科学化、精细化、高效化，最终共同努力实现项目投资控制、进度控制、质量控制、安全管理、文明施工管理及项目协调管理的期望目标。

作为整个项目的核心，在管理上面临很多问题。第一人民医院改扩建项目作为上海市重点工程项目，项目意义重大、建设周期长，还涉及历史保护建筑，受到政府部门高度关注。同时，由于前期工作时间紧，手续繁复，功能定位复杂，内部和外部协调都非常困难。首次采用代建制的管理模式，也让医院建设管理方在组织上面临诸多困难。

项目管理做法：管理策划是先决条件，针对以上工作难点，同时为了全面实现"双优""双控"的建设目标，在申康中心的指导下，医院从强化业主方项目管理能力入手，采取了代建制的管理方式，并与代建单位——上海市卫生基建管理中心共同成立了项目筹建办，全面负责业主方的项目管理工作，其总体思路为：

（1）注重以系统性思维角度，编制项目实施的总体计划体系，并从影响计划实施的关键人、事、物入手，强化计划执行的动态化管理。

（2）注重管理方法和管理技术创新，在全市医院建设领域内率先使用 BIM 辅助建造技术，深基坑逆作法施工等工程技术，在管理方法上采取样板先行、多工种逐层二次移交施工交接、重要工序始末端点评等方法。

（3）贯彻三种理念，为项目建设保驾护航。一是"安全第一"，二是"廉洁自律为底线"，三是"亲民施工不扰民"。

（4）以整合各方力量为抓手，通过设立工地临时党支部，一方面整合了项目参与各方的党员力量，另一方面通过联建共建有效整合了地方街道、居委、交警、警署的力量，为解决项目建设过程中安民抚民、交通疏导、冲突解决、廉政建设等诸多问题发挥了积极的作用。

2. 项目建设大事记(表3)

表3 上海市第一人民医院改扩建工程项目大事记

日期	事件
2010 年 9 月 16 日	市发改委对项建书的批复
2010 年 9 月 27 日	申康项建书批复
2011 年 7 月 15 日	市发改委对调整项建书的批复
2011 年 8 月 1 日	申康调整项建书批复
2012 年 6 月 4 日	取得项目选址意见书
2012 年 6 月 11 日	完成工程报建
2012 年 11 月	设计合同签订
2013 年 1 月 4 日	卫生局关于设置床位批复
2013 年 4 月 12 日	勘探进场
2013 年 4 月 15 日	可研报告报申康
2013 年 5 月 23 日	重新取得项目选址意见书
2013 年 8 月 12 日	建设项目用地预审批复
2013 年 9 月 29 日	基坑安全评审
2013 年 9 月 30 日	抗震超限评审
2013 年 10 月 18 日	扩初评审
2013 年 10 月 30 日	取得环保批复
2013 年 10 月 11—31 日	完成扩初送审
2013 年 11 月 5 日	发改委批复可研报告
2013 年 12 月 9 日	施工监理开标
2013 年 12 月 10 日	施工监理评标

（续表）

日期	事件
2013 年 12 月 12 日	建交委扩初批复
2013 年 12 月 24 日	施工监理合同备案
2013 年 12 月 25 日	取得建设工程规划许可证（一标段）
2013 年 12 月 27 日	取得建筑工程施工许可证（一标段）
2013 年 12 月 28 日	项目开工
2014 年 2 月 24 日	取得建设工程规划许可证（二标段）
2014 年 4 月 14 日	施工总包合同备案
2014 年 6 月 6 日	取得建筑工程施工许可证（二标段）
2014 年 7 月 18 日	地下施工开工
2014 年 11 月 5 日	（逆作法施工）B0 板浇筑完成
2015 年 4 月 21 日	大底板浇筑完成
2015 年 7 月 28 日	石材幕墙评标，山东雄狮中标
2015 年 8 月 4 日	净化手术室开标
2015 年 10 月 23 日	主楼结构封顶
2015 年 11 月 25 日	一条跨武进路连廊吊装成功
2015 年 12 月 30 日	市优质结构验收通过
2016 年 12 月 26 日	室外总体基本施工完成
2017 年 1 月 25 日	A 楼装饰实物量全部完成 B 楼装饰二层 ~ 四层基本完成
2017 年 2 月 12 日	正式复工
2017 年 5 月 18 日	项目竣工验收

3. 核心管理内容和工作方法

在城市更新的大背景下，改扩建及大修正逐步成为医院建设的主要方式，历经四年多的持续建设，上海市第一人民医院改扩建项目在新老建筑共生方面的建树尤为突出，医院为此做出了"一次规划，分期实施"的总体改造规划，北部全面启动盘整修建。武进路北侧通过土地置换，扩建医院的新院区。新用地的扩展弥补了原有院区预留用地的不足，使其成为医院建筑在旧城区中发展的突破点。对于第一人民医院这样历史悠久、医技水平获得百姓广泛认可的医院，原址周边就近改扩建对医院自身的发展有极大的优势。

对于原有院区功能的欠缺，新院区增加了门急诊、体检中心、功能检查、病房、手术、中心供应、血库、医疗保健等功能的补充与完善。

针对老院区门急诊共用出入口没有合理分流的情况，在新院区总体规划时考虑相应的人车分流及门急诊分流，但又保持两者的紧密联系。通过广场道路、绿化、出入口改造及院区综合管网，水、电等市政配套设施的扩容改造的同时，建造与武进路南侧的架空连廊，以满足改扩建后医院整体医疗、交通等使用功能的需要。

针对老院区土地利用率低，地面停车严重不足的问题，第一人民医院在扩建中加大了土地利用率的提高，充分利用地下空间，补充老院区停车用地的不足。

△ 图 10　连接空间处的下沉景观庭院

由于用地的限制和环境的综合考虑,在地面仅设置救护车停车位 2 个。地下二、三层为地下车库。地下共提供 130 辆机动车停车位,其中机械车位 59 个。同时将部分医技科室移至地下,在地下一层设置影像科及相关辅助用房。为改善候诊和空间环境,还设置了下沉景观庭院(图 10)。

项目建设阶段中,要实现项目管理目标,医院建设管理方不仅要做好功能定位、医疗流程、平面布局等方面的规划工作,而且要注重项目建设实施期间的投资控制、进度控制、质量控制和安全管理等方面的管理工作。

方向一:管理对策的第一个方向是综合管理,把握总体思路,谋划在先,围绕发展,贴近临床,以整体思维的模式做好策划工作,强调有些事情必须提前做,有些事情必须以医院为主,有些事情必须大家做。围绕建设主体,全面考量与之相关的人,把握以人为本的工作方向,组织工程建设决策层和项目管理层,优化团队结构。在医院建设决策团队的指引下,事先在科研阶段综合评估项目的投资、进度、质量、安全等方面,并在审批部门政策框架下,积极准备前期资料,积极调研医院使用者的用户需求及潜在用户体验。同时,注重过程中与政府相关部门的配合,在项目建设过程中,有效控制潜在矛盾的发生,合理解决建设过程中的矛盾。通过多层次的资源平台,树立标杆工程,提高工程建设的质量、效益,并减少干扰临近者的生活品质。综合管理的具体落脚点可以归纳为三个词——计划、协调、共建。

(1)综合管理的第一步就是计划。项目管理计划体系包括:项目前期工作计划、设计进度计划、施工进度计划、设备进场计划、开办跟进计划、竣工验收计划、维保移交计划、决算审计计划等,它是项目管理的核心,而关键在于解决计划的可行性和操作性问题。狠抓计划体系,特别是前期计划、施工计划、验收开办计划,梳理工艺流程,以要点难点、关键工序为突破口,提出可行性的计划,责任到人,标准到位,精准实现限期管理。值得一提的是,第一人民医院项目从项目方案确定到开工仅仅用了 8 个月,在这么短的时间内,完成这么紧的任务,靠的就是有效的计划。以 2013 年年底开工为目标,倒排工序;罗列审批环节的要件,理清审批环节的逻辑关系;以要件为突破口,整体策划;落实到人,明确时间要求,及时督促,交叉推进,实现目标。

(2)综合管理的第二个关键词是协调。医院项目开展内外兼修,在内以合同为控制纽带,在外以计划进度为纽带,用合同来协调代建、施工监理、财务监理、总包分包的具体分工,用进度计划来协调医院内部使用部门及管理部门(设计任务书形成,以及开办跟进)、设备供应商(提前协调设备安装参数)的工作安排。有计划性、完整性地明确各自的分工和彼此的协作条件,以点带线,以线带面地协调建设有关的人,在客观条件的基础上,充分发挥主观能动性,以最饱满、最热情的姿态投入医院建设中。

(3)综合管理的最后一环采取共建的方式,其就是将参建单位、有关管理部门、警署、街道居委、纪检等联系成一个有机互动体系,以联合党支部为依托,加强项目管理,用新的管理模式和管理理念,以机制带动医院建设工作,扎实地把建设工作落实到位,从而达到相互联动、相互监督、创双优的目标。上海第一人民医院改扩建项目自开工以来,工程建设任务重、难点多,为了防患于未然,一线工作需要发挥联合党支部的中枢神经的作用。科学发展,发挥共建优势:工程建设引进 BIM 技术,秉着工程建设技术先行的原则,探索新工艺,拓展新技术,充分发挥共建单位的技术优势;其次是管理团队积极培养青年人才,加强管理团队内部建设,各部门人员围绕新建医院的生产工作,仁者见仁、智者见智,合力为工程建设提供有力保障,充分发挥出共建的管理优势。为了有效控制工程质量、进度、安全,共建团队在管理过程中采取发现问题、解决问题的方法。管理工作突出核心,巩固项目联合党支部战斗堡垒,联合一切可以联合的力量,同舟共济、积极探索,本着以人为本的宗旨,拓展活动,关爱工友身体健康,合理负责劳工的生活、工作、学习,更好地用联建促党建。

方向二:管理对策的第二个方向是规划设计管理,医院通过对自身条件与周边环境分析,明确要求项目运营要体现医院建筑的可持续发展,从功能、资源、经济、文化四个方面来规划项目管理。

功能方面,新建项目与老院区功能的整合发展:医院做出了"一次规划,分期实施"的总体改造规划,北部全面盘整修建。武进路北侧通过土地置换,扩建医院的新院区。对于原有院区功能的缺失,新院区增加了急诊、急救、体检中心、病房、手术、中心供应等功能作为补充与完善。新建项目与老院区交通的整合发展:改扩建项目和原有院区通过连廊相连接,解决了跨武进路两个院区的医护、患者、货物、轨道传输等交通流线的贯通,加强了扩建后医院整体医疗、交通等使用功能的衔接,保证院内医疗活动的高效运行。新建项目与老院区地下空间的整合发展:根据"一次规划,分期实施"的总体改造规划,在老院区规划了预留发展的地下空间,并在改扩建项目中预留了两个院区地下功能空间连通的条件。

资源方面,历史建筑的修复与再利用:对历史建筑的修复与再利用,充分尊重城市历史和文化,使城市的文脉得以保留和延续。新建筑与老建筑之间通过一个连接体相衔接,形成建筑的主入口大厅,保留建筑的功能置换:一层改造为急诊药房、急诊诊室、输液厅、办公门厅及发热门诊,空间的基本形式与原平面相同,二层三层改造为行政办公,四层改造为会议中心。BIM 技术的应用:面对医疗建筑的纷繁复杂,BIM 技术能大幅度提高管理精度和效率,利用直观的三维模型,有效解决从设计到施工过程中的错漏以及协调沟通等问题,总的来说,BIM 技术拥有可视化、协调性、优化性、模拟性、可出图性等诸多优点。绿色医院的建设:本项目建造过程中,将绿色环保的理念贯彻其中,在项目建设过程中减轻建筑对环境的负荷,节约能源和资源,达到绿色二星级建筑的评价标准。其对自然资源和能源的节约利用主要包括五方面:①节地与室外环境;②节能与能源利用;③节水与水资源利用;④节材与材料资源利用;⑤室内环境质量。

经济方面,投资监理工作总体思路:投资监理贯穿于项目建设的全过程,以合理确定工程投资为基础,有效控制工程造价为核心,投资用款符合各项财政政策为前提,从而达到对工程项目投资费用的有效控制。本项目投资监理工作特点:一般的投资监理工作仅局限在施工阶段,对工程项目造价的计价、核价和建安费用的控制。在本项目中,投资监理工作向前延伸到可行性研究报告、设计概算的分析与审核、过程资金监控、财务管理;向后延伸到协助或代为编制竣工财务决算及绩效评价,并协助通过审计部门的审查与财政部门审核方面工作内容。

文化方面,医院历史文化的可持续发展:上海市第一人民医院建于 1864 年 3 月 1 日,为全国当时规模最大的西医医院,也是全国建院最早的西医综合性医院之一。1877 年更名为公济医院,1953 年改名为上海市立第一人民医院,1981 年成为上海市红十字医院,2002 年加冠上海交通大学附属第一人民医院。本项目在基地内保留并整修了一座历史建筑,既保留了其历史风貌,也留住了一段历史的记忆,同时其全新的功能内核也使其焕发出新的生命,它将伴随着第一人民医院这所拥有 150 多年历史的老医院载入其史册。此外,在建筑细部的设计上植入了代表医院百年文化底蕴的元素,例如,百年医院标志被用作室内铸铁装饰,入口处的景观小品铭刻有百年院史等。对城市肌理、城市文脉的延续:基地周边为虹口区历史风貌区,区内既有上海市优秀历史保护建筑——"1933"老场坊,也有升级改造的"音乐谷",那里至今还遗存大量独具虹口特色的石库门建筑群,是上海城市演变过程中极具代表性的地理地标和文化地标。基地西侧还紧邻上海市优秀历史保护建筑——武进路救火会。在深入研究周边历史建筑的立面比例关系和同时期其他历史建筑的相关资料文献之后,医院将其比例和形制拓展并延续到新的建筑立面构成手法之中,同时在建筑立面的色彩和细节上也有呼应。

方向三:管理对策的第三个方向是施工管理,这既是理论落地、实践理论的关键,又是关乎医院建设成果好坏的"最后一公里"。理清施工管理思路:总体计划—关键分项工程—管理要点—关键工序—管理成效及反思。施工管理的把控点,医院改扩建项目重点放在逆作法施工、上部结构施工、建筑设备安装施工、医用设备安装、BIM 技术运用的环节上。

逆作法施工的管理把控:针对本工程场地狭小,且周边环境复杂等特点,为保证施工安全,不影响医院正常运行,在招投标阶段就已决定采用逆作法施工,在地下结构拆除及回填、围护桩基工程、土方工程施工过程中注重关键工序的控制。逆作法的实施,医院项目管理上分别在绿色节能、保护环境、缩短工期取得成效,以桩代柱,以板代撑,以围护代墙,节约大量物质与人力资源,封闭施工,减少施工噪声与扬尘对城市环境的污染;基坑邻近建筑及道路、管线的影响也较小,均处于受控范围以内;极为高效地解决了场地狭小的问题。项目采用逆作法,地下室施工历时 152 d,较传统施工节约工期约 2 个月。工程竣工后,针对逆作法做以下管理反思:对逆作法(半、全)选择上突出针对性,加强BIM 技术在逆作法环节的运用,进一步做好周边房屋的安全评估,加大逆作法的基坑对周边影响的观测。

上部结构施工的管理把控:要熟悉作业流程,把握作业中关键点,并借助 BIM 技术作为辅助管理。土建施工阶段的上部结构施工,针对脚手架工程、钢筋工程、混凝土工程、结构加固工程,制定合理管理对策,确保工程安全的前提下,保证工程框架的完善。总结下来就是:上部结构施工阶段,在安全上采取网格管理、突出重点的方式;在质量上采取样板引路、重视首末的方式;在进度上采取计划先行、未雨绸缪的方式;经过三年多的努力,在安全、质量、进度上取得硕果。针对上部结构施工的管理做以下反思:应注重计划实施中的难点控制、联动性;应突出相同工序的标准化;应建立高度协调的安全管理体系(人财物集中使用)。

建筑设备安装施工的管理把控:要坚持高于普通民用建筑的建设标准,强化全过程监督与指导,运用 BIM 技术降低施工管理的难度。建筑设备安装施工,针对电气系统、排水系统、空调系统,制定合理管理对策,协调好不同安装专业的关系,细化水暖电专业,多次组织设计、施工、监理优化现场管线布置方案。针对建筑设备安装施工的管理做以下反思:以合同为出发点,明确目标体系,以此为原则开展责任权利的划定,避免了推诿和任务不落实的现象;坚持方案统一审核,工期统一下达,现场统一布置,资源统一使用的管理路线,保证工程推进的有序性;实行总包对分包图纸、材料、人员、检测、成品保护和联动调试的统一管理,保证了最终质量。

医用设备安装施工的管理把控:要突出医院建设管理方管理的主导地位,全面整合总包医疗设备厂家及安装单位的资源,实施全过程无缝隙管理,以初评估、中间抽测、效果评估为手段,确保施工质量。医用设备安装施工阶段,针对净化工程、放射屏蔽工程、医院污水处理工程、物流传输工程,组织不同科室专业的负责人,讨论专业方案的可行性,评估医用专业施工方的能力。采用有医用专业知识的监理人员,围绕医用设备安装,系统化的施工。阶段施工、阶段总结,最终在医院设备安装施工取得一定成效,所有设备一次开机成功。由于外围条件配合到位,为设备安装营造好的外部环境;与整体建设计划衔接有序,本项目改扩建工程于 2017 年 4 月整体启用。针对医用设备安装施工的管理做以下反思:加大与设备厂家沟通的提前量,消除施工反复;充分与设备使用部门沟通,确保在设备更新前提下流程合理,防护到位。

BIM 技术运用的管理把控:要突出建设方作为使用者的最终目标,减轻参建单位视角的局限性,整合各方资源,提高工作效率。医院改扩建工程施工采用 BIM 技术全过程跟进,主要应用在场地规划布置、结构节点处理、管线碰撞、异形柱模式施工、内装虚拟现实、3D 管线碰撞。BIM 技术在医院建设中,场地模拟让枯燥无味的建筑变得直观、生动,有利于管理人员把控管理;模拟复杂节点上避免了较大浪费,加快了施工进度。另外,与同规模项目对比,建筑垃圾减少近四分之一,减少明显;内装虚拟现实的运用,避免了使用科室的医护人员对专业图纸的不理解、沟通不畅导致的修改和大量返工浪费;其中 3D 管线碰撞模拟,为本项目完成主干管的管线碰撞点有 3 805 个,电气和暖通碰撞点 787 个、电气和给排水碰撞点 595 个、暖通和给排水碰撞点 2 423 个。在解决管线碰撞的基础上,标高平均上抬 15 cm。针对医用设备安装施工的管理做以下反思:BIM 运用重两头,轻中间,若施工过程中 BIM技术运用抓得不牢,对后期建筑系统运维很不利,因此 BIM 技术要从头到尾,严格按照运维的标准来运行。

4. 分阶段管理

医院建设管理方的主要任务是项目投资决策、编制建设方案并报审获批，运用计划、协调、监督、控制等手段，通过合同管理、信息协调管理、技术管理等综合措施，实现项目的质量、安全、进度、控制始终处于合理可控状态，确保项目投资综合效益最大化。

医院项目按我国医院现行的基本建设程序，大致可分为项目前期阶段、项目施工阶段和竣工交付三个大阶段，而医院建设管理方在各阶段的具体工作内容主要体现在如下几个方面。

（1）项目前期阶段：主要工作分成两个部分，即为前期工作管理和招标采购管理。

（2）项目构思阶段：针对医院编制的整体发展规划和学科建设发展的动态要求，通过对存量建筑有效性、适应性的分析，列出项目必要性、可行性等有关决策的依据，并在满足医院战略目标和计划的层面上对项目的初步规模、内容构成进行研究。这一阶段的整体构思均应由医院建设管理方完成，按照上海申康医院发展中心有关规定，项目构思应开始于医院基本建设规划编制阶段。

（3）项目建议书阶段：项目建议书是建设单位向上级主管部门及发改委提出立项申请的建议性文件，主要内容包括研究项目的必要性及可行性，同时要求提出项目建设目标。由于这一阶段主要考核项目与宏观政策、地区及行业规划的符合性，所以医院建设管理方的主要任务是会同编制单位完成相关基础资料收集、项目目标系统优化以及对外协调等工作。

（4）可行性研究阶段：项目可行性研究是对报建工程在经济和技术两方面进行可行性分析的论证，从而决定拟建工程的规模、内容以及预期效果。这是项目前期最为主要的环节，这一阶段设计招标大多已完成，作为医院建设管理方的主要任务是密切关注可行性和设计方案的进度，及时纠正偏差，传达正确信息。

（5）设计阶段：方案设计阶段的主要工作内容是制定满足医院发展规划、项目建设条件、医院功能需求的设计方案，为项目的可行性研究提供建设规模、建设内容、初步方案构思和基本经济测算方面的依据。

（6）初步设计阶段：由于初步设计一经批准，项目的规模、设计方案、建设标准及投资总额等控制性标准即不可随意改变。这一阶段医院建设管理方主要工作是跟进与检查设计文件的进度和符合性，沟通协调勘察单位、设计单位、评审专家、政府审批及市政配套部门关系，确保初步设计中的错、漏、碰、缺及时得到修正，使得获批设计文件最大限度地满足医院建设管理方要求。安排专人负责与设计院、审图公司之间的沟通联系，统一设计文件和施工图收发工作，确保技术资料有序管理。

（7）施工图设计阶段：结合工程实际情况，完成建筑结构、水、电（强弱）、气（汽）等专业的施工图设计。施工图是工程招标与施工依据，医院建设管理方的主要工作是严控设计文件编制的进度，及时发现和总结在前期工作中可能对后续工程造成影响的因素，并提供解决方案，督促设计单位加强各专业复合校正，提出后期医疗工艺设计的接口要求及计划，施工图出图后，及时组织相关专业技术人员对图纸进行会审。

（8）施工准备阶段：施工准备阶段的工作内容主要包括完成施工场地整理，实现"三通一平"。委托招标代理单位组织完成施工监理、施工总承包、甲供设备、大宗材料的采购招标。进行相关专项审查，负责办理相关政府部门的征询工作，办理配套管线申请各种报批报审。办理规划许可、施工许可等事宜。及时组织项目管理的组织框架，编制项目管理大纲，制定现场管理规章制度和管理流程，明晰管理责任，使医院建设管理方的管理工作有正确的方向和明确的目的，使项目建设各主要参建单位有明确的方向，并充分理解医院的建设要求。项目建设大纲由医院和代建单位共同编制，在实施过程中不断调整、优化和补充。项目管理大纲是项目建设的总纲领、是项目参建各单位开展工作必须遵守的指导性文件。

事先考虑建筑设备、医疗设备的进场和就位安装问题，研究将会对后续工作产生影响的因素，召集设计院、监理单位、施工总承包单位召开专题会议，商讨设备进场路径方案。经过讨论，确定大型设备进场的最佳路径方案,并由设计院绘制设备进场路径图,在结构施工前解决后续工作的瓶颈问题。

(9)项目施工阶段:项目施工管理,督促各参建单位建立合格的管理组织,并就人员配备到位、制度建设与完善进行考核。审查施工总承包单位制定的施工进度计划体系,按照总体计划—年计划—月计划—周计划四级计划管理内容,要求总包单位就施工范围(界面划分)、专业分包进场时间及计划、施工标准、进度、质量、安全管理计划等内容进行明确。医院建设管理方应重点审查各分部、分项计划的逻辑关系,确保计划可操作性,并根据现场情况进行动态调整。

实时监控工地情况。每月汇总项目进展情况,整理编写月度工作报告,向各参加单位通报当月工作完成情况、下月工作计划,以及推进过程中遇到的问题及解决措施,使各单位能清晰真实地了解项目各阶段的实施情况。

对质量、投资、进度的控制。其中质量控制主要抓质量保证体系的完善以及现场操作是否处于体系构架约束之内;投资控制主要是减少不必要的变更,尽可能避免违约索额;进度控制主要是督促总承包单位通过定期完善进度网络图,进行进度校核,发现偏差及时纠正。

对各参建单位的绩效考核。在项目实施阶段,医院建设管理方要对代建、监理、总承包等项目组成员的能力及履职情况进行监督,如发现不符合项目需要的,可按规定,通知相关企业调整更换。

沟通协调。对外沟通协调政府部门、管线配套单位、周边单位及居民,为项目建设创造良好的外部环境;对内,采用工程例会、专题会、简报、宣传栏等多种形式,及时向各参建单位传达项目的相关信息,消除歧义,达成共识,确保项目管理措施计划落实到位。

(10)项目开办阶段:督促总承包单位编制竣工交付总体计划,包括消防、电梯、环保、卫生监督、档案等一揽子检测验收计划,提出验收标准、材料准备的要求。监督总承包单位做出各项材料的移交标准,包括竣工图、竣工 BIM 模型、维保手册等竣工资料、维保期内的人员驻场、备好备件的准备以及移交时对院方人员的培训准备等。组织总承包单位做好项目开办阶段的现场配合工作。

最终做好工程决算、审计、资料备案等扫尾工作,并且独立委托咨询机构完成项目的后评价工作。

5. 项目特色和创新

此项目重点从三个方面着手科技创新工作。

1)既有建筑更新创造技术

历史建筑为原虹口中学,为一幢四层中学教学楼,大约始建于 20 世纪 20 年代,以后陆续加建,至今已使用约 90 年。老建筑承载着历史沧桑,并传承着优秀历史文化,其价值体现是无可替代的,但建筑物本身的结构抗震能力及结构质量已不满足规范要求,外立面防水及保温也达不到绿色建筑要求。在不破坏老建筑物原有风韵的情况下,现对老建筑进行锚杆静压桩加固,并对结构本身进行包钢、碳纤维加固处理,使建筑物结构本身再次焕发生机;对建筑物外立面进行防水保温处理,并按照原有外立面风貌特色,用拉毛工艺、水刷石工艺来施工外立面,使建筑物旧貌换新颜,以美观大方的姿态重现人间。

(1)保留建筑的改造方向

保留建筑的改造以上文所述的历史建筑的保护原则为指导,通过对史料记载、现状建筑的研究及同时期相同类型建筑的调研,对其进行全方位的保护和修缮。

Ⅰ.结构加固:保留老建筑的主体结构,拆除木楼板和门窗及部分填充墙,并对其结构进行加固,使其满足医疗建筑的荷载和抗震规范要求。

Ⅱ.功能重置:改建后一层功能为急诊诊室、成人输液、住院辅助办公等。一层在新建建筑和保留建筑之间的西南侧设置了连接体,作为急诊大厅。二层设置了与科研相关的示教室、教研室、多功能厅等。三楼四楼为整个院区的职能部门的办公用房。屋面设置屋顶绿化。在垂直交通上增设两部电梯,方便医院内部工作人员的上下联系。

Ⅲ. 立面修复：立面风格为简化的三段式结构（图11），立面细部主要以水泥粉刷为主，底层为水刷石墙面，中段和上段为水泥砂浆斧剁等技法形成较为粗犷的墙面，三段之间为水泥粉刷的线脚，底层线脚水平贯通，形式较为突出。

在立面处理上，通过清洗等技术手段除去近期后加的涂料等与建筑风貌相悖的立面装饰材料，恢复立面材质的本来面目，对有残缺、风化或损坏的部分进行修补，立面粉刷进行保护性翻新，恢复老建筑的原貌，整体提升院区的文化底蕴。

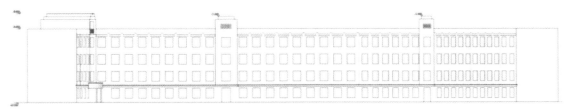

∧ 图 11　保留建筑测绘立面

（2）本项目历史建筑的改造做法

保留建筑原作为教学楼，单廊式的布局是非常合理的，走廊和教室都有良好的通风采光，进深适宜，层高舒适。然而医疗建筑对空间的要求与教学楼对空间的要求相去甚远，如何将医疗建筑的需求与已有空间形式完美的结合，从而实现保留建筑的活力再生，是项目的难点。

一层作为急诊急救的主要楼层，大部分空间都必须被紧凑地利用。保留建筑北侧西段轴线间距2 750 mm，在急诊急救中，急诊诊室是廊道式的小开间格局，每间诊室的合理宽度多为2 500～3 100 mm，保留建筑可满足此需求。为方便使用，急诊大厅须连接预诊、挂号收费、药房和急诊室。与使用科室沟通后，确认保留建筑西侧四跨的范围，若将原走道与教室都利用起来，可满足急诊药房的需求。一般的急诊输液需求一个大空间，逐排放置输液椅、输液架和医用气体设备等。本项目中，去掉原教室的隔墙，形成长向的大空间来摆放输液椅，利用原走廊为交通空间，形成有特色的输液厅。

根据绿色环保要求及现场需求，发热门诊须有独立的出入口，保留建筑狭长的形状为这一要求提供了便利。保留建筑的东侧远离主要出入口，小开间的格局改造为独立的发热门诊既满足了规范要求，又便于独立管理。

根据医院规划，院内行政办公在改扩建项目完成后由武进路南侧院区的行政楼搬迁至武进路北侧院区。教学楼改造为办公室可行性较大，两者在对建筑布局、层高、通风、采光等方面的要求也相似，可通过较小的工程改动达到改造再利用的目的。

保留建筑二层三层总面积仅为2 900 m²，只能满足办公室的面积需求，原行政楼还有会议室、档案室等需要就近布置，于是将保留建筑四层作为会议中心，西侧作为档案室，既方便使用又实现动静分区。

保留建筑的屋面原有繁茂的屋顶绿化，初次踏勘现场恍若进入世外桃源。保留建筑与"1933"老场坊仅隔虹口港，是天然的景观带。为保留原建筑的意境，同时也为有限的场地提供最大面积的绿化景观，在对保留建筑进行结构加固、节能改造之后，仍然恢复屋顶绿化。屋顶绿化的建造顺应屋面的形状，为线性景观带。屋面有若干为建筑服务的设备外机，也同绿化一起进行整体规划。

保留建筑南北建筑立面比较有特色，东西两处山墙破坏比较严重。三个不同时期建造连接处为垂直方向突出的楼梯间，在顶部有特殊的细部处理。建筑的窗间墙自然形成水平方向赋予韵律的节奏感，窗间墙以扶壁柱的形式出现，外墙的水泥粉砂相对比较细腻。此外，在窗台下沿、楼梯间出入口等处有圆柱支撑的门斗等建筑细部处理。

保留建筑立面整体上主要通过四个主要材质和色彩区分（图12），分别是：①水刷石材质的底部基

座;②深色壁柱(原建筑为浅红色);③窗户层间的拉毛材质;④窗台与窗户顶部色带的收边(浅色涂料)。

经专业测绘部门对建筑原状做详细测绘之后,对风化缺损、裂缝及损坏严重部分的外墙按照原样修整,色泽和质感应与未风化的部分保持基本一致。同时,对外墙面用无色透明无反光的材料进行防水防潮处理。由于保留建筑历经历次修复与加建,现还对历次修复中不协调的瑕疵进行整理,确保完成时外立面的统一。原立面有深色划分线条,在修复时也按照原样用深色砂浆划出。

原立面上损坏严重的20世纪八九十年代安装的实腹钢窗也需拆除,根据现行国家及上海市关于公共建筑节能的要求,采用断热型材中空玻璃窗代替,型材尽量选用纤细的框料,玻璃的划分参照原钢窗形式设计。断热型材框料横截面比实腹钢窗横截面大,为达到原立面效果,在窗中挺的两侧增加一个层次的装饰压条,同时采用玻璃贴条的做法将大块的窗做划分,满足原钢窗的分割。保留建筑的立面及实景见图13、图14。

△ 图 12 保留建筑标准段立面模型

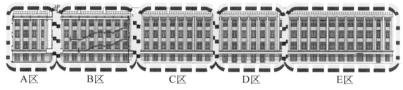

A区　　B区　　C区　　D区　　E区

△ 图 13 保留建筑立面图

2）逆作法施工技术

本工程采用逆作法施工,逆作区域主要为上部裙房及塔楼区域,在施工过程中获得两项实用新型专利证书(a.便于在逆作法柱梁节点钢筋穿越的格构柱;b.逆作法施工过程中地下室的排回风及除湿系统)。逆作法施工受力良好合理,围护结构变形量小,因而对邻近建筑的影响亦小,施工可少受风雨影响,且土方开挖可较少或基本不占总工期,最大限度利用地下空间,扩大地下室建筑面积。

3）BIM技术

本工程施工采用BIM技术全过程跟进,主要应用在场地规划布置、结构节点处理、管线碰撞、利用4D动画控制施工进度,以及后期运维的高效管理。BIM技术对纷繁复杂的医疗建筑充分发挥新技术的优势,大幅度提高管理精度和效率,利用直观的三维模型(图15),有效解决错、漏以及协调沟通等问题。

△ 图 14 保留建筑改造完成后立面实景

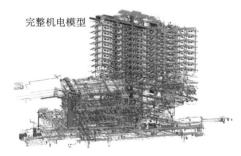

完整机电模型

△ 图 15 BIM图

四、项目管理成效

医院项目从决策开始,竣工后运营至今,通过一系列的管理措施,在设计、造价、进度、质量、安全、创新等方面卓有成效(表4)。整个项目建设过程中本着"未雨绸缪,计划先行;凝心聚力,职责分明;标准优先,结果可控;创新为本,成效显著"的管理路线,充分依靠各参建方项目管理单位,将现代项目管理理论与医院建设管理的实际需求、经验进行有机结合。项目建设按照鲁班奖的标准前行,最终建设的软硬件符合设计及施工规范要求;未发生违反工程建设强制性标准条文的情况;施工中未发生任何质量、安全事故;投入使用至今,各项使用功能良好,设备、设施运行平稳,获得了高度评价,取得了较好的管理效果。本项目在2019年2月获得"2018—2019年度中国建设工程鲁班奖(国家优质工程)"的殊荣。

表4 医院项目管理成效

进度方面	逆作法施工,进度提前5个月
质量方面	华东地区优质工程奖、 上海市优质工程"白玉兰"奖、 上海市申安杯
绿色科技方面	住建部绿色施工科技示范工程、 上海市BIM应用试点项目、 上海市QC成果一等奖、 上海市新技术应用示范工程
安全文明方面	上海市重大工程文明工地、 上海市文明工程示范工地、 上海市绿色施工样板工地
设计方面	上海市优秀设计奖、 二星级绿色建筑设计标识

完成课题研究1项:医院正常运营条件下地下空间开发施工技术研究;并出版医院建设项目管理丛书:《医院改扩建项目设计、施工和管理》。

文化效益方面:重视运用科技创新的工艺,重点把握改扩建过程中应当顺应城市环境,尊重旧城区的历史文脉,梳理交通流线,与城市交通形成良性联系,并合理规划布局,预留医院进一步拓展的空间,实现医院的可持续发展。完善医院功能布局,优化各部门的组织,并注重新旧部分在功能上的互补,形成各自发展的特色。增强改扩建部分与原有建筑的联系,使其成为有机整合的整体。提升内外医疗环境的品质,建立现代医院的时代特征与形象,将绿色理念、人性化关怀融入空间细节的设计中去,为患者创造愉悦舒适的新型医疗环境,建设符合国家、上海市及虹口区的"十二五"规划纲要的规划要求医院建筑;同时项目建设功能布局合理,与环境规划相符。

社会效益方面:医院改扩建工程,不仅包含了针对群众的普通门诊扩建,缓解了医院当前门诊用房紧张局面,同时是"十一五"规划中的一项涉及干部保健的医疗工程。随着干部(特别是解放战争离休保健对象)的高龄化趋势,平均年龄在70岁以上以及高知干部对象的扩增,使干部保健的工作面临新的更高要求。随着改革开放及国民经济的不断增长与发展,全民的医疗卫生防治保健水平和要求都大幅度提高与增长,如何在这一新形势和要求下,进一步改善和提高干部医疗、保健工作的数量和质量也都提上日程、刻不容缓。做好这一工程,可以促进上海干部保健医疗的发展与创新,解决第一人民医院门急诊建筑面积不足、就医拥挤等问题,缓解周边居民就医压力,改善医疗条件和医疗环境,尤其对缓解上海东北地区干保资源相对缺乏的紧张局面起了重大的作用,因而具有重大的社会效益。

五、经验学习与感悟

本篇立足于上海市第一人民医院改扩建项目管理方面的实践经历,分别在决策阶段(项目建议书、可行性研究报告)、实施阶段(地上结构施工管理、逆作法施工管理、建筑设备安装管理、医用专业工程施工管理、BIM技术在施工管理)、运营阶段,对大型综合医院建设项目的管理工作经验进行全面的、系统的回顾、总结和归纳。而且,在建设初期,建设目标不局限于上海市工程建设最高奖"白玉兰"的标准,而是铆足后劲,以国家行业建设最高奖"鲁班奖"的标准规范建设管理,这也是医院建设管理者对医疗卫生行业最好的献礼。

在对上海市第一人民医院改扩建项目医院建设管理方管理经验进行总结之外,还可为上海市乃至全国的大型综合医院建设项目(尤其是公立医院基本建设项目)的医院建设管理方的管理提供参考与借鉴。

吴锡华　顾向东　赵文凯　吴明慧/供稿

合作代建开先河
严控投资质量优
——上海市第六人民医院门诊医技综合楼项目

一、项目背景

上海市第六人民医院作为上海一座历史悠久,集医、教、研、防等功能于一体,又具有多个国家重点学科,在全国综合实力排名居前的三级甲等大型综合性医院,在面临新一轮改革开放和经济持续发展中,在建立知识型经济的和谐社会中,如何发挥优势学科的作用,使人民群众获得感更强;在面临改革开放带来的社会经济高速发展,如何紧密围绕建设具有中国特色、时代特征、上海特点的卫生体系和综合服务能力,提高全市人民的健康水平和生活质量,促进上海经济社会可持续发展;医院硬件建设如何进一步改善和发展,如何达到一个新的起点、新的高度,特别是门诊、医技、住院等医疗功能用房如何满足人民群众对健康的进一步需要;医院如何改善就诊区域拥挤,现有的门急诊大楼超负荷运转,难以达到三甲医院的标准的现状;如何改变现有的门急诊楼设施陈旧,结构损坏严重,布局及设计流程不合理……这些新的形势,使上海市第六人民医院急需建设一座新的医技综合楼。

如何加以改善和提高,包括了更新建筑单体,并完善和调整好总体规划,使之成为集功能齐全、流线分明、环境清净、服务优良、医疗水平精益求精的"四个一流"大型综合性医院,以解决医院在医疗诊断、治疗、检验、住院等存在的一系列问题与矛盾。

医院在市委市府、发改委、卫计委、申康医院发展中心等大力支持下,市领导18次亲临现场调研,在关于满足功能、资源共享、流程优化、环保节能、节约投资等指导原则下,经反复研究,听取规划及设计部门的意见,明确了规划思路,确定建设门诊医技综合楼。

二、项目概况

1. 工程概况

（1）工程项目名称：上海市第六人民医院门诊医技综合楼工程。

（2）工程项目建设地点：上海市宜山路600号。

（3）医院基地总面积：85 780 m²。

（4）新建门诊医技综合楼用地面积：7 217 m²。

（5）新建门诊医技综合楼总建筑面积：83 025 m²。其中地上部分建筑面积：69 993 m²，地下部分建筑面积：13 032 m²。

（6）建设完成后医院地上部分总建筑面积：171 553 m²。

（7）建筑层数：地下2层，地上裙房5层，主楼20层。

△ 图1 空中连廊

（8）建筑高度：89.9 m。

（9）新建病床数：300床。

（10）建设工期：2007年12月—2010年10月。

2. 建设主要内容

（1）门诊部分：位于新建项目南侧的原4层门急诊大楼将改造成为急诊大楼，门诊部分搬至新楼。

（2）病房部分：新增300床位的病房。

（3）医技部分：本项目西侧的医技大楼的功能将局部搬至新楼，通过位于四层的空中连廊（图1）联接。项目外观实景如图2所示。

△ 图2 项目外观立面实景

3. 工程项目建设进程

本工程2006年10月13日项目建议书上报；2007年3月16日获得市发改委项目建议书的批复；2007年3月22日获得上海申康医院发展中心（以下简称申康）对项目建议书的批复。

2007 年 8 月 27 日获得市发改委对可研报告的批复；2007 年 9 月 3 日获得申康对可研报告的批复。

2007 年 11 月 7 日获得市建交委对初步设计的批复；2007 年 9 月 3 日获得申康对初步设计的批复。

2007 年 12 月 11 日获得桩基施工许可证；2007 年 12 月 18 日开工典礼；2008 年 5 月 28 日完成桩基施工；2008 年 9 月 3 日完成基坑围护施工；2008 年 9 月 22 日开始挖土。

2008 年 7 月 23 日获得主体施工许可证。

2009 年 4 月 28 日完成地下结构施工，出 ±0.00。

2009 年 10 月 28 日结构封顶。

2010 年 10 月 30 日竣工。

2010 年 12 月 6 日对外试运营。

三、重点难点

1. 项目难点

1）工期

按常规速度，前期工作申报时间约为 15 个月，但筹建办积极争取，充分发挥主观能动性，克服了时间紧、建设难度大等困难，发挥了团结协作、钻研创新、吃苦耐劳的精神，使项目扎实推进，从发改委立项批复到证照齐全条件下正式开工仅用了 9 个月时间，期间完成了所有申办手续，如期顺利开工。

2）施工条件

本项目克服了上有高压线、下有地铁线、施工场地狭小、工作任务紧等困难，制订了有效的施工流程图，对场地进行了合理安排，解决各方面矛盾冲突，顺利推进施工进度。现场的施工安全、文明工作管理有方。

对地铁 9 号线的保护是控制的重点。鉴于项目的地理位置处于地铁 9 号线的安全保护区内，基坑围护及监测是该项目的重点及难点，重点控制沉降的信息化监测，高峰期做到一天一报。

3）基坑施工

基坑开挖及围护结构施工和监测也是本工程的重点和难点。本工程地下 2 层，有人防及地下停车库，基坑面积约 6 700 m^2，开挖深度中间大部分区域 12.6 m，周边挖深 13.05 m 到 14.75 m 不等。场地浅层地质条件复杂，有杂填土、暗浜和地下障碍物。尤其是暗浜，最深处达 6.5 m。大型地下室深基坑施工，是本工程又一关键。严格控制开挖段，确保土体稳定。严格监控基坑变形数据，确保基坑安全。

4）专业多、范围广

本项目涉及专业多、范围广、设备单体数量多、系统构成复杂、自动化程度高、接口复杂。

本工程涉及专业有供配电、电气、机电一体化、控制、计算机、自动化、通信、暖通、给排水、消防等。范围包括变电站、电缆、动力照明、设备监控、信息控制、防灾报警及消防联动、通风空调系统（净化空调系统）、给排水及消防、垂直电梯与自动扶梯设备、通信系统、电缆电视系统、公共广播系统、安全防范系统、专用医用对讲系统、电子叫号系统、远程医疗系统、视频视教系统及电子会务系统、触摸屏信息查询系统等。

由于存在上述特点，设备分布在二层及以下各个机房，设备的运行状态采用现代化的控制系统进行监视和控制，并根据实际状况及节能要求调整运行情况，以满足各环境状况的技术要求。

2. 医院项目管理的重点、难点

1）建设周期长

医院建设项目自立项前的策划至备案制验收一般长达 4～5 年，建设周期长就给甲方管理带来了诸多不确定性因素,增加了甲方的项目管理的难度。

2)前期工作推进难

主要体现在协调工作量大,要考虑医院学科发展的需要、社会医疗需求、医院发展规划、医院的功能定位、医疗流程的布局等,作为政府投资项目,各环节的审批手续繁杂,时间上无法把控。

3)专业性强、专业多、范围广

本项目功能复杂,门诊有普通门诊、专家门诊、特需门诊、联合门诊等;医技包括直线加速装置、放射影像、手术室、超声医学、检验生化、营养食堂及各类功能室;住院床位设置300张,另有ICU病区等,涉及专业多、范围广、设备单体数量多、系统构成复杂、自动化程度高、接口复杂。部分医疗设备与手术室如图3所示。

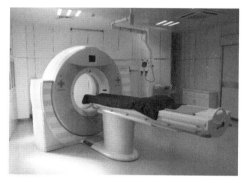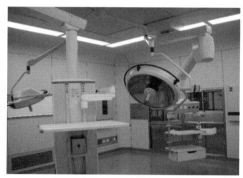

︿图3 医疗设备与手术室

4)管理幅度全覆盖的难度大

由于管理层次增加,管理的指令落实效率不高,信息无法实现全覆盖。

5)投资控制难度大

主要是由于医疗技术、医疗设备的快速发展,建筑布局配套条件出现了未使用已经先滞后的现状。另外,由于有些医疗功能在前期阶段无法明确,造成后期管理上投资控制无法把控。

四、组织构架与管理模式

1. 组织构架

工程项目筹建领导办公室(以下简称筹建办)由管理公司和医院共同组建,双方共同提名筹建办主任、副主任各一名,并上报申康医院发展中心批准。筹建办是工程项目建设期间的决策部门,筹建办正、副主任是工程项目合作代建的共同责任人(图4)。

工程项目建设全过程的管理通过项目管理部来实现,由管理公司和医院派出的管理人员共同组成,实行主任领导下的项目管理部

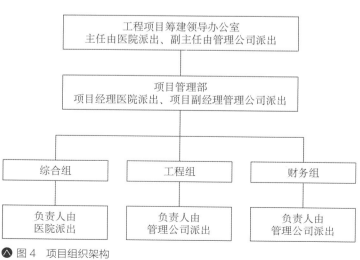

︿图4 项目组织架构

经理责任制。项目管理部设正、副经理各一名,在管理公司和医院派出管理人员中选择并由筹建办主任聘任。项目经理行使工程项目建设的各项具体管理职责,并对项目管理部实行统一领导。

2. 管理模式

项目批准立项之初,上海申康医院发展中心就明确指出该项目的"代建制"是总结"十五"期间经验基础上的代建制,是与时俱进、发展、改进、提高的"合作代建制"。

在上海申康医院发展中心领导下,由上海申康卫生基建管理有限公司和建设项目所属上海市第六人民医院共同实施的合作代建。主要任务是按照批准的概算、规模和标准,严格规范建设程序,达到建设项目顺利实施并有效控制投资的目的。

管理公司以制度建设为抓手,提供了从规划咨询、项目建议、可行性研究、方案设计、到施工管理,竣工验收、工程财务监管审计、项目建成交付使用等环节的"一条龙"全过程项目管理服务,并建立了一整套规范化、专业化的管理模式。实践证明,实施代建制管理对控制项目建设的规模、建造工期、投资指标是行之有效的方法之一,切实提高投资的社会效益和经济效益。

五、管理实践

1. 管理理念

集约化、精细化、人性化 、规范化。

2. 管理方式

1)项目全过程策划

本项目以"事前策划、目标清晰,过程控制、执行有力,事后总结、不断规范"为总体思路。

前期策划阶段对投资的影响最大。项目的前期策划工作主要是产生项目的构思,确立目标,并对目标进行论证,为项目的批准提供依据。它是项目的关键,对项目的整个生命期,对项目实施和管理起着决定性作用。尽管工程项目的确立主要是从上层系统、从全局和战略的角度出发的,这个阶段主要是上层管理者的工作,但这里面又有许多项目管理工作。为取得成功,必须在项目前期策划阶段就进行严格的项目管理,而项目前期策划工作的主要任务是寻找并确立项目目标、定义项目,并对项目进行详细的技术经济论证,使整个项目建立在可靠的、坚实的、优化的基础上。

2)项目管理大纲

筹建办成立初始,我们就制订了"项目管理大纲",参与项目管理的各方明确各自的主要工作和担负的责任,做到分工明确,职责分明,有法可依,有章可循。"项目管理大纲"编制了项目管理工作制度、项目管理工作职业道德和纪律、合同管理、信息和文档管理、财务管理细则、项目管理中变更控制的相关规定、施工违章处罚规定等制度。

"上海市第六人民医院项目代建管理手册"中包括项目管理、财务管理、进度计划、招标管理、廉洁责任制度、项目管理常用表式和附件等共计 7 部分 54 项内容,规范了各项工作的操作流程;明确了共建双方主要职责,以及项目筹建办公室的工作职责;保障了项目建设中的各项工作有章可循,为合作代建制的执行创造了良好的条件。

3)设计管理

设计任务书阶段,筹建办通过研究熟悉项目前期的有关内容和要求,提出各种需求,并编制设计任务书。同时将设计方案组织各科室相关医疗专家进行讨论,在广泛征求意见的基础上,修改完善设计任务书。在医院设计过程中,明确设计总包、设计分包单位以及与医院之间在设计方面的责任关系。

明确各阶段的设计要求。在施工过程中,加强与设计单位的沟通协调,如遇重大问题,组织专题协调会,同时协调设计单位在施工阶段的配合工作。

4) 招标采购管理

由于医院项目涉及面广,专业单位多,根据管理大纲的要求编制招标采购计划。同时,在医院项目招标过程中,特别重视招标的前期准备策划,工作界面和招标过程中分析评审,在招标过程中,充分考虑建设项目各方的需求,结合医院建筑的特点,功能的需求,以及环境条件等,制订"采购制度"。

在开工前准备阶段,为了确保桩位图的准确性,提前对项目污水处理站、电梯、锅炉、冷冻机等进行了公开招标。特别是污水处理站的提前招标,为后续的施工创造了极为有利的条件。

专业分包与设备采购招标中,明确招标采购原则,分类进行招标采购,招标过程严格按照概算进行限额招标,预留 10% 比例概算作为"蓄水池",在项目实施过程中作为方案调整或规范变化、不可预见因素等支出增加;对于内部评议和询价的材料组成"五人工作小组"(即总包、施工监理、投资监理、业主、设计)共同评判、集体决策,并由医院纪委全程参加监督。

5) 投资控制

投资控制是项目管理的主线,贯彻于整个项目过程。主要从以下几方面着手:

(1) 在项目前期阶段,对拟投资的项目从专业技术、市场、财务、经济效益等方面进行分析比较,结合以往相关工程的经验,完善投资估算,合理地计算投资,既不高估,也避免漏算。

(2) 建立财务监理制度,明确财务监理是主要责任人,财务监理从可研阶段即介入,对投资控制的各个阶段,以及工作的重点和要点进行分析,作为项目管理的指导。

(3) 落实限额设计,将限额设计的要求明确在设计合同中,在过程中进行监督和落实。

(4) 投资控制全过程动态管理,在扩初阶段要求将设计概算与投资估算进行对比分析,找到差异点,明确投资控制的目标。

在项目实施过程中,将批准的概算分项切块,明确分项控制目标。形成资金的"蓄水池",同时将概算、清单、投标文件、施工预算进行分析比较,对投资控制趋势进行预测和分析,找出投资控制的难点和要点。

(5) 运用医院和公司双方的技术力量和项目管理经验,对设计方案和施工方案进行优化。

案例

Ⅰ. 根据地质勘察资料,地基下有岩土层,通过与地铁公司交涉,缩短改细工程桩,节省了投资700 万元。

Ⅱ. 采用经济科学的基坑围护方案,地铁侧一面采用地下连续墙,其余三面采用灌注桩的施工方案,节省投资 600 万元。

Ⅲ. 优化支撑体系,减少栈桥平台面积 600 m^2,同时取消第四道钢支撑,采用局部斜撑方式,节省费用 60 万元左右。

Ⅳ. 低成本合理化的清障方案,加强监测,原方案预算 318 万元,实际 68 万元,节约250 万元。

Ⅴ. 发挥专业优势,提出合理建议。对原先 2 500 mm 厚大底板中的底板梁箍筋 Φ16 mm,@150 双向,建议改为 Φ14 mm,@300 双向。充分地利用混凝土不同的抗渗标号,地下室根部的墙体用 B8,在 B2 层以上采用 B6,取消地下室混凝土内掺入 HEA 掺和剂。上述节约资金约 70 万元。

Ⅵ. 争取最近端供电,35 kV 变电站的供电电缆通过与供电部门的多次沟通,从离医院最近处接入医院,投资从 4 000 万元减少到 1 500 万元,节省 2 500 万元。

Ⅶ. 通过政府采购,节约投资。锅炉、电梯、空调冷冻机通过政府采购,比批复概算节约1 242.55万元;其中锅炉批复概算 177.1 万元,签署合同 115 万元;电梯批复概算 1 936 万元,签署合同 1 266 万元;空调冷冻机批复概算 807.05 万元,签署合同 296.6 万元。

Ⅷ. 地下急救医院占地下室 4 000 m^2,通过优化方案,平战结合,只占用了 300 多 m^2,并争取人防财政补贴 350 万元。

Ⅸ. 通过谈判,使施工监理公司在 530 万中标价格上优惠了 20%,节省了 100 多万元。

Ⅹ. 地铁监测费用 355 万元,通过谈判,最后采取优化方案,调整监测点等,降到 208 万元,节省 100 多万元。院内监测报价 140 多万元,通过多方面的努力,争取监测单位优惠,经议标谈判,最后不超过 50 万元。

本项目节省费用总计达 4 000 万元,为项目建设节省了大笔投资,节省资金用于完善医疗功能,提升医疗水平。

(6) 结算阶段,严格遵循合同、国家相关文件、设计图纸及相关工程资料,审核工程决算的真实性、可靠性、合理性,凡属于合同条款明确包含的,在投标时已经承诺的费用、属于合同风险范围内的费用,以及未按合同执行的费用等投资坚决剔除,同时结算结束后配合财务决算和审计工作。

6) 沟通管理

(1) 政府职能部门沟通

上海市第六人民医院门诊医技综合楼项目是"十一五"期间申康系统第一个立项、第一个开工、第一个竣工,也是第一个试运行的项目,是上海卫生系统唯——一个在"十一五"立项和竣工运行的项目,管理公司和医院基建办公室顶住巨大压力,保质保量按时完成任务。

筹建办积极争取,在前期申办过程中先后向市规划局、消防局、水务局、交运局、供电局、电信局、燃气公司、抗震办、防雷办、卫监所、疾控中心、市政部门、市环保部门、徐汇区规划局、民防办、绿化局、市交警总队、市地铁运行公司和市招标办等 19 个部门请示汇报、联系协调、申请批复,共计 320 余次。

(2) 筹建办沟通机制

本项目是第一个采用合作代建模式的医院建设项目,代建单位在项目立项后即实施了代建大纲编制,明确双方职责及相关程序、规定。同时明确了沟通机制:

Ⅰ. 每月简报,定期将项目情况报送医院、申康医院发展中心。

Ⅱ. 每周以"工程例会纪要"形式或"每周项目情况汇报"形式向各参建单位汇报项目情况及下周的工作安排。

Ⅲ. 定期汇报工作进展。

Ⅳ. 定期参加各类联席会议,汇报项目情况,落实分工及督查内容。

7) 进度控制、质量控制、安全控制

(1) 进度控制

在项目建设初期,就制订了总进度计划,同时将总进度计划进行分解,分阶段落实,为了明确各阶段的工作任务,将进度计划各阶段任务细化,分解到每月、每周制订相应的计划。

过程中定期将计划与实际完成情况进行对比,发现问题,及时调整,同时根据进度计划落实责任主体,监督落实。

(2) 质量控制

Ⅰ. 建立质量管理体系,明确各阶段的质量控制目标。

Ⅱ. 建立质量控制的相关制度,落实责任人。

Ⅲ. 代建单位抽调专业力量,定期对设计质量、施工质量等方面进行审查,加强各阶段的质量管理。

Ⅳ. 在项目上,现场组织不定期质量检查;从代建单位层面,定期对项目进行检查、考评,考核结果作为项目经理的年度考评的依据。

Ⅴ. 交叉施工:由于医院涉及专项多、专业施工单位多,难免产生交叉施工,在管理上严格按照施工进度、施工工序、施工组织设计,遵循先难后易、先重后轻、先内后外、先里后表的原则合理安排施工。督促监理和施工单位换位思考,上道工序为下道工序提供方便,避免损坏及返工现象,确保工程质量。

（3）安全控制

Ⅰ. 建立安全管理体系。

Ⅱ. 要求相关单位建立相关制度，落实责任人，并督促制度落实。

Ⅲ. 督促施工单位加强对新进施工人员进行安全教育。

Ⅳ. 监督安全措施费的落实情况：要求施工监理检查施工单位的安全措施的落实情况，财务监理审核相关费支出情况，做到专款专用。

Ⅴ. 建立安全文明施工检查机制，每周定期对安全文明施工进行检查，发现问题，限时整改。

Ⅵ. 从代建单位层面，定期对项目进行检查、考评，考核结果作为项目经理的年度考评的依据。

8）合同管理

（1）选择合适的合同类型，按照制度规定进行流转及分级管理。

（2）建立合同台账，对合同信息进行登记、编号、分类存档。

（3）熟悉合同条款、付款进度及付款条件。

（4）协助合同签订人解决合同纠纷。

9）变更管理

（1）建立变更制度。

（2）规范变更程序。

（3）变更原则：

Ⅰ. 重要变更：先评估，再实施，再算钱，后平衡。

Ⅱ. 一般变更：先评估，再算钱，后实施。

（4）案例：重晶石混凝土

直线加速器位于地下一层，由于地下二层为停车库，一层为人员密集的门诊大厅，防护屏蔽要求特别高、难度极大，需要进行5面防护。筹建办组织设计院、总包单位、混凝土供应单位、监理单位多次讨论，反复论证，最后决定使用重晶石混凝土。施工单位必须严格按照规定要求施工，并且要求混凝土供应单位派出技术人员在浇筑现场进行监督。

10）廉政建设

建立创"双优"领导小组，明确创"双优"工作的责任人，并签订廉洁承诺书。

与徐汇区检察院建立了"创双优"联席会议制度，认真贯彻"创双优"活动，做到工程优质、干部优秀。

项目建设过程中的设计、勘察、监理、桩基施工、总包施工、玻璃幕墙设计安装、消防报警设计安装、放射防护屏蔽设计安装等公开招标工作，均由徐汇区检察院、医院纪委全程进行监督，真正做到公开、公平、公正。

项目建设期间创"双优"工作小组邀请徐汇区检察院的相关人员进行了多次不同形式的法制宣传教育。有形象生动的案例分析讲座，有宣传学习资料的发放、观摩警示教育片，并组织各参建单位前往监狱接受廉政教育，提高了项目参建单位相关人员的政治思想觉悟，增强了廉洁自律的意识。

11）经济与社会效益

（1）经济效益

项目投资情况：上海市审计局 2012 年 8 月 13 日下发沪审投一报〔2012〕200 号审计报告审定项目结算为 51 319.68 万元，项目概算批复为 51 565 万元，实际造价比概算节约近 200 万元，建筑造价为6 181 元/m²。

运行 8 年多来，基本医疗的综合服务能力得到有效提高，整体功能布局和就医环境得到较大改观，功能、流程、环境舒适度得到医务人员和病人的认可，在上海申康医院发展中心对建设项目后评估评价中，总分获得 95.73 分，为卫生系统最高分。

目前每天门诊量平均 1.3 万人次,最高为 1.65 万人次,医护人员、病员对环境满意度达 95% 以上;医院全年单位建筑面积能耗为 58.22 kgce/m²。

(2) 社会效益

项目获得上海市建设工程"白玉兰"奖、上海市建设工程安装工程"白玉兰"奖、上海市建设工程精装修工程"白玉兰"奖、上海市建设工程优质结构奖、上海市建设工程优质结构安装工程奖、上海市"申安杯"优质安装工程奖、徐汇区建设工程优质结构奖、2012 年度上海市优秀工程咨询成果一等奖、2014 年度中国工程咨询协会全国优秀工程咨询成果一等奖等荣誉。

上海市第六人民医院门诊医技综合楼的顺利建成,使医院医疗功能、医疗环境更上一个台阶,医院成为三级甲等综合性医院更具整体性、规划性、服务性于一体的标志性医院,也为医疗技术水平提高和培养高端医务人才作出应有的贡献,为上海医疗资源合理配置尽到一份应尽的义务。

门诊医技综合楼启用后,上海市第六人民医院医疗条件和医疗环境的明显改善,激发了患者的潜在需求,吸引更多患者就医;提升医院品牌特色学科在国内更高的知名度,进一步确立以创伤骨科、糖尿病和介入影像等优势特色的符合一流医学中心定位的现代化综合性医院的地位。项目建成后医院业务明显增长,人民群众获得感大大增强,社会效益明显提高。

陈　梅　李　俊　杨轶斌　张优优/供稿

以人为本的童心建筑
——上海市儿童医院普陀新院项目

上海市儿童医院以打造精品医院、人文医院、智慧医院为愿景，以"为儿童服务就是幸福"为准则，将人性化、生态化、童趣化的理念贯穿于普陀新院项目规划、设计、装饰、家具设计等全过程。

一、医院概况

上海市儿童医院是一所集医疗、保健、教学、科研、康复于一体的三级甲等儿童医院，前身是由我国著名儿科专家富文寿及现代儿童营养学创始人苏祖斐等前辈于1937年创办的上海难童医院，是我国第一家儿童专科医院。1953年更名为上海市儿童医院，2003年成为上海交通大学附属儿童医院。

医院现有员工1 600余人，2017年度门诊量247.5万人次，年住院病人4.4万人次，住院手术量2.7万人次。医院学科齐全，设有重症医学科、新生儿科、肾脏科、呼吸科、血液科、消化科、心脏内科、神经内科、内分泌科、普外科、心胸外科、神经外科、骨科、泌尿外科、耳鼻咽喉头颈外科、儿童保健科、皮肤科、眼科、中医科、口腔科、康复科、医学遗传科等23个临床专科。医院拥有中国工程院院士1名、博士生导师15名、硕士生导师49名，拥有高级职称专家百余名。是上海医学遗传研究所、上海市儿童保健所、上海市儿童急救中心、上海市新生儿筛查中心、上海市儿童康复中心、上海市听力障碍诊治中心、上海市新生儿先心筛查诊治中心所在地。

二、项目概况

随着儿科医学的发展,上海市儿童医院原北京西路院区建筑面积25 000 m²,床位数量370张的规模已无法满足日益增长的儿童医疗服务需求。2009年,根据上海市政府关于儿童优质医疗服务资源的整体规划布局,选址上海市普陀区长风生态商务区进行普陀新院项目建设。历经4年的建设,普陀新院于2013年12月完成竣工验收,于2014年3月投入运行。

上海市儿童医院普陀新院项目基地北侧紧靠同普路,东侧紧邻泸定路,南侧和西侧为规划公共绿化用地,西北侧贴临普陀区妇婴保健院,为发挥资源的最大效用,两所医院在上级领导的支持下,实行"同步规划、同步实施"。

项目设置门诊、急诊、急救、医技、住院、后勤保障、行政办公等用房;住院楼地上十三层,门急诊医技楼地上四层,专家门诊楼地上一层,地下车库以及设备用房地下一层。

项目概况信息:

(1)床位数:550床。

(2)门急诊量:6 500人次/天。

(3)用地面积:26 000 m²。

(4)建筑面积:72 500 m²。

(5)地上面积:51 600 m²,地下面积:20 900 m²。

(6)容积率:1.99。

(7)建筑密度:38.47%。

三、项目特点

1. 规划设计——传承历史积淀的生态建筑

(1)布局设计

基于与周边环境相容性的思考,为突破占地面积局促、建筑面积紧凑的空间限制,以内外空间中各种物态元素的有序转换为理念,打造内外兼修、绿色生态、以人为本的儿童医院。

Ⅰ.在有限的空间内实现资源的共享。普陀新院项目基地面积仅有26 000 m²,与西北角的普陀区妇婴保健院共用一个地块构成方形。考虑到儿童医院与妇婴保健院两个项目同属卫生系统,且两个医院服务对象为妇女儿童,有一定联系,两个项目进行联合设计,遵循互相独立、互不干扰、保持一定联系的原则,对于部分资源进行共享。地上主体建筑完全脱开,通过空中连廊相互联系。地下建筑完全融合,冷冻机房、锅炉房、柴油发电机房等配套设施共建共用。地下室连通与两个项目分别建造地下室比较起来,一方面避免了红线退让导致的地下室面积不足,使得两家医院有更多的建筑面积服务于医疗用房,另一方面也节省了建设两个地下室之间的围护成本,并且实现了大型机电设备的优化配置。

Ⅱ.功能区域之间联系紧密,做到高效、实用。①建筑形态——医院建筑整体由单层专家门诊楼、4层门急诊医技楼和13层病房楼组合而成。三栋独立的楼宇紧贴而建,如为一体,由南往北、自西向东,呈半集中式、递进式依次传递,充分利用良好的自然光照环境(图1)。每栋楼宇

▲ 图1　三栋独立的楼宇紧贴而建,如为一体,由南往北、自西向东,呈半集中式、递进式依次传递

既独立又相互联系,楼宇之间利用多种形式的内院和连廊进行过渡和衔接,实现功能和使用上的分合有致,集约并共享各部门资源,极大提高运行效率。②内部形态——室内以矩形为主,最大化的减少外墙凹凸,最大程度地减小建筑能耗,并便利功能使用及家具布置,极大化得房率。

Ⅲ. 重视开阔、明亮、动静结合的景观视线。①空间布局——以下沉式广场、生态主题园、童趣内庭院、屋顶花园的多层面错落景观布置,使绿色生态、人文关怀的设计目的在有限的空间实现了生动的表达。②病房布置——病房主要以南侧朝向为主,采用大跨度开间设计,灵活了病房的内部布置,提高了病房的空气质量,并使病房内的光线更充足。

Ⅳ. 流线清晰、分区明确的总体布局。①洁污分流——医院区别于其他大型公共建筑,对感染控制、洁污流线等存在特别的要求,洁净与非洁净两种流线不产生交叉。普陀新院项目的发热门诊、感染门诊在总平面布置上隐蔽隔离、独处一隅,满足感染防护距离。②交通流线——医院内部交通流线涉及人流、机动车流和货运车流,各种流线如仅仅通过一个交通节点进行集疏,极易造成单点集散压力过大,普陀新院项目结合泸定路和同普路的道路性质,针对三者之间关系分别设置不同的出入口,避免行人无序的行动轨迹降低机动车的通行速度。③分区明确——住院病人与门诊病人流线相对分别设置,使门诊与住院病人各有独立的活动范围,避免干扰。

(2) 立面设计

儿童医院的建筑外立面形态设计以"元素标记性""生态环境性""经济实用性"等三大特性,将历史的沉淀与现代的缤纷融合一体,来展现这座拥有 80 多年历史的优秀医院在新时代的经典现代风貌。

Ⅰ. 线条简洁、层次丰富的立面形态。整个建筑采用点、线、面等基本几何元素为主要建筑语言,利用面砖、玻璃等材料的拼贴和比例的变化,组成大气实用的建筑群体组合。建筑形体穿插组合、高低错落,构架与实墙的虚实对比、变化有致。东西立面以简洁的竖向线条结合经典的长窗元素,提升了建筑的视觉效果。裙房采用落地玻璃窗作为立面材料,同样辅以面砖的铺贴,突出建筑的虚实感和层次感。

Ⅱ. 沉稳经典、传承历史的外观感受。医院建筑外立面以极具历史感的新英格兰风格哈佛红面砖作为主要材料,辅以面砖立体拼贴。在色彩上,整个建筑采用暖色基调,给病患以温暖舒适的心理感受。整栋建筑在给予患儿稳重、安全就医体验的同时,凸显出医院的悠久历史。

(3) 景观设计

作为医院医疗体系中的一环,景观绿化也在儿童患者的诊疗康复中起到一定的作用。因此,作为基地内的景观绿化设计,充分重视景观、绿植与汀步的搭配,形成四季有景、季景各异的系统。

以"以人为本、生态环保"为主题,利用现代简约的设计手法,结合传统的造园方式,注入现代的景观设计理念,为塑造能体现对患儿关怀的一个休养和治疗的生态医院,实现建筑与景观的有机融合,设计软、硬景结合、尺度宜人的空间景观环境。

Ⅰ. 从功能性与舒适性出发,由庭院式绿化、下沉式广场、屋顶绿化、隔离绿地等部分组成景观设计的主要立体框架,从而形成医院小环境气候。其中利用连接楼与楼之间的内外庭院布置了可供儿童自由、安全嬉戏的软地坪和游乐设施(图 2)。①生态庭院与景观广场——各建筑功能区之间设计生态庭院,有利于提升空间视觉效果,提高采光、通风效率;地下餐厅结合景观下沉式广场,引入自然采光及通风,使设在地下室的餐厅具有良好的用餐环境;以简洁的园林小品点缀庭院与广场,除精心配置各类植物改善周围的生态环境,还安排了汀步、水景、雕塑等小品,从而创造了一个亲切宜人的休闲空间,为儿童患者、家属及医护人员提供一处可以活动、休憩、交谈

△ 图 2 软地坪和儿童游乐设施

和观景的停留区域。②屋顶花园——屋顶绿化充分体现建筑与生态环境的有机融合,设计以硬质场地和草坪灌木植被为主,间插花香及休闲设施,为人们提供小憩的"屋顶花园"及体育小场所,缓解人们精神上和身体上的紧张和疲劳感。同时,为屋顶和墙体提供保温和隔热作用,有效地减小建筑物墙体的日光反射,有助于降低能耗。③隔离绿地——绿地采用都市森林做法,都市森林是绿色空间的载体,它并不是模拟大自然森林的形态制成布景式的小型森林,而是以一种自然森林抽象化了的人工森林;绿地采用网格状图案,并以草地、灌木、花卉、乔木等波浪式多层布置,形成现代、简约、大气的景观效果。

Ⅱ.从服务对象出发,为打造儿童心目中的医院,在景观设计方面,让儿童身处其中时处处感受到生命的活力和自然生态的气息。儿童医院的主要服务对象是14周岁以下的儿童,因此在设计风格上要尽量体现活泼、轻松的感觉,尽量选用色彩明艳、充满活力的植物,并结合卡通雕塑与儿童活动设施,让儿童消除紧张的情绪,以积极的心态面对治疗。考虑到儿童好动、好奇的天性,避免选用种子飞扬,有异味、有毒、有刺以及过敏性的植物,同时尽量避免易掉落果实的树种,防止儿童误食。

2. 内部空间——打造恢复患儿健康的梦想之地

为满足患儿生理、安全、社交、尊重、自我实现等多层次治疗及生活需求,医院从细节入手,给予患儿医疗安全、色彩安全、物理安全、化学安全、生态安全、空间安全等多角度的人文关怀,通过流线布局优化、多元色彩表达、生动卡通形象、装饰用材变化、儿童游戏空间引入等,缓解家长焦虑和患儿紧张恐惧感受,从而舒缓陌生环境、医疗特有环境对患儿、家长的心理压力,引导希望、向上的心理期许。

(1)科学精细的流程布局

医院建筑是医学专业和建筑学专业的有机结合,有严格的功能和流程的要求。医院功能流程组织在医院建筑项目实施过程中容易被忽视,它并不等同于设计,设计主要侧重于结构、安全、规范、外观与环境,而功能流程组织在对以上因素的整合考虑之外,还需兼顾医院特色与定位、业务规划、运营管理等。

不管对于医护人员还是就医人员来说,简捷快速的流线,清晰明确的分区,简单明了的导视,都加快了整个医院运转的速度,帮助就医人员快速得到诊疗,方便医护人员提高工作效率。根据疾病种类、规律以及医院内人流分布、活动时间长短等,进行合理的功能分区和合理的流线规划,从而使医院各个部分之间以及部门内部自身相互作用又互不干扰。

Ⅰ.汲取模块化的设计理念。①整合类似功能——门诊单元和病房单元是医院建筑中最为基础的医疗空间,在系统组合过程中两者有基本不变的元素,采用标准化的模块形态和模数尺寸,形成1+X的空间类型和布局,实现简化与特殊的兼容。②减少冗余流线——将多个功能联系紧密的模块组合起来形成一个模组,使得它们之间的联系更加直接、提高效率。在医院设计中将门诊诊断、治疗部分集合成门诊模组,组内由若干模块(诊室、挂号收费、治疗等)集合而成。③均质量化空间——设计阶段关于人流量的计算往往依赖经验,而医院经常面临人流量骤增的问题。建成后的某些大型综合医院的门诊量几乎都是设计值的1.5倍。儿童医院在设计初期充分研究各个功能模块需求的量化基础,按照诊室、等候、交通、卫生等必备功能需求,制定功能配置准则,均匀地设置功能模块的建筑空间。④应对发展要求——医学科学的不断发展、医疗运行模式不断改进,引发新的医疗活动形式,激励新的医疗环境和建筑空间建设的需求,模块化的医疗建筑形式可以应对发展的需求,灵活地组建成新的空间,避免后期的大量改造工作。

Ⅱ.运用集成化的动线管理。①合理安排各个科室部门——兼顾医疗流程与运行管理的效率,相互关联与支援的部门通过水平流线的连接进行集成,尽量减少不必要的人员、资源浪费,以便最大限度地发挥科室部门的能动性;科室平面的安排满足医疗功能使用与各种设备安装的需求,保证医疗内部空间的完整舒适性。②缩短病人往返的路线。根据科室的设置,将常规的医技检查随科而设,如心内、心外科的心电检查同层同区域设置,减少患者去往其他楼层给垂直交通带来的压力;检验科内采集小便的空间与送检窗户咫尺之遥,消除患者端着尿样走来走去的尴尬。

Ⅲ.设置分区化的竖向交通。①人员分流——在来院就诊或其他医疗活动人员中,康复、保健、眼科等人流可以归为"健康人群",设计中将这部分人员进行分流,安排在竖向稳定的区域。②电梯设置——要求设计单位对人流量进行测算,科学合理配置电梯数量;同时将工作人员电梯、病人梯进行合理地分区设置,避免高峰时间电梯厅大排长龙现象的发生,并设置独立的手术梯以及污物梯。

Ⅳ.规划科学化的核心用房。①科学配置——净化用房,手术室、ICU等净化用房往往是医院的核心,合理的规划将为我们在医院建设过程中做到空间的最大最有效的使用;洁净手术部自成一区,手术室的洁净等级(百级、千级或万级)及数量根据手术类型及手术量进行合理配置,避免一味追求大

△ 图3　大平面候诊空间

而全,造成建设和运营成本的浪费;②合理布局——手术室与其有密切关系的重症监护室临近,并与有关的病理科、中心供应室、血库等流线便捷,使得物流传输(标本、消毒、血液的供给)真正做到路径短捷。合理的布局能起到更高效节能的作用,以及在医院的使用管理上能节省人力、财力和时间。

Ⅴ.采用一体化的专科布局。新院区域性专科布局一改传统的布局模式,以病人为中心,设置大平面的候诊空间、一体化的专科诊疗布局(图3),相对独立的诊疗区域内设有相应的专科门诊、功能检查和专科治疗、护理康复指导,形成多个诊疗中心,加强门诊专科化建设。

Ⅵ.实现"一站式"的服务优化。①一站式付费——门急诊每个楼层均设置挂号收费窗口、自助服务区域,优化流程,有效缩短了排队等候时间,避免患儿家长往返奔波,既可分散集中人流的压力,又可按科室提供高效的服务。②一站式静脉输液——通过输液药房的设置、排队叫号系统的引入,家长可以很安心地在输液区陪伴患儿等候输液治疗。③一站式检查预约——优化传统就医流程,努力缓解老百姓看病"三长一短"的难题(挂号、候诊、收费队伍长,看病时间短)。普陀新院院区开通了上海首家移动在线挂号服务模式,开发了微信医疗服务和掌上儿童医院APP服务终端,实现了专家预约、在线挂号、在线候诊、报告查询、育儿宝典、药师在线、三维导诊等全方位信息服务,使家长可以在家用微信挂号,到医院用自助机付费,窗口排队时间明显缩短(图4)。同时根据绝大部分儿科常见病需进行常规检验的现状,有针对性地汇总形成了"三大常规"的适应症,并通过信息系统开发,嵌入门急诊预检系统,实现了患儿在预检的同时完成相关常规检验的开单,构建了"预检并开具常规检验单-挂号、付费-就诊、医生读取报告并完成诊疗"的就医新模式。改善了患者的就医体验,也提高了医生的问诊效率,医生可直接根据检查结果进行诊断,还在很大程度上避免了回诊患者与就诊患者间的矛盾。

Ⅶ.打造功能性的公共空间。随着现代化医院的发展方向,服务理念的不断变化,公共活动空间将进一步扩大,功能进一步完善,将便利店、咖

△ 图4　微信挂号与"诊前化验"服务

啡厅以及文化设施引入医院的公共空间,真正做到以人为本。

（2）萌趣生动的空间设计

充分考虑到儿童活泼好动、好于探索的特点,用流转生动的色彩线条、清新活泼的卡通形象、高低交错的图案模型尽可能地挖掘空间,勾勒出"儿童乐园"般的就医环境。

Ⅰ.以童话为主题,引入不同色彩,柔化医院空间氛围。医院一改传统的白色,以分区施色与统一施色相结合的形式,结合海洋、森林、卡通等不同主题进行渲染,对门诊、病房每一楼层进行个性化设计。绿色、橙色、黄色、蓝色、粉红色……各种鲜亮的色彩让患儿仿佛进入了多彩的童话世界。

Ⅱ.以关怀为主题,引入卡通元素,缓解患儿恐惧心理。①诊疗区——庞大的医疗器械会给儿童带来冰冷的感觉,会加重他们对医院的恐惧,从而和医院以及医护工作者产生了距离感。在输液区、部分功能检查室等患儿较为"惧怕"的医疗诊疗区,用孩子们熟悉的卡通形象代替原本冰冷的白墙,吸引患儿的注意力,舒缓紧张情绪,更好地完成检查。②病房——在病房的每一楼层也都有代表性的卡通形象,猴子、狮子、木马、小鸟、企鹅、大象……门扇上形态各异的卡通形象与地面上的动物脚印,有效柔化了现代感较强的高技术诊疗环境,舒缓患儿的紧张心理,使患儿更好地配合治疗;墙、顶、地的空间变化和接近儿童认知的个性化设计便于儿童记忆和识别,也在一定程度上起到防走失的作用。③"一米世界"的视觉识别导视系统——建设基于成人视角的视觉识别体系的同时,充分考虑儿童的

视觉识别能力和高度,借助色彩渲染、卡通元素的引入(如导诊示意图被做成玩具积木的形状,让孩子们在轻松愉悦的心情下接受诊治),以离地 90～150 cm 为基准,在门诊及病房区域构建儿童"一米世界"的视觉识别导视系统,便于儿童观察、识别导视信息,加快儿童对医院环境的适应,减少陌生感带来的害怕、紧张等负面情绪。如 DR 检查机房以鲜亮的色彩、活泼的儿童主题画替代原有的白色,舒缓了患儿的紧张心理(图5)。

∧ 图5 DR检查机房

Ⅲ.以微笑为主题,引入儿童专用设施和活动空间,体现医院对守护儿童健康的使命与责任。①专用设施——在门急诊各楼层内设置哺乳室,解决了妈妈和患儿的后顾之忧;病房内的母子淋浴室配备有淋浴、婴儿换洗台等,满足患儿与家长的特殊需求;病房内的儿童视野窗台、儿童专用桌椅以及覆盖全院公共区的儿童卫生洁具、儿童安全扶手的配置,充分体现医院对儿童特殊生理需求的尊重与关怀。②活动空间——在病房区域内构筑阳光爱心小屋,开设健康影院、放置角色扮演玩具、搭建爱心志愿者平台等,淡化儿童由于疾病、住院而产生的不愉快心理。

Ⅳ.以爱心为主题,引入童趣主题画,创造孩子们心中的儿童医院。①儿童画展示墙——医院在门诊区域选择多块大幅墙面,设计制作了儿童画展示墙,这些由阳光爱心志愿者和社会爱心儿童联合呈现的作品,不仅缓解了患儿对医院的恐惧心理,更是传播着爱与希望。同时,挑高的一层门诊大厅

∧ 图6 以四叶草为主题的门诊大厅

更显开阔、通透,空中悬挂的四叶草寓意医院守护儿童健康的希望与期许(图6)。②儿童画集体创作活动——在普陀新院正式运行的当日邀请中福会少年宫"小伙伴书画团"成员和我院肾脏科住院患儿,共同参与"我心中的儿童医院"儿童画集体创作活动,画卷以"为儿童服务就是幸福"这九个遒劲有力的书法大字为起始,依次是方便快捷、令人放松喜欢的医院环境,8 m 书画长卷展示在新院的公共区域,营造温馨亲切和谐的就医环境,激励患病儿童战胜病魔的勇气。

（3）清晰明确的标识设计

如何迅速地找到前往的科室，对于患儿及其家属来说非常重要。由于患儿或者家属识读建筑平面布局、交通流线图有一定困难，因此需要设置一系列的标识系统作为建筑平面布局、交通流线图的补充，通过标识系统了解医院的各个职能科室。

Ⅰ. 标识系统不仅具有指示和引导功能，也是人员疏散的功能性载体。将医院的标识系统分为三级：一级标识是把医院与周围环境区别开来，其作用是向医院外的人表明医院的身份，比如户外门头、俯视标识等；二级标识包括户外的区域导向、索引等；三级标识则是指引就诊者如何到达每栋楼层、每个科室，这些标识系统是按照医院的就诊流程来设计的，其最终作用是引导就医者主动按照医院的流程就诊。

Ⅱ. 医院的标识系统往往是文化的体现。设计时充分考虑与公共空间、文化传承的统一协调，简洁直观、方向明确，病人就医便捷，关注患者体验。在二级、三级标识系统设计过程中与医院原有 VI（视觉识别系统）中的颜色、图案、造型、元素相结合，给人完整的、系统的观感。

（4）温馨人文的氛围创造

Ⅰ. 普陀新院项目的建设处处体现着人文关怀的理念。创建温馨的人文医院是儿医人始终如一的愿景，上海的城市精神、儿童服务的公益慈爱，专业的卓越追求是医院文化的核心。在医护工作中体现人文精神，在人文的氛围里开展医护工作，儿童医院用全新的人文理念全心全意为可爱的孩子们服务。新院建设的"三面墙"全面展示着医院人文发展的蓬勃朝气——"院史文化墙"描述了儿童医院各个历史时期的发展历程、名医大家及院址院貌，讲述的是荣耀与梦想；"慈善感恩墙"以树木为原型，

用每一片树叶记述着每一个慈善机构或慈善人士对医院及患儿的关爱，诸多的叶片让慈善之树呈现出繁荣发展、欣欣向荣的旺盛势头（图7）；"儿童画展示墙"集中展示了"我心中的儿童医院"儿童画集体创作的作品，孩子们通过各自独具想象的视角和独具匠心的思考，描绘出一幅幅天真、纯粹、阳光的作品，描绘着广大儿童对医院的梦想与期许。

△ 图7 慈善感恩墙

Ⅱ. 普陀新院项目的发展促进海纳百川的地域性格在院内蓬勃生长。除"三面墙"之外，内庭院的三座铜雕塑展示着海派文化的传承，无论是小伙伴之间的跳方格、甩香烟盒，还是母子之间的翻花绳，老上海里弄生活的细节活灵活现地展示在众人面前。简单而又纯真的设想激起每个人内心最真挚的温暖和最赤诚的感动。雕塑中儿童的活泼形象备受来院小患者们的喜爱，而年轻一代的家长们似乎回归到自己当年的孩童时代，时间和空间的交错，给人一种倍感温暖的亲切感。

Ⅲ. 普陀新院项目的开办使得原有"阳光小屋"全面升级。1998 年 6 月 1 日，在市领导的亲切关怀下，在市妇女儿童工作委员会的直接指导下，在社会各界人士的热心支持下，在上海市儿童医院血液科病区建立了全市第一家"阳光小屋"，如今"阳光小屋"已走过整整 20 年。"阳光小屋"是患儿忘却恐惧和不适的开心天地，小屋里的电脑、图书、玩具等各类可供学习、活动的用品，使病儿如若置身在学校、家庭。病区内的医护人员、志愿工作者在小屋内与患儿亲如一家。"阳光小屋"对患儿心理安定，配合治疗，密切医患联系，提高治疗效果起了非常重要的作用。同时也给病区带来了欢声笑语，为患儿的康复创造了良好的环境，成为众多患儿治疗康复过程中的深刻记忆。随着新院项目的开办，"阳光小屋"的服务精神延伸到了医院的其他部门，"突出患儿需要，强调满足患儿身心两方面健康成长的需求，尽力为患儿提供更好服务"氛围在医院内形成，实实在在地把志愿者的精神融入生活。儿童医院不光只是疾病的治疗场所，医院更需要从生理、心理、社会三个层面全方位开展服务，新院以"阳光小屋"为基础点，以"医务社工＋志愿者"为服务模式，建立了一套完整的志愿服务体系，重点打

造了"患儿成长支持"项目,组建了彩虹湾病房学校、糯米老师绘画课堂、音乐教室、108魔力课堂等一批特色项目,让住院的患儿也能享受到专业服务。这一系列的服务工作凝聚着社会爱心的力量,发挥这股力量持之以恒的光和热,把弱势群体拉出孤独无助的角落,让阳光伴随患儿,战胜病魔。

（5）安全环保的材料设施

Ⅰ.儿童的安全意识十分薄弱,因此在儿童医院内部空间设计方面将安全始终放在重中之重,做到把控每一个细节,从儿童的角度思考问题。①防止意外事件——所有栏杆之间的间距均小于0.1 m,设置防攀爬措施,公共区间与病房的开窗角度小于30°,防止儿童发生意外坠落;在人流量较大的区域(例如门诊大厅、药房等)留出充足的空间,避免发生拥挤、碰撞事件;在电气插座的设计上也充分考虑到安全性,尽可能设置在儿童接触不到的位置,如必须放置在儿童可触及的区域,或在插座外观设计防护盖或选用儿童安全插座,防止儿童意外触电;在选材方面避免选择坚硬的材料,在儿童容易接触的地面,比如病房、走廊,采用PVC这类具有一定弹性的柔性材料,即使儿童摔倒也不容易受到伤害,不像石材类材料儿童一旦滑倒极其容易受伤。②考虑儿童尺度——避免出现大踏步的台阶;在卫生间及病房走廊双侧设置儿童安全扶手(高度0.7 m);在无障碍设施设计中,考虑到儿童体力关系,将门诊入口以及其他主要空间的无障碍坡道的坡度比例设计为1:20,确保儿童上下坡方便。

Ⅱ.在材料选择上更加注重环保。儿童的抵抗力本来就比成年人要弱,对材料的环保指标更应该严格把关,为儿童创造一个健康的就医环境。

3. 医用家具——关注医护人员与患儿的细节之美

（1）功能性

医用家具首要考虑功能性,面向医护工作人员,符合操作规范和优化工作流程的家具细节设计将提高工作效率,为临床一线工作提供细致保障。

Ⅰ.根据实际使用需求提高部分医用家具的标准。部分医用家具除了要满足耐用性需求外,还必须具备实验室家具的特性,耐酸碱、防腐蚀防潮等。譬如,医疗储藏柜、医疗器械柜要求必须防潮、防交叉感染、耐磨性能强;医疗人造石台面则需要防酸碱性强,具有较好的耐热性、耐污性、耐腐蚀性以及耐磨性(图8)。

Ⅱ.根据征询沟通意见增加医用家具人性化设计。①治疗室下柜的补液篮设计——治疗柜用户多为女性医护人员,根据中国女性的平均身高,考虑到护士在进行相关医疗操作时需要频繁弯腰拿取药品或器械,在下柜中添

△ 图8 病区护士站

加补液篮,减少用户在使用时的烦琐程度并有效减少疲劳度。②诊疗床的一体化设计——床面采用PP材质软包床垫,防止污染渗透、易清洁打理,侧面带有刻度线方便护士获取患儿身高信息;在诊疗床下方增加3组置物抽屉,方便了医护人员的操作并大幅度提升了医疗操作的效率;四个带刹车功能的万向静音轮,在最大限度降低噪音的前提下实现了诊疗床的可移动性。

（2）实用性

面向患儿和家属,结合实际环境因素,在医用家具设计时要注重其结构、材质等多方面因素以提升患儿就医舒适度、满意度。

Ⅰ.提升就医体验。①门诊大厅护士站——兼顾预检和咨询的功能,考虑到我国就医人数较大的特点,吧台设计时做到四面环顾,提升了患者的就医体验。②半开放式收费站——为就诊人流量较大时期分担门诊大厅收费处工作压力,减少患者就医的排队等候时间,在门诊二层、三层区域分别设立了挂号收费分站点。吧台设计成开放式,结构简明且开阔,可容纳四人同时工作;同时,兼顾安全性问题,在吧台侧面安装护栏防止逾越行为的发生。

Ⅱ.注重儿童的特殊性。充分考虑到患儿一般输液时间较长的现实条件,结合儿童输液需要家长照料的特殊性,在设计输液区域家具时采用空间较大且配有隔断的单独输液空间;每个输液隔断上带有固定输液架,解决了传统移动或手持输液架在人流量较大的情况下显得凌乱且有一定安全隐患的问题;输液椅和输液床上安装呼叫铃,家长不再需要往返护士台,可安心陪伴患儿。

（3）安全性

要求医用家具所使用的所有板材均达到绿色环保的规定指标,在使用过程中不再释放对人体有害的其他有害物质。此外,因儿童医院患者群体的特殊性,所有公共区域家具都采用圆角设计,营造安全的就医环境。

Ⅰ.在采购环节设立严格的资质、环保、质量要求。资质方面要求供应商具有一定规模且须有医院项目经验,企业需要通过 ISO9001 质量认证;环保方面要求板材须符合国际 E0 级环保标准(即甲醛释放量≤0.5 mg/L),对家具中所采用的油漆涂料、胶黏剂的游离有害物质含量均要求通过相关监测规定;质量方面,除了需要通过《中华人民共和国家具行业标准》(QB/T 1951—1952—94)、《木家具通用技术条件》(GB/T 3324—2008)等行业标准外,还须符合《儿童家具通用技术条件》(GB 28007—2011)。

Ⅱ.在设计环节制定严格的安全策略。①圆角处理——公共区域的护士吧台、候诊椅等家具以及暴露在外的容易因儿童不慎摔倒时造成撞伤的家具,均避免尖角及利边,严格使用圆角处理,即使是在容纳人数较少的诊室中,也将诊桌各个棱角处理为圆角。②稳定结实——底部较阔,平稳贴地、不左摇右晃;做到没有裂纹,结合部分紧密,没有出头的螺钉,榫槽结构;同时避免家具结构单薄造成倾覆。③防止钻爬——避免儿童身体能够通过、头部不能通过的空位,在儿童病床栏杆的设计上防止儿童钻、爬、翻三种不安全行为。

（4）美观性

医用家具应与整体环境协调、色彩搭配、风格统一,在考虑家具的色彩处理时,要熟悉一般的色彩心理效果,也应适当体现医院文化。

Ⅰ.活泼简约的相互协调。候诊座椅家具采用多彩搭配的外观模式,给予就诊患儿及家长清新、活泼的直观感受,间接消除患儿对医疗环境的恐惧、紧张感;结构上采用软包、钢材、木材相结合的简约风格,兼顾美观和安全性;做到与周遭装饰环境(墙面、地面、标识等)颜色上相搭配、尺寸上相协调。

Ⅱ.医院文化的直观体现。门诊大厅是体现医院文化的重要组成部分,大厅护士站的色彩选择了医院 LOGO 的两种主色调,红黄二色构成一定冲击力的暖色调表现了医院对于患儿的温暖关怀。

四、项目成效

上海市儿童医院普陀新院项目先后获得上海市重大工程文明工地、上海市优质结构、上海市"申安杯"优质安装工程奖、上海市建设工程"白玉兰"奖(上海市优质工程)、国家优质工程奖等奖项。

自上海市儿童医院普陀新院运行以来,医院医疗业务量逐年增长,2014 年至 2017 年的门急诊业务量分别为 172 万人次、209 万人次、221 万人次、247 万人次,住院手术量分别为 1.7 万人次、2.2 万人次、2.5 万人次、2.7 万人次。为满足人民群众基本医疗服务需求发挥了作用,取得良好的社会效益。

当人们走进医院门诊大厅后,映入眼帘的是一片片满载期许的四叶草;远眺医院大楼,楼顶之巅是高耸的学士帽。这种高低呼应正凸显了上海市儿童医院打造恢复患儿健康的理想之所,一路呵护儿童成长,构筑希望、放飞梦想、点亮未来的拳拳之心。

吴益群　张志毅　何　芸/供稿

城市的安全堡垒，突发公共卫生的
应急体系，医教研防的一体化基地
——上海市公共卫生中心项目

一、项目背景

2003 年，非典型性肺炎"SARS"在全球肆虐。这次非典型性肺炎的爆发，特别是医护人员感染比例较高的现象，给我们带来了一个新的课题——如何从建筑的空间和流线角度采取相应的措施来保护好奋斗在一线的医护人员和其他一般传染病的病员呢？国内的各类传染病专科医院虽然有严格的分区原则，不同的病种有独立的病区，但传统的中央空调设施，由于大面积范围内的空气流通等因素，极不利于对传染病毒的隔离，特别是面对类似"非典"这样的烈性和不明原因的呼吸道传染病的防治需要。健全的公共卫生体系，也是上海建设现代化国际大都市所不可缺少的重要组成部分。

长期以来，上海市已建有较完整的公共卫生防疫系统，但是面对抗击"非典"的严峻形势，特别是在"非典"疫苗尚未问世之前，严防死守依然是打赢"非典"阻击战的关键。建设专门治疗"非典"病人的医院，对于确保上海城市安全，并使"非典"病人有更为良好的医疗环境和更为专业的医疗服务，必须采取强有力的措施，具有紧迫的现实意义。

上海市公共卫生中心项目作为本市公共卫生体系建设三年行动计划的主体工程，被列为 2004 年市重大项目一号工程。在战"非典"期间共收治临床确诊病例 7 例（其中 6 例极危重，抢救成功 4 例）、疑似病例 53 例、留院观察病例 5 例；在抗击非典的 133 d 中，实现本院医务人员"零"感染。出色的工作，得到了国务院督察组的 WHO 非典专家组成员的高度评价，并以"伟大"二字加以赞赏。

上海市公共卫生中心建设项目的建设实施，是完善城市公共卫生体系，适应抗击"非典"工作，应对今后类似的突发公共卫生事件,维护上海城市公共安全的重要举措。既要满足大规模流行性传染病隔离治疗的需要,成为本市公共卫生应急体系的重要组成部分,又要适应科教兴市的发展战略,进行病原学研究、流行病学研究、疫苗研究等,为本市传染病和生物安全科学研究提供一流的实验设施。为落实市领导的指示,建设一所现代化、高科技、国际一流的、集临床与科研基地为一体的上海市公共卫生中心,本项目积极开展了建设方案的研究和论证,先后五次广泛听取了传染病临床、公共卫生、病毒研究、医院建筑、医院建设和管理等领域专家(包括十余位曾有海外工作、学习经历的专家)的意见,并依托复旦大学、交大医学院查阅了国外有关资料。本篇以上海市公共卫生中心项目为案例,对建设新型传染病医院的总体布局、建筑设施、项目管理等方面做一些浅显的介绍与探讨。

二、项目概况

上海市公共卫生临床中心是一所具百年历史的三级甲等医院,又名复旦大学附属公共卫生临床中心、复旦大学附属中山医院南院,始建于 1914 年,是全国传染病医师进修教育培训基地、中国疾病预防控制中心艾滋病临床进修教育基地和上海市疾病控制中心临床基地。为了应对"非典"和长远突发疫情的防治需要,加快建立和完善公共卫生的应急体系,抓紧建设一所现代化、高科技、国际一流的公共卫生中心是必需的。上海市公共卫生中心项目建设地点位于上海市金山区山阳镇,A4 高速公路以北,规划漕廊公路以南,松卫南路以东,亭卫公路以西。结合上海片林的建设,公共卫生中心规划控制用地 500 亩,片林 600 亩。

(1) 项目名称:上海市公共卫生中心项目。

(2) 用地规模:333 414 m²。

(3) 建筑面积:89 253 m²。

(4) 核定床位:500 张;另设置 600 张应急床位。

(5) 建筑高度:不超过 24 m。

(6) 容积率:0.27。

(7) 绿化率:69%。

(8) 建设进度:2003 年 8 月开工,2004 年 10 月竣工验收。

(9) 建设投资金额:8.6 亿元(含片林征地动迁费用)。

三、项目建设目标

上海市公共卫生中心,既要满足大规模流行性传染病隔离治疗的需要,成为本市公共卫生应急体系的重要组成部分,又要适应科教兴市的发展战略,进行病原学研究、流行病学研究、疫苗研究等,为本市传染病和生物安全科学研究提供一流的实验设施。

(1) 要做到功能布局合理,门急诊、医技、住院、科研和生活设施相互隔离,应考虑不同传染病能相对独立,病房楼宜建二层至三层,根据需要可分可合(图 1)。要充分考虑到传染病的复杂性和危害性,各功能区、各病区在必要时能隔断并能独立开展工作。能够有效地阻断疫情在病区的扩散蔓延,并保证整个系统能够继续正常运行。

(2) 要做到操作流程科学,严格按照传染病学规律,落实卫生防疫和环保要求,做到人物分流,医患分流,洁污分离,防止交叉感染。同时强化功能分区,优化内部流程和安全隔离方式,采用适当的空调系统,合理组织气流、控制负压,确保病人、医护人员、科研人员的健康安全。

(3) 要做到防护措施可靠,严格医院、科研中心、生活区内部,以及周边环境的安全隔离。对外防止成为新的污染源,对内严格防范交叉污染和感染,尤其要防止突发的自然灾害,如台风、暴雨等造成污染的扩散。

⋀ 图 1　病房楼

（4）要做到污废处理规范，医院产生的污水、固体废弃物、有害气体，要严格按照国家规定的环保和疾病控制要求进行安全处理。根据当地的水文地质、气象情况，对区内污水进行集中处理，必须严格达到环保的排放标准方可纳入管网。制订污物、废气处理方案，防止成为新的污染源。

（5）要充分体现以人为本理念，除了在设计中应考虑的医患治疗、生活、学习便利外，还应考虑到隔离病人及医护人员心理上的需求。利用可视电话、网络系统等现代通信科技，为隔离人员与外界的沟通创造良好的条件。尽最大可能为患者、医护人员、科研人员创造舒适的、人性化的治疗、工作和生活设施环境。

四、项目建设进程

（1）2003 年 5 月 12 日，取得沪计社〔2003〕049 号"关于金山区山阳片林——上海市公共卫生中心项目可行性研究报告（含项目建议书）的批复"文件。

（2）2003 年 5 月 23 日，正式成立上海市公共卫生中心代建单位办公室。

（3）2003 年 5 月 25 日，基本完成红线内外三通一平。

（4）2003 年 8 月，新增场地内的河道进行清淤回填及场地平整；开始运进土方；华甸路钢筋混凝土路面全部浇筑完成；金山区规划院对新增场地重新定桩位完成。

（5）2003 年 9 月病房一组团、病房二组团基础预制桩施打，围墙基础施工、现场临建搭设、施工用电线路架设、现场道路混凝土浇筑。

（6）2003 年 10 月，病房一组团、二组团基础土方开挖，基础梁施工，一层梁施工，宿舍楼预制桩施打，基础土方开挖，围墙基础施工。

（7）2004 年 6 月 29 日，公共卫生中心基建项目基本竣工，病区组团、门急诊楼、行政培训中心、宿舍楼、能源中心等各个单体的工程建设已基本完工。

（8）2004 年 7 月，进行大型贵重医疗设备的进场、安装和调试工作。

（9）2004 年 7 月，科研中心、动物房、污物处理中心、制剂楼和职工浴室等单体开始施工。

（10）2004 年 10 月，除制剂楼外其余单体竣工。

（11）2004 年 12 月，完成制剂楼竣工。

五、项目重点难点

1. 项目选址

项目选址既要体现传染病医院的一般要求，又要凸显应急情况下的紧急收治的特殊要求。

1) 传染病医院的一般选址原则

根据传染病学的规范要求,结合上海城市特点,并按照远近相结合、集中收治、隔离治疗和科教研相结合的原则,建设现代化的公共卫生中心,既要考虑环境对公共卫生中心的要求,尽量减少公共卫生中心对城市环境的影响;又要考虑公共卫生中心对环境的要求,有利于开展传染病学的研究和救治、隔离病人的需要及利于病人康复的需要。一要具有良好的交通条件,选址应靠近城市的主要交通干道,便于救护车辆方便快速地到达,基地至少一侧面临城市骨干道路。为了充分利用城市现有的医疗资源,易于开展传染病人的综合会诊和救治,离中心城区的时间距离一般在 30～45 min 左右为宜。二要具有良好的用地条件,应具有相对的独立性,边界易控制,土地比较平整规则,并且该块土地上的动迁量相对较少。三要具有良好的基础设施支持,选址地区应有比较完善的市政基础设施,能满足建设的需要。四是要对环境影响最小,应远离中心城、远离人口密集区域,按国际上的标准,离开一般居住区和工业区的距离在 1 000 m 以上,不可位于城市主导风的上风向及城市集中式供水水源保护地,并应不属于城镇发展用地。五要周边地区具有大面积绿化的条件,满足在其周边建立卫生防护隔离带的空间需求,同时有利于病人康复的良好环境。

2) 项目选址充分体现了合理性

项目选址在上海市西南面的金山区山阳镇、朱行镇与张堰镇交界处,项目占地 4.9 km²。选址地块呈梯形,其长底边即是西边界。选址地块观状用地主要为农田、宅基地和河流。项目选址的四周边界均为显著的地物标志,北边界为规划漕廊公路(张漕公路西延伸线),东边界为亭卫公路,南边界为莘奉金高速公路(A4 公路),西边界为松卫南路,因此该地块具有较好的独立性。

该选址西距张堰镇约 5.5 km,南距山阳镇约 2.8 km,东距漕泾镇约 5.3 km,北距朱行镇约 5.5 km。项目选址地块距上海市黄浦江上游约 20 km,距黄浦江上游水源保护区边界的距离为 15 km。

位于片林中心的市公共卫生中心占地 520 亩,350 m×750 m,呈矩形,长边为东西方向,市公共卫生中心被宽 125 m 的内围隔离区包容。

(1) 交通便捷迅速

项目选址位于亭卫公路以西、A4 高速公路以北、漕廊公路以南、松卫南路以东,交通便捷迅速。公共卫生中心通过这四条城市交通干道到达市中心(人民广场)的距离为 67 km,车程时间约 50 min,既便于病人的集中和快速收治,又有利于公共卫生中心利用城市现有的医疗资源,及时迅速地开展传染病人的综合会诊和救治。

(2) 地块边界具有较好的屏障作用

项目选址地块的用地条件很好,四周边界均为交通干道(其中南侧为具有隔离功能的高速公路),边界极易控制,具有较好的屏障作用,整个选址地块具有相对的独立性。从项目选址地块这一地貌特征判断,该地块非常适宜于规划建设那些需要有一定的卫生防护距离的项目,因此将该地块的中心作为上海市公共卫生中心的选址是适宜的。

(3) 土地平整,便于机械化施工

选址地块形状规则,便于院内设施的总平面布局。土地平整,便于各类管线布设及大规模土建项目的机械化施工,有利于在短期内完成建设任务。

(4) 具有比较完善的市政基础设施

项目选址地块已经具有比较完善的市政基础设施,供电、供水、电话通信及污水排放等均可比较迅捷地接入城市已有网络。选址地区的市政基础设施,能很好地满足项目建设并迅速投入运营的需要。

(5) 处于上海市常年主导风向的侧风向和下风向

上海市属于亚热带季风区,夏季盛行东南风,冬季盛行偏北风,上海市全年西南风的风频最小,仅为 2%,南风的发生频率也仅为 4%。项目选址地区位于上海市西南部,因此正处于上海市常年主导风向的侧风向和下风向位置。

（6）与人口密集地区间的距离较适当

项目选址距市中心（人民广场）为 67 km，距最近的农村集镇山阳镇（在项目选址地块南面）约 2.8 km，与人口密集地区间保持有较适当的空间距离。

（7）远离黄浦江上游水源保护区

项目选址地块距黄浦江上游水源保护区的最近距离约在 15 km，这一距离可有效地保证本项目对上海市的水源地不会产生直接的污染影响。

（8）不属于规划城镇发展用地

项目选址地区远离上海城市总体规划确定的城市发展生态敏感区或建设敏感区。根据上海市和金山区的小城镇布局规划，项目选址地块不属于城镇发展用地。

（9）区域环境质量现状良好

项目选址地区目前的环境空气质量能稳定地达到国家二级标准的要求，地表水环境质量能基本达到国家Ⅳ类水体标准的要求。市公共卫生中心位于山阳片林的核心地区，距四周道路的最小直线距离也要 300 m，已完全不受周边道路交通噪声的影响。选址地区具有公共卫生中心科学研究和病人康复所需的良好的环境质量。此外，项目选址地块距杭州湾约 7 km，空气的流通、稀释扩散条件也有利于空气环境质量的保护。

（10）与外围大规模的郊区片林绿化一体化

项目把郊区大规模的绿化和市公共卫生中心纳入一体化建设，具有科学性和合理性。山阳片林的建设使市公共卫生中心外的卫生防护隔离带分成两个层次，内围（即片林启动区）宽 125 m，外围（即山阳片林的主体）的宽度在 175～1 920 m。内、外围合计的卫生防护隔离带宽度将显著增加。

2. 传染病医院设计特殊要求

1）规划布局的两大原则

规划布局体现"以人为本"的基本原则以及作为突发疫情应急防控的救治原则。

针对传染病医院患者需隔离治疗的特点，在总体布局上更应突出人性化，提供良好的就医和康复环境、合理方便的服务流程、高质量的医疗服务等。

总体布局上根据需要可分为隔离区、限制区、清洁区，不同的功能区域建筑可采用不同的颜色标示，医护人员可按其所在工作区域的建筑颜色佩戴不同颜色的胸卡，不同区域的交通流线也与其建筑统一的颜色标示，这样既有利于病员方便快捷且准确地到达目的地，也避免了交叉感染。

按照基地的特征，立足于传染病医院的特点，整个医院分为安全区、隔离区和限制区；并按功能要求和发展计划，有机地分成 7 个板块，即 7 个分区。建设 500 张床位的病房楼（其中单人房 200 间、双人房 150 间）、医技综合楼、门急诊楼、科研中心、培训综合楼、后勤保障设施、医务人员宿舍用房等，每栋建筑物控制高度为三层楼，医技综合楼为四层楼。基础设施按固定床位 500 张加上最大可设置的临时应急床位数进行铺设。

"中心"分设隔离区、限制区和清洁区。隔离区为门急诊、病区、医技楼、手术室、污物处理等。限制区为科研中心、后勤保障区等。清洁区为培训综合楼和宿舍区等。

门急诊区位于基地的中部，以"小门诊大急诊"为其特点的二层建筑，可适应不同种类传染病。由医院的主要出入口进入，与医技综合楼直接相连。医技区（隔离区）位于基地的中部，位于门急诊楼和病房区之间，医技综合楼为四层建筑。病房区（隔离区）分别位于医技部的西侧和南侧，共设 500 床位。病房楼为三层建筑，每四幢病房楼形成一个病区组团。共建八幢病房。临时病区为 600 间病房，位于病房区南侧和西侧，近期为绿化用地。门急诊区、医技区、病房区有机融合，成为整个医院的中心。

能源中心及后勤保障（限制区）位于基地的西部，有单独出入口。能源中心位于基地的西南角，包括变电所、锅炉房、水泵房、空调机房、医用气体机房、营养厨房等设备用房。洗衣房、中心消毒供应设在基地的西部,靠近病房区,污水、污物处理则设在基地下风向的西北角,尽可能减少对病区的影响。科研区(限制区)设有医院的科研中心,包括先进的 P3 实验室、动物房和动物实验,以及分期建设的世界一流的高科技 P4 实验室。该区充分考虑了将来发展的需求,留有扩建的余地。

行政办公培训区和居住生活区(安全区)位于基地的东南角,从医院主入口进入。培训综合楼里,除了医院的日常行政管理培训用房外,还设有为来访者和病人服务的一些设施,如探视中心、鲜花礼品店、小卖部、银行营业部、餐厅、商店、问讯、健康咨询、网络查询等。

"中心"至少设四个出入口,根据洁污分流、人物分流的原则,设置病人出入口、医务人员出入口、后勤物资入口、污物出口等。各出入口应便于识别。

医疗服务流程应便捷合理,组织好医院的人流、物流、车流是医院建设的首要前提,特别是在收治烈性传染病病人时要设置专门的绿色通道,必须严格区分人流、物流、车流及其清洁与污染路线的流程,洁污分流,互不交叉。

医院内要保证足够的绿化用地,通过精心的设计、种植和管理,绿化系统可作为医院积极的景观和环境功能要素,成为功能分区的天然隔离带,改善医院建筑周围的小气候,对卫生防护、净化空气、减少污染以及对病人的心理治疗均起到非常重要的作用。

医院的传染病房应设置在院区长期主导风向的下风侧,病房有尽可能多的日照和自然通风。

2)传染病房严格分区

根据不同传播途径设立互相不干扰的传染病隔离病区,将呼吸道传染病与非呼吸道传染病病区分开设置,对于呼吸道传染病病区,要分别设立疑似病区和确诊病区。

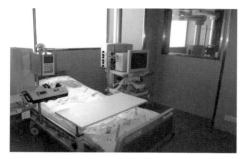

▲图2 传染病房

(1)护理单元的设置

传染病房(图2)的每个护理单元以 20～30 床位为宜(注:根据现行国家标准《传染病医院建筑设计规范》(GB50849—2014),每个病区床位配置宜为 32～42 床),护理单元的出入口要根据医患人群进行严格合理分流,设置各自的专用通道,避免交叉感染。出入口应分为:病人入院口,病人出院通道,医护人员出入口,尸体及污物出口等。

平面上可采用三走廊式,即利用三条同向分流的走廊,形成清洁区、半污染区、污染区,相互严格分开。各区域应有明显的分区标志(如地面选用不同颜色)。

(2)应设置病房缓冲间

为了避免医护人员成为病毒的二次传播者,在每间病房设开放式缓冲间,使医护人员在出入病房前更衣,做卫生准备,以减少医源性感染。院内洁净通道和污染通道必须分别设置。

(3)重视门窗设计

由于房间空调和室内外温差等的原因,单层玻璃窗内表面往往产生结露现象,潮湿的环境就有利于细菌的繁殖;所以有条件的话,病房窗户玻璃建议采用中空双层玻璃,这样,既不会造成结露,也可降低空调负荷,最主要的是可以降低感染率。

(4)采用空气幕隔离系统

由空调区和非空调区运用气幕隔离而引发的启示,在传染病区和普通病区除设有专用出入口外,并在出入口设置空气幕作为第二隔离屏障,其主要功能有可防止房间空气压力的丢失,避免当病区门打开时将污染空气带进或带出;在医护人员进入隔离病房时作为风淋,使防护服不被污染;在医用仪器、设备进出隔离病房时,也作为一种辅助防污染设施。

(5)空调系统

不同的区域、功能采用不同的空调系统。

呼吸道传染病区采用新风加带高效过滤器的高余压风机盘管机组的空调系统，每一间病房均对回风进行高效过滤器过滤，风机盘管为干盘管工况运行。新风经粗、中、亚高效三级过滤、冷热处理及强去湿或加湿后送入房间，满足房间热、湿需要。病房空调的换气次数按《美国卫生实施预防结核菌传染准则》的要求不小于每小时12次。送风口设置在房间走道侧，病房内的排风口设置在病人床头下侧和病房内的卫生间。每间病房的排风支管均设置单独高效过滤器，排风集中后再经排风机房内高效过滤器过滤后由排风机高空排放。病房内的回风、排风过滤器采用一个病人更换一套的措施，更换前应先消毒后拆换。

非呼吸道传染病区全部采用干式风机盘管加送新风的空调系统。特殊病房将采用带亚高效过滤器的风机盘管，房间正压控制，以满足免疫功能低下病人的需要。这样，每个房间的空气相对独立，也不会引起其他疾病的传播。病房的卫生间设排风，使病房相对为负压区，排风由屋顶大气排放。

半污染走廊采用全空气空调方式，设置独立的空调系统，控制走廊的温度与湿度，并根据房间压力控制要求补充新风。

污染走廊采用全空气空调方式，设置独立的空调系统，控制走廊的温度与湿度，并根据房间压力控制要求补充新风。

清洁区采用风机盘管加送新风的空调系统。保持每个房间的空气相对独立，也不会引起其他疾病的传播。

不同的医疗区域采用不同的形式，以满足不同功能需要。手术室可采用高效过滤器的垂直层流形式，门诊、护士站区域可采用VAV变风量空调系统。为防止二次污染，所有送风口均应作保温处理以防止结露。

（6）排风系统

传染病房应单独设置排风系统，并设置高效及杀菌过滤器，排风经过滤后其排放口要高于周边建筑高空排放。

排气系统和供气系统应当有自动防止故障系统，可采用双排风系统以防止由于风机故障造成该区域的污染。

（7）病房不同区域的压力梯度

为防止污染空气的无组织的流动，不同区域应有不同的压力差。压力差的形成可采用控制各个区域的送、排风量，使不同区域产生压力梯度。

压力控制流程为：

Ⅰ. 清洁区（＋5 Pa）——→半污染区（－5 Pa）——→缓冲区（－10 Pa）——→病房污染区（－20 Pa）。

Ⅱ. 室外（0 Pa）——→污染走廊（－5 Pa）——→病房污染区（－20 Pa）。

（8）弱电系统

由于传染病医院的特点是以隔离为主进行综合治疗，在医院的总体上更应体现"人性"化设计和管理，以全方位的诊疗和康复、最大限度地降低感染为目的。所以除了常规医院的弱电系统以外，还应重点设置病人探视系统（传染病房可采用全玻璃隔断的探视走廊或房间，探视者和病人采用单点对讲方式进行通话；对于重症病人可采用视频、音频的双向传送，以满足病人与家属的亲情需要），远程医疗系统（每个病房均设置电脑插座，便于医护人员及时从信息中心提取病人的资料，同时对于重症及疑难病例可采用网上传输方式进行远距离诊疗，达到专家不在现场、不进隔离室也能对病人进行诊断），医疗示教系统（采用现场摄像、拾音的音、视频转播或网上传播的方式，由手术室、病房等现场向示教室或会议室传输音、视频内容。专家或学生不进入手术室也能了解手术实况，以满足医、教、研的需要），门禁一卡通控制系统（隔离区、限制区、污染区、清洁区的通行限制，以达到安全防范，减少污染的传播为目的），医疗监控系统（医护人员在值班室通过监视器和扩音设备，可远程监控重症病人的实际情况）等。

（9）病区消毒

隔离病区需要定期消毒的有ICU病房、隔离病房、放射科机房、病区值班室、更衣室、配餐室、电梯间、门诊候诊室、病区走廊及其他传染病病人所涉及区域。在气候条件允许的情况下,应注意病房的通风,特别是强调自然风的通风对流,保持室内空气与室外空气的交换,自然通风不良的,则必须安装足够的通风设施(排气扇)。

Ⅰ.在病房有人的情况下可采用以下消毒方法:

循环风紫外线空气消毒机消毒:可有效地杀灭空气中的微生物,滤除空气中的带菌尘埃。

静电吸附式空气消毒机消毒:这类消毒机采用静电吸附原理,加以过滤系统,不仅可过滤和吸附空气中带菌的尘埃,也可吸附微生物。

对有人的房间进行消毒时,必须采用对人无毒无害,且可连续消毒的方法,不宜使用臭氧消毒机和化学消毒剂熏蒸或喷雾消毒,也不宜采用紫外线灯照射。

Ⅱ.在病房无人的情况下可采用下述方法:

臭氧空气消毒机消毒:可采用由管式、板式和沿面放电式臭氧发生器产生臭氧的空气消毒机。

紫外线消毒:可选用产生臭氧的紫外线灯,以利用紫外线和臭氧的协同作用。

化学消毒剂熏蒸或喷雾消毒。

3. 严格执行相关规范

三级生物安全防护(P3)实验室应严格执行相关规范,并设置严格的传染性非典型肺炎病毒实验室的安全措施,以确保使用过程中的安全性能。

根据国家环境保护总局《关于加强非典防治建设项目环境保护管理工作的通知》(环发〔2003〕87号)。涉及二级以上生物安全防护实验室的建设项目,必须严格按照《微生物和生物医学实验室生物安全通用准则》(WS 233—2003)①等有关规范设计。实验室应采取负压操作,对生物性气态污染物应采取消毒或高温、高压灭活处理,对化学性气态污染物应采取专用通风柜捕集后无害化处理,动物实验室的排风须经活性炭过滤吸收器等设施处理后达标排放。

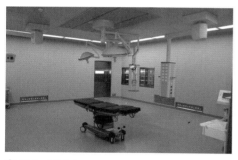

科技部、卫生部、国家食品药品监督管理局和国家环境保护总局 2003 年 5 月 5 日联合发布的《关于印发〈传染性非典型肺炎病毒研究实验室暂行管理办法〉和〈传染性非典型肺炎病毒的毒种保存、使用和感染动物模型的暂行管理办法〉的通知》。明确规定传染性非典型肺炎病毒实验室必须符合中华人民共和国卫生行业标准《微生物生物医学实验室生物安全通用准则》(WS 233—2003)代替,自实施之日起,WS 233—2002 同时废止。)中三级实验室(P3)的要求,在使用前要自查,并通过专家考核认证合格后方可使用(图3)。

▲图3　手术室

对于传染性非典型肺炎病毒实验室,必须达到以下实验室要求。

(1)实验室应划分为清洁区、半污染区和污染区,各区之间的过渡必须有缓冲区,并有明显的区域标志和负压梯度显示。

(2)实验室各区之间保持气流从清洁区到半污染区再到污染区的单向流动,经过两个串联高效过滤器(HEPA)过滤后排放至大气中。排放口应置在通风良好的环境中,过滤器应安装在靠近实验室的排风口处,所有 HEPA 必须通过检漏试验合格,并定期消毒、更换。

(3)半污染区和污染区只设上水管道,不设下水管道。上水管道应设有防止水流回流装置。所有半污染区和污染区的废物(含废弃防护用品)、废水和需取出的物品必须在原地高压蒸汽灭菌,不能

---

① 注:目前本标准已被《病原微生物实验室生物安全通用准则》(WS 233—2017)(2018 年 2 月 1 日起实施)代替,自实施之日起,WS 233—2002 同时废止。

高压蒸汽灭菌的必须使用可靠的消毒方法消毒。灭菌、消毒后的废物作为危险废物集中处理。高压蒸汽灭菌器必须具有蒸汽冷凝水自动回收再高压装置。

（4）实验室的生物安全柜应为外排放型二级和三级安全柜,使用时应按相关标准检验合格。

（5）所有带病毒的操作或容易产生气溶胶的操作必须在生物安全柜内或负压罩里进行。

（6）实验室排出的气体、消毒后废弃物应进行病毒分离、监测。

（7）对于传染性非典型肺炎病毒感染小动物实验室,除了达到传染性非典型肺炎病毒实验室要求外,实验必须在三级生物安全柜或负压隔离器内进行,排出气体经高效过滤后,应通过实验室的系统排风管道排出,确保生物安全柜与排风系统的压力平衡。

4. 分设两个污水处理站

污水处理设施充分考虑了公共卫生中心的特殊性,分别在污染区（控制区）和清洁区分设两个污水处理站。

1）污水处理设施位置

本项目的废污水主要来自三个方面:安全区医务科研人员的生活污水、隔离区及限制区的科研医疗废水和初期雨污水。生活污水中主要污染物有 COD、BOD、NH_3-N、SS、动植物油、各类细菌（如大肠菌等）；隔离区及限制区的医疗废水中主要有 COD、BOD、NH_3-N、酚、各类细菌、大肠菌等；初期雨水中主要有 SS、COD、BOD、NH_3-N、油类、酚、LAS、各类细菌等。设 2 座污水处理站,A 座污水处理站用于收集处理隔离区及限制区的废水及初期污染雨水,生化处理设计规模 1 000 m^3/d,消毒规模为 1 300 m^3/d；B 座污水处理站用于收集处理安全区生活污水, 设计规模 240 m^3/d。

医院污水处理设施的位置应设在当地夏季最小风频的上风侧,根据上海市和金山区多年风向频率资料,本项目污水处理设施设置在医院的西北或东北侧,与本项目的总平面设计位置基本一致。污水处理设施与周围建筑物之间设绿化防护带。

2）医院污水的污染防治措施

本项目产生的废污水在处理消毒后必须接管排海,不得排入周围河道中,避免可能对当地水环境造成污染。

污水排放执行《上海市污水综合排放标准》(DB 31/199—1997)二级标准（注:现行标准《医院污水处理设计规范》CECS07:2004）。由于本项目污水中主要的污染物是致病菌和病毒,这是外排污水可能对环境造成的最大隐患。金山排海工程末端处理设施在一般情况下不采取消毒处理,故本项目的排放标准在严格按照《上海市污水综合排放标准》(DB 31/199—1997)（注:现行标准《医院污水处理设计规范》CECS07:2004）中二级标准执行的同时,必须增加污水排放前的消毒杀菌处理。

在爆发大规模急性流行病时,对病区病人产生的排泄物（粪便、尿、呕吐物等）必须采用专用的容器（传染病专用的塑料袋）收集,进行单独的消毒处理,或采用真空抽吸后采用焚烧法焚烧处理处置。不得排入污水处理系统,以避免接管污水遭到病菌的污染。

隔离区及限制区废水须经单独消毒处理后再排入污水处理系统。

如项目建设过程中新增含放射性物质、重金属及其他有毒、有害物质的污水,须单独预处理后,方可排入污水处理站。

污水处理设施出水应排入稳定塘,存放 4 d 以上,并进行微生物学检验,保证无致病菌后方可排入污水排海管道。由于废污水二级消毒处理后,还要进入排海管末端的二级生化处理厂,为保证余氯不致杀灭排海管末端二级生化处理厂的生化菌种,项目废污水接排海管前必须进行退氯处理。退氯后余氯浓度可以暂按 0.5 mg/L 控制。同时建议项目立专题进行生化菌种对余氯浓度的耐受实验,以确定项目总排口尾水中余氯的最终排放浓度。

稳定塘宜采用地下封闭式结构。污水处理设施末端中应增加回流设施,对检测不合格的污水进行重新处理和消毒。同时稳定塘可作为事故污水排放的调节池,以暂存因事故不能排放的污水。当然,这是十分消极、被动的措施,主要还是应该加强管理,消除事故隐患,严格确保污水达标排放。

污水处理设施和消毒设施必须有一台以上的备用设备,特别是消毒设备必须时常检查,保证设备的正常运行。污水处理工作人员必须严格遵守操作规程,定期检测污水情况、设备设施状况和污水排放量,按规定做好详细的正式记录。

高度关注污水处理系统运行操作与管理人员的身体状况,每日检查是否有出现身体异常的人员,及时采取控制措施。操作人员应采取必要的防护措施,避免直接接触未经消毒处理的污水;操作人员应穿工作服、戴口罩、戴橡胶手套,以防止消毒剂对操作人员的危害。

初期雨水前 2 mm 收集进行二级处理,后 2 mm 收集后排入消毒池,消毒后排入稳定塘。4 mm 后的雨水排入雨水管道。

为避免接触传染,医护人员使用的洗手盆、洗脸盆、化验盆均应采用感应龙头。小便器宜采用感应冲洗阀,大便器宜采用脚踏开关。

污水处理构筑物采用埋地式混凝土双墙结构,内壁涂防水防腐涂料,确保污水不渗漏。

隔离区内地漏要采用真空排水地漏,接入真空排水收集系统。

排水管道要加强封闭措施,确保污水输送过程中不渗漏。特别是室外废污水埋地管要采用有防渗漏效果的材料,并加强接口处的封闭效果。

病区给排水管道要采取分区、分片的模块化设计,保证在关闭某一区域时,其他区域仍可正常使用。

严格控制外来人员进入污水处理及附属设施所在区域。

本项目不宜采用中水进行绿化和冲洗车辆。

5. 设置焚烧炉

首次在医疗设施内设置废弃物焚烧炉装置,满足应急烈性传染病爆发时医疗废弃物院内处置的要求,以阻断烈性传染病传染源对外界的影响。

1) 焚烧炉排气筒位置

新建集中式危险废物焚烧厂焚烧炉排气筒周围半径 200 m 内有建筑物时,排气筒高度必须高出最高建筑物 5 m 以上。焚烧炉排气筒应相对集中,同类炉型只设一根排气筒。

2) 焚烧炉满足各项要求

焚烧炉规模设置要满足满负荷运行时废弃物处置能力的需要和事故时的应急备用,同时也应考虑非高峰期焚烧炉的运行成本。

上海市公共卫生中心是一所集医疗科研为一体的传染病防治中心,根据《国家危险废物名录》的规定,"从医院、医疗中心和诊所的医疗服务中产生的临床废物",包括手术、包扎残余物、生物培养、动物试验残余物、化验检查残余物、传染性废物和废水处理污泥等医院临床废物均属于编号为 HW01 的危险废物。"从医用药品的生产制作过程中产生的废物",均属于编号为 HW02 的危险废物。

必须特别指出的是,上海市公共卫生中心接收和治疗各类传染病病人,传染病特别是烈性传染病如"非典",由于其病原体的传播、感染机理还未被清楚认识,中心内产生的各类固体废弃物均可能被病原体污染,因此在烈性传染病如"非典"爆发期间,公共卫生中心产生的各类固体废弃物均应按危险废物的要求处理处置。根据上述规定,一般情况下,项目废弃物产生量约为 9.6 t/d,其中一般固废占 19%,危险废物占 81%。烈性传染病如"非典"爆发期间,项目废弃物产生量约为 18 t/d,应均按危险废物要求处理处置。项目设置焚烧炉 2 台。

3) 对项目废弃物焚烧处置的建议

本项目在烈性传染病爆发期间产生的废弃物应全部按危险废物处理处置要求进行焚烧处置。为确保项目病原体污染废物及危险废物的安全处置,项目必须严格按照《危险废物焚烧污染控制标准》(GB 18484—2001)和国家环保总局《"SARS"病毒污染的废弃物应急处理技术方案》的要求实施,项目

废弃物焚烧处置应满足以下要求:

焚烧炉温度应达到 850℃ 以上,烟气停留时间应在 2.0 s 以上,燃烧效率大于 99.99%,焚毁去除率大于 99.99%,焚烧残渣的热灼减率小于 5%。

焚烧炉应设有烟气二次燃烧装置。焚烧炉运行过程中要保证系统处于负压状态,避免有害气体逸出。

焚烧设施必须有前处理系统、尾气净化系统、报警系统和应急处理装置。应安装污染物排放在线监控装置,并确保监控装置经常处于正常运行状态。

焚烧炉出口烟气中的氧气含量应为 6%~10%(干气)。

焚烧炉排放废气必须符合《危险废物焚烧污染控制标准》(GB 18484—2001)的要求。

项目废弃物焚烧产生的残渣、烟气处理系统收集的飞灰应由专人负责清理,并进行必要的固化和稳定化处理之后方可外运,运输工具必须密闭,由专人运送至危险废物填埋场进行安全填埋处置。

4) 医院废弃物焚烧废气排放的污染控制

为确保项目焚烧废气达标,焚烧炉必须严格按《危险废物焚烧污染控制标准》(GB 18484—2001)规定的焚烧技术要求实施。焚烧炉运行过程中要保证系统处于负压状态,避免有害气体逸出。

项目焚烧炉必须安装废气净化设施,本项目采取的净化措施为:二级尾气洗涤 + 除尘装置 + 活性炭吸附。应确保净化效率,经处理后烟气必须达标排放。

5) 对医院废弃物收集、运输、贮存的要求

对项目设计的烈性传染病区粪便污水真空抽吸系统的安全性进行了论证,确保真空排水系统废物、废液不泄漏。

项目临时病房如接收烈性传染病如"非典"病人,病人粪便污水进行单独收集,消毒后密闭输送至医院内焚烧炉焚烧,不能排入污水处理系统。

烈性传染病区病人呕吐物、痰等必须采用专用的容器(传染病专用容器)收集,并进行单独消毒处理后进行焚烧处置,不得排入污水处理系统。

项目废物应分区、分类收集,并按照类别分置于防渗漏、防锐器穿透的专用包装物或者密闭的容器内。

烈性传染病如"非典"病房废物应尽可能采用一次性密闭包装容器,密闭输送至焚烧炉,禁止在焚烧前再拆包分类,一次性包装容器应连同废物一起焚烧。

医技楼、科研中心的病原体培养基、标本和菌种、毒种保存液等高危险废物,必须在现场消毒、灭菌后,三层密闭包装后再装入密闭容器,由密闭专用车辆经专用通道送焚烧炉焚烧,确保在源头切断病原体的污染及扩散。

所有病原体污染废物的收集、运输应该采用专用密闭车辆,专用车辆应每日消毒、清洗。清洗废水应收集送污水处理站处理。

医疗废物必须在独立的封闭贮存空间内贮存,不应露天存放,并应设置存储警示;医疗废物的临时贮存设施、设备,应当远离医疗区、食品加工区和人员活动区;贮存场所要有集排水和防渗漏设施,有防鼠、防蚊蝇、防蟑螂等安全措施;医疗废物的临时贮存设施、设备应当定期消毒和清洁,清洗废水应收集送污水处理站处理。

医疗废物专用包装物、容器、运输车辆和贮存区域应当有明显的警示标识和警示说明。

科研中心实验用动物的排泄物、食物残余物等固体废物及尸体应进行消毒、灭菌后由专用密闭容器、专用运输车送焚烧炉处置。

隔离区污水处理产生的污泥应采取密闭输送方式送焚烧炉焚烧。

建议限制区生活垃圾送医院焚烧炉焚烧。

6) 加强环境管理的要求

项目应制定与医疗废物安全处置有关的规章制度和在发生意外事故时的应急方案;设置监控部

门或者专(兼)职人员,负责检查、督促、落实本单位医疗废物的管理工作,防止危险废物污染环境行为发生。

应加强对从事项目医疗废物收集、运送、贮存、处置等工作的人员和管理人员进行相关法律和专业技术、安全防护以及紧急处理等知识的培训。

项目应采取有效措施,防止医疗废物流失、泄漏、扩散。一旦发生医疗废物流失、泄漏、扩散时,应立即采取减少危害的紧急处理措施,同时向所在地的县级人民政府卫生行政主管部门、环境保护行政主管部门报告,并向可能受到危害的单位和居民通报。

6. 应急项目的组织管理体现"代建制"的专业水平

1) 抓设计方案深化和优化工作,体现一流水平

由于上海市公共卫生中心项目在很短的时间内启动,项目的准备期很短,整个项目的前期工作处于项目立项与动拆迁工作同步进行的状态。为此,上海市卫生基建管理中心(上海申康卫生基建管理有限公司)作为代建单位在很短的时间内,高效率地完成了《项目建议书及可行性研究报告》的编制工作,为项目启动打下了良好的基础。

为确保项目能尽快展开,在业主尚未确定的情况下,围绕着"一流水平"的建设目标,代建单位先后组织了十几次有关病区组团、门急诊楼医技楼、科研中心、动物房和检验科等方面的专家论证会,在充分听取专家对上海市公共卫生中心各建筑单体平面布置、功能定位、工艺流程、医疗流程、医疗设备配置等方面的意见的基础上,编制了《项目设计任务书》《科研楼设计任务书》《弱电设计任务书》和《医疗、科研、医用办公设备及其他配置清单》等文件。

为保证设计工作的顺利推进,代建单位与设计单位反复多次研讨,在广泛听取医疗、科研、建筑、管理等方面专家意见的基础上,不断优化项目细部设计,科学合理地设计医疗布局和流程,严格控制重点部位、关键环节的设计标准,确保各项功能的正常发挥。同时,代建单位还组织设计单位成立了现场设计小组,进驻施工现场,确保设计出图与施工进度的衔接。此外,代建单位对上海市公共卫生中心景观绿化设计方案进行了严格的筛选比较,按照最初确定的设计思路,力求营造良好的就诊环境,充分体现现代化公共卫生中心的形象。

2) 抓建设进度,制定分阶段进度计划,明确各项工作任务

为确保项目尽快竣工并投入使用,以制定项目建设总进度计划为抓手,要求总承包单位上海建工集团与项目各参建单位,在确保质量和安全的基础上,按照总进度要求倒排时间进度。为此,代建单位就施工进度计划、设计出图进度计划、设备招标计划、专业分包、现场管理等与上海建工集团进行了多次沟通,要求施工单位严格按照计划节点开展工作,制定周工作进度计划,明确工作任务,落实责任主体,使责任人真正承担起责任。

监理单位编制好施工阶段进度控制实施细则,配合项目财务做好工程款支付工作,确保资金供应满足进度要求;项目总承包单位应密切与设计单位联系,确保施工图纸的供应进度与施工进度的安排相适应;适时签订材料、设备供货合同,保证材料、设备供货与施工进度的安排相衔接,避免由于供货不及时而影响施工进度;施工前督促项目总承包单位组织好施工图会审,把设计可能存在的错误或不同专业图纸之间存在的矛盾消灭在施工之前,这是保证顺利施工的重要工作程序,设计变更应在相关工程备料前提出,避免或减少由于设计变更造成返工从而延误工期的情况发生;由施工监理单位组织好现场协调会,随时通报工程进展情况,及时处理好影响进度的各种内外关系,分析影响进度的各种因素,当进度计划执行出现偏差时,应与监理工程师一起分析原因,采取补救措施,进行必要的调整;由监理工程师及时检查施工单位报送的施工进度报表和分析资料,并进行现场实地检查,核实所报送的已完成的时间和工程量,杜绝虚报现象的产生。代建单位还专门组织了项目施工现场检查,结合施工质量和安全,重点对项目的实施进度进行考核,比照进度计划提出了进一步的改进要求。

在确保项目进度的前提下,代建单位从来没有放松对现场施工质量、安全的管理工作,坚持每周

四准时召开现场工程例会，并充分发挥代建单位现场工程师、施工监理单位和总包单位的管理和监督职能，严格现场管理工作。正是由于各参建单位、人员的共同努力，市重大办、建筑业联合会、金山区质监站在对上海市公共卫生中心工地现场的分别检查中，均表示对现场情况基本满意。

7. 抓投资控制

各主要环节严格把关，提高投资效率，把因应急工程而采用"边设计、边施工"的投资控制的隐患降低到最低。

按照确保基础设施和设备等关键部位建设标准不降低，适当压缩次要部位的标准，将资金用在"刀刃"上的投资控制原则，代建单位与设计单位、总承包单位、财务监理单位共同努力，严格把握各主要环节。

代建单位在充分发挥财务监理的作用，借助上海市卫生基建管理中心造价人员的力量，共同对项目设计概算反复审核；要求设计单位根据报批的设计概算进行限额设计，并控制好施工中的设计修改，严格禁止擅自提高设计和用材标准；为保证设计质量，控制好投资，代建单位要求审图公司尽早介入设计工作，要求设计院内部校审和审图同步进行，确保进行施工的图纸不仅满足规范要求，而且安全性和经济性是可行的。

同时，代建单位还紧紧把握各类建筑通用设备采购这一影响投资的核心环节。设备、材料采用招标、评议的方法采购，效果是明显的。经过招标采购的设备，经过了数轮的询价，要求各供应商本着对本市公共卫生事业的关心和对上海市公共卫生中心项目的支持进行报价，最终的成交价是相当优惠的。为此，代建单位制定了《专业分包和重大设备、材料采购程序》，建立和健全了设备、材料采购制度，把有限的资金用好、用足、用在"刀刃"上；在材料申报程序上，充分发挥财务监理、施工监理的作用，确保材料质量、资金使用的安全。

六、项目建设的社会效益

医院是公益性社会福利事业，取得社会效益始终是医院遵循的最高原则。上海要建设成为国际经济中心、国际金融中心、国际贸易中心、国际航运中心，必须有与之相适应的公共卫生应急救治体系。

本项目的建设提高了上海市的应急防控和临床救治的综合能力，既能满足经典传染病如艾滋病、结核病的外科手术需求，为此类病人的集中式一站式就医提供了保障，又能为新发与再现传染病疫情应对中的重症患者抢救提供保障。贯彻了公卫中心作为公立医院坚持的医疗机构的公益性，以病人为中心，提供优质医疗服务，满足一些特殊传染病的医疗需求，又履行了公卫中心不同于一般公立医院所承担的公共卫生职责。

作为上海市公共卫生城市安全的坚实堡垒，上海市公共卫生临床中心承担着上海市新发和再现传染病应急处置的任务；承担着全市特殊感染外科手术及全国疑难危重特殊传染外科患者的救治及会诊任务；承担着突发公共卫生事件医疗保障工作。项目建成以来承担的突发医疗保障工作见表1。

表 1　上海市公共卫生中心项目建成以来承担突发公共卫生事件医疗保障工作一览表

时间	事件	完成的任务和取得的成绩
2003 年 2—6 月	战"非典"	共收治临床确诊病例 7 例（其中 6 例极危重，抢救成功 4 例）、疑似病例 53 例、留院观察病例 5 例；在抗击非典的 133 d 中，实现本院医务人员"零"感染。 出色的工作，得到了国务院督察组的 WHO 非典专家组成员的高度评价，并以"伟大"二字加以赞赏

（续表）

时间	事件	完成的任务和取得的成绩
2006 年 4 月	上海首例人感染高致病性禽流感病例	承担高致病性禽流感病毒的检测任务，完成尸体解剖和 5 名接触过高致病性禽流感患者的医务人员的医学观察等重要工作
2006 年 6 月	上海六国峰会期间	作为生物因子事故处置的定点医院，准备应对可能发生的生物恐怖袭击
2006 年 9 月 28 日	市政府信访办紧急布置的任务	对被血友病和感染艾滋病的患者扎伤的 2 名警察进行医学观察
2006 年 10 月 6 日	沪萨铁路开通	积极应对可能出现的鼠疫疫情。为了加强"战"时的快速反应，经常性开展应急演练
2006 年 12 月 26 日		组织的大型夜间应急演练，获得市卫生局的书面表扬
2007 年	上海举办特奥会期间	承担来自俄罗斯和非洲的两位特奥教练的医疗救治任务
2008 年 4—5 月	手足口病疫情	积极应对疫情，圆满完成任务
2008 年 5—6 月	"5·12"抗震救灾工作	一周内紧急为四川地震伤员调整应急床位 300 张，并配备相应医护人员，储备了必要的应急抢救设备和物资
2008 年 8 月	奥运会	圆满完成医疗保障任务
2009 年 5 月	全球甲型 H1N1 流感流行	积极做好收治患者的准备工作，卫生部和上海市领导多次到中心检查和指导工作，对中心的准备工作给予了充分肯定
2013 年 4 月	发现人感染 H7N9 禽流感病毒，并参与临床救治工作	检验公卫中心紧急应对突发公共卫生事件的能力和水平，得到了 WHO、国家卫生计生委、上海市政府的高度认可
2014 年 8 月	埃博拉出血热医疗救治	国家卫计委医政医管局埃博拉出血热医疗救治观摩演练在公卫中心顺利举行，通过此次精彩完美的观摩演练，展示了上海市联防联控应急联动运作机制，充分展现了公卫中心作为定点医疗机构快速反应和有效救治能力

　　本项目建成后，符合上海市和金山区经济和社会发展规划及卫生事业发展的要求。对周边地区不会造成不利影响，而且具有互补性。有利于本地区卫生资源结构进一步合理化，完善社会保障体系，改善当地医疗环境，提高当地人民的生活水平和生活质量。本项目建成后，对完善上海市及金山区医疗服务体系，加强医院医疗资源整合有极大的促进作用。

姚　蓁　钱馨芸/供稿

新时代

BIM开创医院建设项目管理

——BIM在上海市胸科医院科教综合楼项目全生命周期中的应用

一、基本情况介绍

1. 医院介绍

上海市胸科医院创建于1957年,为我国最早建立的集医疗、教学、科研为一体的,以诊治心、肺、食管、气管、纵隔疾病为主的三甲专科医院,核定床位580张,开放床位826张。现有10个临床科室和10个医技科室,附设上海市胸部肿瘤研究所、心肺血管转化医学中心和国家药物临床试验机构,拥有国家重点学科1个、国家临床重点专科3个、国家中医药管理局"十二五"重点专科1个、上海市医学临床医学中心1个、上海市医学重点学科1个。射频消融治疗房颤的手术数量和质量为亚太地区之首。医院承担国家"十一五""863"等多项课题研究。医院先后获得全国卫生系统先进集体、上海市文明单位八连冠等荣誉。

经过"十五"规划项目住院楼、"十一五"规划项目肺部肿瘤临床医学中心病房楼及"十二五"规划项目科教综合楼建设,截至2018年6月30日,医院占地面积为25 815 m²,建筑面积为88 571 m²,其中主要业务用房面积为61 072 m²,4人及以上病房数量为81间,3人及以下病房数量为177间,手术室18间,机动车停车位393个。

2．项目介绍

上海市胸科医院新建科教综合楼项目位于上海市徐汇区内环以内,北临淮海西路,南邻番禺绿地,东面为安顺路,本项目位于胸科医院东北角。项目总投资估算约为 18 596 万元,项目类型为医疗卫生公共建筑,投资性质为政府投资以及医院自筹,总建筑面积 24 208 m²,其中地上建筑面积 18 868 m²(地上 13 层),地下建筑面积 5 340 m²(地下 3 层);建筑高度约 60 m,机动车位 169 个(全部为智能化机械地下停车位)。该项目的建设,为医院创建重点实验室及各类基础与临床实验提供场地空间,为医院实现"临床学术型精品专科医院"的建设目标、促进医、教、研全面均衡发展,创造了良好的硬件条件。

该项目施工场地非常狭小,北侧又与地铁 10 号线相邻,基坑变形控制要求高,施工难度大。为提高建设过程中的精细化管理能力,充分发挥 BIM 技术在该项目上的积极作用,项目采用了建设单位驱动的全生命周期 BIM 应用模式。同时,该项目于 2015 年 12 月被列为上海市第一批 BIM 试点项目政府投资工程。项目已经于 2017 年 10 月 31 日顺利通过竣工验收,并获得上海市建设工程"白玉兰"奖。

二、基于 BIM 技术的项目管理

基于 BIM 在工程建设方面的应用实践所体现出来的优势,尤其是在设计阶段的三维模拟和设备管线碰撞优化、施工过程的空间和进度可视化展示、竣工阶段的设备管线模型信息移交等方面的价值,为更好地开展上海市胸科医院科教综合楼的项目管理工作,达到项目设定的安全、质量、进度、投资等各项管理最终最佳目标,建立工程 3D 模型,结合 4D/5D 动态工程筹划及造价等 BIM 先进管理手段,以数字化、信息化和可视化的方式实现基于 BIM 的建设项目管理,提升前期策划深度、设计深度、建设精细化管理深度。

1．BIM 应用范围

（1）可研阶段针对项目选址特征、不同方案效果、周边环境影响、项目规模等进行论证。

（2）通过三维建模以及虚拟仿真,实现三维空间的漫游,特殊功能空间的模拟,辅助建设方决策和优化各类功能区域的空间布局。

（3）对动力、空调、热力、给水、排水、弱电、强电和消防等管线平面、立面布置进行碰撞检查,以进行合理优化。

（4）施工模拟,运用 4D 技术,结合施工进度计划进行工期进度模拟;针对狭小区域下的桩基施工、新旧建筑连廊施工等开展专项施工方案模拟。

（5）施工现场管理,通过终端设备 App 开发,实现施工过程中对现场人员、机械、材料、质量、安全和环境信息的实时管理。

（6）基于 BIM 的造价管理,通过各方统计工程量的对比检查,控制工程造价。

（7）设计变更管理,通过对变更内容的建模检查,实现对变更的正确性、经济性、可实施性等方面的决策支持。

（8）交付阶段,提供最终的竣工模型,为将来的信息化管理提供数字化基础。开发基于 BIM 的可视化智能运维平台。

2．BIM 应用目标

基于 BIM 在工程建设方面的应用实践所体现出来的优势,尤其是在设计阶段的三维模拟和设备管线碰撞优化、施工过程的空间和进度可视化展示、竣工阶段的设备管线模型信息移交等方面的价值;为更好地开展上海市胸科医院科教综合楼的项目管理工作,达到项目设定的安全、质量、进度及投资等各项管理目标,建立工程 3D 模型、结合 4D/5D 动态工程筹划及造价等 BIM 先进管理手段,以数字化、信息化和可视化的方式实现基于 BIM 的建设项目管理,提升前期策划、设计管理和施工管理的深度和精度;基于建设阶段的 BIM 模型运维转换和运维平台开发,提升医院后勤智能化管理水平。

3. 应用阶段

（1）决策期 BIM 应用

在前期及策划阶段,根据医院工程项目的具体情况,研究医疗设施建设项目的总体控制目标,包括总体质量目标、总体进度目标、总体投资目标、总体安全管理目标和总体可持续建设目标,采用先进的管理仿真技术对其进行模拟,并推演分析实现这些目标的主要保证措施。结合 BIM 方案模型,研究医院工艺流程、平面布局、规模测算、造价估算以及人流、物流动线分析等,以进一步提高医院建设方案的科学性和合理性。

利用 BIM 的三维可视化和数字化技术,以及人流、物流和工艺模拟分析技术,通过方案论证集成会议,充分吸收医院管理方、运营方、代建方、设计方、咨询方甚至施工方和设备供货方的意见和建议,通过价值工程和多方案可视化比较,进一步提高医院决策方案的科学性,减少后期重大变更,充分体现全寿命周期和最终用户需求的建设理念。

（2）实施期 BIM 应用

在设计与施工准备阶段,通过建立各专业 BIM 模型,进行方案构思、协调建筑外部环境和内部功能布局分析;进行设计效果分析,3D 漫游,对设计方案进行深入研究;进行专业管线综合,利用 BIM 技术,通过搭建各专业的 BIM 模型进行碰撞冲突,从而大大提高管线综合的设计能力和工作效率;基于 BIM 模型进行专业分析和价值工程论证,在建立 BIM 模型的基础上,组织专家会议,优化设计成果,进行特殊设计方案的专项论证和模拟,进一步提高医院设计方案的质量水平。由于医院项目功能和构成的复杂性,传统二维设计方法经常出现设计的错漏碰缺,带来后期的设计变更,利用 BIM 的三维碰撞检测,可有效提高设计方案质量,减少设计变更,以及由此引发的投资浪费和进度拖延问题。

通过三维建模进行可施工性分析,例如碰撞检查和四维施工模拟,将建筑模型与现场的设施、机械、设备和管线等信息加以整合,检查空间与空间、空间与时间之间是否冲突,以便于在施工开始之前就能够发现施工中可能出现的问题;进行造价测算,通过 BIM 得到准确的工程量基础数据,将工程基础数据分解到构件级、材料级,有效控制施工成本,实现全过程的造价管理实现成本控制;应用无线射频识别（Radio Frequency Identification,RFID）等技术,对核心构件进行身份标识从而实现从制作到安装的全过程跟踪管理,便于核心部件的施工质量掌控;基于 BIM 模型,通过对各施工单位现场设备及人员的动态芯片跟踪,实现现场的安全管理及预警。

在施工阶段,通过三维建模、四维施工模拟、造价测算、RFID 等射频技术应用、现场安全管理等辅助施工阶段项目管理,进一步提高医院建设管理的精细化水平。利用 BIM 以及基于 BIM 的工程量和造价的智能计算、施工方案论证、4D 进度计划和智慧安全管理等技术,有效实施价值工程,提高造价计算的精度和效率,辅助复杂施工组织、施工方案和进度论证与优化,以及更主动的质量和安全控制等,进一步提高医院建设管理的精细化和智能化水平。

（3）运营期 BIM 应用

在竣工验收与使用阶段,通过 BIM 与施工过程记录信息的关联,包括隐蔽工程资料在内的竣工信息集成,为后续的物业管理及未来进行的翻新、改造、扩建过程中为业主及项目团队提供有效的历史信息;建立运维模型和维护计划,BIM 模型结合运营维护管理系统可以充分发挥空间定位和数据记录的优势,协助运维单位合理制定维护计划,分配专人专项维护工作,以降低建筑物在使用过程中出现突发状况的概率。BIM 模型是一个可视化的建筑三维模型,通过和已有建筑自动化系统（Building Automation System,BA 系统）进行集成,包括监控系统、门禁系统、能源管理系统和车位管理系统等,

图 1　上海市胸科医院科教综合楼项目 BIM 模型

形成基于 BIM 的智慧医院后勤管理平台。BIM 中包含的大量建筑设备信息通过导入设施管理系统,可实现三维可视化的 BA 运维管理。结合已有的移动终端技术,能便捷地实现运维检查及设施维护。

4. 建模方式

胸科医院科教综合楼项目主要使用 Revit 软件进行 BIM 完全正向建模,模型如图 1 所示。当建模工作量较大时,将制作模型工作集并采取多人协同的建模方式以提高建模效率。胸科医院所有专业的模型都基于同一模型原点搭建,相互之间可以快速链接。

5. 组织方式

考虑到上海市级医院普遍采用项目代建模式,一般由建设单位和代建单位共同实施合作项目管理,因此,在 BIM 应用中,采用"建设单位驱动、BIM 咨询单位全过程服务、其他参建单位共同参与的组织模式",其组织架构如图 2 所示。

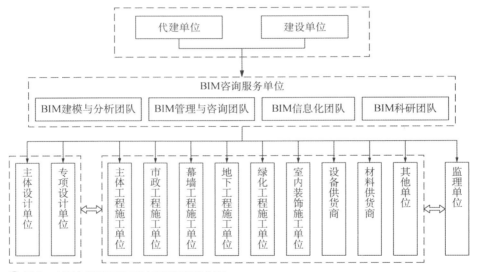

图 2　上海市胸科医院 BIM 应用组织架构图

6. 团队配置

本项目 BIM 应用实施组织与传统项目管理组织相融合,采用 BIM 咨询单位辅助建设方总协调的方式展开。由上海市胸科医院主持成立本项目 BIM 工作小组,并指派专人作为组长,2 人作为组员。BIM 咨询单位指派 5 人作为组员,负责协助处理本方与 BIM 服务实施相关的事务。其他参建各方(设计、总包、分包、BIM 服务单位及监理等)指派至少 2 人作为组员,负责处理本方与 BIM 咨询实施相关的事务。

BIM 工作小组旨在整个 BIM 服务实施过程中推动各阶段 BIM 应用的具体工作,协调工程建设全生命周期中各参与方的 BIM 应用,督促相关方各类数据输入和成果信息输出,确保 BIM 实施成果的增值应用,研究和推进基于 BIM 的 PM 管理中各项创新应用实践。

7. 协同工作机制

BIM 技术的出现为建筑相关信息的及时、有效、完全共享和集成提供了可能,为构建信息的无缝管理平台提供了相对可靠的手段,而这也是为解决上海市胸科医院科教综合楼项目参与方众多、信息量巨大而产生的管理难题提供了一个积极有效的手段。

1)软件技术协同

上海市胸科医院科教综合楼项目的 BIM 技术运用是通过构建数字化信息模型,打破设计、建造、施工和运营之间的传统隔阂,实现项目各参与方之间的信息交流和共享,通过信息的集成和应用,辅助全寿命期项目管理,从根本上解决项目各参与方基于纸介质方式进行信息交流形成的"信息断层"和应用系统之间"信息孤岛"问题。通过 BIM 实现可视化沟通,加强对成本、进度计划及质量的直观控制。通过基础的数字化模型,实现各种功能和物理性能的模拟,寻求最佳项目方案。通过构建 BIM 信息平台,协调整合各种绿色建筑设计、技术和策略。在设计、施工及运营阶段全方位实施 BIM 技术,以有效地控制项目各个阶段过程当中工程信息的采集、加工、存储和交流,从而支持项目的最高决策者对项目进行合理的协调、规划、控制,最终达到项目全寿命周期内的技术和经济指标的最优化。

BIM 的基础是模型,灵魂是数据和信息,重点是共享和协同,而工具则是软件和管理平台。为了实现上海市胸科医院科教综合楼的全寿命期 BIM 应用,同时根据胸科医院的精益化管理设计原则和管理的主要内容及职责分工,并吸收已有建设项目管理模式的优势,制定胸科医院科教综合楼项目软件实施技术框架。

该技术框架体系的基础是 BIM 模型,即建筑、结构、水暖电各专业的建筑模型信息,以及设备设施的运维信息。管理的时间维度包括设计阶段、施工阶段和运营阶段三个阶段。其中,设计阶段的精益化管理主要体现在采用 BIM 技术进行精细化设计;施工阶段的精益化管理主要是施工技术、方案、管理和目标控制的精细化;运营阶段的精益化管理主要体现在后勤智能化管理的可视化服务。

2)数据技术协同

虽然各参建方会根据自身的应用目的来创建各自的 BIM 模型,但为确保与其他团队的协同工作,所建模型应包括满足项目 BIM 应用所需的元素。而且,由于该项目 BIM 数据最终都将用于运营维护阶段,各建模方都应理解 BIM 数据未来的用途,并对建模内容采用统一标准。该项目中,各分包方应建立专业 BIM 子模型的专业/系统包括:土建、钢结构、幕墙、垂直电梯、机电系统和精装修。

同时各参建方达到如下技术要求:

(1)数据交换

胸科医院科教综合楼项目各建模方可以采用不同的软件来创建模型,但需确保 BIM 模型数据可以被 Navisworks 读取,并能转成 Navisworks 的格式,供之后集成模型之用。对于项目参与方的其他 BIM 数据转换要求,经 BIM 咨询单位同意,建模方可提供原始的 BIM 模型文档,数据转换工作由要求方自行负责。

(2)模型的检查

准确的模型和信息是确保后期高效利用 BIM 系统进行运营维护的保证,除了 BIM 咨询单位以外,总包、代建和业主方、监理方等同时也需要确保 BIM 模型的完整性和准确性。

(3)集成模型

在施工阶段,施工总包/BIM 咨询团队负责采用 Autodesk Navisworks 来集成各施工分包提供的各专业的 BIM 模型,并确保在分部分项工程施工前完成协调和应用工作。各施工分包除提供原始的 BIM 模型文档外,还要提供相应的 Navisworks 的格式文档。集成模型被用于协调各专业模型,减少各专业的冲突,同时也是施工期间项目 BIM 应用的基础。

(4)模型交付

竣工 BIM 模型应真实准确,原则上应与项目实际完成状况一致。但由于实际操作起来有难度,目前在竣工标准的制订过程中,对 BIM 模型和实际完成情况之间的容差作出了具体规定。竣工模型的提交还要求包括原始模型和转换完成的 IFC 模型,提交前须进行病毒检查、清除不必要的信息等。

此外,模型应包含必要的工程数据,比如对于建筑设备,应包括基本的名称、描述、尺寸、制造商、序列编号、重量及电压等,这些要求都会在 BIM 标准中进行具体的规定,从而确保建设方和物业管理公司在运营阶段具备充足的信息。在项目建设过程中,BIM 模型的应用会有很多,各项目参与方应积极拓展其他与各自业务相关的应用点,在项目建设过程中最大化应用 BIM 技术。

3) 管理技术协同

如前所述,胸科医院科教综合楼项目的管理模式定位为"业主方主导、BIM 咨询单位全过程支撑、各参建单位共同参与的基于 BIM 技术的精益化管理模式",即作为业主方需要主导项目各阶段的 BIM 应用,咨询单位提供设计、施工和运维阶段专业化的管理和技术服务,而参与医院项目的各方各尽其职,负责工作范围内的 BIM 技术应用和实施。

为了达到上述目标,在工程最初招标时,建设方应该将 BIM 的工作要求一起写入总包招标文件以及后来的主要分项工程的招标文件中。其中详细规定各承包商 BIM 模型创建和维护工作,包括碰撞检查、施工模拟等在内的 BIM 技术应用要求,BIM 数据所有权等内容,BIM 咨询单位也制定了各种管理制度、合同条件、文档要求等。

8. 应用阶段和应用项列表

项目 BIM 应用的各阶段及其对应应用项目与效果如表 1 所示。

表 1　BIM 应用阶段和应用项列表

应用阶段	应用点及上海市指南对应关系		应用效果	工具软件
	本项目应用点	对应关系		
设计阶段	**方案设计** 1）场地分析	涉及	论证建设用地布局、景观合理性,优化高效的交通流线和消防路线方案	Revit[1] Pathfinder
	2）建筑性能模拟分析	涉及	对场地风环境、室内自然采光和自然风等进行模拟,为后续深化设计改进提供了参考	Autodesk Energy Analysis
	3）设计方案比选	涉及	比选及优化门厅设计、样板房装修、楼层功能布置及基坑施工方案、钢连廊方案等	Revit
	4）虚拟仿真漫游	涉及	整栋楼漫游为功能设计和需求验证提供基础	Lumiom[5]
	5）特殊设施模拟	新增	优化院内交通和机械停车库外围运行方案,提供高峰时段疏导措施、车辆等待的方式和数量,并对车流通畅提出了保证措施	VISSIM[3]
	6）特殊场所疏散模拟	新增	为整栋楼及顶层会议室提供疏散路线、保证安全及采取的设计优化措施	Pathfinder[2]
	初步设计 7）建筑、结构专业模型构建	涉及	实现了设计过程可视化的目的,为施工图设计提供了设计模型和依据	Revit、 Thsware[9]
	8）建筑结构平面、立面、剖面检查	涉及	针对建筑图纸与结构图纸优化不同步导致的碰撞和矛盾问题提出了相应建议	Revit

（续表）

应用阶段		应用点及上海市指南对应关系		应用效果	工具软件
		本项目应用点	对应关系		
设计阶段	初步设计	9）面积明细表统计	涉及	对各楼层医疗用房面积与业主进行校对分析，从而保证了设计的精确性，尽量避免后期使用过程中房间使用功能的变更	Revit
		10）设备选型分析	涉及	对电梯、空调及医用气体系统设备进行模拟，避免了计算失误造成的设备不足或浪费	EnergyPlus
	施工图设计	11）各专业模型构建	涉及	建筑、结构模型调整，构建暖通、给排水、电气模型，为碰撞分析等奠定基础	Revit，Thsware
		12）碰撞检测及三维管线综合	涉及	碰撞分析，避免空间冲突，最大化避免了设计错误传递到施工阶段	Revit、Navisworks
		13）竖向净空分析	涉及	达到各区在不改变结构和系统情况下的最大管线安装高度	Revit、Navisworks
		14）虚拟仿真动画漫游	涉及	减少由于事先规划不周全而造成的浪费等	Lumion
		15）建筑专业辅助施工图设计（2D制图）	涉及	输出2D图纸，辅助设计优化	Revit
施工阶段	施工准备	16）施工深化设计	涉及	对机械停车库、连廊钢结构、精装修、变电站和管线综合等深化设计，优化施工图	Revit、Navisworks
		17）施工方案模拟	涉及	通过对地下工程、主体工程、连廊钢结构、变电站等关键施工工艺模拟，优化施工方案	Revit、Navisworks
		18）预制构件深化设计	涉及	对机械停车库、钢结构连廊进行深化设计，提高设计和施工准确性	Revit、Navisworks
		19）预制构件碰撞检测	涉及	通过对机械停车库的构件设计与结构模型进行碰撞检测，提高设计和施工准确性	Revit、Navisworks
		20）预制构件施工模拟	涉及	通过钢结构连廊的施工模拟，提高施工的精准性、安全性，也加快了进度	Revit、Navisworks
		21）预制构件进度管理	涉及	同上	Navisworks
		22）构件预制生产加工	涉及	对地下停车库、钢结构连廊构件实现流水化生产，提高了构件加工质量，缩短现场施工工期，降低劳动成本	Revit、Navisworks
	施工实施	23）进度管理	涉及	通过4D的模拟、跟踪分析、控制分析以及进度的事后评价，使计划更精细、更可行	Navisworks
		24）工程造价管理	涉及	包括提高造价计算准确度、进行材料设备统计及限额设计、控制变更及进款支付角度等，更好地控制工程造价	Revit，Thsware

（续表）

应用阶段		应用点及上海市指南对应关系		应用效果	工具软件
		本项目应用点	对应关系		
施工阶段	施工实施	25）设计概算工程量	涉及	有效辅助造价预测和控制	Revit、Thsware
		26）招标清单工程量核对	涉及	对招标工程量辅助校对，提高了招标工程量的准确度	Revit、Thsware
		27）竣工结算工程量计算	涉及	对桩基础结算辅助校对，提高了结算准确度	Revit、Thsware
		28）质量与安全管理	涉及	提高了设计质量，通过云平台实现质量过程控制。通过 BIM 的安全检查、安全培训和安全交底，提高了安全管理水平	Revit、漫拓微现场
		29）竣工模型构建	涉及	提高了竣工模型的数据准确度，为竣工验收及后续运维提供了模型和数据基础	Revit
信息管理平台开发与应用		30）基于 BIM 的现场管理信息平台开发和完善	新增	通过二次开发，满足了个性化需求，为信息共享、协同管理提供了平台基础	漫拓微现场
		31）～34）基于 BIM 现场管理平台的协同管理	涉及	基于自主开发的协同平台，实现了参与各方协同管理，提高了管理效率	漫拓微现场
运维阶段		35）运维方案策划	涉及	通过方案策划，完善了运维导向的建设阶段 BIM 应用，为后期运维提供指导	/
		36）～37）运维系统搭建及维护	涉及	开发运维平台，为医院运维提供个性化平台支撑	漫拓云设施
		38）运维模型构建及维护	涉及	完善运维模型，为后期运维提供模型基础和数据基础	Revit
		39）～41）空间、资产、能源管理	涉及	提高医院运维管理的可视化、数字化、精细化及智能化等管理水平和管理效果	Revit、漫拓云设施
应用指南建设		42）医院领域 BIM 指南	新增	包括信息、数据、编码、空间分类和颜色等规定，为提高医院全寿命期应用及行业领域标准化奠定基础	/

三、BIM 技术应用成果

1. 方案设计阶段 BIM 技术应用

BIM 技术在上海市胸科医院科研综合楼方案设计阶段的应用，具体应用如下。

1）场地分析

（1）通过对上海市胸科医院科研综合楼的平面布局及周围环境分析，论证了工程项目在建设用地中的合理布局,如图 3 所示为人车分流设计。

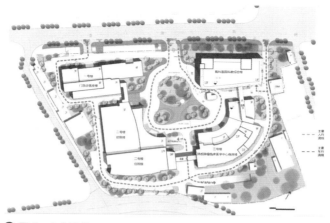

⚠ 图 3　人车流线

(2) 胸科医院从整体出发重新进行各流线设计,提出了高效的各交通流线方案。

2) 设计方案比选

(1) 对基坑施工的顺作法、逆作法进行了 BIM 模拟,并且从造价、工期、基坑周边环境保护、场地布置、安全文明及绿色施工等方面对两种方案进行了综合比较,提出了合理的基坑施工方案,如图 4 所示。

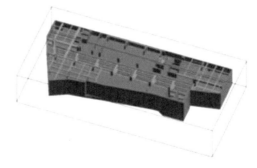

(a) 顺作法 BIM 模型　　　　　　　　　　(b) 逆作法 BIM 模型
⚠ 图 4　基坑施工方案 BIM 模拟

(2) 对楼层的功能布局进行了 BIM 模拟,基于各房间及科室的规划面积,结合业主过往对房间的使用情况以及相关经验,对划分排部有争议或难以决定的楼层进行了多方案模拟,从而优化了科教综合楼的楼层功能布局,如图 5 所示。

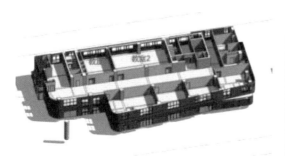

⚠ 图 5　二层功能布局方案及走廊视角

（3）对样板间进行了 BIM 模拟，通过 BIM 的优秀可视化效果，对样板间的多个装饰方案进行了模拟，结合业主及财务监理的意见，在造价控制范围内为业主采纳合适的设计方案提供了辅助与支撑，如图 6 所示。

△图 6　电梯间装修方

（4）对建筑门厅的 3 种装饰方案进行了 BIM 模拟，从而确定了既符合医院风格，又美观实用的门厅装饰方案，如图 7 所示。

△图 7　大理石装饰模拟

（5）对多个钢连廊方案进行了模拟比对，从立面风格和抗震特点方面给出了钢连廊方案选择建议，最终达到辅助业主对钢连廊方案进行决策的目的，如图 8 所示。

△图 8　钢连廊方案模拟

3）特殊设施模拟

（1）通过 BIM 技术模拟了车辆进入医院后，在车库外围的交通路线情况。车辆进入院内，设计了 3 条不同的路线进入地下停车库，对 3 条线路以及可能出现的意外情况进行了模拟，给出了通行效率最高的方案，同时也给出了在高峰时段采取疏导的措施。

（2）通过 BIM 技术模拟了车辆进入停车库后运行情况，模拟了不同情况入库、出库的流程和耗时。从提高存取车的效率角度，对结构构件（梁、板、柱）的空间位置给出了建议，并且对存取车方式、停车库的机械设备参数提出了建议，如图 9 所示。

（3）对于院内等待入库和存车的情况进行了模拟。提出了车辆等待的方式和数量，并且对于保证车流通畅提出了保证措施。

△ 图 9　机械车库 BIM 模型及取车 BIM 模拟

4）特殊场所疏散模拟

通过 BIM 技术，对上海市胸科医院科研综合楼整栋建筑以及顶层的人群在突发情况下的疏散进行了模拟。通过模拟结果给出了具体的疏散路线以及保证安全采取的措施，如图 10 所示。

△ 图 10　特殊场所疏散模拟

5）建筑性能模拟分析

通过 BIM 技术对上海市胸科医院科研综合楼场地风环境、室内自然采光以及室内通风进行了模拟分析。通过模拟分析结果，比照《绿色建筑评价标准》，对胸科医院科研综合楼的建筑性能进行了评价，并且在各方面与《绿色建筑评价标准》存在的差距，为今后的深化设计采取改进措施指明了方向，如图 11 所示。

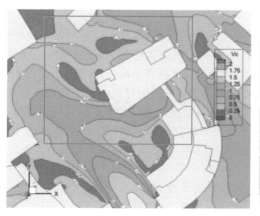
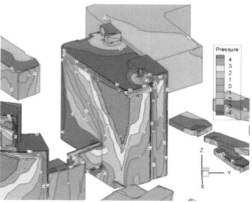

△ 图 11　场地风环境 BIM 模拟

2. 初步设计阶段 BIM 应用

BIM 技术在上海市胸科医院初步设计阶段的实践应用情况。结合《上海市建筑信息模型技术应用指南（2015 版）》，BIM 技术在以下几个方面得以实施。

1）建筑、结构模型构建

利用 BIM 软件，建立了上海市胸科医院科研楼的三维几何实体模型，进一步细化建筑、结构专业在方案设计阶段的三维模型，实现了设计过程的可视化的目的，为施工图设计提供了设计模型和依据。

2）建筑结构平面、立面、剖面检查

在此阶段，利用已建好的三维模型，检查修改后的建筑、结构专业模型。模型深度和构件要求，需符合初步设计阶段的建筑、结构专业模型内容及其基本信息要求。通过检查，得到以下信息，如图 12 所示。

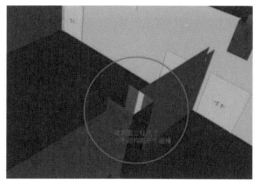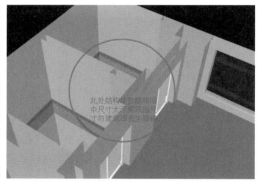

⚠ 图 12　BIM 碰撞分析（建筑、结构）

（1）上海市胸科医院扩初设计阶段建筑图、结构图与剖面图之间存在的误差，属于图纸优化不同步导致的问题，其中梁不一致是因为以上各位置的梁在结构图中各层具体的位置并不相同，但在剖面图中位置则完全一致；楼梯不相符可能是因为在剖面图中对该层楼梯进行了具体设计，但没有对相应结构图做同步变更所致。

（2）扩初设计阶段建筑图与结构图之间存在的误差，属于建筑图纸与结构图纸优化不同步导致的碰撞问题，其中墙柱碰撞是因立柱尺寸在建筑图与结构图中没有统一。根据上述检查结果，分别提出了相应建议。

3）面积明细表统计

面积明细表统计的主要目的是利用建筑模型，提取房间面积信息，精确统计各项常用面积指标，以辅助进行技术指标测算；并能在建筑模型修改过程中，发挥关联修改作用，实现精确快速统计。我们对胸科医院科研楼各楼层布置情况进行了模拟，并且详细统计了各楼层医疗用房的面积占用情况，与业主进行了面积校对分析，从而保证了设计的精确性，避免了后期使用过程中由于面积不足而造成的房间使用功能的变更。通过对各类科研用房进行统计，胸科医院有明显的专科医院特点，即门急诊用房比例小，住院用房比例大，其中由于门急诊用房小而导致医疗用房总数偏小。由于基数小，住院用房比例就相对提高了，因此虽然比例大，但是住院的绝对面积还是基本符合医院的使用需求的。

4）设备选型

对上海市胸科医院的科研楼的设备进行了分析，初步确定了电梯、空调、医用气体系统等设备的需求参数，然后利用 BIM 技术对设备使用情况进行了模拟，避免了由于计算失误造成的设备不足或浪费，在满足使用功能要求的前提下，大大节省了设备的投资，如图 13 所示。

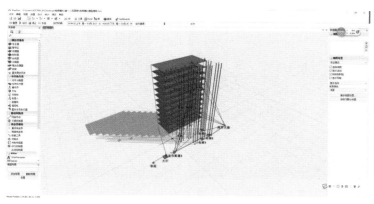

∧ 图 13   电梯选型 BIM 仿真模拟

3. 施工图设计阶段 BIM 应用

结合《上海市建筑信息模型技术应用指南(2015 版)》,BIM 在施工图设计阶段主要应用于以下几个方面。

1) 各专业模型的构建

利用 BIM 软件,建立了上海市胸科医院科研楼的暖通、给排水、电气三维模型,为下一步进行碰撞冲突检测分析奠定了基础。

2) 冲突检测及三维管线综合

在此阶段,利用已建好的建筑、结构及各专业三维模型,应用 BIM 软件检查施工图设计阶段的碰撞,完成建筑项目设计图纸范围内各种管线布设与建筑、结构平面布置和竖向高程相协调的三维协同设计工作,以避免空间冲突,尽可能减少碰撞,避免设计错误传递到施工阶段。

(1) 检查了地下施工现场与周围管线的关系。通过检查,发现施工现场与场地的东、南、西侧现存的管线均有冲突,提出了管线搬迁建议,以防影响施工进度;施工场地北侧与地铁隧道距离过近,地下场地开挖后很容易造成隧道周边土体变形,从而影响地铁的安全性。因此,建议在地下工程开挖时务必提前做好基坑的支护工作,保证地铁的运行安全,如图 14 所示。

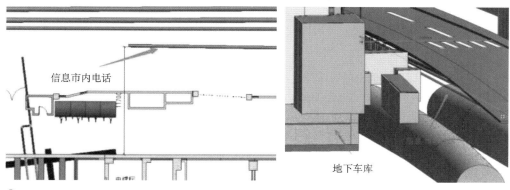

∧ 图 14   施工场地周边管线 BIM 模拟

(2) 对建筑结构进行了检测。通过碰撞分析,发现设计中建筑图与结构图之间存在的误差,碰撞结果显示,建筑图与结构图立柱尺寸不符导致墙柱冲突 12 处、建筑图与结构图板开洞尺寸不符导致冲突 11 处、建筑外墙与结构墙因图纸不符导致墙墙碰撞 1 处。这些碰撞必须进行修改,优化施工图的准确度,保证施工进度正常进行,防止工程返工的发生,如图 15 所示。

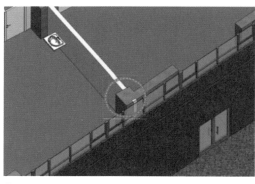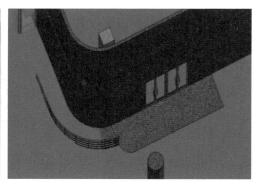

▲ 图 15　BIM 碰撞分析（建筑、结构）

（3）进行了管线与结构间的碰撞检测分析，结构图与管线图之间存在 5 处碰撞情况。根据碰撞结果及时对图纸进行修改，消除误差，优化施工图的准确度。

（4）对暖通管线与管线之间进行了检测。通过检测总计发现 30 处属于设计图纸误差引起的碰撞情况，这些问题包括风管标高标注错误导致风管与梁的碰撞；部分风管标高过高导致与梁的碰撞；图纸更新后风管洞口不一致导致的碰撞；重新设计结构图时，遗漏了对屋顶结构做修改，导致新设计的风管与之碰撞等，如图 16 所示。

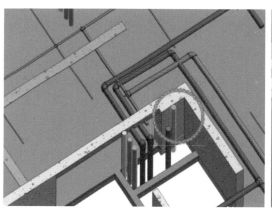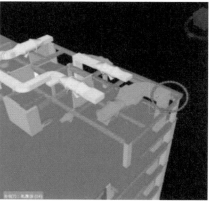

▲ 图 16　BIM 碰撞分析（机电）

3）竖向净空优化

BIM 模型基于设计单位提供的管线综合图，并参照最终施工图，以最初设定的功能区域的最低净空标准要求为依据，通过 BIM 模拟，合理优化管线布置，配合施工安装标准，以达到各区在不改变结构和系统情况下的最大管线安装高度。

（1）通过 BIM 管线模拟，先对管线的排布进行基本调整后，对胸科医院的所有楼层进行净空高度的校核，得到净空高度的相关数据。

（2）由于地下室采用机械式停车库，机械式停车库对地下室的有净空要求，为满足要求，通过 BIM 模拟调整了地下室的部分管线，准确校准管线的排布，对于无法满足净空要求的位置，向设计院提出管线穿梁的设计变更。

（3）模拟仿真漫游。利用 BIM 软件模拟建筑物的三维空间，通过漫游、动画的形式提供身临其境的视觉、空间感受，及时发现不易察觉的设计缺陷或问题，减少由于事先规划不周全而造成的损失，有利于设计与管理人员对设计方案进行辅助设计与方案评审，促进工程项目的规划、设计、投标、报批与管理。举例说明地下泵房进行 BIM 仿真漫游，发现部分管线虽不与建筑结构发生碰撞，但存在影响维修人员工作的隐患，并针对该问题进行了管线调整。

4. 施工准备阶段 BIM 应用

施工准备阶段是 BIM 技术在医院建设项目中应用的关键阶段，这是连接设计阶段和施工阶段的桥梁与纽带。主要基于上海市胸科医院工程项目全过程 BIM 应用的实践，论述了 BIM 技术在施工深化设计、施工模拟和构件预制加工 3 个方面的应用。

1）基于 BIM 的深化设计

主要包括专业性深化设计和综合性深化设计两类，分别执行严谨的管理流程，参与 BIM 深化设计流程操作的单位包括建设单位、设计单位、BIM 咨询单位、监理单位、施工总承包单位和分包单位。上海市胸科医院地下室机械式停车库、连廊钢结构、精装修房间、变电站改建的 BIM 专业性深化设计，充分发挥了 BIM 技术的可视化、参数化和共享性的特质，提高了设计质量，尤其对装饰工程和管线工程的 BIM 深化设计策划，有效地用于指导精细化施工，为争创上海市"白玉兰"优质工程奖奠定良好的基础。管线综合的综合性深化设计，解决水、暖、电、通风、空调、消防、医用气体等各专业间管线、设备的"硬碰撞"和"软碰撞"，从而减少管线安装施工阶段的返工与窝工。

2）基于 BIM 的施工模拟

事先在电脑上试错、纠错，优化现场布置、优化施工工序、优化施工进度，最终达到优化施工实施方案的目的。上海市胸科医院科教楼的地下工程 BIM-4D 施工模拟、主体工程 BIM-4D 施工模拟、连廊钢结构 BIM-4D 施工模拟和地下电缆套管及变电站改建施工方案模拟，取得了节省施工工期、提高施工质量与安全性、降低工程造价的良好效果，为类似工程提供借鉴作用，如图 17 所示。

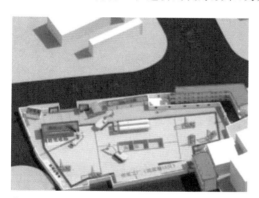

🔺 图 17　施工场地 BIM 模拟及现场施工实景

3）基于 BIM 的构件预制加工

针对地下室机械停车库和钢结构连廊构件，应用了基于 BIM 的构件预制加工技术，如图 18 所示。实现流水化生产，提高了构件加工质量，缩短了现场施工工期，降低劳动成本。

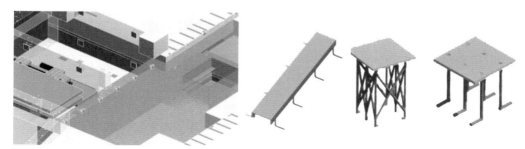

🔺 图 18　地下车库预埋件设计深化分析

5. 施工阶段 BIM 应用

施工阶段是 BIM 技术在医院建设项目中应用的重中之重阶段。BIM 技术的应用价值将在施工过程的进度、造价、质量和安全等建设项目管理的目标方面获得充分的体现。主要基于上海市胸科医院工程项目全过程 BIM 应用的实践，论述了 BIM 技术在进度管理、工程造价管理、质量与安全管理、技术管理、设备与材料管理、竣工验收管理等方面的应用。

1）基于 BIM 技术进行施工进度管理

首先，依据 BIM 技术的综合优势，集成 BIM 施工进度管理流程之中，形成优化后的进度管理流程图；然后，应用 BIM 模拟技术将每一个施工环节的先行状态模拟出来，结合现场实际经验编制进度计划，涉及总进度计划、二级进度计划、周进度计划和每日进度计划四个层次；同时，应用 BIM 技术进行施工进度的多方案模拟、跟踪分析、控制分析；最后进行施工进度事后分析，胸科医院科教综合楼项目施工工期合理缩短了约 3 个月时间，佐证了 BIM 技术在施工进度管理方面的应用价值，如图 19 所示。

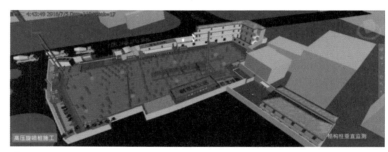

⚠ 图 19　桩基工程 BIM-4D 进度模拟

2）施工造价控制

集成三维 BIM 模型、施工进度、成本造价三个部分于一体，形成 BIM-5D 模型，对工程造价进行管理，实现成本费用的实时模拟和核算，如图 20 所示。并且以 BIM 施工预算控制人力资源和物质资源的消耗、基于 BIM-5D 的变更管理、快速实现进度款支付等造价管理，通过 BIM 技术精细化的造价控制，胸科医院科教综合楼项目投资控制在概算内，取得了良好的管理效果。

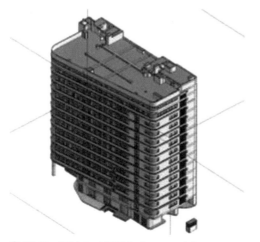

⚠ 图 20　通过 BIM 模型生成工程量清单

3）施工质量管理

贯穿了设计阶段、施工准备阶段和施工阶段。前期的 BIM 应用为施工阶段的质量管理奠定良好的基础。构建了基于 BIM 的质量管理操作流程图,为 BIM 技术的引入质量管理提供实施路径。基于 BIM 深化设计的质量管理、基于 BIM 虚拟施工的质量管理、基于 BIM 现场监控的质量管理,系统地实施了医院建筑从设计文件质量至建筑材料、构件和结构等实物质量的全方位的质量管理,如图 21 所示。

︿ 图 21   基于 BIM 模型指导实际施工

4) 施工安全管理

由于胸科医院科教综合楼工程建设项目具有高度大、施工工艺复杂、工程量大、工期紧、交叉作业频繁等特点,安全管理工作面临较大的挑战。在安全管理方面主要实施了:基于 BIM-3D 漫游的安全防护检查、基于 BIM 模拟分析的施工场地安全管理、基于 BIM 的专项方案优化、基于 BIM 的临时设施搭设、基于 BIM 的安全培训和安全技术交底、基于 BIM 云平台的动态安全管理,如图 22 所示。

︿ 图 22   安全防护检查 BIM-3D 漫游

5) 施工技术管理

为了促进 BIM 技术在施工阶段的深度应用,充分发挥 BIM 技术在施工阶段的应用价值,胸科医院科教综合楼工程实施了基于 BIM 的施工技术管理,主要包括:技术策划、技术交底、技术控制、专项施工方案制订和 BIM 技术管理等 5 个方面的工作,使得进度控制、质量控制、安全控制和造价控制等建设项目管理流程皆体现技术管理的重要作用,如图 23 所示。

6) 施工设备及材料管理

基于 BIM 技术的设备管理主要包括:掌握建设工程项目机械设备的分类信息、正确选型和合理调配机械设备、正确使用和及时保养、提高效率等方面。基于 BIM 技术的材料管理主要包括:材料计划管理、材料采购管控、材料进场验收、材料的储存与保管、材料领发与回收及材料使用监督等方面。

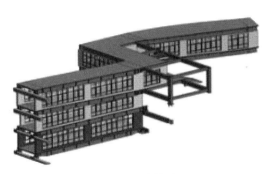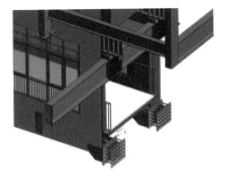

△ 图 23　钢连廊施工作业交底模型

7）竣工验收管理

主要包括竣工模型形成过程、竣工结算、BIM 应用效果总结等内容。胸科医院综合楼项目基于 BIM 技术的深度应用，克服了紧邻地铁的施工难度，通过了"上海市文明工地"验收、"上海市优质结构"验收、"上海市建设工程绿色施工样板工程"验收，同时也荣获"上海市建设工程白玉兰奖"。

6. 运维阶段 BIM 应用

随着医疗建筑越来越复杂，涉及多种系统、设备及管线，这些系统需要为医疗活动提供高可靠性的服务保障。但同时，由于后勤人员的退休和更换以及医院需求和改造活动的不断开展，传统的基于纸质和两维 CAD 图纸的工作方式已经无法满足实际需要，医院设备设施的运行监控和维护管理碰到了越来越大的现实挑战，而 BIM 的优势能较好地解决这一问题，其与传统运维系统的结合，则助推医院后勤智能化运维达到了新的革命性水平。依托上海市胸科医院，结合既有运维平台的应用经验，设计开发了基于 BIM 技术的医院建筑运维平台，该后勤智能化管理平台尚处于开发试运营阶段，下文重点展示功能模块的阶段性成果。

结合医院的实际需求、BIM 技术优势、现有平台运行情况以及未来的技术发展趋势和医疗卫生发展趋势，新一代医院后勤智能管理平台的功能需求主要包括以下几个方面：

（1）医院建筑设备设施的基础数据管理和可视化浏览和展示。

（2）医院建筑设备设施的动态运行数据的实时监控、交互、预警与分析。

（3）医院建筑设备设施静态数据的多维度统计和分析。

（4）医院建筑设备设施复合数据的基准分析及变化趋势。

基于这些需求，上海市胸科医院基于 BIM 的医院后勤管理平台包括园区 3D 总揽、楼宇 3D 总揽、设备设施监控、成本管理和报表设计等功能，平台的总功能框架如图 24 所示。

在数据处理方面，不同的功能实现方式具有一定差异性，以下针对不同功能中的数据获取和处理方式进行简要描述。

1）医院 3D 总揽

对于告警和预警信息采用实时获取后根据设定阈值计算，对于关注设备通过实时获取方式，从而实现实时查询和检索。

2）设备设施管理

设备基本信息和设备图纸文档通过期初导入或录入的方式，设备维保管理通过录入方式，而模型关联通过手动设置进行初始关联，同时研究模糊查询或自动提示方式提高手动关联效果和效率。

3）楼宇 3D 方面

建筑漫游通过模型加载，楼宇基建通过期初导入和实时录入实现实时查询，而空间管理则通过期初导入和后期录入方式。模型管理通过模型加载处理方式，而导航则通过实时计算方式实现。

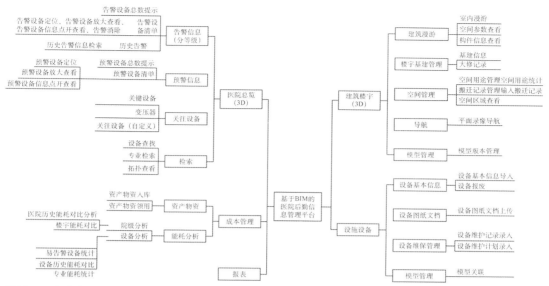

△ 图 24　上海市胸科医院基于 BIM 的后勤管理平台的总体功能框架

　　图 25 为上海市胸科医院基于 BIM 医院后勤管理的院区总揽功能，通过这一功能可以实现院区三维总揽，各个单体的聚焦总揽，以及根据树形结构进行多层级模型查看。另外，利用重新设计、开发和组合的 Viewer 工具条，可进行漫游、展示，以方便对院区建筑和设备设施的总体展示和了解。

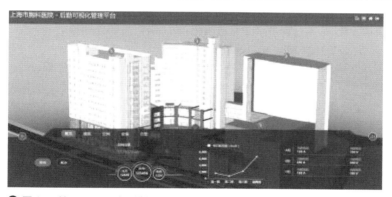

△ 图 25　基于 BIM 医院后勤管理的院区总揽功能

　　图 26 所示分别是园区总揽和条件搜索方式的具体实现，通过这一功能，可以对模型及数据库中

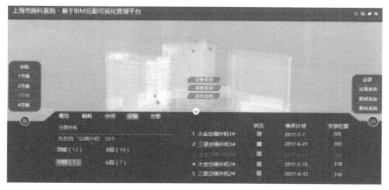

△ 图 26　基于 BIM 医院后勤管理的多条件搜索功能

的任何信息进行多条件搜索功能,搜索结果将通过列表方式展示,也可通过搜索结果进行模型定位。针对单一对象搜索,可直接进行定位,以了解设备设施的空间位置以及运行状态。同时,通过不同数据源的数据读取和集成,可通过基于模型进行可视化集成展示,方便维护人员掌握整体情况。图 27 所示是基于 BIM 和数据关联的电气系统拓扑结构分析功能。

△ 图 27　基于 BIM 医院后勤管理的系统拓扑结构分析

7. 工程量计算 BIM 应用

基于 BIM 技术的工程算量在上海市胸科医院科教综合楼项目上的充分应用,基本实现了工程算量全覆盖、全透明,结合投资监理单位提供的综合单价得出实际工程造价,提高建设周期的投资控制能力,做到招标阶段清单精准化,施工过程造价变更透明化,竣工结算高效化。

1) C01 标段桩基工程 BIM 竣工模型造价结算分析

通过构建桩基竣工模型,对该工程 167 根实际竣工的工程桩的桩号、桩长、桩标高信息及桩位偏差等主要信息进行了竣工核验与工程信息录入,以便后期查阅(图 28)。同时运用算量软件对桩基工程进行了 BIM 模型算量,所获得的算量结果与投资监理提供的该标段桩基工程预算工程量进行了对比,旨在提高工程算量精度,并结合该工程综合单价得出 BIM 工程造价为桩基工程竣工结算提供参考与支撑(目前误差在 1% 以内)。

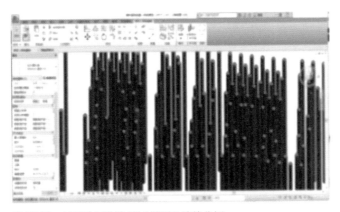

△ 图 28　桩基竣工结算 BIM 模型及造价分析

2) 铝合金门窗 BIM 工程量计算分析

基于设计院提供的建筑图纸,在 Revit 软件下建立的建筑模型,运用算量软件对建筑模型的门窗进行了 BIM 模型算量,所获得的算量结果与投资监理提供的铝合金门窗清单的工程量进行了对比,旨在提高工程算量精度,减少模型或图纸在算量时产生的误差,为工程招投标和造价控制提供参考与支撑。例如,铝合金门算量对比(表 2),经过 BIM 精确计算后调整,更好地控制工程造价。

表 2　铝合金门算量对比表

项目编码	项目名称	单位	数量(原招标清单)	投资监理算量(A)	BIM算量(B)	工程量差值 C(C=B−A)	误差率(%)(C/A)	技术要求疑问	分析备注
020404006001	单扇玻璃门(包含材料、安装费、地弹簧、拉手、地锁及所有五金配件等)	m²	4.2	4.2	0	−4.2	−100.00		新图无单扇门、投资监理暂保留
020404006002	双扇玻璃门(包含材料、安装费、地弹簧、拉手、地锁及所有五金配件等)	m²	37.62	38.25	38.25	0	0.00	若有有电动移门,应分别列项,技术要求请设计落实	
020402001001	单扇铝合金平开门(包含材料、安装费、门锁及所有五金配件等)	m²	4.2	10.5	10.5	0	0.00		
020402001002	双扇铝合金平开门(包含材料、安装费、门锁及所有五金配件等)	m²	18.69	8.82	8.82	0	0.00		
合计		m²	64.71	61.77	57.57	−4.2	−6.80		

3) 施工准备阶段主体建筑结构 BIM 工程量计算分析

基于设计院提供的审图图纸,在 Revit 软件下建立的建筑结构施工图初步模型,运用斯维尔算量软件对建筑结构进行了 BIM 模型算量,所获得的算量结果与投资监理提供的《补充协议附件 PDF 文件》中的工程量进行了对比,旨在提高工程算量精度,减少模型或图纸在算量时产生的误差,为工程投资和造价控制提供参考与支撑。例如,结构梁板算量对比(表 3),经过 BIM 精确计算后调整,更好地控制工程造价。

表 3　结构梁板算量对比表

项目名称	计量单位	投资监理算量(A)	BIM 算量(B)	差值(B−A)	误差率
地下室底板	m³	2 269.13	2 171.64	−97.49	−4.30%
地下室底板后浇带	m³	26.65	26.48	−0.17	−0.64%
地下室有梁板 C35(抗渗等级 P8)	m³	295.69	275.47	−20.22	−6.84%
地下室有梁板 C35	m³	897.20	848.94	−48.26	−5.38%
地下室顶板后浇带	m³	11.05	10.02	−1.03	−9.32%
有梁板 C30	m³	4 122.69	4 111.36	−11.33	−0.27%
矩形梁 C35	m³	19.09	18.96	−0.13	−0.68%

（续表）

项目名称	计量单位	投资监理算量（A）	BIM 算量（B）	差值（B-A）	误差率
矩形梁 C30	m³	46.78	34.52	-12.26	-26.21%
矩形梁 C30（观光电梯）	m³	18.89	19.73	0.84	4.45%
弧形、拱形梁 C35	m³	0.46	0.45	-0.01	-2.17%
弧形、拱形梁 C30	m³	14.64	14.86	0.22	1.50%
合计	m³	7 722.27	7 532.43	-189.84	-2.46%

8. 协同管理平台 BIM 应用

1）实现基于 Web-BIM 模式的协同

Web-BIM 模式是指，将 Revit 模型实现效果在 Web 服务和浏览器中展现，利用模型的物理特性以及三维可视化视图构建项目的真实信息，为各参与方沟通和决策提供数据的直观支持。

上海市胸科医院科教综合楼项目经过 2 年努力，实现了基于 Web-BIM 模式的协同管理平台，可在浏览器中实现建筑模型漫游、旋转、移动等操作；针对模型可以进行视点观察，可以根据各参与方的需求自定视角了解模型。通过该平台的实践应用，可以模拟出真实的施工进度，反映真实的工况。

2）实现基于 Cloud-BIM 模式的协同

Cloud-BIM 是指将云计算技术及 BIM 技术有机结合在一起，将 BIM 所需的软件、运算能力、存储能力分布于云端。

上海市胸科医院科教综合楼项目基于 BIM 的协同管理平台，将利用移动互联网技术，将 BIM 技术与智能手机、平板电脑、笔记本、RFID 设备连接在同一公有 Cloud-BIM 平台上，实现项目各参建方全方位的协同工作，如图 29 所示。项目各参建方在异地通过多种客户端访问平台，并获得返回信息和数据，从而实现对施工现场实时把控。与传统的协同工作平台相比，基于 Cloud-BIM 概念的 BIM 协同管理平台具有通用性强、容错性高、对终端要求低等优势。

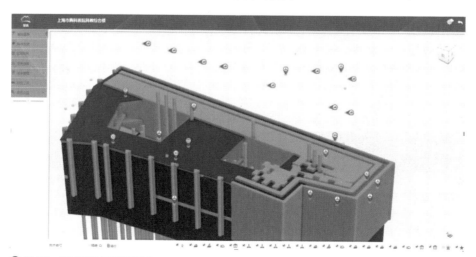

△ 图 29　BIM 的协同管理平台

3）实现基于 BIM 的项目多维信息集成协同

构建基于 BIM 协同管理平台的重要的任务是做好建设过程产生的 BIM 信息的提取、与管理信息的无缝集成以及基于权限的项目参与方共享访问。

上海市胸科医院科教综合楼项目在基于 BIM 协同管理平台的应用过程中,实现了项目决策阶段、设计阶段、施工阶段和运营阶段 28 类 BIM 信息和 9 大类管理信息的集成协同。各参建方用户向云端服务器发送信息查询、业务处理、模型上传和模型下载等操作请求,系统根据用户需求提取数据并进行加工,通过可视化界面反馈给用户。

4)实现了基于 BIM 全生命周期的协同

在基于 BIM 协同管理平台构建中,模型层起到了核心作用。需要针对全生命周期中不同阶段的功能模块的应用需求,关联对应的 BIM 模型,从数据层获取信息,产生相应的子信息模型。在这个过程中,BIM 模型的关联修改、一致性、协同等工作非常重要,这些是实现 BIM 在全生命周期各个阶段集成应用的基础。

在上海市胸科医院科教综合楼项目基于 BIM 协同管理平台构建过程中,设计阶段,建筑模型、结构模型、水暖电模型之间信息流动和传递,结合形成设计信息模型,设计信息模型是后续阶段 BIM 模型建立的基础。施工阶段,根据协同管理平台的功能需求,可以直接从 BIM 数据库中提取决策和设计阶段的部分信息,并从进度、质量、资源等方面在模型上进行信息扩展,逐渐形成施工信息模型。到运营阶段,BIM 模型集成了策划、设计、施工阶段的地理位置、规模尺寸、建筑构件信息、设备信息和空间布局信息等,实现了 BIM 模型和信息的持续应用,避免了信息丢失和信息断层。

上海市胸科医院科教综合楼项目基于 BIM 协同管理平台中的 BIM 模型和信息的应用,是和项目建设过程同步的连续过程,BIM 模型和信息随着项目开展不断深化和细化,确保全生命期管理者通过平台获取的数据和信息及时、准确,如图 30 所示。

(a)质量问题集中列表(范例)　　(b)典型质量问题(范例)

⋀ 图 30　施工质量 BIM 云平台动态跟踪监控(截屏)

四、BIM 应用效益及测算

1. BIM 投入

本项目采用建设单位主导,BIM 单位提供全生命周期咨询,各参建单位积极参与的 BIM 应用模式,因此在项目层面上,建设单位 BIM 投入主要为 BIM 咨询费用,即 BIM 顾问费用,此项费用为 280 万元(含运维阶段);同时在施工阶段,施工总包单位 BIM 单独投入费用为 20 万元,主要用于在施工阶段的 BIM 应用支出；此外，基于该项目进行 BIM 标准建设课题投入为 5 万元（表 4）。本项目的其他参与单位的 BIM 投入均包含于合同服务费用内，未有单独 BIM 投入费用。

表 4　IM 投入费用表

总投入	305 万元	BIM 咨询费	280 万元
硬件投入	40 万元	软件投入	30 万元
设计方 BIM 费用	0	施工方 BIM 费用	20 万元
BIM 培训费	0	其他费用	5 万元

2. BIM 产出

上海市胸科医院科教综合楼项目管理应用 BIM 带来经济效益是参建单位共享的，建设单位、施工单位都得到了可观的效益。

1）建设单位方面（设计阶段、施工图阶段）

（1）直接避免支出 994.3 万元

Ⅰ. 通过 BIM 优化设计图纸，减少各专业图纸之间的矛盾，避免支出 129.4 万元（表 5）。

表 5　优化图纸，避免多支出

BIM 分析工作	发现问题	经济效益	主要经济指标
建筑结构问题	193 处	57.9 万元	避免碰撞点造成的返工及材料损失费用；建筑结构碰撞点每个按 3 000 元计算；管线碰撞点每个按 5 000 元计算
地上管线综合问题	44 处	22 万元	
地下管线综合问题	99 处	49.5 万元	

共计节省费用：129.4 万元

Ⅱ. 通过 BIM 做施工模拟，优化施工方案，减少支出 110 万元（表 6）（施工阶段）。

表 6　施工模拟，避免多支出

工程名称	优化内容	经济效益	主要经济指标
3 号楼裙楼设备移机	通过 BIM 精确建模及施工模拟，发现可以避免移机	10 万元	（1）3 号楼裙楼设备移机费：10 万元 （2）120 t 汽车吊：5 300 元/d （3）30 t 汽车吊：2 000 元/d （4）50 t 汽车吊：2 500 元/d （5）25 t 汽车吊：1 800 元/d （6）地下室结构加固：25 万元
连廊方案设计及吊装工程优化	原定采用：120 t + 30 t 汽车吊施工 7 d，出于安全原因 3 号楼地下室钢管回顶加固费用 25 万元。钢结构设计方案优化 20 万元。通过 BIM 模拟优化降低汽车吊重量为 50 t + 25 t 汽车吊施工 6 d，同时降低了人力成本及安全风险	70 万元	
主体建筑结构及装饰方案优化及 BIM 工程算量校核	建筑外立面材料变更及装饰修改、大厅装饰材料变更、内部装饰方案优化等节省费用，结构预留洞口校核	30 万元	

共计节省费用：110 万元

Ⅲ. 三维算量精确、透明、快速,降低工程结算费用,避免建设单位多支付施工单位工程费用
704.9 万元(表 7)。

表 7 三维算量,避免多支出

BIM 分析工作	经济效益	主要经济指标
对桩基工程量进行 BIM 造价核算	220.1 万元	按工程量差额乘以各种材料或构件的综合单价(包含规费措施费并平摊人材机费用)
对建筑结构工程量进行 BIM 造价核算	305.4 万元	
对机电工程量进行 BIM 造价核算	179.4 万元	

共计节省费用: 704.9 万元

(2) 工期提前 3 个月的社会效益

预估相关医疗业务量提早增长,以 2017 年第一季度数据为对比基础(一季度门急诊人次150 731、
出院人次 14 672、手术人次 2 787):门急诊量 3 个月增长量合计为 5.58 万人次,增长率为 37%(按面
积增长比例计算);出院量 3 个月增长量合计 0.54 万人次,增长率为 37%(按面积增长比例计算);手
术量 3 个月增长量合计 0.12 万例,增长率为 43%(科综合楼楼建成,功能调整,其他用房改建成手
术室,14 间手术室增加至 20 间)。同时科教综合楼的提前建成,该医院科研教育用房数量增多、环境
改善,对医院"十三五"期间医、教、研的拓展是不可估量的,无法简单量化的。

2) 施工单位方面

通过 BIM 优化施工场布、模拟施工方案,加快工程进度,减少施工成本 662.7 万元(表 8)。

表 8 通过 BIM 技术优化工期经济效益

建设阶段	优化内容	优化工期	经济效益	主要经济指标
桩基工程	通过 BIM-4D 模拟优化施工场地布置、顺序及设备数量	15 d	64.5 万元	(1) 人员管理费: 10 000 元/d; (2) 设备租赁(塔吊、运输电梯、打桩机、清障设备、运输车辆等): 10 000 元/d; (3) 开办费(生活水电、临时房租赁、集装箱、设备折旧等): 10 000 元/d; (4) 周转材料(模板、钢管、脚手架等): 10 000 元/d; (5) 规费及税金: 2 000 元/d; (6) 资金利息: 1 000 元/d
地下结构施工	通过 BIM-4D 模拟优化施工场地布置、顺序	20 d	86 万元	
地上结构施工	通过 BIM-4D 模拟优化施工场地布置、顺序	11 d	47.3 万元	

共计节省费用: 197.8 万元

3) 运维阶段

目前,后勤智能化管理运维平台尚处于开发试运营阶段。

4) 协同平台

(1) 模型版本管理

上海市胸科医院科教综合楼项目应用至今,模型已植入 6 个版本(表 9)。

(2) 业务管理

基于 BIM 协同管理平台应用过程中,实现管理业务和数据如表 10 所列。

表 9　BIM 协同管理平台模型版本管理表

时间	模型版本	模型包含内容
2015/11/30	第一版	建筑、结构、水、暖通、电
2016/1/29	第二版	主体模型（建筑、结构、水、暖通、电）、车库预埋件模型、其他模型（市政管线、基坑模型、周边及地下模型）
2016/3/11	第三版	建筑、结构、基坑
2016/8/1	第四版	建筑、结构、管线综合、连廊
2017/4/7	第五版	建筑、结构、管线综合、连廊、胸科医院周边模型
2017/10	第六版	竣工模型

表 10　BIM 协同管理平台业务和数据统计表

功能模块	业务数据	管理效果
工程监测	254 个监控测点	减少了基坑开挖阶段工程风险
现场工况	实现 115 条工况业务处理	提高了管理效率
日报管理	产生施工日志 251 条，监理日志 259 条	形成了工程重要资料
设备材料进场管理	23 条进场记录	加强了成本管理
项目资料库	1 007 个文档	实现了信息共享，资料归档管理
检查管理	64 条检查记录	加强了工程质量和安全管理

3. 综合效益

1) BIM 技术应用的综合效益

上海市胸科医院科教综合楼项目充分发挥了 BIM 技术在医院项目中可视化、虚拟化、协同管理、成本和进度控制等优势，从而提升了工程决策、规划、设计、施工和运营的管理水平，实现了减少返工浪费，科学地缩短工期，提高工程质量和投资效益。本项目应用 BIM 技术进行精细化的项目管理，在工程安全、质量、进度和造价控制方面获得良好的效果。

（1）安全控制方面

基于 BIM 技术对施工安全进行管理，建设期间无安全事故，获得施工阶段和装饰阶段"文明施工工地"。

（2）进度控制方面

基于 BIM-4D 技术进行进度控制，科学安排施工工序，节省施工时间，与原计划相比，提前 3 个月竣工验收（占合同工期的 15%），启用提前半年。

（3）质量控制方面

基于 BIM 对工程的质量进行控制，项目目前已获得优质结构奖、绿色施工样板工地，以及白玉兰奖。

（4）造价控制方面

图纸方面，通过应用 BIM 技术，进行碰撞冲突分析、漫游检查等应用，预先发现建筑结构、管线综合等存在的问题，避免了不必要的返工等；施工方面，预先进行方案的模拟比较，择优确定方案，减少了相关费用投入；结算审价方面，工程量计算准确、透明、快速，与财务监理形成"双保险"，协助建设单位核减不合理的工程费用支付。

2）协同管理平台实现的管理效益

作为政府公共项目，上海市胸科医院科教综合楼具有标准高、系统配置复杂、受众人群复杂的特点，在策划、设计、施工和运维的阶段都存在诸多挑战。基于 BIM 信息技术的开发平台，将不同来源、不同格式、不同特点性质的数据在逻辑上有机地集中，为各参与方实现全面的数据信息共享。通过该 BIM 平台，使施工现场情况具有共享性、透明性的特点，便于进度、设备材料、安全和现场管理等。针对安全问题以及潜在问题，可以及时提出解决方案，并在后期追溯该问题的解决状态，方便管理人员对项目的整体控制。

五、经验推广与思考

1. 经验推广

（1）应用模式的推广

经过本项目的 BIM 应用实践，证明了 BIM 咨询公司和建设单位、代建单位等共同组成一体化的 BIM 应用组织的应用模式的优势。在该模式下，由 BIM 经验相对丰富的 BIM 咨询公司与落实管理能力较强的建设单位与代建单位共同主导贯彻 BIM 应用，可充分利用各参建单位各自的专业特长来完成 BIM 工作并利用 BIM 技术解决项目问题，将 BIM 与项目管理（PM）充分结合，解决了 BIM 落实"两张皮"的问题。

（2）管理平台的推广

医院建筑建设过程具有专业性和高度复杂性，无法完全参考其他类建筑的建设管理过程。如果在平台后续实施应用中，通过上海市胸科医院科教综合楼项目数据，对建设过程审视分析，观察全生命周期中风险程度最高的部位、专业及阶段，为后续其他医院类建筑项目管理所参考，可以降低项目风险。

2. 应用思考

医院项目具有功能和专业系统复杂，物业和设施长期持有的特点，在运营过程中需要根据不断变化的实际需求进行功能重组、改建和扩建，这就决定了医院项目需要探索符合自身特征的应用模式。通过上海市胸科医院科教综合楼项目的应用实践，我们认为，业主主导、专业 BIM 咨询公司全过程服务，面向全寿命期的 BIM 应用是充分发挥 BIM 价值的最佳模式之一。该模式的应用包含以下内涵和支撑要素。

1）BIM 应用与前期决策管理、实施期项目管理和运维期后勤管理深度结合

BIM 应用不能和全过程管理两张皮，不能为了 BIM 而 BIM，应结合每个医院项目特点，做好全过程应用点的策划，从实际需求出发，充分发挥 BIM 的价值。应发挥不同阶段 BIM 模型成果、数据成果和研究成果的价值，最大化减少阶段转换所带来的信息和知识丢失。在 BIM 应用策划时，应充分体现运维导向的 BIM 应用理念，从使用需求出发、从运维需求出发，建立应用组织、管理流程、协调机制、数据要求和应用标准等，应将医生需求、行政管理人员需求、病人需求及后勤运维需求等予以充分体现，将施工和运维等后续单位、部门或人员的项目参与充分前置，将后续数据要求标准化、制度化，尽可能地保证数据创建、共享和管理的及时性、实时性和完整性，以提高项目前期决策管理、实施期项目管理以及运维期后勤管理整体水平。

2）业主方驱动、BIM 咨询、全员参与的组织模式

BIM 应用是一个系统工程，涉及工程管理的绝大部分内容以及几乎所有的参与方。因此，作为总

组织者、总协调者和总集成者,业主方需要在 BIM 中发挥关键作用。而鉴于医院建设单位的特点以及 BIM 应用的专业性,BIM 咨询公司在医院项目 BIM 应用中具有重要地位,是业主方在 BIM 应用方面"脑的延伸,手的延长"。但同时,BIM 咨询单位应具有项目管理能力、BIM 建模与应用能力、BIM 信息化能力以及相应科研创新能力,以适应业主方在 BIM 应用方面的现实需求。另外,BIM 的应用离不开几乎所有参建单位的参与和支持,因此各参建单位应在 BIM 应用方面配置相应人才,按照各自分工,积极参与 BIM 应用中。当然,由于各项目的特征不同、管理模式不同、参建单位 BIM 应用水平不同,具体的应用模式和应用分工应根据项目情况进行适应性调整。

3)制定 BIM 应用的应用规划、实施方案、组织协调机制和相应标准

从总体而言,BIM 在医院项目中的应用还在探索阶段,还没有形成成熟的应用模式、应用指南和应用标准。另外,由于项目的差异性,每个项目 BIM 应用的模式、需求、深度等都不尽相同,因此就有必要针对项目制定应用规划作为 BIM 应用的最高纲领,编制具体的实施方案作为 BIM 应用的操作依据,必要的话,制定相应技术标准作为 BIM 建模与协同应用、信息化平台构建以及模型移交和验收的依据。同时,需要借助信息化管理软件,搭建 BIM 应用的信息共享和沟通平台,形成 BIM 会议机制,充分发挥 BIM 的信息集成、信息共享以及可视化和数字化优势,进行价值工程分析,为项目精益建设和项目全过程增值提供服务。

3. 应用展望

随着 BIM 技术、建造技术、互联网、物联网以及大数据等技术的飞速发展,以及政府职能转换、精益建造、项目交付模式等新的管理模式和管理理念的应用,医院项目全寿命期 BIM 应用具有极其广阔的前景。结合上海市胸科医院科教综合楼项目的应用经验,以及目前技术、管理发展趋势,就 BIM 在医院项目中的应用展望提出如下设想。

1)BIM 技术与 nD 的结合

根据麦肯锡研究报告,建筑业利用新技术颠覆传统模式的时代已经到来,而 5D BIM 将是一项重要技术应用。报告认为,下一代 5D BIM 能为任何一个项目提供实体和功能特征的 5 维信息,即除了标准的 3D 空间设计参数以外,还包括项目的成本和进度等。同时也包括一些细节,例如几何结构、规格、美学、热能和声学特性。一个 5D BIM 平台能为业主和承包商提供项目成本和进度变更影响的识别、分析和记录。

同时,随着 BIM 与项目全寿命期管理的融合,BIM 将融合越来越多的信息,实现基于 nD 的管理。

2)BIM 技术与医疗工艺的结合应用

医院建筑作为医疗服务的基础设施,在空间上影响了医生、患者及管理人员等最终用户的行为路线,也影响了医疗服务的效率和效果。因此,将 BIM 的可视化及参数化模型与医疗工艺和医疗服务流程相结合,进行空间功能布局优化、功能重组优化、规模优化、行为动线优化等,会大幅度提高医院功能设计、规模设计、医院管理和服务流程(一级、二级和三级)的科学性,从而提高医院管理水平、病患服务水平以及各类最终用户的满意度。

此外,针对特殊空间(如公共空间、手术空间等)以及服务对象行为的模拟,可优化空间布局,提高空间的使用效率和舒适度。如果有多栋建筑,还可以模拟不同建筑之间的功能关系和动线关系,从而为医院未来的新建、改建、扩建和大修等提供弹性空间规划指导,也可以为医院方案设计提供决策支持。

3)BIM 技术与预制装配式建筑的结合应用

预制化(Precast Concrete,PC)、模块化和装配化是建筑生产方式的一个变革,也是我国建筑业技术创新的重要方向。由于该种生产方式借鉴了工业行业的经验,因此具有更好的生产效率、质量品质和材料节约,也更有助于智慧施工管理。随着我国预制装配式建筑的不断推进,医院建筑采用该方式逐渐成为可能。

在医院建筑预制装配式建造过程中,BIM 可以在模块设计、参数控制、模块生产、采购管理、供应链和物流管理、现场模块组合、施工方案、现场装配、质量控制以及后期跟踪服务等方面发挥重要作用,更有助于智慧建造和精益建造理念的实施,也为医院建筑标准化提供了重要基础。

4) BIM 技术与绿色医院的结合应用

现代医学的研究表明,医护环境对病人的康复起着重要作用。同时,作为公共建筑,医疗卫生建筑也是建筑能耗大户,随着医疗需求的变化,以及可持续发展理念的落实,绿色医院、健康医院逐渐成为潜在需求。其既涉及医院规划、设计、建造过程的技术问题,也包括医患关系和医院管理等软环境问题,具体表现为绿色、质量和效率三个方面。例如,医院环境和设施对医源性感染、医疗事故、病人跌倒、病人心理和生理等都具有很大影响。同时,场地规划、水资源利用、能源利用、材料和资源的可持续性等又影响了医院能源消耗和可持续发展。

利用 BIM 技术,可对医院建筑的能耗进行定量化分析和模拟,通过材料创新、布局优化等价值工程方法,实现全寿命周期成本分析的降低。还可以通过设施的布置、优化与仿真,通过沉浸式体验等辅助方式,以及温度、风流动、光照模拟等打造用户友好型、环境友好型医院环境。

随着物联网和互联网的飞速发展,万物互联成为趋势。在此背景下,智慧医疗、远程医疗、精准医疗和智慧医院等成为医疗卫生服务领域的重要发展方向。而医院建筑、设备和设施的可视化、数字化和管理智能化,是这些目标实现的关键基础设施。从总体上看,医院建筑、设备和实施的数字化程度还远远不够,还存在巨大的发展空间。物联网、移动互联、VR、AR 等技术的成熟与普及,为智慧医院、智慧医疗等的实现提供了技术基础。

在决策和设计阶段,通过 VR 和 AR 设备,可以使管理者和使用者沉浸式体验医院的设计方案和使用效果,提高用户满意度,为医院空间设计、功能设计、流线设计、环境设计等提供需求基础,为方案优化和提高方案决策质量提供了重要依据。在施工阶段,通过物联网等设备,可以提高施工智能化水平、提高施工组织和施工方案质量,以及现场安全管理水平。在运维阶段,利用这些技术设备,可以对后勤管理人员进行体验式培训,提高后勤智能化水平,也为医患人员和行政管理人员提供相应可视化和智能化服务。

5) BIM 技术与医院后勤智能化和数字资产管理的结合应用

经过多年的信息化建设,国内医院后勤管理基本实现了信息化,但从总体而言,后勤智能化管理水平还不高。其原因既包括重视程度、投入程度、管理水平等主观原因,也包括技术手段发展水平等客观原因,尤其是数据收集、处理、展示和分析技术,还无法支持深度智能化需求。另外,传统的医院建造和管理方式,使得医院建成后大量的信息丢失、失真,为后期运维管理和改造带来了很大困难,设备设施信息的不准确、不完整、纸质化、碎片化等成为后勤智能化和医院资产管理的重要障碍,亟需进行技术手段的变革。

BIM 的产生为后勤智能化管理提供了新的技术突破,其集成的数字模型为医院设备设施的运维管理和运维效能的智能分析提供了重要的数据基础,其可视化的模型展现为运维管理提供了更为直观、便捷和高效的用户界面和表现形式,其全寿命周期的信息模型为后勤运维管理信息的无缝集成和数据融合提供了信息基础。因此,基于 BIM 的医院后勤智能化管理是后勤管理信息化的重要变革。

6) BIM 技术与大数据、人工智能等的结合应用

大数据及人工智能是当前信息技术革命的重要趋势,各行各业都在思考如何应用这些技术进行管理或业务革命的突破或创新。如前所述,智慧医疗、精准医疗等发展离不开这些技术的应用。在医院建筑、设备和设施的决策、建造和管理过程中,要提高前期决策质量和效率、实施控制的精准化和管理的精细化以及运行的智能化,大数据和人工智能技术的应用不可或缺。尤其是随着互联网和物联网的发展,设备数据开放后的数据共享,基于传感技术的数据自动收集等,都使得大数据及人工智能的应用成为可能,并具有巨大的应用潜力。

随着项目全寿命期 BIM 的应用,BIM 成为各类设备设施数据的重要载体。进一步的,当这些数

据互联、互通以及进一步与运维数据融合后,就产生了大规模、多样化以及增量速度快的大数据。基于这些数据,结合决策技术、仿真技术、数据分析技术及流程处理技术等,可进一步形成智能决策、数据驱动管理、流程自动化和能耗分析智慧化等应用场景,为医院的投资决策、建设实施和运维管理提供服务。

7)BIM技术与方案决策、政府审批与管理程序的结合应用

建筑业水平的落后不仅仅是建筑生产方式的落后和管理水平的低下,还表现在政府管理方式方法与现代化管理要求的不适应。随着经济和社会的飞速发展,建筑业市场竞争的日益激烈,新的技术不断应用,生产方式不断变革,随之带来的管理方式也需要进一步变革,这就倒逼政府管理方式的深度创新。包括方案决策与审批、图纸审批与规范检查、报批报建、竣工验收和档案管理等,都可能随着新技术的应用发生重大变革。

余 雷 潘蓓敏 徐 诚 孙烨柯/供稿

以最高标准、最严要求建设国际化高精尖专科医院

——上海市质子重离子医院建设特点和难点

质子重离子放疗技术是目前国际肿瘤治疗的高端技术,由于质子重离子技术的特殊性,系统设备庞大、复杂、精密,国内无相关建筑设计标准,建设过程均按照德国对系统设备的相关标准实施,施工工期紧、技术要求高、协调难度大,通过科学化、专业化、精细化的管理,从规划、施工、管理等方面都进行了有益的探索,突破了多项技术难点,为我国高精尖专科医院的建设,提供了一个新的航标。

一、项目背景与医院介绍

1. 项目背景和技术介绍

运用质子或重离子射线治疗肿瘤,是当今国际公认的最尖端的放射治疗技术,它以杀癌效果好、毒副作用小而被誉为"治癌利器"。该技术除对头颈部、脑、前列腺、软组织、肺、肝等部位肿瘤有较好疗效外,对一些难以手术或常规放疗效果不佳的肿瘤疗效同样十分显著。目前,国际上仅有德国、日本和美国等少数发达国家拥有质子重离子放疗临床技术。在中央领导同志的关心和有关部委的支持下,上海市委、市政府坚定信心、迎难而上,经过 10 余年努力,终于建成了国内首家、全球第三家同时拥有质子和重离子两种治疗技术的医疗机构——上海市质子重离子医院暨复旦大学附属肿瘤医院质子重离子中心。医院以质子重离子技术为主要治疗手段,辅以常规光子放疗、化学治疗及生物治疗,采用多学科诊疗模式,系一所集医疗、科研、教学于一体的现代化、国际化癌症治疗中心。

2003 年,在上海市市政府的高度重视和支持下,项目开始启动;2005 年 4 月,卫生部下发《复旦大学附属肿瘤医院配置质子(重离子)放疗系统批复的通知》(目前仍是唯一质子重离子配置批复);2007年 1 月,上海市发改委批复医院项目正式立项,成立项目筹建办。

立项后,首先面临的是引进技术的问题,即质子,重离子,还是质子加重离子。于是,筹建办开始进行前期调研考察活动,经过大量缜密考察调研、科学严谨论证,历时 10 个多月,8 次国内外质子重离子设备考察调研,并经过近 10 次专家论证和专题研讨会后,于 2007 年 12 月 11 日最终确定项目引进的技术路线为:质子加重离子能量可调的同步加速器,并同步引进笔型扫描技术等相应配套的核心设备。

核心设备的确定,为医院前期策划迈出了重要的一步。2008 年 6 月,质子重离子系统设备开始国际招标,通过 5 个月共 9 轮的合同谈判后,2009 年 1 月与德国设备厂商西门子公司签订了质子重离子系统设备合同。

医院引进德国西门子公司的质子重离子系统设备,其核心技术有:

(1)可分别产生质子和重离子射线,满足不同患者需要。

(2)同步加速器:直径达 21 m,束流能量可自由调节,其中质子束流能量幅度在 50～221 MeV,重离子束流能量幅度在 85～430 MeV。

(3)固定线束治疗室:4 间治疗室,其中 3 间水平治疗室,1 间 45°治疗室,满足不同种类、不同位置、不同深度的肿瘤定位及照射要求。

(4)笔形扫描技术:通过电子计算机先将肿瘤模拟分层,再控制射线逐点、逐层扫描,提高照射的准确性和治疗效果。

(5)高精度患者定位和影像验证系统,机器人机械臂病人摆位系统等。

2009 年 11 月,医院项目开工建设,2011 年 12 月底基建工程竣工。2012 年 1 月,设备厂商开始质子重离子系统设备的安装调试,2014 年 6 月,医院开始临床试验,运用重离子放射治疗技术,为一名71 岁的前列腺癌患者进行了第一次针对肿瘤病灶的"立体定向爆破"治疗并获得成功,这标志着该医院正式进入临床试验放射治疗阶段。

2. 医院概况

2018 年 3 月,质子重离子系统设备获原国家食品药品监督总局注册批复,上海市质子重离子医院于 2015 年 5 月 8 日正式开业。开业运营 3 年多来,医院围绕"两个确保"(确保临床治疗安全和质量,确保治疗一例、成功一例)和"三个严格"(严格选择适应症、严格筛选病例、严格制订临床诊疗方案)的工作目标,医院专家团队持续认真、严谨、周密地开展患者筛选、放射治疗计划制订及治疗,各项临床医疗工作平稳有序。目前总体患者肿瘤病情控制情况良好,疾病指征平稳、不良反应情况均在合理范围内。充分运用和发挥了医院拥有重离子这一国际尖端放疗技术的优势,全部采用重离子或采用重离子联合质子治疗的患者占 92.2%。医院自开业来,收治患者量达到第一个 500 例(2016 年 12 月)历时 19 个月,实现第二个 500 例(2017 年 11 月)历时 11 个月,实现第三个 500 例(2018 年 9 月初)历时 9 月余,均超过国际同类机构病人治疗量。

二、项目概况

1. 工程概况

(1)工程项目名称:上海市质子重离子医院工程项目。

(2)工程项目建设地点:上海市康新公路 4365 号。

(3)医院一期用地面积:53 861 m²。

（4）总建筑面积：52 857 m²（地下 22 268 m²，地上 30 589 m²）。

（5）建筑高度：34. 45 m（七层）。

（6）新建病床数：220 床。

（7）建设工期：2009 年 11 月—2012 年 5 月。

2. 建设主要内容

本项目建设内容包括质子重离子放疗以及相配套的门诊、医技、病房、行政科研和后勤等部分用房，其中质子重离子放疗区地下一层为加速器机房和治疗室等，面积为 9 363 m²；地上共 2 层，为辅助机房、医疗和办公用房等，面积 7 327 m²，共设有 4 间治疗室、24 间诊室。

三、项目管理重点和技术难点

质子重离子放疗技术是目前国际肿瘤治疗的高端技术，在项目建设过程中，由于 PT 系统的特殊性，对项目建设进度、质子重离子设备区域的建筑防辐射屏蔽、场地振动和结构差异沉降等要求非常高。同时，工艺冷却水系统的设计安装也是确保重离子系统设备正常运行的关键条件。为此，项目筹建办攻克各种技术难关，就建筑、结构和系统设备的特点，主动与多方沟通协调、与设备方无缝对接，严格按照对方技术标准和要求组织设计施工，从而为设备安装调试的如期进行奠定了基础。

1. 制订详细的工作计划，确保质子重离子设备合同履行

根据本项目的实际情况，结合其使用性质，对本项目进行针对性分析，根据项目的特殊性及其管理重点，在计划制订时采取如下相应措施：

1）总进度计划与阶段工作计划的编制

在项目立项后，立即开展质子重离子设备的招标，于 2008 年初进行了国际公开招标。设备合同签订后，明确了工程的交付时间节点，即 2012 年 1 月 24 日，西门子公司开始进行 PT 设备安装，这时间节点称为"T0"，在 T0 前 4 个月为西门子工作人员进场进行质子重离子设备安装前准备工作。同时，设备合同约定，每延期 1 d 交付将支付相应的延误赔偿金。

根据时间节点要求，按照基本建设程序，我们科学合理地制订了项目总进度计划、前期阶段工作计划。在前期工作计划编制时，针对质子重离子设备具有较大的放射性，按照国家有关规定，大型放射医疗设备需国家级环保部门做环境评价报告及国家级辐射安全卫生评价单位做卫生评价报告。因质子重离子放疗设备是我国家首次引进，相对环保部门、辐射安全卫生评价单位来讲，在报告的编制、评价时所花费的时间较长，报告完成后还需请国家级的专家进行审批，为此在前期工作计划编制时，应留有充分的余地，但又不能占用施工的合理工期。为此，采取的措施保证了阶段计划按时完成，为按时开工建设提供了保证。具体措施是：

（1）平行委托编制环评报告及辐射安全评价报告。

（2）方案设计提前进行。

（3）扩初设计在可研报告未批复前提前进行设计，承担少量的图纸修改工作，因此赢得了 2 个月的时间。

2）施工总计划实施过程的控制

根据设备合同约定，在 T0 前 4 个月，设备厂商工作人员需进场进行质子重离子设备安装前的准备工作，主要工作为：敷设为 PT 设备连接的电缆桥架、敷设电缆；部分机房电气柜安装；PSS 系统机柜安装、接线、元器件安装和调试；压缩空气系统安装；测量网络系统的建立，为质子重离子设备定位等，由此也要求质子重离子区域必须做到电通、水通、气通、路通和信息通等。

（1）总体：地下管线（雨污水管、上水管、消防管、弱电管线、强电管线、煤气管及热能动力管等）；

道路基层、面层。PT楼东侧、南侧道路在8月上旬保证西门子设备能正常进入,西门子设备临时堆场能提供使用。

（2）3.5万V变电站:确保9月15日受电。

（3）信息机房、网络机房、消防安保机房:机房设备安装完成,进入各系统调试、系统集成准备。

3）科学管理,全力以赴推进项目进度

在项目进入内装饰施工、设备安装和众多专业分包单位进行平行交叉、立体施工的关键冲刺阶段,项目筹建办分别组织召开了"奋战60天,确保9.24誓师大会"和"奋战90天,确保年底竣工誓师大会",提出了"严格管理、安全第一、质量至上、确保进度"的工作要求。会上,筹建办主任提出,项目目标任务艰巨、责任重大,希望所有参建单位充分认识项目的重要性和紧迫性及项目具有的历史意义和现实意义,以最饱满的工作激情、以最昂扬的奋战精神、以最严格的管理措施、以最严密的组织协调,细化工作计划、细化时间节点、细化现场协调,责任到人、狠抓落实,全力以赴、各司其职,一鼓作气、协同作战,圆满完成工作任务,交出一份优秀的答卷。誓师大会上,施工总包和分包单位项目负责人分别汇报了时间节点完成情况及工作计划,对项目质量管理、技术管理、档案管理和综合管理等提出详细要求,特别强调各单位要最大限度保证现场安全生产工作,做好防火、用电、产品保护等工作,统筹安排、明确责任、科学组织、积极推进。此外,总包单位还在誓师大会上代表各参建单位宣读了承诺书,承诺将振奋精神、克服困难、竭尽全力、密切配合,保证按照各时间节点,高速、优质、安全完成各项施工任务。

在各参建单位的共同努力下,质子重离子区域完成电通、水通、气通、路通及信息通等,9月24日,西门子公司相关技术人员进场,开始前期准备工作;2011年底,项目完成人防和消防验收,基建工程竣工。2012年1月19日,举行了质子重离子设备安装仪式,我们严格按照合同要求提交场地,T0正式开始,比合同约定时间提前了5 d。

2. 针对结构的沉降差及微振动要求制订桩基础施工方案

1）强化桩基工程管理措施

根据设备合同约定,建筑的沉降要求为不均匀沉降差前3年为0.35 mm/10 m/年,三年后0.25 mm/10 m/年。为此,设计院针对上海软弱地基土,选用了第九层土作为桩基础的持力层,工程整体桩基总数量共1 915根,其中质子重离子设备区域68 m灌注桩长桩729根,桩径850,以控制绝对沉降量满足相对沉降差的要求。为控制桩端受力时的微量变形,特采取桩端注浆施工工艺,经小应变检测一类桩达97.1%。质子重离子设备区域68 m长桩的桩端注浆100%完成,并达到设计要求:注浆量按2 t来控制,不应少于1.5 t,且注浆压力达到2 MPa。

根据设计院的施工要求,在施工前召开了专题会,对施工单位的施工组织设计进行了详尽的讨论,并要求施工方落实相关施工措施:

（1）采用去砂机过滤泥浆中的沉砂,降低桩端的沉渣量。

（2）增加注浆管（含注浆器）制作的隐蔽验收记录,具体记录表式由施工单位设计交监理确认。

（3）注浆器的开口面积必须大于管径1.5倍。检查并确保2根注浆管长度、管端和管顶标高相同,并下放到位。

（4）必须使用新鲜的水泥产品,控制好水泥质量,确保注浆质量。注浆前,必须使用水泥浆液滤网,按规范要求滤网规格为40 μm,控制水泥浆液的细度模数,保证注浆顺利进行。

为了及时收集、反馈和分析建筑物在结构施工及设备安装、运行中的沉降信息,确保设备运行安全,确定委托专业单位采用激光跟踪仪和人工特等水准相结合的方法,对（质子重离子）区域建筑沉降进行自工程施工开始至设备运行期间为期6年的沉降观测（图1）。

2）满足微振动的精细要求

根据西门子公司在合同附件中有关加速器室的额外要求:PT系统在病人治疗过程中需要一个在

亚毫米范围内的稳定束流，这也就对束流光学元件的位置稳定性提出了低于 0.01 mm 的更苛刻要求。由于没有主动的束流校正，束流光学元件的要求也就转化为对地面振动振幅的限制，即在 5 Hz 到 35 Hz 的频率范围内，地面振动振幅要小于 0.01 mm。为避免机电设备运行时产生的振动（一般为高频范围）可能会影响质子重离子系统的正常运行，为此项目建设重点对冷冻机房、冷却水机房等地面采用了弹簧隔振浮置地板的隔振防护措施，确保振动幅度满足设备厂商提出的小于 0.01 mm 的要求。

▲ 图 1　桩基施工图

3. 优化辐射防护屏蔽系统混凝土配比

大体积混凝土配合比的选择在符合工程设计所规定的结构构件的强度等级、耐久性、抗渗性和体积稳定性等要求外，尚应符合大体积混凝土施工工艺特性的要求，并应符合合理使用材料、减少水泥用量、降低混凝土硬化过程中绝热温升值的原则。

本项目大体积混凝土配合比设计除应符合现行我国行业标准 JGJ 55 外，尚应符合下列规定：

（1）所配制的混凝土拌和物，到浇筑工作面的坍落度应低于 160±20 mm；对强度等级在 C25～C40 的混凝土其水泥用量宜控制在 230～450 kg/m³。

（2）拌和水用量不宜大于 190 kg/m³。

（3）矿物掺合料的掺量，应根据工程的具体情况和耐久性要求确定；粉煤灰掺量不宜超过水泥用量的 40％；矿渣粉的掺量不宜超过水泥用量的 50％；两种掺和料的总量不宜大于混凝土中水泥重量的 50％。

（4）水胶比不宜大于 0.55。

（5）砂率宜为 38％～45％。

（6）拌和物泌水量宜小于 10 L/m³。

1）大体积混凝土的裂缝控制要求

由于质子重离子医院工程的混凝土体量比较大，因此必须在施工和材料等方面采取严格措施，严格控制裂缝产生。混凝土的质量及裂缝与施工工艺密切相关，施工总承包单位协调原材料供应单位、混凝土生产单位、混凝土浇捣单位及材料试验单位等进行专题研究，制订保证混凝土质量及防止混凝土裂缝的施工方案。

配制大体积混凝土所用水泥的选择及其质量应符合下列规定。

（1）所用水泥应符合下列国家标准：

Ⅰ.《硅酸盐水泥、普通硅酸盐水泥》（GB 175）；

Ⅱ. 当采用其他品种时其性能指标必须符合有关的国家标准要求。

（2）应优先选用中、低热硅酸盐水泥或低热矿渣硅酸盐水泥，大体积混凝土施工所用水泥其 7 d 的水化热不宜大于 270 kJ/kg。

（3）当混凝土有抗渗指标要求时，所用水泥的铝酸三钙（C3A）含量不应大于 8％。

（4）所用水泥在搅拌站的入罐温度不应大于 60℃。

水泥进场时应对其品种、级别、包装或散装仓号、出厂日期等进行检查，并应对其强度、安定性、凝结时间、水化热及其他必要的性能指标进行复检，其质量应符合现行国家标准《硅酸盐水泥，普通硅酸盐水泥》（GB 175）的规定。

骨料的选择，除应符合现行国家标准的质量要求外，应符合下列规定：

（1）细骨料采用中砂，其细度模数应大于2.3，含泥量不大于3%，当含泥量超标时，应在搅拌前进行水洗，检测合格后方可使用。

（2）粗骨料宜选用粒径5～31.5 mm，级配良好，含泥量不大于1%，非碱活性的粗骨料。

作为改善性能和降低混凝土硬化过程水泥水化热的矿物掺合料；粉煤灰和高炉粒化矿渣粉，其质量应符合现行国家标准《用于水泥混凝土中的粉煤灰》（GB 1596）、《用于水泥混凝土中的粒化高炉矿渣粉》（GB/T 18046）的规定。

所用外加剂的质量及应用技术应符合现行国家标准《混凝土外加剂》（GB 8076）、《混凝土外加剂应用技术规范》（GB 50119）和有关环境保护的规定。

外加剂的选择除满足上述要求外，尚应符合下列要求：

（1）外加剂的品种、掺量应根据工程具体情况，通过水泥适应性和实际效果实验确定。

（2）必须考虑外加剂对硬化混凝土收缩等性能的影响。

（3）慎用含有膨胀性能的外加剂。

（4）拌和用水的质量应符合现行的行业标准《混凝土用水标准》（JGJ 63），不得使用海水和污水。

2）大体积混凝土的配合比

大体积混凝土配合比的选择在符合工程设计所规定的结构构件的强度等级、耐久性、抗渗性及体积稳定性等要求外，尚应符合大体积混凝土施工工艺特性的要求，并应符合合理使用材料、减少水泥用量、降低混凝土硬化过程中绝热温升值的原则。

大体积混凝土配合比设计除应符合现行行业标准《普通砼配合比设计规程》（JGJ 55）外，尚应符合下列规定：

（1）所配制的混凝土拌和物，到浇筑工作面的坍落度应低于160±20 mm；对强度等级在C25～C40的混凝土其水泥用量宜控制在230～450 kg/m³。

（2）拌和水用量不宜大于190 kg/m³。

（3）矿物掺合料的掺量，应根据工程的具体情况和耐久性要求确定；粉煤灰掺量不宜超过水泥用量的40%；矿渣粉的掺量不宜超过水泥用量的50%；两种掺合料的总量不宜大于混凝土中水泥重量的50%。

（4）水胶比不宜大于0.55。

（5）砂率宜为38%～45%。

（6）拌合物泌水量宜小于10 L/m³。

在此基础上，征询专家的意见，进行了混凝土施工前的中试，模拟治疗仓墙板部位，确立了试块尺寸为4 m×4 m×4 m立方体试块。施工完成后，再次召开专家会议，听取专家意见。

3）中试试验过程及结果

为了满足西门子技术合同条件和中科院应用物理研究所对质子重离子区域屏蔽用混凝土的技术要求，对使用在本区域的混凝土进行模拟试验，为了使测试构件能真实反映本工程结构体的技术指标，构件体尺寸选择4 m×4 m×4 m。

混凝土输送采用汽车泵，混凝土强度等级为C30 S6，配筋等严格按照设计图纸配筋制作，实行一次性连续浇捣混凝土，全部采用商品混凝土；对屏蔽用混凝土原材料的钴Co、银Ag和铱Ir、铕Eu、钐Sm、钆Gd、镝Dy、铥Tm等的微量元素含量进行了检测，检测结果满足西门子合同条件的要求。

对下列混凝土的性能参数进行了测试：

（1）混凝土拌合物性能，密度、坍落度、新拌混凝土的凝结时间。

（2）混凝土力学性能，抗压强度、抗折强度、弹性模量和轴心抗压。

（3）混凝土耐久性指标，如收缩性能。

（4）混凝土绝热温升。

（5）混凝土原材料微量元素测试。

（6）混凝土密度、钻芯强度和均匀性。

（7）混凝土试件长期水分含量测试。

（8）混凝土试件的测温。

▲图2　施工现场图

通过模拟屏蔽用混凝土实体试验，获得了相应施工参数和实测数据，对小试和中试所获得的配合比进行验证和优化，对优化后的混凝土原材料的微量元素含量进行了重新计算，微量元素含量仍满足要求，为混凝土供应和施工方案的编制提供了依据。后续施工现场如图2所示。

4）加强供应商管理

（1）原材料的选用严格按级配和施工方案的要求执行，保证主要材料：水泥、矿粉、粉煤灰的产地、品牌与中试的结果一致。

（2）签订混凝土供应质量责任书，落实混凝土生产过程中的各个岗位职责，确保达到配合比设计要求。

（3）建立专门的混凝土供应调度小组，从原材料采购开始落实供应，确保项目的供应需要。

（4）做好原材料的标识，并在每一批混凝土浇捣前做好材料留样工作。

（5）混凝土生产现场的砂、石料分类堆放，水泥专人管理，防止污染。

（6）根据项目需要做好混凝土供应计划，实施供应程序管理，按方量安排好生产计划。

（7）运用混凝土供应GPS网络，做好混凝土供应的运输，保证混凝土质量。

（8）把好混凝土生产的质量关，对电脑中的混凝土级配做检查并进行确认，对各个生产环节进行检查验收。

（9）对每批次混凝土按规定做好试块的抗压、抗渗检测。

为了满足设备供应商技术合同条件和设计单位对质子重离子区域屏蔽用混凝土的技术要求，我们采用在本区域的混凝土进行模拟试验的方式，使测试构件能真实反映本工程结构体的技术指标。通过模拟屏蔽用混凝土实体试验，获得了相应施工参数和实测数据，对小试和中试所获得的配合比进行验证和优化。经过大量分析和反复研究，确定质子重离子区域辐射防护屏蔽用混凝土中大体积混凝土裂缝开展宽度<0.4 mm，微量元素保证<10 PPM等技术要求，并通过对混凝土试块进行拌合物性能、力学性能、耐久性、微量元素、密度、钻芯强度和均匀性等分析和优化，补充、完善主体结构的正式施工方案。通过总包方的努力，质子重离子结构的混凝土施工，与2011年3月10日全部施工完成，2011年底完成合同约定的建筑装饰施工内容。经西门子公司的现场精密测试检测，建筑物的几何尺寸、表面平整度全部满足设备安装要求，并于2012年1月19日交付西门子公司进行设备安装。

4. 做好工艺冷却水、供配电和空调系统等公用设施管理

为了保证质子重离子设备的正常运行，西门子公司对中方提供的公用设施设备提出了很高的要求，而且公用设施是否达到标准是设备开机率的重要保障，因此存在很大的技术风险。因此，该系统的设计质量和施工质量将是项目成败的关键，要对设计、设备选型和施工过程进行严格的质量管理程序，确保设计参数的有效执行。特别是要吸取中科院上海光源的经验，在项目开工前多次安排到上海光源进行调研，了解上海光源在建设期间曾经遇到的技术问题，加以有效的总结，并在项目执行期间聘请上海光源的有关专家协助我们解决技术上的难题。

1）工艺冷却水系统

加速器应用于放射治疗开始于20世纪40年代的美国，中国在20世纪70年代开始进行加速器的研究。其发展过程先后经历了电子感应加速器、电子回旋加速器、电子直线加速器，同步质子和重离子加速器几个阶段。在目前，直线加速器应用于治疗的技术已经非常成熟，作为一种主流放射治疗

仪器,在治疗肿瘤疾病中受到很多人的关注和重视。而质子重离子的研究尚处于发展阶段。21世纪,肿瘤放射治疗的主流将是三维适形调强放疗,由 3D-CRT 和 IMRT 组成,利用精确的固定和定位技术,不改变剂量场的强度,使得高剂量区域的剂量分布与肿瘤的三维形状基本保持一致,由此满足适形的要求。同时,在满足适形的前提下采用逆向物理计划系统进行计算,由此使剂量分布均匀,降低肿瘤放疗时对正常组织的伤害。而使用质子重离子放疗是能够实现三维适形调强放疗的最佳手段。

加速器是提高某种物质速度和能量的装置,不论其加速的物质为电子、质子或重离子,普遍是运用微波电场,将物质加速到较高能量而应用于治疗。其提供的微波电场,需要有大量的电磁装置,这些装置在运行过程中产生了大量的能量,部分提供给粒子加速,同时产生的大量热量则需要由冷却水作为介质将其带走。随着加速器系统功能的逐步完善,其对于设备冷却水的要求相应提高。在早期加速器研究阶段,采用普通的风冷或水冷方法进行简单的设备冷却。当前主流的电子直线加速器,使用的是独立的水冷机,其结构也相对简单,对加速器的温度控制要求并不高。近几年,随着大型加速器设备的应用,对相应的冷却水系统提出了更高的要求。

△ 图 3 加速器冷却水系统

加速器冷却水系统(图 3)的温度控制方法的选择是决定整个系统控制稳定性的关键。作为加速器冷却水典型系统的光源工程,其控制方式采用的是模糊 PID 控制,达到了理想的效果。但是,控制方法的选择与负载的大小及负载的变化率等都有比较大的关系,针对医用重离子加速器系统在负载的大变化率以及负载变化率无明显规则的状况,需要做更加深入的研究。

上海市质子重离子医院使用的 IONTRIS 系统,射线能量在同步加速器中能够实现 85~430 MeV/u 的变化,且射线能量的变化由患者的肿瘤情况决定。由此,使得同步加速器的能量变化出现较大的随机性,不能用确定的方式来描述射线能量的变化规律。而射线能量的变化,使得设备发热量产生变化,射线能量的不确定的变化规律,直接导致设备发热量的变化不规律。因此,冷却水系统的温度变化也同样产生不规律的变化。所以,同步区域冷却水温度控制的稳定性成为大型医用重离子同步加速器系统研究的一项重点。

针对同步环系统的温度控制,需要考虑多方面的因素。首先,需要考虑系统在负载变化情况下的温度探测问题。其次,因为冷却水在同步环系统中的传输距离比较远,如果编程时只采集单个温度数据做简单的单闭环控制,很难达到稳定的温度控制。所以,需要提高系统在负载状态下响应的速度。再次,为提高控制精度,避免系统出现低温状态波动,需要考虑在一次水系统中串入电加热装置。串入电加热装置后,在系统停机后重新开机时,能够使加速器尽快进入设定的温度运行。而且,由于风机和冷冻机的投入或退出,二次水温度会波动,加速器负载也会引起温度波动,采用电加热装置后,能够在一定程度上提高温度控制的精度。

此外,加速器冷却水系统是比较庞大的系统,其能耗较大,且在需要 24 h 不间断工作。所以,系统的节能设计显得非常重要。在进行大型医用重离子同步加速器冷却水系统设计时,节能设计的好坏是决定整个系统设计成功与否的关键因素之一。

加速器对于冷却水系统的水质同样也有比较高的要求,对于进入加速器腔体的循环水,其对于水质的要求包括电阻率、悬浮物、颗粒、pH 值等要求。循环水在运行过程中,会产生污垢、悬浮物、颗粒等杂质,与普通循环冷却水系统相似,如果不做好循环水来源的控制和后期的水处理,将加速设备的老化,影响效能。所以,针对大型医用重离子同步加速器冷却水系统,在进行水质监测和处理时,需要考虑多方面的因素。首先,针对流入加速器精密部件内部的冷却水,考虑到电导率、悬浮物、颗粒等要求,在线的纯水处理装置,实现在线的补水。其次,为防止运行过程中产生金属离子,在系统中需连接在线去离子装置,加入在线水处理器等设备。此外,还必须在各独立封闭的系统中加入两个以上的水质监测点,将监测到的数据连接到系统中,实现实时在线监测。

2）供配电系统

医院设有一个 35 kV 主变电站和两个 10 kV 分变电站。

35 kV 主变电站有两路独立 35 kV 进线,两台 35 kV 变压器,每台变压器容量为12 500 kVA,设计总装机容量为 25 000 kVA。

两个 10 kV 分变变电站为 2# 变电站和 3# 变电站。2# 变电站内设 4 台 10 kV 变压器,2 台 10/0.4 kV-1 000 kVA 变压器为常规放疗区供电,主要负载 2 台光子、1 台 CT 模拟机、1 台常规模拟机、1 台回旋加速器、1 台 SPECT/CT、1 台 PET/CT、2 台 MR、1 台肠胃、1 台 DR、2 台 CT。2 台 10/0.4 kV-1 600 kVA 变压器为病房楼、行政楼、门诊楼供电。3# 变电站内设 9 台 10 kV 变压器,单独为质子重离子区供电。4 台 10/0.42 kV-2 000 kVA 变压器主要为质子重离子设备供电,1 台 10/0.42 kV-2 000 kVA 变压器为质子重离子设备备用变压器(热备用状态),2 台 10/0.4 kV-1 600 kVA 变压器和 2 台 10/0.4 kV-2 000 kVA 变压器为 PT 区工艺冷却水、空调、照明等设备供电。

医院设有应急柴油发电机 1 台和 UPS 不间断电源 8 台。柴油发电机组的容量为 1 000 kVA,当外网供电系统中断后,柴油发电机组可在 15 s 内为重要设备正常供电,并可持续运行 3 h。发电机的主要负载为工艺冷却水泵、加速器系统的真空泵、PT 区 3 台 UPS 系统。PT 区 3 台 UPS 系统的总容量为 900 kVA,按照 2 用 1 备的方式配置。当外网供电系统中断后,UPS 可继续为特别重要设备持续供电 3 h,特别重要设备为加速器系统的控制设备和机器人。另外 5 台 UPS 主要负载分别为 PT 区信息机房服务器、地下室信息机房服务器、消控中心服务器、药剂科发药机和检验科检验设备。

主要负载参数及要求:

医院主要电力负荷为 PT 加速器系统 1 套、工艺冷却水系统 1 套、HVAC 空调系统 1 套、常规放疗设备 13 台。

PT 加速器系统的负载信息:设备运行电压 AC400 V ± 10%,50 Hz,TN-S 供电形式;额定功率 4 500 kW,运行时最大功率 3 500 kW,最小功率 350 kW,每分钟负荷最大变化 20 次,需要 3 台 2 500 kVA 变压器;停电切换时间小于 150 ms,需要配置 300 kVA 的 3 h 不间断电源和 100 kVA 的 1 h 应急电源;应急电源在停电 15 s 内恢复供电。

工艺冷却水系统的负载信息:设备运行电压 AC400 V ± 10%,50 Hz,TN-S 供电形式;总功率 1 850 kW,需要配置 220 kVA 的 1 h 应急电源;应急电源在停电 15 s 内恢复供电。

HVAC 空调系统的负载信息:设备运行电压 AC400 V ± 10%,50 Hz,TN-S 供电形式;总功率 3 500 kW,需要配置 240 kVA 的 1 h 应急电源;应急电源在停电 15 s 内恢复供电。

常规放疗设备的负载信息:设备运行电压 AC400 V ± 10%,50 Hz,总功率 2 000 kW。

供配电系统是质子重离子系统(PT 系统)的重要辅助系统,是关系质子重离子系统稳定性的重要因素。上海市质子重离子医院是上海市电力公司的一级重要用户,但是,在系统运行过程中,出现了一些问题,为此,SPHIC 工程技术团队也实施了一些优化方案并取得了一定的效果。

2014 年,医院安装了外电网监测系统,对两路 35 kV 进线电压进行监测,将实际电压偏离大于额定电压的 10% 作为电网波动,共监测到 9 次外电网波动,其中 3 次波动造成工艺冷却水系统水压明显波动,虽然每次的水压波动时间只有几十秒甚至更短,但这 3 次的水压波动都直接导致质子重离子设备的停机。控制工艺冷却水泵的电气元件是变频器,使用变频器的优点虽然很多,但对电网的供电质量要求也很高,当发生电网波动时,变频器会因为电网波动造成的电压闪变多次引起变频器保护动作,使低压控制电压波动范围超出保护设定范围,造成变频器的停机。虽然当电压正常后,变频器可以自动开启,水泵可以正常运行,但变频器的停机已经造成了冷却水系统的水压下降。针对电网波动的特征和停机域值,通常采用安装 UPS、安装静态切换开关和安装定压补偿器三种方案,经过实践,后采用安装电压补偿器的方案,对抑制外电网波动效果明显。

　　医院的主要供电设备包括两路互为独立的 35 kV 电源,两路电源同时运行,互为备用;3 个变电站,2 台 35 kV 变压器,15 台 10 kV 变压器,10 个 35 kV 高压柜,20 个 10 kV 中压柜,61 个 0.4 kV 配电柜,8 台 UPS,1 台柴油发电机和 700 多个现场电柜。现场电柜内的电气连接点少则几十个、多则数百个。如此庞大的供电系统和繁多的电气连接点,其运行过程中都会产生热量。正常情况下的热量都会自然散发到环境中,不会产生局部的温升,当产生的热量大于散热能力时,热量会逐渐堆积,产生明显的温升或转变成发热点。发热点将造成绝缘材料的绝缘性降低和设备的机械强度降低,严重时将引发电气短路和电气火灾等事故。要想避免类似事故的发生,电气测温是极为关键的预防性工作,而使用热成像测温是很好的选择。

　　使用热成像仪测温作为供电系统预防性工作,能及时发现设备运行中的缺陷,有效减少电气短路和电气火灾事故,提高设备的供电可靠性,降低设备的运行维护成本。

　　3) 重点区域环境温湿度控制

　　HVAC 是 PT 设备的重要辅助设备,保障着 PT 设备房间温湿度稳定,对 PT 设备安全稳定工作具有十分重要的作用。

　　(1) 系统架构

　　PT 区 HVAC 系统采用的是西门子的 Insight 系统,HVAC 控制系统平台架构基于 C/S、B/S 的多层网络结构,与其他子系统的集成应支持包含目前楼宇自控及信息产业中绝大多数的标准:能以 COM/DCOM、TCP/IP、BACnet、ODBC、OPC、Active X、JAVA、XML、Modbus 等不同技术与其他系统结合。系统由服务器、管理工作站、操作软件、应用软件、数据库软件、通用 DDC 控制器、专用 DDC 控制器和末端设备(各类传感器、阀门和执行机构)等组成。采用 3 层架构形式:第一层为管理层,设置上位机服务器,可在电脑上监控整个系统;第二层为现场控制层,核心的 DDC 加扩展模块向上联接通信电脑,向下接入现场传感器,DDC 自带 CPU 和 ROM,可以储存数据和程序,无上位机情况下独立运行。第三层是现场设备层,传感器、执行器等传输信号给 DDC。

　　温湿度传感器传输信号给 DDC,通过电脑编写程序,下载程序至 DDC,在 DDC 端程序根据现场数据进行 PID 调节,使得现场温湿度保持在设定值范围内。

　　医院有 4 个治疗仓,每个治疗仓设置一台 2 500 m³/h 新排风空调机组,采用带有热回收装置的低风速全新风系统,在治疗室进口人行迷宫集中送风,治疗室内顶部均匀排风,排风量大于送风量,维持室内微负压。

　　治疗仓门前设计有一个长度为 83.5 m、走道宽度 3~3.9 m、高度 11.7 m 采光走廊,通过一台送风量 26 620 m³/h 变风量空调机组控制采光走廊环境温湿度,现场没有设置温湿度传感器,通过空调机组回风管温湿度传感器控制现场环境温湿度。

　　质控库房是放置测量束流设备的房间,采用 2 台 680 m³/h 风量风机盘管,通过 2 个普通液晶面板控制房间环境温度。

　　设备厂商在原设计时要求 4 个治疗仓的温度要求范围在 21℃~26℃,质控库房温度要求范围在 21℃~26℃,采光走廊的温度要求范围在 21℃~26℃。图 4 为改造前温湿度监控平面图。

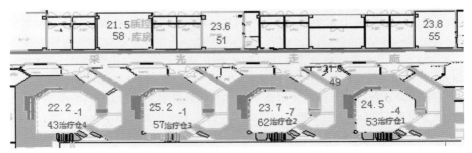

▲ 图 4　改造前医院 PT 区 B1 层温湿度监控平面图

从图 4 中可看出,测量设备从质控库房到治疗室存在最大 3.7℃ 温差,导致测量束流数据出现差异。

（2）存在问题

Ⅰ. 由于原先设计考虑 4 个治疗仓和质控库房只有温度范围,没有精度要求,空调系统的自动控制程序和辅助设备的选型无法满足高精度控制,造成 4 个治疗仓和质控库房温度不一致。

Ⅱ. 温湿度传感器精度大于 0.5℃,冷热水阀是普通阀门。

Ⅲ. 采光走廊空调采用回风温度控制环境温度,现场又没有温湿度传感器,环境温度控制差,治疗仓又是负压,开关门时期容易吸进采光走廊环境空气,造成治疗仓内温湿度波动。

Ⅳ. 质控库房空调采用普通液晶面板控制温度,控制精度差。

（3）分析及处理经过

Ⅰ. 将空调机组的普通阀门改成线性速度快的动态平衡阀,风管温湿度传感器换成 0.2℃ 精度,治疗室温湿度传感器换成 0.1℃ 精度,提高温湿度反馈精度。

Ⅱ. 在每个治疗仓进门口处增加 4 个精度在 0.1℃ 的房间温湿度传感器,提高采光走廊的温湿度反馈精度。

Ⅲ. 将质控库房 2 台风机盘管普通冷热水阀改成线性速度快的动态平衡阀,拆除原来的液晶温面板,房间内增加一个精度在 0.1℃ 的房间温湿度传感器,提高质控库房的温湿度反馈精度。

Ⅳ. 编制 1 套 HVAC 高精度控制程序。

控制程序主要先根据上海天气构建模型,使得高精度控制的理论模型得以建立。人体舒适区域为温度 20℃～26℃,相对湿度 40%～60%。图中以高温/高湿 32℃/70% 空气为例,绝对湿度为 21.2 g/kg,第一步经过降温使原空气降温至露点温度 25.8℃,焓值降低,此时原空气中的相对湿度已饱和 100%,绝对湿度还在 21.2 g/kg;第二步则继续降温至舒适区域对应的露点温度 10.2℃,此时空气中的相对湿度 100%,但绝对湿度只有 7.8 g/kg,水汽通过冷盘管析出,这时候原空气中的湿度就除掉了,这个过程就叫做过冷除湿;第三步把处理过的空气重新加热至 21℃,焓值增加,绝对湿度为 7.8 g/kg 不变,但相对湿度降低至 50%。此时就完成了一个完整的模型,这种模型对应的是夏天的大部分时间、春季的艳阳天、黄梅天等常见天气。

第二种模型是把高温低湿的空气通过降温加湿的方法把空气处理到舒适区域,过程一定是先降温至舒适温度,再加湿至舒适湿度,如果先加湿的话,由于热空气的含湿能力要比冷空气强得多,会造成原空气高温高湿,再通过第一种模型来处理,这样会增加很多能耗。这种模型对应的是秋末初冬的艳阳天。

第三种模型是把低温低湿的空气通过加温加湿的方法把空气处理到舒适区域,过程一定是先加温至舒适温度,再加湿至舒适湿度。如果先加湿的话,由于冷空气的含湿能力要比热空气弱得多,会造成原空气绝对湿度不够,即使相对湿度已经饱和到 100%。这种模型对应的是冬天的大部分时间。

第四种模型是把低温高湿的空气通过降温除湿再加温的方法把空气处理到舒适区域,过程一定是先降温至舒适温度对应的露点温度,把绝对湿度降下来,再加湿至舒适湿度。这种模型对应的是冬天的下雨时间。

四个治疗仓和采光走廊的 HVAC 高精度控制程序就是根据以上的各个模型进行模式的切换,通过室外温湿度计算出室外的露点、焓值、绝对含湿量等数据,通过室内的高精度温湿度传感器计算出室内的露点、焓值、绝对含湿量等数据,两者进行比较,判断出应该进入哪种模式处理。再根据每台空调机组的特性,调整 PID 值,稳定性和达成速度之间找到一个平衡。

质控库房由于是由 2 台室内风机盘管控制温度,温控器面板只有单冷或单热的功能,无调节湿度的功能。现自己定义程序,把湿度控制纳入调节范围,由于风机盘管没有加湿器,房间通过新风加湿。通过程序的编制,使其具备了能力有限的除湿功能,通过开大冷盘管的调节阀,使冷量最大,让空气中多余的水分通过冷凝水排出去,同时配合三速风机的风速,在除湿时开到最大,加大空气的流通率,使房间除湿的效能最大化,湿度稳定下来后,再根据温度调节冷热水阀和风机风速,使房间温湿度恒定。

（4）处理结果与结论

经过改造，医院 4 个治疗仓、质控库房温度保持了一致，采光走廊与 4 个治疗仓、质控库房温差小于 1℃，解决了测量设备到治疗室房间存在温差大、不一致问题。4 个治疗室、质控库房控制在 23.5±0.5℃范围内。通过对 HVAC 系统设备的改造，保障了医院治疗室、质控库房、采光走廊温湿度稳定，确保 PT 设备开机率和正常运行。

5. 优化完善辐射防护设计

医院的质子重离子治疗装置是一高能质子重离子肿瘤治疗系统，主要由离子源、直线加速器、低能传输线、同步加速器、高能传输线、治疗室及相关辅助系统组成，是一由多个分系统组成的复杂系统。质子重离子治疗装置的安装和调试是分段完成的，且持续时间长。由于加速器本身的结构特点和性能，以及调试阶段运行模式的变化多样性，使得不同阶段的安装与调试过程中，辐射安全难以控制，需要采取有效的监控和防御措施，才能确保安装与调试过程中的辐射安全。

1）安全联锁显示报警系统

人身安全联锁系统和报警系统的目的是确保加速器运行期间和用于治疗期间工作人员和病人能方便、准确的了解机器安全状态信息，在异常情况下能给出报警和信息，帮助及时采取措施保证人身安全。在紧急情况下，可通过直接介入加速器的部件来中断辐射。装置所有通道门（普通门或防护门）都与加速器束流联锁。加速器有束流时应满足以下条件：①加速器隧道内无人；②门禁系统就绪。束流功率限制联锁：当束流大于给定的功率时，将切断离子源。加速器运行采用区域辐射剂量联锁；停机后各通道门与通风系统联锁。

2）屏蔽防护设计优化

由于质子重离子治疗装置是一高能粒子加速器装置，为了保证运行安全，需要对装置设立辐射屏蔽及其他辐射安全相关设施，辐射安全设计上为了该装置设计了超大体积钢筋混凝土屏蔽墙，治疗仓底板厚度 2.95 m，其中主辐射墙混凝土厚度 3.7 m，外加 1.5 m 厚的钢板（每块高 4.65 m、宽 2 m、厚 1.54 m）设计采用可更换的钢砖堆叠加强屏蔽防护，如施工采用以上设计进行屏蔽防护，定制加工周期长和采购造价极高。筹建办组织辐射防护设计方、设计院、总包单位和监理单位多次讨论，反复论证，最后决定使用每块高 4.65 m、宽 2 m、厚 0.1 m 的数十块钢板交错叠加焊接而成。在治疗仓内正对治疗头束线引出墙上，钢板留洞 600 mm + 600 mm×1 000 mmm 作为钢砖堆叠用，如果活化超过剂量，以后可以更换，而不需要更换整体钢板。缩短了整体施工工期，节省投资约 1 000 多万元。

三、环境设计特点

医院在设计前期经过充分调研，参照国外同类机构先进的设计理念，针对肿瘤专科医院的特殊性，在环境设计方面突出安全、便捷、人文和绿色。以确保安全和质量为前提，设置合理舒适的流程，同时注重提高效率、降低运行成本。

1. 整体建筑设计

医院整体设计遵循现代、简洁、流畅和可塑性的原则，建筑整体布局紧凑，功能区域清晰，主要分质子重离子放疗区、门诊楼、病房楼、行政楼和能源保障辅助用房等，并为二期预留拓展空间。

设计中强调内部功能与外观形式的统一，采用以中心景观区为核心的集中式总体布局，将住院部、门诊部、医技和质子重离子等各功能区域用连廊联系起来，所有地下室也均连通，以缩短医患行走距离，突出安全和便捷性，从而提高治疗及工作的效率。同时，引入全景绿化的理念，在地下医疗区充分引入阳光和绿化，在门诊区域引入庭院绿化，力争在每个区域的窗外都能看见绿色，满足建筑环保节能的要求。

2. 大厅设计

大厅关系到患者对医院的初始印象与感受,直接影响患者对医院的信赖程度。因此上海质子重离子医院大厅设计开阔,采用全墙面落地玻璃窗,尽可能使阳光进入内部空间,使患者可以一览室外地下绿化庭院、连廊等区域,在心理上消除患者的顾虑。整个大厅力求打造亲切、舒适、愉悦和温馨的空间氛围。除了常规的咨询、挂号、付费、配药和患者服务区域,还增设了适宜的绿化小品和配套服务等功能区域,如咖啡吧、超市、上网区等。同时,环境设计充分体现了医院文化和内涵,在大厅内设置多处体现医院特点的同步环元素,如问讯处、花坛、玻璃门和展示舱等,同步环展示舱内的电子屏幕上显示医院情况须知、医院概况、专家简介及医院周边交通餐饮介绍等内容。

3. 门诊区设计

医院门诊共有 3 个功能区、24 间诊室,面积约 6 000 m²。门诊设计注重环境、布局和流线。候诊区域布局紧凑、合理、便捷,医患流线分开,各行其道;诊室独立、不受干扰,又有内部通道相互贯通;每个候诊区域都能直接看到室外庭院绿化,以平复患者焦虑情绪。

内部配置突出肿瘤专科医院的特色,以高科技信息技术为主。诊疗床舒适并可多角度变化,满足不同患者就诊需求;提供诊室抽血的检验服务,减轻患者就医的周折和奔波,提高效率。同时,患者初诊后,将由放射治疗、放射物理、放射诊断和核医学等多学科的 20 余位专家进行会诊,因此门诊区域还设有多功能室,满足多学科会诊、病例讨论等需要。

4. 质子重离子区设计

质子重离子区域是医院的核心区域,建筑面积约 17 000 m²,包括质子重离子系统设备机房、治疗室、配套机房和办公用房等。共有 4 间治疗室,其中 3 间为 900 水平束,1 间为斜 45°束治疗室。

治疗室色彩温馨,装饰、布线和设备等材料选用均严格按照质子重离子设备的特殊要求,不影响束流的引出和治疗,且便于维护和清洁。采光长廊跨度大,采用屋顶天窗补充日间自然采光。考虑夏季日晒较强,配备了遮阳窗帘,既节能又美观。如图 5 所示。在设置常规的门禁系统的基础上,该区域出入口和治疗室单独设置门禁系统,严格控制人员进出。地下室患者等候区域设置玻璃天窗,结合下沉景观,将室外景观以及自然光线引入室内,给患者安心、静心、舒心的感觉。

△ 图 5　自然采光设计

5. 病房的设计

病房是医院最重要的区域之一,患者停留在病房内的时间最长,且大部分活动都在该空间进行,病房设计关键是满足患者的心理需求。

医院病房楼共 7 层,面积约 10 690 m²。楼体日照和自然通风充足,环境清幽;设备齐全,每间病房配备了电视机、陪护椅、患者密码锁橱柜和无障碍浴室等;每个病床旁配置 1 台 iPad,患者能实时了解诊断、化验结果,并具备点餐、娱乐等功能。

病房设计充分考虑到患者和陪护人员的各方面需求,使病房有"家"的温馨感觉。此外,病房环境的设计还注重医护人员工作环境的舒适度,配有适当的休息场地,以保障医护人员良好的工作环境。卫生间和污物间设置合理、环境整洁,避免交叉感染的发生。

6. 标识系统设计

覆盖全院范围的标识导向系统引入当前国际前端的标识设计理念,着重突出"服务患者"理念,为患者构建全方位的标识导向系统。根据重离子医院的特色和功能分区,明确医院标识主色及辅助色,按字母划分区域,将医院划分为门诊、质子重离子、病房和行政 4 个不同区域,使用不同颜色区分,极大地提高了标识导向系统的辨识度和清晰度;充分考虑了肿瘤患者身虚体弱、普遍年龄偏大等特点,在环境布置和色彩上给予充分考虑和照顾,让标识更具视觉效果。

医院入口处显示周边环境和各种服务功能的标识设计通俗易懂,各科诊室位置分布一目了然,减少患者就诊的时间。为了更好地发挥标识的导向作用,特地安排了志愿者来院模拟就医,评议系统效用。标识英文翻译也经过美国、英国、新加坡及德国等国专家现场踩点核对。汇总各方意见后,我们对标识导向系统的字体大小、颜色进行了修改,使其更加符合患者的需要。

7. 室外环境和绿化设计

绿化设计是医院环境设计的特色,设计中充分发挥绿色建筑的设计理念,力求营造整体优美、和谐、生态的绿色医院。绿化设计以草坪和树木为主,建有门诊、中庭、地下花园等绿化设施。医院内摆放、种植大量绿植,充分与周围大绿化相互渗透联通,组成良好的医疗环境。医院将自然景观、室内庭院与候诊空间有机结合,患者可直接步入庭院中散步、小憩,欣赏郁郁葱葱、生意盎然的绿化和绿波荡漾的池塘,感受舒适轻松、安逸幽雅的气氛。

室外环境设计将人文景观与自然景观有机结合,避免患者产生焦躁不安的情绪。例如,室外配置充满活力的小型喷泉,体现勃勃生机;在病房楼外休闲区域设置石凳、座椅,配置艺术性强的铺路图案、花架等,为患者提供休息散步场所,使患者在幽雅的环境中产生神清气爽的解脱感,获得良好的心理感受。

8. 环境保护设计

质子重离子系统设备是一个高能量、由多系统组成的加速器装置,设备厂商对系统设备精确性、安全性和稳定性要求极其严苛。因此,从项目环境影响评价工程设计、施工到完工后的检测,都充分考虑了对环境的影响。

质子重离子区域墙板厚 3.7 m、顶板厚 2.7 m、底板厚 2.9 m;治疗室主辐射区域由 15 块 10 cm 厚的钢板交错叠加而成;在同步加速器和治疗室入口专门设置了防辐射的迷道,并设置辐射安全联锁系统和室内外辐射监测点,确保不会对环境、患者和工作人员等产生不良影响。

经过国家环保部门的检查和测试,上海市质子重离子医院是目前全国唯一一家拥有一类辐射安全许可证的医疗机构。此外,医院还重视降噪和隔振,机房内各类管道支架均采用减振支架,铺设隔振弹簧 1 198 个,对风机、水泵、空调机组和冷水机组等设备均采用低噪声型,确保振动幅度满足设备厂商提出的小于 0.01 mm 的要求。

四、总结和体会

在上海市领导的高度重视下,在市发改委、市财政局、市卫生局、市建交委、市重大办、复旦大学、中科院上海应用物理研究所、浦东新区检察院及上海国际医学园区等单位的关心、指导和帮助下,质子重离子项目筹建办公室按照重质量、保安全、抓进度的总体目标要求,克服了时间紧、任务重、技术高等困难,细化工作计划、细化时间节点、细化现场协调,精心组织、科学管理、团结协作、全力以赴,完成了 2011 年底项目基建工程竣工的目标。

1)加强组织领导,明确工作目标

强有力的组织是项目顺利完成各项工作的基础。上海市质子重离子医院是我国迄今为止卫生系统投资规模最大、技术难度最高的项目。由于项目的特殊性,自立项开始,筹建办主任就担任项目办主任,明确工作责任,落实工作目标。各参建单位在项目建设过程中齐心协力,分工合作,派出精兵强将在现场第一线,做到组织到位、管理到位、措施到位。建工集团副总裁在项目关键阶段,每周至工地现场协调相关工作;总包单位市建一公司做好现场管理和协调,增加安全和质量等管理人员;施工监理上海工程建设监理公司严把事前控制,加强巡视监督;市安装公司细化安装节点计划,加强领导充实人员;上海建筑设计研究院党委书记、董事长担任项目设计总监,抽调各专业人员,合力攻关。

2)强化工作措施,确保工作实效

有效的工作措施是项目达到预期目标的主要手段。针对项目的特殊性,项目办会同各参建单位,采取有效措施,努力使各项工作得到长效监管,有效推进工作落实。在工程桩施工阶段,虽然存在桩基长、难度高、周期短等困难,但项目办始终以进度目标为依据,以施工质量为原则,以安全生产为前提,协调各相关单位做好各项工作。桩基施工单位市机施公司精心组织施工。总包单位加强现场管理。施工监理实行不间断巡视和旁站。2010年1月18日,桩基施工全部完成,桩基数量共1 915根,其中质子重离子区域68 m长桩729根,经检测一类桩达97.1%,工程进度比计划目标提前一周时间。

为了确保项目进度和质量,项目办负责人靠前指挥,加大组织管理和技术把关的力度,充分做好工艺流程的协调;上海市卫生基建管理中心项目管理团队长期坚守在施工建设工地,甚至放弃休息时间。各相关单位克服困难、连续奋战、齐心协力、团结一致,经市质监站验收,质子重离子放疗区、地下室、行政楼、病房楼和门诊楼结构均被评为市优质结构;安装工程被评为市观摩工程和优质结构奖;项目被评为2010年度和2011年度上海市重大工程文明示范工地;项目办被评为2010年度和2011年度上海市重大工程立功竞赛优秀集体。

3)突出科学管理,强化沟通协调

实行科学化管理是项目建设顺利推进的关键。为加强工程建设的科学性、合理性和专业性,项目建设初期,项目办即会同工程监理单位共同聘请了中科院辐射防护建筑、安全控制系统和公用设施系统等领域知名专家,担任项目工程建设专家顾问。建设期间召开了10余次技术论证会,就辐射屏蔽混凝土材料、质子重离子区域混凝土施工、工艺冷却水系统和辐射安全防护等进行专题讨论。其中,专家提出把质子重离子区域治疗室钢砖垒砌改为大块钢板拼装的技术调整,仅此就节约造价近千万元。

由于质子重离子设备的特殊性,墙板厚度3.7 m,顶板厚度2.7 m、底板厚度2.9 m,且该区域为超高室内空间,结构模板工程属大荷载高支模施工,列为超过一定规模的危险性较大工程。为此,项目办会同施工单位编制具有针对性的模板排架施工专项方案,施工监理严格按照施工方案,对模板搭设的形式、间距及牢度等进行认真检查,经过12 h的连续浇筑,质子重离子区域顺利完成了结构封顶。

同时,项目办还积极会同施工、设计、专业分包等单位,与西门子公司技术人员,就质子重离子区域设计图纸等相关技术问题展开多次讨论,多次深入现场,配合西门子公司对重点区域、重点部位逐一进行测量和图纸对照。双方召开了50余次专题技术沟通会议,与西门子公司来往各类信件共600余封,从而确保工程建设进度。2011年10月、11月和12月和2012年1月中旬,项目办将质子重离子区域房间逐个移交给西门子公司。

4)重视预防监督,推进廉政建设

深化"双优"工作是促进反腐倡廉建设的重要保障。项目建设初期,上海申康医院发展中心、复旦大学附属肿瘤医院和上海市卫生基建管理中心就积极与市检察院及当时的南汇区检察院联系,把开展工程优质和干部优秀的创"双优"活动作为项目推进的总体要求,积极做到同步开展组织预防、同步开展教育预防、同步开展制度预防、同步开展质量预防、同步开展监督预防的5个预防工作。制订工作计划,完善规章制度,落实监管责任。严格执行工程、设备材料的招投标管理制度,严格遵循公平、公正和诚实信用的原则,在总包范围内设备和材料采购内部批价的方式,提升为内部评议,并由上海申康医院发展中心纪委全过程参与监督,既体现了公开透明度,又节省了建设资金。从抓早、抓实、抓好上做起,立足安全文明建设,狠抓项目管理和项目质量,通过开展各种形式的警示教育,增强项目管理干部廉洁自律的自觉性,在确保优质、按期完成项目建设的同时,培养一支廉洁、务实、优秀的干部队伍。

"十年磨一剑",坚持开拓、创新、坚韧精神,上海成功引进质子重离子系统设备,全面建成质子重离子医院并顺利完成临床试验治疗工作,为我国抢占这一领域的国际话语权、推进这一高端放疗技术在国内推广运用奠定了重要基础。特别值得一提的是,施工结束后,一贯严谨认真的德国设备厂商负责人竟用"脱帽致敬"的方式对医院的工作表示肯定,认为项目进度和质量达到了他们的要求。

王　岚　朱春杰　姚建忠/供稿

建设「以人为本」的示范性
医院医疗综合体
——瑞金医院门诊医技楼项目

一、基本情况

1. 医院简介

上海交通大学医学院附属瑞金医院建于 1907 年,原名广慈医院,是一所集医疗、教学、科研为一体的三级甲等综合性医院。医院占地面积 12.4 万 m^2,建筑面积 30 万 m^2,核定床位 2 300 张,拥有中国科学院院士 2 名、中国工程院院士 3 名。

瑞金医院共设有 45 个临床学科和 9 个公共学科;现有教育部重点学科 4 个(血液病学、内分泌与代谢病学、心血管病学、神经病学);国家临床重点专科项目 22 个和国家临床重点实验室 1 个(消化内科、麻醉科、重症医学科、临床护理、骨科、检验科、心血管内科、内分泌科、血液科、儿科消化专业、肾脏内科、皮肤科、神经内科、呼吸内科、急诊科、普外科、烧伤科、感染科、肿瘤中心、老年病科、放射影像、中医肿瘤、内分泌代谢病重点实验室);目前也是国家中西医结合示范单位;上海市重点学科“重中之重”1 个,上海市优势学科 2 个,上海市特色学科 1 个,上海市重点学科 2 个,上海市教委及卫生局重点学科 6 个。医院还设有上海市临床医学中心 3 个(微创外科、内分泌与代谢病、血液病),6 个市级研究所(上海市伤骨科研究所、上海市高血压研究所、上海市内分泌与代谢病研究所、上海烧伤研究所、上海血液学研究所、上海消化外科研究所),5 个院校级研究所(上海交通大学医学院神经病学研究所、上海交通大学医学院心血管病研究所、瑞金医院感染性疾病和呼吸性疾病研究所、上海交通大学医学院胰腺疾病研究所、上海交通大学医学院肾脏病研究所)、科技部国家重点实验室 1 个(医学基因组学重点实验室)、教育部重点实验室 1 个(功能基因组学和人类疾病相关基因研究重点实验室)、国家卫计委重点实验室 2 个(人类基因组研究重点实验室、内分泌代谢重点实验室)、上海市重点实验室 5 个(人类基因组研究重点实验室、中西医结合防治骨关节病重点实验室、心血管生物学重点实验室、上海市内分泌肿瘤学重点实验室和上海市胃肿瘤重点实验室)。医院连续 5 次获全国文明单位称号,并获得全国绿化模范单位、全国无烟单位、上海市文明单位等诸多荣誉称号。

近年来,医院积极推行数字化医疗流程管理,大力推广专病门诊、预约门诊、先诊疗后结算等便民惠民措施,通过加强精细化管理手段,努力降低平均住院天数,加快床位周转速度,控制药占比,控制院内感染和提高医疗安全。医院通过建立领先的 DRGs 评估系统和以医疗质量与安全为核心的绩效考评体系,促进临床医疗工作转型发展,以诊治疑难危重疾病和开展三四级大手术为目标,不断提升医疗内涵质量。

瑞金医院把健康教育作为一项重要责任,门诊"专家周周讲"吸引了大量病患及市民前来听讲,高血压健康教育中心已成为覆盖长三角地区的高血压教育培训基地。此外,控烟、糖尿病中心、烧伤的防治与急救、血液病肾脏病健康教育、乳腺病资源中心等都已经广泛开展,因此使市民防病的意识和能力得到很大的提高。

传承百年历史,力争再创辉煌。瑞金医院将一如既往地不断在医、教、研、管理、服务等方面持续改进,把群众满意作为办好医院的首要任务,为广大患者提供优质、安全、高效的医疗服务,向创建成为国家级医疗中心而努力。

2. 立项背景

进入 21 世纪,上海开始步入老龄化城市的行列,各类疑难杂症的发病率显著提高,门诊量逐年上升,作为对外窗口的原门诊楼已经跟不上发展的基本需求;原急诊部建成于 1993 年,由于资金紧张,设计和施工受到制约,观察床位的严重不足而导致病人常常被滞留在大厅和过道里。

为了改善就医条件,使就诊环境整洁宽敞,布局流程科学合理,服务设施人性化,瑞金医院对原门诊楼、急诊楼进行改扩建。2002 年 6 月,原上海市发展计划委员会以沪计社〔2002〕049 号文批准瑞金医院门急诊医技楼改扩建项目(以下简称"该项目")立项。2003 年 5 月,原上海市发展计划委员会以沪计投〔2003〕068 号文批准该项目可行性研究报告,同意该项目按"一次规划、分步建设"原则组织实施,批准项目总投资 44 165 万元;2003 年 7 月,原上海市建设和管理委员会以沪建规〔2003〕560 号文批准该项目初步设计,批准项目总建筑面积 70 433 m²;2005 年 4 月,上海市发展和改革委员会以沪发改投便〔2005〕049 号文批准该项目调整后总建筑面积为 81 433 m²,调整后总投资为 48 300 万元;2011 年 8 月,上海市发展和改革委员会以沪发改投〔2011〕142 号文批准同意该项目建设规模和投资调整,总建筑面积调整为 83 481 m²,项目总投资调整为 56 115 万元;2012 年 9 月,上海市发展和改革委员会以沪发改投〔2012〕188 号文批准同意该项目总投资调整为 57 503.71 万元。

3. 建设地点

上海市瑞金二路 197 号瑞金医院院内。

4. 项目管理模式

委托上海市卫生基建管理中心代建。

5. 项目获奖情况

(1) 获 2006 年度上海市建设工程"白玉兰奖"(上海市建筑施工行业协会)。
(2) 获 2007 年度中国建筑工程"鲁班奖"(建设部,中国建筑业协会),奖杯与证书如图 1 所示。

（3）获 2008 年度中国医院建筑优秀设计"一等奖"（中国医院协会，中国勘察设计协会），证书如图 2 所示。

△ 图 1　鲁班奖获奖证书与奖杯

△ 图 2　优秀设计一等奖证书

二、建设规模与功能

门诊医技楼建筑面积 73 271 m²；混凝土框架结构；地下 2 层，地上 22 层；2003 年 9 月动工，2007 年 7 月竣工试运行。

主要使用功能为：普通门诊、专家门诊、MDT 门诊、门诊手术室、体检中心、消化内镜中心、眼科诊治中心、血液透析中心、生殖医学中心、上海市血液内科临床医学中心、骨髓移植中心、血液科日间病房、乳腺疾病诊治中心、空中急救中心、放射治疗中心、高架直升机场、机动车库、综合服务等。

三、主要参建单位

（1）勘察单位：上海申元岩土工程有限公司。

（2）设计单位：上海建筑设计研究院有限公司，上海励翔建筑设计事务所。

（3）施工监理单位：上海市建筑科学研究院有限公司。

（4）财务监理单位：上海财瑞建设咨询有限公司。

（5）桩基施工单位：上海机械施工有限公司。

（6）施工总承包单位：上海市第一建筑有限公司。

四、项目主要特点

1. 重视流程，合理布局

（1）底层大厅（图 3）安排自助挂号、自助查询等功能，推广和实施以"先诊疗、后结算"为特征的基于自助服务机的一站式付费服务模式，平均付费时间从 30 min 减少为 6 min。在上海率先推行专科护士台预约、自助预约、医生诊室预约、电话预约、便民服务中心预约、医院门户网站预约、出院复诊预约等 7 种预约方式，为患者提供了更加便捷、优质的就医服务。

△ 图 3　底层大厅

△ 图4 挂号处位置设置

（2）按照门诊流量和就诊流程安排科室布局，分楼层设置挂号、收费处（图4），相关检查科室尽量靠近相关科室设置，例如：放射科设置在三楼，靠近四楼的外科系统，缩短病人的往返路程。

（3）具有关联性的科室尽量安排在相近区域，便于医疗学科间的交流合作，例如：原本将内分泌科与内科带教室安排在同一区域内，考虑到内分泌科与核医学科在学科上的关联，将核医学科与内科带教室调换，为医学学科群的发展构建硬件基础。

（4）提高诊疗用房的使用率，实现辅助用房（库房、更衣室、示教室、会议室）的资源共享，除必要的治疗室以外，标准诊间根据各科门诊量统一考虑。

（5）专家门诊集中管理，13、14层为专家门诊区域，除部分特殊科室（如灼伤整形科）外，其他所有专家（副高、正高、特约）都在这2个层面。

（6）护士站由原来单科室管理改为区域管理。4层、5层分主楼（A区、B区）、裙楼（C区、D区）2个护士台分别设置，方便病员识别。

（7）社会车辆经保安引导直接进入地下车库，救护车辆由救护车专用通道进入。将发热门诊与传染肺科另行安置单独楼宇，避免传染；订立集中处置医疗废弃物、集中处置医疗废水服务合同，同时制定有关规章，并定期进行自查，防止医疗废物流失、泄露、扩散。

（8）各类指示标志清晰，地面铺设防滑瓷砖，出入口坡道、无障碍厕所、无障碍电梯等设施齐全，病人隐私得到保护。

2. 网络系统，智能先进

（1）医院自主开发HIS管理、自助挂号、自助查询等系统，全面实现网络化诊疗过程，为广大人民群众提供优质、快捷的基本医疗服务。

（2）医院PACS系统全面升级，预约、检查、查询全程数字化服务。

（3）医院自主开发排队叫号系统，通过显示屏的指引形成有序的候诊流程。

3. 建筑装饰，简洁朴实

（1）建筑材质的选用严格遵守医院消毒卫生的特殊需求，采用环保特质的墙地砖、涂料等。

（2）建筑分隔中全面协调医疗功能设置与建筑规范、消防法规、节能降耗等因素的配合，对材质、色彩等内容所形成的综合环境效果进行合理的把握，满足医患需求，符合"以人为本"。

（3）着力于标识系统、导向系统的科学设置，各层候诊区妥帖布置候诊座椅（图5），重视环境与病

△ 图5 楼层导览系统与候诊区

人的情感交流,以期缩短病人从家庭到医院的心理距离。

（4）室内照明用均匀的灯光营造柔和、安静的室内效果（图6）,采用反射与灯箱片柔化光环境,局部光点缀在空间的重点部位,形成医院安静空间的基本格局。

△ 图6　室内灯光效果

五、设计亮点

1. 总平面设计

充分利用地形条件,布局紧凑合理,采用综合一体化集中布局,妥善处理人流、交通、出入口关系。在狭长的地形条件下,主楼、裙房呈L形沿瑞金二路展开布置,将人流、交通、出入口分别沿不同方向布置,清污分流,尽量减少人流、车流混杂,减少交叉感染。普通门诊出入口设在西北侧,在西南侧布置专家、专科门诊,并将机动车的出入口、后勤供应入口布置在东侧。机动车流限制在东北侧,沿瑞金二路布置硬质景观步行出入口广场。高层主体建筑争取良好的朝向和自然通风采光,有利于节能。大进深裙房采用8.4 m×16.8 m内天井的玻璃中庭,在不采用空调的条件下,自然通风采光。结合医院的中心花园,视觉环境优美的部位,布置自动扶梯和观光电梯,为病人和医务人员创造宽敞、舒适、温馨的医疗环境。

2. 平面设计

主楼裙房一～二层局部连通为入口大堂空间,并布置挂号收费、咨询以及咖吧、超市、小吃部等服务设施。2楼的西南端部设儿科门诊。三～五层每层设4个功能单元,布置综合普通门诊以及功能检查、放射诊断等。6层作为检验中心。将各类实验室设在裙房的顶层,有利管道敷设和气体排放。

主楼中央设有2～3组垂直交通核心（设有9台医梯,2台消防梯）。裙房的东北端部垂直交通核心（设有3台观光梯,1台消防梯）,与各层均设有上、下自动扶梯（共10台）,形成了通廊式水平流线与垂直交通流线有机的结合,既满足医疗流程又方便病人,并在每层人流量大的自动扶梯区可观赏中心花园。采用灵活互换的功能单元,有利于科学可持续发展,大空间大进深的裙房采用8.4 m×8.4 m柱网,既有利于地下停车,也有利于灵活布置不同面宽要求的单人诊室和各类医技用房;采用单人诊室,公共空间结合门诊单元的候诊空间,二次候诊等候空间宽敞舒适,病人就医流程在公共通廊的西侧和南侧,医护人员工作区布置在裙房的西侧和主楼的北侧,医患分流。主入口大堂一、二层连通空间设置健康咨询,裙房东北部垂直交通采用观光电梯、自动扶梯通过通透玻璃观赏医院绿化景观。

3. 立面设计

利用良好的开窗比例,满足各部分的使用功能,南立面局部采取半隐框玻璃幕墙和横线条处理。沿瑞金二路大体量裙房西立面强调虚实对比,强调横向处理,采用横细条固定百叶点缀,以及横扁的窗和凹凸的细部与主楼南立面的横线条遥相呼应。东、北立面局部采用通透大玻璃创造良好的视觉环境,整体立面协调统一,既简洁大方,又富有文化内涵（图7）。整体色调采用较温馨的暖色调与瑞金医院原有建筑取得整体协调,既丰富了瑞金二路沿街景观,也体现了医疗建筑的个性特征。

△ 图7　建筑立面

4. 结构设计

门诊医技楼为钢筋混凝土框架-剪力墙结构体系,竖向刚度有突变,通过多种计算分析控制结构的总体刚度扭转效应,加强落地筒来保证整个结构有足够的承载力、刚度和延性。加强周边构件,以保证整个结构有足够抗扭刚度。局部平面开口处,楼层板加厚,提高结构的整体抗震性能。充分考虑楼板平面刚度对水平力分配影响所产生的问题,对该部位楼板位按弹性板理论进行整体分析,在设计中加大楼板刚度薄弱部位的楼板厚度,并采用双面双向配筋方式,以充分保证在地震作用时水平力的传递。严格控制柱的轴压比,提高柱轴压比措施为沿柱全高采用井字复合箍且箍筋肢距不大于200 mm,间距不大于100 mm,直径不小于12 mm。在柱的截面中部附加芯柱。

5. 暖通设计

空调采用区域二管制水管系统,分别为地下室独立的放疗科室以及地上的门诊外区、病房(包括手术区)外区、所有内区共4个系统,各系统可通过阀门切换各自所需的冷热源。由于功能分区、房间分割既多又小,基本以采用风机盘管加送新风的形式为主,造成楼内空调水管排布复杂、不利系统的平衡。在空调箱采用动态平衡调节阀,而对于风机盘管系统为降低造价则采用区域压差控制的手段。一次泵出口设置限流止回阀,裙房大空间空调区域过渡季节可做全新风运行、自然冷却。冷却塔采用非标单侧进风的形式,塔体与冷水机组无一一对应关系,采用多组分级控制风机,节约能耗。

6. 给排水设计

室内采用污、废水分流设计,室外污、废水均排至医院的污水处理站,经二级生化处理达标后再排放。屋面雨水设计流态为重力流设计。用水设备及卫生洁具均采用节水型。用电及用气设备均采用节能型设备。所有的水嘴均采用陶瓷密封水嘴。泵和其他振动源都经隔振处理,以减少对环境的影响。为避免接触传染,医疗中心内的洗手盆、洗脸盆、化验盆等均采用感应龙头,小便器采用感应冲洗阀,大便器采用感应开关。给水系统内采用比例式减压阀进行分区,既节约了造价又节省了建筑面积。屋顶分别设置生活及消防水箱以保证水质。热水系统采用半即热式汽-水换热器,换热器的冷凝水温度不超过60℃,满足节能要求,并有效防止军团菌的滋生。

7. 强电设计

设10 kV变电站,靠近负荷中心,选用4台低噪声、节能型1 600 kVA变压器。接地采用TN-S制,手术室等医疗区域采用IT制。防雷按二类防雷建筑保护。设置防电涌的三级保护。

充分利用天然采光,贯彻"绿色照明"原则,各种场所照度和照明功率密度将按规范配置。设置灯光智能控制系统,可对公共区域的照明按时间、照度要求进行灯光调节。光源采用光效高的T5、T8细管径荧光灯、节能灯,灯具采用高效节能直接照明的配光形式,荧光灯配有3C标志和安全认证的高功率因数电子镇流器。

选用新型节能型电机,根据控制要求对风机、水泵配置变频控制。所有的软启动器、变频器和灯具镇流器等均符合电磁兼容要求。提高供电系统的功率因数,减少无功损耗,对功率因数低的用电设备进行就地三相或单相无功功率智能自动补偿。选用可回收式电气元器件、低烟无卤电缆,减少环境污染。

8. 弱电设计

设置门禁、巡更、摄像监控、防盗报警、车库管理系统等。消防报警按一级防护要求,采用集中总线式智能火灾报警控制器,设置联动控制。广播系统采用有线广播和消防广播兼用。电缆电视系统采用双向临频增补技术传输内部视频、卫星电视信号和城市有线电视信号。语音数据通信系统中,语音进线 600 对光缆,备用 200 对铜缆,设置 2 000 门程控交换机。数据采用结构化综合布线系统,主干部分采用多模光缆,水平部分采用六类线和超五类线。

9. 智能化设计

设置保障设备自动化管理系统,实施对工程的空调、给排水、变配电、照明系统等各类机电设备运行情况的监测和控制,并实现最优化运行,达到集中管理、程序控制和节约能源并创造舒适的办公环境。

BAS 采用分布式系统。设置 BAS 中心机房,配置 BAS 主机和 CRT、打印机等,通过网络控制器连接现场控制器和智能控制单元,并通过网络连接各区域智能控制器以及能源管理自控系统。BAS系统应对被监控设备的启停状态、运行参数、测量数据提供显示,并能提供设备过载和故障报警信号。

六、瑞金医院高架直升机场

上海市人民政府沪府函(2004)88 号函致南京军区空军:"在瑞金医院新建急救用直升机临时起降点,可以确保应对突发事件和救治特殊病员以及落实干部医疗保障工作。"

2007 年 6 月,中国人民解放军空军司令部司作〔2007〕157 号"同意新建上海瑞金医院直升机临时起降点"文件,同意新建上海瑞金医院直升机临时起降点。

2010 年 3 月 30 日,瑞金医院直升机临时起降点完成由中国民用航空华东地区管理局组织的试飞。

2010 年 7 月 12 日,民航华东地区管理局下发《民用机场使用许可证》(编号:T1562010203200)。

在上海市公安局等主管部门的支持下,出色地完成了"世博会""F1 大奖赛"等大型社会活动的医疗安全保障工作,为各种突发公共卫生事件和特殊医疗急救任务提供了可靠的医疗救治保障。

1. 建设背景

随着现代社会经济的不断发展和日趋繁忙的交通运输多样化,因突发群体伤亡事件,如交通意外伤害(包括航空和航海事故)、工伤事故和各种自然灾害等导致的严重创伤发生率仍居高不下,且具有较高的致死率和致残率,是 45 岁左右年轻人的第一位死因,严重威胁着我国人民的健康,成为当今社会重大公共卫生问题。"白金十分钟"和"黄金一小时"是创伤急救的关键时刻,也就是在创伤发生后,通过高效的交通转运体系以确保伤员在短时间内得到最高效的确定性诊疗,从而降低其致残率和死亡率,以最大限度降低突发事件对社会安全与稳定的影响程度。

目前,我国的医疗资源仍存在分布不均匀,优质医疗资源主要集中在大中城市,对地处偏僻地区的急危重症患者而言,常因医疗资源相对匮乏、在第一时间得不到及时有效的救治而丧失最佳治疗时机,导致病死率居高不下,严重影响我国人民的健康生活水平。同时,随着我国分级诊疗体系的不断完善,院际之间的伤病员转运需求也在不断增加。

随着我国建立了规范的人体器官移植管理系统,以及器官捐赠分配系统的不断完善,供体器官的院际间转运需求不断增加,而利用航空器的快速安全转运的优势,确保缩短转运时间,提高器官移植质量,已成为业界关注的问题。

医疗救援通常应对的是突发事件、紧急情况,速度是实现救援效能的重要因素,快速的医疗救治,不仅能降低伤亡率,更为重要的是能降低突发事件对社会造成的负面影响效应,减少经济损失,对及时恢复社会正常稳定秩序起着决定性的作用。交通运输工具是影响医疗救援效能的重要因素,传统的陆地医疗救援模式已经不能满足救援需求,必须构建陆、海、空互为补充的立体医疗救援网络,才能有效地缩短急救反应时间,提高抢救成功率,减少灾害对社会的危害程度,适应现代化城市功能发展的需求。

△ 图 8　机场运行图

直升机航空医疗救援的主要任务是针对各种意外灾害或突发事件导致的伤亡事件,而地面应急医学救援力量无法及时快速达到,用直升机将救援力量、药品器材等快速运送至现场,对个体或群体伤病员实施及时有效的救援,或在医疗监护条件下,将伤病员运至后方医院,接受进一步全面的救治。目前,世界上许多发达国家和地区已经建立了严密、立体的应急救援网络,并借助直升机独特的航空悬停、垂直起降,能直接在事发地点和救治地点就近降落等优势,使其救援网络更加高效、便捷,充分凸显直升机用于应急医学救援的特点和优势(图 8)。

2. 机场概况

瑞金医院高架直升机通用机场位于门诊医技楼楼顶。中心点坐标停机坪 N31°12′43″、E121°27′44″,起降真向 140°～350°,毗邻思南路和田子坊旅游集散地,可保障直九型直升机安全起降(图 9)。

△ 图 9　直升机场实景图

2008 年 12 月 25 日,中国人民解放军空军批复高架直升机通用机场场址;2005 年 4 月组织开工建设,2006 年 12 月竣工。停机坪为长方块,长 32.35 m,宽 21 m,可停放直九型直升机。机坪设有控制间 1 个,电台 1 部(BECKER GK 415),管制频率为 122.055 MHz,便携式 PH-1 风速风向仪 1 台。机坪主要导航灯为嵌入式边界灯 32 组(型号:D8208384,重量 3 kg,耗电量 8 W,光源寿命 200 000 h);泛光照明灯 8 组(型号:D5202239,重量 15 kg 左右,最大电流 1.6 A,输入电压 220 V-50/60 Hz,依据机坪大小可 0～90°旋转);LED 红色障碍灯 8 组(型号:D8305407,高通量 LED,功率 6 W,重量 3 kg,光源寿命 200 000 h);瞄准灯 1 组(型号:D8208383,耐热并可受 16 t 的重量之玻璃罩,重量 1.1 kg,耗电量 50 W,白色卤素灯);机坪标灯 1 组(型号:D5202407,重量 11 kg,输入电压 220 V-50/60 Hz,最大电流 2.5/3.0 A,夜间能见度达 30 km,明亮度控制 100%、10%、3%,闪烁速度为 0.8 s、1.2 s、0.8 s);直升机场进近坡度指示仪 2 组(型号:D5222589,重量 7.5 kg,50 mm,1∶3.2 透镜;光线在水平向的扩散为 28°,夜间正常可见范围 8 km;具有黄、绿、红三色光幕,指引驾驶员准确降落);屋顶型全方位夜间发光风向标 1 组(型号:D5202297,重量 25 kg,支杆身长度 1 300～2 700 mm);VHF 无线电自动控制系统 1 组(型号:D5202414,信号接受频率带为调幅 118～136 MHz 石英控制振荡器、25 kHz 波段,两组输出控制接点 10 A-25 Vac,输入功率 50 W,电阻 50 Ω,重量12 kg);电路自动控制系统 1 组(型号:D5203451,外箱尺寸:高度 1 805 mm,宽度 605 mm,深度516 mm,重量 150 kg,内含所有灯光的开关,连接 VHF 实现自动化功能)。

3. 管理及使用情况

1）建立航空医疗救援指挥和管理系统

组建由市卫生行政管理部门、航空医疗救援基地机场、民航空管机构和基地医院等部门参与的航空医疗救援指挥管理中心，下设航空医疗救援指挥中心办公室和飞行管理办公室，配置相应的工作人员，明确其职责，确保航空医疗救援"一体化"管理模式的有效实施，并制定相应的管理模式和工作标准。

2）完成航空医疗救援指挥和管理系统的信息化建设

通过国内外现状调研和召开专家咨询会等形式，高标准建设从伤病员现场急救、航空转运、航空医疗救援指挥中心到医院救治一体化信息管理系统，实现从伤病员现场急救指挥—航空转运—基地医院救治信息能安全、高效、准确、实时在相关部门之间互联互通与无缝衔接，确保伤病员从现场救治、航空转运与院内救治的连续性、安全性和有效性。

3）建立航空医疗救援指挥和管理系统的工作标准和制度

从卫生应急行政管理部门、民航空管部门、航空医疗救援基地（机场）到航空医疗救援基地医院等部门，分别建立相应的规范化的工作标准和管理制度，以及航空医学救援安全保障措施与制度，以确保航空医疗救援系统能高效、安全、有序地开展，并在以后实施中不断完善。

4）航空医疗救援基地建设

充分利用上海市公安局警务直升机飞行队及其机场和机库的优势，加强航空医疗救援基地机场的规范化建设，制定与完善相关管理制度，主要包括飞行员、飞机维修人员和管理人员的配置和能力培训计划，医疗救援直升机数量与临时起降点配置规划，直升机日常维护与接受参与医疗救援任务管理制度等，确保高效完成航空医疗救援任务。

自从瑞金医院承建上海市公共卫生三年行动计划中"上海航空医疗救援中心基地医院建设与应用项目"以来，在上海市公安局、上海市交通委、上海市卫计委等主管部门的大力支持下，于2016年8月、2017年2月、2018年1月、2018年2月进行了四次全流程演练。2018年4月，瑞金医院作为F1赛事航空医疗救援保障基地进行全程赛事保障。2018年6月，瑞金医院成为国内首批两家国家航空医学救援基地筹建单位之一。2018年8月，瑞金医院完成了多次航空医疗转运任务，包括长三角地区危急重症患者院际间的转运、移植器官转运任务，挽救了多名患者的生命，真正实现航空医疗救援全新的运行机制，扩大了航空医疗救援的服务能力，完善了航空医疗救援网络。

4. 社会效益

高架直升机场建设实现了完整"无缝（seamless）"应急医疗救援及后勤保障供应链，使伤病员可得到迅捷的监护和救治，并实现伤情、灾情信息无间隙传递，保证救援人员、物资、装备等实现无障碍供给，大大提高了应急医疗救援的工作效率，并节省大量人力物力。不仅"随时可将一个高质量的加强医疗病房送到危急重症患者身边"，还可以将其快速、安全、高效地转运至目的地医院进行最有效的救治，提高危急重症的救治成功率、生存率，降低致残率，具有重要的社会意义和现实意义，是一项重大的民生工程。

七、评价结论

为规范政府投资项目的预算管理，提高投资效益，强化政府投资项目资金全过程监管，受上海申康医院发展中心委托，上海沪港金茂会计师事务所有限公司对项目进行了上海市卫生系统政府投资项目绩效评价，根据该项目绩效评价指标体系，对该项目进行了绩效评估，从实施内容绩效、功能绩效、财务投资管理绩效、经济效益绩效、公共效益绩效五个方面进行独立打分。已评价指标标准分值

94 分,绩效分值 88.25 分,经缺项换算后该项目绩效分值为 93.88 分,项目评价等级为优秀。

（1）上海交通大学医学院附属瑞金医院门诊医技楼改扩建工程作为上海卫生事业发展"十五"规划重点项目,是瑞金医院贯彻邓小平理论和"三个代表"重要思想,落实科学发展观,坚持以人为本,保障和改善民生,促进社会和谐的具体实践。项目建设符合《中共上海市委、上海市人民政府关于贯彻中共中央、国务院关于深化医药卫生体制改革的意见的实施意见》精神,符合上海市卫生事业改革发展长远规划。结合瑞金医院的学科优势、技术优势、科研优势,服务于建设亚洲一流医疗中心的城市发展目标,门诊医技楼的建设有效提高了瑞金医院基本医疗综合服务能力,基本实现了"数字化医院、人性化服务、科教创新、生态院容"的医院发展目标。为切实改善市民门急诊医疗环境,解决医疗服务可及性需求,该项目在优化诊疗流程、优化就医路径、优化功能布局、落实节能措施方面取得了一定的成绩,满足了居民多层次、多样化的医疗卫生需求。为本市中心城区的基本医疗服务体系提供了硬件支撑,取得了惠民利民的预期成效。

（2）门急诊项目的建设有效提高了瑞金医院基本医疗综合服务能力,改善了市民门诊医疗环境,解决了医疗服务可及性、多层次、多样化的需求,在优化诊疗流程、优化就医路径、优化功能布局、落实节能降耗、降低运营成本方面取得成效,发挥了积极的社会效益。瑞金医院门诊接诊人次数持续增长,服务人群不断扩大,病员满意度达到 99% 以上。据统计,2006 年到 2017 年,门诊就医总量为 3 158 万人次。2017 年门诊量 332 万人次,较 2005 年（门诊医技楼建成前一年度）门诊量 154 万人次增加 178 万人次,增长 115%。

（3）门诊医技楼聚焦医院的优势学科,符合生物-心理-社会三位一体医疗服务模式的发展,在"以人为本"理念指导下,为上海市、长三角地区、全国各地的广大人民群众提供了管理现代、服务精良、技术先进、设备完善,安全、有效、公平的基本医疗卫生服务。瑞金医院基本实现了"数字化医院、人性化服务、科教创新、生态院容"的发展目标。

（4）基本医疗综合服务能力得到有效提高,整体功能布局和就医环境得到较大改观。门诊医技楼底层大厅安排自动挂号、自助查询等功能,推广和实施以"先诊疗、后结算"为特征的基于自助服务机的一站式付费服务模式,平均付费时间从 30 min 下降为 6 min;在上海率先推行专科护士台预约、自助预约、医生诊室预约、电话预约、便民服务中心预约、医院门户网站预约、出院复诊预约等 7 种预约方式;按照门诊流量和就诊流程安排科室布局,分楼层设置挂号、收费,相关检查科室尽量靠近相关科室设置,缩短就诊病人往返路程,具有关联性的科室安排在相近区域;专家门诊集中管理,为患者提供更加便捷、优质的就医服务。

（5）瑞金医院高架直升机场的建设有利于提升上海市应对突发公共卫生事件应急处置能力,是平安城市建设的重要保障,也是将上海市建设成为亚洲一流医疗中心城市的主要举措之一。瑞金医院高架直升机场的顺畅运行对进一步提升特大型国际化大都市的国际影响力,充分体现本市医疗救治水平在全国乃至亚洲的引领优势具有重要意义。通过大城市航空医疗救援中心的规范化建设,探索一整套可复制、可推广的航空医疗救援建设与管理经验,对加快我国航空医疗救援系统建设具有重大示范作用。

沈柏用　赵忠涛　马　进/供稿

通过建筑传递「百年仁济」的温度
——上海交通大学医学院附属仁济医院门急诊医技综合楼

一、项目概况

1. 工程概况

（1）工程项目名称：上海交通大学医学院附属仁济医院门急诊医技综合楼。

（2）工程项目建设地点：上海市东方路 1630 号仁济医院西北角浦建路和临沂路转角处。

（3）医院基地总面积：5 860 m²。

（4）新建门诊医技综合楼用地面地：5 853 m²。

（5）新建门诊医技综合楼总建筑面积：59 500 m²。

其中地上部分建筑面积：58 509 m²，

地下部分建筑面积：11 748 m²。

（6）建筑层数：地下 2 层，地上裙房 5 层，主楼 18 层。

（7）建筑高度：80 m。

（8）新建病床数：222 床。

（9）建设工期：2009 年 7 月—2012 年 10 月。

2. 建设主要内容

门急诊医技综合楼项目位于上海市东方路 1630 号仁济医院内西北角。西临临沂北路，北靠浦建路（图 1）。门急诊医技综合楼是一栋地上 18 层（裙房 5 层，地下 2 层，床位数 222 床）以及地下车库连通道、门卫等。新建建筑面积 59 500 m²，其中门急诊医技综合楼建筑面积 58 350 m²（地上 46 630 m²、地下 11 720 m²），地下车库连通道 1 000 m²，门卫 150 m²。

△ 图 1　项目三维区位图

3. 工程项目建设进程

本工程自 2007 年 4 月 16 日向上海市发展和改革委员会上报项目建议书，2007 年 8 月 16 日取得上海市发展和改革委员会的项目建议书的批复。2008 年 10 月 17 日获得上海市发展和改革委员会以沪发改投〔2008〕187 号"关于上海交通大学医学院附属仁济医院门急诊医技综合楼改扩建项目可行性研究报告的批复"。

2008 年 10 月 28 日由上海申康医院发展中心以申康发〔2008〕143 号"关于同意上海交通大学医学院附属仁济医院门急诊医技综合楼项目可行性研究报告的批复"批准实施。项目建设进程里程碑如图 2～图 6 所示。

2009 年 7 月 10 日项目开工。

2010 年 3 月 10 日完成地下结构施工，出 ±0.00。

2011 年 5 月 20 日结构封顶。

2012 年 8 月 28 日竣工。

△ 图 2　项目开工

2012 年 10 月 6 日对外试运营。

△ 图3　完成地下结构施工

△ 图4　结构封顶

△ 图5　项目竣工

△ 图6　对外试运营

二、建设重点难点

1. 项目难点

1）基坑紧邻地铁 4 号线、行政楼和市政主干道路，潜在安全风险大

基坑周边环境复杂，北侧紧邻地铁 4 号线，地下室墙体结构外侧距地铁最近处 6.64 m，围护结构外侧距地铁最近处仅 3.9 m；基坑南侧距医院行政楼不足 4 m，北侧、西侧紧邻市政主干道，施工过程中必须加强保护和监测，控制沉降，确保轨道交通及周边建筑物安全(图 7)。

△ 图7　施工现场

2）工地周边密布医院和居民区，文明施工要求高

工地位于仁济医院内西北角，且隔浦建路、临沂北路正对塘桥地段医院和龙阳小区，施工中必须采取措施控制扬尘和降噪，最大限度地减少扰民，确保医院的正常运营和周边居民的正常生活。

3）医疗建筑的洁净度、人性化要求高

医疗建筑在洁净度、人性化方面有别于其他工程，如舒适的声光色、无障碍设施、特殊科室的特别要求等，除了设计环节应考虑这些需求外，作为工程总包单位，也应该从施工的角度，围绕绿色建材及施工工艺的选用、施工过程控制、成品保护等环节,确保交付工程、设备的清洁干净,给医患人员创造一个清洁舒适的健康环境。

2. 医院项目管理的难点

医疗建筑专业分包多、深化设计多,总包协调工作量大。

根据招标文件,由业主专业分包、平行发包或独立采购的项目近20项,如医用气体、净化手术室、EICU、输配液中心、内镜中心、放射屏蔽、消防、弱电、幕墙系统、二次装修、电梯、VRV空调设备及安装、35 kV变电站设备及安装、绿化等,且其中的大多数项目需要深化设计。如何组织好各专业分包的及时招标和进场,并满足各方施工需要,确保各工序的有机衔接,都需要总包单位进行协调配合和管理。

三、组织构架与管理模式

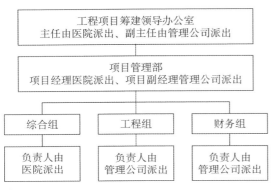

◆ 图8 项目组织架构图

1）组织构架

工程项目筹建领导办公室(以下简称筹建办)由管理公司和医院共同组建,双方共同提名筹建办主任、副主任各一名,并上报申康医院发展中心批准。筹建办是工程项目建设期间的决策部门,筹建办正、副主任是工程项目合作代建的共同责任人。

工程项目建设全过程的管理通过项目管理部来实现,由管理公司和医院派出的管理人员共同组成,试行主任领导下的项目管理部经理责任制。项目管理部设正、副经理各一名,在管理公司和医院派出管理人员中选择并由筹建办主任聘任。项目经理行使工程项目建设的各项具体管理职责,并对项目管理部实行统一领导。项目组织架构图如图8所示。

2）管理模式

本项目实行代建制管理模式,在上海申康医院发展中心领导下,由上海申康卫生基建管理有限公司和建设项目所属仁济医院共同实施的合作代建。它的主要任务是按照批准的概算、规模和标准,严格规范建设程序,达到建设项目顺利实施并有效控制投资的目的。

管理公司以制度建设为抓手,提供了从规划咨询、项目建议、可行性研究、方案设计,到施工管理、竣工验收、工程财务监管审计、项目建成交付使用等环节的"一条龙"全过程项目管理服务,并建立了一整套规范化、专业化的管理模式。实践证明,实施代建制管理对控制项目建设的规模、建造工期、投资指标是行之有效的方法之一,切实提高投资的社会效益和经济效益。

四、管理实践

1. 管理理念

集约化、精细化、人性化、规范化。

2. 管理方式

1）项目全过程策划

本项目以"事前策划、目标清晰,过程控制、执行有力,事后总结、不断规范"为总体思路。前期策划阶段对投资的影响最大。

项目的前期策划工作主要是产生项目的构思，确立目标，并对目标进行论证，为项目的批准提供依据。它是项目的关键，对项目的整个生命期，对项目实施和管理起着决定性作用。尽管工程项目的确立主要是从上层系统、从全局和战略的角度出发的，这个阶段主要是上层管理者的工作，但这里面又有许多具体的项目管理工作。为取得成功，必须在项目前期策划阶段就进行严格的项目管理，而项目前期策划工作的主要任务是寻找并确立项目目标、定义项目，并对项目进行详细的技术经济论证，使整个项目建立在可靠的、坚实的、优化的基础上。

2）项目管理大纲

筹建办成立初始，我们就制订了"项目管理大纲"，参与项目管理的各方明确各自的主要工作和担负的责任，做到分工明确、职责分明、有法可依、有章可循。"项目管理大纲"编制了项目管理工作制度、项目管理工作职业道德和纪律、合同管理、信息和文档管理、财务管理细则、项目管理中变更控制的相关规定及施工违章处罚规定等制度。

"仁济医院项目代建管理手册"中包括项目管理、财务管理、进度计划、招标管理、廉洁责任制度、项目管理常用表式和附件等共计7部分54项，规范了各项工作的操作流程；明确了共建双方主要职责，以及项目筹建办公室的工作职责；保障了项目建设中的各项工作有章可循，为合作代建制的执行创造了良好的条件。

3）设计管理

设计任务书阶段，筹建办通过研究熟悉项目前期的有关内容和要求，提出各种需求，并编制设计任务书。同时将设计方案组织各科室相关医疗专家进行讨论，在广泛征求意见的基础上，修改完善设计任务书。在医院设计过程中，明确设计总包、设计分包单位以及与医院之间在设计方面的责任关系，明确各阶段的设计要求。

在施工过程中，加强与设计单位的沟通协调，如遇重大问题，组织专题协调会，同时协调设计单位在施工阶段的配合工作。

4）招标采购管理

由于医院项目涉及面广，专业单位多，根据管理大纲的要求编制招标采购计划，同时在医院项目招标过程中，特别重视招标的前期准备策划，工作界面和招标过程中分析评审。在招标过程中，充分考虑建设项目各方的需求，结合医院建筑的特点，功能的需求，以及环境条件等，制订采购制度。

（1）在开工前准备阶段，为了确保桩位图的准确性，提前对项目电梯、锅炉、冷冻机等进行了公开招标。

（2）专业分包与设备采购招标中，明确招标采购原则，分类进行招标采购，招标过程严格按照概算进行限额招标。同时，对于内部评议和询价的材料组成"五人工作小组"，并请医院纪委全程参加。

5）投资控制

投资控制是项目管理的主线，贯彻于整个项目过程。

（1）在项目前期阶段，对拟投资的项目从专业技术、市场、财务和经济效益等方面进行分析比较，结合以往相关工程的经验，完善投资估算，合理地计算投资，既不高估，也避免漏算。

（2）建立财务监理制度，明确财务监理是主要责任人，财务监理从可研阶段即介入，对投资控制的各个阶段，以及工作的重点和要点进行分析，作为项目管理的指导。

（3）落实限额设计，将限额设计的要求明确在设计合同中。在过程中进行监督和落实。

（4）投资控制全过程动态管理，在扩初阶段要求将设计概算与投资估算进行对比分析，找到差异点，明确投资控制的目标。

在项目实施过程中，将批准的概算分项切块，明确分项控制目标。形成资金的"蓄水池"，同时将概算、清单、投标文件、施工预算进行分析比较，对投资控制趋势进行预测和分析，找出投资控制的难点和要点。

（5）运用公司的技术力量和多年的项目管理经验,对设计方案和施工方案进行优化。

案例 1

2008 年 12 月 10 日初步设计批复沪建交〔2008〕1072 号,项目概算总投资 41 418 万元。

目前,已经完成本项目竣工结算审价工作,根据审价结果对本工程所有费用进行了梳理、统计、汇总后,将投资控制结果罗列如下:

建安工程费用实际投资金额为:38 450 万元;

建设工程其他费用实际投资金额为:2 845 万元;

银行存款利息冲减成本金额:28 万元;

最终总投资为:41 267 万元;

最终投资节余金额为:150 万元。

其中:施工总承包范围的送审结算造价为:41 148 万元,我们按照招投标文件及施工总承包合同的约定对送审结算进行了细致、严谨、全面的审核,并经甲乙双方确认后,最终审定结算造价为:35 460 万元,审价核减 5 688 万元。

单项概算节超情况如下:

（1）总包安装工程,单项超概 1 651.537 2 万元,在总包土建中平衡 559 万元,在 35 kV 变电站中平衡 737 万元,在电梯工程中平衡 353 万元。

（2）净化手术室工程,单项超概 1 049 万元,在不可预见费中平衡 1 049 万元;主要原因:概算金额较低,不能满足实际需求,根据市场价进行测算招标控制价,招标前已报上海申康医院发展中心（以下简称申康）备案,中标后根据医院使用需求,现场布局调整较大。

（3）放射防护及装饰工程,单项超概 273 万元,在桩基工程中平衡 247 万元,在锅炉房改造中平衡 26 万元;主要原因:概算金额较低,不能满足实际需求,根据市场价进行测算招标控制价,招标前已报申康备案,中标后发生部分变更。

（4）消防工程,单项超概 201 万元,在不可预见费中平衡 201 万元;主要原因:概算金额较低,不能满足实际需求,根据市场价进行测算招标控制价,招标前已报申康备案,中标后发生部分变更。

（5）弱电工程,单项超概 70 万元,在电梯工程中平衡 5 万元,在锅炉房改造中平衡 39 万元,在总包土建中平衡 25 万元;主要原因:概算金额较低,不能满足实际需求,根据市场价进行测算招标控制价,招标前已报申康备案,中标后发生部分变更。

（6）VRV 空调工程,单项超概 192 万元,在不可预见费中平衡 192 万元;主要原因:概算金额较低,不能满足实际需求,根据市场价进行测算招标控制价,招标前已报申康备案,中标后发生部分变更。

（7）供氧系统,单项超概 103 万元,在不可预见费中平衡 103 万元;主要原因:概算金额较低,不能满足实际需求,根据市场价进行测算招标控制价,招标前已报申康备案,中标后发生部分变更。

（8）自来水管网,单项超概 95 万元,在勘察费中平衡 95 万元。

（9）天然气工程,单项超概 124 万元,在三通一平中平衡 124 万元。

（10）全过程招标代理费,单项超概 55 万元,在三通一平中平衡 32 万元,在拆房工程中平衡 5 万元,在设计费中平衡 16 万元。

（11）工程监理费,单项超概 200.848 4 万元,在管线监测费中平衡 7 万元,在预备费中平衡 192 万元。

（12）前期工程费,单项超概 64 万元,在勘察费中平衡 41 万元,在设计费中平衡 21.851 8 万元,在管线监测费中平衡 1 万元。

（13）预备费,总金额 1 819 万元,用于平衡手术室工程 1 049 万元、用于平衡消防工程 201 万元、用于平衡 VRV 空调 192 万元、用于平衡医用气体 103 万元、用于平衡监理费 192 万元。平衡上述金额后,预备费节余 79 万元。

有效的投控措施:

(1) 严格执行重大变更备案制度,过程中已经备案的项目有:

Ⅰ.水电风安装工程预算调整备案:对安装系统中重要部位和隐蔽工程关键部位的设备及材料进行技术性、安全性方面的选择,同时考虑后期运营成本。安装工程预算金额由 2 879 万元调整为 7 140 万元,增加金额在总概算范围内平衡。

Ⅱ.自来水管网排管贴费调整备案:自来水管网排管贴费 98 万元,在概算自来水及管网费用中列支,单项概算金额 10 万元,已发生临时接水费 3 万元,单项超概金额在勘察费中平衡。

Ⅲ.保世博安全节点技术措施费备案:建设方要求施工方于 2010 年 2 月 7 日除 ±0.00 线,确保基坑安全,为完成节点目标,施工方投入的措施费为 749 万元,在总概算范围内平衡。

Ⅳ.弱电系统及医用气体工程预算调整备案:弱电工程中标价 628 万元,中标单位根据建设单位的实际需求,进行了深化设计,深化后造价 1 278 万元;医用气体工程中标价 222 万元,中标单位根据建设单位的实际需求,进行了深化设计,深化后造价 389 万元;增加部分可以在概算节余数中平衡。

Ⅴ.世博停工损失费备案:因世博会原因,工地停工 7 个月,发生停工损失费,金额 616 万元,可以在概算节余数中平衡。

Ⅵ.幕墙工程预算价调整备案:幕墙工程中标价 1 807 万元,中标单位根据建设单位的实际需求,进行了深化设计,深化后造价 2 526 万元;增加部分可以在概算节余数中平衡。

Ⅶ.地上一层施工补贴费备案:业主要求地上一层提前完成结构浇筑,发生费用 96 万元,增加部分可以在概算节余数中平衡。

Ⅷ.施工监理合同延期增加费用的备案:因世博原因及业主调整布局等原因增加施工监理服务期,增加的费用在不可预见费中平衡。

Ⅸ.手术室、VRV 空调、放射防护工程招标价调整的备案:手术室、VRV 空调、放射防护招标前根据市场价进行测算,招标控制价超单项概算价,备案后进行招标,单项超概金额可以在概算节余数中平衡。

Ⅹ.普通装饰工程Ⅱ备案:医院各科室根据实际使用需求,新增部分工作内容,费用 19 万元,计入项目中,项目总投资节余 121 万元(未考虑利息冲减成本)。

(2) 各项专业工程招标,严格实施招标控制价,按控制价进行深化设计。

(3) 先算后做,各项变更、签证发生前,进行事前费用测算,论证变更的合理性、必要性;完工后,进行事后费用审核。

(4) 严格、细致、全面的竣工结算审核,本工程总承包合同范围内,送审结算价 41 148 万元,审定结算价 35 460 万元,核减 5 688 万元,核减率 13.82%。

6) 沟通管理

(1) 与政府职能部门沟通

上海市仁济医院门诊医技综合楼项目部管理公司和医院基建处顶住巨大压力,按时按常规速度、前期工作申报时间约为 15 个月左右,但筹建办积极争取,充分发挥主观能动性,克服了时间紧、建设难度大等困难,发挥了团结协作、钻研创新、吃苦耐劳的精神,使项目扎实推进,仅用了 9 个月的时间,完成了所有申办手续,如期顺利开工。

在前期申办过程中先后向市规划局、消防局、水务局、交运局、供电局、电信局、燃气公司、抗震办、防雷办、卫监所、疾控中心、市政部门、市环保部门、徐汇区规划局、民防办、绿化局、市交警总队、市地铁运行公司和市招标办等 19 个部门请示汇报、联系协调、申请批复,共计 320 余次。

(2) 与筹建办沟通

Ⅰ.定期将项目情况报送医院、申康医院发展中心。

Ⅱ.每周以工程例会纪要形式或每周项目情况汇报形式向各参建单位汇报项目情况及下周的工

作安排。

Ⅲ. 定期汇报工作进展。

Ⅳ. 定期参加各类联席会议,汇报项目情况,落实分工及督查内容。

7) 进度控制、质量控制、安全控制

(1) 进度控制

在项目建设初期,就制订了总进度计划,同时将总进度计划进行分解,分阶段落实,为了明确各阶段的工作任务,将进度计划各阶段任务细化,分解到每月、每周,制订相应的计划。

过程中定期将计划与实际完成情况进行对比,发现问题,及时调整,同时根据进度计划落实责任主体,监督落实。

案例 2

地下抢工方案:

1. 工期与抢工

1.1　计划工期目标

开工日期:　　　　　　　　2009 年 2 月 20 日

竣工日期:　　　　　　　　2012 年 10 月 30 日

地下结构完成时间:　　　　2010 年 4 月 14 日

地下室外回填完成:　　　　2010 年 5 月 24 日

1.2　调整工期目标

如不能在世博会召开前完成 ±0.000 以下工程的施工,基坑将暴露七个月之久,降排水工程时间将会大大延长,尤其对地铁四号线安全运营及周边居民区、医院、道路、管线等周边环境都存在极大隐患,种种隐患不利于世博会的正常运营。因此,7 月 15 日现场会议要求:在春节前完成 ±0.000 以下工程。

为确保世博会停工期间基坑周边环境安全及地铁四号线安全运营,保证不影响世博会召开,本工程地下结构阶段(±0.000 以下)应在 2010 年春节前完成。要想达到这一工期目标必须采取加大各种资源的投入、调整施工组织和技术方案等。

2. 抢工措施

2.1　组织措施

(1) 成立以项目经理为首的抢工领导小组,全面落实各项施工措施。

(2) 建立施工项目进度控制目标体系,对分部分项工程施工进度计划合理调整,并详细分解。

(3) 项目管理人员配备齐全,专业分工明确;±0.000 以下施工阶段项目部管理人员原则上全部放弃节假日休息时间,特殊情况须经项目经理和公司人事部门批假。

(4) 每周召开 1～2 次项目部内部协调会,就施工中的有关生产、技术、质量、安全及材料等各方面的问题进行协调,每次协调会形成纪要,下次协调会检查落实情况,以确保不影响进度。

2.2　技术措施

(1) 分部分项工程施工前编制可行的施工方案和作业指导书。

(2) 优化施工方案,深化施工图做法,确保工序提前穿插施工。

(3) 调整砼配合比。

(4) 根据调整后的进度计划,重新划分施工区段,按需求增加劳动力、机械设备、周转材料等各类资源的投入;按工程进度计划,安排各工种搭接,工期切实做到周密安排。

(5) 基坑施工阶段,内支撑拆除方案改为爆破拆除。

2.3　经济措施

(1) 项目部与各施工班组队签订工期责任状,约定本工程工期奖罚措施,各个节点工期提前完成视工作量进行现金 10 000～50 000 元奖励,以此来促使劳务队加快施工进度,保证工程提前竣工。

（2）为保证2010年春节前完成±0.000节点目标，所有工人法定休息日和法定节假日正常上班，且每日工作时间延长，根据有关规定和法律法规，对工人超出部分工作时间给予适当补助。

（3）考虑到夜间施工条件艰苦，给予夜间施工工人适当的用餐补助，保证工人健康和体力充沛。

（4）根据上海市往年气候来看，本工程开工后几个月气温较高，为了保证工人在高温下正常工作，需给予工人适当的降温补贴。

2.4 管理措施

（1）协调同外界有较大影响的横向关系，为工程提供一个良好的施工环境，避免大的干扰。

（2）立足工程全局，按工程形象进度计划对工程的实施进度进行监督，分析可能影响工程进度的各种因素，做到有问题及时提出，及时解决，使工程始终处于良性循环中。

（3）将总进度目标进行一系列从总体到细部，由高层次到基础层次的层层分解，一直分解到在施工现场可以直接调度控制的分部分项工程或工序的施工为止。

（4）劳动力优化结合，在结构施工中安排好梁板结构施工等关键工作，对必须连续施工作业的分部分项工程安排好加班人员。

（5）及时向公司材料和设备部门提供材料和机械设备进场计划（包括甲供材料），以便公司协调解决，不影响进度。

3. 各施工阶段抢工措施

强大的投入量是保证工期的前提，项目部综合以往工程施工经验，根据工程量、进度计划精心、实际地编写劳动力、材料、设备的进场计划及时间，确保全部到位，保证工程进度目标顺利实现。

3.1 围护结构施工阶段

3.1.1 围护结构施工阶段劳动力投入（案例表1）

案例表1 围护结构施工阶段投入的劳动力表

工作内容	机械编号	安排人数（人）	工期（d）	工作时间
三轴搅拌桩	1#	16	37	白天一班
		11	37	晚上两班
	2#	16	11	白天一班
		12	11	晚上两班
双轴搅拌桩	1#	12	17	白天一班
		10	17	晚上两班
	2#	12	9	白天一班
		10	9	晚上两班
	3#	11	5	白天一班
		8	5	晚上两班
地下连续墙		47	5	白天一班
		33	5	晚上两班
钻孔灌注桩	1#	16	32	白天一班
		12	32	晚上两班
	2#	14	32	白天一班
		12	32	晚上两班

（续表）

工作内容	机械编号	安排人数（人）	工期（d）	工作时间
钻孔灌注桩	3#	14	25	白天一班
		11	25	晚上两班
	4#	13	24	白天一班
		11	24	晚上两班
	5#	14	16	白天一班
		12	16	晚上两班
	6#	13	20	白天一班
		12	20	晚上两班
压密注浆		14	13	白天一班
		11	13	晚上两班

备注：1. 所有施工人员根据工期安排实行 24 h 三班轮岗制。以上表格人数考虑到施工交叉作业，昼夜加班、夜间施工等各种降效等不利因素。

2. 若现场遭遇连续不良气候导致现场施工难度大幅度增加，工人工作负荷较大时，给予工人适当补贴，以提高工人工作积极性，保证工期按时完成。

3.1.2　围护结构施工阶段机械投入（案例表 2）

案例表 2　机械使用表

项目阶段	机械名称	安排台数（台）	工期（d）	备注
围护结构三轴搅拌桩	三轴搅拌桩机	1	37	1#桩机
		1	11	2#桩机
	泥浆制作设备	2	37	1#桩机
		2	11	2#桩机
	灰浆输送泵	2	37	1#桩机
		2	11	2#桩机
	电动空气压缩机（20 m³/h）	2	37	1#桩机
		2	11	2#桩机
围护结构双轴搅拌桩	双轴搅拌桩机	1	17	1#桩机
		1	9	2#桩机
		1	5	3#桩机
	泥浆制作设备	2	17	1#桩机
		2	9	2#桩机
		2	5	3#桩机

（续表）

项目阶段	机械名称	安排台数（台）	工期（d）	备注
围护结构双轴搅拌桩	灰浆输送泵	2	17	1# 桩机
		2	9	2# 桩机
		2	5	3# 桩机
	电动空气压缩机（20 m³/h）	2	17	1# 桩机
		2	9	2# 桩机
		2	5	3# 桩机
钻孔灌注桩	钻机（GPJ15）	1	32	1# 钻机
		1	32	2# 钻机
		1	25	3# 钻机
		1	24	4# 钻机
		1	16	5# 钻机
		1	20	6# 钻机
	泥浆制作设备	2	32	1# 钻机
		2	32	2# 钻机
		2	25	3# 钻机
		2	24	4# 钻机
		2	16	5# 钻机
		2	20	6# 钻机
	交流电焊机	2	32	1# 钻机
		2	32	2# 钻机
		2	25	3# 钻机
		2	24	4# 钻机
		2	16	5# 钻机
		2	20	6# 钻机
	排放泥浆设备	2	32	1# 钻机
		2	32	2# 钻机
		2	25	3# 钻机
		2	24	4# 钻机
		2	16	5# 钻机
		2	20	6# 钻机
	履带式起重机 25 t	1	35	

（续表）

项目阶段	机械名称	安排台数（台）	工期（d）	备注
围护结构地连墙	成槽机	1	5	
	1 m³ 挖机	1	4	
	泥浆制作设备	4	5	
	履带式起重机 50 t	3	5	
	履带式起重机 100 t	1	5	
	自卸车（20 t）	4	4	
压密注浆	SYB-50/50-1	1	13	

备注：场地内大量机械交叉作业，机械使用率及机械性能发挥受一定限制。

3.1.3　围护结构施工阶段若遇连续雨天，为了不影响工期，现场产生的大量泥浆及污水采取租赁泥浆灌车外运，保证雨天正常施工，设备的投入可根据施工需求。

3.1.4　围护结构施工阶段，现场机械较多，受工期紧制约，施工现场机械的行走受各种条件的限制，需租赁大量路基箱、钢道板临时便道，保证机械正常施工。

3.1.5　原施工方案只有在进行底板大体积混凝土连续浇筑等施工工艺要求不能断开的工作时需要夜间施工。因受世博会影响，工期压缩，现场需夜间施工，在此期间必须向有关部门申办夜间施工许可证，增加夜间照明设施以及防止光污染和噪声污染的措施，比如搭设防护棚、大面积增设围挡。

3.1.6　根据招标文件并结合我公司的施工方案的现场施工用电安排，业主提供的电力（400 kVA）只能满足我公司原施工工期投入机械使用。为确保压缩工期的实现，本阶段将投入的机械较多且集中使用，用电量大增，现场施工用电（400 kVA）不能满足施工进度及方案的用电要求。拟增加租赁 600 kVA 发电机 3 台，确保施工现场电力供应。

3.1.7　围护结构施工阶段，受工期调整紧制约，施工现场根据需要增加桩机的投入数量。

3.2　降水、土方及支撑施工阶段

3.2.1　降水、土方及支撑施工阶段劳动力投入（案例表 3）

案例表 3　劳动力计划表

项目阶段	工作内容	安排人数（人）	工期（d）	工作时间
降水工程	成井	33	4	白天一班
		33	4	晚上两班
土方及支撑工程	第一层土方开挖	19	6	白天一班
		13	6	晚上两班
	第一道支撑施工	89	13	白天一班
		63	13	晚上两班
	第二层土方开挖	18	6	白天一班
		12	6	晚上两班

（续表）

项目阶段	工作内容	安排人数（人）	工期（d）	工作时间
土方及支撑工程	第二道支撑施工	79	12	白天一班
		54	12	晚上两班
	第三层土方开挖	23	15	白天一班
		14	15	晚上两班
	第三道支撑施工	78	12	白天一班
		57	12	晚上两班
	第四层土方开挖	37	21	白天一班
		15	21	晚上两班

备注：1. 所有施工人员根据工期安排实行 24 h 三班轮岗制。以上表格人数考虑到施工交叉作业，昼夜加班、夜间施工等各种降效等不利因素。

2. 根据投标文件约定原划归现场的工人生活区，目前被业主另一工程承建方中天建设集团占用。进行此施工阶段施工时，若工人生活区场地仍不能交由施工方搭建临时设施并短时间内大量施工人员进驻现场时，需与业主协商在外租赁场地或租赁工人宿舍，以保证工人基本住宿生活问题。若就近租赁不到合适场地或宿舍，在较远的地方租赁时，每天工人上下班则采用租赁班车来回接送等方式解决。

3. 若现场遭遇连续不良气候导致现场施工难度大幅度增加，工人工作负荷较大时，给予工人适当补贴，以提高工人工作积极性，保证工期按时完成。

3.2.2　降水、土方及支撑施工阶段机械投入（案例表 4）

案例表 4　降水、土方及支撑阶段机械投入计划表

施工项目	机械型号	安排台数（台）	工期（d）	备注
深井降水	GPS-10	3	4	
土方开挖	1 m³ 挖机	3	6	第一层土
		3	11	第二层土
		3	15	第三层土
		3	21	第四层土
	0.6 m³ 挖机	4	11	第二层土
		4	15	第三层土
		4	21	第四层土
	0.4 m³ 挖机	4	11	第二层土
		4	15	第三层土
		4	21	第四层土
	自卸汽车（20 t）	15	6	第一层土
		24	11	第二层土
		24	15	第三层土
		24	21	第四层土

（续表）

施工项目	机械型号	安排台数(台)	工期(d)	备注
支撑施工	套丝机	2	37	
	钢筋切断机	2	37	
	钢筋弯曲机	2	37	

备注:1. 机械大量进场后现场,交叉作业。部分机械性能得不到最大发挥。

　　2. 为防止雨天或降水效果不佳时,提前与租赁单位协商,租赁路基箱、钢道板等机械道板,保证机械在各种环境下正常运转。

　　围护结构处理图纸见案例图1、案例图2。

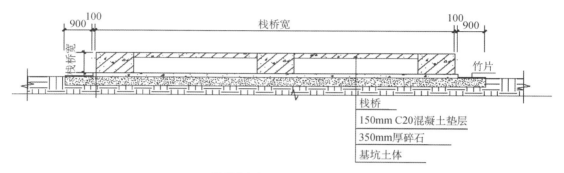

围护结构栈桥下部结构处理方法

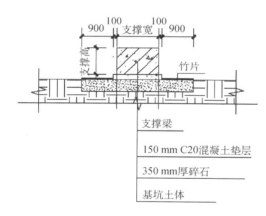

案例图1　围护结构栈桥下部结构处理图

案例图2　围护结构支撑下部结构处理图

围护结构支撑下部结构处理方法

　　3.2.3　受世博会影响,工期压缩,本阶段施工确保24 h连续作业,除采取增加夜见照明设施以外,还应采取防止光污染和噪声污染的措施,比如搭设防护棚、大面积增设围挡。为保证夜间施工,安装若干3.5 kVA太阳灯照明,保证现场足够的照明。

　　3.2.4　如遇连续降雨的影响,支撑施工时,降排水效果满足不了施工要求,为确保连续施工,采取在栈桥、支撑梁底部位及两侧1 000 mm范围面内铺垫35 cm厚碎石,栈桥和支撑梁底铺15 cm厚C20混凝土垫层。挖土过程中,为确保施工安全,支撑梁及栈桥底部混凝土垫层随挖随清除。

　　3.2.5　在土方开挖过程中,部分土层透水性差,降排水短期内又起不到降水效果将会形成淤泥,现场又无场地晾晒淤泥。为确保工程进度,对淤泥层采取昼夜人工清挖装斗、汽车吊配合垂直运输、灌装汽车进行及时外运。

　　3.2.6　土方开挖阶段,根据工期的要求,开挖速度较快,深井井点降水时间短,降水效果欠佳。如遇连续雨天,土体含水量过大时,根据现场实际情况,采取增设轻型井点降水的措施,保证正常施工。

　　3.2.7　支撑施工阶段,如有必要与设计协商提高支撑混凝土标号或添加混凝土早强剂,使支撑混凝土提前达到开挖强度,为土方开挖争取时间。

　　3.2.8　土方开挖阶段,为确保开挖时间满足工期调整要求,可根据实际需求增设挖土机械。

　　3.3　地下室结构及拆撑施工阶段

3.3.1 地下室结构及拆撑施工阶段劳动力投入(案例表5)

案例表5　地下室结构及拆撑施工阶段劳动力计划表

工程	工序	人数	管理	班次
底板工程	垫层、钢筋模板、混凝土	283 人	21 人	白天一班
		183 人	21 人	晚上两班
地下二层	钢筋、模板、混凝土	387 人	21 人	白天一班
		193 人	21 人	晚上两班
支撑拆除	第三道支撑拆除	93 人	16 人	白天一班
		76 人	16 人	晚上两班
	第一、二道支撑拆除	87 人	23 人	白天一班
		53 人	23 人	晚上两班
地下一层	钢筋、模板、混凝土	393 人	16 人	白天一班
		197 人	16 人	晚上两班
防水工程	底板防水	35 人	5 人	白天一班
		19 人	5 人	晚上两班
	负二层外墙	32 人	7 人	白天一班
		18 人	7 人	晚上两班
	负一层外墙	34 人	9 人	白天一班
		17 人	9 人	晚上两班
回填土工程	负二层回填土	69 人	11 人	白天一班
		28 人	11 人	晚上两班
	负一层回填土	53 人	14 人	白天一班
		29 人	14 人	晚上两班
安装工程	底板工程	31 人	12 人	白天一班
		14 人	12 人	晚上两班
	地下二层	31 人	13 人	白天一班
		14 人	13 人	晚上两班
	地下一层	31 人	10 人	白天一班
		14 人	10 人	晚上两班

备注:1. 所有施工人员根据工期安排实行24 h三班轮岗制。以上表格人数考虑到施工交叉作业,昼夜加班、夜间施工等各种降效等不利因素。

2. 根据投标文件约定原划归现场的工人生活区,目前被业主另一工程承建方中天建设集团占用。进行此施工阶段施工时,若工人生活区场地仍不能交由施工方搭设临时设施并短时间内大量施工人员进驻现场时,需与业主协商在外租赁场地或租赁工人宿舍,以保证工人基本住宿生活问题。若就近租赁不到合适场地或宿舍,在较远的地方租赁时每天工人上下班则采用租赁班车等方式解决。

3. 若现场遭遇连续不良气候导致现场施工难度大幅度增加,工人工作负荷较大时,给予工人适当补贴,以提高工人工作积极性,保证工期按时完成。

3.3.2　地下室结构及拆撑施工阶段机械投入(案例表6)

案例表6　地下室结构及拆撑施工阶段机械投入

项目阶段	机械设备名称	机械台数(台)	工期(d)	备注
地下结构	套丝机	2	85	
	钢筋切断机	2	85	
	钢筋弯曲机	2	85	
	木工压刨床	2	85	
支撑拆除	镐头机	2	5	第三道支撑拆除
		3	8	第一、二道支撑拆除
	自行式铲运机 0.5 m³	3	6	第三道支撑拆除
		3	9	第一、二道支撑拆除
	0.4 m³ 挖机	3	6	第三道支撑拆除
		3	9	第一、二道支撑拆除
	1 m³ 挖机	3	7	第三道支撑拆除
		3	8	第一、二道支撑拆除
	履带式起重机25 t	1	4	第一、二道支撑拆除
安装工程	电焊机	5	35	按照2个台班计算
	切割机	3	35	
	套丝机	3	35	
	钻床	2	35	

备注:现场施工场地较小,进场使用机械较多,造成机械使用效率下降。

3.3.3　因施工速度较快导致开挖至基础垫层标高时,如受到降水欠佳影响导致土体处于流塑状态时,不能进行正常基坑底部人工清理时,基底采取满铺级配砂石等处理措施。

3.3.4　原施工方案只有在进行底板大体积混凝土连续浇筑等施工工艺要求不能断开的工作时需要夜间施工。因受世博会影响,工期压缩,现场需夜间施工,在此期间必须向有关部门申办夜间施工许可证。

3.3.5　由于6个施工段同时24 h施工,为保证夜间施工质量及施工安全,确保现场足够的照明,夜间施工必须保证每个施工段3台3.5 kW太阳灯,现场增设18台太阳灯供夜间施工使用,灯管每月更换一次。灯下部采用不低于2 m的脚手架固定,脚手架底部悬挂开关箱。每盏灯增设防风防雨棚,确保特殊天气下正常使用。

3.3.6　基坑围护结构水平混凝土支撑拆除的原拆除方案,无需对现场进行防护。因确保世博会正常运营需要,加之力求降低现场施工噪声并减少周边居民和病人的投诉,与业主、监理和地铁公司多次商讨采取爆破拆除工艺。为将爆破时产生的飞石控制在基坑以内,须搭设竹笆棚遮挡防护。按本工程施工工艺及施工程序,第一次首先搭设第一次防护棚,爆破第三道支撑;第二次搭设防护棚爆破第二道支撑;第二道支撑爆破后修理防护棚再进行第一道支撑爆破。

3.3.7　主体底板至地下二层结束期间,大量材料(钢筋、模板、钢管及扣件等)进场时,2台塔吊不能满足6个施工段同时施工,需考虑在塔吊塔臂端部或塔吊盲区增加25 t汽车吊。

3.3.8　原计划地下室施工阶段采取分段流水施工,因此钢筋也采取分批次进场,进行场内加工。现为了确保在2010年春节前完成地下室结构封顶。现场施工场地狭小,按业主原提供的施工场地和我公司投标时期规划的钢筋加工场远远满足不了6个施工段同时大批量钢筋加工要求。考虑场外租赁钢筋加工场地并租用吊车、货车将在场外加工成型的钢筋运至施工现场。

3.3.9　结构模板支架体系采用钢管扣件满堂架。因结构施工快,养护周期短,且第一、二道混凝土支撑梁爆破后的砼渣较大程度地增加了地下室二层顶板的荷载,且原结构设计未考虑支撑梁混凝土渣的荷载,为保证现浇结构的安全性,要求缩减地下二层模板支架立杆间距,将原本已满足受力的1 200 mm×1 200 mm立杆间距,调整为800 mm×800 mm(详见模板施工专项方案)。

3.3.10　地下一层结构层高为6.00 m,按照模板施工验收规范要求,立杆接长必须采取对接,地下一层模板搭设时间较长,为保证地下结构在春节前完工,材料周转无法形成流水施工。为此,考虑与钢管租赁厂家协商,将6.00 m长钢管锯短,适用于本层结构满堂架立杆搭设。

3.3.11　根据本工程特点,各单体模板均采用18 mm厚九夹板,50×100 mm方木和$\Phi48\times3.5$ mm钢管脚手架"满堂"支撑体系,柱、墙板模板采用$\Phi14$对拉螺栓加固;地下室剪力墙板采用18 mm厚夹板支模,有防水要求的部位对拉螺杆采用环撑头的做法,中间焊接钢板止水环,止水片外有垫木,拆模后凿除垫木,并割断螺杆,用防水砂浆补平。

3.3.12　原计划地下室结构按后浇带划分为6个区域分段施工,地下两层结构配置一套现浇楼板、梁、剪力墙和框架柱模板和加固木方数量。为确保世博会正常运营,缩短工期后,更改为整层同时施工,需加大模板、木方、钢管、扣件等周转料具投入。不考虑周转,为下道工序争取施工时间,故增加地下一层结构现浇楼板、剪力墙和框架柱模板和加固木方数量。由于地下室面积大,需要的劳动力较多,配备2套模板,这样不会因为拆模而浪费时间和劳动力。地下结构施工所必需的劳动力,待2010年春节过后复工后再进行地下二层结构拆模。具体做法见模板方案。

4. 其他措施

4.1　由于本工程位于医院内,周边又有大量居民区,现场夜间施工产生噪音和光污染对院内病人和周围居民休息产生影响。为了防止打扰病人和居民的休息,减少居民投诉,如有必要计划在施工现场设置隔音墙、挡光墙等措施进行防护。

4.2　安装施工前,根据土建与安装各自的网络进度计划,编制土建与安装穿插协调施工的总网络计划图,以更好地指挥彼此间协调施工。

4.3　图纸会审中,由设计院各工种牵头,土建与安装明确所负责的预留孔洞及预埋件,并详细绘出图纸,相互审批签字。施工中要相互监督,以避免事后凿墙和楼板。

4.4　土建在编制施工计划时编制安装配合计划,计划应明确具体的配合日期、部位要求,由安装负责。需要土建预留的孔洞等应由安装单位以书面形式提出,明确要求。在施工中遇到矛盾应按进度要求及时协商解决。

5. 基坑施工应急预案及地铁等周边环境保护措施

5.1　基坑施工应急预案

5.1.1　项目周边现有设施概况

本工程地处繁华街区,周边环境相对复杂,基坑北侧紧邻城市主干道浦建路和运营中的地铁4号线,地下室墙体结构外侧距地铁最近处6.64 m,围护结构外侧距地铁最近处仅3.9 m,西侧紧靠临沂北路口,基坑南侧距医院行政楼不足4 m。周边市政道路下有较多市政管线,均有保护要求。

由于工程位于浦东新区的繁华地段,四周均有需要保护的重要建筑设施且距离很近,施工过程可能会对其产生一定的影响,需要在降水、挖土、支撑施工、拆撑、地下结构等施工中足够重视并采取相应措施,切实做好基坑监测工作,加强与地铁监控单位的联系,确保周边现有设施的安全。

5.1.2　应急预案的方针与原则

坚持"安全第一,预防为主""保护人员安全优先,保护环境优先"的方针,贯彻"常备不懈、统一指挥、高效协调、持续改进"的原则。更好地适应法律和经济活动的要求;给企业员工的工作和施工场区周围居民提供更好更安全的环境;保证各种应急资源处于良好的备战状态;指导应急行动按计划有序地进行;防止因应急行动组织不力或现场救援工作的无序和混乱而延误事故的应急救援;有效地避免或降低人员伤亡和财产损失;帮助实现应急行动的快速、有序、高效;充分体现应急救援的"应急精神"。

5.1.3 应急预案的施工组织

(1)成立应急领导小组,并明确其职责和应急响应流程,领导小组人员轮流对施工全过程检查和监控;

(2)进一步完善设计和施工方案,并强化技术交底,使现场管理人员、班组完全熟悉规程要求,以便方案能顺利实施。

(3)基坑开挖前,严格做好开挖条件的验收,重点对方案审批、围护施工质量检测、降水效果检查、应急预案、应急机械物资准备、应急人员落实、正常施工机械物质及人员准备等进行验收。

(4)提前落实好机械和物资准备,并加强机械、物资检查,确保其性能良好,根据现场条件和施工时间及时进场。

(5)择优选择施工班组,落实好抢险专业班组,并在劳务合同条款中加大激励金额,以确保各施工班组能够严格施工方案执行。

(6)设专人对各阶段(特别是土方开挖阶段)的施工平面加强管理,并随时进行有效的动态调控,确保施工安全有序进行。

(7)加强现场施工过程管理,做到各工序严格按照方案执行,出现偏差及时纠偏。

(8)加强监测控制,监测数据及时上报相关各方。根据监测情况,对监测数据进行分析,必要时采取相应措施,加强监测频率。

(9)加强信息化施工,确保施工单位、监理单位、建设单位、监测单位、设计单位以及地铁监控部门等各方信息畅通,遇到安全隐患或突发事件时须及时上报相关各方。

(10)设专人负责对外协调工作,与城管、环卫、交警以及周边社区等相关部门提前做好沟通工作。

案例3

世博仁济整体抢工措施

1.抢工措施

1.1 组织措施

(1)项目部成立以项目经理为组长的抢工小组,负责抢工实施,分公司成立以分公司经理费总为组长,生产副总曾鹏跃为副组长的抢工协调小组,负责招标定标、外部协调及现场纠偏。

(2)组织充足劳动力,保证工人两班倒,每栋楼单独组织劳动力。

(3)每周召开1~2次项目部内部协调会,就施工中的有关生产、技术、质量、安全及材料等各方面的问题进行协调,每次协调会形成纪要,下次协调会检查落实情况,确保节点按时完成。

1.2 技术措施

(1)分部分项工程施工前编制可行的施工方案和作业指导书。

(2)优化施工方案,深化施工图做法,确保工序提前穿插施工。

(3)根据调整后的进度计划,每栋楼为一个施工区域,各楼组织独立施工班组,按需求增加劳动力、机械设备、周转材料等各类资源的投入;按工程进度计划,安排各工种搭接,工期切实做到周密安排。

1.3 经济措施

多投入施工劳务及管理力量。

（1）项目部与各施工班组队签订工期责任状，约定本工程工期奖罚措施，各个节点工期提前完成视工作量进行现金 2 000～5 000 元奖励，以此来促使劳务队加快施工进度，保证工程达到安全节点目标。

（2）所有工人法定休息日和法定节假日正常上班，且每日工作时间延长，根据有关规定和法律法规，对工人超出部分工作时间给予加班补贴。

（3）现场所有施工作业楼层安装临时照明，昼夜施工。

（4）考虑到夜间施工条件艰苦，给予施工工人夜间夜餐补贴，保证工人健康和体力充沛。

1.4　管理措施

（1）协调同外界有较大影响的横向关系，为工程提供一个良好的施工环境，避免大的干扰。

（2）立足工程全局，按工程形象进度计划对工程的实施进度进行监督，分析可能影响工程进度的各种因素，做到有问题及时提出、及时解决，使工程始终处于良性循环中。

（3）将总进度目标进行一系列从总体到细部、由高层次到基础层次的层层分解，一直分解到在施工现场可以直接调度控制的分部分项工程或工序的施工为止。

（4）劳动力优化结合，在结构施工中安排好梁板结构施工等关键工作，对必须连续施工作业的分部分项工程安排好加班人员。

（5）及时向公司材料和设备部门提供材料和机械设备进场计划（包括甲供材料），以便公司协调解决，不影响进度。

（2）质量控制

Ⅰ．样板引路

全面实施"样板引路"制度：对模板、钢筋、混凝土等主要分项工序实施"样板工序"制度，对装饰装修工程、安装工程坚持"样板间"制度。工程开工前，按照规范要求，必须先做"样板"，"样板"经各方验收达标后，才得以大面积铺开，铺开后的工程不得低于"样板"的标准，最终确保将项目建造成用户满意的精品工程。

Ⅱ．原材料质量控制

做好市场调查，对供应商进行综合评价，确定相应的供应商。

严格按"先检验合格，后采购使用"的原则，做好材料进货质量的检验和标识工作，确保材料质量。同时做好原材料的各种质量记录的整理与保存工作，做到各种证明、合格证、试验报告齐全，确保对工程质量具有可追溯性。

Ⅲ．隐蔽工程施工的技术组织措施

隐蔽工程质量直接影响整体工程质量，隐蔽工程由项目部技术负责人、质检工程师、施工班组长联合检查。自检合格后，填写隐蔽工程检查单。

提前 24 h 以书面形式通知施工监理和招标单位检查验收。必须经检查合格并签认后方可继续施工。

Ⅳ．文件资料管理要求

A．设立专职质量技术资料负责人，负责文件资料接收、发放和保存等工作。文件资料由资料员统一收发、统一编号、统一记录。

B．采用微机管理手段，对文件资料进行存档和整理，并对处理结果（是否已发放给有关单位和人员，是否已按文件资料要求实施，是否有反馈信息）跟踪检查并做记录。

C．对文件资料的有效性进行控制，定期发放有效文件和资料的目录给相关文件资料的持有人），及时收回作废的文件资料，确保所有单位和人员使用的是有效的文件和资料。

Ⅴ．成品保护

A．结构工程产品保护措施（表 1）。

表 1 结构工程产品保护措施

序号	成品保护要点	保护措施
1	现浇楼板易被破坏	楼板强度未达到要求前严禁在楼板上进行集中堆载和超载施工
2	楼梯踏步阳角易破坏	安排专人用木板钉成"L"形保护踏步阳角
3	楼层中搬运货物可能对柱阳角造成损坏	柱模拆除后安排专人对柱四角 1.2 m 高度内用模板保护其阳角
4	埋件偏位寻找而造成对混凝土的破坏	各专业分别验收固定;浇注混凝土过程中避免振动器直接振捣埋件引起埋件位偏现象
5	因预留洞不留或偏位等情况造成在安装过程中乱凿结构破坏土建产品	细化安装管线图纸,对于安装需要土建在结构中预留的洞土建配合预留并由安装进行复核验收

B. 装饰工程产品保护(表 2)。

表 2 装饰工程产品保护措施

序号	成品保护要点	保护措施
1	公用部位装饰易被破坏	每一施工段完成之后,留一人专事负责该施工段的产品保护工作
2	地坪石材饰面	用聚酯薄膜覆盖,上盖硬包箱纸间用胶粘带连接,不得随意移动
3	墙面石材饰面	用聚酯薄膜吸附式覆盖,防止意外有色脏物的污染
4	各类厕所间内精装饰饰面及设备保护	要求装饰完成后,立即关闭外门,不经许可,闲人不得入内;平时由专人轮番开启房间,确保房内空气轮换
5	产品受损后修补	每天进行该施工段所属楼层间的巡视,及时发现产品受损情况,以便修补

C. 幕墙产品保护:为防止上部结构施工用水从施工面散落,造成对下部幕墙污染,在楼层内布置专用排水设施,将施工用水集中后按照专门的路线排到地面。幕墙与结构交叉施工时,幕墙进度落后于主体结构,主体结构施工面下方及时做好防护,避免物体坠落损伤幕墙。幕墙半成品进场以后按照事先制订存放地点卸货,在卸货过程中做到轻拿轻放,各成品之间按照规定做好隔离措施,确保半成品的质量。

D. 机电安装的成品保护:

a. 镀锌钢板及制作好的风管,注意保护其表面镀锌层。

b. 风机搬运过程中不应直接放在地下滚动和移动,防止机壳变形。

c. 大型设备运至施工现场后,注意随时关门防偷、防盗。

d. 设备安装好后用塑料薄膜覆盖,并在设备房内安装大瓦数白炽灯,干燥空气,以防设备受潮。

e. 设备外露转动或传动部位,定期涂抹润滑剂,并用网罩覆盖保护。

f. 风管、水管及部件保温施工完毕后要注意保护,不让其他物品、管道等重物压在上面或碰撞,更不可上人踩,以免影响效果和外形美观。

g. 管道安装、试压等工序应紧密衔接进行,如施工有间断,应及时将管口封闭,以免杂物进入堵塞管道。

h. 卫生器具的搬运应轻拿轻放,防止碰伤;堆放平稳整齐,地面洁净无积水。卫生器具的安装完成后则采取设护栏、纸箱包裹等措施。

i. 配电箱、柜体安装好后,进行内外清扫,确保柜内无杂物。做好防潮保护。在配电箱、开关箱等能上锁的地方要上锁,谨防偷盗或在送电时发生意外。

  j. 电缆桥架表面应清洁干净,必要时用塑料布遮盖。

  k. 电线管敷设时,对管口进行保护,严防混凝土及杂物进入管内。

  l. 电缆路径和电线线路要有明确的标志,配电箱和控制箱安装处要有明显的警示牌。

  m. 灯具进入现场后码放整齐,并注意防潮,搬运时轻拿轻放,以免损坏灯具。

  n. 电气开关面板、插座安装完毕后,确认完好无损,表面清洁干净,用面贴薄膜封闭,并在相应部位标示开关或面板控制部位。

  (3) 安全控制

  Ⅰ. 安全目标的确立和实施

  确立整个工程的安全总目标,在目标框架下制订出各个专业分包的安全管理目标,通过合约的方式,对分包单位要求其安全管理目标,并设立安全考核制度,采取必要的奖惩办法;各参建单位编制出相应的安全管理保证措施,总承包单位监督其实施;对进场的参建单位,及时进行安全交底,督促其做好每日安全交底;建立项目安全生产责任制,责任落实到人,与各作业队伍之间签订安全生产协议书。

  Ⅱ. 安全管理措施

  实施"三工制"进行严格、及时监控,根据施工生产内容的变化,及时进行相应的生产技术知识和安全操作知识教育,坚持安全教育经常化,保证教育培训时间和效果,安全教育和培训与经济收入挂钩;各分包商要设立专职安全员,同时要求在生产第一线的工人中设立兼职安全员,把安全监控职能渗透到生产全部过程的每个方位,及时发现并消除隐患;建立专职保卫队伍,设立固定和巡回相结合的保卫岗位;按施工各阶段的特点,划分相对封闭的作业区域,实现全员、全过程的有效控制。

  Ⅲ. 安全事故的预防措施

  设置安全装置、防护装置,机械设备在非正常操作和运行中能够自动控制和消除危险;信号装置,利用人的视、听觉反应来预防安全事故;危险警示标志,警示人员进入施工现场应注意或必须做到的要求;预防性的机械强度试验和电气绝缘检验,机械设备的维修保养和有计划的检修;认真执行操作规程,普及安全技术知识教育。

  Ⅳ. 保卫、消防事故的预防措施

  合理布置施工现场,办公、生活、生产区域相对独立,设立固定的保卫岗位和独立的危险品、易燃品、贵重物品保卫仓库。聘请专职的保卫队伍,建立各级保卫消防责任制度。按规定配置消防器材和防盗防火警铃警报。实行上岗作业人员的胸卡标示制度和访客登记制度。实行动火作业的三级制度和监护制度。定期组织专职人员的培训交流和全员的专题教育。

  Ⅴ. 安全保卫事故隐患检查

  进行现场平整、疏通交通道路,并贯彻"先地下,后地上"的原则,做好上下水、电力、电信及能源安排;现场布局规划周密,合理压缩临时设施、构筑物;严格管理各分包的临设、临时用水和用电;按场布要求设置材料、成品、半成品、机械的位置;管理好场容场貌,为文明施工打好基础;做好系统标志管理,大门、围墙等按照企业标准统一设置。

  Ⅵ. 场容管理

  设施、构件、机械、材料等必须按施工总平面图规定位置设置、堆放,符合定制管理要求;对施工总平面图进行动态控制,随项目施工结构、装饰等不同阶段及时进行核对和修订调整;做好现场的材料储备、堆放、中转管理,加强对现场仓库、工具间的搭设、保安、防火管理;施工现场开展落手清管理,由总包负责落手清的推行、检查、考核。

  8) 合同管理

  做好分包的合同管理工作,督促各分包商认真履行分包合同范围内的工作,确保分包商施工的工期、质量和安全达到合同要求,从而保证整个工程的顺利施工;建立健全工程项目合同管理制度,形成一套对分包合同及加工购销合同管理实施细则定期检查的管理办法。

9）变更管理

（1）建立变更制度。

（2）规范变更程序。

（3）变更原则：

Ⅰ.重要变更：先评估，再实施，再算钱，后平衡。

Ⅱ.一般变更：先评估，再算钱，后实施。

10）廉政建设

建立创"双优"领导小组，明确创"双优"工作的责任人，并签订廉洁承诺书。

与徐汇区检察院建立了"创双优"联席会议制度，认真贯彻"创双优"活动，做到工程优质、干部优秀。

项目建设过程中的设计、勘察、监理、桩基施工、总包施工、玻璃幕墙、消防报警、放射防护屏蔽等公开招标工作，均由徐汇区检察院、医院纪委全程进行监督，真正做到公开、公平、公正。

项目建设期间创"双优"工作小组邀请徐汇区检察院进行了多次不同形式的法制宣传教育。有形象生动的案例分析讲座，有宣传学习资料的发放、观摩警示教育片，并组织各参建单位前往监狱接受廉政教育。使项目参建单位相关人员，提高了政治思想认识，增强了廉洁自律的意识。

11）经济社会效益

（1）经济效益

项目建成后，全年门急诊就医人次从 2008 年全年 1 683 930 人次，增长到 2013 年的 2 472 540 人次，与建设前期比较，医院全年门急诊就医人次净增 788 610 人，增长率 46.83%。

（2）社会效益

上海仁济医院门急诊医技综合楼工程投入使用，是上海市三级甲等医院建设的又一个重大进展。门急诊、医技、住院一起亮相，经优化的门诊就诊流程通畅，患者感受良好。一年来，平均每天门急诊为 8 000 人次，高峰期达到 12 000 人次，大大缓解了本地区居民就诊难的问题。

罗　蒙　虞　涛　姚晓东　金广予/供稿

建设「以人为本」的花园式绿色医院
——曙光医院东院迁建项目

一、基本情况

1. 医院简介

上海中医药大学附属曙光医院是国内唯一一所建院历史超过百年的中医医院,现为三级甲等综合性中医院、位列上海十大综合性医院之一、全国示范中医院。

医院坚持加强中医内涵建设并以建设研究型医院为目标。临床科研工作发展迅速,相继建立名老中医专家传承工作室和重点学科研究中心和各级实验室,为国内承担重大任务最多的中医医院;医疗业务需求迅猛增加,2017 年门急诊量已达 374 万人次,出院病人 7.1 万人次;曙光医院还是全国高等中医院校最早成立的临床医学院之一,现有教研室 17 个,承担中医专业五年制本科生、中医七年制临床专业硕士生、硕博士研究生、外国留学生及短期研修生、中医护理本专科生、夜大学等课程教学、临床见习和实习任务。

2. 建设背景

根据上海市政府的卫生事业建设发展规划和合理整合医疗资源布局的重大战略部署,曙光医院迁建工程项目作为上海在卫生系统新建的四所标志性的现代化综合性医院之一、上海中医药大学附属教学医院迁往张江。上海市卫生局于 2001 年 9 月 11 日下发沪卫规建〔2001〕42 号"关于同意上海中医药大学附属曙光医院迁建工程项目建议书的批复"文件,批准项目正式纳入十五规划;同年 12 月 13 日,上海市建设和管理委员会下发了沪建建规〔2002〕920 号"关于上海中医药大学附属曙光医院迁建工程初步设计的批复"文件,正式批准项目立项。

曙光医院迁建工程项目通过设计方案招投标程序,由美国建筑设计事务所 SMITHGROUP 与上海现代设计集团联合设计的方案中标。在各方支持下,曙光医院迁建工程项目作为上海市政府重大建设工程和上海市卫生系统的标志性医院建设项目,于 2002 年 12 月,在张江高科技园区举行奠基仪式,2003 年 2 月 18 日正式施工,2004 年 11 月底竣工。

3. 工程概况

曙光医院迁建工程项目总投资 60 567.094 万元(市时力 13 590 万元、贴息 5 750 万元、其余自筹)基地占地面积 108 531 m²;建筑面积 83 897 m²(图 1);设计床位数 720 张主体建筑高度 30 m,容积率为 0.68;绿化率 47% 以上。基地内有景观河道白莲泾河穿越将之分为东西两个部分,西部为门急诊综合楼、肝炎楼、污水处理站和主广场;东部为中医保健干部特需楼、动物房与锅炉房、支电所与高压氧舱以及百草园;设置大门、急救、特需、污物、消防、肝炎等 6 个出入口。

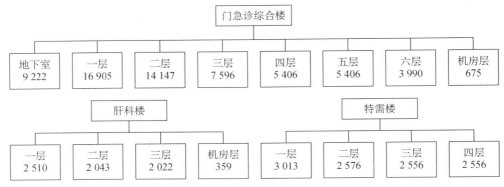

▲ 图 1　曙光医院迁建工程项目面积(单位: m²)

曙光医院迁建工程项目位于上海市浦东新区张江高科技园区内,东侧为华佗路,南侧为毕升路,西侧为科苑路,北侧为张衡路,基地由四条路围合而成。东西方向长约 415 m,南北方向宽约 265 m,基地内部保留一条长浜穿越。项目总体布局由 6 个部分组成:包括 6 层(主楼)门急诊综合楼,3 层的肝科楼;4 层的特需楼;2 层的动物实验楼与锅炉房;单层的 10 kV 高压开关站及高压氧舱;两座桥及门卫。其中门急诊人次为 6 000 人次/d,床位数共 720 床;基地开设 5 个机动车出入口,其中设在张衡路和科苑路各一处,宽度分别为 25 m、12 m;毕升路开设 3 个机动车出入口,出入口宽度分别为 10 m、8 m、7 m;机动车停车位共 173 个,非机动车停车面积 3 070 m²。建筑耐久年限为 50 年;建筑类别为一类;建筑耐火等级为一级;建筑抗震设防烈度为七度;地下工程防水等级:地下配电间、电信间、药库等为一级防水,其余地下房间为二级防水;屋面防水等级一级,防水层合理使用年限为 25 年。

各个单体强调建筑内部功能的合理安排,按照"动低静高"的原则将人流量大的功能部分尽量放置在低楼层;合理安排建筑内部的垂直和水平交通系统级设备用房等辅助面积,尽量提高有效使用面积。设计体现出科学性、实用性、前瞻性相结合的原则,体现人性化,特色化,现代化的设计理念。门急诊综合楼呈东西长、南北短的形式,主要由 2 个建筑主体构成,北侧的主楼共 6 层高,南侧副楼共 2 层高,中间共用中庭,以保障楼内各个房间的通风和采光,入口大堂二层通高,给人通畅明亮的感觉。肝科楼与特需楼主入口大厅顶部采用全玻璃顶棚,创造了良好的视觉环境。整个院区内立面协调统一,即简洁大方,又富有文化内涵。

二、项目管理组织

建立健全组织体系是项目目标得以实现的必要保证措施。为建设和管理好曙光医院迁建工程项目,推行项目代建制管理模式。经上海市卫生局规建处批准,由曙光医院和卫生基建管理中心共同组建了"曙光医院迁建工程项目筹建办公室",并依据《曙光医院迁建工程项目管理纲要》设立基本组织架构。

项目筹建办在上海申康医院发展中心(以下简称申康)和基建管理中心的领导下,严格按照基建程序进行管理,执行领导部门的指示精神,及时向申康和建管中心通报项目信息,负责组织开展项目的全过程建设管理任务,行使业主职能,确保项目各项建设目标的顺利实现。

"十五"规划前后曙光医院的建筑技术指标对比如表1所示。

表1　"十五"规划前后曙光医院的建筑技术指标对比

"十五"规划前曙光医院西院的建筑技术指标

基地面积		19 117 平方米	
建筑面积		46 885 平方米	
建筑密度(容积率)		2.15	
绿化率		小于 10%	
各类用房	门诊	7 300 平方米	15.6%
	急诊	3 306 平方米	7.1%
	医技(科研)	3 882 平方米	8.3%
	病房	20 916 平方米	44.6%
	制剂	3 150 平方米	6.7%
	行政	4 690 平方米	10.0%
	后勤	3 641 平方米	7.7%

注:摘自《上海中医药大学附属曙光医院部分房地产估价报告》—上咨评(2001)第075号

"十五"规划后曙光医院东院的建筑技术指标

基地面积		108 531 平方米	
建筑面积		83 897 平方米	
建筑密度(容积率)		0.68	
绿化率		40.73%	
停车坪面积		3.68%	
各类用房	门诊	11 918 平方米	14.2%
	急诊	2 630 平方米	3.1%
	医技(科研)	11 096 + 4 439 平方米	13.2% + 5.3%
	病房	23 058 平方米	27.4%
	制剂	4 685 平方米	5.7%
各类用房	行政	2 795 平方米	3.4%
	后勤	12 576 平方米	15.0%
	特需	10 700 平方米	12.7%

注:摘自《建设工程竣工验收测量技术报告》—东一勘测—DY20042240

"十五"规划后曙光医院总院的建筑技术指标

占地面积		128 177 平方米	
建筑面积		124 460 平方米	
建筑密度（容积率）		0.97	
绿化率			
各类用房	门诊	19 218 平方米	15.4%
	急诊	2 630 平方米	3.0%
	医技（科研）	19 117 平方米	15.3%
	病房	42 452 平方米	34.0%
	制剂	7 835 平方米	6.3%
	行政	5 780 平方米	4.6%
	后勤	16 217 平方米	13.0%
	特需	10 521 平方米	8.4%

三、建筑特点

节能建筑及内部绿化等相互映衬,建筑造型舒展,层次丰富,达到了构图和空间序列上的阴阳交合的效果。

1. 集中式布局,便捷高效

主楼(门急诊病房综合楼)为国际先进而国内罕见的"集中式"布局,在这整体化建筑中,设置了8个功能区域:急诊部、门诊部、住院部、医技部、教育和信息中心、实验中心、行政部和后勤保障部,成为一座功能分区明确、相对独立又相互联系、方便管理、资源共享的有机整体,较好地达到了空间的有效利用和能源节约的目的。

由于主楼体量很大、跨度很长,所以我们非常注重相关功能区域的沟通。如为确保手术器械的消毒供应和术中检验、用血、病理检查的快捷,以手术室为中心,通过2部清污专用电梯,将上下及周围

▲ 图2　主楼立面

配置的病理科、血库、中心供应室和检验中心有机组合,形成以手术室为核心的支撑科室群;再比如,针对医院药品的管理特性,我们设置了相对封闭的药品输送线路,确保了药品输送的安全快捷:中西药库设在主楼地下室,其上一、二层相同位置为中西药房,中药药室、药品配制中心、住院药房在六层,这些部门通过2部专用电梯垂直运输,直接送到药品窗口和"三层病房的各病区"。

主楼立面设计(图2)在顶部设置象征中国传统大屋顶的构架屋顶,从东向西走低,极具视觉动感。外立面设计富有层次感,一层是斜幕墙,二层是花岗岩石材墙,三层是悬挑的铝板及带有线脚分格条的玻璃幕墙。立面整体风格优美、和谐、清新,具有现代化医院的特点。

由于处在航空高度控制区内,故建筑高度受到严格控制,因此,本项目在剖面设计中没有采用通常的专用设备夹层,而把这一层高高度合理地分配至各楼层,以尽可能地提高有限高度的利用率。为此,运用了三维参数化" Solidworks"设计软件对该项目进行三维综合管线设计,它能直观地发现各管道的布局和排列有无问题,可对各专业之间的布置进行检查和调整,这是我们首次尝试将现代科学思维融入建筑学之中。

2. 以人为本，病人至上

我们把患者第一作为首要原则，在满足患者就医基本要求的前提下，尽量创造人性化的轻松就医环境，以此来缓减病人紧张焦虑的情绪。各临床科室都采用二次候诊的方式，通过电子叫号提示患者去相应诊室就诊，并采用单人诊室，使病人的隐私权得到保护。在儿科门诊处，专门设计儿童乐园，减少儿童就医的心理恐惧感。

院中多处采用"共享空间"这个概念，将绿化引入室内，并合理布置休息、商店、问讯、健康咨询、网络查询等公共服务设施。另外，因网络技术的大量应用，使患者挂号、分诊、交费、等候检验结果的时间大大缩短，减少了公共服务空间的拥挤现象，使原来繁复的就医过程变得轻松输快。以门诊与住院大厅为例，如图 3 所示。

△ 图3　门诊大厅与住院大厅

公共空间处的卫生洁具均采用感应式，以避免交叉感染，并且设置足够的无障碍卫生设施，使行动不便者得到最大的便利。

另外，每个临床科室均有独立的医务人员休息区，以保证忙碌的医护人员有良好的工作休息环境。

各个交通关键处都设置详尽指示标志，以引导患者方便地到达各诊疗处。室内信息点的位置充分考虑了医护工作人员和病人的使用需求；公用电话也考虑了残疾人的特殊应用；也提供了可供家属观看的手术室监控系统。

病房在主楼的三、五层，以南北轴为中轴，保证各间病房阳光充沛，同时还有美妙景色和良好通风，病人能直接进入三层的屋顶花园。病房每楼层分为 3 个护理单元，使每个单元病床数与辅助用房的比例最优化。

由于本工程平面较大，为尽量减少雨水立管对病房及医院内部的影响，采用了新型的虹吸雨水系统，取得了较好的效果。

3. 安全可靠，确保万无一失

医院建筑是最复杂的民用建筑，其医疗特性要求必须保证 24 h 水、电、通信设施的通畅。医院水系统根据市政及消防要求，从不同路段的市政供水管网上引入 2 根 DN300 给水管，并在红线内连成环状；电系统由 2 路不同方位的独立变电所 10 kV 供电，同时配有 1 250 kV 的柴油发电机应急；3 台 5 t 锅炉，2 用 1 备，油气两用；冷冻机选用 2 大 1 小机组，满足不同负荷要求；通讯为 2 路光纤备一路铜缆。

1）供电电源可靠性

以抢救病人生命为出发点，在参考相关国内外规范及标准的情况下，将医院的各类场所电源允许中断时间分成了 3 种：

(1) 特别重要区城(手术室,特别监护室)采用瞬时备用电源在 0.5 s 内自动切换的电源装置,加 EPS、UPS 装置来满足要求,另用柴油发电机作备用电源。

(2) 重要区域(中心供应室、介入治疗室、放射科的 DSA、核磁共振检验科的重点设备、急诊部用房等)采用双电源,备用电源在 10 s 以内自动切换的电源装置,另用柴油发电机作备用电源。

(3) 一般区域(普通病房、检验室,配制中心等),当一路 10 kV 市电发生事故状态时,备用电源在 15 s 以内可以手动切换至另一路 10 kV 市电。

图 4 一期药物实验病房

2) 用电安全

(1) 功能检查室、手术室、抢救室、心血管造影室及沿室,均设置了局部等电位。手术中心的配电系统为了降低了接触电压和对地漏电流从而保证病人的安全。采用了 T 系统,T 系统由特殊的隔离变压器及绝缘监视仪器组成,它集绝缘监视、负荷监视和变压器温度监视于一体。以一期药物实验病房为例,如图 4 所示。

(2) 为了保证医疗电气设备的用电安全和电子仪器的可靠运行及医院的可持续发展,本工程除了常规的接地外,在每层弱电间内均预留防静电接地、直流接地的端子板,为医院日后功能性房间的变更和新设备的购置提供了方便。

(3) 考虑到现代化医院精密医用设备会越来越多,为了更好地限制雷电电涌对其的影响,本工程在设计中设置了等电位接地和采用了保护系统,分别在电源进入建筑物处分配电处,电子设备前端设置了相应级别的 SPD。

3) 安全供水

(1) 在 A、B、C 三个区的屋面分别设置水箱,竖向供水,并在屋面上连通,既保证了供水的安全,便于清洗检修,又避免了单条水因输送距离过长末端供水压力不足的现象。同时又对一些特殊的部门,如手术室、中心供应、牙科等部门独立成小系统。

(2) 分质供水:在整个给水系统中,生活给水系统供各区的生活、洗涤用,蒸馏水供特殊需要的各科室使用,如血透等,冷却补给水,消防水与生活用水分开,以确保给水水质的新鲜,防止水质污染冷却补给水与消防水箱合用,避免消防水因长期不用变质。

(3) 合理设置热水系统,在这个大体量的建筑中,集中设置热交换器,各区独立设置同程供水系统。在热水系统设计中,对各立管置的排气、放气都力求迅速,防止气塞等现象的产生。

为防止军团菌的繁殖和传播,热水回水温控制在 55℃~60℃。热交换器则选用半容积式的热交换器,并采用同程式热水回水系统,减少水力失调的情况产生;对空调冷却循环水定期加消毒剂,避免细菌的滋生;对灭菌设备的排水、空调凝结水等严格采用间接排水方式,手术室内不设地漏;对诊疗室、手术室、灭菌室、检验科等需要防交叉感染的房间,均采用了肘式开关或其他非手动开关,公共卫生间采用光电感应龙头,杜绝一切交叉污染的可能性。

另外,针对不同的废水采取不同的技术处置措施,使整个医院排出的污废水性能达到国家和上海市的排放标准;厨房废水经隔油处理后排入污水处理站;肠道科、肝科楼、检验科、动物实验室废水则分别经氯气先消毒后排入污水处理站;放射中心及同位素实验室等放射性废水经收集后,待半衰期处置达标后排放;放射中心的洗片含银废水,经医院落实的回收单位定期回收,而显影废水采用化学氧化法处理,实验室酸碱废水经中和池中和后排放。

4) 消防特点

医院是老弱病残幼等弱势群体的密集场所,快速灭火尤为重要,因此采取了以下安全保护措施:

(1) 采取全保护(包括病房)自动喷水灭火系统,并采用快速响应喷头。

(2) 病房内的侧喷因开间宽度及深度大于普通喷头的要求,而选用了扩展型边墙型喷头,以保证病人的安全。

（3）该楼为圆弧条形建筑，长度逾 200 m，湿式报警阀分区域布置，使阀组能快速报警并打开灭火，避免管线过长而造成灭火时机的延误。

（4）为了有效地扑灭火灾，同时不破坏设备，在计算机房、档案室、锅炉房设置了细水雾喷淋灭火系统。

4. 智能化建设整体规划

1）功能完备，适度超前

曙光医院迁建工程项目属于整体建造，在工期紧、投资严的前提下，基本建成一个先进、成熟、可持续发展、性价比高的医院智能化系统，弱电的投资约占总投资的 4%，在甲级智能化建筑中，是低于常规比例的。智能化系统建设内容，包括应用软件的开发和以下弱电工程：①综合布线系统；②计算机网络系统；③语音通信系统；④楼宇自控系统；⑤安全防范系统；⑥智能卡系统；⑦火灾报警系统；⑧背景音乐及紧急广播系统；⑨卫星及有线电视系统；⑩电子会议系统；⑪LED 公告发布系统；⑫多媒体信息查询系统；⑬排队叫号系统；⑭医护对讲系统；⑮手术示教系统；⑯机房工程及防雷接地；⑰集成管理系统；⑱HIS 系统；⑲PACS 系统。

2）智能化系统建设亮点

（1）在医院内建立千兆以太网，非屏蔽六类布线系统，数据主干采用室内多模光纤，语音主干采用大对数电缆。通信网络采用以太网及 TCP/IP 通信协议，现场控制总线采用 Lonworks 协议。

（2）真正有效的楼宇自动化控制系统（BMS）：根据"分散控制，集中管理"的原则，实现各管理子系统的集成，结合医院的实际功能需求实现分区控制，使建筑内各种机电设备安全、可靠、经济地运行。

（3）采用数字程控交换机系统配置数字式电话机，一机多用。配置低功耗、微蜂窝数字无绳电话系统（DECT），摆脱绳缆束缚。先进的电子会议系统，专业化的（A 级）计算机机房工程建设。

（4）安全可靠的信息高速公路建设：多路由（不同局）光纤介入，局端网间互联，确保信息畅通；业务网核心交换机冗余备份；有线通信与无线覆盖相结合；手术室通信设备与程控交换机的互联；点位布置合理，新购医疗设备可方便接入。

（5）配置排队叫号系统、病房呼叫系统结合 LED 大屏幕显示，方便患者就医；配置多媒体示教系统，配合中医药大学临床教学，完善的电视监控系统（接待室、护士站）。

5. 注重环保节能，降低运行成本

幕墙采用 Low-E 低反射中空玻璃利于建筑节能，配合建筑设备自动监控系统，照明采用高效优质的节能灯具，光源、电子镇流器采用高效能、低损耗的干式变压器，并在变压器低压侧进行功率因数自动补偿。

根据主楼平铺内区大的特点，一、二层裙房采用四管制系统；冬季内区等采用"免费制冷"系统，部分大空间采用电动百叶（兼排烟），增加过渡季节自然通风效果；制冷主机选用 2 大 1 小机组，可自动卸载满足部分负荷要求，选用节能型半容积式热交换器。

全院卫生洁具均采用节水型，公共区域卫生洁具均为光电感应式，以节约用水。水系统采用二次变频泵系统，冷却塔有防飘水措施，设凝结水回收系统。弱电施工采用无卤低烟阻燃线缆，绿色环保。

四、管理特色

1. 代建制管理

本项目"代建制"管理模式，投资者是上海申康医院发展中心，管理者是上海卫生基建管理中心，

使用者是曙光医院。

根据我国项目管理专家统计和国外项目管理资料分析，与过去普遍实行的由医院自建、自用、非专业的高度分散的政府投资工程管理模式相比，采用工程项目管理(代建)的模式，可使项目总的投资比合同价格降低8%，实际工期比合同工期缩短7%，承包商的利润提高10%，并可提高信息沟通效率82%。是公认的系统工程、高技能专业化和社会化的现代项目管理模式。

为积极探索卫生基本建设管理的新机制、新模式，根据国务院关于建筑业管理体制改革的精神和上海市政府关于建设实行代建。根据管理模式的要求，本项目成为第一个经批准的实行"代建制"模式进行建设管理的项目，由上海市卫生基建管理中心实施代建制管理。这是为了达到工程建设项目投资、建设、运营、监管"四分开"，切实提高基建管理水平和充分发挥投资效益的有益探索。

1) 上海市卫生基建管理中心代建基本职能

(1) 宣传贯彻执行党和国家有关基本建设的方针、政策、法律、法规以及基本建设的各项规章制度。

(2) 根据主管部门制度的建设规划，做好项目管理工作，对拟建项目组织可行性论证，根据国家及上海市的有关政策、规程规范及各种规定、标准，参与设计方案及初步设计的论证工作；代理建设方负责建设项目全过程的管理，包括前期咨询、规划设计及设计、监理、施工、定价(财务监理)各阶段的招标工作；组织工程各阶段验收，项目后评估及协助办理新增固定资产手续。

(3) 开展卫生建设和投资研究，为领导决策提供可选方案对基建管理中存在的热点、难点问题，组织有关人员进行专题研究并提出报告；开展能项目投资及管理的理论研究，不断加强和完善投资管理措施。

2) 组织系统

本项目由主管部门上海中康医院发展中心(申康投资有限公司)委托上海市卫生基建管理中心进行代建制管理，实行项目法人(医院分管院长和中心副主任)负责制。由曙光医院和上海市卫生基建管理中心联合成立曙光医院迁建工程项目筹建办公室，下设综合部、工程部和财务部，其中上海市卫生基建管理中心负责工程部和财务部，落实工程的质量、进度和造价；医院方面负责综合部，落实布局流程和消毒隔离等医疗规范。

筹建办结合工程项目实际情况，建立健全了一整套可供操作的规章制度，严格按照基本建设程序——"代建制管理纲要"办事。项目筹建办公室组织形式及工作职责如下：①招标工作管理；②合同管理；③信息和文档管理；④投资控制管理；⑤进度控制管理；⑥质量控制管理；⑦物资设备采购管理；⑧工程财务管理。

3) 项目的财务管理规范有序

在工程建设中，实施统一、集中的财务管理，严格执行合同会签制度和工程付款会签制度，并充分发挥财务监理第一责任人的作用。按照预算，对造价实行静态控制、动态管理，严格合同管理，做好工程索赔款结算，努力用好、管好建设资金，保证资金流动合理、有效。在项目建成后评估时，认真总结财务管理方面的经验与不足，使财务管理工作水平得以提升。

总之，"代建制"发挥了专业化、信息化的优势，充分挖掘项目管理资源的潜力的效用，能及时发现矛盾，及时协调解决，有利于综合控制。通过全过程、全方位的管理，使建设目标得以更好、更快地实现。

2. 廉政建设

由医院和卫生基建管理中心共同成立的项目等建办在整个工程建设过程中，始终以"工程优质、干部优秀"活动为线体，坚持工程建设和廉政建设两手抓、两手都硬的方针，建立健全各项制度，加大预防职务犯罪力度，提高党员、管理人员的整体素质，全面贯彻落实党风廉政工作的各项任务，使曙光医院迁建项目成为优质、高效、文明、安全的样板工程、形象工程，同时也培养了一支康洁、务实、优秀的干部队伍。

1）加强廉政建设，开展多形式创"双优"活动

我们与上海市浦东新区人民检察院，围绕工程建设为中心，认真落实双方的责任，积极开展争创"工程优质、干部优秀"的活动，签订了"双优"活动的协议书，建立创"双优"工作责任制，成立了项目创"双优"活动领导小组，由浦东新区人民检察院、项目筹建办共同成立创"双优"办公室，主持日常工作。每年召开一次领导小组会议、二次"双优"工作会议，开展了多次警示教育，定期邀请浦东新区检察院宣讲有关政策和规定，宣传法律，提供法律咨询。同时，筹建办成员和施工、监理单位的项目经理、总监代表等，还参加了由卫生基建管理中心组织的参观监狱、法庭腐败案例庭审和职务犯罪案例分析警示报告会等，以增强法制观念，不断加强工程管理人员的反腐败能力，使创"双优"工作真正成为工程管理的一个组成部分。

2）规范操作程序，提高员工纪守法意识

在项目开展的初期，医院党政领导班子就制定了"公平、公正、公开"和"严格按规范、按程序操作"二项原则，始终坚持决策者与操作者有机分开的工作思路，即操作者不决策，决策者不操作，严格加强招投标的管理工作，邀请浦东新区检察院和医院纪委人员全过程参与监督招投标过程。医院基建工作的管理人员较少，而且相对年轻，面临如此庞大复杂的工程建设，一个人往往要承担几份的工作，虽然大量的文书整理，繁琐的外配套协调，严格的工程质量管理，限期完成任务的紧追，使我们的工作充满了艰辛和挑战。但每个工作人员职责清晰，分工明确，将廉洁自律、克己奉公的思想贯穿整个项目的建设过程，对照党风廉政建设的要求，不建断进行自我剖析、自我教育、自我提高，面对各种各样的诱惑，筹建办的工作人员始终保持清醒的头脑，整个项目建设过程中，拒收或上交的礼品财物已超过万元。

3）抓好制度建设，强化各项管理机制

我们制订了《曙光医院张江新院迁建工程建设廉政承诺制度》《曙光医院迁建工程项目礼品登记处理办法》和《曙光医院迁建工程项目建设党风廉政工作责任制》，与施工单位签订《廉政勤政协议》。对于重大决策事项、重要建设项目安排和大额度资金使用，通过各种形式向医院领导和广大职工公开，共同决策，提高工作透明度，接受群众的监督。同时，为了规范合同文本的内容，严格审阅签发制度和操作流程，避免随意性。制订了《曙光医院迁建工程筹建办公室合同管理制度》，为了进一步完善务资金管理和资料整理保管工作，制订了《曙光医院迁建工程项目筹建办公室财务制度规定》《曙光医院迁建工程项目出纳员工作职责》和《曙光医院迁建工程项目筹建办公室档案管理制度》，重点抓好直接掌握人、财、物等关键岗位的自我约束、监督机制的建立工作。

曙光医院迁建工程建设。在上海申康医院发展中心的领导下、在上海市浦东新区人民检察院的支持下、在卫生基建管理中心的帮助下，在促进工程建设管理的同时，注重加强党风廉政建设。全面推行预防违纪违法和职务犯罪工作，通过统一认识、明确责任、建立制度、加强监督，使项目得以按期、保质顺利完成。在确保无职务犯罪的基础上，做到工程建设无重大安全责任事故、无重大质量事故、无重大刑事案件的发生。

附：曙光医院迁建工程项目大事记（表2）。

表2 曙光医院迁建工程大事记

1. 项目建议书阶段

序号	工作内容	上报或起始	批复或完成	文件号
1	《关于曙光医院新建标志性的现代化论证方案》	2001年1月9日	2001年1月9日	
2	《曙光医院迁建张江签字仪式》	2001年5月25日	2001年5月25日	
3	市计委《项建书》批复		2001年8月30日	沪计社（2001）066号

（续表）

序号	工作内容	上报或起始	批复或完成	文件号
4	卫生局《项建书》批复		2001 年 9 月 10 日	沪卫建（2001）42 号
5	迁建项目报建	2001 年 9 月 12 日	2001 年 9 月 24 日	报建号 011T0693
6	《设计方案》评标（中标）		2001 年 12 月 22 日	
7	《建设用地规划许可证》		2001 年 11 月 20 日	沪张地（01）第 017 号
8	《设计合同》签定	2001 年 12 月 28 日	2002 年 2 月 9 日	J0202Aa16-001
9	曙光医院迁建筹建办成立		2002 年 1 月 14 日	
10	迁建筹建办与新区检察院签订"双优"协议	2002 年 2 月 6 日	2002 年 2 月 6 日	

2. 可行性研究阶段

序号	工作内容	上报或起始	批复或完成	文件号
1	《设计方案》上报	2002 年 1 月 8 日	2002 年 3 月 11 日	
2	《设计方案》规划审批	2002 年 3 月 14 日	2002 年 3 月 21 日	
3	《可行性研究估算审核报告》	2002 年 6 月 20 日	2002 年 8 月 21 日	沪投咨—（02）第 235 号
4	市计委《可研》批复		2002 年 8 月 29 日	沪计社（2002）125 号
5	卫生局《可研》批复		2002 年 9 月 12 日	沪卫建（2002）54 号

3. 扩初设计阶段

序号	工作内容	上报或起始	批复或完成	文件号
1	工程勘察评标（中标）		2002 年 4 月 12 日	
2	《工程勘察合同》签定	2002 年 3 月 20 日	2002 年 4 月 30 日	
3	《环境影响报告书》	2002 年 4 月 9 日	2002 年 7 月 12 日	沪张江园区办规字（2002）073 号
4	《卫生防疫预评价合同》签定	2002 年 9 月 30 日	2002 年 12 月 30 日	

4. 扩初审批及施工准备阶段

序号	工作内容	上报或起始	批复或完成	文件号
1	《市建委对《扩初》批复		2002 年 12 月 13 日	沪建建规（2002）920 号
2	施工监理评标（中标）		2002 年 11 月 13 日	
3	施工监理合同签定		2002 年 12 月	
4	财务/造价监理合同签定		2003 年 1 月 3 日	
5	工程施工评标（中标）		2002 年 12 月 23 日	
6	工程施工合同签定	2002 年 12 月 23 日	2003 年 1 月 25 日	
7	《规划许可证》办理		2002 年 12 月 13 日	±0.00 以下建筑部分
8	《审图通过证书》办理		2002 年 12 月 3 日	±0.00 以下建筑部分
9	《施工许可证》办理		2002 年 12 月 26 日	±0.00 以下建筑部分

5. 施工阶段

序号	工作内容	上报或起始	批复或完成	文件号
1	开工令下达		2002 年 12 月 29 日	
2	工程竣工验收		2004 年 12 月 20 日	
3	工程竣工备案制验收			
4	工程竣工规划验收		2006 年 4 月 27 日	沪规建竣满（2006）5060427N00082

五、主要领导视察

2001 年 12 月 29 日，曙光医院迁建工程项目开工典礼在张江高科技园区举行，上海市人大副主任陈铁迪、副市长杨晓渡及各委办、上海市卫生局、上海中医药大学领导出席了会议。

2003 年 7 月 21 日，上海市副市长杨晓渡、市委副秘书长薛沛建、卫生局副局长陈建平、规建处处长诸葛立荣、卫生基建管理中心副主任张建忠等到现场慰问战高温的一线建设者。

2005 年 2 月 17 日，上海市副市长杨晓渡、卫生局党委书记、局长陈志荣、卫生局副局长陈建平、刘国华等参加"2005 年上海市中医工作会议"并视察了曙光浦东新院。

2005 年 4 月 7 日，上海市市委有关领导、浦东新区区委有关领导等视察了浦东新院。

2005 年 4 月 23 日，卫生部有关领导、国家中医药管理局有关领导、上海市人大、上海市政协、上海市市委有关领导、浦东新区有关领导、市慈善基金会有关领导等出席了曙光医院东院开业庆典。

竺　炯　胡　峻　胡　波　葛之文/供稿

一、关于中山

　　复旦大学附属中山医院是国家卫生健康委员会委属事业单位,是复旦大学附属综合性教学医院。医院开业于1937年,是中国人创建和管理的最早的大型综合性医院之一,隶属于国立上海医学院,为纪念中国民主革命的先驱孙中山先生而命名。1949年后,曾称上海第一医学院附属中山医院和上海医科大学附属中山医院,2001年改用现名沿用至今,是上海市第一批三级甲等医院(图1)。

　　经过80年的发展,中山医院本部目前占地面积9.6万㎡,总建筑面积35.8万㎡,核定床位2 005张。年门急诊就诊量达400多万人次,出院病人超15万人次,住院手术病人近10万人次。全院职工4 000余人,有中国科学院院士2人,中国工程院院士2人,高级职称600多人。

△ 图1　医院三维区位图

（1）医疗

医院科室齐全、综合实力雄厚。心脏、肝脏、肾脏和肺部疾病诊治是医院的重点和特色,诊治水平始终处于国内领先地位。医院有国家临床重点专科建设项目 18 个:消化科、检验科、麻醉科、心血管内科、内分泌科、胸外科、心脏大血管外科、临床护理、中医脑病科、呼吸内科、肾病科、普通外科、重症医学科、肿瘤科、医学影像科、器官移植科、急诊医学科和神经内科;国家疑难病症诊治能力提升工程 1 个:心脑血管疾病;上海市临床医学中心(重中之重)3 个:心血管疾病、肝脏肿瘤和肾脏疾病;有 8 个上海市临床质量控制中心挂靠:院内感染、超声诊断、呼吸内科、心血管内科、胸心外科、普通外科、综合医院中医药工作和血液透析。

医院拥有先进的医疗设备,包括螺旋断层自适应放疗系统(Tomo)、PET-CT、320 排 640 层超速螺旋 CT、全数字平板式心血管造影机(DSA)、直线加速器、3.0T 磁共振断层扫描仪、达芬奇机器人手术系统、单光子发射计算机断层扫描仪(SPECT)、数字化 X 线成像系统(DR)、重症监护系统和远程医疗教学系统等。建设并完善以电子病历为核心的临床信息系统,自主打造"数字化医院",是上海市首家通过 HIMSS EMRAM(美国医疗卫生信息与管理系统协会电子病历应用成熟度模型)6 级认证医院。

积极承担各项公益性任务。受国家卫健委委派,自 2011 年开始,每年组建国家医疗队,远赴新疆、云南、青海、四川、安徽等省、自治区的老、少、边、穷地区开展巡回医疗工作。先后对口支援新疆喀什地区第二人民医院、云南省富源县人民医院、西藏日喀则地区人民医院、云南省曲靖市第二人民医院、西藏察雅县卫生服务中心,全面援建工作取得良好成效。每年组织各类大型义诊、咨询等活动,品牌活动"中山健康促进大讲堂"至今已有 600 多位专家登上"讲台"开展健康讲座,受益听众 25 万余人次,发放医学科普资料 42 万余份,深受群众欢迎。

（2）科研

拥有国家重点学科 13 个,省部级工程研究中心 3 个,省部级重点实验室 5 个,上海市"重中之重"临床医学中心 3 个,上海市重点学科 2 个,上海市"重中之重"临床医学重点学科 2 个,上海市医学重点学科 2 个,上海市重要薄弱学科 4 个,上海市公共卫生重点学科 6 个,上海市研究所 8 个,复旦大学研究机构 13 个。

自 2007 年以来,医院获得科技部 973 计划、863 计划、国家支撑计划、重点研发计划及重大专项课题 68 项,教育部创新团队 2 项,国家自然科学基金委员会创新研究群体 1 项,国家自然科学基金项目 600 余项,各类省部级人才培养计划 218 项。年均科研经费超过 1 亿元。SCI 论文数量和质量稳步上升,2017 年共发表 SCI 论文 602 篇,总计影响因子 3 398.009 7 分。

自 2006 年起,医院共获得国家奖 8 项,其中一等奖 1 项;省部级奖项 55 项,其中一等奖 16 项。自 2009 年以来,申请专利 473 项,授权专利 286 项,国际专利授权 8 项。

（3）教学

医院教育教学职能包括了医学院校教育、毕业后医学教育和继续医学教育完整的医学教育阶段,设有博士点 18 个,硕士点 21 个,复旦大学临床医学博士后流动站 1 个。现有硕士生导师 145 人,博士生导师 107 人。经国家卫健委和上海市卫健委批准的住院医师规范化培训基地 15 个,专科医师规范化培训基地 28 个。是国家住院医师规范化培训示范基地、中国住院医师规范化培训精英教学医院联盟成员、首个国家级区域性全科医学师资培训示范基地。每年在院培养各类学员 3 000 余人,举办国家级继续医学教育学习班逾 70 期,招收进修医生 1 000 余名,是孕育和培养国家优秀医学人才的摇篮。

近十年来,获得国家教学成果二等奖 1 项,上海市教学成果特等奖 1 项、二等奖 1 项;作为主要研究单位,荣获国家级教学成果特等奖 1 项、上海市教学成果特等奖 1 项。

（4）荣誉

获得全国文明单位、全国五一劳动奖状、全国模范职工之家、全国医院医保管理先进单位、全国造林绿化 400 佳、连续 30 年蝉联上海市文明单位、上海市卫生系统文明单位、上海市优质护理服务优秀医院、上海市院务公开民主管理先进单位、上海市志愿者服务基地、上海市花园单位、上海市环境保护先进单位、上海市节能先进单位、上海市爱国卫生标兵单位、上海市环境保护先进单位、上海市节能先进单位、上海市节水先进单位、上海市医务职工科技创新星光计划奖、上海市职工合理化建议优秀成果奖、上海市安全与节能示范锅炉房等荣誉称号。

中山医院将始终担负"以病人为中心,致力于提供优质、安全、便捷的医疗服务。通过医疗、教育、科研和管理创新,促进医学事业的发展,提升民众的健康福祉。"的使命,倡导"严谨、求实、团结、奉献、关爱、创新"的核心价值观,以严谨的医疗作风、精湛的医疗技术和严格的科学管理,为建设国内一流国际知名的现代化创新型综合性医院而努力。

二、新世纪的建设发展

中山医院在新世纪的发展是根据国家和地方政府的卫生事业发展规划、按照医院事业发展目标和重点学科发展以及根据"疾病谱"的改变而做计划和部署,在迈入新世纪的各个阶段规划期内逐步改善医院的基础设施、医疗空间、诊疗条件、教研用房以及院容院貌,在政府关于卫生事业的发展规划指引下,建设国际知名、亚洲一流的医疗平台。

进入新世纪后三个五年的实施计划,使医院建筑及环境、设备设施条件得到了较大改善,新建的基本建设项目,在达到现有行业规范的前提下,以打造成 50 年后成为保护建筑的管理策略与目标。同时,在"十五"至"十二五"期内,结合医院历史文化底蕴,根据医院的规划发展和医疗功能的调整,逐步把医院内不同时期的建筑通过修缮、改造,提升建筑品质,使各类建筑空间功能满足医教研的发展。医院建筑在各建设时期如图 2 所示。医院的更新是从社会比较关注的诊疗空间、环境舒适、流程清晰

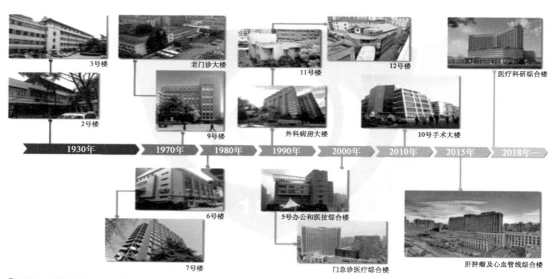

▲ 图 2　医院建筑建设时期一览

和美观整洁等需求的角度去思考,通过设计手段,努力做到和现代的新建筑在功能和整体形象上相协调。此外,对医院建筑在流程设计上结合医院的发展逐步改善变得更加合理,从医疗建筑流程上考虑采用医技科室多点的服务方式,尽量缩短病人的就诊流程(门诊与医技、住院与医技距离、外科病房与手术、考虑日间病部设置、康复病房),考虑机器人物流小车、轨道传输、气动传输等,要留有平行和垂直的空间。流程的改造是在不影响结构的情况下,尽量满足学科建设和病人的需求。

医院建筑空间的发展从大拆大建式的快速发展向内涵式发展转变,相比以往更加重视人(患者、医院工作人员)与医院的可持续关系。医院未来的发展不仅仅是医疗数据上的增长,更是活动在其中的对象(患者、医院工作人员)的工作效率和服务品质的提升,需要在提升整体空间形态品质的同时,更关注与基本医疗工作开展密切相关的诸多要素的关系,而这些"关系"伴随着医院多样的建筑空间而存在。对医院建筑的综合因素考量与建设目标,要从文化内涵、规划、设计、用材及质量等方面,建设永久性建筑,今天打造医院建筑,50年后要成为历史保护建筑,这也是医疗资源蕴涵着最大效应,促进医院文化及特质的传承和发展。至2015年("十二五"期末)中山医院建筑总面积约350 000 m²。

三、肝肿瘤及心血管病综合楼项目概况

医院新建的肝肿瘤及心血管病综合楼项目是集医疗、科研、教育等功能为一体的大型综合建筑,是上海市重点学科建设发展计划以及徐汇区枫林生命科学园区的一个重要组成部分(图3)。项目建设内容包括心血管病临床医学中心和肝肿瘤临床医学中心,两个中心是落实上海市发展规划实事工程"建设上海市临床医学中心(33个)"的重要组成部分,是国家"十一五"规划重点项目,属委市共管共建项目,也是上海市重大工程。项目占地40 927 m²,总建筑面积183 000 m²,其中地上117 000 m²,地下(3层)66 000 m²。整个项目由肝肿瘤和心血管病临床医学楼、急诊部、科技楼、特需门诊和生殖中心等建筑组成。该项目的建造是中山医院又一项关注民生的实事工程,而肝肿瘤和心血管病两个中心被确定为上

∧ 图3　综合楼概况

海市第一批创建亚洲医学中心的"临床医学中心",项目的建成将使肝肿瘤和心血管病医疗诊治与研究得到发展,不仅改善了医院的就医条件,为老百姓看病就诊提供了方便,而且改善了医院的教学和科研条件。

1. 肝肿瘤及心血管病综合楼项目主要功能

(1) 医疗部分:专科门诊、急诊科(周转部)、急救绿色通道设置直升机停机坪、门急诊输液室、16个护理单元720张床位(其中肝肿瘤345张,心血管375张)、急诊ICU、心脏CCU、ICU、肝脏ICU、手术室(含杂交手术室)、DSA、生殖医学中心等;

(2) 医技部分:MRI、CT、DR、钼靶、心彩超、PET-MRI、PET-CT、SPECT/CT、伽马相机、回旋加速器、中心供应室、体检中心;

(3) 科研部分:临床科研中心;

(4) 教学部分:学术交流报告厅及分会场、示教室、医学研究图书馆等教学中心;

(5) 辅助部分:值班医师宿舍、营养室、职工食堂、停车库、各类配套的后勤机电设备设施用房、人防等。

2. 项目建设进程

(1) 综合楼项目于2009年9月开工。

(2) 综合楼项目于2015年2月正式竣工并交付使用。

3. 项目主要参建单位

(1) 项目代建:上海申康卫生基建管理有限公司。

（2）设计：上海浚源建筑设计有限公司。

（3）地质勘察：上海地矿工程勘察有限公司。

（4）施工监理：上海富达工程管理咨询有限公司。

（5）投资监理：上海诚杰华建设工程咨询有限公司。

（6）施工单位：中国建筑第八工程局有限公司；

中天建设集团有限公司；

上海二十冶建设有限公司；

上海市安装工程集团有限公司。

4. 项目管理

中山医院肝肿瘤及心血管病综合楼项目在医院党政集体统一带领下，严格遵守各项国家法律法规，由医院总务处具体负责项目建设和管理职能，并根据医院自身实际情况，实行合理的项目建设管理模式——基本建设与后勤运维管理一体化，保持医院基建工作与后勤服务保障工作的连续性，有效实现无缝化的管理目标。将后勤运维体系中各个专业的技术人员与基本建设管理人员一起参与项目建设，有利于建筑内各个专业系统的融合，将运维人员的专业知识和工作经验运用到在建项目中，贯穿在设计、施工、设备安装等建设过程，目标就是确保项目交付后各系统正常运行。一体化的管理可以将有限的后勤管理资源在基本建设中有效体现，尤其在缩短项目试运行时间上，节约试运行成本，避免走弯路，使项目能够更早、更好地服务于社会。同时中山医院建立"肝肿瘤及心血管病综合楼建设项目管理体系"，明确本项目的合同管理、计划管理、技术质量管理、文明施工管理、资金管理和档案管理等工作程序和要求，为项目管理提供管理依据。本项目委托上海申康卫生基建管理有限公司实施项目代建管理，组建项目管理部并配套各类专业管理人员，根据医院对本项目的规模确定和功能定位的条件下对项目的启动、计划、控制、实施及收尾等五个阶段，运用规划、组织、协调和控制手段，实施合同、工期、费用、质量和信息等方面管理。

与上海市徐汇区检察院开展了项目创"双优"活动，即"工程优质、干部优秀"，以干部的优秀来保证建设项目的质量优良，在建设优质、高效、文明、安全工程的同时，培养干部廉洁、务实的优秀品质。医院纪检、监察部门自始至终参与工程建设，从源头开始实施制度监管，让所有的工作都得到监督，经得起检查。按照双方创双优活动的约定，徐汇区检察院多次组织医院的基建工程管理人员开展警示教育、法制宣传活动。在医院基建工程建设的各个重要环节，也有检察官参与规范的身影。在徐汇区检察院的参与帮助下，建立和完善了一整套规范管理、预防职务犯罪的制度，此项共建活动促进了中山医院基建工作的健康发展。在本项目中医院基建办和员工获得"上海市重大工程立功竞赛优秀集体"及"优秀组织者"荣誉，在建设优质项目的同时，实现"工程优质、干部优秀"的双优目标。

5. 项目主要获奖情况

（1）国家建筑工程设计华彩金奖——中国勘察设计协会。

（2）上海市优质结构奖——上海市建筑施工行业协会。

（3）上海市"申安杯"优质安装工程奖——上海市安装行业协会。

（4）上海市建设工程白玉兰奖（市优质工程）——上海市建筑施工行业协会。

（5）全国AAA级安全文明标准化工地——中国建筑行业协会建筑安全分会。

（6）上海市文明工地——上海市城乡建设与交通委员会。

（7）上海市重大工程文明工地——上海市重大工程建设办公室。

（8）上海市用户满意工程（公共建筑）——上海市工程建设质量管理协会。

(9) 中国建筑工程鲁班奖(国家优质工程)——中国建筑行业协会。

(10) 中国最美医院——全国医院建设大会。

四、项目总体布局及院区的联系

中山医院建设发展的宏伟蓝图是组成上海徐汇区枫林生命科学园区的重要部分:以枫林路为中轴线,分成东西两大院区,医学院路以北为门急诊和综合医疗服务区,枫林路以西为综合医疗服务区,枫林路以东为医院特色优势学科区和教学、科研的主要基地(图4)。2005 年在原卫生部和上海市政府的大力支持下,随着项目地块中原复旦大学附属儿科医院的整体搬迁计划顺利实施,中山医院通盘考虑整个东西院区的医疗资源整合,决策调整医院"十一五"发展规划。当时国家对医院建设的环评执行更严格的规范,同时根据国家发改委的要求,该工程被要求限额设计,在建材、装饰标准上提高了设计要求。项目用地位于市中心,仅有 60 余亩,容积率高达 2.7,建筑限高 60 m,建筑密度低于 40%等硬性规划要求,以及基地周边紧邻居民区的日照采光限制。因此,如何做好规划方案的调整具有很大的难度和挑战性,在医院管理层、项目管理部门、涉及的使用部门和项目设计院的通力合作下,数易其稿后确定了项目实施的建设规划方案(图5)。

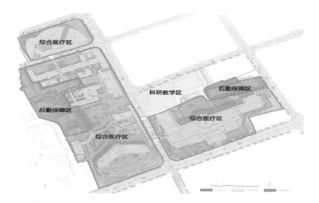

⋀ 图4 医院总体布局　　　　　　　　　　　　⋀ 图5 项目规划总平面图

该项目工程属于大体量建筑,容积率达 2.7,加上 60 m 的限高,使建筑功能用房呈现平铺式建设,也就是说必须用足了规定的 40%覆盖率,若将几个单体建筑采取集中式的布局方式设计,则有可能导致内部流线的混乱,因此采取了庭院围合式的布局方式,即围绕中央庭院布置建筑单体,沿建筑单位设置消防环路,分别通向周边市政道路,围绕各建筑单体沿中央庭院内侧底层设置柱廊。整个平面布局使不同使用功能的用房可分别利用不同的城市道路和内部走廊等途径组织交通,快速便捷,易于识别,中心形成大面积绿地景观,并充分利用地下空间。

在总体布局上,更重要的是处理好分别位于市政道路(枫林路)两侧的东西(新老)两院区的交通连接方式。在上海市政府、市建交委的大力支持下,医院采取了沿枫林路的建筑上设置 2 条架空连廊(宽 5 m、长 36 m)和在地下二层贯通 1 条地下通道(宽 5 m,长 78.8 m)通向西院区的地下通道,将中山医院新老院区的整个建筑组群连为一体,解决了新老院区之间人流、物流等交通关系。跨学科的就诊,为病人就诊与医疗工作提供了快捷、安全的联系通道,构成了既相对独立,又共融共生的总体布局,使医院整体医疗资源合理分布和共享,对医院的医疗流程的进一步改善将起到至关重要的作用,同时不影响正常的市政交通,安全便捷。另外,医院在 3 个"五年"计划里,共建设了约 1.3 km 的双层中央长廊与两条各 36 m 的跨街连廊、一条 78 m 的地下通道,形成地下、地上、空中的立体交通,将东西院区有机的连接起来,提供了便捷、舒适、风雨无阻的就诊环境(图6)。

⋀ 图6　项目架空连廊

五、肝肿瘤及心血管病综合楼项目主要特点

1. 建筑形态

现中山医院 3 号楼是中山医院 1937 年建院时的第一幢建筑,属上海市历史文物保护建筑,特征是典型的中国民族特色歇山屋顶(图 7),透瓶栏板等建筑元素。3 号楼历经了 80 年的历史变迁,经过现代化改造后仍然展现出深厚的文化积淀和迷人的建筑风采。

⋀ 图7　歇山屋顶

在肝肿瘤及心血管病综合楼的设计过程中,在严格控制造价的前提下,为体现中山医院历史发展变革延续的文化脉络,突破传统医院建筑设计理念,在外观造型的设计上融入了中国古典式设计元素,采用新古典风格及局部传承民族特色的建筑元素(图 8),辉映了中山医院的建筑发展沿革,传承的

⋀ 图8　综合楼外观造型

效果与医院的医疗事业的发展相媲美。肝肿瘤及心血管病综合楼项目建筑造型以新古典风格与民族特色，中西结合的风格，主楼裙房采用歇山屋顶设计，主入口采取了仿古檐口的处理方法，体现着与医院历史保护建筑 3 号楼的造型风格南北遥相呼应，新老建筑造型的交织对应，同时让它传承中山医院 80 余年的历史文脉。

根据中山医院医疗特色，整合东西院区的医疗资源，肝肿瘤及心血管病综合楼项目整体建设采用了庭院围合式的功能流线布局方式，即围绕中央庭院布置建筑单体，中心形成集中绿化景观，充分利用项目周边 4 条市政道路，成功支持了围合式庭院的绿化布局和景观小品、交通组织。如图 9 所示。

△ 图 9　庭院围合式布局

△ 图 10　中心花园与图书会议中心

围合的内部立面则采用新古典风格，结合设置比例协调造型优美连续的拱廊，青铜穹顶的图书会议中心，打造浓郁的学术气息。由 5 个单体建筑围合而成的中心花园成为闹市中的一片绿洲，为患者带来清新和绿色（图 10）。

内庭院花园采用中国传统园林设计，设有塔、亭、廊、壁以及水池等（图 11～图 16），在医院中无论是庭院还是连廊，在细节之处彰显中山医院的传统文化，使患者萌生文化认同感，更是在古朴、园林风的影响下，使患者在情绪上远离市区的喧闹。

△ 图 11　亭——地下人防出入口

△ 图 12　塔——锅炉烟囱

△ 图 13　旱桥——设备安装吊装口

△ 图 14　廊——锅炉泄爆口

∧ 图 15　壁——地下车库出入口

∧ 图 16　学院派走廊

建筑的整体造型简单大方,裙房竖线条统一连续构成完整的沿街界面,南侧主楼一字展开,气势磅礴,水晶状凸窗富有韵律地跳跃在外墙上,象征着生命的活力与跃动;北侧主楼优雅地张开怀抱面向中山医院本部,拉紧了新老院区的空间关系。纵观整体造型,跃动干练,象征着医患对生命的探求与渴望,对健康美好生活的共同理想和不懈努力(图 17)。

∧ 图 17　建筑总览

2. 建筑平面介绍

医院在项目的平面设计上非常注重医疗诊治流线的合理及便捷通顺,严格区分清污流线,防止交叉感染。各个医疗单元内部及相互之间的交通、物流、清污流线均经过仔细推敲,病人和医生、清洁物品和污染物品、探视和手术治疗均强调以人为本、以病人为中心的人性化治疗服务理念,充分考虑现代化医院的流程特点,优化就医、施医环境。

1)地下部分

充分的利用宝贵的土地资源,采用地下连续墙逆做法施工工艺,保证施工安全节省造价,大力发展地下空间。地下面积达 66 000 m²,通过合理布局,除配套设备用房外,还布置了宽敞舒适的体检中心、影像中心、PET-CT 中心、PET-MRI 中心,紧缺的物流仓储废弃物用房,以及车位逾千辆的大型地下立体停车库,大大改善了中山医院停车难的问题,并缓解了周边城市交通的拥堵。地下部分空间利用如图 18 所示。

门诊大厅位于肝肿瘤临床医学、心血管病临床医学用房一层中部,入口开在南侧,东侧为挂号收费、心血管门诊区及办公用房。北侧为药房、检验医技用房及出入院厅。门诊楼就诊人数多,流动频繁,因此营造建筑内部空间的舒畅感和提高内部环境的空气质量成为空间构成的目标。上下的自动扶梯和宽大的主楼梯让大厅充满动感。所有的公共走廊、候诊区及休息空间均以敞亮的大空间为主导,使建筑内的主要公共区域均有统一的空间氛围(图 19)。在宽敞的公共区域设置了大量的休息区

△ 图 18 地下空间组图

供就诊者使用。整个门诊楼通过天井中庭和绿化走廊获得良好的自然采光和通风,这对于医院建筑来说尤为重要。

△ 图 19 门诊大厅　　　　　　　　　　　　　　△ 图 20 门诊入口设计

　　门诊入口处的门庭采用了红柱、琉璃瓦做装饰,营造出极为浓郁的中国味道(图 20),打破传统医院固有的白墙设计,给予患者极为强烈的融入感,别具风格,成为区域地标性的建筑物。

　　急诊入口在斜土路路北侧,急救入口可直接到达一层最西侧的急诊、急救区域,检验医技用房临近布置,方便急诊救患者进行检查。沿北部为急诊区域,设有急诊、挂号、收费、药房及相应辅助用房,中部为急救用房,设有抢救室,输液留观用房位于西南侧。该区域设置急诊急救专用电梯(绿色通道),可直通急诊手术室、ICU、DSA、输液留观及周转部,并且设置了从主楼顶的直升机停机坪(图 21)直达急救区域的绿色通道。门急诊共用药房、检验医技用房及影像检查用房,医生通过后部独立区域进入检查室,医患流线分开,流程简洁流畅。针对急诊室病患满负荷的就诊现象,医院提出预抢救概念,在设计中特别扩大等候厅,缓解患者及时得到就诊的问题。

　　二层西南侧为急诊 ICU 用房,东南侧为肝肿瘤病门诊区,设 17 间诊室及医疗用房。心血管病介入治疗区位于西侧,设 DSA 治疗室 10 间,其中磁导航 1 间。肝肿瘤介入治疗区位于东北侧,DSA 治疗室 2 间、氩氦刀治疗室 1 间、微波治疗室 1 间。急诊患者由一层乘专用电梯可直

△ 图 21 直升机停机坪

达二层周转部。急诊 ICU 内设 15 张床位,西、北侧为病房周转部,各诊区设等候区、治疗区及医生办公区。患者由等候区进入,医生则由专用通道进入各诊区。沿枫林路在二层设有通向中山医院本部的 2 条 5 m 宽的跨街联系通道,与中山医院本部的高架连廊连为一体。

△ 图 22 大通间

三层主要为心血管 CCU、ICU 及肝肿瘤 ICU,与二层相同的是三层的中部北侧也为家属等候区。心血管病 CCU 位于南侧,ICU 位于西侧,肝肿瘤 ICU 位于东侧,均设 30 张床位,并配有护士站、治疗室等。监护病房采用中心岛式护士站的布局,提高工作效率和服务质量;为满足不同需求,设置大通间、单间及层流床位(图 22);并以人为本地采用设置探视廊及探视窗对讲设施等手段,改善了监护室的人性化服务管理。西、北侧为病房周转部。裙房西北侧三至六层设置病房周转部,用于急诊完成后等待病床的患者,起到"周转"的作用。

四层手术室,布置为"外周回收型",即洁净的手术器械、敷料等物品由专用电梯送至手术洁净区;污物由污物廊运出,以确保手术室的洁净要求(图 23)。医生、护士由卫生通过间进入手术区。麻醉诱导、各洁净物品库等均设置在洁净区内,易于控制,心脏与肝肿瘤手术区域共用休息与办公用房,大大提高了医疗资源的使用效率。内含急诊手术室万级 1 间、心血管病手术室百级 8 间和千级 2 间、肝肿瘤病手术室百级 5 间和千级 3 间,其中 2 间为杂交手术室。

△ 图 23 手术室

五层为中心供应室,由收件、分类、清洗、消毒、灭菌、无菌存放、发放、各种库房及配套用房组成。各层所需清洗物品由污物梯送至收件房,洁净物料则由洁净梯运送至手术室,流程便捷流畅。该层还设有为手术服务的病理分析用房,病理切片由 200 kg 专用梯送达。

六到十四层均为病房层,心血管病区设 315 张床位,肝肿瘤病区设 315 床位。病区全部设在主楼的南侧,护士站、治疗室及相应的配套用房设置在北侧,医护流线简洁便利,病房开间宽大、通风良好、卫生和医疗设施齐全,绝大部分病房拥有很好的朝向和景观(图 24)。

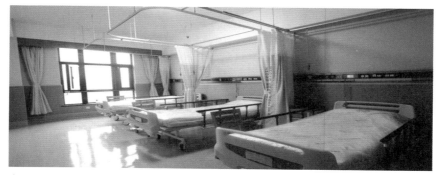

△ 图 24 病房

2）科教楼（Ⅰ号楼地上 15 层，Ⅱ号楼及裙房 6 层）

作为教学型综合医院，中山医院与复旦大学医学院、中国科学院等重要的科研基地相毗邻，具有得天独厚的地理优势。医院的教学、科研平台是医学研究的保障条件和发展基础，因此在建设平台方面着重体现中山医院临床医学的特色，与其他高水平的平台建设形成互补。本项目在科研楼内设置了设施先进的医学实验室、可满足大型国际学术会议 666 座位的多功能会议中心、设有 2 000 m² 书库的电子医学图书馆及配套服务的学术交流餐饮用房（图 25）。

∧ 图 25　科教楼内部组图

3. 交通组织

由于中山医院位于上海市市中心的老城区，市政道路拥挤，人流车流交叉密集，交通常年拥堵。结合肝肿瘤及心血管病项目内部交通组织，理顺周边道路交通路线关系，采取将机动车在临近主要出入口附近直接导入地下停车场等方式，保证步行区域的完整和安全，有效地人车分流；并且充分开发地下空间，项目建设地下共 3 层，设置了 1 300 个立体机械停车位的容量，为医院职工和来院就诊患者解决停车难的问题。新建工程通过设置不同出口，建立与外部交通道路网的有机联系，并做到人、车、物流相对分流，其主入口位于南侧斜土路，共设有门诊车行出入口 3 个，东侧小木桥路设置 1 个次入口，沿北侧清真路、枫林路入口为后勤出入口，沿枫林路设急救车紧急车行出入口（图 26）。

∧ 图 26　交通布局

4.机电设备

肝肿瘤及心血管病综合楼项目在机电设备的采购与安装上,严格遵守相关行业的质量标准与规范,重视机房设施、环境的高质量打造,实行全生命周期管理模式,达到延长机电设备设施的使用寿命(图27)。

∧ 图27　机电设备组图

肝肿瘤及心血管病综合楼项目实现数据信息化管理平台(图28),在项目中建设了后勤运行保障数据中心,位于项目的地下一层,数据中心通过对变配电系统、锅炉机组、给排水系统、照明系统、净水系统、净化空调、电梯机组、发电机组、楼宇自动化、视频监控系统、漏电保护、停车场设备、冷热源系统、污水处理系统、恒温恒湿系统、液氧氧气系统、正负压系统、远程抄表系统、设备巡更系统、气体泄漏报警系统、太平间、物流系统、能耗统计、报警管理及设备档案等25个子系统进行集成,并与医院的HIS系统进行信息对接,对机电设备的静态与动态数据分析处理,使整个项目在后勤保障运维工作实现数字化、集成化和智能化管理。

∧ 图28　智能化管理系统

5.信息化与节能

肝肿瘤及心血管病综合楼项目的建设重视信息化、环保化,高效率、低能耗,本工程按照国家标准,尽可能自然通风采光,外围护墙体屋面门窗均采用了节能材料,大量使用节能设备和采取节能措施,依靠先进技术,实现节能降耗,构建以人为本的就医环境,如:

（1）空调冷水机组采用大温差(7℃温差)机组；空调水系统采用了二级泵系统，二级泵为变频泵，减少空调系统的日常运行费用。

（2）蒸汽锅炉的烟囱采用冷凝热回收技术，降低了烟气的排放温度，这部分余热用来提高锅炉供水的温度。

（3）病房间内的外窗设置与室内空调(风机盘管)联动，开外窗时室内空调关闭，有利于避免能源的浪费。

按照国家和上海市对于节能减排的措施要求，肝肿瘤及心血管病综合楼项目运用后勤运行保障数据中心的能耗监控管理功能，实现对该项目各个区域包括医疗、行政、后勤保障等功能区的用能数据的实时统计，运用智能系统掌握机电设备能耗使用情况，实时采集能源耗费与医院业务量数据、每日气候状况，进行统计分析(图29)，为制订相应的节能计划和措施提供基础数据，为医院的正常运营与成本核算起到积极作用。通过能耗监管系统与医院 HIS 的连接，能耗监管系统不仅显示了所有病房或科室部门的面积、单位能耗以及水电消耗量和金额，还可以实时显示各个部门的业务量，实时显示日报表、月报表和年报表。系统可以按区域用能、部门用能和分项用能实时生成曲线图、竖状图、饼状图以及同比和环比的百分比，又可对区域、部门、分项、昼夜/每周/节假日能耗进行分析等。

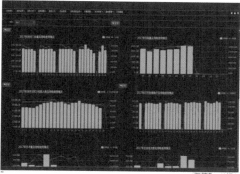

∧ 图29　能耗分析示例图

六、肝肿瘤及心血管病综合楼项目评价

复旦大学附属中山医院肝肿瘤及心血管病综合楼项目是上海市重大工程，为上海市以及全国的患者提供一个良好的医疗环境，也为医院提高医疗水平提供坚实的保障，大型地下车位改善了中山医院周边拥堵的就医环境，提高服务水平。肝肿瘤及心血管病综合楼的建成为医院医疗工作发展提供坚实的物质基础，建成后的科技 1 号、2 号楼的不仅为国内医院学科发展及人才培养提供先进的场所，舒适的就医环境和一流医疗技术、先进的科教设施，更是提高了中山医院在全国乃至亚洲的知名度。

项目投入运营后，中山医院各项运营数据显著上升。2017 年门急诊就医人数达 415.27 万人，年增长率达 9.47%；院净化手术年手术台次达 98 146 台，年增长率达 16.47%；病床使用率大幅增加，达103.13%；年平均住院天数 5.95 d，折合年病床周转次数 61.3 次；急诊危重病人抢救率保持在98.5%，处于全国领先水平。各项数据显示项目投运以来，其医疗业务明显增长，但中山医院依靠其强大的诊疗水平和管理能力，强化床位利用，减少病人候诊等床的现象，为病人提供优质的医疗服务。根据上海统计局统计，2014 年至 2016 年上海综合医院数维持在 181 个，复旦大学附属中山医院各项医疗指标通过与上海平均值进行比较，其增长速度均远高于上海平均水准，很好地为上海及华南地区提供了医疗服务，医疗效益显著。

七、结语

　　中山医院肝肿瘤及心血管病综合楼项目的建成为梦想打开了新的起点,使特色优势学科升级、医疗服务能力升级、教学科研硬件升级,使中山医院成为医教研、管理和服务一流的大型综合性医院迈出了重要的一步。跨入新世纪的这十几年,是中山医院发展史的重要阶段,期间医院基础设施的建设不仅保障满足了医院从 2000 年 180 万人次门诊量增长到 2017 年 400 万人次门诊量的业务量发展,也在建筑形态、医疗流程、交通组织、空间环境条件等方面做了更适应时代气息的调整与更新。医疗事业在经历快速、补缺的规模发展,伴随着中国 30 年的高速发展,中国医院建设已经进入了一个新的更新阶段。医院发展面临新的挑战,需要解决的问题更综合复杂,既要解决基本的历史遗留问题,还要解决医院功能能级的提升。因此对于医院事业发展规划、医院建设规划和医院建筑设计都将有更多的新要求和新内容,不仅要有医疗空间形态的整体提升,更要关注医疗环境与市民生活的丰富内涵,提升空间品质。医院更新的关注重点已经从"建筑形态"向"医疗流程和打造内环境的舒适"的阶段发展,在过去 3 个"五年医疗事业发展计划",实施态度审慎、严谨,内容丰富,方法多样。当今医院发展正处在一个转型发展、能级提升的阶段,医院建设相关系统的技术规范要求,科学合理、逐步完善、安全、环保、降耗,意义明显。今天的医院建设,面临诸多的系统性的挑战,这种从粗放型发展向精细化科学发展转变的意义,在于对医院迈向可持续发展的促进,以及对医疗事业发展的促进,都具有重要的价值。

　　中山医院的发展会紧跟城市发展规划要求和卫生事业发展纲要,强化医院建筑活力,完善公共服务配套设施,提升医疗服务水平,努力实现一座老百姓就医环境优美的人文、微生态、绿色和智慧的医院,努力实现国家提出 2030 年"健康中国"的战略目标,将以更加积极的态度去实现更加宏伟的目标,以经典的学科、规划、建筑、环境去为广大群众服务。

张群仁　裘兴骏/供稿

践行「五水共治」保护绿水青山

——浙江省人民医院污水站改扩建工程

一、项目概况

1. 工程概况

（1）工程项目名称：浙江省人民医院污水站改扩建工程。

（2）工程项目建设地点：杭州市上塘路 158 号浙江省人民医院内。

（3）污水站建筑面积：1 204 m^2。其中地上部分建筑面积：900 m^2，地下部分建筑面积：304 m^2。

（4）建筑层数：地下 1 层，深度 10 m；地上 3 层。

（5）建筑高度：13 m。

（6）处理能力：3 000 t/天。

（7）建设工期：2016 年 1 月—2017 年 6 月。

2. 建设主要内容

（1）拆除原有污水站，原址新建日处理能力 3 000 t 的污水处理站，处理后的污水达到国家规范排放标准。

（2）由于占地面积过小且无法拓展，需建设深度 10 m 的地下污水池，一层设置机械格栅间、罗茨风机房、消毒设备间和污泥暂存间；二层设置配电间、污泥压滤间、值班室和化验室；3 层为医院其他用房。

3. 工程项目建设进程

本工程自 2015 年 6 月 23 日项目可行性研究报告上报,2015 年 8 月 3 日获得浙江省发改委项目可研的批复。

2016 年初开始施工准备,2016 年 3 月开始桩基及围护施工,2017 年 3 月工程竣工,2017 年 6 月调试完成,实现污水高标准排放。

二、重点难点

1. 项目难点

（1）施工条件

本项目建于城市主干道边,且在医院用地红线和建筑控制线之间,该区域原则上不允许建设地上建筑。因此,污水站建设之初就确定尽量建设成地下建筑的设计思路。污水调节池容积 550 m³、接触氧化池容积 1 150 m³、气浮池、消毒池容积 150 m³ 都位于地下。基坑周边管线复杂,北侧有医院高压进线电缆、自来水总管、医院及周边小区燃气总管和调压站;西侧为医院雨污水总管,南侧有医院浅基础发热门诊楼及雨水总管,东侧有暂时无法拆除的污水提升井及医院主出入口。可以说,施工时稍有不测就会严重影响医院的正常运行甚至发生重大事故。

（2）基坑施工

基坑开挖及围护结构施工是本工程的重点和难点。本工程虽为地下一层,但为保证地下空间,污水站水池底板完成面深度 10 m,基坑开挖深度超过 11 m,是一个占地面积很小的深基坑工程。原有污水站钢筋混凝土建筑深达 6 m,必须拆除后才能建设新的地下建筑。各种问题交织在一起,要求我们对围护方式选择、主体结构设计和施工组织设计等综合考虑,优选方案。严格控制开挖段,确保土体稳定。严格监控基坑变形数据,确保基坑安全。

（3）专业性强

本项目虽然是单一的功能性建筑,但也涉及污水处理、供配电、电气、机电一体化、控制、计算机、自动化、通信、暖通、给排水及消防等专业。特别是污水处理的专业性较强,需要根据医院实际情况,选择和优化最佳的污水处理工艺,在狭小的空间内处理污水,达到优于国家排放标准的处理结果,并实现节约运行费用的目标。

2. 项目管理的难点

（1）建设期间污水达标排放

根据审批要求,环保局不同意我院在污水站建设期间只对污水进行消毒排放的请示,明确要求我院在建设期间也要做到污水基本达标排放。

（2）专业性强,管理经验不足

本项目虽小,但涉及建设工程的几乎所有专业,特别是专业性很强的污水处理专业,管理人员的知识和经验都很欠缺,造成施工管理和投资控制的困难。

三、管理实践

1. 临时污水处理装置的选择

医院土地面积有限,医院规划已经定型,所有建筑污水都流向院区西北侧的污水站,由于原有污水站周边已经没有空余土地,没有办法更换污水站位置,只能采用原址拆除重建的方式。为保证在污水站重建期间污水能够达标排放,根据专家讨论意见,决定在污水站建设期间,采用整装式气浮设备处理污水。建设期间保留原污水提升井,利用原污水站货物通道安装整装式气浮设备,污水泵送至气浮装置处理后排放。经检测,临时气浮排放污水能够达到排放标准,但因需投加较多药剂,运行费用相对较高。

2. 污水处理工艺的选择与确定

1)污水水质、水量及排放标准的确定

(1)设计水质

根据同类型医院废水水质调查结果,并结合医院具体情况,本工程设计水质按照表1取值。

表1 设计进水水质指标

水质指标	pH	COD_{cr} (mg/l)	BOD_5 (mg/l)	SS (mg/l)	NH_3-N (mg/l)	粪大肠杆菌 (MPN/l)
设计取值	6~9	550	250	200	35	1.6×10^6

(2)设计水量的确定

根据《医院污水处理工程技术规范》(HJ2029—2013)及医院实际情况,医院污水处理工程设计水量测算采用以下公式及参数:

$$Q = q \times N \times k_d \times 1.15$$

其中 Q——医院最高日污水量,单位 t/d;

q——医院日均单位病床污水排放量,$q = 400 \sim 600$ L/床日。本项目取 $q = 500$ L/床日;

N——医院编制床位数。本项目按 2 400 张病床考虑;

k_d——污水日变化系数,$k_d = 2.0 \sim 2.2$。本项目取 $k_d = 2.1$。

根据规范要求,污水处理工程设计水量应在测算的基础上留有 10%~20% 的设计裕量。本项目取 15%。

$$Q = q \times N \times k_d \times 1.15$$
$$= 500 L/床日 \times 2 400 床 \times 2.1 \times 1.15$$

根据上述测算,污水处理量计算值为 2 898 t/d,因此新建医院污水处理站处理能力定为 3 000 t/d。

(3)设计排放标准

废水排放执行《医疗机构水污染物排放标准》(GB18466—2005)中的预处理标准,具体水质指标如表2所示。

表2 设计出水排放水质

水质指标	pH	COD_{cr} (mg/l)	BOD_5 (mg/l)	SS (mg/l)	NH_3-N (mg/l)	粪大肠杆菌 (MPN/l)
设计取值	6~9	250	100	60	35	5 000

2)污水处理工艺的确定

(1)医疗综合废水属于可生化性较好的污水,由于科技发展后环保新材的运用,医院已无重金属废水排放,而且废水中 COD、BOD、氨氮等常规指标一般相对较低,但是废水中粪大肠菌群含量高。根据《医疗机构污染物排放标准》(GB 18466—2005)和《医院污水处理工程技术规范》(HJ 2029—

2013)等国家对于医疗废水的技术、规范、标准的一系列要求,医疗废水的处理,必须综合考虑废水中细菌、病毒的种类和数量,废水的理化指标和毒理指标,以及废水的排水去向等具体条件所要求的处理效果,来确定具体的处理工艺及其排放水质。

(2) 该医院废水经处理达到《医疗机构污染物排放标准》(GB 18466—2005)中的预处理标准后排放到市政污水处理厂。针对类似综合医院医疗综合废水的性质及目前国内处理类似废水的处理工艺,并结合医院的实际工程案例,确定采用"接触氧化 + 气浮 + 消毒"相结合的处理工艺,实现污水达标排放。

(3) 医院废水中含有大块的漂浮物,因此在进行生化处理前先经过机械格栅去除废水中的漂浮物,然后再进行后续生化处理。

(4) 生物处理从操作管理简便、污泥产生量较少的角度考虑,采用接触氧化工艺,并采用射流曝气供氧,可以彻底解决微孔曝气器橡胶老化更换的问题;为保证日后生化系统维护方便,接触氧化池局部设置活动盖板。

(5) 医疗废水采用新型活性氧消毒粉作为消毒剂,杀灭污水中的微生物和细菌。

(6) 气浮浮渣采用机械压滤脱水的工艺,结合本工程实际情况,气浮池产生的浮渣进入浮渣池暂存,然后采用机械压滤脱水,干泥委托有资质单位无害化处置。压滤机滤出水均回流到调节池,经泵提升进入接触氧化池重新处理。

(7) 生化系统设置为并列运行的 2 套设施,同时对主要处理站的主要设备设置足够的备用,以保证设备检修维护期间能够正常运转。

(8) 为保护医院内部及周边环境,废水处理站的格栅渠、调节池、接触氧化池、设备间、污泥脱水间、二氧化氯设备间采取废气集中收集,并采取两级洗涤吸收的方式进行处理。

(9) 污水站设备采用 BA 控制系统,方便操作人员对污水所有设备进行监控并记录污水站设备运行情况。根据调节池出水流量控制消毒剂定量加液泵,达到充分消毒排放污水又节约消毒剂的目的。

(10) 处理工艺流程(图 1)。

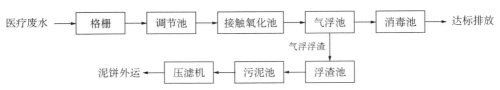

▲图1　工艺流程图

3）废水处理效果预测

效果预测如表 3 所示。

表 3　设计处理效果预测表

项　　目		pH	COD_{cr} (mg/l)	BOD_5 (mg/l)	SS (mg/l)	粪大肠菌群 (MNP/L)
废水原水		6 ~ 9	550	250	200	1.6×10^6
接触氧化 沉淀池	出　水	6 ~ 9	220	50	100	1.6×10^5
	去除率	—	60%	80%	50%	90%
气浮池	出　水	6 ~ 9	176	40	30	16 000
	去除率	—	20%	20%	70%	90%
消毒池	出　水	6 ~ 9	158	36	30	1 600
	去除率	—	10%	10%		90%
排放标准		6 ~ 9	250	100	60	5 000

3. 污水站建设中需要重点考虑的问题

污水站建设工程基坑周边管线复杂,场地狭小,要求我们对围护方式选择、主体结构设计和施工组织设计等综合考虑,优选方案。

1) 深基坑围护方案的选择

基坑支护,是为保证地下结构施工及基坑周边环境的安全,对基坑侧壁及周边环境采用的支挡、加固与保护措施。适合深基坑围护的形式主要有:

(1) 灌注桩 + 止水帷幕 + 支撑;

(2) 地连墙 + 支撑;

(3) 钢板桩 + 支撑;

(4) 原状土放坡;

(5) SMW 工法 + 支撑;

(6) 灌注桩 + 咬合桩 + 支撑。

考虑污水池容积同时对地下室墙面感观要求不高,拟采用地下连续墙,可以扩大地下室面积。还由于池壁和围护一次成型,可以节约工期,单从施工组织考虑,由于施工机械庞大,需要较大的绑扎钢筋笼的场地,根本不可行;最终结合设计、施工、监理等单位意见,考虑到基坑面积很小,确定了灌注桩 + 咬合桩 + 支撑的基坑围护体系,节约传统灌注桩 + 止水帷幕 + 支撑体系中止水帷幕宽度,但要防止基坑渗水,对施工工艺要求较高。

由于原有污水站地下钢筋混凝土建筑地板深度到达 6 m,开挖拆除将影响周边管线安全。经专家认证,采用现施工围护桩和第一道支撑后,拆除原有地下建筑的方案,保证周边土体位移不超过控制值。在拆除地下障碍物后,采用小型高压旋喷桩设备进入基坑底进行基坑被动土加固施工。

2) 桩基及池体施工方案的选择

由于原有污水站钢筋混凝土池底较深,采用冲击法破拆池底和施工结构桩,不仅机械施工费用高昂,延长工期,成桩质量也存在较大风险。经设计及施工优化,考虑到污水站建筑采用桩基以抗浮为主,确定主要采用加长围护桩作为抗拔桩,建筑地梁和围护桩植筋锚固的方式,同时在避开原有池底为主设置结构桩承载整体建筑。为保证池底面积,采用单面支模的施工工艺,保证了水池容积达到设计要求。

4. 污水站运行中需要重点考虑的问题

1) SS 的控制方案

SS 主要是指固体悬浮物浓度,在医院污水 SS 排放标准为 60 mg/L。污水站一般采用不同形式的沉淀池去除悬浮物,需要较大的容积以保证沉淀时间和流速,最终保证沉淀效果。由于占地面积有限,无法设置足够的沉淀池,我们选择了采用气浮池去除悬浮物;气浮池的优点是占地面积小,同时在接触氧化池等前段设施检修时,或在接触氧化池去除 COD 等不理想的情况下,可以通过在气浮池投加化学药剂的方式保证处理出水达标排放,但会生成较多的浮渣。同时,气浮池存在机械设备多,耗电量大等缺点。

2) 消毒方案的选择

医疗废水消毒有液氯、次氯酸钠、二氧化氯、氯片、活性氧消毒粉、臭氧及紫外线等多种消毒方法。①采用液氯消毒操作简单,但液氯消毒会产生具致癌、致畸作用的有机氯化物(THMs),且使用时具有潜在事故风险等缺点。②采用次氯酸钠消毒操作简单,但同样会产生具致癌、致畸作用的有机氯化物(THMs),不适用于人口聚居区和处理后直排水。③二氧化氯消毒法不产生有机氯化物(THMs),且投加简单,杀菌效果好。但二氧化氯发生器需要盐酸和次氯酸钠为原料,盐酸是危化品,医院采购使用环节有较高要求,管理程序比较繁杂。④氯片学名三氯异氰尿酸,是一种极强的氧化剂和氯化剂,有效氯含量高达 90% 以上,具有高效、广谱、较为安全的消毒作用。具有加注量较少,体积较小,方便运输的优点,但在潮湿空气中及溶于水后产生氯气,对设备设施具有强烈腐蚀作用,大量使用存在管理难度。⑤活性氧消毒剂具有氯片的优点,同时刺激性气味较少,对设备腐蚀很小。⑥臭氧发生器则投资较大,运行成本高,且对水质 SS 有较高要求,当 SS<20 mg/L 时才适用。⑦紫外消毒操作简单,运行管理和维修费用低,但对水质 SS 有较高要求,当 SS<10 mg/L 才适用。

由于医院不仅处于闹市区,且受场地限制,无法设置液氯、盐酸等储罐。活性氧消毒粉又名过硫酸氢钾复合盐,是以单过硫酸氢钾复盐、氯化钠为主要原料的活性氧水处理剂,过硫酸氢钾复合盐含量 20%~26%,氯化钠含量为 5%~6%。利用活性氧衍生物等协同杀菌功能,达到破坏病原微生物的蛋白质、酶和核酸,彻底杀灭病源微生物的作用。活性氧消毒粉同时可以氧化污水站的有机物,降低污水的 BOD 和 COD。采用整体式定量投药装置后,使用方便,环境友好,不含具致癌、致畸作用的有机氯化物(THMs)。缺点是新型消毒剂,竞争不充分,价格较高。综合考虑采用杀菌效果好、效率高、运行稳定、投加简单等优点,最终选择活性氧消毒剂作为污水站消毒剂。利用调节池流量计控制消毒剂加注计量泵,达到充分消毒又节约消毒剂的目的。

5. 解决影响污水站运行效能的相关问题

(1) 污水处理站在设计之初,一直坚持一次提升的要求,以节约电力和投资。施工图设计也遵循了这个要求,但由于气浮池设置于地下室内,正常液位和室外污水总管的高差过小,在正常情况下,排水没有问题。但在极端暴雨天气时,城市污水干管不可避免地混入雨水,导致污水总管水位升高,存在医院污水无法排放的风险。最终,在消毒池安装了提升泵,保证极端天气时污水的正常排放。

(2) 及时清理化粪池,医院由于人流密集且人员密度很大,一般在每个建筑独立设置化粪池,用于前处理医院污水,同时方便对感染性废水进行独立预消毒。医院化粪池一般由环卫部门定期清理残渣,但实际上,由于管理等原因,化粪池空间基本上被固体沉积物占据,实际有效空间很少甚至趋于无。化粪池无法有效截留粪便和杂物,不仅造成污水站栅渣过多,甚至污水提升泵堵塞,而且极大地增加了接触氧化池负荷,如果处理时间不足,容易导致出水 COD/BOD 超标。因此,应该根据实际使用情况,定期委托专业承包商清理化粪池沉渣,确保化粪池有效容积,发挥化粪池的处理作用。

(3) 按照规范设置食堂隔油池,医院人员密集,需要提供病人、员工及病人家属等人员的餐饮,产生大量餐厨垃圾,特别是烹饪时大量用油,最终导致大量油污排入污水管网。如果食堂隔油池过小或管理不善,不仅会经常堵塞污水管道,同时大量油污将进入污水站,原水 BOD 升高,容易导致污水排放时 BOD 过高。

(4) 严格雨污分流,医院雨污水管道一般采用 PVC 加筋管或双壁波纹管,也有采用混凝土管道的;雨污水井一般采用砖砌井,部分采用混凝土井。老院区由于不断改扩建等原因,载重车辆不仅破坏了路面,而且压碎了雨污水井及管道,导致雨污水混流。道路修补由于比较方便一般比较及时,雨污水管道及管井的重修由于存在周期长,严重影响交通等原因,彻底重修基本不可能,只要晴天时雨水管道没有排水,基本无人关注。为贪图方便,部分雨水立管就近接入地下污水管也是常有的。雨污混流在雨天可能导致大量雨水进入污水站,对于地埋式污水站存在极大的安全风险。不仅排水无法达标,地下建筑也会被水淹没。

(5) 建立健全的管理制度,提高运行管理人员的积极性和知识水平。污水站建设后期,医院就安排运行管理人员提前介入,熟悉设备设施及处理流程;调试期间和专业调试人员跟班作业,及时发现运行管理的难点和重点;对发现的问题要求施工单位进行调整改建;建立较为健全的管理制度,加强业务知识学习,保证污水处理设施高效节能的运行。

6. 进度控制、质量控制、安全控制

1) 进度控制

在项目建设初期,就制订了总进度计划,同时将总进度计划进行分解,分阶段落实。为了明确各

阶段的工作任务,将进度计划各阶段任务细化,分解到每月、每周,制订相应的计划。

过程中定期将计划与实际完成情况进行对比,发现问题,及时调整,同时根据进度计划落实责任主体,监督落实。

2)质量控制

(1)要求建立质量管理体系,明确各阶段的质量控制目标。

(2)建立质量控制的相关制度,落实责任人。

(3)努力学习相关知识和规范,采用专家认证及现场检查的方式,对设计质量、施工质量等方面进行审查,各阶段的质量管理。定期对项目进行检查、考评,考核结果作为项目经理的年度考评的依据。

3)安全控制

(1)建立安全管理体系。

(2)要求相关单位建立相关制度,落实责任人,并督促制度落实。

(3)督促施工单位加强新进施工人员进行安全教育。

(4)建立安全文明施工检查机制,每周定期对安全文明施工进行检查,发现问题,限时整改。

7. 廉政建设

(1)项目建设过程中的设计、勘察、监理、桩基施工和总包施工等招标工作,均由医院纪委全程进行监督,真正做到公开、公平、公正。

(2)与相关单位签订廉洁合同书。

(3)通过这些形式多样的交流活动,对项目参建单位所有人员及基建管理人员进行了党风廉政建设和法制宣传教育,提高政治思想认识,增强廉洁自律的意识。

8. 经济社会效益

1)经济效益

污水站改扩建工程完工投运,污水处理能力达到 3 000 t/d,可以确保医院 6 号楼建成后全院污水达标排放。朝晖院区的床位数将达到 2 350 张,医院的收入将有较大的增长。

2)社会效益

在"五水共治"大背景下,践行习总书记"该子孙后代留下天蓝、地绿、水清的生产生活环境"的讲话,充分体现了医院高度重视污水治理的主人翁精神,不仅为处于市中心老院区的医院在狭小空间下的污水站建设提供样板和参考,同时为新时期医院建设做出了榜样。

张　威　张朝阳　朱　涛/供稿

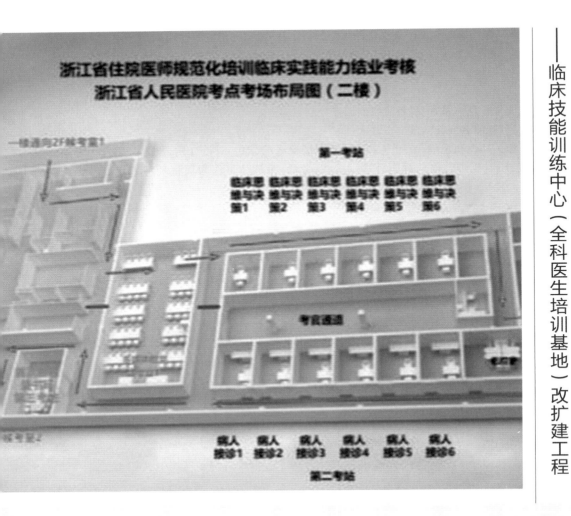

医生、护士规范化教育培训基地

——临床技能训练中心（全科医生培训基地）改扩建工程

一、工程概况

(1) 工程项目名称：临床技能训练中心（全科医生培训基地）改扩建工程。

(2) 工程项目建设地点：浙江省杭州市上塘路158号浙江省人民医院朝晖院区。

(3) 工程总建筑面积：3 085 m²。

(4) 建筑层数：地下1层，地上裙房2层。

(5) 建筑高度：12 m。

(6) 基建投资：1 300万元。

(7) 建设工期：600 d，2015年10月—2017年7月。

二、建设主要内容

浙江省人民医院临床技能训练中心（全科医生培训基地）改扩建工程。建筑面积约3 085 m²，拟为地上2层、地下1层建筑。建筑平面功能布置：地下一层：设置动物（鼠）饲养室、动物实验室、办公用房、库房及空调机房等。一层：设置模拟病房，内科虚拟训练室/内科思维训练室，内科腔镜模拟训练室，内科腔镜DSA实训室，内科技能训练室，外科虚拟训练室/外科思维训练室，外科基本技能实训室，妇产科、儿科实训室，成人、儿童急救训练室/创伤实训室，重症监护训练室/麻醉训练室，耳鼻喉、口腔、眼科训练室及配套辅助用房等。二层：设置 OSCE 考场及培训教室等。建筑结构采用钢筋混凝土框架结构体系。

三、工程项目建设背景

浙江省人民医院是浙江省规模最大的综合性医院之一，一直努力成为技术一流、设施一流、服务一流、管理一流，与国际接轨的大型综合性医院，为广大患者提供优质、安全、满意、便捷的医疗服务，同时也承担着巨大的医学人才的教学任务职责。

伴随着国际及国内医学模拟技术的快速发展、教学方法的不断优化，对于临床医学人才的培养模式也发生了很大的改变。浙江省人民医院是国家首批住院医师规范化培训国家级基地，同时也是杭州医学院的教学基地，为了更好地、科学地、规范地培养包含本科生、住培生、医护人员，结合 2017 年底的"医学模拟中心建设标准专家共识(2017)，中心基地的基础建设和信息化建设专门投入 4 000 万（含设备）专业财政经费，建设了占地约 3 085 m² 的教学楼，含医学模拟中心、图书馆及 OSCE（客观结构化考核模式）考试中心。

本工程自 2015 年 12 月 31 日项目经申报确认后，确定土建（含部分装修、安装工程）施工中标单位，施工工期 300 d。

2017 年 3 月 9 日一层实训室及二层 OSCE 考场及培训教室等装饰方案报讨论确定。

2017 年 5 月 30 日竣工。

2017 年 7 月 30 日对外试运营。

四、本工程项目的重点难点

1. 项目实施的难点

1）场地环境

本工程基坑北侧为制药房楼层 3 层，该建筑物为浅基础砖混结构，该侧基坑开挖边线距离该建筑物约为 1.6 m。基坑东侧为小区 7 层居民楼桩基础混凝土结构，该侧基坑开挖边线距离该建筑物 6 m 左右，单临近 2 m 有搭建建筑物。基坑南侧为朝晖小区，为 5～7 层桩基础混凝土结构居民楼距离基坑开挖边线不足 5 m。基坑西侧为浙江人民医院厨房、洗衣房浅基础砖混结构 3 层，距离基坑开挖边线最近处约 3 m 左右。本工程包括围护施工、基坑开挖及地下结构施工等部分，且土质情况较差，基坑开挖施工场地狭小，开挖深度较深，工程周边环境的保护要求较高，基坑变形保护等级为二级。

2）桩基及基坑施工

本次改扩建工程基坑开挖面积约为 1 168 m²，基坑挖深约为 4.55 m。本工程采用拉森钢板桩＋钢管支撑。坑内采用高压旋喷做被动的支护形式。

在基坑桩基施工期间，周边居民建筑物距离开挖边线较近，须确保在基坑开挖的过程中对其建筑物的影响安全。因此周期性对周边环境进行观测，及时发现隐患，并根据监测成果及时调整施工速率及采取相应的措施，确保道路、市政管线及建（构）筑物的正常使用。

在基坑开挖过程中，由于地质条件、荷载条件、材料性质、施工条件和外界其他因素的复杂影响，很难单纯从理论上预测工程中可能遇到的问题。而且，理论预测值还不能全面而准确地反映工程的各种变化。所以，在理论指导下有计划地进行现场工程监测十分必要，特别是对于类似本工程复杂的、规模较大的工程，就必须在施工组织设计中制订和实施周密的监测计划。

3）专业性高、系统复杂

根据医院总体建设规划及医院教学需要，医院全科医学临床培训基地的临床模拟训练中心将调整到新建的临床技能训练中心内,同时新建的临床技能培训中心也将兼顾医院其他医学临床技能实训培训任务需要。根据医院教学功能需求及全科医生临床培养基地临床技能模拟训练中心建设要求,项目主要设置模拟病房、模拟抢救室、临床综合技能实训室(包括内科、妇科、产科、儿科、眼科、耳鼻喉科、口腔科、重症监护和麻醉技能实训室等)、外科基本技能训练室(包括外科基本技能训练室、动物饲养室、动物准备室和动物实验室等)及配套用房(包括讨论室、办公室、资料室、中控室、储藏室和OSCE考场等)。

(注:OSCE考试,即客观结构化临床考试,通过模拟临床场景来测试医学生的临床能力;同时也是一种知识、技能和态度并重的临床能力评估的方法。考生通过一系列事先设计的考站进行实践测试,测试内容包括标准化病人、在医学模拟人上实际操作、临床资料的采集、文件检索等。)

2. 项目管理的难点

1)周边百姓协调难度大

本工程该项目东侧及南侧紧邻居民小区楼房,小区居民对医院建设较大的误解和怀疑,并多次投诉,担心该项目改扩建施工及后改变原有功能,会严重影响小区居民的生活和健康。

2)前期设计方案评估论证难度高

医院教学功能需求及全科医生临床培养基地临床技能模拟训练中心建设要求,其中包含实验室建设、模拟实训室建设、考试系统建设等,专业性强,前期综合方案论证复杂,方案对比难度高。

3)系统需求协调难度大

由于项目设计功能、布局复杂,专业性强,涉及管理部门多,协调难度大。

4)投资及进度控制难度大

由于实验室建设、模拟实训室建设、考试系统建设,先进的建设经验缺乏,前期对专业功能和使用需求的定位不准,影响后期管理上投资及进度控制难度大。

五、项目管理组织构架

工程项目由医院基建科牵头,制订可行性研究报告或初步设计方案,报院领导小组会议讨论同意经院内基本建设项目院内立项(批准)后,报分管院长签字及基建分管院长同意,并办理政府采购预算确认书经审批,通过后由专业设计单位进行设计,出具设计图,由基建科、财务和内审科等共同组织实施并管理。组织架构如图1所示。

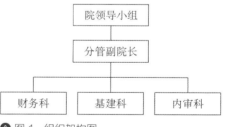

▲ 图1　组织架构图

六、管理实践

1. 设计理念及目标

项目启动时间为2015年,针对如何科学地建设和运营医学模拟中心当时国内尚无有效的统一标准,医院综合考虑并参考了国际医学模拟协会(Society for Simulation in Healthcare, SSH)、"国家卫生计生委办公厅关于印发住院医师规范化培训内容与标准(试行)的通知"(国卫办科教发〔2014〕48号)的相关内容,设计吸收了国内外先进的模拟教学中心的建设经验,参考国内外著名院校医学模拟中建设优秀元素,同时兼顾我国临床教学特色,结合医院在临床教学、管理上所拥有的医学教育资源,系统化、全方位地进行了医学模拟中心设计,使其构建成具备临床实践及操作技能训练的教学和科研平台,为医院培养优秀的临床医学人才创造条件和奠定基础。

2. 建设特点及管理

1）整体规划设计

中心前期的整体规划建设非常重要，包含场地面积、功能布局、水电布局、强弱电建设、配套硬件设施、中心网络环境、软件系统平台、中心管理方式及整体装修设计等综合因素。

相比国内现存大部分中心优先大致功能布局和医学模拟设备配置的建设思路，医院在建设初期就充分考虑并满足了今后中心的各种不同模式日常教学培训、学术会议、评估考核的多场景功能需求、信息化建设需求，提前在设计最优功能布局的同时，完成了配套信息化建设的强弱电集成、硬件设备的选型等。

整个设计从空间上即体现资源共享的思路，同时通过采用现代化多媒体监控技术，建立临床综合实验室，适应于各个医学学科的考核需要，满足教学培训考核要求。尤其体现在规范化培训上，形成和达到国家顶级、国际一流的医学模拟教学接轨的新模式。创设由"教师讲课为主、单项技术操作联系为辅"，向着"简短理论讲授 + 分项技术练习 + 综合模拟演练 + 手术实时同步演示 + 录像分析 + 临床思维总结"的国际流行模式方向发展。

2）区域功能布局明确

9号楼为完整的教学中心，包含了地下一层动物实验（图 2）、一层模拟教学实践技能综合实训区和办公区，二层多站式 OSCE 考试中心 12 站和理论教学区、三层为现代化图书馆，满足日常不同的学科、不同课程、不同教学场景的教学需求。图 3 为医院平面图。

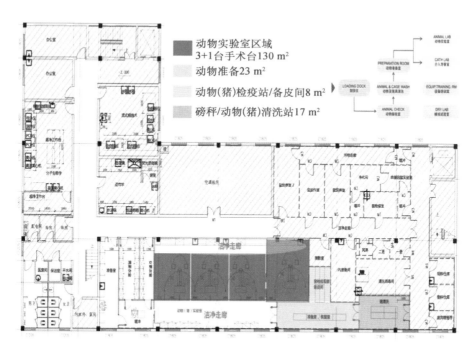

▲ 图2　地下一层的动物实验室

一层包含模拟病房、内科、外科、妇产儿科、急救、ICU、五官科等各医学学科的基本技能、专科技能实践教学，其中模拟病房、专科技能实训室通过活动隔断可根据实际日常临床需求随时灵活调整。

二层多站式考试中心支持学员与考官双通道设计、支持单向玻璃支持远程评分/观察、支持待考区与考场区流程合理，总控调度中心的高清视频监控系统支持对整体考试过程进行分类、计划性录像及回放，广播及可视对讲系统支持一对一、一对多的整体调度及局部调度。

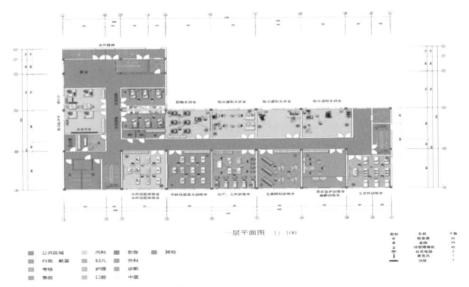

一层平面图　1：100

图例
公共区域　　内科　　影像　　其他
行政·教室　　妇儿　　外科
考核　　　　护理　　诊断
教辅　　　　口腔　　中医

∧ 图3　浙江省人民医院一层平面图

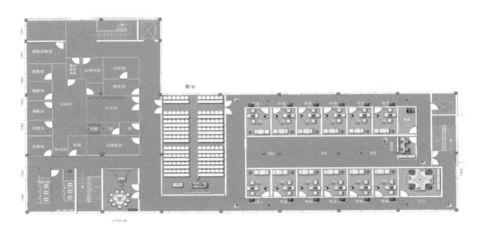

∧ 图4　二层多站式考试中心

3）整体空间及功能融合

中心可同时作为整体进行管理和区域灵活使用，各日常教学活动区域配置的音视频、广播对讲系统、信息发布显示系统进行灵活调整，图5、图6为医院进行浙江省住院医师结业考核流程及部署。

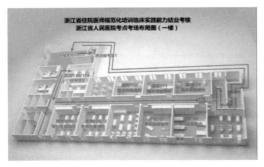

∧ 图5　住院医师结业考核流程及部署（一）

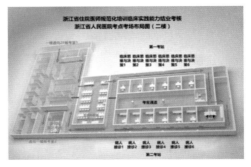

∧ 图6　住院医师结业考核流程及部署（二）

4）信息化建设

可对医学模拟教学过程及培训过程进行信息化综合管理,集合音视频采集系统、智能广播对讲系统、综合信息发布系统、互动示教系统、综合考勤签到系统等实现通过自动化、智能化、移动化、系统化的方式简化医学模拟中心/整体基地医学教学的日常事务,对人员管理、设备管理、考试管理、多维度评价管理、预约培训管理、音视频管理、教学行为管理、手术及远程互动示教等进行系统过程质量控制管理,并通过数据自动采集、智能化统计分析,降低人工成本、提高学习效率、优化评估考核、提升教学水平。

现医院医学教学及模拟教学模式结合网站端、移动 App、移动平板端进行管理,利用信息硬件系统和软件功能,进行线上线下教学、PBL、debriefing、工作坊等不同有效的教学方法,突出临床单项技能和临床综合技能的练习、示教、考核;可实现医学教学模式由"专家讲课为主、单项技术操作联系为辅"的传统医学教学向"简短理论讲授 + 分项技术练习 + 综合模拟演练 + 录像分析、临床思维总结"的国际流行模式方向发展。

如二层多媒体教室,可实现常规日常理论教学、手术示教、远程互动模拟教学、远程手术示教及互动教学等多种模式。

以评估考核为例,现医院 OSCE 科考试中心已可全面使用信息化系统,通过手持评分系统、移动手机端完成包含结业考核、年度考核、出科考核等各种不同类型的临床实践能力结业考核和其他重要考试,相比以往的传统考试耗费大量人力、物力,信息无法实时统计分析,可追溯性难,数据价值不高,如今的信息化考试的应用标志着医院教学管理向智能化、信息化建设又迈上一个新的台阶。如图 7 所示。

快速实时平分　灵活考核评估　过程跟踪记录　成绩自动总计

△ 图 7　医院教学管理信息化

信息化建设是促进医院现代化建设,提升医院综合竞争力的不可缺少的必要因素,通过加强医学教学信息化建设,是提高医院医学教学管理水平、促进医院内涵科学发展和全面建设的重要保证。

七、节能、环境评价及经济社会效益分析

1. 节能效果分析

按照《公共建筑节能设计标准》(GB50189—2015)的要求,本项目在建筑围护结构、暖通空调和照明等方面提出严格的控制指标和明确的节能措施。通过采用合理的布局、间距有利于院区的自然通风降温;建设屋顶花园,并宜在院区的规划用地范围内,采取合理种植乔木,适当设置凉亭、廊道等遮阳措施,以改善建筑周围的热环境。通过改善维护结构的热工性能、空调系统的能效比、照明设备的效率等措施,显著降低建筑的能耗。

2. 环境影响评价

环境保护是一项基本国策,本项目在实施过程中将严格遵守国家环境保护的各项法令法规,控制污染、保护环境、保护生态。在项目建设和运行过程中,将严格执行《建设项目环境保护条例》中规定

的"三同时"制度。本项目建设符合杭州市城市发展总体规划,项目建成后排放的污染物,只要认真落实环保治理措施,均可达标排放。由于排放量较小,对周围的水体、大气、声环境无明显不利影响。

总之,项目在建设过程中认真执行"三同时"制度,遵照《医疗废物管理条例》(中华人民共和国国务院第 380 号)的有关规定,具体落实环境管理与防治措施,在所产生的污染物得到有效处理、处置后,对周围环境影响在可承受的范围之内。从环保角度看,项目实施是合格的。

3. 社会效益分析

1) 项目对社会的影响分析

通过该项目建设,将有利于加快医院乃至全省医疗卫生人才队伍建设和人才培养,提高医疗卫生人才队伍的整体素质和服务水平,对于促进本地区医疗卫生事业健康发展具有重要意义。建设浙江省人民医院临床技能(全科医生)训练中心项目,对提高全科医生及医护人员在实际操作中的综合能力,提高临床医疗护理质量,满足患者身心健康需要,对促进建立良好的医患关系具有重要意义。可见,项目建设对构建和谐社会具有重要意义。

2) 项目与所在地区互适性分析

项目建成后能够给社会及医院提供合格的医护人员,群众也能够获得更好的医护服务,带来实实在在的利益,他们都迫切希望早日建成该项目。本项目是党和政府坚持以人为本、关注民生,提高城乡居民生活水平和生活质量的一项民心工程,人民群众及政府对项目的建设都非常重视,十分关心和支持本项目的建设。项目建设符合不同利益群体的意愿和需求。

3) 项目社会风险分析

项目选址符合杭州市城市建设需要和当地发展要求。项目建设是为了满足提升受训全科医生及有关医护人员技能和服务水平的需要,相关人员经过培训后,可以给群众提供更优质的医护服务,深受群众喜爱,不会带来文化冲突,更不会有民族矛盾、宗教等问题。项目的社会风险,主要集中在环境保护、废弃物和污水处理以及施工期间给周边居民生活带来不利影响等方面。项目建设单位要加强与有关部门的协调,共同做好工作,注意加强施工期间和运营期间安全防护和环境保护,尽量减少对居民生活和周边环境的影响,因此,项目建设风险很小。

4) 社会评价结论

本项目的建设有利于满足受训医护人员业务技能的提高、临床技能的规范化,对提高医护服务质量、为群众提供更优质的医护服务,对改善医护关系等具有重要意义,没有负面的社会影响。该项目建成投入使用后,将极大地提高浙江省医疗卫生服务人员特别是全科医生服务技能及素质,对浙江省经济社会的快速发展也起到保障作用,其社会效益非常明显。

张 威 张朝阳 朱 涛/供稿

精源于细 美源于心
共筑就医新体验
——浙江省肿瘤医院门诊楼改造工程案例

一、项目概况

1. 工程概况

（1）工程项目名称：浙江省肿瘤医院门诊楼改造工程；

（2）工程项目建设地点：杭州市拱墅区半山东路1号；

（3）建筑面积：6 400 m²；

（4）建筑层数：地上6层；

（5）建筑高度：22.2 m，其中一层层高4.2 m，二层及以上楼层层高3.6 m；

（6）建设工期：2016年10月—2017年10月。

2. 建设主要内容

浙江省肿瘤医院是浙江省肿瘤医疗、预防、教学、科研和信息指导中心，全院占地面积6.91万 m²，医疗用房面积16余万 m²。随着肿瘤发病率的逐年上升，来院就诊的病人数量日益庞大，近5年门诊及住院量年均增长12.57%，2017年门诊量达到46.01万人次。随着人民生活水平的提高和医改的持续推进，群众对服务质量和获得感的要求也日益提高，老的门诊楼建于1997年（图1），建筑主体为6层，框架结构，总建筑面积6 400 m²。依照行业标准、患者需求、就医流程及医疗安全等诸多

▲ 图 1　改造前的门诊楼南入口

角度全方位的布局和建设,完全不能适应发展趋势。为改善就医环境,提高医患获得感,项目注重前期论证和流程设计,总体布局理念新颖,经过为期 1 年的提升改造,新门诊大楼启用后,整个楼宇宽敞明亮,整体环境科学、诊区设计合理,完全能满足当门诊量和每年以 10% 增长的接诊能力。体验感舒适,获得医务人员和病友高度赞誉,先后多次接待省内外同行参观考察。本项目荣获 2017 年度杭州市建设工程"西湖杯"(装饰优质奖)。

3. 工程项目建设进程

本工程自 2012 年 10 月项目建议书上报,2013 年 2 月获得浙江省发改委项目建议书的批复,2014 年获得浙江省发改委对可研报告的批复;2016 年 10 月 1 日 开工;2017 年 8 月 31 日 竣工;2017 年 10 月 16 日启用。

二、重点难点

1. 项目难点

1)设计布局

原楼层布局杂乱,主诊区与配套设施没有合理衔接,室内与室外空间穿插不合理,人流集中。同时,设计前期需考虑多部门的实际发展需求,必须全面梳理建筑空间,将狭长过道等内部闲置空间剔除。自助区域、候诊区域、门诊专用治疗区域等目前已无法满足需求,随着"最多跑一次"改革的提出,如何实现信息分流,改造一个导视明晰、流程优化、空间舒适的门诊大楼,需要在设计阶段进行充分考虑。

2)改造选材

原门诊楼外立面均为釉面小条砖,破旧的立面与周围整体环境差异明显,主入口陈旧,无独立缓冲门头,入口通道美观度差。楼内装饰材料多为 20 世纪 90 年代常用材料,地面为水磨石地面,内墙白色涂料多已泛黄,部分区域仍用黄色木质护墙板,污渍清洗难度大。大厅及各区域光线灰暗,以灯光补照明为主,通透性较差。品种繁多的材料在颜色、材质、搭配等选择上,极大影响装饰后的效果及感官体验。

3)就诊分区

原门诊楼一楼分布挂号收费、门诊服务台等区域,病人挂号、取药等一系列就诊流程繁杂(图 2)。各类服务的窗口几乎为全封闭窗口,与病友是通过对讲系统沟通且隔着钢化玻璃,互动感差。诊楼内杂乱无章的导引指示,不仅标志不明且给医务人员和病友就诊带来不便。各诊间仅按大类别外科、化疗诊区、放疗诊区进行分类且分布在不同的楼层,几个医生共用一个大诊间,无法很好保障病人隐私,就诊体验差。随着远程会诊、双向转诊、云门诊、门诊多学科诊治团队(MDT)等推进,智慧医疗方面工作的用房,因场地有限而未及时设置,影响医院的长远发展。

4)空间配套

原门诊病人及家属经常在狭窄的通道内聚集候诊,

▲ 图 2　改造前的门诊楼一楼大厅

由于通道本身狭长,楼内就显得拥挤不堪,有限的空间,往往使得楼外也人满为患,就医体验较差。楼内自助挂号机放置零散,杂乱无序且使用率低;户外平台闲置,空间浪费。

5)节能智能

原门诊楼内日光灯、节能灯、白炽灯等种类繁多,能耗消耗较大。图纸资料缺失,水、电、暖通等管路走向不明晰,日常维护保障困难重重。楼内消防设置陈旧,楼内信息系统薄弱,都急需提升和改造。

2. 项目管理的难点

1)建设工期紧

由于门诊在装修改造前,所有诊间已集中过渡至病房楼内,诊间拥挤,候诊空间狭窄,门诊收费挂号、门诊检验搬离至户外临时简易房内过渡,门诊药房与病区药房合并,布局散落,不仅给病人挂号、看病、取药等带来不便,也影响就诊体验感。若建设周期拉长,还将带来诸多不确定性因素,增加医院项目管理的难度。

2)功能多、范围广

本项目涉及功能多、范围广,自动发药机、生化免疫流水线等设备单体较一般医院门诊的数量多。不仅需要与门诊办协调其诊间布局、就诊流程,还要协调病区药房、收费挂号、检验科、设备科和信息科等科室的实际工作需求,涉及旧设备的继续使用,新设备的进出场时间、位置、负荷及荷载等,工作量大,还需充分考虑医院门诊病人迅速增长的发展需要,结合医院发展规划及流程布局等。

3)投资控制难度大

由于门诊楼建造年代久远,原有装饰材料拆除后,楼板部分有裂纹,一楼底板为架空层,原门诊六楼信息机房预应力钢绞线未拆除等诸多结构主体暴露后的问题随着项目的开工逐渐显现;随着项目推进时间长,材料、人工均有不同程度的增长。另外,由于有些医疗功能在前期阶段无法明确,实施过程的变更将造成后期投资管控难度大。

三、组织构架与管理模式

1. 组织构架

基建项目组织架构(图3)由医院基本建设领导小组会议讨论通过,项目的具体管理由医院基本建设领导小组办公室负责。由总务科(基建办)及相关职能科室牵头成立项目工作组,并编制专项执行时间表,职能科室配备专职人员,全过程做好策划、监管、调整、审核和归档等工作,负责工程建设工作有关质量保障方案的制订,实行项目建设单位监管、监理单位全过程监理等方式,加强对工程建设质量、进度、材料设备的采购验收、安全文明施工等方面的监督管理。项目推进实行分工负责制,做到有计划、有落实。引入专项设计机制,钢结构设计、电梯井道设计等由具专业资质的设计单位完成。

该楼宇使用部门主要有门诊办公室、药剂科、检验科和财务科。建设科室主要为总务科(基建办)、信息中心、设备科和保卫科,其中总务科(基建办)负责项目前期设计招标、组织各部门进行设计方案论证、监理招标、施工招标、土建、装饰及安装等现场项目管理。信息中心负责项目建筑智能化工程的现场施工管理。设备科负责医疗设备采购及现场安装管理。保卫科负责消防设施工程的现场施工管理。工程项目建设全过程的管理,通过领导小组统一协调、各科室相互沟通来实现。

2. 管理模式

本项目实行建设单位全过程管理模式,各职能科室各司其职,按照批准的概算、规模和标准,严格规范建设程序,使建设项目顺利实施。医院从项目建议、可行性研究、方案设计,到施工管理、竣工验

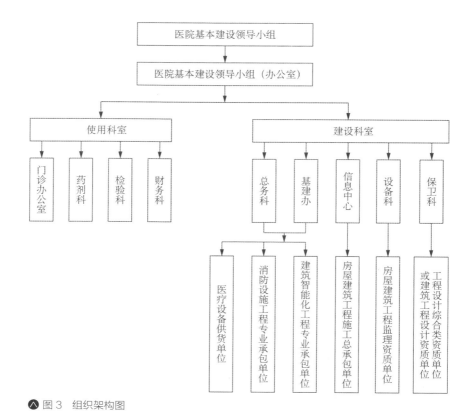

△ 图 3　组织架构图

收、工程财务监管审计、项目建成交付使用等环节的全过程项目管理,建立了一整套规范、专业、有效的管理模式。

四、管理实践

1. 管理理念

精细化、规范化、信息化、人性化。

2. 管理方式

1)项目控制精细化

本项目以"事前策划、过程控制、闭环管理、不断规范"为总体思路。项目的前期策划工作主要是,确立设计目标和方案,并对方案进行论证,为项目的批准提供依据。项目控制从全局和战略的角度出发,这个阶段主要是项目进度控制、院感控制、质量控制等方面的工作,在项目前期策划阶段进行严格的项目管理,确立项目目标并对项目进行详细的技术经济论证,使整个项目建立在可行、可靠、坚实和优化的基础上。

2)项目管理

参与项目管理的各职能科室均能明确各自的主要工作和担负的责任,分工明确,职责分明。基建项目建设管理实行全过程质量监督,落实项目管理责任制,做到谁主管谁负责,谁经办谁负责,强化责任人对工程质量实施全面管理。责任人严格按预定的施工方案实施监督,对不符合规范要求和有明显质量问题的,及时通知予以整改,并追踪检查到合格为止。专人负责收集、整理医院所有建筑物图纸、资料和水电设施的技术资料,并及时存档。由医院自行采购的物资、设备,由采购科室及使用科室共同管理,项目配套的设施由各相关部门对口管理。

3)设计管理

通过研究熟悉项目前期的有关内容和要求,各职能科室提出各类需求,并编制设计任务书。将设计方案进行论证,并在医院 OA 内网进行公示,在广泛征求意见的基础上,修改完善设计任务书。在医院设计过程中,明确设计单位工作职责,明确各阶段的设计要求。充分利用原有设施,加强配套设施建设的设计,在建筑风貌及整体空间环境的安排上与周边的景观环境相协调。设计始终围绕着"以人为本"的理念,合理配建与完善各类服务设施,梳理用房分区及功能。

4)招标采购管理

(1)招标采购管理,从前期论证、项目启动、招标文件拟定、公开评标到结束每个环节都至关重要。由于门诊装修改造项目涉及面广,专业单位多,医院在编制采购计划时,遵循"统一设计、共同论证、分散采购"的原则,由各职能科室负责各自专业范围内的招标采购工作。在项目招标过程中,医院上下重视招标的前期准备策划,充分考虑项目各方的需求,结合医院既有旧建筑的特点,功能的需求,以及环境条件等。

(2)工程控制,尤其是以人工、材料、机械为主要预算组成。项目管理部门在招标实施前,编制合理的招标规划,收集和分析所有前期资料,梳理项目实施过程中的要点、难点以及在履行合同时存在的困惑,根据国家及地方相关条例规定,根据项目立项投资概算组成和具体方案进行概算分解,通过概算分解确定项目预算,选择合适的招标方式进行限额招标。

(3)招标文件完善,对工程量清单进行复核,明确招标采购原则,分类进行招标采购。在招标文件编制时,对建材、设备的选用、材质规格品牌的选择进行约定,并纳入招标文件的合同主要条款。在项目招标公告发布前,由医院根据项目实际情况,选择一家合适的招标代理公司,编制招标文件、项目清单等全套资料,将编制完成后的全套资料择优送交另一家招标代理公司实施复核。医院再对复核后的全套资料进行最终审核,审核无异议后,将项目委托复核公司进行公开招标,从而减少文件、清单缺漏项的风险。医院纪委全程参与招标采购过程。

5)投资控制

投资控制是项目管理的主线,贯彻于整个项目过程。在项目前期阶段,包括:建筑安装工程费、设备购置费、工程建设其他费、预备费及办公家具用具购置费、医学专用仪器设备购置费等方面进行罗列,借鉴既往的工程管理经验,完善投资估算,合理地计算投资,较好地在设计合同内落实限额设计。全过程动态管理投资控制,将设计概算与投资估算进行对比分析,找到差异点。在项目实施过程中,将概算、清单、投标文件、施工预算进行分析比较,找出投资控制的要点。参照装修改造项目总造价的15%为配套家具购置费用,家具的现场测量、定制的周期、进场的时间节点等,都是需要在投资控制中注意的客观因素。

在招标时,明确投标人结合施工图、图集、施工规范及现场勘查情况,以综合考虑完成每项工作内容应记取的全部费用。若项目特征描述未全但涉及金额较大,对自主报价有影响的,则投标人必须以书面方式提出答疑要求,否则视同理解和接受,中标后不得以清单编码及项目特征描述不全为由调整综合单价。工程中所有的孔洞须修补完毕并满足建筑、防渗水、防火要求,费用由投标人自行计算并计入报价中,中标后不做调整。工程现场废旧建筑物拆除、垃圾收集、清运,工程设备、材料二次搬运,安全、环保、治安、消防的一切相关费用与违规责任均由中标人承担。

未明确的项目特征及描述,在设计单位的指导下,与监理单位、施工单位确认结算方式。在结算时,严格遵循合同、国家相关文件、设计图纸及相关工程资料,委托具有工程造价咨询甲级执业资质的第三方机构进行审计,审核工程决算的真实性、可靠性、合理性。凡属于合同条款明确包含的,在投标时已经承诺的费用、属于合同风险范围内的费用,以及未按合同执行的费用等坚决剔除,严格落实决算和审计工作。

案例

（1）门诊大楼与连廊衔接部位下方是人员出入的主要通道,因大楼外墙施工,原铝合金窗户需要拆除。为了安全进行维护处理,基层使用地垫宝进行缓冲处理,面层使用 18 mm 厚多层板覆盖,支撑加固钢管,总计费用约为 5 万元,该项费用因投标人未在现场勘查情况及书面答疑时提出,不予计入,为医院节省投资 5 万元。

（2）一层至六层各楼层房间墙体拆除后,水磨石地面误差较大,必须全部拆除后地面重新找平,总计费用约为 36 万元,该项费用因投标人未在现场勘查情况及书面答疑时提出,不予计入,为医院节省投资 36 万元。

（3）原七楼彩钢房与钢架、五楼雨棚拆除,总计费用约为 15 万元,该项费用因投标人未在现场勘查情况及书面答疑时提出,不予计入,为医院节省投资 15 万元。

（4）各楼层楼面给水及排水管安装机械开工,一层至六层共计 401 个,总计费用约为 3 万元,该项费用因投标人未充分领会施工图等相关资料反映的主要内容且未在书面答疑时提出,不予计入,为医院节省投资 3 万元。

（5）大楼前连廊钢结构屋顶于女儿墙采用 3 mm 厚铝板施工,总面积 496 m²,顶棚铝板增加主龙骨钢梁计 4.78 t,该项费用因投标人未充分领会施工图等相关资料反映的主要内容且未在书面答疑时提出,不予计入,为医院节省投资 30 万元。

合计节省费用约 89 万,为项目建设节省了投资,提高项目风险管控。

6）沟通管理

医院在前期申办过程中先后向浙江省卫计委、浙江省发改委、浙江省财政厅等部门请示汇报、联系协调、申请批复,定期组织召开项目进展协调会,每周以工程例会纪要形式和每周项目情况汇报形式向各职能科室以通知单形式告知项目情况及工作进度。每周监理例会各参建单位定期汇报工作进展,汇报项目情况,落实分工及督查内容,项目的隐蔽工程验收、节点验收等。项目各节点基本具备竣工验收条件后,多部门共同参与项目的整体初步验收,发现问题,及时反馈,及时整改。

7）进度控制、质量控制、安全控制

（1）进度控制

在项目建设前期,就制订了总进度计划,同时将总进度计划进行分解,分阶段落实。为了明确各阶段工作任务,将进度计划进行分解。在实施过程中定期将计划与实际完成情况进行对比、发现问题,对影响施工进度的因素及时采取措施处理。

进度计划的内容涵盖:①整修与钢结构施工之间的衔接计划;②装修与安装并行的进度计划;③整体装修、安装、设备进场的总进度计划;④以周为单位的进度报表;⑤以日为单位的工作安排。

影响进度计划的因素:①门诊楼内诊室及其他职能科室的搬迁;②原有固定资产及物资的报废和移除;③场地移交;④施工图纸、图审、工程设计变更;⑤主材的品牌、材质报验及抽检,选样、非投标内材料品牌、价格的确定;⑥材料的加工周期及进场时间;⑦非装饰单位的专业配合、钢结构施工等;⑧整改开始的时间与力度;⑨垂直运输的制约;⑩周边环境的特殊性及施工现场场地制约。

进度管理:掌握宏观进度,控制移交进度,提高管理团队的执行力,对影响进度的各种因素有预案、有方案,整改验收阶段有目的、有措施。

（2）质量控制

质量控制管理的方针:计划、实施、检查、处理。

Ⅰ.计划:编制完整的项目实施计划、质量监督计划以及各分包的配合计划,分包单位在施工总计划下编制明确的质量控制目标计划,实现目标的方案和措施。各分包单位按项目组的质量控制计划确定独立质量控制的组织制度、工作流程、技术施工方法、合理资源配置、检验等要求、质量记录方式和不合格管理措施等具体内容和做法。

Ⅱ.实施:计划和实施方案的交底,场地的移交;在监理单位的协助下,各职能科室监督各分包单位的实施执行情况并对进度进行动态监控;各分部分项工程的验收,材料选样全过程质量控制。

Ⅲ.检查:在监理单位的协助下,各职能科室各自或联合对分包单位计划实施过程进行各种检查。包括分包单位的自检、互检和专检。检查分包单位是否严格执行计划方案,实际条件是否发生变化,不执行计划的原因。应检查计划执行的结果,即施工工艺、用材质量是否达到标准要求,并对此进行确认。

Ⅳ.处理:在监理单位的协助下,各职能科室对质量检查所发现的质量问题或质量不合格情况,要求分包单位进行原因分析,提出整改措施并予以纠正;监理单位反馈整改结果,保证质量形成的受控状态。在每周的监理例会中,分析施工质量,做到事前控制、事中控制和事后控制。

(3)安全控制

Ⅰ.建立安全管理体系,各参建相关单位签署安全生产责任书。

Ⅱ.各相关单位建立安全生产责任制度,落实责任人,缴纳安全生产保证金。

Ⅲ.各职能科室工作人员每日对项目现场的安全生产落实情况进行巡查,每周监理例会、现场办公会等场合,督促施工单位加强施工人员的安全教育。

Ⅳ.要求监理单位检查施工单位的安全措施的落实情况,审核相关费支出情况,做到专款专用。

Ⅴ.建立安全文明施工检查机制,监理单位驻点人员对安全文明施工行为进行平行巡查,每日对安全文明施工进行抽查,发现问题,限时整改。

Ⅵ.涉及人货梯的安装、钢构件的吊装、高空吊篮安装等特殊作业,要求施工单位将施工方案上报监理单位审查,并与医院签署特殊作业安全管理协议,强化安全生产管理意识。

Ⅶ.项目涉及动火动焊作业,必须填写动火动焊作业审批表,按医院相关规定进行消防报备,实现操作人员与岗位上岗证的人证合一。

Ⅷ.定期对项目进行检查的结果作为监理单位监理费、施工单位履约保证金、安全生产保证金结算、退还的依据之一。

Ⅸ.专项施工、专项设计,医院、监理单位全过程监督设计及施工。

8)档案管理

(1)合同管理:根据合同类型进行分级管理。建立合同台账,对合同信息进行登记、编号、分类存档,并在后勤信息化平台上传电子档合同文件。管理人员备注相应合同条款、记录付款进度及付款条件,对每笔支付款项、合同进度进行登记和记录等。

(2)联系单管理:所有变更项目实施前,必须经施工单位书面报送监理单位,施工联系单中注明变更涉及的主材品牌、规格、型号和用量等调整信息,以及原投标报价清单内的替换、核减、增加工程量,注明工期及注意事项,经监理单位复核后,报送院方审核签证。涉及的设计变更还应经设计单位签证确认;经确认及签证的联系单,一式三份,按连续编号统一存档。

(3)其他档案管理:报验记录,主要包含:工程开工报告、施工组织设计、材料、设备报审等14项开工前资料,装饰装修、给水、排水及采暖、电气、智能分部及所含子分部、分项、检验批质量验收记录、单位工程及所含子单位工程质量竣工验收记录等18项质量验收资料,钢结构工程、幕墙工程、防水材料试验报告、金属及塑料的外门、外窗检测报告、电气设备调试记录、电气工程接地、绝缘电阻测试记录等40项试验记录,16项材料、产品、构配件等合格证资料,以及施工过程资料、竣工资料、质量监督存档资料等。各类纪要,主要包含:每周监理例会、现场办公会、安全生产专题会等会议记录,按种类、开会时间统一分类和编号,归档存放。影音资料,主要包含:材料、设备、施工前期、中期、后期的摄影、摄像资料,以楼层为单位整理。

9)变更管理

(1)建立变更制度:参照医院《基建工程施工签证管理暂行办法》执行,按发、承包合同约定,就施工过程中涉及合同价款之外的责任事件所作签认证明。对在非正常施工条件下采取的特殊技术措施费,定额直接费中未包括设计变更、材料改代造成的工程量变化,工程中途停建、缓建造成损失费,不可预见的地下障碍物的拆除与处理费用可以办理的施工签证。对属于其他直接费中施工因素增加费范围的内容,合同或协议中规定包干支付的有关事项,发生施工质量事故造成的工程返修、加固、拆除工作,施工组织不当造成的停工、窝工和降效损失,违规操作造成的停水、停电和安全事故损失,工作失职造成的损失,虚报工程内容增加的费用,施工单位为创品牌工程、业绩工程增加的费用,施工单位为增加利润提出的要求,因施工单位责任增加的其他费用项目一律不予以签证变更。

（2）规范变更程序:单项变更估算造价在1万元(含1万元)以下的工程签证,由基建科工程分管负责人和基建科分管科长签证;单项变更估算造价在1万元至3万元(含3万元)的工程签证,经基建科工程分管负责人、基建科分管科长、基建科科长签证;单项变更估算造价在3万元至5万元(含5万元)的工程签证,经基建科工程分管负责人、基建科分管科长、基建科科长签证,报分管院长审批后执行;单项变更估算造价在5万元至10万元(含10万元)的工程签证,经基建科工程分管负责人、基建科分管科长、基建科科长签证,报分管院长审核,再报院长审批后执行;单项变更估算造价在10万元以上的工程签证,经基建科工程分管负责人、基建科分管科长、基建科科长签证,报分管院长审核后,提请院务会讨论,通过后,按医院决议执行单审签结果执行。

10) 廉政建设

所有公开招标项目程序到位、流程到位,均由院纪委部门全程参与,所有招标情况均以书面形式递交院党委会审议。每签署一份采购合同则相应的由医院与乙方附签廉洁合同,项目参与者签署廉洁承诺书。项目建设期间,建设单位、设计单位、监理单位和施工单位全体成员通过每周项目例会之余,通过廉洁自律学习,强化廉政教育。

医院不定期召开形象生动的案例分析讲座,发放宣传学习资料,并组织各参建单位前往监狱接受廉政教育,提高了项目参建单位相关人员廉洁自律意识。

11) 经济社会效益

（1）经济效益

项目建成后,浙江省肿瘤医院,门诊楼内功能布局和就医环境极大提升门诊接诊综合服务能力有效提高。2018年给医院带来直接的经济效益,与2017年相比,门诊人数增长了16.27%,检验人数增长了15.03%。

（2）社会效益

门诊楼的装修改造顺利完成,既为病人创造了良好的就医环境,又使门诊医疗功能、接诊能力、医疗环境等更上一个台阶。提升医院特色学科在国内更高知名度,奠定医院可持续发展的基础,缓解群众看病难、看病烦等情况,发挥了很好的社会效益。

五、最终效果

（1）设计布局理念新颖,充分体现现代气息

设计前期注重多部门的联合论证,梳理建筑空间,按"以人为本和以病人为中心"的理念和科学、合理、实用的原则布局,满足今后医院发展需求。新的就诊体验需求融入设计中,将狭长过道等内部闲置空间剔除,拓宽拓展共享区域,做到装饰与功能相得益彰。楼层布局合理,增设VIP诊区(图4),个性化的妇科诊疗区域,满足病人各类需求。注重主诊区与配套设施衔接,将建筑、管理、使用有机结合。室内与室外空间穿插,注重人流分散,建筑主体简洁大方。多层次的设计理念,体现医院对患者的人文关怀。

图4　VIP门诊候诊区

（2）改造选材科学合理，效果视觉冲击显著

改造后的门诊楼外立面充分运用简洁、大气的现代装饰风格，门诊楼外立面沿用医院整体景观元素，采用中性偏暖色调真石漆勾勒，颜色柔和。主入口将门头扩延，浑厚的立柱的石材干挂与顶部的钢构铝板结合。主入口台阶、扶手、地面均运用天然大理石铺装，台阶考虑雨雪天防滑，用刻槽的天然大理石铺装，主入口和无障碍通道合理衔接，石材扶手选材大气。大门入口与主通道南侧设置的C形停车岛，凸显造型高雅、端庄大气。楼内墙面装饰大面积采用暖色系抗倍特板铺贴，楼内公共地面采用天然花岗岩拼花，诊间地面采用暖色系地胶板，诊间墙面护墙板铺贴暖色系卡利板，加上温馨典雅的暖色系家具与各区域的装饰风格相配套，使整体的内设更加整洁、温馨、舒适。门诊各区域采用南北、东西通透设计，门厅三角形阳光顶设计，透明钢化玻璃搭配电动遮阳卷帘，按需开启满足室内自然采光。整体通透度明显提升。如图5、图6所示。

△ 图5　改造后的门诊楼南入口

△ 图6　改造后的门诊楼一楼大厅

（3）以人为本科学分区，患友就诊体验舒适

门诊楼内中心区域采用圆形导医台，挂号、取药窗口均采用全开敞的一对一服务模式，带来高品质的就诊环境。优化的楼内导视设计、布点规划，改造后的楼内导视系统简明、美观，个性化专家介绍栏均设立二维码，全面呈现专家介绍，引导病人准确、快速、舒适的就医体验。采用独立开放胸部、腹部等以疾病部位区分诊间，将外科、放、化疗包含在同区域，每个区域均设置MDT诊间，楼内独立增加VIP门诊区域，缩小诊室单间面积，增加诊室数量，做到一人一诊间，有效保护病人私密性。每个诊间内均设立一键紧急呼叫系统，有效保护医生的人身安全。每个诊室门口均设置自助结算显示屏，使诊间结算更为便捷。为患者提供最便捷的就诊通道。

（4）整合优化原有空间，拓展问诊优质配套

改后去除门诊楼内闲置空间，拓宽公共过道和候诊空间，采用绿植作为物理隔离与装饰硬质景观相搭配更体现温馨。主入口设置入口东、西两侧落地阳光房自助挂号专区，同时在每一楼层均放置自助挂号结算机，有效分流大厅挂号收费病人。原有门诊密闭户外平台闲置，改造后依据平台结构增设两个入口对该区域精心全面提升景观改造配套户外藤条座椅和沙滩伞，作为VIP门诊候诊病友配套的户外提供舒适的室外休憩场所。公用区域通道采用吊顶条形铝板与石膏线相结合，候诊区域采用圆形吊顶，使整个空间区域增加亲和力，提升空间品位。诊间区域四周墙裙设计，改变原有单一格调，更显医院对患者的人文关怀。

（5）注重整体节能减排，全新融入智能体验

对大楼内的强电、弱电、给排水、暖通管路等基础设施进行全面更新，大楼内的所有照明均采用LED节能灯和过道声光控灯具，显著降低能耗支出。运用红外热敏自动感应消防水炮弥补消防盲区，烟感系统有效起到消防应急保障。改造后门诊主出入口设立两匝道道电动门，主门与辅门相结合使用实现暖通有效节能。合理化设置门禁系统，实现楼内监控系统全覆盖，布控医疗、消防、门禁紧急联动系统，实现楼内广播呼叫全覆盖。

王乃信　吴　荣　黄　铭/供稿

绿色、生态、节能建筑
——浙江大学医学院附属妇产科医院科教综合楼工程项目

一、概况

1. 医院概况

浙江大学医学院附属妇产科医院(浙江省妇女保健院、浙江省妇女医院)是浙江省妇产科医疗、教学、科研及计划生育、妇女保健工作的指导中心。三级甲等妇产科医院(妇女保健院)。曾先后获得全国妇幼卫生先进集体、全国计划生育先进集体、全国优秀爱婴医院、全国母婴友好医院、浙江省市文明医院、浙江省示范文明医院、浙江省计划生育科研先进集体等荣誉。核定床位 1 120 张。职工 1 900余人,其中副高级以上专家 200 余人。年门诊人次近 160 万人次,年收治病人近 8 万人次,年分娩数超 2 万人次。是妇产科学硕士点、博士点、博士后流动站。学科优势突出,专业特色鲜明,享有较高声誉。设有妇科、妇科肿瘤科、产科、新生儿科、生殖内分泌科、计划生育科、妇女保健部、外科、内科、中医科、麻醉科、门急诊科等临床科室以及检验科、超声诊断科、放射科、病理科、药剂科、生殖遗传科等医技科室。医院的前身是浙江省立医学院附属医院。1999 年至今,医院改称为浙江大学医学院附属妇产科医院、浙江省妇女保健院、浙江省妇女医院。

2. 项目概况

科教综合楼项目位于医院北侧,西临浣纱路,东临岳王路,北对庆春路,南侧通过连廊和原有病房楼相接。总体规划中的第三期建筑,主要为科研用房及部分门诊、住院用房,为 12 层建筑。受西湖景观限制,高度控制在 46 m 以内。用地面积:5 384 m²,建筑面积:38 685 m²,建筑占地面积:2 661 m²,地上建筑面积:27 045 m²,地下建筑面积:11 640 m²,建筑高度:45.5 m,绿地率:30.3%,项目投资:2.02 亿元,建设周期:36 个月(2008 年 9 月—2011 年 9 月),结构体系:钢混剪力墙结构。

3. 项目参建单位

建设单位:浙江大学医学院附属妇产科医院。
设计单位:浙江省现代建筑设计研究院。
绿建咨询单位:中国建筑科学研究院上海分院/浙江联泰建筑节能科技有限公司。
施工单位:浙江省长城建设集团股份有限公司。
监理单位:上海市建设工程监理有限公司。
图审单位:汉嘉设计集团有限公司。

二、工程项目绿色建筑创新性说明

1. 节地与室外环境

(1)公共交通。项目场地呈尖三角形状,尖角向北,通过整合交通,将医院交通规划纳入城市区域交通体系,充分运用城市公共交通资源。建筑出入口处步行至公交站点 200 m,距离 500 m 内公共交通线路条数为 20 条。

(2)风环境。项目处于夏热冬冷地区,设计注重室内自然通风和冬季室外行人舒适性。建筑单体迎风面与背风面存在压力差是实现自然通风的重要手段。设计中,利用计算流体力学模拟软件对建筑形体、布局的通风状况进行模拟,根据模拟结果调整设计方案确保室内通风。通过室外风环境模拟计算,调整建筑形体及方位布局等,保证建筑周边的人行区的环境舒适性、自然通风的可行性、冬季防风及建筑周边空气质量。

(3)噪声控制。建筑单体平面布局和空间功能合理安排,将噪声敏感房间如育婴室、病房与空调风口平面进行错开布置。门诊及病房采用风机盘管加新风系统,由风机盘管配套送风口侧送风或顶送风。

(4)屋顶花园技术。妇产科医院科教综合楼位于城市核心商业区,占地面仅为 2 661 m²,为了最大限度的节地,在第五层、第六层及顶层分别设有屋顶花园共 1 091.8 m² 占屋顶可绿化面积的43.7%。为病人提供了更为接近自然生态的医疗环境,增强了人们的"亲地感"和"舒适感"。不仅美化了医院环境,还起到保温、隔音和调节微气候的作用。

(5)地下空间利用。项目从整体上合理的规划交通组织,并建造有共 3 层的地下车库,合理地利用了地下空间。地下建筑面积与建筑占地面积之比为 216%。

(6)室外透水地面的运用。在车行道、人行道和停车道上均采用透水地面,不仅减少了因气温逐渐升高和气候干燥状况,并改善了生态环境及强化天然降水的地下渗透能力,及时补充地下水量,减少因地下水位下降而造成的地面下陷。本项目绿地率 30.3%,折合为绿化面积为 1 620 m²,室外地面面积为 2 723 m²,则透水地面的面积占室外地面总面积的比例为 59.5%。

2. 节能与能源利用

(1)围护结构。外墙采用蒸压砼砌块,40 mm 聚氨酯现喷外保温,屋面保温材料采用保温隔热性能都比较好的挤塑聚苯板,并用倒置式屋面做法,大大提高了防水层的使用年限。外窗作为围护结构构件中保温最薄弱的环节,热损失可达 40%~60%,项目采用断热铝合金＋Low-E 中空玻璃窗,为隔热铝合金多腔密封窗框,提高气密性,减少建筑物在空气渗透中的热损失,达到明显的节能效果。2012年11月12日,本项目对外围护结构热工缺陷进行了监测,监测结果显示科教综合楼室内温度比较恒定,波动值较小,外围护结构表面温差分布均匀,未发现明显热工缺陷。

(2) 活动外遮阳+固定外遮阳。主楼东西两向设置遮阳百叶,在立面幕墙形式中形成特殊的横向排列。通过预制混凝土单元有效解决建筑遮阳构件的搭接,更安全更节能。门诊楼采用活动外遮阳,根据具体的节能效率进行自动遮阳,活动的百叶可以在夏季提供90°的全面遮挡,并且镂空的单元百叶可以满足室内对于采光的要求。下午百叶会随着时间和日光强度的变化自动进行方位调节,减少夏季室内太阳辐射热,大幅降低空调运行能耗,达到明显的节能效果。

(3) 余热回收。病房楼卫生间及手术室洗手设置热水供水系统。室内热水采用集中热水供应系统,热交换器为蒸汽间接加热的制热方式,热水出水温度为 55℃。热水共设 2 个区,五层至十二层为上区,三四层的手术区为下区,均采用上行下给式供给方式。上区热交换器选用 2 台半即热式浮动盘管热交换器,设于屋顶水箱间;下区热交换器选用 2 台快速热交换器,设于四层裙房屋面上。冷水在热交换器中加热后,经室内热水管网输送到大楼室内各用水点,蒸汽来自锅炉,热水管网采用机械循环供水方式。所有冷水进热交换器均设置电子除垢仪,型号为 TL-2.5,以保证热水循环水质及保护热交换器。大楼热水日用量为 80 t,最高日最大时用水量为 14 t。总耗热量为 2.9×10^6 kJ/h,热媒蒸汽耗量为 1.58 t/h。选用 5 台 750 kW 风冷热泵机组,其中 4 台为部分热回收机组,每台机组回收量不少于 150 kW,回收产生的热量经水-水热交换后供大楼卫生热水使用,夏季可制热水 11.5 t/h;带热回收型的风冷热泵机组置于机房层屋面。要求机组空调供回水温度夏季 7℃/12℃,冬季 45℃/40℃;热回收机组卫生热水供回水温度 55℃/50℃。采用部分热回收机组有别于普通风冷热泵的特点是,在夏季制冷时把机组的冷凝温度进行回收利用,同时又减少了采用蒸汽锅炉提供热水所造成的热能的消耗,巧妙地将这部分热能加以利用,实现了低投入、高回报的经济效益。

(4) 光伏发电。屋顶设置太阳能光伏电源装置,容量 63.75 kW,作为地下车库的平时照明之用。楼顶太阳能电池方阵由 8 块串联成一个串联方阵,共计 25 个串联方阵;分别并入 3 个汇流箱;3 个汇流箱分别接入 1 台直流接线柜;最后接入 1 台 30 kW 并网逆变器。椭圆形墙面幕墙太阳能电池方阵由 3 块串联成一个串联方阵,共计 83 个串联方阵;分别并入 7 个汇流箱;7 个汇流箱分别接入 1 台直流接线柜;最后接入 1 台 30 kW 并网逆变器。光伏板和光伏幕墙面积总计 800 m²,屋顶布置 400 m² 单晶硅电池组件,安装功率 35 kW;椭圆形幕墙 400 m² 多晶硅电池组件,安装功率 28.75 kW。理论技术太阳能光伏发全年电量为 65 750.1 kWh,每年可节约标煤约 21 961 kg,每年二氧化碳减排量约 54.24 t、二氧化硫减排量约 0.44 t,年粉尘减排量约 0.22 t。本建筑全年总用电量为 3 123 816 kWh,则可再生能源发电量是建筑用电量的 2.1%。

(5) 节能照明。本工程地下一层设该楼 10/0.4 kV 变配电所一座,从病房综合楼一层全院 10 kV 总高配间引来两路独立的 10 kV 电源。所内设 2 台 1 000 kVA 的变压器,为该楼内除屋顶风冷热泵机组及其附属设备之外的所有负荷供电;屋顶风冷热泵机组及其附属设备由病房综合楼一层全院变配电间 0.4 kV 低压侧引来多回路电源供电。三层产房、新生儿、四层手术室设置 EPS 应急电源装置,确保上述医疗场所用电安全设施的电源要求。屋顶设置太阳能光伏电源装置,容量 50 kW,作为地下车库的平时照明之用。本工程主要采用的荧光灯、气体放电灯均采用高效低谐波的电子镇流器,功率因数不小于 0.90;所有采用直管荧光灯管选用节能型三基色 T8 灯管(36 W 管光通量>3 200 lm,30 W 管光通量>2 500 lm,18 W 管光通量>1 300 lm)。地下车库、大厅、标准层护理单元、走廊照明在电梯厅出入口或护士站采用集中分组间隔控制;楼梯间照明采用红外移动探测及声光控开关的节能自熄开关控制;1~4 层的公共走廊在电梯厅出入口或楼梯口设开关集中分组控制;本工程除地下层、设备层及机房层部分外的火灾事故照明采用分区集中 EPS 应急电源装置供电,平时兼用,对公共场所及走廊,如在夜间仅开启部分或全部,事故照明为满足安防所需即可。

(6) 幕墙通风器。杭州全年通过自然通风措施能达到舒适性的时间约为 270 h,占全年的 3.1%,

主要分布在过渡季节,项目幕墙设置自然通风器 830 延 m,实现有组织通风。解决高层医疗建筑开窗通风,炎热地区夏季空调时通风换气能源损失等问题,并改善室内空气质量。

(7) 排风热回收。2 层外区门诊房采用风机盘管加新风系统,内区新风系统独立设置,新风机采用全热交换型水系统新风机(不带旁通),空调季节新风经全热交换及冷热处理至室内等焓点后送入室内。四层内区等候用房采用风机盘管加新风系统,内区新风系统独立设置,新风机采用全热交换型水系统新风机(不带旁通),新风处理方法与 3 层内区等候同。5～11 层外区病房采用风机盘管加新风系统,内区办公、护办等用房采用风机盘管加新风系统,内区新风系统独立设置,新风机采用全热交换型水系统新风机(不带旁通),新风处理方法与 3 层内区等候同。12 层大餐厅、中餐厅采用变频空调(VRV)室内机加新风系统,新风通过全热交换型水系统新风机(不带旁通)与室内排风交换后送入室内。使用排风热回收技术不仅可以利用排风对新风进行预处理,将空气从预处理后的温度处理到送风温度,降低系统的峰值负荷、减小机组容量、降低初投资成本,还可以节约大量的能量,这样就可以有效地节约运行费用,从而达到节能的目的。同时,使用热回收装置后能够大大减小原有空调系统的生命周期成本,且其回收周期也较短。

(8) 索乐图管道式日光照明。在主楼 12 层使用区域中(约 210 m²),使用 8 套索乐图 330DS 日光照明系统,其平均照度约为 198 lx。在地下车库入口处区域中(约 70 m²),使用 2 套索乐图 330DS 日光照明系统,其平均照度约为 142 lx。采用索乐图管道式日光照明系统是在不考虑门窗采光的情况下,保证房间的照明效果满足国家标准。既可以降低建筑白天的照明能耗,又可以充分让病人享受到自然光带来的健康感受。

3. 节水与水资源利用

(1) 雨水收集。科教综合楼生活冷水最高日用水量约为 297 t,屋面绿化用水为 5 t/h,室外水景用水为 20 t/h,灌溉用水 90 L/h。项目采用雨水收集回用系统,处理雨水能力为 10 m³/h,雨水收集池为 50 m³,清水池设计有效蓄水容积为 10 m³,可满足医院一天最大用水量需求。雨水处理站投入运行后可减轻本医院公共用水费用,根据处理成本(0.085 元/m³)及自来水水费(2.09 元/m³)可以得出:每回用 1 t 雨水可节约水费 2.005 元/m³。

(2) 分用途计量水表。项目按照使用用途和水平衡测试标准要求设置水表 32 个,对不同类别用水等分别统计用水量,以便于统计每种用途的用水量和漏水量。

4. 节材与材料资源利用

(1) 绿色施工。现浇结构均采用预拌混凝土,由搅拌站供应。5 层以下框架柱和地下车库采用的混凝土强度最高位 C35,部分板筋根据需要采用冷轧扭钢筋。占总重量比重较大的混凝土、砂加气砌块、水泥砖等材料,均选用杭州市和上海市企业生产的产品,钢筋主要选用杭钢和沙钢产品,运输距离在 300 km 以内。本项目将建筑施工和场地清理时产生的固体废弃物分类处理并将其中可再利用材料、可再循环材料回收和再利用。回收物包括钢筋、混凝土、纸板等。其中废钢筋 180 t 被杭州市物资回收公司回收,凿桩产生的混凝土、碎砖块 2 300 m³ 被杭州强捷市政工程公司用于其他工地的临时道路基层。混凝土的表观密度按 2 500 kg/m³ 计算,回收混凝土总量为 5 750 t。可再利用、可循环材料的回收利用率比例 35.8%。

(2) 土建装修一体化。本项目土建和装修一体化设计与施工,施工过程中,事先统一进行建筑构件上的孔洞预留和装修面层固定件的预理,避免打凿穿孔,保证结构安全性。装修材料全部符合国家颁布的九项建筑材料有害物质限量的标准(GB 18580—18588)和建筑材料放射性核素限量标准(GB 6566)。

5. 室内环境质量

(1) 声环境改善。本单体平面布局和空间功能的安排,将噪声敏感房间育婴室、病房与空调风口平面合理布局。建筑设备机房等可能引起震动和噪声的房间采取有效的隔声措施并与噪声敏感的房间远离的布置方法,以达到减少相邻空间噪声的干扰。

(2) 光环境改善。本项目幕墙设计方案中主楼东西两向都设置固定遮阳百叶,主楼东西两向设置遮阳百叶,在立面幕墙形式中形成特殊的横向排列。通过预制混凝土单元有效解决建筑遮阳构件的搭接,更安全更节能。门诊楼采用活动外遮阳,根据具体的节能效率进行自动遮阳,活动的百叶可以在夏季提供90°的全面遮挡,并且镂空的单元百叶可以满足室内对于采光的要求。利用日光照明技术,采用导光管照明装置,地上五层群房的设备机房及地上12层部分室内空间自然采光效果,依据《建筑照明设计标准》(GB/T 50034—2004)。地上十二层部分室内空间采用10套导光管照明装置改善室内空间自然采光效果;地下一层车库入口采用21套导光管照明装置,反射管尺寸530 mm、350 mm不等;经照度计算复核,地下一层地下车库坡道采用导光管照明装置区域,其平均照度约为141.5 lx(最大值201.6 lx)。

(3) 热环境改善。空调冷热水系统采用一次泵、主机定流量、末端变流量的形式。分、集水器间设压差旁通装置,通过压差控制器检测系统供回水压差,适应对电动两通比例调节阀的变流量调节,从而达到对风冷热泵的台数控制。风机盘管回水支管上设电动两通阀,由室内恒温器控制启闭。

(4) 空气品质改善。本项目在人数较多的会议室、餐厅等设CO_2浓度探头,根据CO_2的浓度调整新风量,具有报警提示功能。报警装置与各层新风机组(排风机)、全热交换器连锁控制。当CO_2浓度超出限值时,对应位置的新风机、排风机、全热交换机组同时开启运行,满足房间的舒适度要求,CO_2浓度探头安装于室内1.5 m高度。

6. 运营管理

(1) 运营管理制度。制订节能制度,对医院节能工作原始记录管理和各项能源消耗的统计,按医院节能主管部门制订的格式定期报送能源统计报表,监察医院能源使用情况。密切结合医院管理业务,制订合理用能的工作标准、技术标准和符合节能要求的操作规程,不断提高能源利用率。按照规定的能源供应指标和能耗定额,合理组织工作,将节能工作纳入班组经济核算范围。

(2) 智能化系统。楼宇自动化控制系统对整个大楼内的机电设备进行监控管理,包括:空调机组系统、热泵机组(冷热媒)系统、VRV空调系统;水系统、电能量计量系(每层分回路计量),照明分层控制并有状态显示。

(3) 能源审计及能效评价(表1~表3)。

表1 浙江大学医学院附属妇产科医院3#的用能评价等级

类别	评价指标				结论
	A	B	C	D	
室内热环境	被测试房间室内温湿度完全符合室内空气质量标准(GB/T 18883—2002)	75%以上被测试房间室内温湿度符合室内空气质量标准(GB/T 18883—2002)	50%以上被测试房间室内温湿度超过室内空气质量标准(GB/T 18883—2002)	不足50%的被测房间室内温湿度满足室内空气质量标准(GB/T 18883—2002)	B
室内空气品质	被测试房间室内CO_2浓度均符合室内空气质量标准(GB/T 18883—2002)	75%以上被测试房间室内CO_2浓度符合室内空气质量标准(GB/T 18883—2002)	50%以上被测试房间室内CO_2浓度符合室内空气质量标准(GB/T 18883—2002)	不足50%的被测试房间室内CO_2浓度符合室内空气质量标准(GB/T 18883—2002)	A
能源管理的组织	能源管理完全融入日常管理之中,能耗的责、权、利分明	有专职能源管理经理,但职责权限不明	只有兼职人员从事能源管理,不作为其主要职责	没有能源管理或能耗的责任人	A

（续表）

类别	评价指标				结论
	A	B	C	D	
能源系统的计量	分系统监控和计量能耗、诊断故障、量化节能，并定期进行能耗分析	分系统监控和计量能耗但未对数据进行能耗分析	没有分系统能耗计量，但能根据能源账单记录能耗成本、分析数据作为内部使用	没有信息系统，没有分系统能耗计量，没有运行记录	B
能源管理的实施	从所有权人、管理者直到普通用户都很重视建筑节能，有完整的建筑节能规章、采取一系列节能措施	建筑管理者比较重视建筑节能，制订过一些建筑节能管理规章和措施	虽然有节能管理规章，但只针对一般用户，少数人可以有超标不节能的特殊权力	完全没有管理或没有科学化的管理；或以牺牲室内环境为代价实现节能	B

表 2　浙江大学医学院附属妇产科医院 3# 年能耗表

年份	能耗类别	建筑总面积：38 685 m²	常驻人数：2 000 人（估计）	空调面积：32 000 m²	
		总耗量	单位面积能耗	人均能耗	折算标煤量
2012 年	建筑年电耗	5 303 688	137.10	2 651.84	1 750 217.04
	电折算标煤量	/	45.24	875.11	1 750 217.04
	建筑年水耗	120 733	3.12	60.37	10 346.82
2012 年	水折算标煤量	/	0.27	5.17	10 346.82
	建筑年天然气耗	483 237	12.49	241.62	276 121.62
	天然气折算标煤量	/	15.17	293.40	276 121.62
	各类能耗合计		60.68	1 173.68	2 036 685.48
2013 年 1～7 月	建筑年电耗	3 374 270	137.10	2 651.84	1 750 217.04
	电折算标煤量	/	45.24	875.11	1 750 217.04

注：能源折算标煤系数电力等价值按 0.33 kgce/kWh，水按 0.085 7 kgce/t 计算，天然气按 1.214 3 kgce/m³。

表 3　项目参照标准达标情况

		节地与室外环境	节能与能源利用	节水与水资源利用	节材与材料资源利用	室内环境质量	运营管理	合计
控制项	达标	5	5	5	2	6	3	26
	不达标	0	0	0	0	0	0	0
	不参评		1	0				1
一般项	达标	6	7	4	6	4	6	33
	不达标	0	2	1	1	1	0	5
	不参评		1	0	2	1	1	5
优选项	达标	1	2	0	0	3	1	7
	不达标	1	2	0	2	0	0	5
	不参评	1	0	0	0	1	0	2

等级	一般项（共 43 项）						优选项（共 14 项）
	节地与室外环境（共 6 项）	节能与能源利用（共 10 项）	节水与水资源利用（共 6 项）	节材与材料资源利用（共 8 项）	室内环境质量（共 6 项）	运营管理（共 7 项）	
★★	4	6	4	6	4	5	6

等级	一般项（共 43 项）						优选项（共 14 项）
	节地与室外环境（共 6 项）	节能与能源利用（共 10 项）	节水与水资源利用（共 6 项）	节材与材料资源利用（共 8 项）	室内环境质量（共 6 项）	运营管理（共 7 项）	
不参评项	0	1	1	1	1	1	2
调整后达标项 ★★	4	5	3	5	3	4	5

7. 绿色建筑技术应用效果

表 4 绿色建筑技术应用效果统计

绿色设计	预期效果	实际效果
城市公共交通资源	充分利用城市公共交通资源	公共交通在步行 5 min 范围内
室内风环境	夏季、过渡季节形成压差促进通风，冬季降低压差避免冷风渗透。	夏季、过渡季节压差大于 1.5 Pa，并避免局部出现漩涡或形成死角；冬季压差不超过 5 Pa
室外风环境	人行区风速低于 5 m/s，不影响室外活动的舒适性和建筑通风	人行区域 1.5 m 高度处，夏季风速最大为 1.8 m/s，过渡季节风速最大为 0.8 m/s，冬季风速最大为 1.5 m/s；在大风天气工况下，夏季风速最大为 2.8 m/s，过渡季节风速最大为 1.1 m/s，冬季风速最大为 2.5 m/s，满足舒适度要求
噪声控制	噪声标准≤40 dB(A)	噪声≤35 dB(A)
围护结构	无热工缺陷	热工缺陷约 3%，系施工造成
遮阳百叶	减少夏季室内太阳辐射热	夏季室内温度降低 2℃
空调热回收	计划制热水量满足	夏季可制热水 11.5 t/h
光伏发电	理论太阳能光伏发全年电量为 65 750.1 kWh	2011 年 9 月投入使用到 2012 年 10 月 15 日，发电量总计 44 602 kWh
幕墙通风器	过渡季节自然通风	实现过渡季节自然通风
雨水收集	年节约新鲜自来水 3 552.5 m³，年雨水截流 4 698 m³	实际收集量
分用途计量水表	促进主动节水，及时发现漏水	达到预期目的
绿色施工	降低材料运输能耗，回收利用施工固体废弃物	回收废钢筋 180 t，混凝土 5 750 t
土建装修一体化	避免二次装修，保证室内环境质量	达到预期目的
光导照明	达到设计照度 75 lx，每年节约电力 14 880 kWh	平均照度约 142 lx，达到节电效果
室内空气质量监控系统	保障室内空气质量	覆盖区域面积 5 880 m²，保证室内空气质量

（续表）

绿色设计	预期效果	实际效果
管理制度	监察节能情况，必要时主动干预	达到预期目标
智能化系统	监控机电设备	达到预期目标

8. 项目评价报告

本项目采用多项先进的绿色、生态以及节能技术，不仅使项目本身达到自然和谐，同时也带来了巨大的综合效益，具体表现在以下几个方面：

（1）拉动相关的产业链，促进区域经济。本项目涉及大量的生态、环保、节能技术，同时运用了大量的相关材料。其建设必然给这些产业的发展带来了商业价值。

（2）保护环境，减少碳排放。采用热回收技术，雨水回收利用技术，充分利用了可再生能源资源，降低了建筑能耗，使得该项目的资源、能源消耗量低于普通建筑的消耗量，为社会节约了大量的资源，并减少了污染物的排放。

（3）本项目的成功建设及运营必然带来广泛的宣传效应，为绿色建筑、绿色施工的推广起到积极的示范作用。同时，由于采用了绿色、生态技术，相对于普通建筑其运营成本较低，随着使用时间的增长，其环境效益会越来越明显。

本项目重点突出对公共建筑的被动式节能环保技术的探索和示范，并通过智能系统与高性能机电设备进行整合联动，以实用技术打造低能耗绿色建筑，实现节能环保目标。通过探索和实践，本项目将成为集成节能技术的示范平台，荟萃绿色精品的最佳展示窗口。本项目不单单代表了妇保医院一、二期项目的一种血统传承，也包含了今天我们对建筑科技美学的利用和解读，更重要的是，它以独特的"绿色医院"理念和领先的"节能健康"理念作为建筑设计、实施标准，同时也是国家首个获取绿色建筑设计评价标识的医院项目（图1）。本项目建设依照浙江大学的办学方针和发展战略，打造和创建世界一流大学的客观需要，也源于自身完善组织功能和学科建设的客观需求。作为浙江大学的一所附属妇产科医院，其医疗、科研设施的条件，不仅要兼顾大学的使用需要，还对大学的品牌形象起了很大的提升作用。"绿色医院"的打造，创立了浙江省内妇产科医学品牌，无论是内在服务品质，还是在外在宣传形象，均得到全面提升与拓展。

因此，浙江大学医学院附属妇产科医院科教综合楼的绿色建筑系统，值得推广供设计和业主单位参考。

△ 图1　绿色建筑设计评价标识

周海强/供稿

生命跳动的节奏

——杭州市下沙医院（浙江大学医学院附属邵逸夫医院下沙院区）建设项目

杭州市下沙医院（浙江大学医学院附属邵逸夫医院下沙院区）位于杭州经济技术开发区，是 2007 年以来杭州市委、市政府实施市区医院功能布局、专业设置"两大调整"、进一步破解群众"看病难"问题而相继启动新建的三级甲等综合性医院之一。医院由杭州市政府与浙江大学战略合作，是杭州市属非营利性股份制医疗机构，实行董事会领导下的院长负责制，并由浙江大学医学院附属邵逸夫医院进行日常经营管理。

医院占地 196 亩，总建筑面积 18 万 m^2，设置床位 1 200 张，于 2008 年 3 月 28 日开工建设，2012 年 12 月 30 日通过竣工验收，2013 年 8 月 28 日启用。在合作各方的大力支持下，依托邵逸夫医院先进的管理理念、优质的医疗资源以及全面实施一体化管理的整体策略，成功复制了"邵医模式"，医院一直保持健康快速发展，为缓解杭城东南部地区群众"看病难"问题发挥了积极作用，作为区域性医疗中心的价值愈发显著，已经成为浙江大学与杭州市市校合作战略的成功典范。2016 年 2 月，通过 JCI 评审。2017 年，下沙医院门急诊量 835 150 人次，出院 59 625 人次，手术量 23 275 人次，床位使用率 97.37%，平均住院天数 6.47 d。

一、项目概况

1. 工程概况(表1)

表 1　工程概况

工程名称	杭州市下沙医院项目(浙江大学医学院附属邵逸夫医院下沙院区)	建设单位	杭州市卫生事业发展中心			
建设地点	杭州下沙路 368 号	勘察单位	浙江省地矿勘察院			
占地面积	196 亩	设计单位	浙江省现代建筑设计研究院有限公司			
总投资	9.8 亿元	监理单位	杭州市城市建设监理有限公司			
床位数	1 200 床	总包单位	长业建设集团有限公司			
建筑高度	99.9 m	建设工期	2008. 3—2012. 12			
总建筑面积（m²）	179 862		医疗综合楼	行政科研楼		肿瘤中心楼
	其中	地上 150 630	123 994（23 层）	23 251（13 层）		3 385（3 层）
		地下 29 232	29 136（2 层）	96（1 层）		/
主要部门所占面积（m²）	急诊部	门诊部	住院部	医技科室	保障系统	行政管理	院内生活
	3 450	12 998	53 665	17 606	5 921	7 640	14 474
获奖情况	土建工程	2013 年度杭州市建设工程"西湖杯"（建筑工程奖）				
		2014 年度浙江省建设工程（房屋建筑工程）钱江杯奖（优质工程）				
	安装工程	2013 年度浙江省优秀安装质量奖				
		2014 年度华东地区优质工程奖				
		2013—2014 中国安装工程优质奖（中国安装之星）				

2. 设计原则理念

通过以下几点原则和理念,使下沙医院在设计上做到"杭州特质,回归医疗本源"。

（1）以人为本、注重细节。创造安全、舒适、优美的工作与就医环境。

（2）基于"四节一环保"的原则,为医院将来的发展预留一定的空间,同时为医院的使用和降低维护成本创造有利条件。

（3）引入"医疗街"的设计模式。采用"鱼骨式"空间构架,组织清晰的交通流线,建立合理的功能关系,将门诊急诊、医技、住院部等医疗空间通过"医疗街"进行串联,形成结构简洁、功能清晰、使用便捷的医疗建筑综合体。

（4）注重立面地域特性。充分挖掘地域特质,突出建筑创作的建筑文脉与地方特色。运用体现水墨韵味的色调和丰富的灰色系作为建筑的主要色彩,引入灰色空间,使其与建筑相互穿插、融合,形成特色鲜明、空间形态丰富的现代医院建筑形象。

3. 主要标项造价(表2)

表2 主要标项造价统计

主要标段	总价(万元)	单方经济指标(元/m²)
建安工程	37 168.901 9	2 067
幕墙工程	7 528.826 1	832
室内精装修	19 943.463 7	1 371
医用气体工程	753.978 1	/
净化工程	3 168.083 4	/
智能化工程(含设备)	3 829.803 2	213
医用纯水系统工程	353.956 0	/
轨道物流系统	1 456.459 6	26.97万元/站点
室外工程	4 625.879 4	593
公共空间艺术装饰	724.340 1	/

4. 项目建设进程

2008年3月28日,项目正式开工,桩基施工先行。

2008年8月22日,桩基工程完工。

2009年6月20日,医疗综合楼地下室结构工程完成。

2009年10月9日,行政科研楼地下室结构工程完成。

2010年1月25日,±0.00以下结构工程验收。

2010年1月26日,医院主体工程结顶。

2010年8月3日,医疗综合楼和行政科研楼主体结构工程验收。

2012年5月1日,正式通水。

2012年8月28日,正式通气。

2012年11月7日,正式通电。

2012年12月30日,通过交工验收。

2013年8月28日,医院启用。

二、项目难点

除了医疗建筑共性管理难点外,本项目尚有以下难点。

(1)合作办院,变更多,造价控制难

本项目是杭州市与浙江大学合作建设的项目,市委、市政府高度关注,对开工时间有明确要求。同时,合作单位浙江大学附属邵逸夫医院是在2009年初确定,当时项目已经在主体结构施工阶段,因此在项目施工过程中,合作单位考虑功能调整和完善,提出了较多的变更要求,造成项目造价控制困难。

(2)平行发包,标项多,协调任务重

本项目发包模式为平行发包,各类设计、施工、设备等标项超过70个。各标项界面划分、施工配合、设备供货等方面需建设单位花大量的精力进行协调,协调任务繁重。

（3）低价中标，怠工多，管理难度大

在施工类标项招投标过程中，投标单位为确保中标，采用了低于成本价报价的方式进行投标；同时，由于项目前期时间紧，部分标项存在漏项情况，再遇上人工工资、原材料价格的上涨，中标施工单位在施工过程中资金压力大，按投标文件进行施工的积极性不高，拖延工期的情况较为普遍，导致项目实施过程中管理难度大幅提高。

三、组织构架与管理模式

1. 组织构架

为强化对项目建设的组织领导，原杭州市卫生局成立市下沙医院工程建设指挥部，加强对代建单位、监理单位、施工单位的管理与监督，协调解决建设过程中出现的具体问题和困难。杭州市卫生事业发展中心在工程建设指挥部的领导下开展工作，具体负责市下沙医院的建设工作。组织架构图如图1所示。

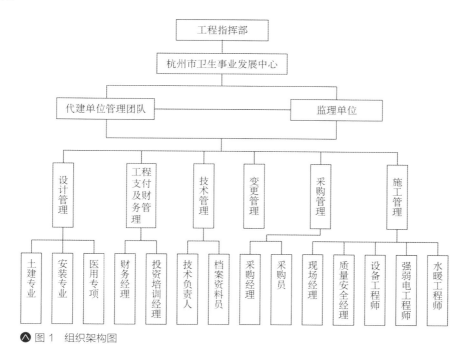

⋀ 图1　组织架构图

2. 管理模式

（1）实施项目代建

本项目实行代建制管理模式，在杭州市卫生事业发展中心领导下，由中国联合工程公司负责代建工作。虽然实行代建制，但并不是放手不管，杭州市卫生事业发展中心全程参与管理和重大事项决策。或者说，整个项目管理的主导还是建设单位，代建单位起到一个参谋的作用，在技术上提供支持、在流程上提供参考，并负责具体工作的实施。其主要任务是按照批准的概算、规模和标准，严格规范建设程序，达到建设项目顺利实施并有效控制项目投资、质量和工期的目的。

（2）实施监督型跟踪审计

为了加强对本项目基本建设资金的管理，规范工程建设行为，合理控制工程造价，杭州市审计局会同原杭州市卫生局确定对项目实施监督型跟踪审计,由中国建设银行浙江省分行造价咨询中心作为市下沙医院的协审单位。协审单位的主要工作职责为:在工程建设过程中提前介入,掌握项目全貌和进度情况,检查招投标程序、合同内容、工程质量等方面的基本情况;对隐蔽、交叉、临时工程等完工后无法再行核查的工程实施情况及时进行核实、鉴证;参与重大事项的研究和决策,协助建设单位进行相关事项的控制把关;开展工程节点专项审计调查,做好工程价款结算审计。

四、管理实践

1. 管理理念

以"健康生活理想的场景师"为使命,以"精细演绎精致、人文书写关怀"为理念,坚持"干则一流、出则精品",为工程的建设和使用增值。

2. 管理制度

为规范医院参建各方的行为,建设单位会同代建单位制定了工程建设管理的相关规章制度,如会议制度、报告制度、招标(采购)管理制度、工期控制管理制度、投资控制管理制度、建设资金审批拨付管理制度、项目变更管理制度、施工质量控制管理制度、施工安全控制管理制度、廉政建设管理制度等。同时,结合重点工作环节,制定了相应管理流程。如联系单签发管理,要求变更单位在提出变更的同时,提供费用增减和工期影响测算,视变更情况经设计、监理、代建单位、建设单位、市财政局、市发改委等审核同意后组织实施;工程变更实施后,由施工单位及时填报"工程变更签证单",并经各方审核确认。又如招标管理,在招标前先进行市场调研和投资估算,经充分论证后拟定招标文件,并确定投标最高限价。另外,对建设工程相关的各项决策,在做好前期充分调研、论证的基础上,由建设单位、代建单位集体讨论确定,以做到科学决策、民主决策。

3. 主要管理措施

1)设计管理

设计主要分4个标段:建筑设计、装修设计、幕墙设计、园林设计。其中土建安装设计包含了医用专项设计,采用平行发包模式。设计任务书阶段,通过研究熟悉项目前期的有关内容和要求,提出各种需求,并编制设计任务书。同时将设计方案组织各科室相关医疗专家进行讨论,在征求广泛意见的基础上,修改完善设计任务书。

在医院设计过程中,明确各设计单位设计任务以及设计单位之间界面划分。

在施工过程中,加强与设计单位的沟通协调,如遇重大问题,组织专题协调会,同时协调设计单位在施工阶段的配合工作。

2)变更管理

(1)建立变更制度:变更需事先提出;变更发起方应说明变更理由,列出详细清单,并由工程监理(设计)审核后按程序进行签证;涉及费用的联系单在施工内容完成并经监理验收合格后,由施工单位向监理提报工程变更签证单,并由建设单位、代建单位、监理、审计共同审核签认;所有费用联系单均应报审计单位,涉及的金额在审计后确认。

(2)规范变更程序:单纯的技术变更,可由相关单位直接进行流转;小变更直接由代建项目部审批,实施前报建设单位备案;一般变更,在充分征求监理和设计方意见的基础上先由代建单位提出分析意见,由建设单位联合审批,必要时报有关部门同意;重大变更由代建单位根据有关变更请求的书面报告,监理方和设计方等单位对此问题的书面意见及对变更后工程投资调整额度的预测,提出代建单位的书面意见,再由建设单位报请有关部门审定。

（3）严格变更价格确定。对于工程变更价格确定，根据合同要求，有相同价格的按相同价格执行；没有相同价格的按相似价格执行；没有相似价格的按主刊信息价执行；没有主刊价格的按副刊价格的80%执行。具体实施过程中大部分材料价格主刊中都没有，副刊中也不全，通过监理、代建、建设单位及审计单位四方进行市场调查、询价，并以会议讨论的形式确认价格，如石材、墙板价格确认等。

3）采购管理

项目的采购管理工作坚持公平、公开、公正，遵循竞争、择优、效益的原则，在操作上实行实施、审批、监督三分离原则，从而保证招标采购工作的顺利进行。除做好采购计划管理、合同管理外，在各项招标过程中，着重做好以下4个方面。①牢树品牌意识。不论是工程类还是设备类，品牌意味着质量、品质。因此在政策允许的情况下，在招标文件编制中，要立足于大品牌、有实力的企业，并尽可能采取资格预审。②坚持专业化。医院项目有很多医用专项工程，要坚持采购专业化队伍来实施。③加强标前考察。在招标采购启动前，加强对采购标的物行业及知名品牌的考察，做到心中有数。④营造公平竞争环境。在前期考察中要与相关品牌生产企业或供应商有效沟通，表明无任何指向性意见；在招标文件编制中要避免出现指向性指标，营造公平竞争的环境。如在本项目垂直电梯招标中，日立、美奥、三菱等大品牌均来参加投标，根据前三名最低价中标的评审方法，最终日立以1836万元中标，价格远低于当时市场价。

4）投资控制

（1）严格实行限额设计，多措并举强化设计管理。在设计初期要求设计师进驻医院科室进行充分调研，以减少后期使用科室提出的设计变更；在设计过程中，发挥代建单位的技术、经济方面的人力资源优势，对设计全过程实施监督，对设计重要的阶段性成果实施审查，使设计方案达到最优化，消灭设计存在的错、漏、碰现象，在限额的前提下提高设计质量，进而控制项目投资；施工图完成后，组织各方面专家从投资控制角度对施工图进行审查。为了避免各设计单位之间由于设计深度和设计界面的差异而产生的设计缺陷，在交叉设计阶段建立循证设计和协同设计机制，实现可追溯、无缝隙的有效工作，将整体设计和各专项设计高效结合，以减少施工阶段出现不必要变更，控制投资。

（2）优选施工承发包模式和计价方式，促进投资控制。秉承"让专业的人做专业的事"的管理理念并结合当时的政策环境，采用了平行发包的模式。在当时疲软的建筑市场环境及招标制度"唯低价是取"的政策导向下，通过公开招标产生的低中标价在某些方面为投资控制提供了相对有利的条件。同时，根据各施工标段的特点选用不同的计价方式，如建安工程、幕墙工程、装修工程等市场成熟竞争充分，采用工程量清单计价的单价合同；如净化工程、医用纯水工程、医用气体工程等专业性较强且需中标单位进行深化设计，采用类似设计施工一体化的总价包干合同。

（3）狠抓事前控制，严格控制变更签证。招标文件拟定阶段针对项目的特点在专用条款设定防止变更的诸多约束性和预防性内容；严格实行主材封样和样板先行制度；强化现场管理人员的责任意识，建立变更会签制度，加强图纸交底、会审以及各专业技术人员通力合作，严格现场管理，把问题消灭在萌芽状态，大大减少工程现场的变更，进而相应降低投资。

（4）提早谋划医院开办经费，降低基建开支。由开办经费支出的办公电器和设备尽早地采购定型，能避免基建水电预留有误而导致的返工；由于科技的日新月异更新速度快，智能化及网络设备贬值速度惊人，将部门高价值的网络设备纳入开办的范畴，待医院启用前期招标采购，既可解决设备更新贬值快的问题，又可减少基建的开支。

（5）恪守概算底线，寻找利益平衡点。结算阶段对于高估冒算比较突出的施工单位，只有经建设单位初审，与施工单位达成一致送审意见且送审金额控制在投资限额内的，才予以送审；经初审无法达成一致送审意见的，不予送审。在送审后的结算审计阶段，会同协审、代建、监理单位在坚持总概算不突破的原则基础上，利用各项政策与施工单位博弈，寻求各方利益的平衡点以推进审计工作。

通过各方多举措严格管控下，下沙医院的投资控制取得了圆满成功。其主要成果如表3所示。

表3　下沙医院投资控制表

阶段	主要指标	数值
项目批复	批复概算（万元）	97 976
	设计面积（㎡）	172 965
	单方造价（元/㎡）	5 664
竣工决算	决算造价（万元）	97 316
	实测绘面积（㎡）	179 862
	单方造价（元/㎡）	5 411

　　5）沟通管理

　　（1）加强对外沟通，解决项目难题。在项目实施过程中，积极与主管部门、市政府领导及市发改委、市建委、市财政局等部门汇报、沟通，切实解决项目实施过程遇到的困难。如针对重大变更事项，积极与市发改委汇报，召开部门联席会议协调解决；针对个别施工企业资金压力大问题，主动与市财政局汇报，积极争取适当提高工程款支付比例；针对个别施工企业不守诚信问题，积极提请市发改委、市建委及时约谈施工企业并采取相应管理措施。

　　（2）加强内部协调，保障项目实施。由于本项目标项多，参建施工单位和供货商众多，加强内部协调工作尤为重要。一是做好技术交底。明确各施工单位界面划分、施工质量、安全、进度、工艺要求。二是构建顺畅沟通协调机制。建设单位每周会同代建单位召开建设例会，研究项目实施中相关工作安排和项目遇到的难点问题；每周参加监理例会，了解项目施工状况，及时解答施工单位提出的问题；建立专家论证机制，对各参建单位提出的技术性难题，组织专家论证，提出解决方案；在项目后期，建设单位负责人每天到项目现场巡查，坚持现场办公，提高协调效率。

　　6）廉政建设

　　本项目由于实施"代建制"和监督型跟踪审计，建立和加强了工程建设的内控和外部监督机制，有效地强化了廉政建设。"代建制"的实行打破了现行政府投资体制中"投资、建设、管理、使用"四位一体的模式，使工程管理体制中的投资决策权和执行权得以分离。建筑施工及材料设备招标采购、工程变更、资金拨付等工作的具体执行由代建单位负责，建设单位发挥决策监督作用，保证了工作环境的透明，保证了"公开、公平、公正"原则的执行。同时，建设单位与各参建单位、供货商等均签署廉政协议，建设单位工作人员自觉遵守廉政建设有关规定，既增加了建设单位项目管理和投资控制的底气，也切实降低了各参建单位、供货商的"灰色成本"，有效保障了项目的顺利实施。

五、成果展示

1. 功能篇

　　以宏伟的钱江潮为主题的门诊大厅（图2）极具视觉冲击，宽敞大气的医疗街加强了内部空间流线的识别性，风格多变的门诊区充满了艺术气息，温馨私密的诊疗空间体现人文关怀，休闲、环保、节能等各类设施，都散发出医院人性化、多元化的人文气息，为病人和医务人员提供温馨、安全、舒适、便捷、关爱的诊疗环境。

▲图2　门诊大厅

（1）布局合理，缩短服务半径

医疗综合楼的合理布局有效地把各功能分区组织成一个有机的整体，将院内复杂的流线分开，实现医患分流、洁污分流、人车分流，克服了传统医院迷宫式布局的缺憾，营造有序的诊疗环境。门急诊区、医技区、住院区自西向东依次展开，形成结合紧密的三角形关系，并通过宽敞现代的医疗街连成整体。门诊区位于医疗中心区西侧，划分为若干个诊区，各诊区设置挂号、收费、分诊、专科检查治疗等，就诊环节简单明了。住院区设在东侧靠近绿地区域，环境安静舒适，有利于减轻病人精神压力，促进康复。医技区位于两者之间，交通便捷，资源共享，方便门诊及住院病人检验检查。

（2）以人为本，注重细节内涵

门诊诊区设有若干个采光绿化中庭，引入自然光和清新空气，增添了人性化的情调，舒缓病人压抑的心情，提升医务人员工作环境的舒适度。住院区两个护理单元中间设置宽敞明亮的活动室，供住院病人活动、交流和接待探视亲友。每个病房均设置医护洗手盆，方便医务人员诊疗操作洗手，避免交叉感染。门诊和病房设置直饮水台，方便病人和医务人员取用。

（3）标识明晰，兼具美观实用

根据建筑内外结构特征、装饰风格及周围环境，选择咖啡色、绿色、银灰色三种色彩，结合人体工程学、环境心理学进行定位、布点，设计制作出一整套既满足导诊、指示等实用功能，又美化医院环境的标识系统。

（4）用材环保，糅合精致大气

装饰考究，营造宾馆化门诊、家庭化病房的服务环境。

（5）柔化环境，融入休闲元素

医疗街公共区域设置了餐厅、咖啡厅、休息厅、购物空间、花店、各大常用银行的 ATM 机等休闲和商业服务设施，既满足了病人和医务人员多元化的需求，又起到柔化环境气氛的作用；公共空间设置浮雕、油画、书法和丝网印刷等公共艺术品，饱含意境，柔情静逸，彰显医院的人文底蕴，让病人感受到艺术的气息，减轻就诊者的忧虑。

2. 设施篇

医院建筑智能化系统和医疗信息化系统的建设，为病人和医务人员提供了一个方便、舒适、高效、安全的就医、诊疗、科研、办公、学习的软、硬件环境，极大地提高了医院的整体医疗水平、服务质量及管理效率。

1）智能化管理系统

（1）轨道物流系统

安装了瑞士 SWISSLOG 公司生产的轨道小车式医院物流传输系统，具有较大装载重量和容积、先进的控制系统、模块化结构方便扩展、较快的传输速度，多辆小车可同时传输、高效可靠性、高传输安全性、低噪声传输、极高的防火性能等特点。

（2）能量计量系统

通过对医院内部各科室、各部门的能耗（水、电、空调）进行计量，为对各科室、各部门进行核算和考核提供依据，有利于提高医院的整体管理水平，降低运行成本。

（3）建筑设备管理系统

采用先进、开放、成熟的效硬件设备，完成医疗综合楼、行政科研楼、地下车库内的各种建筑设备监视、联动控制，辅助管理人员加强对各种建筑设备的有效管理，从而节约能源、提高设备的安全性和降低建筑设备的运行维护成本，并能方便地实现物业管理自动化；同时为医院内部各个功能单元提供安全、健康、舒适的工作和医疗环境。

（4）安防系统（一卡通系统）

建立集闭路电视监控、防盗报警、巡更为一体的安全防范系统，能够监视和记录医院内重要区域及主要通道人员的活动情况,在突发事件中能够为医院的安全提供便捷直观的管理手段和实时全方位的图像数据。同时采用"一卡通"管理模式,由医院管理部门统一发卡并授权,根据不同使用对象设置门禁、考勤、消费和停车管理等功能。

(5)空调节能系统

采用节能控制领域的高科技产品、国际顶尖品牌约克的冰蓄冷中央空调系统,比传统空调节能40%,大大降低了国家电网高峰时段空调用电负荷及空调系统装机容量。而且当着冰量无法满足用户的使用时,制冷机组可以与普通的中央空调冷水机组一样使用,保障空调系统冷源设备在任何负荷条件下,都能保持高效率运行,从而最大限度地降低空调系统能耗。

(6)数字签名认证

采用基于数字证书的电子签名,可以有效解决电子病历的机密性、安全性、完整性以及不可否认性等问题,为信息系统提供数字认证和安全支撑的平台,保证医院信息系统具有可信性和合法性。

(7)HRP系统

HRP系统通过经济手段使人力、物力、财力达到最佳技术效果和经济效果,降低运行成本、优化服务流程,最大限度发挥医院资源效能,有效提升传统HIS的管理功能,从而使医院全面实现管理的可视化,使预算管理、成本管理、绩效管理科学化,使得医护分开核算、三级分科管理、零库存管理、多方支付以及供应链管理等先进管理方法在医院管理中应用成为可能。

(8)中央除尘系统

采用法国ALDES中央吸尘系统,将中央吸尘主机安置在一个相对隔离的封闭场所,通过暗装于墙内的吸尘管道,与楼内墙上的吸尘插口相连。吸尘清扫时,只需将一根带吸头的吸尘软管插到吸尘插口,吸尘主机便可自动启动,将灰尘和污物通过全封闭的管道吸到中央收集袋。具有使用方便、无噪音、避免二次污染和减轻处理工作量等特点,使被清理的场所达到了真正意义上的清洁。

2)数字化信息系统

借鉴国内外先进经验,运用最新、最先进的IT技术对全院的信息资源(人、财、物、医疗信息)进行规划、设计和整合,建设各种信息系统,全面优化和整合医院内部及外部信息资源为医院临床医疗、医疗管理、运营管理服务。运用所有的信息资源为病人提供先进的、便捷的、人性化的医疗服务;建立全院科研教学的信息平台和数据仓库,以提高医院服务水平、技术水平及管理水平;同时建设医院的数字文化,从诊断、治疗、护理、康复及保健等各方面都展现出现代先进的全新面貌,打造国内领先、国际一流的现代化数字医院。

3)国际化交流平台

设有远程会诊中心,通过远程音视频设备及互联网、VPN实现与LLU、Mayo clinic等国际著名大学、医院紧密合作;积极借鉴国外先进医疗机构的管理念和运行模式,不断提升医疗服务水平和能力,从而为病人提供优质、高效、具备国际水准的医疗服务。

4. 环境篇

环境主出入口交通集散广场空间,以规整的硬质景观元素为主,既满足公共开放空间的使用功能,又衬托出建筑组群之宏伟大气。绿地和绿化带采用了中国园林造园手法,独具匠心地将园林景观与周边的幸福河相联系,并与具有雕塑感、形体错落的建筑相融合。同时,辅以人工的亲水平台、小桥、曲廊等元素,强调"源于自然而高于自然",形成自然精致的江南园林景观意境,营造出园林式、花园式的绿色医院。

5. 公共艺术篇

下沙医院非常注重公共艺术在医院中的应用,为了避免片面的"古为今用,洋为中用"和"拿来主义"使得医院公共艺术出现"千院一面"的状况,下沙医院应用了地域文化。地域文化是在一定的自然环境和地理结构等因素的影响下,历经持久的社会发展所形成的具有自身独特的文化历史传承与审美积淀的文化现象。地域文化具有差异性,不同城市或地域所形成的文化各有千秋,"百里不同风、千里不同俗"形象地说明了这一点。在医院公共艺术设计中,恰当地应用地域文化元素可以使医院公共艺术富有个性,避免"千院一面"的状况。

1)元素解构

门诊大厅背景墙上的不锈钢浮雕取材自被誉为"天下奇观"的汹涌壮观的钱江潮,既提示人们,医院位于被誉为浙江"母亲河"的浙江省第一大河钱塘江边,更提示人们要"弄潮儿向涛头立,手把红旗旗不湿"的勇敢精神面对病痛;又告知人们要以"世人历险应如此,忍耐平夷在后头"的坚毅精神战胜病魔。在钱江潮的浪花中加入 C、H、O、N、P 这五种构筑生物体的基础元素,丰富了浮雕的文化内涵。

2)夸张变形

住院大厅背景墙石材浮雕"富春山居"意境清和,悠闲自在,宁静致远,取材于元朝书画家黄公望以杭州富春江为背景所创作的、被称为"中国十大传世名画"之一的《富春山居图》。

3)借代手法

门诊大厅的挑台阳角选用具有杭州地域历史文化气息的"良渚玉琮"造型,通过现代手法演绎,使空间凸显杭州地域特性。

4)场景再现

电梯厅、候诊区、门诊和病区过道等公共陈设以杭州运河和余杭塘栖、富阳龙门、桐庐深奥、建德新叶等江南古镇村为题材的马克笔画、风景油画和石材浮雕等,将江南古镇村的沧桑之美、江南园林的婉约灵动之美展现出来,带给人们清美的视觉享受。

蒋 农 梅许江 项海青 张晓萍/供稿

钱江生命之舟

——杭州市滨江医院（浙江大学医学院附属第二医院滨江院区）建设项目

　　杭州市滨江医院（浙江大学医学院附属第二医院滨江院区）位于杭州市滨江区，是2007年以来杭州市委、市政府实施市区医院功能布局、专业设置"两大调整"、进一步破解群众"看病难"问题而相继启动新建的三级甲等综合性医院之一。医院由杭州市政府与浙江大学战略合作，是杭州市属非营利性股份制医疗机构，实行董事会领导下的院长负责制，并由浙江大学医学院附属第二医院进行日常经营管理。

　　医院占地146亩，总建筑面积18.7万 m²，设置床位1 200张，于2008年1月28日开工建设，2012年9月25日通过竣工验收，2013年3月5日启用。启用以来，依托浙江大学医学院附属第二医院强大的品牌实力和技术支持，在两院区一体化框架下进行同质化管理，实现资源共享，从学科建设、技术创新到管理运营，医院已成为国内大型公立医院中国际化水平最高、发展最快的示范医院之一。2017年，医院门诊量110.46万人次，急诊量19.47万人次，手术量2.69万台，出院5.19万人次。

一、项目概况

1. 工程概况(表1)

表 1　工程概况

工程名称	杭州市滨江医院项目(浙江大学医学院附属第二医院滨江院区)	建设单位	杭州市卫生事业发展中心		
建设地点	杭州江虹路 1511 号	勘察单位	浙江城建勘察研究院有限公司		
占地面积	146 亩	设计单位	美国 TRO 建筑工程设计公司 & 杭州市建筑设计研究院有限公司		
总投资	9.796 7 亿元	监理单位	杭州市城市建设监理有限公司		
床位数	1 200 床	总包单位	中天建设集团有限公司		
建筑高度	99.5 m	建设工期	2008.1 至 2012.9		
总建筑面积（m²）	187 390		医疗综合楼		行政科研楼
	其中	地上 141 135	124 492（24 层）		16 643（17 层）
		地下 46 255	46 048（2 层）		207（1 层）
主要部门所占面积（m²）	急诊部	门诊部	住院部	医技科室	保障系统	行政管理	院内生活
	4 000	25 000	82 000	10 000	5 000	4 000	10 000
获奖情况	土建工程	2013 年度杭州市建设工程"西湖杯"（建筑工程奖）			
		2014 年度浙江省建设工程（房屋建筑工程）钱江杯奖（优质工程）			
	园林工程	2013 年度浙江省"优秀园林工程"奖金奖			
		2014 年度浙江省建设工程（园林工程）钱江杯奖（优质工程）			
		2014 年度"中国风景园林学会优秀园林工程奖"金奖			

2. 设计构思

滨江医院建筑设计采用国际招标的方式来竞标,美国 TRO 建筑工程设计公司与杭州市建筑设计研究院有限公司组成联合体中标。中外合作的设计搭配模式,有利于引进国外先进的设计理念。

滨江医院的设计定位为能够满足杭州及周边地区的基本医疗服务和高端医疗服务需求,具有医学研究、医学教育和远程医疗功能的现代化、数字化、综合性三级甲等医院。

（1）"以人为本"的设计原则:充分体现珍惜生命、尊重生命,以病人为中心的设计原则,所有设计都遵从以患者及家属至上的原则,力图为患者及家属提供舒适的、人性化的空间。

（2）组织清晰、便捷的交通流线:明确医院功能分区,组织清晰、便捷的交通流线,不仅让患者可顺畅到达各个部门,而且明确区分公共走道、医务人员及住院病人走道。洁物供应、食品供应和污物运输流线严格分流,真正做到医患分流、洁污分流,避免交叉感染。

（3）国际化的医疗建筑:在特定的环境基础上创造最佳的国际化、现代化花园式水景医院,使建筑内部功能、外部造型均达到国际水准。医院内部功能按国际流行的现代化医院标准进行设计。建筑外部造型体现简洁、清新、典雅的建筑风格,构筑颇具杭州地域文化特色的医疗建筑新形象。

(4)杭州特色,花园式水景医院:充分考虑基地的地理位置及特色,把基地营造成为绿意盎然的花园,将医院有机地融于这个自然的绿化环境中,为病人、家属及医务人员创造独具地方特色的景观环境。同时也为城市总体规划和城市景观做出了贡献。

(5)可持续发展的节能型建筑:采用大跨度柱网,适应医院未来发展的灵活性,满足医院对未来发展的要求。并且通过多种技术措施节约能源,满足可持续发展的需要。

3. 主要标项造价(表2)

表2　主要标项造价统计表

主要标段	总价(万元)	单方经济指标(元/ m²)
建安工程	34 646.005 9	1 986
幕墙工程	6 615.632 9	711
室内精装修	20 036.786 2	1 517
医用气体工程	857.662 3	/
净化工程	5 925.450 7	/
智能化工程(含设备)	4 611.333 2	246
医用纯水系统工程	353.097 5	/
轨道物流系统	1 339.590 8	25.76 万元/站点
室外工程	4 119.447 2	577
公共空间艺术装饰	549.995 4	/

4. 项目建设进程

(1)2008年1月28日,项目正式开工,桩基施工先行。

(2)2008年5月30日,桩基工程完工。

(3)2008年12月28日,后勤综合楼地下室结构工程完成。

(4)2009年4月23日,医疗综合楼地下室结构工程完成。

(5)2009年9月29日,地下室结构工程验收。

(6)2009年11月4日,后勤综合楼主体结构工程竣工验收完成。

(7)2009年11月18日,医院主体工程结顶。

(8)2010年1月15日,医疗综合楼主体结构工程竣工验收完成。

(9)2012年6月4日,正式通水。

(10)2012年6月4日,正式通电。

(11)2012年12月24日,正式通气。

(12)2012年9月25日,正式交工验收。

(13)2013年3月5日,医院启用。

二、项目难点

除了医疗建筑共性管理难点外,本项目尚有以下难点。

1) 合作办院,变更多,造价控制难

本项目是杭州市与浙江大学合作建设的项目,合作单位为浙江大学附属第二医院。在项目实施过程中,浙江大学医学院附属第二医院对部分学科建设方向做出调整,因此变更较多,给项目造价控制带来困难。

2) 平行发包,标项多,协调任务重

本项目发包模式为平行发包,各类设计、施工、设备等标项超过 70 个。各标项界面划分、施工配合、设备供货等方面需建设单位花大量的精力进行协调,协调任务繁重。

3) 低价中标,怠工多,管理难度大

在施工类标项招投标过程中,投标单位为确保中标,采用了低于成本价报价的方式进行投标。同时,由于项目前期时间紧,部分标项存在漏项情况,再遇上人工工资、原材料价格的上涨,中标施工单位在施工过程中资金压力大,按投标文件进行施工的积极性不高,拖延工期的情况较为普遍,导致项目实施过程中管理难度大幅提高。

三、组织构架与管理模式

1. 组织构架

为强化对项目建设的组织领导,原杭州市卫生局成立市滨江医院工程建设指挥部,加强对代建单位、监理单位、施工单位的管理与监督,协调解决建设过程中出现的具体问题和困难。杭州市卫生事业发展中心在工程建设指挥部的领导下开展工作,具体负责市滨江医院的建设工作。组织架构图如图 1 所示。

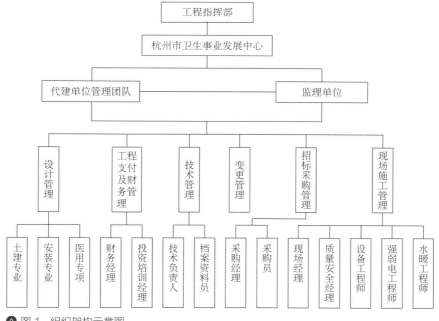

△ 图 1　组织架构示意图

2. 管理模式

1) 实施项目代建

本项目实行代建制管理模式,在杭州市卫生事业发展中心领导下,由中国联合工程公司负责代建工作。虽然实行代建制,但并不是放手不管,杭州市卫生事业发展中心全程参与管理和重大事项决策。或者说,整个项目管理的主导还是建设单位,代建单位起到一个参谋的作用,在技术上提供支持、在流程上提供参考,并负责具体工作的实施。其主要任务是按照批准的概算、规模和标准,严格规范建设程序,达到建设项目顺利实施并有效控制项目投资、质量和工期的目的。

2)实施监督型跟踪审计图

为了加强对本项目基本建设资金的管理,规范工程建设行为,合理控制工程造价,杭州市审计局会同原杭州市卫生局确定对项目实施监督型跟踪审计,由浙江耀信工程咨询有限公司作为市滨江医院的协审单位。协审单位的主要工作职责为:在工程建设过程中提前介入,掌握项目全貌和进度情况,检查招投标程序、合同内容、工程质量等方面的基本情况;对隐蔽、交叉、临时工程等完工后无法再行核查的工程实施情况及时进行核实、鉴证;参与重大事项的研究和决策,协助建设单位进行相关事项的控制把关;开展工程节点专项审计调查,做好工程价款结算审计。

四、管理实践

1. 管理理念

以"健康生活理想的场景师"为使命,"以精细演绎精致、以人文书写关怀"为理念,坚持"干则一流、出则精品",为工程的建设和使用增值。

2. 管理制度

为规范医院参建各方的行为,建设单位会同代建单位制订了工程建设管理的相关规章制度,如会议制度、报告制度、招标(采购)管理制度、工期控制管理制度、投资控制管理制度、建设资金审批拨付管理制度、项目变更管理制度、施工质量控制管理制度、施工安全控制管理制度及廉政建设管理制度等。同时,结合重点工作环节,制订了相应管理流程。如联系单签发管理,要求变更单位在提出变更的同时,提供费用增减和工期影响测算,视变更情况经设计、监理、代建单位、建设单位、市财政局、市发改委等审核同意后组织实施;工程变更实施后,由施工单位及时填报《工程变更签证单》,并经各方审核确认。又如招标管理,在招标前先进行市场调研和投资估算,经充分论证后拟订招标文件,并确定投标最高限价。另外,对建设工程相关的各项决策,在做好前期充分调研、论证的基础上,由建设单位、代建单位集体讨论确定,以做到科学决策、民主决策。

3. 主要管理措施

1) 设计管理

设计主要分4个标段:建筑设计、装修设计、幕墙设计和园林设计。其中建筑设计包含了医用专项设计,采用平行发包模式。设计任务书阶段,通过研究熟悉项目前期的有关内容和要求,提出各种需求,并编制设计任务书。同时将设计方案组织各科室相关医疗专家进行讨论,在征求广泛意见的基础上,修改完善设计任务书。

在医院设计过程中,明确各设计单位设计任务以及设计单位之间界面划分。

在施工过程中,加强与设计单位的沟通协调,如遇重大问题,组织专题协调会,同时协调设计单位在施工阶段的配合工作。

2) 变更管理

(1)建立变更制度。变更需事先提出;变更发起方应说明变更理由,列出详细清单,并由工程监理(设计)审核后按程序进行签证;涉及费用的联系单在施工内容完成并经监理验收合格后,由施工单位向监理提报工程变更签证单,并由建设单位、代建单位、监理和审计共同审核签认;所有费用联系单均应报审单位,涉及的金额在审计后确认。

（2）规范变更程序。单纯的技术变更,可由相关单位直接进行流转;小变更直接由代建项目部审批,实施前报建设单位备案;一般变更,在充分征求监理和设计方意见的基础上先由代建单位提出分析意见,由建设单位联合审批,必要时报有关部门同意;重大变更由代建单位根据有关变更请求的书面报告,监理方和设计方等单位对此问题的书面意见及对变更后工程投资调整额度的预测,提出代建单位的书面意见,再由建设单位报请有关部门审定。

（3）严格变更价格确定。对于工程变更价格确定,根据合同要求,有相同价格的按相同价格执行;没有相同价格的按相似价格执行;没有相似价格的按主刊信息价执行;没有主刊价格的按副刊价格的80%执行。具体实施过程中大部分材料价格主刊中都没有,副刊中也不全,通过监理、代建、建设单位及审计单位四方进行市场调查、询价,并以会议讨论的形式确认价格,如石材、墙板价格确认等。

3）采购管理

项目的采购管理工作坚持公平、公开、公正,遵循竞争、择优、效益的原则,在操作上实行实施、审批、监督三分离原则,从而保证招标采购工作的顺利进行。除做好采购计划管理、合同管理外,在各项招标过程中,着重做好以下四个方面。①牢树品牌意识。不论是工程类还是设备类,品牌意味着质量、品质。因此在政策允许的情况下,在招标文件编制中,要立足于大品牌、有实力的企业,并尽可能采取资格预审。②坚持专业化。医院项目有很多医用专项工程,要坚持专业化队伍来实施。③加强标前考察。在招标采购启动前,加强对采购标的物行业及知名品牌的考察,做到心中有数。④营造公平竞争环境。在前期考察中要与相关品牌生产企业或供应商有效沟通,表明无任何指向性意见;在招标文件编制中要避免出现指向性指标,营造公平竞争的环境。

4）投资控制

（1）严格实行限额设计,多措并举强化设计管理。在设计初期要求设计师进驻医院科室进行充分调研,以减少后期使用科室提出的设计变更;在设计过程中,发挥代建单位的技术、经济方面的人力资源优势,对设计全过程实施监督,对设计重要的阶段性成果实施审查,使设计方案达到最优化,消灭设计存在的错、漏、碰现象,在限额的前提下提高设计质量,进而控制项目投资;施工图完成后,组织各方面专家从投资控制角度对施工图进行审查。为了避免各设计单位之间由于设计深度和设计界面的差异而产生的设计缺陷,在交叉设计阶段建立询证设计和协同设计机制,实现可追溯、无缝隙的有效工作,将整体设计和各专项设计高效结合,以减少施工阶段出现不必要变更,以控制投资。

（2）优选施工承发包模式和计价方式,促进投资控制。秉承"让专业的人做专业的事"的管理理念,并结合当时的政策环境,采用平行发包的模式。在当时疲软的建筑市场环境及招标制度"唯低价是取"的政策导向下,通过公开招标产生的低中标价在某些方面为投资控制提供了相对有利的条件。同时,根据各施工标段的特点选用不同的计价方式,如建安工程、幕墙工程、装修工程等市场成熟竞争充分,采用工程量清单计价的单价合同;如净化工程、医用纯水工程、医用气体工程等专业性较强且需中标单位进行深化设计,采用类似设计施工一体化的总价包干合同。

（3）狠抓事前控制,严格控制变更签证。招标文件拟定阶段针对项目的特点在专用条款设定防止变更的诸多约束性和预防性内容;严格实行主材封样和样板先行制度;强化现场管理人员的责任意识,建立变更会签制度,加强图纸交底、会审以及各专业技术人员通力合作,严格现场管理,把问题消灭在萌芽状态,大大减少工程现场的变更,进而相应降低投资。

（4）提早谋划医院开办经费,降低基建开支。由开办经费支出的办公电器和设备尽早地采购定型,能避免基建水电预留有误而导致的返工;由于科技的日新月异,更新速度快、智能化及网络设备贬值速度惊人,将部分高价值的网络设备纳入开办的范畴,待医院启用招标采购,既可解决设备更新贬值快的问题,又可减少基建的开支。

（5）恪守概算底线,寻找利益平衡点。结算阶段对于高估冒算比较突出的施工单位,只有经建设单位初审,与施工单位达成一致送审意见且送审金额控制在投资限额内的,才予以送审;经初审无法达成一致送审意见的,不予送审。在送审后的结算审计阶段,会同协审、代建、监理单位在坚持总概算不突破的原则基础上,利用各项政策与施工单位博弈,寻求各方利益的平衡点以推进审计工作。

通过各方多举措严格管控下,滨江医院的投资控制取得了圆满成功。其主要成果如表3所示。

表3　各投资指标统计表

阶段	主要指标	数值
项目批复	批复概算（万元）	97 967
	设计面积（m²）	172 223
	单方造价（元/ m²）	5 689
竣工决算	决算造价（万元）	95 906
	实测绘面积（m²）	187 390
	单方造价（元/ m²）	5 118

5）沟通管理

（1）加强对外沟通,解决项目难题。在项目实施过程中,积极与主管部门、市政府领导及市发改委、市建委、市财政局等部门汇报、沟通,切实解决项目实施过程中遇到的困难。如,针对重大变更事项,积极与市发改委汇报,召开部门联席会议协调解决;针对个别施工企业资金压力大问题,主动与市财政局汇报,积极争取适当提高工程款支付比例。

（2）加强内部协调,保障项目实施。由于本项目标项多,参建施工单位和供货商众多,加强内部协调工作尤为重要。①做好技术交底。明确各施工单位界面划分、施工质量、安全、进度、工艺要求。②构建顺畅沟通协调机制。建设单位每周会同代建单位召开建设例会,研究项目实施中相关工作安排和项目遇到的难点问题;每周参加监理例会,了解项目施工状况,及时解答施工单位提出的问题;建立专家论证机制,对各参建单位提出的技术性难题,组织专家论证,提出解决方案;在项目后期,建设单位负责人每天到项目现场巡查,坚持现场办公,提高协调效率。

6）廉政建设

本项目由于实施"代建制"和监督型跟踪审计,建立和加强了工程建设的内控和外部监督机制,有效地强化了廉政建设。"代建制"的实行,打破了现行政府投资体制中"投资、建设、管理、使用"四位一体的模式,使工程管理体制中的投资决策权和执行权得以分离。建筑施工及材料设备招标采购、工程变更、资金拨付等工作的具体执行由代建单位负责,建设单位发挥决策监督作用,保证了工作环境的透明,保证了"公开、公平、公正"原则的执行。同时,建设单位与各参建单位、供货商等均签署廉政协议,建设单位工作人员自觉遵守廉政建设有关规定,既增加了建设单位项目管理和投资控制的底气,也切实降低了各参建单位、供货商的"灰色成本",有效保障了项目的顺利实施。

五、成果展示

1. 设施篇

开敞明亮的大厅(图2),大气温馨的医疗街,充满艺术氛围的诊疗空间(图3),环保、节能、智能的各类设施,处处散发出医院人性化、智能化、数字化、国际化和多元化的现代气息,努力为患者提供温馨、安全、舒适、便捷、关爱的诊疗环境。

1）人性化

（1）布局合理,缩短诊疗半径

Ⅰ. 在主体医疗区的布局上,采用现代化的医疗街,避免了超大型医院迷宫式的布局。开敞明亮

图2 医疗大厅

图3 诊室

的中庭,具有生态景观的医疗街巧妙地将医疗区划分为门诊区、医技区及住院区。这样的布局方式明晰地串联起各个医疗中心。

Ⅱ.将院内复杂的流线分开,使其互不干扰,做到医患分流、洁污分流、人车分流,营造有序的诊疗环境。

Ⅲ.门诊位于医疗中心区的北侧,各科室诊疗空间与医疗街连接,就诊环节简单明了。作为医院最核心的医技区位于住院部和门诊区中间,方便门诊病人和住院患者检查使用,保证医技科室高效率的运行。

Ⅳ.门诊划分为若干诊疗单元,各诊疗单元内均设置挂号、收费、分诊和专科检查治疗等,方便病人诊疗。

(2)关注细节,体现以人为本

Ⅰ.诊疗单元中庭采光:在诊疗单元中间设置若干个采光中庭,引入自然光,舒缓病人压抑的心情。

Ⅱ.病房医护洗手盆:在每个病房均设置医护洗手盆,方便医护人员诊疗操作后洗手,避免交叉感染。

Ⅲ.病区活动室:在2个护理单元中间设置宽敞明亮的活动室,可供住院病人活动、交流和接待探视亲友。如图4所示。

Ⅳ.直饮水:在门诊和病房部门区域设置直饮台,方便饮用。

(3)标识醒目,便于患者识别

选用银灰色、香槟金、蓝色三种色彩,通过简明、规律、合理、科学的设计和制作,令人一目了然,较好地发挥导诊、指示的作用。

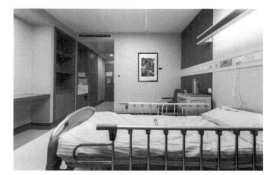

图4 病房

2)智能化

(1)轨道物流系统:安装了瑞士SWISSLOG公司生产的轨道小车式医院物流传输系统,具有较大装载重量和容积、先进的控制系统、模块化结构方便扩展、较快的传输速度、多辆小车可同时传输、高效可靠性、高传输安全性、低噪声传输及极高的防火性能等特点。

(2)门诊药房系统:采用德国ROWA门诊药房系统,告别了传统的手工药品调配模式,步入信息化、自动化发药新阶段。对众多患者来说,这意味着以后取药更加方便快捷,再不用排队等候,而腾出精力来的药师也能为患者提供更高质量的用药指导服务,让合理用药落到实处。

(3)污物管道收集系统:安装了来自台湾的品牌污物管道收集系统,分垃圾管道收集系统和污被服管道收集系统,将污物直接通过各楼层投入门投递即可,使楼面快速洁净,节省人力乘坐电梯运送,避免二次污染,达到节能减排效能。

(4)中央除尘系统:采用法国 ALDES 中央吸尘系统,将中央吸尘主机安置在地下室相对隔离的封闭场所,通过暗装于墙内的吸尘管道,与楼内墙上的吸尘插口相连。吸尘清扫时,只需将一根带吸头的吸尘软管插到吸尘插口,吸尘主机便可自动启动,将灰尘和污物通过全封闭的管道吸到中央收集袋。具有使用方便、无噪音、避免"二次污染"和减轻处理工作量等特点,使被清理的场所达到了真正意义上的清洁。

(5)能量计量系统:主要通过对医院内部各科室、各部门的能耗(水、电、空调)进行计量,为对各科室、各部门进行核算和考核提供依据,有利于提高医院的整体管理水平,降低运行成本。

(6)建筑设备管理系统:采用先进、开放、成熟的软硬件设备,完成医疗中心楼、后勤综合楼、地下车库内的各种建筑设备监视、联动控制,辅助管理人员加强对各种建筑设备的有效管理,从而节约能源、提高设备的安全性和降低建筑设备的运行维护成本,并能方便地实现物业管理自动化;同时,为医院内部各个功能单元提供安全、健康、舒适的工作和医疗环境。

(7)安防系统(一卡通系统):建立集闭路电视监控、防盗报警、巡更为一体的安全防范系统,能够监视和记录医院内重要区域及主要通道人员的活动情况,在突发事件中能够为医院的安全提供便捷直观的管理手段和实时全方位的图像数据。同时,采用"一卡通"管理模式,由医院管理部门统一发卡并授权,根据不同使用对象设置门禁、考勤、消费及停车管理等功能。

3)数字化

借鉴国内、外的先进经验,运用最新的最先进的 IT 技术对全院的信息资源(人、财、物、医疗信息)进行规划、设计和整合,进行各种信息系统的建设,全面优化和整合医院内部及外部信息资源为医院临床医疗、医疗管理、运营管理服务。运用所有的信息资源为患者提供先进的、便捷的、人性化的医疗服务;建立全院科研教学的信息平台和数据库,以提高医院服务水平、技术水平及管理水平;同时建设医院的数字文化,实现从诊断、治疗、护理、康复和保健等各方面都展现出现代先进的全新面貌,打造国际一流、国内领先的现代化数字医院。

4)国际化

医院设有远程会诊中心、病理联合诊断中心、生殖医学中心等,通过远程音视频设备及互联网、VPN,时间和 UCLA、John Hopkins 等国际著名的大学及医院紧密合作、高效交流,引入先进的医疗技术和理念,拓宽医院国际化医疗的视野。

5)多元化

医院设有餐厅、咖啡吧、花店、超市及自动取款机等设备,为患者和职工提供多元化的休闲、便利服务。

2. 园林篇

(1)目的宗旨

充分考虑患者的康复理疗要求,舒缓其入院心情,以此建设医院外部环境;增加对健身步道、体育康复设施的建设,满足患者活动的需求;沿河设置观景平台和木步道,满足就医者休闲的需求;将医药文化引入外部景观中,使医院环境既美观又有一定文化内涵;在创造和谐环境的同时,也创造和谐的医患关系。

(2)设计理念

引用北美、欧洲、日本等康复和疗愈景观的理论,加强园艺疗法、康复景观、保健型园林以及医疗花园在实际工程中的应用。

(3)基本原则

生态化、休闲化、功能化、文化性、经济性。

（4）分区布局

根据医院景观设计的主题和服务功能的要求,将医院景观空间主要划分为 3 个部分:主入口景观区、康复运动景观区和康复休闲景观区。

景观布局总体上以"两带七园"为主题架构:"两带",即沿路景观游览带、沿河风光游览带。"七园",即运动园、百草园、树木园、芳香园、水花园、竹浪清波和屋顶花园。

主入口景观区满足医院人流车流的集散,同时对于医院标识、停车场、地下车库入口等设施进行美化,主要景点包括翠谷雾凇和花溪观鱼,沿花溪布置医学人文雕塑。

康复运动景观区中运动园将篮球、羽毛球、体育健身器材等集中设置,既方便管理,又提高设施的利用。

3. 公共空间艺术品篇

医院室内公共空间是医疗街、候诊厅、公共走廊(图 5)、休息区等功能的系统化组合,这些空间中的油画、国画、水彩画、摄影作品等营造出的艺术氛围,可以缓解患者的不良情绪。根据医院室内公共空间不同区域的功能,分别陈设不同类型、题材的艺术品,其具体表现方式有以下几种。

（1）医疗街以风景油画为主,宜选择自然、熟悉、亲切的湖光山色、故乡山水、田园风光作为主体。风景油画将生命体验表现出来,不仅满足了观者一定的精神需求,也向人们表明,艺术化不仅是人的一种生存方式,也是一种人生观和世界观。艺术化的人生是有价值的人生,这是诗化生命体验的终极意义。

△ 图 5　走廊

（2）候诊区域以花鸟油画为主,在候诊区放置描绘相对静止的实务的作品,营造"借物抒情"的意境,以便减轻患者心理压力和急躁感。花鸟油画追求悠闲、自在,体现人、自然、艺术的和谐统一;生机益然的一草一木、花果虫鸟,让人有视觉上的舒服感,使人觉得人间是美好的,生活是有滋有味的。

（3）病区走廊以街景油画为主,采用适宜的街景油画作为点缀,不但可以使其成为此类空间中的视觉中心,引起人们观赏的兴趣,适度地分散注意力、缓解心理压力,而且有助于空间意境的创造。病区走廊的街景油画多取材当地的一些老建筑群,这些老街区建筑创造了非常有价值的建筑典范,街景组画创作也包含了对于对去历史的记录和追忆。同时,传统文化的古朴与和谐贯穿于油画中,建筑空间与自然风景浑然一体,让人感受到空气的存在和流动,置身其中有一种无限舒畅之感。

（4）病房以山水国画为主,在病房的设计中应营造出家庭般的温馨环境氛围,使患者在医院感受到温暖和安慰,心情平和地接受诊断和治疗。中国画不拘泥于客观物象的形态与色彩,崇尚按照画面的需要以及美的原则,大胆取舍概括、夸张变形,力求写意,将充满诗意的画面与写意的用笔完美结合。其中山水国画还追求博大、安静,现代人生活工作节奏加快,压力加重,人们往往很浮躁,因此往往会追求朴实、亲切、简单却内涵丰富的室内环境,而山水国画体现了中国人特有的简练、恬静、含蓄和韵律等审美情趣,适合用于病房陈设。

（5）科教办公区以水彩画、摄影作品为主,长期为患者服务的医务人员也是应该被关爱的对象,对医务人员科教办公空间进行艺术化处理,是柔化高科技、渗入人情味的有效手段。水彩画与摄影作品的组合,用色彩和光影描绘出对生命的热爱、诠释对工作与生活的理解,让医务人员感受到历史与现代、理想与现实,也看到了艺术间的相互影响与相互促进,加深对艺术作品中那些人生哲理的深刻理解,体会艺术上大跨度的宏观形象思维。图 6 为医护人员全家福。

∧ 图6　医护人员全家福

梅许江　蒋　农　项海青　张晓萍/供稿

艺术空间设计　提升专科医院特色

——杭州市儿童医院医疗综合楼改造项目

一、项目概况

1. 工程概况

（1）工程项目名称：杭州市儿童医院医疗综合楼改造项目。

（2）工程项目建设地点：杭州市下城区文晖路195号。

（3）医院建设用地总面积：25 000 m²。

（4）改造医疗综合楼占地面积：2 370.8 m²。

（5）改造医疗综合楼总建筑面积：29 583.79 m²。其中地上部分建筑面积：27 212.99 m²；地下部分建筑面积：2 370.8 m²。

（6）建筑层数：地下1层，地上裙房3层，主楼16层。

（7）建筑高度：63.55 m。

（8）新建病床数：500床。

（9）建设工期：2013年9月6日—2014年8月20日。

2. 建设主要内容

（1）建筑及幕墙改造：包括新建NICU和弱电等工程改造；更换具有儿童医院特色的、色彩丰富的幕墙铝板,由杭州千城设计院设计。

（2）室内装饰：医疗综合楼一层东部是急诊,中部设总服务台、挂号窗口及检验窗口,西部是监控中心及医院便利超市；二层为门诊、放射科和特检科；三层设输液大厅和检验中心；四层是医院信息中心及药库；五层是供应室、图书室及各职能科室办公区域；六至十一层为医院普病区；十二层设新生儿病区；十三层设 ICU 病区；十四层设 VIP 病区；十五层为医院手术室；十六层是医院行政办公区域。该内容由中国美院风景园林设计院以及杭州千城设计院共同完成设计。

（3）公共空间艺术：裙房中空大厅总主题《生命.成长》造型,从生命演变和呵护的设计目标中按照生命成长历程,又细化为"新生""成长"和"蝶化"3 个子主题,以境化心并配以潭潭形象造型；各病区形象装饰。该内容由同济大学建筑与城市规划学院设计。

（4）标识系统：儿童医院企业文化、标志 logo、导示系统、标识系统色彩搭配等由深圳大略设计。

（5）装饰绘画：社会征集少儿绘画作品,布置在诊室、病房、候诊区和过道等区域。

3. 工程项目建设进程

本工程自 2012 年 9 月 26 日编制完成,并将医疗综合楼装修改造可行性研究报告向杭州市卫计委批示。

2012 年 9 月 29 日获得市卫计委同意杭州市儿童医院医疗综合楼装修改造的批复。

2012 年 12 月 18 日完成医疗综合楼装修改造项目设计招投标。

2013 年 5 月 7 日完成医疗综合楼装修改造项目监理招投标。

2013 年 5 月 9 日取得杭州市公安消防局建设工程消防设计审核意见书。

2013 年 6 月 26 日完成医疗综合楼装修改造项目施工招投标。

2013 年 9 月 6 日项目开工。

2014 年 8 月 20 日项目竣工。

2014 年 10 月 15 日完成形象设计装修。

2014 年 11 月正式投入使用。

二、重点难点

1. 项目难点

（1）儿童医院特色设计

杭州市儿童医院医疗综合楼,原属杭州市第六人民医院(市传染病医院),原传统内装饰显然不满足儿童医院装饰要求。改造前期,医院内部多次召开专题会议,会议讨论决定改造必须从设计开始,儿童医院内装修和外幕墙必须体现自身的特色,以便缓解孩子看病时的恐惧并提高孩子治愈率。所以,在改造设计阶段,儿童医院委托了中国美院风景园林设计院和杭州千城建筑设计集团有限公司进行全程改造方案及施工图设计,委托了同济大学建筑与城市规划学院进行公共空间艺术设计,委托了深圳大略作为标识系统设计,同时在社会上征集绘画装饰作品。

当然,在设计阶段,几个专业设计团队不同的设计理念仍碰出了火花,同时也拓展了本次设计的思路和理念。儿童医院各科室积极参与,进行多次协调,针对多个设计团体设计理念集合儿童医院特色,层层递进,逐步完善并最终定下了外幕墙及内装饰设计方案。如图 1 所示。

首先,中国美院风景园林设计院及杭州千城设计院针对儿童医院的设计要求,充分理解成人环境和儿童环境之间的不同之处,设计融合了圆润的造型、童趣的图案和丰富的色彩,修正了传统医院所具有的令孩子们望而生畏的环境特征。引入尺度适宜儿童的造型要素,以"快乐的孩子恢复得更好更快"的信念,激发孩子们治疗过程中所必需的轻松感和小朋友们的交流欲望,从而达到对患儿心里的积极影响。

△ 图1　设计协调会

设计以"儿童元素"为切入点,以"自然气氛""安全感""符合儿童心理需求"为原则,运用材质、色彩、造型和灯光的设计处理,提升儿童医院室内装修设计极为亲和的空间氛围。同时,通过医疗空间的准确定位和功能的完善,达到各专业设备系统上的自我品质;通过材料、色彩、人性化、绿化和生理、心理科学结合的设计手段,达到视觉上的自我品质;通过融入当代杭州地域特色的传统人文艺术品的设计,升华为人文内涵上的自我品质。

设计遵从"以人为本"的原则,充分尊重、呵护与关怀孩子天性发展,营造出一个以儿童病人为中心、以医护人员方便使用为宗旨的现代化、童趣化、亲情化、生态化的医疗空间。

以下为中国美院风景园林设计院内装修改造设计效果图,如图2～图5所示。

△ 图2　门诊大厅

△ 图3　输液大厅

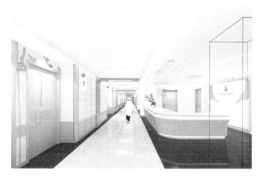
△ 图4　护士站

△ 图5　病房

在中国美院风景园林设计院及杭州千城设计院装饰设计方案的基础上,同济大学建筑与城市规划学院开展了"以镜花心"为主题的杭州市儿童医院公共空间艺术营造。

公共空间艺术创作与医疗空间的结合,是当代艺术空间转向的必然趋势。医疗空间的功能属性,决定了自身必然会成为视觉体验和交流的场所所在。在医院医疗环境建设走向和关注视觉文化营造的趋势中,杭州市儿童医院在国内率先引进了公共艺术整体营造理念,全方位提升医院文化建设。

杭州市儿童医院作为国内首家引入公共艺术观念和形式所进行的空间文化和环境建设案例,探索出了成功的创作和建设路径。该项目完成后,社会反响强烈,社会各方给予了积极好评。图6～图

11 为公共艺术造型效果方案及实景图。

▲ 图6　"新生"主题"潭潭"效果图

▲ 图7　"新生"主题"潭潭"实景图

▲ 图8　"成长·毛毛虫"主题效果图

▲ 图9　"成长·毛毛虫"主题实景图

▲ 图10　"成长·蝶化"主题效果图

▲ 图11　"成长·蝶化"主题实景图

　　深圳大略进场后,杭州市儿童医院立刻于2012年12月26日召开项目文化与形象策划设计启动会。为全面把握杭州市儿童医院发展进程、发展现状、竞争环境及文化诉求等综合情况,深圳大略项目组对杭州市儿童医院进行了周密而翔实的实态调查工作,整个行程安排紧密有序,至12月30日,一共历时5 d的时间。项目组通过访谈调查(表1)、问卷调查(表2)、实地考察(图12)、行业调查(图13)等4种方式进行了前期的调查。

表 1　访谈调查表

访谈人群层次	访谈对象	访谈形式
院领导	韦院长、徐书记、寿副院长	面对面
职能科室、临床科室主任	院办顾主任、工会党办陈主任、财务科主任、人事科周主任、护理部章主任、总务科裘主任、营养科葛主任、儿童感染科杨主任	面对面
医生	一线医生	座谈
护士	一线护士	座谈

表 2　问卷发放及回收统计表

问卷发放对象	问卷发放数量(份)	有效回收数量(份)	有效回收率
员工	230	220	95%
住院病人	120	106	88%
社会公众	500	474	95%
合计	852	800	94%

▲ 图 12　浙江省儿保实地考察

深圳大略通过收集资料对杭州市儿童医院有了初步了解,结合对这一项目的解析与提炼,针对性设计出医院的标识 logo、导向标志、艺术造型等作品。

首先,杭州市儿童医院图形标志设计通过 5 大属性内涵展示。杭州,一座素以历史文化醇厚、人文生活气息浓郁而知名的江南名城。西湖,杭州的名片。因此,杭州市儿童医院的视觉形象选取"杭"字为创意原型切入点,并巧妙融入取源于西湖的蓝色湖水,鲜明地指出医院临近西湖的地域属性。视觉形象的右半部演绎出一个健康活泼的儿童形象,体现了儿童医院的专科属性。视觉形象纵横交错

▲ 图 13　行业调查

的主体部分,呈现出一个代表着医疗行业属性的"十"字,而交错的左上部分则是一颗爱心形状,都紧密守护在儿童的身旁,寓意着医院用爱心和医术致力于关爱儿童成长,呵护儿童生命健康。上述三种元素有机融合,简明生动地向外界传达了杭州市儿童医院独一无二的视觉形象。

　　视觉形象蕴含杭州地域文化而不失现代感,色彩丰富而欢快,营造了五彩斑斓的儿童健康快乐的世界,整体风格也与杭州市富含人文生活气息氛围相契合,同时寄托着医院努力带给儿童健康与快乐的人文关怀。如图 14 所示。

▲ 图 14　杭州市儿童医院 logo 设计

其次，杭州市儿童医院卡通人物通过西湖水及风景结合儿童医院特色进行设计。如图 15 所示。

水

杭州地处长江三角洲南沿和钱塘江流域，地形复杂多样。杭州市西部属浙西丘陵区，主干山脉有天目山等。东部属浙北平原，地势低平，河网密布。具有典型的"江南水乡"特征。
西湖位于浙江省杭州市的西南方，它以其秀丽的湖光山色和众多的名胜古迹而成为闻名中外的旅游胜地。

三潭印月

西湖十景之十三潭印月是西湖中最大的岛屿，风景秀丽、景色清幽，尤三潭印明月的景观享誉中外。

卡通潭潭

△ 图 15　杭州市儿童医院卡通人物设计

项目进入改造后期，为了给少儿创造一个温馨的就医环境，杭州市儿童医院和杭州市青少年活动中心美术部举办了杭州市"健康杯"少儿绘画大赛活动。联合向全杭州少儿征集绘画作品，征集到的优秀作品将挂在市儿童医院的医疗综合楼病房里，以消除患病儿童的心里恐惧。

活动充分展示少年儿童天真烂漫、积极向上的精神风貌，倡导培养有健康的身体、阳光的心情、快乐的生活和充满爱心的少年儿童。

最终，活动向社会征集了大量的优秀的绘画作品，布置在了病房、走道、候诊区甚至在诊室里面，使就医环境充满了儿童欢快的气息。

总体而言，中国美院风景园林设计院与杭州千城设计公司的内装修工程设计，同济大学建筑与城市规划学院的空间艺术设计，结合深圳大略的形象与文化设计，再加上社会征集的绘画作品进行点缀，各项装修方案在医院组织的多次研讨及协调会议后，层层递进，最终逐步完善了匹配度较高的装修总体方案。设计内容充分展现了一个儿童医院的特色，丰富的色彩、有趣的图案、生动的艺术造型大大缓解了患儿看病焦虑，营造了快乐、有趣的就医环境。

（2）进度控制难

项目施工场地处于杭州市主城区，且被周边的东、南、北三侧居民住宅区及西侧的酒店宾馆环绕，夜间施工面临的投诉较多，无法进行夜间施工。施工环境的要求比较苛刻，极大提高了项目的施工难度，工期十分紧张。但医院工作人员和设计、施工、监理等单位，相互督促、团结协作、吃苦耐劳。项目如期完工，并开始使用。

（3）施工条件困难

本项目属于旧楼改建项目，需在原有结构的基础上增加管路设施，施工工作面狭小。且原有大楼图纸部分遗失，部分施工区域拆除原有装修后才发现无法按图施工，需各单位及时开会调整，改变设计方案，制订有效施工方案，并严格控制施工进度。

项目施工场地有限，且项目施工期间医院需继续运营，特别是我院为儿童医院，院区内儿童数量较多，安全问题严峻。工作人员及保安加强巡逻，保证施工安全，对安全隐患做到及时发现，及时消除。

项目进行时，大楼内除病房外，信息中心、供应室、手术室、药剂科、检验科和放射科等部分科室无法进行搬迁，此部分科室的保障及保护工作也非常重要，需要我院工作人员及施工方密切配合，不断调整施工方案。

2. 医院项目管理的难点

1）儿童医院特色设计内容施工管理困难

（1）儿童医院特色设计采用较多弧形或者异形，精装修施工单位难以实施，施工产品难以达到设计要求。医院多次组织设计及施工单位召开协调会议,为确保整体效果不降低,同时施工顺利进行,进行部分设计图纸修改,最终实施后效果还不错。如图16、图17所示。

⚠ 图16　护士站实景图　　　　　　　　⚠ 图17　病房通道实景图

(2)形象设计产品进场施工与总包配合问题协调。因形象设计产品不属于工程分包或者设备采购分包,一般不产生总包配合费用,所以总包配合困难。医院多次协调,最终克服困难,呈现完美的作品。如图18所示。

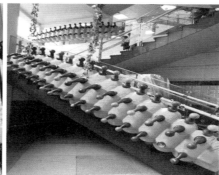

⚠ 图18　形象设计实景图

2)前期工作推进难

作为政府投资项目,各环节的审批手续繁杂,且此装修改造项目只能为部门立项,非发改委正式立项,前期工作推进协调工作量大。

3)招投标过程审批环节难

本项目使用的资金渠道为市财政部门预算资金,因此招投标文件的审批需经过市财政的采监处及市建委的招投标管理办公室的双重审批,而当时由于采购法与招投标法内部分规定有冲突,报审工作难度巨大。

4)专业性强、专业多、范围广

本项目涉及专业多、范围广、设备单体数量多、系统构成复杂、自动化程度高、接口复杂。

5)管理幅度全覆盖的难度大

由于管理层次增加,而项目管理人员较少,管理的指令落实效率不高,信息无法实现全覆盖。

三、组织构架与管理模式

1)组织构架

医院装修改造项目领导小组(以下简称领导小组)由医院领导班子和医院各职能科室负责人共同

组建,任命组长、副组长,并上报杭州市卫生事业发展中心。领导小组是此项目施工期间的决策人。图 19 为组织架构图。

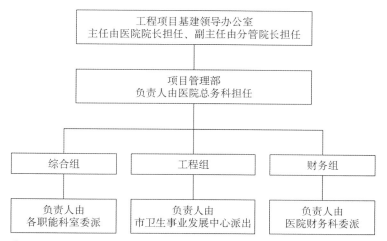

△ 图 19　组织架构示意图

工程项目建设全过程的管理通过项目管理部来实现,管理人员由医院派出的各职能科室人员共同组成,实行院长领导下的项目管理部经理责任制。项目管理部设正、副职各一名,在医院派出管理人员中选择并由基建领导办公室主任聘任。项目负责人行使工程项目建设的各项具体管理职责,并对项目管理部实行统一领导。

2）管理模式

本项目在杭州市卫生事业发展中心建设管理和指导下,由杭州市儿童医院作为建设主体组织实施。它的主要任务是按照批准的概算、规模和标准,严格规范建设程序,达到建设项目顺利实施并有效控制投资的目的。管理部门以制度建设为抓手,提供了从可行性研究、方案设计,到施工管理,竣工验收、工程财务监管审计、项目建成交付使用等环节的精细化管理。

四、管理实践

1. 管理理念

集约化、精细化、人性化、规范化。

2. 管理方式

1）项目全过程策划

本项目以“事前策划、目标清晰,过程控制、执行有力,事后总结、不断规范”为总体思路。前期策划阶段对投资的影响最大。

项目的前期策划工作主要是产生项目的构思,确立目标,并对目标进行论证,为项目的批准提供依据。它是项目的关键,对项目的整个生命期,对项目实施和管理起着决定性作用。尽管工程项目的确立主要是从上层系统、从全局和战略的角度出发的,这个阶段主要是上层管理者的工作,但这里面又有许多项目管理工作。为取得成功,必须在项目前期策划阶段就进行严格的项目管理,而项目前期策划工作的主要任务是寻找并确立项目目标、定义项目,并对项目进行详细的技术经济论证,使整个项目建立在可靠的、坚实的、优化的基础上。

2）项目管理大纲

基建领导办公室成立初始，医院就制订了《项目管理大纲》，参与项目管理的各方明确各自的主要工作和担负的责任，做到分工明确、职责分明、有法可依、有章可循。《项目管理大纲》编制了项目管理工作制度、项目管理工作职业道德和纪律、合同管理、信息和文档管理、财务管理细则、项目管理中变更控制的相关规定及施工违章处罚规定等制度。

项目管理手册中包括项目管理、财务管理、进度计划、招标管理、廉洁责任制度、项目管理常用表式和附件等共计7部分54项，规范了各项工作的操作流程；明确了各小组的主要职责，以及项目基建领导办公室的工作职责；保障了项目建设中的各项工作有章可循。

3）设计管理

设计任务书阶段，基建领导办公室通过研究熟悉项目前期的有关内容和要求，提出各种需求，并编制设计任务书。同时将设计方案组织各科室相关医疗专家进行讨论，在广泛征求意见的基础上，修改完善设计任务书。在医院设计过程中，明确设计总包、设计分包单位以及与医院之间在设计方面的责任关系。

施工开始阶段，引用形象设计理念与已有设计风格相结合，及时调整各个区域装修色调，预留出形象造型空间。

在施工过程中，加强与设计单位的沟通协调，如遇重大问题，组织专题协调会，同时协调设计单位在施工阶段的配合工作。

4）招标采购管理

（1）由于医院项目涉及面广，专业单位多，根据管理大纲的要求编制招标采购计划。同时，在医院项目招标过程中，特别重视招标的前期准备策划，工作界面和招标过程中分析评审，在招标过程中，充分考虑建设项目各方的需求，结合医院建筑的特点，功能的需求，以及环境条件等，制订"采购制度"。

案例

在开工前准备阶段，为了确保医院未来的发展需求，区域划分的准确性，提前对项目燃气管道、锅炉等进行了公开招标。特别是锅炉的提前招标，为后续的施工创造了极为有利的条件。

（2）专业分包与设备采购招标中，明确招标采购原则，分类进行招标采购，招标过程严格按照概算进行限额招标，同时邀请医院纪委全程参加。

5）投资控制

投资控制是项目管理的主线，贯彻于整个项目过程。

（1）在项目前期阶段，对拟投资的项目从专业技术、市场、财务和经济效益等方面进行分析比较，结合以往相关工程的经验，完善投资估算，合理地计算投资，既不高估，也避免漏算。

（2）建立财务监理制度，明确财务科负责人是主要责任人，财务监理从可研阶段即介入，对投资控制的各个阶段，以及工作的重点和要点进行分析，作为项目管理的指导。

（3）落实限额设计，将限额设计的要求明确在设计合同中。在过程中进行监督和落实。

（4）投资控制全过程动态管理，在扩初阶段要求将设计概算与投资估算进行对比分析，找到差异点，明确投资控制的目标。

在项目实施过程中，将批准的概算分项切块，明确分项控制目标。同时将概算、清单、投标文件和施工预算进行分析比较，对投资控制趋势进行预测和分析，找出投资控制的难点和要点。

（5）运用市卫生事业发展中心的技术力量和多年的项目管理经验，对设计方案和施工方案进行优化。

案例

Ⅰ.通过政府采购，节约投资。办公家具、标识标牌、食堂改建通过政府采购，比批复概算节约508.44万元；其中办公家具批复概算240万元，签署合同184.56万元；标识标牌批复概算180万元，签署合同 102 万元。食堂概算为 380 万元(含厨房设备),签署合同 50 万元(含厨房设备)。

Ⅱ. 锅炉原设计为建设 200 m² 的锅炉房用于锅炉搬迁,概算为 200 万元。通过优化方案,采用真空热水机组和蒸汽发生器替代原有的燃气压力锅炉的功能,从而占地面积减少为只有 30 m²,共使用费用 105 万元,节省了 95 万元;且第一年正式运行就节省了往年 50% 的燃气费。

Ⅲ. 全面进行医院整体形象设计,从医院文化、装修风格、办公用品、形象卡通造型、办公家具、标识标牌、服装等方面深化设计,全面提升了医院的整体形象。

本项目节省费用总计达 600 万左右,为项目建设节省了大笔投资,节省资金用于完善医疗功能,提升医疗水平。

(6) 结算阶段,严格遵循合同、国家相关文件、设计图纸及相关工程资料,审核工程决算的真实性、可靠性、合理性,凡属于合同条款明确包含的,在投标时已经承诺的费用、属于合同风险范围内的费用,以及未按合同执行的费用等投资坚决剔除,同时结算结束后配合财务决算和审计工作。

6) 沟通管理

(1) 政府职能部门沟通

杭州市儿童医院装修改造项目是我院成立后的第一个立项的项目、第一个开工的项目也是第一个竣工的项目,医院基建处顶住巨大压力,保质保量的按时完成任务。

按常规医院项目报批流程,前期工作申报及完成时间约为 15 个月左右,但在杭州市卫计委大力支持下,医院项目部积极争取,充分发挥主观能动性,克服了时间紧、建设难度大等困难,发挥了团结协作、吃苦耐劳的精神,使项目扎实推进,仅用了 8 个月的时间,完成了所有前期报批手续,如期顺利开工。

在前期申办过程中先后向市规划局、消防局、供电局、燃气公司、疾控中心、市政部门、市环保部门、下城区规划局、绿化局、市交警总队、市财政局、市财政评审中心、市采购监督处及市招标办等 14 个部门请示汇报、联系协调、申请批复,共计 200 余次。

(2) 基建办沟通机制

Ⅰ. 定期将项目情况报送医院、市卫生事业发展中心。

Ⅱ. 每周以工程例会纪要形式或每周项目情况汇报形式,向各参建单位汇报项目情况及下周的工作安排。

Ⅲ. 定期参加各类联席会议,汇报项目情况,落实分工及督查内容。

7) 进度控制、质量控制、安全控制

(1) 进度控制(甘特图)

在项目建设初期,就制订了总进度计划,同时将总进度计划进行分解,分阶段落实,为了明确各阶段的工作任务,将进度计划各阶段任务细化,分解到每月、每周,制订相应的计划。图 20 为总进度控制甘特图。

过程中定期将计划与实际完成情况进行对比,发现偏差,及时调整。同时根据进度计划落实责任主体,监督落实。

(2) 质量控制

Ⅰ. 要求建立质量管理体系,明确各阶段的质量控制目标。

Ⅱ. 建立质量控制的相关制度,落实责任人。

Ⅲ. 在项目上,现场组织不定期质量检查;从医院层面,定期对项目进行检查、考评,考核结果作为项目负责人的年度考评的依据。

Ⅳ. 交叉施工:由于医院专业广、专业施工单位多,难免产生交叉施工在管理上要严格按照施工进度、施工工序、施工组织设计,遵循先难后易、先重后轻、先内后外、先里后表的原则来安排施工。督促监理和施工单位合理安排施工,上道工序为下道工序提供方便,避免损坏及返工现象,确保工程质量。

总控进度计划

项目名称：杭州市儿童医院医疗综合楼改造项目

序号	工作	开始时间	完成时间	计划工作	2012年				2013年												2014年											
					9	10	11	12	1	2	3	4	5	6	7	8	9	10	11	12	1	2	3	4	5	6	7	8	9	10	11	12
1	立项审批	2012/9/1	2012/9/26	25																												
2	设计招标	2012/10/9	2012/12/18	70																												
3	监理招标	2013/3/8	2013/5/7	60																												
4	方案及初步设计	2012/12/30	2013/2/28	60																												
5	施工图设计及审批	2013/3/10	2013/5/9	60																												
6	施工单位招标	2013/5/12	2013/6/26	45																												
7	项目开工(含准备)	2013/7/8	2013/9/6	60																												
8	项目竣工(含施工)	2013/9/6	2014/8/20	348																												
9	完成形象布置	2014/8/21	2014/10/15	55																												
10	投入使用	2014/8/21	2014/11/9	80																												

说明：1.因篇幅所限，仅对关键工作进行横道图标识。

编制：　　　　　审核：　　　　　审定：　　　　　批准：

▲ 图20 总进度控制甘特图

（3）安全控制

Ⅰ.建立安全管理体系，参建各方参与并落实。

Ⅱ.要求相关单位建立相关制度，落实责任人，并督促制度落实。

Ⅲ.督促施工单位加强三级安全教育。

Ⅳ.监督安全措施费的落实情况。要求监理单位检查施工单位安全措施的落实情况，财务监理审核相关费支出情况，做到专款专用。

Ⅴ.建立安全文明施工检查机制，每周定期对安全文明施工进行检查，发现问题，限时整改。

Ⅵ.排查项目重大安全风险源，做好台账，定期检查。

Ⅶ.从医院层面，定期对项目进行检查、考评，考核结果作为施工项目部年度考评的依据。

8）合同管理

（1）选择合适的合同类型，按照制度规定进行流转及分级管理。

（2）建立合同台账，对合同信息进行登记、编号、分类存档。

（3）熟悉合同条款、付款进度及付款条件。

（4）协助合同签订人解决合同纠纷。

9）变更管理

（1）建立变更制度。

（2）规范变更程序。

（3）变更原则：

Ⅰ.重要变更：先评估，再实施，再估价，后平衡；

Ⅱ.一般变更：先评估，再估价，后实施。

案例

原设计方案及清单描述中墙塑施工基层为高强白水泥批刮，在本工程墙面不适用，容易产生质量缺陷，需要进行变更。

为此，医院项目部召集设计单位、总包单位、监理单位、墙塑生产厂家专题进行了方案评估会议，一致认为墙塑基层施工、表面铺贴、压焊等工作属总承包范围内容。为确保质量，施工单位必须严格按照墙塑厂家的工艺标准进行施工。

基层变更方案为：原墙面开纵横槽，纵横方格为 15 cm×10 cm，墙面使用优成 PE360 水性界面剂进行界面处理，基层采用优成双组份墙基腻子批刮 3 遍以保证墙面平整，达到墙塑施工质量。

根据会议纪要精神，各方签署费用联系单时，充分调研了市场上优成 WP950 墙基腻子、优成

PE360 界面剂的价格,最终以审计审定为准。

各方共同确认联系单后,再进行墙塑基层施工。

10) 廉政建设

项目建设过程中的设计、监理、总包施工、幕墙更换、锅炉房及形象设计等公开招标工作,均由医院纪委全程进行监督,真正做到公开、公平、公正。

项目建设期间医院纪委的同志对项目部及施工单位进行了多次不同形式的法制宣传教育。

有形象生动的案例分析讲座,有宣传学习资料的发放、观摩警示教育片,并组织各参建单位前往监狱接受廉政教育,提高项目参建单位相关人员的政治思想认识,增强了廉洁自律的意识。

3. 经济社会效益

1) 经济效益

项目建成后,杭州市儿童医院的综合服务能力得到有效提高,整体功能布局和就医环境得到较大改观。2015 年与 2014 年相比,门诊人数从 29.15 万人次增加到 45.77 万人次,增长了 57.02%,出院人数增长了 21.16%。

2) 社会效益

杭州市儿童医院医疗综合楼的装修改造顺利完成,使医院医疗功能、医疗环境更上一个台阶,使杭州市儿童医院作为准三级甲等医院更具整体性、规划性、服务性于一体的标志性医院,也为医疗技术水平提高和培养高端医务人才作出应有的贡献,为杭州市儿童的医疗资源合理配置尽到一份应尽的义务。

新的医疗综合楼改建完成后,杭州市儿童医院的医疗条件和医疗环境的明显改善,吸引了更多患者就医,提升医院品牌特色学科在国内更高知名度。项目完成后,医院业务明显增长,服务的人群不断扩大,发挥了社会效益。

4. 项目管理不足

1) 未考虑内部管线等改造

由于建设工期紧张以及申报预算资金不足等原因,本次医疗综合楼改造项目只考虑到面上的装修,而对于管线及管道等内部安装未进行改造,对后面的运行埋下隐患。例如,中央空调已经使用 10 余年,此次装修没有更换,给后续的维保带来很大的困难;电缆电线由于部分科室在装修时还在使用,所以没有在本次改造中进行更换,现在线路老化严重。

2) 节能减排等方面考虑不充分

由于前期考虑不周以及建设工期紧张等原因,改造设计方案未能充分考虑医疗综合节能减排,导致新楼改造完毕后,用电能耗较大。例如中央空调,此次装修改造未进行更换,由于杭州的天气特点,加之不能分层控制,造成能源的消耗加大;外幕墙改造只调整了部分彩色铝板,未对原有铝合金条形窗(单玻)改造成双层中空玻璃,能耗损失严重。

五、总结

每一次的项目基本建设都不会是一个最完美的收官,或多或少会留有遗憾,但是本次改造工程为我们积累了宝贵的经验,取长补短,为下一次医院更好的建设奠定管理基础。目前,儿童医院正在进行新医疗综合楼的建设,从精装修设计上,我们新大楼充分考虑了老楼的设计理念,通过中间 4 条走廊进行空间上的连接以及装饰风格上的过渡和融合。同时,本项目改造过程中的经验,不管是设计阶段还是施工阶段都很好地运用在新大楼建设中,希望把 2 栋楼能够衔接得更好。

项海青　刘莉莉　裘卓群　王耀澜　沈　强/供稿

秉承绿色低碳 高效便捷
人性化服务理念的国际医疗

——台州恩泽医院的设计理念

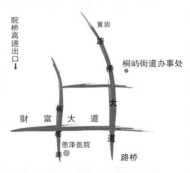

一、基本概况

1. 项目区位

　　台州恩泽医疗中心（集团）恩泽医院地处浙江省台州市路桥区财富大道与104国道东南交叉口（图1）。周边群山环绕院区、南官河东西流经院区；灵山泾紧邻沿院区东侧。这一切优美的自然景观为院区打造了一个优美的生态化周边环境，着力为患者提供更为贴心的诊疗环境、为医护人员提供更为舒适的工作环境。

　　台州恩泽医院是由台州恩泽中心集团和路桥区政府共同投资建设的一家集医疗、科研、预防、教育、康复为一体的现代化区域性医疗中心，其努力打造一家立足台州南部、辐射浙东南区域，让患者和医务人员都有尊严的医院，最大限度地解决区域居民"看病难看病贵"的难题。

⋀ 图1 台州恩泽医疗中心（集团）恩泽医院区位示意图

2. 项目现状

台州恩泽医院征地面积 15.9 万 m²，规划总建筑面积 20.4 万 m²，一期建筑面积 16.6 万 m²，包括恩泽医疗中心大楼、公共卫生医学楼、一号楼、能源中心等（图 2），床位 1 200 床。医院历经 10 年筹建，秉承着实现"呼吸的医院、绿色的医院、低碳的医院、数字化医院、人性化医院"的设计理念（图 3），于 2014 年 12 月 29 日正式试运行。

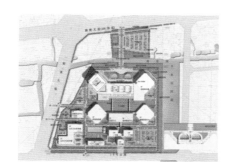

⚠ 图 2　台州恩泽医疗中心（集团）恩泽医院总平面示意图

⚠ 图 3　台州恩泽医疗中心（集团）恩泽医院效果图

二、前期策划

1. 背景

改革开放以来，随着经济的高速发展，医疗服务行业也取得了长足的发展，政府不断加大对医疗机构的硬件设施建设的投入，卫生服务的硬件设施条件得到明显的改善。但是在医疗建筑的设计及建造中仍存在很多问题，比如，部分医院缺乏对医院长远发展的考虑、医院的总体布局和功能分区欠缺合理、缺少温馨、舒适的人性化服务环境等问题。

综合分析，这些问题都是由于缺乏正确合理的建设程序和环节所导致的。若政府从制度方面严格要求医疗建筑建设的程序和环节，必须经过正确合理的前期策划以及医疗建筑建成后的后评估，那么政府和医院才能少走弯路，才能最大限度地解决现存问题。

2. 前期策划的应用

十多年前，格伦教授根据老区的具体情况进行评估，对老院区的人流、物流进行分析，发现哪些功能缺失、哪些空间不足，对老院区的后续发展提供在规划、改建、建设等方面进行前期策划工作，在后续发展与改造中如何规避和解决这些问题，并形成了一套完整的工作流程。在新区建设初期，我们同样请格伦教授对院区进行前期策划。通过前期策划，为院方提供医院建设的专业咨询，为建筑师提供医院的工艺流程要求，从而保证设计前期拟定的医疗需求达到一定的质量和深度水准，以此为先导避免了医院在建设和后续使用的许多问题。

三、规划理念

恩泽医疗中心的规划设计采用了体现基于南北轴线上展开的具有中国传统建筑格局的总体规划，根据基地特征，借鉴了国际医疗设计理念，体现高效便捷的医疗流线、绿色生态的医疗环境。整体总图体现了中国传统建筑文化中院落围合的空间概念，但是这里的构图中心不是铺地广场，而是完全为患者服务的恩泽生态绿色广场,与面向南侧的患者通道和周边的绿色回廊连接一起。将绿地作为整体的规划中心,绿地率包括绿化停车场在内高达35%,体现了恩泽医疗中心以人为本的理念。

恩泽医疗中心的设计宗旨为一切以病人为中心,所有的医疗资源围绕着就诊的患者展开,功能布局采用塔楼集中式方式,将门诊、急诊、医技与住院四大医疗功能区域形成相对集中的部门布局,通过垂直交通,形成门诊核心区和医技核心区,缩短了病房和门诊、医技之间的水平移动距离。恩泽医院走廊(患者动线)和医务轴线强化相互间的工作关系,利于效率提高与资源共享。通过候诊空间和医务服务空间,各种流线彼此连接,相辅相成,从而形成医疗区的主要流线骨架。

四、设计亮点

1. 立体交通

台州恩泽医院北面的南官河东西流经院区,东侧的灵山泾紧邻院区,周围环境优美,交通便利。经调研发现,现存大部分医院都存在院区流线混乱复杂、人流拥挤等问题,造成这些问题的主要原因是功能分区不合理、人车流线交叉等。台州恩泽医院为了避免上述问题,充分利用地形地貌,独创似的采用了立体交通方案,在不同的高度层面对人流、车流以及功能进行划分,使流线更为清晰、更为高效地服务于患者。

台州恩泽医院入口的立体交通方案利用主入口前面的南官河河道铺设桥梁,把建筑入口分为上下立体交通,下层为急诊和影像中心,主要服务于那些急诊患者;上层为如机场般的车道(含公共汽车)直达门诊大厅,较为快捷方便地将患者送到指定位置,避免了人流和车流的混杂,大大提高了院区的交通效率,如图4、图5所示。

△ 图4　台州恩泽医疗中心(集团)恩泽医院
　　　功能分区图

△ 图5　台州恩泽医疗中心(集团)
　　　恩泽医院外景图

2. 疗愈环境

1)背景

20世纪后半叶,医疗建筑还只是强调医疗功能和效率,导致医疗建筑本身的机构化和功能化。当前,对医疗建筑的关注点已转到疗愈的物理环境和患者感受方面。目前有两种关于疗愈环境的设计理念:一种是以循证设计理念为基础,探索患者的体验感受;另一种是明确和了解患者及家属的感受和体验,并贯彻到物理环境设计中。疗愈环境可以分为两个部分:室外景观环境和室内疗愈环境。但从广义的角度上讲,疗愈环境包括了物理环境和非物理环境,物理环境又包括了通风、采光、舒适安静的环境等,非物理环境主要是建筑空间。

同时,人性化设计是指在设计过程当中,根据人的行为习惯、人体的生理结构、人的心理情况、人的思维方式等,在原有设计基本功能和性能的基础上,对建筑和展品进行优化,使观者感到方便和舒适。是在设计中对人的心理、生理需求和精神追求的尊重和满足,是设计中的人文关怀,是对人性的尊重。

实验证明,以疗愈环境以及人性化设计为准则所形成的空间更为舒适、温馨,有助于患者的心情愉悦,加快疾病的康复进程,通过视觉、听觉、触觉、味觉和嗅觉等感官上的刺激,不仅可以体会到大自然的奥秘,感受绿色生命力的顽强,更可舒缓情绪、陶冶情操,使心理与生理同步恢复愈合。

2)外部疗愈环境

外部疗愈环境是指通过外在环境整体设计,从院前广场、院区道路、景观绿化的设置形成整个体系,并在风格、元素、空间及色彩等方面协调一致。外部疗愈景观的设计除了满足于观赏作用之外,对患者精神上的影响功能更为重要。台州恩泽医院的外部疗愈环境设计具体体现在以下几点:

(1)艺术化设计的门诊入口广场

两侧的绿化停车场,中间正对门诊楼一条绿化道路及景观桥,将视线引导至建筑,让环境与建筑有机地融合。在这里,恩泽百年历史缓缓展开,形成入口百年恩泽林荫大道;精心设计的羊群雕塑,与绿化呼应,给病人一种田园感,能很好地舒缓病人紧张的就医情绪;门诊入口处,结合立体交通设置的水景将建筑与环境有机衔接;结合立体交通,设置的景观水池、雕塑小品等,充满了趣味性,减缓患者就医的精神压力。

(2)欧式风格的中心花园

大片的草地将院区所有建筑有机联系起来,极具欧式风情;在周围的建筑里,每层都有相应的观看窗口,能将中心花园(图6)尽收眼底。丰富了全院的景观层次;大片草地也为病人、医护人员提供了交流、休息、娱乐的场地。形成了一个疗养花园、企业文化的传承的摇篮。

△ 图6　欧式风格的中心花园

(3)与医院文化有机结合的林荫大道和沿河绿化带

将植物与员工联系在一起,提供了员工的责任心和凝聚力,形成了独特的医院文化。林荫大道(图7)和沿河绿化带(图8、图9)对城市干道噪声有效地发挥隔音降噪的功能;结合河流,为病人提供了一个可散步康复的景观带;人性化的景观小品,充满了趣味性。

△ 图7　林荫大道

△ 图8　沿河绿化带

△ 图9 沿河绿化带

（4）外部疗愈环境设计总结

在外部疗愈环境设计中综合考虑周围环境,充分利用所处地形,运用中国传统的中轴线对称原则布置院区建筑,在建筑中植入庭院,为建筑内部空间提供舒适的光照环境和热环境,同时也为患者及医护人员提供良好的视野。在院区设置中心花园以及林荫景观大道和河畔景观带,并在所属区域设置舒适的服务设施,为患者康复治疗提供条件。所以,在外部疗愈环境设计中充分站在患者及医护人员角度思考问题,进行人性化设计,在设计过程中满足他们的心理、生理需求和精神追求——人性化设计。最终,外部疗愈环境服务于"会呼吸的医院"的宗旨。

3）内部疗愈环境

医院的内部空间是患者和医护人员主要的活动场所,对人员的生理和心理会产生重大的影响,因此室内空间疗愈环境设计至关重要。内部疗愈环境设计应注重整体,协调自然环境与设计的合理搭配,将天然因素,如自然光、自然风等恰如其分地引入室内;在室内通过适当的景观环境设计可以起到屏蔽人流的作用,比如说某部分特定人群使用的医疗场所,可以通过合理的室内景观搭配来避免大面积人流交叉;在细节层面,室内疗愈环境设计不同于室外,它不会运用大面积绿色铺地,而是通过精心设计的各种细节来满足不同患者的需求。例如,在室内植物的选择上应避免高大茂盛,防止患者发生危险时医护人员无法及时看到。

台州恩泽医院之所以可以称之为会呼吸的绿色生态医院,是因为有形式各不相同的四个庭院空间,贯穿主体建筑的所有空间。大大改善了建筑的室内环境,为建筑室内提供充足阳光的同时,将绿化引入门诊环境中,每一层通过不同的悬挑或退台形成了大小形态丰富的四个多层次立体绿化庭院。如图10所示。

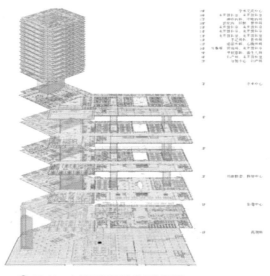

△ 图10 台州恩泽医院分层剖视图

△ 图11 庭院

庭院四周为通透的玻璃幕墙,使用者可以清晰地看到庭院里的景色,甚至进入庭院,感受四季的变化。而玻璃幕墙的设计,大大提高了室内空间的照度,使得室内空间宽敞明亮与室外形成了模糊界定,室内外连成了一体,同时大大节约了能源消耗。而室内更是绿植遍布,环境优美,使得室内外的绿化景观不再是独立的设计,而是有机融合在了一起(图11)。优美的绿化及景观设计,大大舒缓了患者和医护人员的情绪与压力,唤醒了人与自然之间的联系,促进了使用者身心等进入更加全面的健康状态。台州恩泽医院内部疗愈环境设计具体体现在以下几点:

(1) 优美疗愈大厅

贯穿三层的共享门诊休息大厅,为整个建筑提供了一处休闲、娱乐等满足患者及家属各种需求的共享空间。漫游在门诊环境中,几乎处处都能够享受自然采光,宽敞明亮的门诊环境,能有效地缓解病人的就医压力。特别是公共休闲大厅与门诊大厅等大型空间的玻璃幕墙,采光顶棚设计,以及门诊部每个单元之间的庭院设计,为门诊环境引入了充足的自然采光,使得几乎所有的公共区域都能有很好的亮度。如图 12、图 13 所示。

△ 图 12　优美疗愈大厅 1

△ 图 13　优美疗愈大厅 2

(2) 良好的室内物理环境

医院的温度基本控制在 25℃的左右,湿度也都保持在 80%,具有很好的热稳定性与舒适性,能够为处在对温度极其敏感的患者提供一个健康的热环境。门诊环境中,充足的新风源源不断地送入,将污浊的甚至带有污染性及病菌的空气排出,形成良性的空气循环,保障患者、医护以及陪护家属的生理健康。且通过相关检测,门诊环境中公共区域的二氧化碳浓度一般都处在标准范围内。

(3) 饱含人性化设计的儿科门诊

富有特色的装修风格、丰富的色彩搭配,很好地与儿科的患者结合起来(图 14)。打破传统儿童就诊的"白色恐怖"心理。充满人性化的细节设计为孩子提供了各种防撞保护,同时为孩子提供了一处游乐的小天地,大大消除了孩子就医的紧张情绪。

△ 图 14　儿科门诊前台

(4) 极具中医特色的国医馆

国医馆采用中国传统元素进行设计,形成了极具中医特色的装修风格;特色化、针对性的诊室设计,宽敞明亮,更加符合中医望闻问切的诊疗方式。

(5) 精致设计、精品服务的特需门诊

宽敞明亮的空间,舒适贴心的家具;大片的落地窗将周边优美的环境引入室内(图 15)。大大提升了等候空间的品质,为患者提供舒适的候诊空间。

(6) 贴心舒适的门诊医护休息区

温馨的绿植小品;舒适的沙发座椅;人性化的服务

△ 图 15　候诊空间

设施；宽敞明亮的空间为医护人员提供了一个休闲、交流、会客、午休的空间。

（7）视野开阔的住院"阳光角"

活动室阳光充裕；时尚现代的家具；人性化的服务设施；宽敞明亮的空间为患者及家属提供了一个休闲、交流、会客、宣教的空间。

（8）极具人性化的住院医护"客厅"

采光充足，为医护电梯厅提供了良好的景观；贴心的家具设计，为医护休息提供了良好的场所；人性化的设施，为医护人员保持着如家般的就餐条件。

（9）醒目易懂的标示系统

室内标识系统的成功设计，为环境的一大亮点。主要体现在以下几点：标识系统的设计具有系统、连续的特点，从而使患者可以连续有效地找到相关科室；标识的色彩鲜明，不同色彩代表不同部门区域，为患者有效辨别部门区域提供了依据；每个标识的内容都在尺寸、色彩、方向、已接受度等层面上都做到了简单、醒目、目的地导向明确的效果；标识的细节设计上体现了人性化的医院设计。如图16、图17所示。

 图16　楼层引导图

 图17　楼层引导牌

（10）内部疗愈设计总结

在内部疗愈环境设计首先对4个内庭院进行着重处理，同时更加深入地去了解患者和医护人员的内心感受，使之为患者、医护人员提供舒适的就诊空间和工作环境；在不同科室之间，认清科室性质以及服务对象之间的差别，从而为不同科室提供所对应的内部疗愈环境设计方案，最大限度地服务于诊疗患者，方便于医护人员，最终内部疗愈环境服务于"会呼吸的医院"的宗旨。

五、百年恩泽医院展望

台州恩泽医院通过前期策划，避免了后续建设中的诸多问题，其功能分区、流线合理，并始终围绕疗愈环境展开设计，极力为患者和医护人员着想。建成后经过后评估环节来发现后续使用中的问题，在下次改造中及时规避。台州恩泽医院秉承"仁心仁术、济众博施"的院训，努力打造一家立足台州南部、辐射浙东南区域，让患者和医务人员都有尊严的医院。

林福禧/供稿

以人为本为建设理念 打造一座
智慧、现代、花园式的医院
——温州医科大学附属第一医院迁扩建建设工程工作总结与思考

温州医科大学附属第一医院创建于 1919 年,是浙江省首批通过三甲医院评审的 4 家综合性医院之一,医疗辐射人口近 3 千万。2017 年,医院的综合实力位列中国顶级医院百强榜第 66 位、浙江省前三;位居中国医院科技影响力排行榜(综合)第 79 名,在 29 个学科榜单中,有 24 个学科入围全国学科百强。

医院历史底蕴深厚,前身瓯海医院是温州市首家国人自己创办的西医院。曾培养造就了我国著名眼科专家、"对数视力表"和"五分记录法"发明人、国家《标准对数视力表》起草人缪天荣教授,以及编著我国腹部外科领域第一本专著并影响一代外科医生的钱礼教授等一批医学名家。

医院现有南白象和公园路两个院区,占地总面积 530 余亩,建筑面积 43 万 m^2,核定床位 3 380 张。南白象新院区地处"温州绿肺"三垟湿地旁,距甬台温高速公路温州南出口仅 100 余 m,曾是国内最大的单体医疗建筑,建有直升飞机停车坪,是浙南首家空中医疗救援基地。新院二期"温州生命健康医学研究创新中心"已进入立项程序,将打造成为面向温州、辐射周边的医学研发服务平台。

下文主要是对医院南白象院区建设的历史回眸与历史经验总结,且与大家共同探讨,凝聚更多前行的力量。

一、项目概况

1. 工程概况

(1)工程项目名称:温州医科大学附属第一医院迁扩建工程。

（2）工程项目建设地点：温州市瓯海区南白象镇桥头村。

（3）医院用地总面积：333 722 m²。

（4）总建筑面积：349 701 m²。其中：地上建筑面积 257 804 m²；地下建筑面积 91 897 m²。

（5）门急诊医技病房综合楼建筑面积：310 445 m²。其中：地上部分 230 653 m²；地下部分 79 792 m²。

（6）医疗保健中心建筑面积：7 826 m²。

其中：地上部分 5 830 m²；地下部分 1 996 m²。

（7）传染病中心建筑面积：8 592 m²。其中：地上部分 5 216 m²；地下部分 3 376 m²。

（8）医护值班楼建筑面积：5 124 m²。其中：地上部分 4 021 m²；地下部分 1 103 m²。

（9）能源中心建筑面积：7 696 m²。其中：地上部分 3 167 m²；地下部分 3 429 m²；地下设备管道连廊：1 100 m²。

（10）道路广场停车总面积：94 153 m²。

（11）绿地总面积：144 280 m²。

（12）总床位数：设计床位 2 000 张，远期扩展为 3 000 张。

（13）机动车泊车位：2 105 辆。

（14）总投资：230 496 万元。

（15）建筑层数：主楼：地下 1 层，门急诊和医技楼 4 层，病房楼 7～10 层。

（16）建设工期：2007 年 4 月—2012 年 10 月。

2. 建设主要内容

总体规划以为病人提供最佳诊疗环境，为医护人员创建高效的医疗管理条件为前提。

以各科功能专业化为中心，将几个相关的专科中心归并为若干分院，若干分院再组成总医院，形成所谓的"院中院"格局。

（1）东侧设置了 4 幢门诊专科中心大楼。

（2）西侧在接近水系，环境优美处设置 4 幢住院护理中心。

（3）专科中心与护理中心之间为医技中心。

（4）采用标准化的柱网设计。

（5）急救中心和急救广场位于医技中心最北面。

（6）医疗保健中心相对独立的设置在医院基地的西南角上，双面环河，四周绿地环绕。

（6）传染病中心与医院主楼分开单独设立，位于南部地块的西北部，避免交叉感染。

（7）能源中心位于基地北部地块的西侧。

（8）医护值班楼位于基地北部地块的中间。

3. 工程项目建设进程

2002 年 2 月 16 日浙江省发改委对项目建议书的批复，同意编制可行性研究报告。

2004 年 9 月 23 日获得浙江省发改委对可研报告的批复，编制初步设计。

2005 年 9 月 21 日获得浙江省发改委初步设计的批复，同意初步设计方案。

2007 年 4 月 8 日，新院区正式开工并举行了桩基开工仪式。

2007 年 6 月，主体大楼门急诊医技综合楼工程确定 3 家中标单位。10 月，地下室正式开挖。

2009 年 3 月 23 日，主体工程结顶，同年 9 月，主楼通过中间验收。

2012 年 10 月开诊试运行。并于 2012 年 12 月完成急诊搬迁，全面开诊。

二、项目优势和管理创新

1. 项目优势

1）选址优势：

（1）交通便利——地块东侧建有高教园区北入口道路，路宽约 40 m，该条道路往西北与南塘大道相连，往东南则通向温州医科大学茶山校区。南侧为规划中的南过境公路，再往南距离约 1 km 处为甬台温高速公路与金丽温高速公路互通立交出线口。北侧为 20 m 宽的道路。南塘大道近期规划为Ⅰ级城市主干道，远期规划为城市快速路道路，宽度为 70 m，交通便利。新院区距温州火车南站约 7 km，距市中心老院区约 11 km。邻近 2 条高速公路互通出口又有利于温州市各县市和浙南闽北的病人到新院就医。

（2）环境优美——地块东向隔河，以东即为大罗山风景区。地块四周均为河流，与三垟水网相连。周围没有各类化学和生物污染源，避开高层建筑的阴影区、滑坡段和架空高压线等，不毗邻危险品仓库和通航河道。自然环境条件优越，空气清新，有利于病人的疗养康复。

2）设计优势

（1）整体设计相对合理

急救中心位于医技最北面，独立设置的急诊急救入口广场也设在正北面，并在其入口东北角设有直升机停机坪，为多山多川的温州地区突发的急救创造快速高效的条件；医疗保健中心也相对独立地设置在医院基地的西南角上，双面环河，四周绿地环绕。环境优美安静，交通便捷，就医康复环境良好；感染中心与医院主楼分开单独设立，位于南部地块的西北部，可由基地北侧的道路直接进入，使得感染中心与其他大楼没有人流交叉；能源中心位于基地北部地块的西侧，由变电所、冷冻机房、锅炉房、洗衣房等组成，向南通过地下管道连廊，为整个医院提供能源；医护值班楼位于基地北部地块的中间，主要供医生护士值班、休息使用，并可通过地下通道与医院主楼相连，十分便捷；教学科研综合楼位于基地北部地块最东侧，主要供医院进行教学及科研使用。

（2）融合自然的立面设计

医院的立面设计除满足功能要求外，还与医院所处的湿地保护区的自然环境相结合。住院中心大楼西侧为玻璃幕墙，镜面的作用使得医院与周边绿植、河流融为一体。4 幢大楼南北立面均为玻璃装饰带及保温铝板交替相间，给人亲切、明快的感受。医技中心部分的建筑外立面铺设大块、密实的自然花岗石和玻璃相嵌的实体，南北穿过 4 幢玻璃建筑。其他建筑跟随主体建筑，采用相同的形式，遥相呼应。整个医院在满足功能要求的前提下，形成一座错落有致、纵横多变、交叉有序、虚实相宜、设计有度的标志性现代化医院。

（3）门急诊医技病房综合楼

门诊病房医技综合楼作为温州市标志性医疗建筑，该单体建筑总长度东西方向为 375 m，南北方向最大长度为 285 m，由 4 幢连体建筑组成，东侧的门诊专科中心，西侧的病房大楼及中间的医技大楼组合而成，"三位一体"的设计布局既相互独立又有机联系。其中门急诊专科中心为 4 层，病房大楼为 7～10 层，中间的医技部分为 4 层，都设有 1 层地下室。门急诊医技病房楼总建筑面积 310 445 m²，占地面积 46 440 m²。

Ⅰ. 东侧门诊专科中心

4 幢门诊专科中心设置南北通廊的东侧，有绿化和透光的内庭院分布其间，充分贯彻以人为本、方便患者的原则。4 幢专科中心大楼的东侧有一条南北相通的医护人员专用通道，通道东侧安排的均为医护用房，从而保证医生和患者从不同的方向进入专科中心，达到了医患分流的原则。

新院大门厅位于大楼南侧，东西长 93 m，南北宽 25 m，气势恢宏，构造别致。顶部椭圆形玻璃采光顶与矩形的空间平面形成穿插关系,采光顶钢架呈鱼腹形结构,自然采光良好,空间更显简洁明快。

入口处正对的主背景墙按照古典主义三段式法则加以分割,从下至上分别为服务、收费、审批窗口,巨型浮雕与电子显示屏,走廊。巨型浮雕名为《生命之树》,由中国美术学院钱云可教授担纲设计创作,高 4.5 m,长 46.8 m,场面宏大、立意深远。

Ⅱ.中部医技中心

医技中心设置入口大厅、全科门诊、信息中心、影像中心、手术中心、ICU、CCU 中心、输液中心、中心药房、中心供应及急救中心等医院的基本功能区,各检查室均能做到医生通过与患者相互分开,避免交叉。该中心的东西两侧有两条通透明亮的南北通道作为医院南北主通道,西侧宽 7.8 m,东侧宽 15.6 m,西侧通廊主要是供住院患者使用,东侧通廊主要供门诊患者使用,也可作疏散安全通道。每隔一段设置一个近 400 m² 的绿化天井庭院,使各个功能区都有良好的自然采光和通风。

手术部设置在三层,共 45 间手术室,百级 4 间,其余均为万级,采用外周回收型,洁污双通道。由两部专用电梯与地下室中心供应室进行消毒对接。手术室被分为 3 个分区,分区管理能平衡各区的手术量,提高各区的质量管理,也可为后期分区升级提供条件。手术区的医生在四楼更衣,淋浴后到达三楼,更衣区有自助更衣签到系统,大大节省了更衣人员及设施投入。

急救中心位于门急诊病房医技综合楼北部,建筑面积约 11 000 m²,有独立的出入口,并配备了直升飞机停机坪。作为医院的重要部门和服务窗口,新院急诊科具有完备的设施和功能,更具有宽敞的使用空间。急救中心设置突发事件备用床,应对突发公共卫生事件,急诊大厅需要病床的病人随时可取。

Ⅲ.西侧住院中心

住院中心由 4 栋分别高 9 层、7 层、10 层、8 层的大楼组成,楼与楼之间镶嵌了指状的绿化景观区。住院大楼底层为架空空间,为住院的患者提供了通畅、明亮的自然环境,方便在阴雨天或暴晒天进行室外活动,同时还为消防解决了合理通道。

在每栋住院大楼西侧护理单元设置三层高的连廊,便于之间联系。在靠近北侧第二幢住院大楼的二、三层不设病房,作为住院中心各大楼通向二层医技和三层手术中心的通道,并设有手术患者的家属等候、示教等用房。

住院大楼护理单元采用单通道设置,所有病房均朝南,使患者可以获得尽可能多的阳光,也为更有效跨科安排、混合配置提供了空间。普通护士站的工作流程高度标准化,简单的诊疗将在专门设立的医生办公室及治疗处置室进行。每个护理单元均设有无障碍病房,每间病房均设有独立卫生间。

(4)利用建筑模块实现高效管理

Ⅰ.院中院设置管理人流

医院将各科功能专业化为中心,即几个相关的专科中心归并为若干分院,形成"院中院"的格局,优化管理结构,提高治疗质量。在设计门诊专科中心时,将人流量大、患者行动不便的科室尽量设在一层或下层,与医技有密切联系的相关专科中心进行水平同层布置,起到了很好的分流作用。院内各专科中心还用于执行医科大学下达的研究和教学任务。

Ⅱ.由就诊模式设计通道

有效的监控和有预见性的计划安排保证医疗流程的合理性,根据流程模式原则规范患者流向,引导患者分流,以减少或消除在此过程中可能出现的人力损耗。因此,温州医科大学附属第一医院针对患者行为习惯设计出各类流向通道,如初诊由门诊主入口大厅进入全科中心,通过右侧医疗街进行分流;复诊可以通过各专科门诊中心独立的出入口直接而快速地到达就诊处;医技如 B 超、CT、MR 检查统一集中设二楼;北面急救区,有观察室、病区,更配有全套急诊医技,并直通手术室。

Ⅲ.减少污物通道

为解决"洁污"流线的交叉,医院采用严格的打包以及封闭箱的传递方式,减少甚至取消"污物通道",使交通动线流畅、不受干扰。在手术室区域设计了洁污分流,设有洁污电梯直接与中心供应相连。专门的污物电梯运送污物,食堂菜品、液氧供应、药品库等也有专门的通道运送,与医疗秩序不交叉。

2. 管理特色

1）职能部门和专家团队参与管理

温州医科大学附属第一医院迁扩建工程是浙江省重点工程,存在时间紧,建设难度大等困难,但建设部门充分运用做好与部门请示汇报、联系协调、申请批复工作,获得了政府各部门的极大支持。2011年后,医院争取到市政府和温医党委的支持,改组新院指挥部,指挥部每周以工程例会纪要形式或每日项目情况汇报形式向各参建单位汇报项目情况及下一步的工作安排。引入温州市住建委等各政府部门和市建设集团等专家团队,打破常规、快速推进,解决历史遗留问题,用短短2年时间,解决了工程建设困难问题和遗留问题,实现的工程按期投入使用。

2）全员参与现场管理

温州医科大学附属第一医院迁扩建工程建设之始就不仅定位是医院基建科的工作任务,而且以基建工程人员为核心工作力量的全院性工作,需要全院各科室共同参与和支持的一项工作任务。只有实现全体员工共同参与经营,才实现了迁扩工程的圆满,尤其是在2010年12月,医院制订新院整体搬迁工作的进度表和方案,几乎全院各科室相关人员都参与了新院建设的各项工作,各部门、各人员各司其职,通力协作,制订了周密的应急预案和搬迁计划并抓紧模拟演练,全体职工以医院为家,通过白加黑、5+2,全力参与新院搬迁工作,保证了病人的正常治疗与护理,做到了新老院的医疗安全有序过渡。医院所有病区护士长提前入驻病区,边策划后期运作,边督导工程装修质量,起到了很好的效果,对项目的推进有很大的好处。

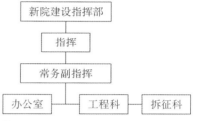

△ 图1　人员组织架构

三、组织构架与管理模式

2003年6月24日经温州医学院批准成立了新院建设指挥部,时任院长任总指挥,时任副院长任常务副总指挥。以医院原有基建科为基础,抽调专职人员,从事新院建设工作。新院建设指挥部下设办公室、工程科、拆征科,基建科建制撤销,原基建科职能并入新院建设指挥部(图1)。

2007年10月至2007年12月,院办开始派科员前往新院指挥部轮转,一边熟悉工程相关事务,一边协助处理办公室事务。2008年下半年以来,新院建设工作量不断加大,党院办、财务、总务、信息、审计、档案等科室和部门陆续选派各专业精干技术人员加盟新院建设指挥部,充实新院建设技术力量。

为全力推进新院建设工程,保质保量完成市委、市政府的工程建设目标,2011年4月,由温州建设集团骨干组成的援建队伍进驻指挥部开展工作。设立了工程管理处、质量处、安全处、采购处、合同造价处、历史遗留问题解决办公室、拆迁安置处、搬迁筹备处、纪检监察审计处、后勤与保卫处、院区布局协调办公室等处室。设总工室、副主任,指挥助理等岗位(图2)。

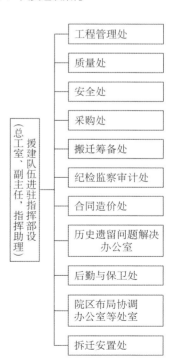

△ 图2　部门组织架构

四、经济社会效益

1）经济效益不断彰显

项目建成投入使用后,医院基本医疗的综合服务能力得到有效提高,整体功能布局和就医环境得到较大改观。2012 年与搬迁后的 2013 年相比,门诊人数从 250.4 万人次增加到 295.4 万人次,增长 18%;出院人数从 6.79 万人次增加到 10.35 万人次,增长 52%;手术病人从 3.22 万人次增加到 4.25 万人次,增长 31%;医疗收入从 21.87 亿增加到 29.64 亿,增长 35%。

2013 年与 2017 年相比,门诊人数从 295.4 万人次增加到 427.1 万人次,平均五年年均增长 9%;出院人数从 10.35 万人次增加到 16.35 万人次,平均五年年均增长 11%;手术病人从 4.25 万人次增加到 6.23 万人次,平均五年年均增长 12%;医疗收入从 29.64 亿元增加到 47.96 亿元,平均五年年均增长 12%;患者满意度在 85% 以上。

2)流程再造,开启"零排队"管理模式

为了保证患者的预约,医院打造了立体预约平台,包括电话预约、院内网络预约、院外网络预约、现场预约、微信预约、支付宝预约等,多样化的预约途径,保证了不同年龄层、不同患者群、不同情况下的预约成功。此外,还革新了缴费方式,预存与多渠道结算方式等,彻底改变了传统就医模式。目前,该院预约模式已经彻底取代传统窗口排队模式,预约率连续多年居于全国首位。其中提前半天以上预约达 71%,实名制挂号 83.75%,预存率 82.205%,信息化的理念使这所医院不断受到瞩目。

3)简化就医模式,服务优化不断升级

基于实名制预存门诊服务流程,医院利用智能化医院建设,推出门诊间结算系统,当预存账户内有足够余额时,患者无须挂号便可预约医生就诊,进行检查、取药,所产生的费用通过医院就诊卡自动扣除,简化排队挂号和缴费环节,节省患者诊治、缴费之间的往返路程与时间。排队人员数量骤减,收费窗口人员也随之减少,目前 2 000 m² 余的大厅内只开设 8 个窗口,大幅节约了医院在人员、设备方面的开支,营造了良好的就医氛围,从入口大厅开始,彻底改善医院形象。

预存款方式简化了门诊流程,如果一个孕妇在围产期需要每月进行一次检查,便可直接从预存款中扣除直至生产完成结账,不需要进行多次缴费。当存款不足时,通过银行客户端、支付宝、微信等多种方式均可充值,无须到医院办理。另外,医院在实名制过程中采取担保人制度,方便子女代替行动不便的老人结账。

4)社会效益

医院迁扩建工程的顺利建成,使医院医疗功能、医疗环境更上一个台阶,使这家具有近 100 年悠久历史的三级甲等综合性医院成为整体性、规划性、服务性于一体的标志性医院,也为医疗技术水平提高和培养高端医务人才作出应有的贡献。广大患者对医院的满度不断提高,也为浙江闽北医疗资源合理配置尽到一份应尽的义务,朝着不断满足人民日益增长的美好生活需要目标不断前进。

健康是国家富强和民族昌盛的重要标志。进入新时代,人民群众更加重视生命质量和健康安全。医院作为守护浙南闽北赣东百姓生命健康的主阵地和打造"健康浙江"的桥头堡,迁扩建工程的建成,为医院成为在国家推进"健康中国"的战略中走在前列发挥了重大作用。

2014 年,"温医一院模式"获中国首届奇璞奖。2015 年,温州医科大学附属第一医院斩获亚洲医院管理金奖,王晓刚为"第三届全国十佳医院基建管理者(院长)"。2017 年,医院的综合实力位列中国顶级医院百强榜第 66 位、浙江省前三,实现了医院管理模式和思维的创新、突破,让更多的人知道,"零排队"在中国这样的人口大国是可以实现的,中国的医院是能够利用智能化建设和信息化手段系统性改善就医流程和就医体验,为打造"以人为本"的患者就诊新模式提供了可借鉴的范本。

五、项目难点

医院建筑是功能需求和工艺流程极其复杂的建筑,其有别于一般的公用建筑。第一,医院的使用部门众多,主要有门诊部、急诊部、医技科室、住院部、行政管理部门、后勤保障部门及宿舍区等;第二,医院的人流量大、使用频率高,医院每天 24 小时不间断运转,对建筑的耐久性和整洁性提出了特别高的要求;第三,医院的物流传输、医用净化等系统的工艺性强、流程复杂;第四,医院的智能化、医用气体、放射防护等系统工程的特殊需求多,对部分土建、装饰建材有非常具体且严格的要求,结合医院迁扩建工程,主要存在以下难点:

(1) 整体迁扩建工程管理涉及的专业众多、技术复杂程度高。医院工程不仅包含了一般民用建筑的水、电、暖通、装修等专业,还包含了净化、屏蔽、医用气体、医用纯水、手术室洁净等多个医疗相关专业,同时医疗设备的选型也对工程提出非常复杂的要求,如在加速器房间中不得使用高活化性的金属建材、核磁共振房间不能使用有磁性材料的风口及风管等。

随着医疗理念的发展,现代医疗模式不再仅仅是看病治病,开始关注医患的心理活动,重视医疗服务的社会功能。这样,作为整体迁扩建工程,医院建筑的建设观念也必然要求发生了较大的变化,医院建筑被赋予了更高的标准和更多的要求。现代化医院不但要解决看病的问题,还要给医患提供一个舒适安全的诊疗环境,科学便利的医疗流程,及时贴心的配套服务,先进的诊疗设备等。这就要求医院建筑需要有合理的功能布局,洁污分开,医患隔离,流线科学(包括人流、物流、车流)。

(2) 医院工程质量要求严。医院作为公建项目、公共资金投资项目、百姓关注的重大民生工程,工程质量一直是工程管理过程中严控的重点,对于医院某些特殊区域须落实更为严格的质量控制措施,如防辐射用房对结构沉降、混凝土密实度、混凝土裂缝等方面的苛刻要求。

(3) 医院工程建设周期相对较长。由于涉及的专业工程多,结构与施工较为复杂,医院工程相对于其他工程建设周期要长一些。依照我们现有的经验,三级甲等医院的建设周期一般需要 4～5 年,其中前期及设计阶段 1～1.5 年、建造阶段 3～3.5 年,而温州医科大学附属第一医院的迁扩建工程从立项到投入使用历经 8 年。医院的迁扩建工程中,由于施工期长,主要材料变化大,导致医院建设工程造价控制难。同时,医院建设项目的专业工程多、专业分包多、施工技术复杂,在实施过程中各专业的设计及施工相互交叉频繁,增加了造价控制的难度。

由于医疗技术、医疗设备快速发展,建设周期长,导致建筑布局配套条件出现了未使用已经先滞后的现状。

(4) 协调部门多,部门利益与需求不同,主管部门需要与各部门进行不断的协调与沟通,且沟通难度大。医院每个科室对自家的一亩三分地都特别关注,因为涉及今后几十年都将在这里工作,大家都希望自己的工作环境舒适,流程顺畅。为此,各科室对工程提出了很多很细致的要求,大到科室的工作流程,房间布置,小到什么地方需要上下水,什么地方需要网口,什么地方需要设门禁,什么地方需要摄像头,什么地方需要排风,什么地方需要单独空调,什么地方需要怎样的墙顶地面层,等等,而且这些要求都非常具体,材料选型、尺寸大小、定位要求都很详细。

(5) 信息化要求越来越高。在当今的信息时代,建筑智能化成为一个趋势,医院建筑更加强调智能化。智能化的医院建筑中,弱电工程占据了非常重要的地位。除了包括通信系统、视频监控系统、门禁系统、会议系统、建筑设备管理自动化系统和火灾报警系统等常见的弱电系统外,还包括医院特有的紧急呼叫系统、ICU 视频探视系统、医护对讲系统、门诊导医叫号及信息发布系统、手术示教系统、医院办公自动化系统。经过我们统计,迁扩建工程中涉及大大小小共有近 20 个弱电子系统。因此如何在迁扩建工程中实现智慧医院,通过大数据分析,建立智能化的平台,构建物联网,打造成无边界医院,也是我们面对的一个难点。

(6) 医院工程比较复杂,专业性强,对设计、施工、管理的要求均较高,个性化特殊要求较多,而医院建设的项目管理团队普遍存在人员短缺,没有建筑工程的相关专业知识和工程经验,无法有效地沟通。临床医技科室与设计、管理人员短缺,专业能力不足等问题,导致医院工程的项目管理难度加大。

六、经验和思考

1. 招标和施工过程中标段的管理

1）实际情况

温州医科大学附属第一医院迁扩建工程在完成征地拆迁后，2007 年正式开工建设，由于单体建筑体量过大，对各个标段之间以建筑的沉降缝进行划分，分派给 3 个不同的总包单位，多达 130 个合同分包单位和供应商进行施工。表 1 为工程标段划分和进度安排。

表 1　医院迁扩建工程标段划分和进度安排

序号	项目名称	工程合同造价（万元）	开工时间
1	01 总包	11 072	2007. 10
2	02 总包	14 621	2007. 10
3	03 总包	24 499	2007. 10
4	04 总包	8 100	2010. 5. 29
5	01 精装	2 578	2010. 11
6	02 精装	5 902	2010. 9
7	03 精装	6 629	2011. 2
8	04 精装	1 495	2012. 4. 15
9	01 洁净	4 398	2011. 9
10	02 洁净	1 954	2011. 9
11	03 洁净	1 210	2011. 9
12	幕墙工程	8 187	2009. 12
13	附属工程	7 787	2012. 2
14	室外绿化工程	639	2012. 11
	……	……	……

注：最高峰时候现场施工单位及甲供材料商近 95 家。

2）出现的问题

（1）标段划分数量过多

主楼施工招标划分标段 3 个土建总包单位，工程施工过程中签订合同数量 134 个，过多的标段数量分别发包后，直接导致各标段设计与施工、总包和分包、总包和甲供材料供应商相互衔接不到位现象经常发生，施工与施工之间相互扯皮，推诿，反映在现场管理中就是签证多变更多，相应工程造价增加。

（2）标段划分界面不清晰

医院建设过程中因标段划分过多，造成各标段设计图纸之间界面错综复杂，施工与设计之间界面也不清晰，加上建设单位沟通协调不够，最终导致设计变更多、签证发生多，工程造价也随之增加，工程造价控制困难。由于新院设计为单体项目，但主体工程中土建招标分为 3 家施工单位，对于有统一施工要求的项目，各施工单位理解不一，报价不一，因此最终造成 3 家土建总包单位相互之间的比较，增加了现场管理的难度。

（3）标段界面划分主体责任不明确

因标段划分过多，最高峰时候现场施工单位近95家，界面不清晰，合同承包主体太多，施工工作面相互交错，合同责任主体未能明确划分，经常出现有的承包单位甩项、有的承包单位增项，最终导致工程造价控制的不确定性增加，往往是增加工程造价。而且由于主体责任不明确，施工、验收过程中经常出现两家甚至更多家施工单位相互推诿责任的情况。如工程建设中，医院的附属工程中未包括绿化项目，绿化包括树木的种植未直接纳入附属工程项目实施，由单独施工单位实施，最后在考核树木的成活率过程中，绿化单位认为是附属工程施工单位土质、基础等问题导致树木成活率低，而附属工程单位认为是绿化单位树木本身问题而使成活率低，致使医院附属工程目前仍无法进行竣工验收。

（4）同质施工内容划分至不同标段后，工程造价难以控制

医院主楼土建工程分划了3个标段，施工单位均由招标确定，不同的施工单位的各分项投标报价均不一样，最终导致结算审计时或者签订联系单时，施工单位往往要求参照单项目报价较高的单价进行结算，如果业主不同意，往往施工单位通过索赔等方式，拖延工期，导致实施过程中业主与施工单位争议多，对资金的使用造成了一定的压力。

（5）建设单位自身专业管理能力面临巨大压力

由于标段划分过多、过细，建设项目由医院基建部门负责全部项目的实施，现场管理压力巨大，而且医院基建部门原来人才贮备不足，从而导致许多专业管理环节出现问题，人员的专业性完全不满足工程建设的需要。

招标与施工过程中分标段起初的目的为引入竞争提高效率，但实际上由于参与施工的单位过多，相互配合中出现很多预料不到的问题，交叉工作面难以厘清，工程纠纷不断。在当初分标的过程中，引入总包制，是想以总包对分包进行管理，但是由于总包与业主之间存在经济利益的不一致，以及工作思想、工作目标的不一致性等，总包单位在分标段管理中，根本无法发挥统率、协调的作用，反而在有时候成为业主与分包单位之间一道屏障与阻碍。过多的标段也是造成工程一再拖延，形成了历史遗留问题，工程进度推进受阻，在建工程不能按既定的计划投入使用的原因之一。

3）对于标段管理的思考

（1）不能单一的认为标段划分越多，建设成本越低。

可以确定，业主运作成本与标段数是正相关关系，亦即一个工程项目划分的标段数越多，业主运作成本就越高。承包商实施成本与标段划分的多少无明显关系，因此在大型工程建设中，并不是标段划分越多越好，应根据建设单位自身专业管理能力合理划分标段。

（2）按照国家或行业验收标准规范对建设工程项目进行单位、分部及分项工程划分的要求，工程项目招标标段划分应与单位工程划分界面保持一致；不宜按照分部工程界面划分标段；分项工程不应独立划分标段。

——对工程技术紧密相连、不可分割的单位工程，不应划分为多个标段。

——在施工现场允许的情况下，可将专业技术复杂、工程量较大且需专业施工资质的分部工程，划分为单独的标段；或者将虽不属于同一单位工程，但专业相同、考核业绩相同的分部工程，划分为单独的标段。

——分项工程是工程划分最小单元，不应以分项工程作为标段划分的单元。

（3）标段划分要合法。

在《招标投标法》及其实施条例中，对必须招标项目的范围、规模标准和标段划分有所规定，如"招标人应当依法、合理地确定项目招标内容及标段规模，不得通过细分标段、化整为零的方式规避招标"，因此标段的划分不能逾越法律的规定。

（4）根据建设单位自身专业管理能力合理划分标段。建设单位具备足够的项目专业管理人员，能够有效对工程造价进行操控，在法律允许的前提下，合理划分标段的数量可以多一些；如果项目专

业管理人员较少,为了使现有人员有效管理项目,可以适当减少标段数量,否则因管理人手不足而标段数量较多,可能导致项目管理出现顾此失彼的现象,使工程造价控制能力降低。

工程项目标段的划分是项目设计确定后的最基本工程,但是极其重要和有意义的,也是影响最为深远的,对工程的造价控制、工程的质量和工期的保证、各项管理工作的协调、各类责任的界定都有巨大的影响。在实际操作中应对工程项目深入研究,合理划分标段,尽可能避免各项不利因素,确保总建设项目的顺利完成。

工程项目标段的划分应遵循一定的原则和方法,充分考虑工程本身的特点和各类影响因素,以最优形式划分标段,要遵循没有最好的标段划分,只有最合适的标段划分的工作原则。

2. 工程造价管理和控制

1)甲供材料管理

(1)实际情况

在工程确立之初,工程建设的主导思想为:医院工程是一项复杂的工程,没有一家施工单位能够承揽所有基本的项目。而且以传统的思维方式,想通过尽量多的甲供材料来保持对工程施工过程的话语权和主动权,认为甲供材料既能减省建设成本,又能购得甲方满意的材料,减少与施工单位因对材料认识不一而产生的矛盾,因此在工程的招标采购过程,医院对众多的工程材料实施了甲供,包括幕墙的外墙石材、外墙铝板、精装修的室内石材、室内门、PVC地板、灯具、卫生洁具等。招标采购后由甲方自行独立管理,最终导致了整个工程有134个合同,134家参建单位。

(2)出现的问题

施工过程甲供材料过多,造成出现了以下几个问题:

Ⅰ. 由于材料属甲供乙用,双方责任上难以鉴定。

实际工作中,我们就碰到当工程某部位出现质量问题,乙方立刻会提出是材料的问题。如曾发生工程建设过程中幕墙铝板平整度不够,很难判断是材料本身的问题还是施工原因造成的,造成了业主、总包、甲供材料单位之间无法协调的矛盾。

Ⅱ. 业主方购材,总包在配合供货方上是消极的,会用种种借口加以阻挠。

实施工作中,还没到使用该材料的时候,总方就提前要求我们予以购买,而真正等购回材料时,他们又会找出各种借口不予接收,譬如说现场没场地存放或货物拉到后无人接收,造成对供货方的极为不便。例如医院外墙氟碳漆项目,分包方要进场时,土建方说还要用架子,分包方暂时不能进场施工,并且要求分包方给予一定的配合费;而分包方为了尽快施工只能忍气吞声,其实对于建设单位分包的项目,甲方已经给土建施工单位配合费即总承包服务费了,从而导致甲供材料成本的增加。

Ⅲ. 材料管理、仓储上的困难。集中供货的材料由于数量较大,施工现场很难有足够的仓储条件,需要甲方提供专门的仓储库房,同时在项目实施过程中,由于需要用的材料品种繁多、数量较大,对领用过程的监督以及对使用量和库存量的清点都是一项非常烦琐的工作。

Ⅳ. 采购数量难以确定。在乙方自己提供材料的工程项目中,乙方都是根据实际的施工进度,采取少量多次的购买方式,可以随时根据工程进行情况调整下一次的材料购买量,不会产生材料的浪费或短缺。而在一次性集中供材的工程项目中,甲方需要根据清单量或乙方提供的数量一次性把材料买齐,但在实际操作的过程中我们发现,由于施工过程中存在材料损耗、各种不利或特殊情况,实际材料消耗量会与清单材料量或乙方提供的数量有较大的差距。如果采购数量过多,会造成材料的浪费;如果采购数量少,则需要进行二次采购,容易影响工程进度,这些都会对工程产生不利的影响。由于采购量已经经过甲乙双方的认可,如果由于采购材料量的不准确带来了材料的浪费或是工期的延后,则造成的损失应由哪方承担也将是一个会引起争议的问题。

为解决上述问题,在工程最后的决战阶段,医院成立了甲供材料管理组来解决上述问题,管理组的成立远远增加了工程的管理成本,而且最终目前仍存在甲供材料结算因甲供材料供应商供量远大于实际工程中使用的工程量等难以办理结算的问题。

（3）思考

结合实践确认，充分认识到对于甲供材料操作模式在施工管理过程存在的难度和必然增加的管理成本，建议尽量不要采用甲供材料。如特殊需求，在确认材料甲供之前，必须建立一套完整并具有可行性的操作规范或管理体制，加强采购、材料领用等方面的监管，才能确保材料质量，提高采购工作效率和资金使用效益，并且必须配备相应的管理人员和组织进行管理，才能充分发挥甲供材料的优点。

2）主材涨价导致工程结算困难

（1）实际情况

2007 年 6 月，主体工程 3 个标段建安总承包单位公开招投标完成，分别由 3 个总包施工单位承接门诊、病房、医技 3 个标段。主体工程 31 万 m² 正式动工。然而，招标投标期与施工开工期短短几个月钢材出现异常波动，又经历 2008 年全球经济危机，全国钢材价格居高不下，施工期的钢材价格高于投标期钢材价格的 200％，使得医院的施工一度陷入危机。施工单位没有为已中标的项目所使用的钢材进行期货购入，施工单位认为涨价风险应该由医院承担，施工单位在医院没有对涨价钢格如何支付给予答复前，采取了拒绝施工、拖延工程等方法，促使工程停滞不前。为推进工程进展，医院与施工单位进行了多次协商，在多次征求温州市重点办、温州市造价处、浙江省审计厅固定资产投资处等部门后，医院同意施工单位暂按实际涨幅支付钢材进度款，要求在工程最终结算时按照合同约定办理，3 个标段合同动态价格与实际涨幅之间的差额大约近 3 000 万元。

（2）解决方法

钢材涨价问题为新院结算埋下了的一个沉重的伏笔，如何在结算中解决此项问题，成了造价控制的一个难点。为此，医院工程造价部门通过考察实情，吃透商情，看是否符合大政方针的基础上，同时在理解政策上下功夫，在融会贯通上花气力；通过深入了解实际，针对不同情况具体分析，把上级文件精神和本地实际有机结合起来，寻找一条符合新院结算特色的创新结算道路。

结算过程中，对于钢筋差价的历史遗留问题，施工单位坚决不同意按原既定的合同约定办理决算。结算办理过程中，当时医院、施工单位、浙江省审计厅委托的工程审价单位三者之间没法达成一致意见，省审计厅等部门的多次的协调会，均认为该争议需通过诉讼才能解决，且让施工单位通过诉讼后才能完成整个工程的结算。但施工单位希望能够早日拿到除钢筋价差外的结算价款，连续以律师函件来催款，而且声称组织农民工来院讨要工程款。

医院结算部门通过省重点办、省审计厅、咨询律师并且多次与施工单位沟通协调，充分运用已有的政策、法律、法规，将钢筋价款调差外削离整个工程结算，对工程其他项目先行进行结算，建议施工单位通过其他诉讼等方式解决钢筋价款差价的结算。此举有效地控制了工程造价，使得工程款项得到及时的支付，降低了资金的成本，避免了施工单位对医院因延迟支付款等原因造成的索赔。

温州医科大学附属第一医院迁扩建工程的成功，是大家智慧的结晶，是共同奋斗努力的成果，迁扩建工程的投入使用为医院的发展插上了腾飞的翅膀，为不断提高全民族的健康素质及生活质量贡献了自己的力量。

吴缨/供稿

山地融合　特色鲜明
独具匠心的地级医院
——浙江省丽水市中心医院整体改扩建工程

一、项目概况

1. 医院改扩建概况

丽水市中心医院是国家三级甲等综合性医院、区域性标杆医院,始建 1971 年,位于万象山东北侧,结合山坡台地建设,地形落差最大 24m,原有建筑约 14 万 m²,大都建于二十世纪八九十年代,其中门急诊楼 3.5 万 m²,2002 年建成使用。

医院自 2009 年建设新外科大楼后,开始着手规划整体改扩建,并于 2014 年 3 月获市政府批准。同时,历经 10 年努力,与医院毗邻的原丽水卫校划拨医院用于发展建设,用地面积由原 99 亩扩增至 220 亩(可建用地 167 亩)。自此,医院即按规划逐步有序实施整体改扩建,除保留门急诊楼外,其余建筑全部逐一拆除新建,至 2018 年底,相继建成新外科大楼、内科 1 号楼、教学大楼、食堂、后勤楼暨停车楼,内科大楼完成结顶,累计建设 21 万 m²。2019 年即将开展急救中心和体检综合楼建设。医院整体改扩建力争 2021 年全面建成。

建成后的新院区,总建筑面积 26 万 m²,将是建筑色彩丰富、布局合理、医疗连廊完整、交通便利、独具丽水山地特色的现代化医院。

2. 工程概况

（1）工程名称：浙江省丽水市中心医院整体改扩建工程。

（2）工程建设地点：丽水市括苍路 289 号。

（3）总体规模：规划院区总建筑面积 262 300 m²，新改扩建 227 300 m²。

（4）总用地面积：167 亩，11.16 万 m²。

（5）建筑最大高度：新外科大楼 96.4 m，25 层；内科大楼 76 m，17 层。

（6）总病床数：2 600 床。

（7）总车位数：机动车泊位 1 200 辆，非机动车 1 500 辆。

（8）实施期限：2009 年 11 月—至今，已建成及结顶 213 800 m²，规划 2021 年全面完成。

3. 建设主要内容

（1）拆除原有建筑 11 万 m²。

（2）城市复杂环境爆破、静态爆破山体 23 万 m³。

（3）新建污水处理站 1 200 m³ 和 1 000 m³ 各一座。

（4）新建医疗连廊 500 m。

（5）新建改建建筑 8 幢，最大单体建筑 8.2 万 m²，最大建筑高度 96.4 m，具体如表 1 所示。

表 1　项目概况

序号	建筑名称	规模（m²）	高度 + 地下（层）	工期	投资（万元）	床位（床）	其他
1	新外科大楼	53 000	25 + 1	2009.10—2014.08	29 000	826 手术 27 间	全国优秀装饰奖
2	内科 1 号楼	14 300	12	2014.10—2016.05	5 500	450	改扩建
3	教学大楼	23 000	10 + 2	2014.05—2017.05	9 860		综合
4	后勤楼暨停车楼	32 000	5 + 4	2017.09—2018.11	14 000		含拆迁 车位 450 个
5	食堂	9 500	5 + 1	2017.05—2018.11	6 200		含拆迁
6	内科大楼	82 000	17 + 3	2018.03—2020.06	45 000	1 000	顶停机坪 车位 300 个
7	急救中心	9 000	6	开工 2019.05	45 000	150	
8	体检综合楼	6 000	5 + 3	开工 2020.06	3 000		

说明：（1）教学大楼：省内规模最大专业教学大楼，汇集教室、临床技能模拟培训中心、模拟手术室、考试中心、基因检测重点实验室、学术报告厅（500 人）、病案室、档案室、图书馆、宿舍等综合功能。

（2）食堂：美式多彩建筑，智慧餐厅，设一层营养食堂及送餐分装流水线、二三层中餐厅、四层风味餐厅、五层自助及会议餐厅。

（3）后勤楼暨停车楼：多彩幕墙建筑，独具特色，地下四层立体智能停车库，汽车泊位 450 辆，非机动车 700 辆。

（4）内科大楼：楼顶设直升机停机坪，彩涂板幕墙。采用溴化锂直燃 + 磁悬浮 + 多联机组合系统空调，智能变频供水系统。地下三层结合广场建设立体车库，停车泊位 300 辆。

（5）急救中心：幕墙建筑，综合性急救大楼。

（6）体检综合楼：结合广场及医疗连廊建设，设置含消控中心、后勤监控中心及医疗后勤服务等综合大楼。

二、改扩建实施重点和难点

1. 规划布局难

院区属于山地台地地形,落差大,原有建筑密度大,如何规划新建医疗建筑的体量、功能,确保进行分块分区有序整体周转腾挪,合理安排拆除和建设时序等,既要保证医院正常运营不受大的影响,又要安全平稳实施整体改扩建,在规划阶段必须进行充分分析和评估,必须做到运筹帷幄,因此整个规划设计难度相当大。同时,院区受地质条件限制,山体开挖量大,岩石坚硬,均为火山凝灰岩,要开挖如此大的方量,又绝不能影响日常运营,下这个决心也相当难。

整个规划自 2011 年历时 3 年,经数十稿修改讨论和完善,于 2014 年 3 月获市政府批准。通过规划,促使政府加快将原毗邻的原丽水卫校土地划拨医院起到了积极作用。

2. 山体开挖难

整体开挖总量 23 万 m^3,其中约 15 万 m^3 为坚硬的火山凝灰岩,无法采用机械凿岩开挖,必须采用爆破开挖;约 8 万 m^3 为硬质砂岩,可以采用机械凿岩开挖。最大开挖高度 27 m。在实施中,采取了炸药爆破和静态爆破 2 种形式。

（1）新外科大楼

采取 B 级城市复杂环境微差控制爆破技术,成功实施了距民房及城市主干道 15m 的定向、光面、预裂、松动等精确爆破,开挖山体 6 万 m^3。

采取城镇桩井控制爆破技术,钻孔 7 万 m,实施了 1 775 次微差控制爆破,开挖 157 根直径 0.8～1.8 m,深 8～13 m 的桩孔,做到安全无事故。

（2）内科大楼

内科大楼位于院区中心,整体开挖量 15 万 m^3,四周距内科 1 号楼、新外科楼、内科 3 号楼 20～50 m,采用炸药爆破将对正常运营造成极大干扰,安全风险系数极高。经多次组织省爆破协会、爆破企业研究讨论,在绝大多数专家倾向于采用炸药控制爆破开挖方案的情况下,组织了基建相关人员对新型的气体爆破、静态爆破、机械切割等工地进行详细考察学习,寻找合适的开挖方式。在普遍认为静态爆破具有极大不确定性,只适用于小体积基础开挖,如果失败将难以处理招标后果的前提下,通过仔细分析钻孔岩性风化、构造节理,果断采用静态技术进行大体积山体开挖,并自编制订额获市招标办和财政审核同意,这在丽水还没有先例。事实表明,我们采取的方案是合适的,选择的队伍技术过硬,整体工程安全、高效,造价在类似工程中最低,为主体工程顺利如期建设奠定了良好的基础。

整体静态爆破钻孔 28 万个 70 万延 m,消耗膨胀剂 1 325 t,爆破硬岩 11 万 m^3,历时 8 个月。

3. 管网实施组织难

医院规划整体分两个平面,一是沿括苍路 54.5 m 高程平面,二是山体开挖形成的 66.0 m 高程平面,改扩建实施的建筑不是整体联建,而是建成一幢使用一幢,而且受台地和坡道限制,院区的管网互联互通组织实施难度很大。

医院的管网主要有高低压电管线、弱电管线、污废水管、雨水管、气动物流管、供养吸引管、中水管和燃气管等,如是整体新建院区,管网有充分的空间进行设计布置。但我院分期建设的各个项目场地狭窄,相互独立,往往中间隔着下步要建设的项目;且受地形地起伏影响大,每幢建筑建成时其各类管网必须完整,必须与已建成和保留的建筑进行连通。因此,管网组织须整体充分考虑清晰,为今后及其他建筑和通道预留管网,避免漏埋少做,重复开挖。

在项目实施中,我们采取了一张蓝图绘到底、梳理老院区管网与规划实施区充分对接、建成项目部分难以一次成型管网近期过渡远期完善、提前设计下一步项目、及时研究调整和优化管网等方法，解决施工中的难题。

4. 项目管理工作难

项目管理工作难主要体现在项目建设周期长、审批复杂、协调处理矛盾难及进度推进难等方面。

（1）项目周期长

院区改扩建累计实施大型项目 8 个，历时 12 年，包括拆除、房屋征收、配套工程、道路工程、电力、基础开挖和污水处理站建设等，各类招标数百项，工作量大，过程复杂，不确定因素多，管理难度大。

（2）审批复杂

改扩建项目不同于新院区建设，可以整体一次立项审批和招标，只能一个项目一个项目立项审批，每个项目从立项到竣工验收，审批事项 20 余项，程序纷繁复杂，需要大量的外部协调工作。尤其是项目在建设过程中，因医疗特殊需求及医院自身发展需求，需要进行合理调整和变更，涉及概算调整、规划调整等事项，尽管主管部门给予了支持，但协调审批的难度也很大，需花大量精力。

（3）工程进度推进难

从前面的工程建筑表中可以看出，内科 1 号楼、食堂、后勤楼暨停车楼及内科大楼的项目建设进度达到了合同工期要求，但新外科楼和教学大楼工期较长。项目建设过程进度推进难，除了项目本身实施难度大以外，有以下几个原因：

Ⅰ. 项目公开招标的中标人无法自主择优选择，水平能力和资金实力参差不齐，这是项目能否顺利的根本。

Ⅱ. 市场人工和材料不断上涨与定额严重滞后的矛盾无法解决，导致施工单位"斤斤计较""有令不行"，在成本面前，精打细算，进度往往达不到要求。

Ⅲ. 统一的招标文本在材料人工上涨承担比例及进度支付比例等方面约束，施工单位处于弱势，需要垫付大量资金，为企业减负的措施无法落实，业主又爱莫能助，制约了进度。

Ⅳ. 在外部市场均需现金采购支付局面下，施工企业及不能欠薪，30% 进度款专款专用，又只能拿到 75% 进度款，大部分项目施工到一半时，就发生资金周转困难，进度缓慢。尤其是安装装修，材料和设备迟迟不能到位。

Ⅴ. 精细化装修管理与工程进度的矛盾难以有效调节。医疗建筑功能复杂，装修需要充分考虑使用者的感受，因此，在装修时需要选择大量不同的材料和颜色搭配，需要大量时间定制和采购，才能完成一个好的精品工程，就如同家装，无法一味追求进度。

5. 做好成本控制难

项目的成本控制大的方面主要有 3 个方面：①从设计源头控制，表现在建筑空间规模的合理设计、空调设备及系统设置、水电等系统设置，以及各类装修材料的自主选择等；②招标预算材料控制价的品牌、价格、参数、规格等充分询价和准确设置；③各类变更联系单签证的严格把关。做好成本控制，需要自始至终对项目实行精细化管理，不断积累，非常不容易。

三、医院基建组织管理

1. 组织构架

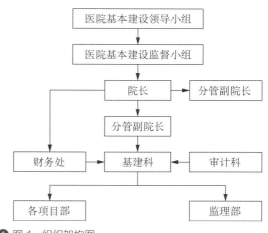

△ 图 1　组织架构图

2. 管理模式

医院基本建设项目遵循"三重一大"决策机制,由医院领导班子集体决策。项目管理实行在院长负责制下,由分管基建的副院长具体组织实施。

(1)以制度管人

医院制订有基建管理监督小组工作制度、基建科工作制度、基建合同管理制度、工程项目立项审批制度、工程项目招投标管理制度、工程项目现场管理制度、工地安全管理制度、工程联系单签证管理制度、工程例会制度、基建档案管理制度、基建档案借阅制度、基建工作质量奖惩制度共 12 个制度。

(2)以流程管钱

医院设有审计科,配备具有专业资质的土建和安装 4 人,全过程现场跟踪审计,参与各类招标文件、重大联系单签证、材料设备询价谈判等工作,对工程进度款支付进行审核并出具审计意见书,确保各类支付安全,这是行之有效的做法。项目资金支付按以下流程层层把关、严格审核:基建月计划申报、施工单位申请、监理单位审核、基建科审核、审计科审核、分管副院长审核、院长批准、财务科审核支付。

(3)以监督管廉

医院成立医院基建监督小组,每季度对基建项目管理进行巡视,形成报告,报送院长。分管院长定期对基建主要管理人员廉政谈话,基建科对各中标人进场前廉政谈话、约法三章,审计部门对基建全过程跟踪审计等做法,是确保基建顺利进行、不出廉政问题的法宝。

(4)以精细化管过程

基建科内设询价员、建筑、安装、暖通、档案、预算等管理人员 8 人,专业较为齐全。医院实行全过程精细化管理,重点对招标材料设备询价谈话、现场质量、工地安全、联系单签证等进行精细管理,建立了一套规范、专业、有效的管理模式。

四、基建管理实践

丽水市中心医院的建筑从外观上遵循简约、多彩、个性鲜明的理念,每幢建筑都具各自特色,不累同,辨识度高,与配套广场和设施形成了一幅幅多彩景观;在内部装修上遵循温馨、舒适的人性化理念,空间布局、色彩点缀、细节处理和材料选择等方面充分考虑患者和医护人员的使用感受。自 2015年以来,先后有 50 余批次同行专程前来院参观学习医院的建设。

1. 做精做细项目前期设计

因受建筑设计师不懂医疗、业主懂医疗又不懂建筑、招标设计费用普遍偏低、设计周期短等客观条件限制影响,很多医疗建筑存在不匹配、不好用、不实用等现象,浪费严重。

因此,我们在改扩建不同建筑实施前,一般提前 2 年就设计下一幢建筑,对规模、功能、建筑风格反复论证,对平面布局、流程、细节反复推敲修改,充分考虑今后发展的需要,力争做到节约、节能、功能完善,避免在建设过程中走弯路和有大的变更,加快了建设速度,取得很好的效果。

比如,内科大楼、食堂、急救中心等项目,前后修改了数十稿,逐层逐一细节尺寸进行审定,充分听取使用科室意见建议,充分考虑在使用过程中会产生哪些问题等。在装修材料选择上,以我为主,坚持不选贵的,只选适用、耐用、价格适中的材料,大大节约了投资,取得了良好的效果。

2. 做足做深询价功课

项目材料和设备选择大的方向上在设计过程中就要比选确定,这就控制住了节约的源头。

因改扩建项目分期实施的特点,在材料设备选择中,给了我们重新审视和持续择优选择的机会,也避免进一步犯错和浪费,这是其他项目难以做到的。

要真正做足做深询价工作,切实买到价格与质量匹配的材料设备,不是很容易,要化心思。我们的做法总结起来,有以下几点:

(1)建立完善询价体系,让职业操守过硬、工作较真的人来做询价员;

(2)早做功课,在项目设计时就提前对想采用的材料和设备进行询价比选,早了解材料特点、更新换代的新品种、新工艺,寻找价廉物美产品,不临时抱佛脚;

(3)通过纵向比较,对已经积累的大量材料质量和价格,在使用过程中存在的优缺点进行分析,通过各类建筑展销会主动了解有没更好替代的材料,积累经验和教训,少留遗憾,少犯错;

(4)通过横向比较,及时了解同类项目招标价格,再进行比价,可以以更低的价格买到相同材料;

(5)充分运用招标材料品牌选择入围的技巧和规则,给确定要采购的供应商定心丸,肯定可以"杀"到最低价;

(6)充分利用淘宝、逛市场、调研等多种手段询价,了解信息。

3. 重视色彩运用艺术

我们的理念是不希望把院区建成一个千篇一律模样建筑的小区,而是每幢建筑都代表各自的功能各具特色,呈现不同色彩,让患者来过医院后就能牢牢记住医院的面貌。同样,在建筑内不同病区重视色彩系统的设计,给人一种丰富的色彩视觉感受,形成特有的医院色彩文化运用。具体做法为:

(1)病区按类别设置色彩系统,对护士站(图2)、病房(图3)、走廊(图4)等不同功能区使用不同配色方案,营造居家、温馨的感觉;

︽ 图2　护士站

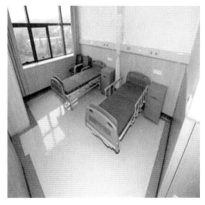

︽ 图3　病房

▲ 图4 走廊

（2）重视空间色彩点缀，重要节点部位、重要空间较多采用色彩去点缀、烘托，不拘传统，给人一种丰富、提拔精神的视觉感受；

（3）运用与工作环境相适应的色彩，对手术区、治疗区、办公区等不同工作环境，配置不同的性格色彩，营造安静的环境氛围；

（4）标示系统与空间融为一体，标识样式、字体、选色及安装位置等简洁精确，富有创意。

4. 目标管理精细化

医院改扩建项目建设环境复杂，需要不断腾挪改造，医疗建筑复杂程度又高，需要协调的事项繁多，要做到项目精细化管理，按期完成各项任务，必须加强建设团队目标管理。

（1）从管理层面

Ⅰ. 从院级层面，设立年度总目标，列出基建具体重点工作和事项；

Ⅱ. 从分管领导层面，召集基建部门列出详细月进度计划，分解任务，层层落实；

Ⅲ. 从基建科管理层面，制订周工作安排，每周一召开布置例会，事项具体到人到天，杜绝不为、拖延，提高效率。

（2）从技术层面

Ⅰ. 开好联合审查会，重点对项目招标预算、招标文件、结算审计等，召集相关部门联合审查，防范疏漏，集众人智慧，对项目合同、条款、定价等进行审查，最大限度维护医院利益。

Ⅱ. 开好联系单签证会议，重点对重要的、有争议的、变更较大的、金额较大的事项，组织基建、监理、施工、审计、监察进行讨论，公开透明，杜绝不合理签证，化解矛盾，节约成本。

Ⅲ. 开好工地例会，一是抓好技术培训，重点对监理人员、施工管理人员定期培训，从源头上把控质量和安全；二是定期召开专题安全分析会，确保安全；三是抓好旁站管理，盯牢细节节点，防止质量通病，把控过程质量。

（3）从职业奉献层面

做好项目目标精细化管理，全过程把控和跟踪工程质量和安全，没有诀窍，最重要的就是敬业精神、奉献精神，主动而为。尤其是医院改扩建项目，有个特点就是项目建设对医院日常运营的影响较大，为减少干扰，我们通过合理安排，将大多的混凝土浇筑和设备材料进场时间尽可能安排在休息日，这就需要基建管理人员有很强的敬业精神，改变工作作风，深入现场，牺牲节假日。在这方面，我们基本做到了全天候跟踪。

5. 创新招标管理

在严格遵守项目招投标制度的前提下，积极做好事前询价、材料选择、定价、洽谈及参数设置等各项工作，力争做到精确设置。

（1）全程监督审查。招标较大额材料的询价谈判、设备标前供应商谈判及小额工程标前询价谈判等，医院监察、监督小组、审计科及相关使用部门等参加会议，做到阳光询价、公开谈判、透明决策。各类公开招标的招标文件，均组织监察、审计、财务、基建进行条款审查，防止缺漏和风险，维护医院利益。

（2）充分运用好评定分离。我们是浙江省第一个设备招标评定分离的试行单位(现在我市设计与设备招标中全面推广)。一是早谈,招标前多轮次进行供应商询价谈判,了解掌握细节、参数、优缺点、报价;二是比选,通过分析研判,对中意的供应商"单独谈",可以摸到更低的底价;三是精确设置控制价,设备类招标控制价设置是门学问,是基于前面的多轮谈判摸底等综合分析,设过低招不到品牌好的供应商,设过高,损害院方利益。通过医院配电、电梯、空调、供养吸引等设备招标,可以不夸张地说,均是最低价。

（3）精确设置材料价格。在装修安装幕墙等招标中,着重做细做准材料价格询价表,我们的做法是:一是早准备,招标前对使用的材料品牌、规格、参数、价格充分询价,逐家约谈比选;二是筛选,通过对已建项目中材料的价格变化、其他品牌材料的性能等进行筛查;三是确定材料,招标前对选用的材料充分论证分析,确定规格型号,如瓷砖等,价格差异大,需精确到品牌、规格、型号、颜色等;四是精确设置品牌,根据招标规定,一种材料设置三个可选品牌,品牌设置非常重要,力争做到品牌相当或拟选品牌略低,以确保"钱花得值"。

（4）创新招标审批。在山体静态爆破招标前,因国家没有相关定额,各省类似工程结算价格差异巨大,如湖南省某交通项目类似结算价 480 元/m³、丽水城区教工路、中山街等类似工程结算时丽水市造价处出具了书面意见,单价为 380 元/m³。但我们通过前期充分的考察了解、评估、谈判,并根据地质情况分析,认为这些单价过高,价格在 220 元/m³ 较为合理。于是,请专业咨询机构出具自编定额报告,与主管部门、市工程造价处、市招管办、市财审部门汇报沟通,并召开专题会议形成纪要,通过自编定额报告。后来据此招标,在内科楼项目 15 万 m³ 开挖中节约造价近千万元,这一做法维护了医院利益,得到了市审计局的充分肯定。实践证明是成功的,工程进展顺利。

6. 投资控制管理

（1）做细设计,减少变更和浪费。前面已提到,医院改扩建建筑设计一般提前 2 年开展设计,在项目审批前就把功课做足做细,力求建筑布局精确、使用功能明确,流程合理,源头上减少空间上的浪费。平面上各科室、各个房间都精确布置后,对安装和装修设计一开始就应注重有效节约,限额限材。

（2）重要设备充分论证。大型建筑设计前对空调、供气、卫生热水、供水、供电及幕墙等,召集总务处、基建科、设备科、设计单位进行充分论证、考察比选,对重要设备先行选择供应商进行咨询洽谈,做到设计前"心中有定数",而不是完全由设计说了算,避免个别设计与潜在厂商结成联盟而损害医院利益。

（3）严格招标环节审查。在编制和复审环节后,增加内部审计环节,以减少冒算、错算和漏算;通过联合审查会议,合理投标费率、付款方式及比例等,防止失误造成损失。

（4）精确定好材料设备招标价格。依据前述的询价功课摸出的底价,分析供应商可能存在的让利空间、采购支付条件等,根据不同的材料、用量,召开专题会议讨论确定合理的材料设备招标价格,这一做法有效节约了医院投资。

（5）严格签证及材料管理。一是对所有进场材料进行核对登记,防止冒牌顶替;二是审计及基建、监理三方现场工程量测量;三是隐蔽工程全程影像记录;四是较大额度、重要事项变更及双方存在争议等签证,每半个月召开审计、监理、基建审议,再将结果与施工单位沟通,确保签证合理、公正。

（6）平行发包。尽管主管部门要求采取总承包制,但考虑到医院建筑的特殊性及医院改扩建的复杂性,我们认为,平行发包利于总成本节约,"让专业的人做专业的事"更符合医院建筑管理。平行发包,虽增加了项目管理难度,但医用专业工程专项发包利于深化设计、利于质量控制、利于今后维护管理。

（7）严格把关结算审计。一是竣工图严格把关盖章,由监理及基建各专业工程师进行逐项审查,确认无误后方可盖章;二送审前先进行内审,主要对资料完整性、结算编制规则正确性等进行审计;三是并行审计,即在审计单位过程中,医院审计科同步对结算进行核算,减少差错;四是做好现场核对,审计科和基建科全程参与现场核对;五是对存在争议的事项,通过专题会议形式进行商议,寻求利益平衡点,达成一致意见,维护医院利益。

新外科楼的结算造价如表 2 所示。

表 2　主要项目造价表

序号	项目名称	面积（m²）	造价(万元)
18	土建、安装工程	53 000	11 619
1	智能化工程		758
8	净化工程	手术室 27 间	1 949
12	供氧吸引工程	826 床	530
13	装修工程	42 000	2 939
14	幕墙工程	23 000	1 913

7. 沟通管理

（1）编制医院基建简报，每两月一期，以电子形式发卫计委、发改、财审、审计、建设、质监站等相关部门以及医院领导班子成员、中层干部阅知，定期通报建设进度。

（2）每月向卫计委报送工程形象进度、投资完成情况。

（3）遇协调事项及时与相关部门进行沟通，争取支持，各部门对事关百姓民生工程都给予了极大支持。

（4）定期向医院领导班子汇报工程建设的进度和需要解决等事项，必要时形成会议纪要。

（5）基建科每周一例会，项目每月一例会，进入装修攻坚阶段，每旬一例会，及时沟通和布置进度。

（6）以项目群实时向质监站传送隐检、现场、安全措施等照片。

（7）所有项目施工均安装在线监控，实时动态掌握项目的生产和安全。

8. 廉政建设

（1）医院基建监督小组定期对基建项目进行巡视，报送医院主要领导。

（2）项目施工单位中标后，进场前对公司负责人、项目经理进行廉政谈话，约法三章。

（3）分管副院长每半年对基建科主要管理人员进行一次廉政谈话，形成记录，交医院纪委。

（4）严格遵守医院规章制度，款项支付、联系单签证等严格按规定签字程序办理，防止越权签批，扎牢权力笼子。

（5）每笔基建工程款支付，审计科均严格按流程审核，出具审核意见书，财务方可支付，财务总监定期予以审查。

（6）重大事项调整及支付均须医院班子会议出具记要或由卫计委协调出具会议记要。

（7）所有公开招标的询价、谈判、招标文件审定、预算审定等均由监察、审计部门参与，形成记录；基建内部材料设备价格询价会议均专门形成记录和档案。所有项目主合同均签订廉洁合同。

（8）严格遵守医院基建项目招标管理制度和立项审批制度。

（9）现场测量均由监理、基建、审计三方参与。

五、效果简述

1. 规划布局紧凑合理，医疗连廊独具特色

首先是多台地山地老院区，地形复杂，建筑密集，规划建设统一的台地平面，下的决心非常大，

可以说难在当代,则利在千秋;其次建设难度大,建一幢腾一幢,做到各路管网、道路、设施、通道等互联互通,有机衔接,施工和管理非常困难。

建成后的新院区,各功能大楼布局合理,通过医疗连廊有效地组织成一个有机的整体,实现功能分流、人车分流,克服了传统医院迷宫式的建筑布局,营造有序的诊疗环境。急诊区、门诊区、外科住院区(含手术区)、内科住院区(含)、体检区各建筑环形布置,每幢建筑各具特色,辩识度清晰,医疗连廊互联互通,整个医疗圈内建设一个巨大的广场,为患者提供舒适、温馨的休息空间。如图 5 所示。

（a）老院区　　　　　　　　　　　　　（b）新规划区

△ 图 5　老院区与新规划区对比

2. 细节装修精细,注重人文关怀

医院总体装修选材中等,注重细节的设计和空间色彩的点缀运用,营造舒适的居家环境,舒缓病人心情,提升医务人员工作环境舒适度。具体表现在重视不同病区采用不同的材料和涂料配色,注重材料的环保,只选对的不选贵的。病房门统一采用宽 1.2 m 的单开门;护士站采用软膜天花;设置单独的洗衣间、开水间、微波炉加热间等。注重装修细节的点缀,在护士站、电梯厅等较大空间墙体、吊顶进行适当的色彩点缀,给人一种丰富、提拔精神的视觉感受,丰富空间感。

3. 标识明晰,简洁美观

注重标识的色彩设计,与门、墙及空间待周围环境搭配合理,字体选择、大小、安装位置都做到统一精确,每层标识均采有醒目色彩提醒,简洁明了,形成体现医院自身特色的标识文化。同时,在病区公共空间设置风景照片、龙泉青瓷等公共艺术品和健康宣传知识栏,柔化环境,提升意境,彰显医院文化底蕴,减轻病人就诊忧虑。

4. 环境建设简繁得当,注重品位

医院环境建设遵循布局简洁、用材节约、空间通透、色彩丰富及便于保洁等原则,主入口设置了以"生命"和"照护"为主题的浮雕,背景为假山和 45 m 空中连廊、14 m 宽的人行道路及阶梯状盆景设置,彰显现代化医院的宏伟气势。环境建设中,局部保留原有古树、亭等印记,铭记医院的历史底蕴和文化。广场环境以不同色彩的硬质景观元素为主,摒弃密集绿植理念,采用局部点缀特色乔木和景观花卉、休闲设施,独具匠心,突出公共开放空间的使用功能,形成与建筑相呼应的园林景观,衬托建筑之宏伟。如图 6 所示。

5. 注重节能和信息化建设

（1）所有大楼均采用 LED 筒灯照明,功率为 5～8W,多回路交叉或分区控制,便于管理,最大程度降低使用能耗。

△ 图6 公共广场

（2）物流系统，经过仔细认证和成本比选分析，医疗大楼采用气动管道物流系统，成本低，效率高，将共建设92个站点，传输高效可靠安全。已开放的58个站点，平均每天运行频次约600次。

（3）计量系统完善，病区科室及独立核算部门的电力设置远程计量，教学大楼宿舍水、电、洗衣、开水等设置一卡通计量缴费，独立运行的VRV空调设置在线监控管管系统。外科大楼中央空调采用螺杆机和离心机制冷组合系统，内科大楼采用天然气溴化锂直燃机和磁悬浮系统，均设置中央控制节能管理系统，实时在线监控管理，最大限度降低空调系统能耗。污水处理将实行在线监控和计量管理。供养系统建有在线监控和计量系统。下一步医院将建设后勤安全集成管理控制系统。

（4）智能管理系统，医院公共大型停车场为智能引导定位、扫码缴费和无感支付的智慧停车场。食堂建有自助点餐、会议点餐、刷脸支付、一体化分装等功能的智慧餐厅。

（5）数字化信息系统，医院所有人、财、物、医疗信息均建设互联互通信息管理系统，全面优化和整合医院内部及外部信息资源为医院临床医疗、医疗管理、运营管理服务。医疗全面建成预约、智能引导、自主缴费、医联体互联、诊间结算和病区结算等功能的智慧型医院，已打造成国内较为领先的现代化数字医院。

黄亦良/供稿

一、项目概况

1. 项目介绍

（1）工程项目名称：江苏省人民医院门急诊病房综合楼。

（2）工程项目建设地点：南京市广州路 300 号。

（3）建筑基地面积 51 400 m²，占地面积 14 937 m²；地上建筑面积 179 007 m²，地下建筑面积 45 922 m²。

（4）总建筑面积：22.492 9 万 m²。

（5）总建筑高度：98.90 m。

（6）建筑层数：地上 24 层，地下 2 层，裙楼 7～10 层。

（7）新增病床数：1 585 床。

（8）建筑设有 18 部楼梯、35 部垂直电梯、22 部扶梯。

（9）建筑节能环保等级：二星级。

（10）建设工期：2012 年 12 月—2017 年 12 月。

2. 建设主要内容

(1) 门急诊部分:位于广州路的原门急诊功能全部搬迁至新大楼,急诊设置在与广州路同标高(负一层),门诊设置在裙楼 1～6 层,并在二层与院连廊相通,使新大楼与院其他建筑做到无缝对接。如图 1 所示。

∧ 图 1　门急诊部分

(2) 病房部分:新增病床共 1 585 张(其中 ICU 病床 150 张)。

(3) 医技部分:检验、病理、血库、放射影像、药房、B 超等医技科室全部设置在新大楼。

(4) 手术部:共设有 53 间洁净手术室,其中百级 6 间、47 间万级。53 间手术室中有 8 间为数字一体化手术室。

3. 设计理念

1) 总体设计理念

采用简洁的线条及多材质的组合使用,体现清新、典雅的建筑风格,构筑了颇具现代感的医疗建筑新形象。造型设计遵循现代、简洁、流畅、可塑性的原则,注重空间的阳光感、流动感与体量感。采用高科技建材,建设洁净、现代的江苏省人民医院。

以"绿色、生态、环保和可持续发展"等理念为设计主题,着力营造"医院城"的概念,精心为使用者规划出一系列激动人心的公共空间,其中包括"医院街""共享中庭""内院""屋顶花园""阳光庭院"等空间环境。追求舒适、高雅的就医环境,体现对人的生命的呵护和关爱!

充分考虑医院的地理位置及特点,把医院营造成为花园式绿地,并将医院有机地融合于这个自然的绿化环境中;配合当地的城市总体规划,创造良好的城市景观;为病人、家属及医务人员创造独具地方特色的景观环境。

充分利用基地得天独厚的风景资源(紧邻清凉山公园、乌龙潭公园),营造出独具特色的医院形象,形成具有绿色生态景观的大型综合医院。

设计亮点:

(1) 采用当今先进的国际化医疗体系,模块化布局有利于不断的医疗发展更新。

(2) 通过光控人控措施,达到节能环保减排、可持续发展。

(3) 采用先进的医疗物流系统,提高医患诊疗效率和管理水平。

(4) 人性化的医院,分层挂号,分层检验,方便患者及医护人员使用最简短的流线。注重患者的私密性,采取二次候诊。

(5) 舒适的公共空间,门诊 5 层高的大厅,医技 6 层的连廊,宽敞明亮。

(6) 裙楼门诊 6 层高的 3 个室外天井,使医患人员有天然的采光和通风。

2) 内装设计理念

本设计从多方面、多角度来阐述现代医疗空间的同时,采用少就是多的理念,让空间更纯粹、更简

约。力求塑造一个具有特色、富有情趣、体现人文关怀、充
满文化内涵的室内医疗空间,使医院工作人员及病员家属
心情愉快、调剂生活、消除疲劳,热诚愉快地为病员服务,
病人亦能藉以调养身心、早日康复。在美化空间的同时,
体现医院的空间气质,更能体现当地的人文特色。

　　门诊大厅设有一幅宽 6 米、高 18 米,以江苏全景为题
的大型壁画,其立意为:虎踞龙盘旭日东升,吴韵汉风紫气
东来,盛世繁华锦绣大地,钟灵毓秀幸福江苏。如图 2
所示。

◇ 图2　门诊大厅实景图

4. 工程项目建设进程

　　2005 年 6 月 2 日,获得省发改委项目建议书的批复。

　　2010 年 4 月 22 日,获得省发改委对可研报告、初步设计的批复。

　　2012 年 2 月 3 日,获得南京市住房和城乡建设委员颁发的本项目桩基施工许可证,2012 年 5 月
桩基施工开始。

　　2013 年 12 月 31 日,获得本项目的施工许可证和规划许可证。

　　2013 年 11 月,裙楼 8 层完成结构封顶。

　　2014 年 5 月,主楼 24 层完成结构封顶。

　　2015 年 5 月,新增机械自动化立体车库完成结构封顶。

　　2015 年 11 月,新增调整急诊中心完成结构封顶。

　　2017 年 1 月 13 日,一层放射科投入试运行;5 月 1 日,一层体检中心试运行;9 月 19 日,急诊中心
投入试运行;11 月 16 日,手术室/ICU 投
入使用;11 月 27 日,门诊投入试运行;
2018 年 1 月底,全部病区投入试运行。

二、组织构架与管理模式

　　江苏省人民医院门急诊病房综合楼工
程是省委省政府重点工程,为此,省委省政
府专门成立了江苏省人民医院扩建工程领
导小组办公室,并明确南京奥体中心工程建
设管理有限公司为代建单位,在工程建设期
内由代建单位行使法人的权利和义务,负责
工程的招标、投资概算以及进度、质量、安
全等全部管理工作(图 3)。医院成立西扩
办,与基建办合署办公,代表医院对项目建

西扩工程

省委省政府对我院西扩工程非常重视,专门成
立了江苏省人民医院扩建工程领导小组办公室

工
程
实
行
代
建
制

代建方:
南京奥体中心工程
建设管理有限公司

作为我院扩建工程
项目管理服务单位,
行使建设期内项目
法人的权利和义务

负责招标、工程投
资概算以及进度、
质量安全等全部管
理工作

院方

负责对项目建设标
准和使用功能提出
意见和审定

对代建方和工程建
设进行监督、管理
和协调配合等工作

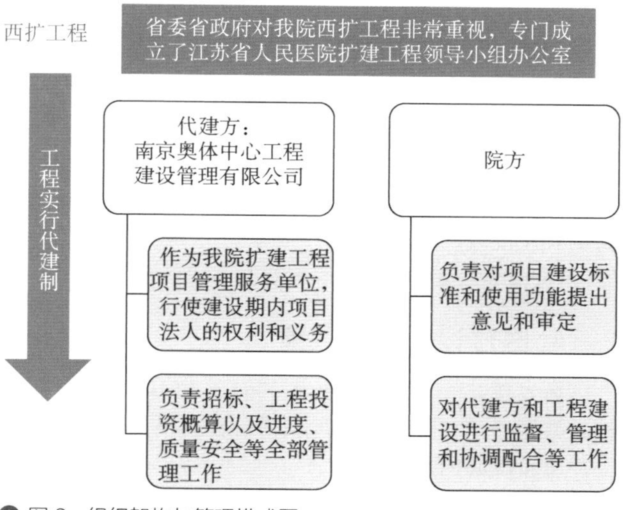

◇ 图3　组织架构与管理模式图

设标准和使用功能提出意见和审定,对代建单位和工程建设单位进行监督管理和协调配合。

三、医疗建筑设计施工的难点

1. 工期

　　新大楼是在院东、西两侧征用土地和拆除原有建筑基础上实施,因此拆迁工作非常艰巨,涉及军

队、武警、学校、省、市机关和各类居民用房。2006 年 8 月 25 日,市房产局核发了《拆迁许可决定书》和《拆迁许可证》,标志着拆迁工作正式启动。从 2006 年启动拆除至 2013 年完成全部拆迁工作,总历时 7 载时间,涉及 4 个企事业单位,住户 678 户,拆除各类房屋面积 71 842.02 m²,取得土地面积 43 617.7 m²(约 65.4 亩)。由于前期拆迁难度较大,时间跨度较长,设计图从最初的方案设计到正式施工图已经历 A 版、B 版、C 版 3 个版本。施工过程中,根据医院需求,又进行 2 次施工图设计调整,最终确定为 E 版施工图。通过后期施工管理中各项措施,我们将总体施工工期控制在 5 年,完成大楼的建设投运任务。

2. 结构桩基施工

桩基施工:本项目地处清凉山余脉,地基以质地较为坚硬的风化岩为主,设计桩基持力层为 5-Ⅱ,施工难度较大。根据地块的不同区域,采用了机械旋挖成孔和人工挖孔两种方式相结合的施工方法,同步进行,形成良好的施工节奏,缩短了工期,一定程度上也节约了成本。

结构施工:本项目单层面积最大达 1.5 万 m²,结构施工铺面较大。管理团队将每层结构分为若干区,每个区分为若干段,结构施工过程中,模板安装、钢筋绑扎、混凝土浇筑、拆模等工序,按预定计划分区段逐步推进,形成有序的施工流水,既保证了结构施工质量,又提高了施工效率。

3. 管线综合

新大楼病房标准层设计层高为 3.8 m,南侧为标准病房,北侧为医护人员办公室。结构施工完成后,南侧病房走廊梁下净高仅为 3.1 m,局部房间梁下净高 2.9 m。如图 4 所示。各相关专业水平管路在南侧主走廊内均有铺设,走廊内有强电桥架、弱电桥架、新风风管、排风风管、空调水管、冷凝水管、喷淋管、给水管、热水管、医用气体管路、气动物流管路、火灾报警电管及照明电管管线等。如果不进行优化,没有统一的顶面综合图,按照各施工单位粗放式的排布施工,南侧主走廊管线管底标高预期只能达到 2.0 m,远远不能满足设计及使用要求。为此,我们在

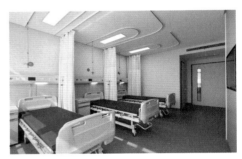

△ 图 4 标准病房效果图

满足安装规范、考虑管道间距要求、预留施工作业空间和后期维修空间的基础上,对管道进行了优化设计,通过管线综合后,管底标高达到 2.5 m。

4. 医疗设备集中设置

新大楼共配设了 7 台核磁共振、8 台 CT、11 台 DR 和 11 台 DSA,其中 1 层放射科就设置了 7 台核磁共振、5 台 CT、8 台 DR 和 2 台胃肠机,各种大型医疗设备相对集中,对建筑布局和其他各专业施工提出了较高的要求。

(1)建筑平面和结构要求

在进行大型医疗设备平面布局设计时,结合设备本身的场地要求和使用要求进行综合考虑,如核磁共振和 CT,考虑到设备本身的自重和进场通道要求,为便于结构施工,我们将放射科的大型影像设备相对集中设置在建筑的一层。

在确定好设备所在楼层后,我们还结合设备本身的特殊要求进行平面布局调整,如核磁共振对平面布局就有特殊要求,为避免核磁共振设备相互干扰,应将核磁共振设备错位摆放;核磁共振机房四周及上下楼层、电梯、地下室车库等布局时,均应考虑到,以免对磁体设备造成干扰。CT、DSA 和 DR 设备在进行设备安装前,根据设备安装场地要求,需设置电缆沟用于设备电缆穿线,且不同品牌设备的电缆沟和基础安装要求不一样,为避免后期返工,在对这些医疗设备区域进行结构设计时,统一将

该区域做降板设计，后期待设备确定后，根据不同设备的要求统一进行二次结构施工。

　　在平面设计时，考虑到大型设备进场通道，因此在对建筑外立面进行设计时，我们在消防通道上设置一个满足今后设备进场的大门，避免后期采购的新设备进场运输对建筑外立面造成破坏。在内部通道方面，尽量考虑采用成品材料做隔断墙，方便后期设备进场前后的拆除和恢复。

　　除进场通道外，还需考虑医疗设备配套的空调、水冷机等室外机和失超管的设置，在进行室外总平和外立面幕墙设计时，需考虑空调、失超管出外墙的位置和孔洞预留，以及室外机设置的位置和设备基础等要求，预留相应的设备安装、检修空间，可以结合道路和室外景观绿化进行综合设计，以免影响室外的总体效果。

　　（2）电气要求

　　在对医疗设备区域进行电气设计时，需根据各种设备不同的要求进行设计，如核磁共振设备除磁体需要设置单独的配电柜供电外，还需设置辅助柜用于设备配套水冷机、精密空调等的供电。因在进行电气设计时，一般医院的大型医疗设备还未进行采购，这就要求在设计时参考现有医疗设备的用电需求外，还需考虑一定的备用容量，并在相应的变电所配电柜配设一定的预留回路。在重要医疗设备考虑双电源并配备 EPS 使用，保证用电的安全性、可靠性。

　　（3）暖通、给排水要求

　　对于医疗设备，在进行暖通设计时，不同设备对温度、湿度的要求不同，如核磁共振设备，必须采用水冷机结合精密空调；同时对设备间，在原有精密空调的基础上，可以设置单冷的 VRV 空调或者普通柜式空调进行补充。

　　在检查室内空调内机的布置过程时，在定位的过程中，既要避开天轨的影响，又应考虑冷凝水管接头的漏水及空气出风口的冷凝隐患，尽量避开设备的正上方。考虑到使用中设备维修的影响，在多联机的设计过程中，尽量避开所有检查室共用一台外机的情况。

　　在进行给排水设计时，考虑到医疗设备本身的要求，尽量将给排水的管道避让开医疗设备摆放的区域。消防方面，除核磁共振区域外，其他医疗设备区域采用气体灭火的形式来满足消防要求。

四、医院项目管理的难点

1. 设计工作中的难点

　　（1）设计合同包的管理。医院项目的设计内容比较多，除主体建筑、结构、水、电、暖之外，还有基坑围护、人防、幕墙、钢结构、智能化、室内装饰、景观绿化和室外配套等专业工程以及洁净工程、医用气体、纯水、物流传输、污水处理和放射防护等专项系统设计。设计合同包分得过细将不利于设计之间的协调，致使各专业设计配合困难，会产生后期实施困难、变更量大的风险；同时，许多医院工程专项系统的设计是困扰项目管理者的主要问题，方案征集套图、专业系统设计招标、设计施工一体化在实施过程中都遇到了一定的困难。

　　（2）设计任务书编制。设计管理要重视设计任务书的编制工作，设计任务书是将设计意图转化为图纸的中间形式，建立在功能调研、需求分析的基础之上，是进行设计的交底工作，要尽可能详细（诸如按照设备的需求明确结构降板的部位）。设计任务书分为方案设计任务书、施工图设计任务书和专项设计任务书，各阶段有不同的侧重点。

　　（3）前期配套设计管理。许多项目在主体工程完工后，进行室外用水、电力、燃气及电信等申请时才发现，原设计与各主管部门的要求及现实情况不符，造成施工、验收困难，协调工作量巨大，花费精力过多。我们在初步设计阶段就要求设计单位主动与供水、供电等部门进行对接，明确接口，并及时协调和跟踪对接的结果。

　　（4）设计进度管理。设计进度是工程总进度的基础，科学的设计进度计划和出图时间，是实现工程总进度计划的重要保证。根据医院工程的特点,地下人防和基坑围护设计要与主体工程施工图设计同步进行、同步完成,便于总包招标时纳入总包招标范围;智能化、室内二次装饰、医用净化、物流传输、实验室工程设计与主体施工图设计平行进行,这几项设计对主体施工图水、电、暖的要求,应在施工图设计过程中体现出来,避免后期现场实施时引起的变更,有利于进度和投资控制;智能化施工图设计在地下室施工前完成,是考虑到预埋管线的需要;幕墙、钢结构施工图设计在地下室施工完成前出图,是考虑到主体结构施工时预埋件的需要;其他各专业工程和专业系统的施工图设计,要根据招标计划编制合理的设计出图计划,并实施控制,施工图不能按计划出图是工程进度滞后的主要因素之一。

(5)在设计工作方面,代建单位因缺乏医技专业背景,对医疗流程要求不熟悉,往往不能很好地对整个设计过程进行把控,特别是工程建设全过程中无法很好地做到与设计单位的配合。集中体现的问题如下:不熟悉医院设计流程和医院建筑设计规范、无法很好地完成医院各相关部门和设计单位之间的沟通协调工作、无法很好地处理设计过程中"经济性"和"功能性"之间的矛盾。

2. 招标管理工作中的难点

(1)招标规划。医院项目的招标涉及设计、监理等服务招标,施工总承包、各专业工程和专业系统分包施工招标,建筑设备、材料的采购招标等,招标工作量很大。代建项目经理要根据项目特点和业主的需求,编制招标规划,招标规划中合同包的划分要符合相关的政策法规,避免发生合同包设置不合理引起的分发包等情况。总包招标时尽可能将满足招标条件的专业工程纳入招标范围,利于进度控制和沟通协调管理。

(2)招标计划。招标不及时是造成工程进度计划滞后的另一主要因素,因此,要将"前置招标"的思路贯穿在招标计划当中。开工前招标内容一般为监理、总包、电梯等;基础施工阶段招标内容一般为智能化、幕墙等施工招标;主体施工阶段招标内容一般为洁净(手术室结构层施工前完成招标)、气体、纯水、物流等专业系统和二次装饰、空调设备等招标;室内外装饰阶段一般为景观绿化、室外配套、发电机组、变配电设备和锅炉等招标内容;室外施工阶段主要完成污水处理、标识系统的招标。各阶段的招标内容不固化,总的原则是具备招标条件即可启动招标。

(3)单项招标实施。在单项实施招标过程中,比较突出的问题是招标范围和招标界面的管理,特别是施工总包的招标范围和界面,常常因为总包招标范围和界面的不清晰造成整个项目招标的被动,影响工程推进。总包招标前首先要根据施工图做仔细的项目结构分解,根据结构分解划分总包招标范围和界面,对清单编制单位进行书面交底。建立清单审核机制,清单编制完成后,按照结构分解总包内容对清单进行核查,重点审查清单中有没有遗漏和增加的内容、暂定价以及甲供设备和材料情况,此环节一定要在招标前完成。

3. 配合协调

(1)医疗专业配套工程和分包单位较多,各配套工程对土建都有各自要求。对于各医疗专业配套工程,要求各专业施工单位及时提交需要总包单位配合的具体工作内容,协调总包单位与之商定具体的配合方案。在施工过程中,及时督促总包单位与各相关专业单位沟通、及时解决施工中遇到的各种问题,保证施工的正常进行。

(2)需要专业单位进行深化设计的内容多。及时协调与配合总包单位将需进行二次设计的项目进行统计和汇总,然后根据总施工进度计划的要求,列出需二次设计的项目深化设计完成时间,并提交给相关单位。在土建工程施工到需二次设计的项目有关的部位之前,监理人员应及时要求总包单位首先要明确二次设计对土建工程的要求,切实做好各专业工程之间的衔接工作,避免或减少不必要的返工。

(3)如何及时解决设计图纸存在的问题。认真组织图纸会审,并实行严格的施工图会审制度。

医院工程是较复杂的综合性系统工程,任何医院工程的设计都可能存在这样或者那样的问题。因此,针对设计中可能存在的问题要在图纸会审时及时提出,这对参建各方都显得尤为重要,我们主要抓以下几方面:

Ⅰ. 手术室:是否充分考虑了合理的手术流程、感染的控制,先进的设备与支持空间的配合。

> 图5　手术室

Ⅱ. ICU监护病房:是否充分考虑了护理装置和流程,以及床边充分的抢救空间。

Ⅲ. 放射诊断科:是否充分考虑了机房的防护与设备要求、病人与工作人员的分流、操作人员合理空间与大型设备的迁入与更新。

Ⅳ. 检验科:是否充分考虑了开放宽敞的试验环境,充分的设备支持空间及实验设备的安全。

Ⅴ. 在规划设计上:是否做到功能清晰、分区合理、便捷高效,人流、物流流程尽可能短捷,并且达到洁污分流。

Ⅵ. 医技楼是医疗设备较集中的建筑,是否充分考虑了各种医疗设备的安装条件和特殊要求,包括平面置的面积要求、层高要求、设备的运输要求,以及通风空调、强弱电、给排水及消防等系统的特殊要求。

Ⅶ. 医院是用电大户,各专业设计是否根据医院的特点充分考虑了"建筑节能"的有关要求。

五、管理实践经验分享

1. 建立工程管理各项规章制度

制订一系列工程管理制度(图6),对工程变更、图纸会审、工程质量验收、材料设备验收严格按照管理制度执行。

目　录

江苏省人民医院扩建工程
建设管理制度

南京奥体中心工程建设管理有限公司
江苏省人民医院西扩工程管理办公室
二〇一三年六月

> 图6　工程管理制度

2. 代建模式下如何加强设计管理

（1）医院委派专职设计管理团队参与设计管理

医院扩建工程实行代建制管理模式，医院西扩办、基建办以及院各部门委派人员一起协调代建单位、监理单位对整个工程负责管理。医院作为今后的使用单位，必须从设计初就全程介入设计管理，委派专职的有医疗建筑设计管控经验的管理团队参与设计管理。从某种意义上而言，医院委派的专职团队应该作为设计管理的核心，作为设计与医院之间信息连通的枢纽，参与整个医院建筑的设计，代建单位在设计中应更多地发挥配合和合理控制造价的作用。

设计方面不仅要考虑建筑平面、机电、智能化、内外装修进行设计，同时要能够对医院的特殊科室和要求进行专业化的设计，如手术室、ICU、供应中心、放射科、检验科、病理科、血透中心、中心供氧、集中供水、垃圾处理和污水处理等进行专项设计，确保在设计之初将需要考虑的内容尽可能涵盖齐全。后期在实际施工过程中，可根据实际需求进行优化调整，这样就不会出现大面积的改动现象。同时，因为专业化的设计单位介入，可以在整个设计过程中，向医院提出合理化的建议、意见，既可以减轻与医院科室之间沟通协调的难度，又能够节省时间，提高效率，节约工期，进而达到控制工期、造价的目的。

具体的设计管理流程如图 7 所示。

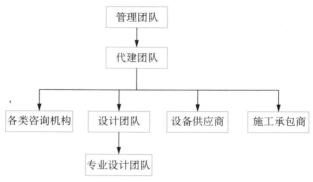

△ 图7 设计管理流程

（2）流程、制度、形式上进行创新

在设计的各个阶段，可以采用多种形式加强设计与使用科室、设计与施工、设计单位之间的沟通。可参照工程例会，建立设计协同例会制度。从主体施工阶段开始，以周例会形式组织专业设计单位与建筑主体设计单位进行协同，集中解决阶段问题，并不拘泥于形式，以解决问题产生实效为核心，如施工问题多就要求设计师到现场解决；如是设计施工方案的问题，就组织配合单位到相关设计院直接与各专业设计师直接对接，避免常规驻点年轻设计师做不了主，资深设计师又不能随时到现场的问题，提高工作效率。

（3）提高医院科室与设计之间的协同效率

医院的医护管理人员对建筑设计一般不了解，想让医疗专家和设计师的思维、想法和观点同步，难度非常大。因此，就需要在院内各部门与设计各专业之间做好感性与理性的"同步翻译"工作，将医疗流程规范、科室工作习惯、医院文化需求"翻译"给设计师，再将设计师反映在图纸上的水、电、气等图例、尺寸、参数等"翻译"给各使用部门。同时，为了确保工作高效和进度需要，应给科室提供统一格式的需求表便于收集汇总，并明确科室专人负责和规定收集时间节点；对于设计师也要规定消化科室需求的时间，如存有疑问待汇总后再组织室内装饰设计与医疗、医技、护理、行政和后勤等相关科室带着问题对接，进而深化平面布局与室内装修方案，同时要做好室内装饰设计单位与建筑设计单位的协同,布局流程更改前要建筑设计单位确定消防、结构等规范标准不能突破。为更加符合医疗流程要求和科室使用习惯,在满足建筑设计规范的前提下,优化调整原建筑设计部分平面布局。

3. 施工管理(质量、进度、安全)

在日常管理中,医院始终将质量和安全管理放在首位,未发生重大质量、安全事故,西扩办、基建办每天分小组对不同施工区域、不同施工作业进行检查,并将每天检查的结果记录整理。双休日和节假日安排值班,关键节点加强管理力量,建立轮流值班制度,时刻掌握工程情况,为迎接院庆,西扩办、基建办加强值班力度,国庆期间领导七天全部在岗指挥。每周二下午,由分管院长带队,组织代建、监理、各施工队负责人进行联合检查,从24层到负2层现场检查,现场解决问题和解决矛盾。为加强各相关单位对施工安全管理的重视,西扩办、基建办多次在各种场合、各种会议上对安全施工提出了明确要求,多次正式发函给代建单位奥体建设,要求其加强本工程的安全文明管理工作。在保证质量安全的前提下,西扩办、基建办对工程进度也提出明确的要求,根据各施工单位的施工任务和进度计划安排,每周对各主要单位的施工人员数量进行统计,并根据提供的人员花名册进行抽查。为避免交叉施工作业中出现工序安排不当进行返工的情况,组织专题会就施工计划安排进行专题讨论,确保各家施工单位的施工安排合理,保证施工进度。

4. 档案管理

(1)制订规范的档案管理制度

加强代建制下工程档案管理,制订规范的档案管理制度并逐步完善。

(2)做好全程跟踪,同步管理

按进度及时跟进收集,结合重要性和专业安全存放各类资料。关注工程进度和各参建单位人员收集的资料并与之保持密切联系,定期检查,及时查验资料完整性和规范性。

(3)确保档案的安全性

在库房、设施、人员方面都配备齐全。工地现场情况复杂,人员杂乱,严格做好防范措施,确保库房符合档案管理所规定的防火、防潮、防水和防虫蛀的标准要求,保证档案的安全存放,杜绝安全隐患。

(4)做好归档鉴定工作

对质量不合格、不齐全的文件资料予以退回更正,及时与文件来源方联系补充完整,并做好相关说明以备查验。

5. 其他管理经验分享

医院建筑从立项初期到竣工,往往要经历较长时间,时间跨度越长,在后期施工中就越可能出现功能、平面布局的调整,这就给我们的建设管理带来了难题。结合我院新大楼的建设管理过程,应加强以下几方面的管理:

(1)领导负责制

医院建筑功能复杂,在实际设计施工过程中,往往会出现科室过度需求或科室之间需求不一造成工程无法正常推进的情况,这时候就需要医院领导共同决策,给出明确的要求进行落实,这样才能很好地推进工程。同时,医院领导应该从医院总体发展规划出发,确定医院建筑的功能定位,这样才能使医疗建筑满足医院发展需求。对于重点的出入口设置和重点区域的装修标准等,医院领导也应该重点关注,提出明确的要求,从而避免后期施工过程中因要求不明确而造成的返工。

(2)加强对功能布局调整的管理

对于功能布局的调整,在实际工作中必然会存在,加强管理,不是意味着不做调整,对不合理的布局调整,应明确不予调整;如原设计明显不满足要求,应该尽早进行调整;如调整理由不够充分,

应该尽量不做调整。新大楼急诊中心原设计在一层,受地形限制,急诊病患不能及时到达急诊中心进行救治,从急救流程和要求上就不合理。我们在施工前发现这一问题后,立即与设计单位进行沟通,设计院针对我院地形情况,对原设计方案进行调整优化,在新大楼南侧区域增设急诊中心,经规划、发改委审批通过后进行施工。新设的急诊中心位于南侧负一层,与院外广州路标高一致,方便急诊病患的及时就诊,使医疗流程更加合理。如图8所示。

（3）合理安排施工工序

在实际施工管理中,对于不合理的倒工序施工应立即进行制止。如,在内装进行墙、顶、地面装饰面施工前,应对各机电安装施工、医疗专项施工进行检查,确保各项施工全部完成,封堵结束,且经监理质量验收合格后方能进行装饰面的施工。否则,就会出现多次对已完成的装饰面进行拆除、破坏的情况,这不仅仅会造成时间、费用的浪费,还会大大增加协调工作内容,且多次反复,也会对最终成型面的质量、观感造成影响。

（4）与医疗科室紧密配合

在整个工程建设初期,进行图纸方案和施工图设计时,应提前考虑好各医疗区域的划分,尽早确定整体的平面布局,在后期施工图设计时要求各科室根据确定的平面区域,提出合理化的深化设计要求,尽量将科室的想法落在图纸上,避免后期施工过程中频繁进行改动。

在对特殊区域进行设计和施工时,如药房、放射科、检验科、手术室、血透室及中心供应室等,建议这些科室安排专人参与整个工程设计、建设过程,及时将工程进展与相关科室反馈沟通,确保这些特殊区域的建设满足科室的使用需求。

（5）注意公共区域的留白

关于公共区域的留白处理,就是要求我们应该以发展的眼光来管理,为满足未来的发展需要,可以通过公共区域的留白来处理。这些区域不一定需要华丽的装修,仅仅简单的装修,预留必要的水电、智能化接口即可。在建筑完成投入使用后,可以根据实际使用情况增加必要的功能区域(如药店、银行网点、眼镜店和花店等),也可以留给医院作为展示医院文化或科室文化的区域,将各医院的文化特色或科室特色进行展示。

（6）以前瞻性的眼光考虑问题

在进行具体功能单元设计时,要以建筑规范为基础、医疗管理相关规范或行业标准为标准,同时要有前瞻性并结合学科发展方向与目标定位。在进行重点施工作业或设备采购之前,应先进行分析,对施工作业和设备安装调试的各项内容及配合条件进行罗列,避免在过程中因配合条件不满足等原因造成施工无法正常推进或造成返工等问题。如,我院新大楼供应室的追溯系统,原定采用一套新的追溯系统,这套新系统可实现追溯和在线监测设备运行状态并记录的功能。但在进行新老院区系统对接前发现,如采用新的追溯系统,需要科室人员重新进行培训,且新老追溯系统无法整合;而统一采用医院原有追溯系统,又需要设备增加数据读取模块,需要增加成本。后经医院领导共同研究决定,仍采用医院原有的追溯系统,仅实现一般的追溯功能即可。

（7）建设与开办工作相结合

大型医疗建筑的开办是一个持续的工作,在这个过程中尤其要做好开办、使用和建设方面的管理界面界定工作,做好提前安排,避免出现大家都不管的情况。开办过程中应结合已完成的建筑施工条件,做好配合工作,如办公家具与现场已完成的强弱电点位的配合问题。重要部门搬迁时,应该根据医疗级别的不同,做好顺畅性测试、压力性测试和应急演练工作。

六、廉政建设

　　本项目是江苏省重点工程、民生工程，江苏省纪委、江苏省监察厅在本项目派驻了纪检监察工作组，全程参与对工程的监督管理。如在对招投标工作的监管方面：为了规范和加强江苏省人民医院扩建工程招标投标管理，为严肃招标投标纪律，确保新大楼建设的招标投标工作在公开、公平、公正和诚实信用的原则下健康有序地开展，根据《中华人民共和国招标投标法》，特制定《关于严肃招标投标纪律的若干规定》，对招投标和合同签订履约环节可能出现的违法违纪行为作出相关约定。同时在合同签订过程中，由驻项目纪检监察工作组与中标单位签订廉政合同。

七、新大楼投运后经济效益和社会效益

　　新大楼（图9）的建设投运是一件事关医院长远发展的大事，是一项具有战略意义的系统工程，对医院的未来具有里程碑式意义。通过全院职工的共同参与，共同努力，建成一座布局合理、功能齐全、医疗便捷、现代优美、交通畅达、管理先进的国内一流，与国际接轨的现代化新型的江苏省人民医院，全方位满足医院医、教研发展和人民群众卫生保健的需求。

　　新大楼自2018年1月全面使用以来，日门诊量、日手术台数相比同期都有了显著增长，与去年同期相比，门诊量增长12%、手术台数增长21%。

▲ 图9　外立面、屋顶停机坪实景图

周珏　杨文曙/供稿

粗料细做，鲁班奖工程的创建之路
——东南大学附属中大医院教学医疗综合大楼项目

一、东南大学附属中大医院概况

　　东南大学附属中大医院是江苏省首批三级甲等医院，是一所集医疗、教学、科研于一体的综合性大学附属医院，开放床位 2 499 张，年门、急诊人次 170 万。现有职工 3 400 人，卫技人员 2 000 余人，有高级职称 330 人，博士毕业生 300 余人，硕士毕业生 500 余人，博士生导师、硕士生导师 166 人。中大医院有国家临床重点专科 2 个，江苏省重点学科 5 个，江苏省重点临床专科 20 个。医院拥有一批国家级突出贡献专家、国家杰出青年基金获得者、江苏省医学领军人才和江苏省医学优秀重点人才等各级人才、工程专家和享受政府特殊津贴者 79 人次，分别在全国及省级专业学会中担任要职的专家 100 余人次。

　　东南大学附属中大医院是国家卫生部数字化应用试点示范医院，近年来，在医院危重症病治疗和医院信息化方面做了大量的工作，取得了一定的成绩。中大医院医疗资源丰富，门急诊病源充足，医院营运良好。东南大学附属中大医院围绕建设学习型、开放式、经营性、数字化的基本现代化医院总体目标，注重经营、扩大开放、改进服务、规范流程、深化内涵、强化特色。引入现代企业管理模式，积极开展信息化建设，自 2003—2009 年 7 年时间内，医院共计投入 3 200 万元资金用于医院信息化建设。网络建设千兆主干，百兆桌面，形成覆盖 3 家医院、5 个医疗所、12 个社区卫生站的局域网与城域网相结合的大型网络。信息点覆盖医院各个工作岗位，院内已有各级工作站 1 000 余个，临床应用到位，软件功能发挥充分。医院应用软件已实施电子病历系统、LIS 系统、HIS 系统、PACS 系统、体检系统、办公自动化系统、电子图书馆、医院网站等主要信息系统；整合开发应用了合理用药监测系统、国际诊疗医学知识库管理系统、自动排队叫号分诊系统、收银一体化（HIS）系统、网上预约挂号系统、住院患者明细清单费用查询系统、多媒体导医系统、医患跟踪服务系统、门急诊流程监控平台等辅助信息系统建设；完成了 12 个社区卫生站、中大医院分院（原二甲医院）、东南大学校医院（一甲医院）及其五个校区医疗点的信息系统建设；完成了南京市医保、江苏省医保、东南大学校医保、社区卫生信息系统、银联支付等系统接口。在院内实现患者临床信息资源共享，在区域内实现患者基本信息共享，构造出多个信息系统无缝集成整合，无纸、无胶片和无线的数字化医院。

东南大学附属中大医院近年来初步完成"数字化医疗卫生服务科技示范工程（医院信息化服务科技示范）"项目，完成了"医院门急诊医疗服务流程重组与医疗资源优化配置技术的创新研究与应用示范""基于城市医院与社区卫生服务机构互动模式的双向转诊信息管理系统的研发和示范应用"等项目，并通过了科研成果鉴定，获得南京市科技进步三等奖、江苏省软科学二等奖、江苏省医学新技术引进奖等多项奖励。该院已完全具备开展重症疾患远程会诊、监测、评估、管理等工作的条件，具备医疗资源区域优化配置的工作基础，并具备区域数字化医疗组织实施、示范应用的管理能力。

现在已发展成为拥有近 60 家医院的集团医院，2017 年复旦排名为全国三甲医院第 47 名。

二、项目概况

1. 工程概况（表 1）

表 1　工程概况表

工程名称	东南大学附属中大医院教学医疗综合大楼		
工程地址	南京市鼓楼区丁家桥 87 号	工程总投资	4.07 亿元
总用地面积	2.39 hm²	建筑面积	75 677.5 m　地上 64 944.7 m²　地下 10 732.8 m²
建筑层数	地下 2 层　地上裙房 4 层，主楼 20 层	建筑高度	78.90 m
新建病床数	1 010 床	建设工期	2009 年 2 月—2012 年 8 月
质量目标	符合国家验收标准，确保国家级优质工程、争创"鲁班奖"		

2. 建设主要内容

（1）建筑情况：集医疗、住院、科研、教学于一体的现代化智能型公共医院建筑工程。

（2）建筑内部主要功能：出入院办理、营养食堂、手术室、层流病房、重症 ICU、血液透析中心、科研教学、学术交流中心和病人住院用房，总床位 1 010 床，手术室共 17 间，ICU 设 40 床。

（3）新大楼的建成使医院成为数字化医院建设典范单位，大楼把医、教、研有机地结合起来，建成后医院已成为国家卫健委数字化医院试点示范单位，国家卫健委电子病历试点单位。

3. 工程项目建设进程

本工程自 2006 年 11 月 1 日教育部批复同意东南大学新建教学医疗综合大楼的项目建议书。

2007 年 11 月 13 日，教育部批复同意了东南大学教学医疗综合大楼的可行性研究报告。

2008 年 9 月 4 日，南京市建设委员会组织各有关专家及有关专业主管部门对教学医疗综合大楼的初步设计进行了审查，同意了教学医疗综合大楼的初步设计。

2008 年 12 月 31 日获得桩基施工许可证。2009 年 2 月 9 日开工典礼,2009 年 5 月 9 日完成桩基施工。2009 年 11 月 12 日开始挖土,2009 年 10 月 18 日完成基坑围护施工。

2009 年 11 月 6 日获得主体施工许可证。

2010 年 6 月 13 日完成地下结构施工,出 ±0.00。

2010 年 12 月 26 日结构封顶。

2012 年 8 月 28 日竣工。

2012 年 10 月 28 日试运营。

2013 年 6 月 20 日验收。

三、重点难点亮点

1. 项目难点

1)施工条件

工程位于东南大学附属中大医院内,南侧为现有东南大学附属中大医院病房楼,北侧为医学院校区公共卫生系大楼,东侧为医学院体育场,西侧为金川河,金川河对岸有居民住宅,距学校教学楼围墙仅 5 m,距金川河仅 7 m,周边环境复杂、施工场地极其狭小;施工期间对院内环境保护、施工噪声控制、防止各类污染均要制定切实可行的方案、措施,坚持走"绿色"施工的道路。为了保证中大医院和医学院正常的医疗和教学秩序,保证周边居民生活的正常进行,保证城市道路的畅通,保证环境影响最小,须对施工期间的环境保护进行统一部署,施工时必须确保安全、文明施工,减少扰民和降低环境污染和噪声污染。

本项目施工大胆采用新技术,特别是支护采用三轴深层搅拌桩内插预应力管桩的复合挡土与止水支护方式(PCMW 工法),在公共民用建筑中第一次使用,单根管桩长度 19 m,市内如此长的桩运输、堆放、施工垂直度控制、桩标高控制等是一大难点。施工前制定了有效的施工流程图,对场地进行了合理安排,解决各方面矛盾冲突,顺利推进施工进度,最终使用效果是快、省并减少工地污染。

2)基坑施工

深基坑支护施工:工程基坑面积 6 160 m²,基坑深度 12 m,属于一级深基坑的支护。深基坑范围内为深厚的粉细砂,并且与西边的金川河水力紧密联系,基坑的止水施工质量是关键。预应力管桩作为新型的基坑支护体,具备安全、经济、环保、快速与节能的特点,但施工工艺要求高,特别是在深厚粉砂层与深部的黏性土层内施工,做到沉桩垂直与准确,需要周密的施工措施。

大型地下室深基坑施工,是本工程又一关键。严格控制开挖段,确保土体稳定。严格监控基坑变形数据,确保基坑安全。

3)防渗抗裂施工

本工程地下室外墙厚度为 550~700 mm,地下室外墙总延长米近 400 m,混凝土等级为 C50P8。考虑到地下室外墙长度较长、混凝土强度等级高,极容易产生墙体开裂,因此设计在整个地下室外墙时竖向留置了 7 条后浇带。根据施工进度安排,地下室外墙施工时间为 2010 年 3—5 月,期间低温天气和昼夜温差大,地下室外墙防渗抗裂措施是需要重点考虑的因素。地下室外墙施工,从钢筋绑扎、外墙抗裂钢筋的加强(Φ4@150 双向抗裂网片)、抗渗混凝土及抗裂纤维的配合比、振捣流程、施工分区分段、养护等各项工艺都进行优化和严格控制,使砼自防水的底板和墙体抗渗性能良好。

4)防水质量要求高

根据工程部位的特点,制定了关键、特殊工序方案,依据方案施工,加大检查监控力度,确保了地下室、屋面、卫生间的防水质量。特别是全大楼共 616 个卫生间,做到无一渗漏,施工难度大,施工质量要求高。

5)装饰施工

(1)外幕墙总面积达 35 000 m²,面积大且外形不规则,安装精度要求高,难度大(图 1)。

(2)面积达 21 619 m² 玻光墙砖墙面,采用传统贴加创新挂的工艺,并且使用专用玻化砖粘合剂施工,要确保无空鼓、表面平整、色泽一致,施工质量非常难控制(图 2、图 3)。

△图 1 外幕墙图

△图 3 砖墙图

△图 2 砖墙图

(3)面积达 17 990 m² 异型铝板吊顶,全部进行深化设计、排版,与复杂的安装系统配合原厂开洞安装,要确保误差率小,拼装接缝的质量很难控制(图 4)。

(4)616 个卫生间共计 24 070 m² 的墙地砖贴面,全部进行二次深化设计、排版,卫生间面积小、拐角面多、墙地对缝、管洞居中、防空鼓、防渗漏等,质量很难控制(图 5、图 6)。

(5)5 500 m² 屋面 190 mm×190 mm 广场砖分格、分色铺贴,突出屋面的设备基础、通风井道等均对缝铺贴;构架、屋面、车道、突出屋面的设备基础、通风井道等

△图 4 吊顶图

195 mm×45 mm 面砖,分格、分色、排版铺贴,施工难度非常大(图 7~图 9)。

△图 5 卫生间图

△图 6 卫生间图

6)专业多、范围广

本工程涉及专业众多,专业设计及施工协调量大,成品保护难度大,施工中加强总承包管理,整个

⋀ 图7 面砖图   ⋀ 图8 面砖图   ⋀ 图9 面砖图

工程质量、安全施工及工程进度均达到了要求。特别是弱电系统包括的专业系统多而复杂,技术先进,许多设备为进口设备。施工中,安装要求高,管线敷设复杂,在施工前,充分考虑建筑物的形状,与土建、安装等其他专业密切配合,进行管线的综合布置,特别是信号线缆的抗干扰布置,保证系统运行的稳定。

工程地下室施工建筑面积大、使用功能多、层次高,且消火栓、喷淋头多,给排水系统、消火栓系统、自动喷淋灭火系统、暖通空调管道的接口多,电缆桥架、通风排烟管道截面积大,交叉结点多,管道连接接口渗漏是影响使用功能的质量通病。同时,除夹层部分区域外的所有管道设备都为明装,管道与支架油漆分色清晰,消火栓、喷淋、排烟、电缆桥架标识清楚,布置一致,成排安装的喷淋头、风口的直线度,保证各种管道设备布置合理,是本工程机电安装的一大难点(图10、图11)。

⋀ 图10 地下室管道设备图   ⋀ 图11 地下室管道设备图

2. 项目管理的亮点

1)建设周期控制合理

医院建设项目自立项前的策划至备案制验收一般长达四到五年,建设周期长就给甲方管理带来了诸多不确定性因素,增加了甲方的项目管理的难度。但本项目的建设周期控制相对比较合理,从施工到竣工启用只用了三年时间,并且拿到鲁班奖。

2)前期工作推进虽难,但非常有效

主要体现在协调工作量大,要考虑医院学科发展的需要、社会医疗需求、医院发展规划、医院的功能定位、医疗流程的布局等,前期做了大量的调研、沟通、再沟通,以及专家论证等。因为前期基础工作扎实,为后期施工带来极大的方便,所以施工过程中几乎没有停顿,按计划工期顺利完成。

3)针对附近小区居民提出异议,力争和谐处理

本项目在环评阶段附近小区居民提出异议,要求巨额赔偿。经过长时间的有效沟通,通过行政听证会等形式,基建处不定期和居民代表协商、交流、重点对象个别商谈,向居委会、街道和区里相关领

导及时汇报，取得了小区居民的理解。最后项目建设不但没有付出赔偿，还获得居民的大力支持。

4）管理层次不多，工作效率高

由于本项目管理层次不多，医院每周院务会为一般事务决策，医院基建处执行，重大事务决策报大学校长办公会。管理的指令沟通顺畅，信息对称，落实效率高。尤其是参与本项目的大学领导和工作人员，特别理解此项目对中大医院的重要性和迫切性，给予了很多的支持，所以整个项目推进应该是：安全、高效、高质和节约。

5）方案优化布局，造价合理控制

医院建筑功能多，布局复杂，流线长，而每个医院都有各自的特色和需求，所以医院建筑设计过程中，作为甲方一定要有自己的意见和想法，不能完全按照建筑设计师的方案进行施工图设计。本项目设计过程中，对原有方案提出了优化建议，不断优化医疗布局，还在节约了造价的同时，增加了近 $400 \ m^2$ 的有效建筑面积。

我们在建设初期树立的质量目标就是——粗料细做，创精品工程；造价控制目标是尽量为医院节约每一分钱。在项目施工过程中，在相关法规制度允许的情况下，我们充分借助大学招标办的平台，深挖中大医院基建处的潜力。除了在市招标办招标项目外，其余项目都由自己编制招标文件，三级审核流程后递交大学招标办审定，然后公开招标。所有主材基本以甲供为主，不但为医院节约大笔招标代理费，更节约了相当可观的材料费用。基建同行都懂得，供应商和甲方签约的价格，要比与施工单位签约的价格便宜至少 20% 左右。整个项目的招标过程中，没有一起项目招标被投诉。

在基坑、桩基、土方和主体施工招标文件中，对在施工过程中有可能提出变更的地方，尤其是在决算时可能被施工单位利用这些变更增加造价的问题，在招标文件中都尽可能地反映出来，规避风险，提前要求在投标文件中统一报价，变被动为主动。譬如桩基工程用水和出土中降水井排水这二项，因为我们招标文件中说明很清楚，在合同中也有明确约定，所以在决算审计时就扣掉了不合理的报价近 300 万元。

三、组织构架与管理模式

1. 组织构架

工程项目领导小组由中大医院组建，中大医院院长为组长，分管院长为现场负责人，领导小组为工程项目建设期间的决策部门，一般事项由院长通过中大医院院务会决策通过，重大事项由院长上报东南大学校长办公会决定(图12)。

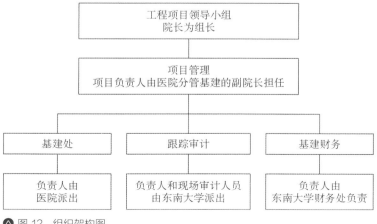

△ 图 12　组织架构图

工程项目建设全过程的管理通过医院基建处来实现,项目审计由东南大学成立项目审计领导小组,并由大学直接委派现场跟踪审计工程师常驻现场。工程款支付由东南大学财务处专设账号,由大学财务处基建财务科统一按规定支付。

试行院长领导下的基建处责任制,基建处设正副主任各一名,建筑工程师、水暖工程师和强弱电工程师各一名,资料管理及杂务一名,总计五人。

2. 管理模式

本项目没有实行代建制管理模式,在东南大学校领导的直接领导下,由附属中大医院负责基本建设。它的主要任务是按照批准的概算、规模和标准,严格规范建设程序,达到建设项目顺利实施并有效控制投资的目的。

大学以制度建设、审计和财务管理为抓手,提供从规划咨询、项目建议、可行性研究、方案设计、到施工管理,工程财务监管和审计等重点环节的管理和服务,建立了一整套规范化、专业化的管理模式。这个管理模式比较特殊,但由于东南大学是一所工科比较强的大学,故对基本建设有一套经过实践、行之有效的管理办法。本项目管理到位,决策快,施工进度推进快,资金使用过程把控清晰有效,竣工决算审计流程合理,审计结果医院非常满意。

四、管理实践

1. 管理理念

规范化、精细化、全面化、创新化 。

2. 管理方式

1)项目全过程管理

本项目对工程建设的五个阶段:投资决策阶段、项目设计阶段、项目招投标阶段、项目施工阶段、竣工决算阶段进行全过程管理。

在项目建设前期投资决策阶段,产生项目的构思,确立目标,并对目标进行论证,为项目的批准提供依据。它是项目的关键,也是建设工程的重要阶段。在这个阶段需重视可行性研究工作和投资估算,充分调查市场,全面考虑风险因素,提高可研工作的质量和投资估算的精度。在方案遴选的时候,成立由院领导、中层干部及职工代表参加的决策群,在规模和费用上进行多方位管控。建立系统的资金管控流程体系,严格高效的资金管控体系是工程工期、进度、质量管理的关键点,在各阶段需同时考虑并逐步实施。

2)项目管理规范与程序

筹建办成立初始,制订了医院的《基建工作规范与程序》,对参建各方,特别是甲方管理人员明确各自的主要工作和担负的责任,做到分工明确,职责分明,有法可依、有章可循。《基建工作规范与程序》编制了工作职责、人员岗位职责、各类变更流程与规范、招投标办法、决算审核办法等各项制度,还包括设计变更审批单、材料申请单、材料认价单、付款签证单、工程验收单等几乎涵盖工程项目建设整个过程的各类标准表格模板。这些都规范了各项工作的操作流程,明确了人员的主要职责,以及基建处的工作职责,使得项目建设中的各项工作均有具体可操作的流程和规范,保证了项目的顺利建成。

3)设计管理

项目一经决策确定后,设计就成了工程建设和控制造价的关键。设计费一般只占建设工程全寿命费用的1%以下,而这1%以下的费用对工程造价的影响度却占75%以上。设计在工程全过程管理中起着重要作用。

我们在设计前充分调研,考察参观了多家新建医院,征求医院各部门意见,民主集中,编制了设计任务书。明确各阶段的设计要求,尽量减少二次设计和重复设计。对设计用材严格把关,同样功能的建筑材料,不同品牌,不同产地,其价格相差甚大,尤其是装修用材,选择合适的建筑材料以达到最优的性价比和使用效果。同时我们还外聘了专业人员对设计进行一定的把关,避免因过度保守设计而造成浪费,在这一点上,医院有自己独特的优势。在设计进行过程中,基建处专门聘请了东南大学设计研究院的高级结构工程师当建筑结构设计顾问,从设计到施工,为我们提出大量的优化结构设计和施工建议。在施工过程中,我们还分阶段地聘请东南大学建筑学院的脚手架支撑专业教授、电力专业教授、智能化专业教授等,为项目节省投资并顺利完成起到了可观的作用。

在整个施工过程中,加强与设计单位的沟通协调,在技术交底、重大变更、招投标、建设施工等工作中都请设计单位参与并听取意见。

4)招标采购管理

项目招投标工作对于择优选择招投标单位,全面降低工程造价,保证工程质量和工期,具有十分重要的意义。我们在学校招标办的大力支持下,各项招标工作均有条不紊、按计划分阶段顺利完成。

(1)招投标工作一定要有前瞻性,提前做好采购计划。

案例

我们钢筋的采购,因为大体量建筑的施工周期一般都在三年左右,市场经济体制下材料价格波动比较大,我们在钢筋价格降至3 700元/t左右时,分二次购买了6千t,不但节约了近600万元,也为后面甲供材的供应提供了有力的保证。

(2)专业分包与设备采购招标中,明确招标采购原则,分类进行招标采购。招标过程中,要洞察承包商的各种报价策略,并提前制定应对措施,规避风险。除少部分工程项目和特种设备由招标代理公司招标外,其他招标文件均由基建处起草完成。所有招标项目都在学校纪委和医院监察室全程监督下进行。

另外值得注意的是招标代理单位的选择,这也直接关系到后面招标文件和工程量清单的质量。

5)投资控制

投资控制是项目管理的核心,贯穿于整个建设过程的始终,从明确问题、设定目标,到制定备选方案、评价与选择方案、追踪决策与实施中不断地完善决策,每一个阶段的管控都是紧密相连。

(1)在项目前期阶段,对拟投资的项目从专业技术、市场、财务、经济效益等方面进行分析比较,完善投资估算,合理地计算投资,既不高估,也避免漏算,提高精度。

(2)协调好财务部与基建部门关系。基建部门按照财务处的要求,把每个时间节点的用款计划尽可能准确地提交给财务部门,以便能准确地筹集资金。财务部门既抓筹款计划的落实,也在工程款项的支付上及时与工程部门协调,做到账面资金积存适度,节省了利息成本,提高了投资效益。

(3)重视设计阶段,设计的要求要明确,考虑详细和周到,避免重复花钱设计,重复施工。尽可能全面详尽地设计方案,尤其有利于施工过程中的管理,避免因图纸不同而返工。

(4)投资控制全过程动态管理。特别注意进度款支付、现场签证管理、甲供材管理等。在项目实施过程中,现场管理人员和各方人员需配合到位,充分发挥监理、甲方专业负责人、跟踪审计等各类人员的作用,按照流程规范严格把关、灵活运用,对项目全过程进行投资管理。

(5)运用各方技术力量和多年的项目管理经验,对设计方案和施工方案进行优化。

案例

Ⅰ.支护方案采用新型基坑支护方法PCMW工法,不但比传统支护方法节约资金约300万,还节省了工期。

Ⅱ.外幕墙用材,原设计为白色微晶石,我们经过再三考虑和讨论,改用山东红花岗岩,节约投资260万元。

Ⅲ.发挥专业优势,提出合理建议。减少智能化设计中不必要的高端设备,节约资金约1 200万元。

Ⅳ.多次意见征求,合理满足规范。ICU及供应室确定不做净化,节约投资约1 000万元。

Ⅴ.争取最近端供电,通过与供电部门及周边单位的多次沟通,从离医院最近处接入医院,投资从1 200万元减少到440万元,节省760万元。

Ⅵ.设计前瞻,考虑周密详细,尽量减少二次装修设计,节约设计费用约300万元。

Ⅶ.优化空调设备选择及布置形式,将净化空调机组叠加放置,将容积式换热器变更为板式换热机组,节约建筑面积1 500 m² 用作医疗用房,间接提高了项目经济效益。

Ⅷ.将公共走廊传统的大瓷砖干挂施工方案改为湿贴,节约空间的同时节省资金约225万元。

(6)结算阶段,严格遵循合同、国家相关文件、设计图纸及相关工程资料,层层把关,审核工程决算的真实性、可靠性、合理性。凡属于合同条款明确包含的,在投标时已经承诺的费用、属于合同风险范围内的费用,以及未按合同执行的费用等投资坚决剔除。同时结,算结束后配合财务决算和审计工作,进行项目后评价,对整个项目的全过程造价管理进行梳理。

6)沟通管理

(1)政府职能部门沟通

在项目申报和施工、验收的全部工作中,基建处积极争取,充分发挥主观能动性。前期申办、施工及验收过程中先后向市规划局、消防局、水务局、交运局、供电局、电信局、广电总局、燃气公司、抗震办、防雷办、卫监所、疾控中心、市政部门、市环保部门、市质监站、审图中心、人防办、绿化局和市招标办等各部门请示汇报、联系协调、申请批复。同时协调处理好环评过程中的周边居民意见。

(2)基建处沟通机制

Ⅰ.定期将项目情况报送医院、学校。

Ⅱ.由监理组织召开每周工程例会,各参建单位汇报项目情况及下周的工作安排。

Ⅲ.定期召开工期、质量、安全、造价等工作会议,及时落实解决问题,

Ⅳ.定期参加各类会议,汇报项目情况,落实分工及督查内容。

Ⅴ.在后期决算审计阶段,基建处充分发挥了初审作用,同时在协调审计商务谈判、提供有效谈判资料上发挥了积极作用。

7)安全、质量、进度控制

(1)进度控制

在项目建设初期,就制订了总进度计划,同时将总进度计划进行分解,分阶段落实,抓好主要节点。为了明确各阶段的工作任务,将进度计划各阶段任务细化,分解到每月,每周,制订相应的计划并监督检查。

过程中定期开展检查,召开有关工期会议,将计划与实际完成情况进行对比,发现问题,及时调整。同时根据进度计划落实责任主体,督促落实。

(2)质量控制

Ⅰ.要求建立质量管理体系,明确各阶段的质量控制目标。

Ⅱ.建立质量控制的相关制度,落实责任人。

Ⅲ.在项目上,现场组织由各方参与的定期及不定期质量检查;对项目进行检查、考评,及时对隐蔽工程等项目进行验收。

Ⅳ.本工程涉及专业众多,专业设计及施工协调量大,成品保护难度大,施工中加强总承包管理,充分发挥监理的专业能动性,督促施工单位合理安排施工。遵循先难后易、先重后轻、先内后外、先里

后表的原则来进行,整个工程质量达到要求。

（3）安全文明控制

Ⅰ.建立安全管理体系,层次分明,既要保证施工安全,也要保证医院和学校正常的工作生活秩序。

Ⅱ.要求相关单位建立相关制度,落实责任人,并督促制度落实。

Ⅲ.督促施工单位加强对新进施工人员的安全教育,明确总包单位对各分包单位的安全相关关系,对有关安全和文明的事件制定具体的奖惩措施。

Ⅳ.建立安全文明施工检查机制,每周定期对安全文明施工进行检查,发现问题,及时反馈,限时整改。

Ⅴ.不定期召开安全会议,通报安全检查情况,落实整改措施。

Ⅵ.项目施工三年多的过程中没有出现任何的安全事故。

8）合同管理

（1）严格审批会签制度,按照合同模板,进行合同审批会签,并留存审批流转表格。

（2）建立合同台账、电子信息表格,对合同信息进行登记、编号、分类存档。

（3）各专业人员熟悉合同条款,正确处理合同变更,按照合同条件进度付款。

（4）基于合同基础上的竣工决算工作,妥善处理结算纠纷。

（5）对整个合同签订和履行进行总结归纳,以及对合同后的评价工作。

9）变更管理

我们建立了严格的变更程序,按变更金额的大小,有从下到上不同的变更权限和审批方法,这样有效地避免了工程中随意变更的问题,使变更的必要性和经济性得到落实。

变更时要及时要求承包人提交书面变更资料,书面资料要翔实具体,有利于今后工作有据可查。对变更的处理要迅速、全面、系统,过程中随时监控,准确了解变更情况,实现进度、质量、投资达到最优配置。变更管理还要充分发挥工程监理和跟踪审计作用,监理作为现场管理的第一关,要明确监理对质量、进度、投资控制和管理的职责。有关变更、付款,要求监理先行预审批,并提出具体的审批意见和可操作的建议后报基建处根据审批权限进行审批。跟踪审计把好变更的造价关,及时跟进和审核。变更遵循先讨论评估,后平衡实施的原则,重大变更需增加考察调研、专家论证的环节。

五、项目管理成效

1. 经济效益

项目建成后,中大医院基本医疗的综合服务能力得到明显提高,功能布局和就医环境得到较大改观,连续四年医院的年增长量达到 20%。

2. 社会效益

东南大学教学医疗综合大楼工程通过实行“明确目标、粗料细做、精雕细凿、做出特色”的管理思路,采用“科学、拼搏的精神搞主体,用细致、绣花的精神搞装饰”的工作原则,实现了“基础工程优质品,主体工程精品,装饰工程艺术品”的施工效果,使工程在管理流程、技术运用、质量措施、成品保护等各个环节达到了较高的水准,工程质量始终处于行业领先水平,安全、文明、信息化施工及综合管理始终处于省市先进水平。同时经济效益显著。

（1）质量效果

该工程获:2011 年度南京市“优质结构”;

2014 年度“金陵杯”优质工程奖;

2014 年度江苏省优"扬子杯";

2014—2015 年度中国建设工程鲁班奖(国家优质工程)(图 13)。

(2)技术效果

2012 年度被评为江苏省建筑业新科技应用示范工程。

2012 年项目部 QC 小组获全国工程建设优秀 QC 小组活动成果二等奖(图 14)。

⋀ 图 13　鲁班奖证书　　　　　　⋀ 图 14　QC 小组活动成果二等奖证书

　　2009 年度工程设计被山东省勘察设计协会、山东土木建筑学会评定为优秀建筑方案设计二等奖(图 15、图 16)。

⋀ 图 15　优秀建筑方案设计二等奖　　⋀ 图 16　优秀建筑方案设计二等奖

(3)环境和安全效果

　　工程施工中,严格贯彻 ISO9001、ISO14001、OHSAS18001 三个管理体系,未发生任何质量、安全事故。该工程获 2010 年度"江苏省省级文明工地"称号(图 17)。

　　工程 2012 年经南京市建筑安装工程质量检测中心进行环境验收,对室内空气质量检测,各项指标符合《民用建筑工程室内环境污染控制规范》(GB 50325—2001),达到 II 类民用建筑要求。

　　东南大学教学医疗综合大楼工程的顺利建成,使医院

⋀ 图 17　"江苏省省级文明工地"称号证书

医疗功能、医疗环境更上一个台阶。使中大医院成为集整体性、规划性、服务性于一体的标志性三级甲等综合性医院,也为医疗技术水平提高和培养高端医务人才作出应有的贡献,为南京医疗资源合理配置尽到一份应尽的义务。

东南大学教学医疗综合大楼建成后,中大医院医疗条件和医疗环境的明显改善,提升了患者的就医体验感,吸引更多患者就医,提升了医院品牌特色学科在国内更高知名度,进一步确立以危重病急救、骨科、介入影像、泌尿科、肾科、糖尿病等优势特色的一流医学中心定位的现代化综合性医院地位。

六、经验学习

在医院建设项目中,参建主体一般由业主、设计单位、监理单位、施工单位组成,因医院建筑较为复杂,参建单位多,其管理难度之大是显而易见的。业主方的需求是建设项目的主导需求,可以说业主方决策和管理水平直接决定了项目的成败。因此,制定医院建设项目管理业主方标准化流程以提高项目管理能力,具有非常重要的现实意义。

1. 医建项目的分解结构

实际进行的第一步分解应该是针对项目可交付物实体,即项目分解结构,围绕每一项可交付成果的分解内容进行所需要工作的进一步分解。由于业主方项目管理的最大特点是通过承包商方从事建设项目交付物的具体工作,因此需要采用"黑箱"理论来理解业主方对项目分解的层次深度。对于业主来说,只分解到在业主方的规划、设计、招标、采购、管理过程中需要控制到的层次即可。

2. 医建项目工作

在确定了医院建设项目的分解结构之后,接下来就需要针对分解后的交付物来确定工作,即围绕项目整体交付物需要做哪些工作,如规划设计、方案审批、图纸审查、前期报建等。再围绕每一个具体分解后的项目又需要做哪些工作,如分解结构中有电梯工程,围绕电梯工程的工作则有电梯技术要求提出、电梯招标文件编写、电梯招标公告发布、评标、定标、签订合同、组织实施等(图18)。

3. 职责分工

需要对每一项工作落实分工,这一步包括两项内容:一是由业主方自行完成的工作任务,二是由承包商方来完成的工作任务,分别对应两项项目管理工具,即责任分配矩阵和合同分解结构。

责任分配矩阵主要解决一个组织内部的工作分工问题,用来对项目团队成员进行分工,明确其角色与职责的有效工具。通过这样的关系矩阵,明确项目团队每个成员的角色,也就是谁做什么,以及他们的职责。

4. 合作

在确定了责任分配矩阵和合同分解结构之后,就需要进行项目组织结构的构建。医院建设项目参建方众多,项目组织是一个典型的跨组织、跨部门的临时性组织,除依靠合同与业务或总包单位产生一定关系外,其他各单位之间也存在着大量的沟通、协调、合作关系。

5. 预算

确定每一个分解的项目交付物的工程造价以及每一项工程服务的费用。费用分解结构的明确也需要一个较长的过程,从项目已开始的投资估算,到施工图预算,到每一个标段招标后的中标价,再到合同总价,再到最后的竣工结算价格,是一个逐步细化和逐步准确的过程。而业主方则需要在其中每一个阶段都要进行,作为项目资金需求计划的主要依据之一。

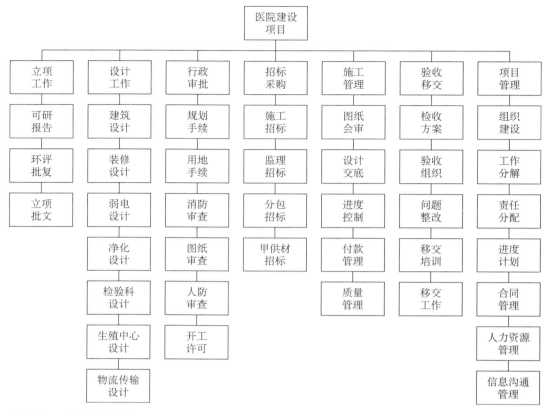

△ 图 18　工作分解结构图

6. 时间

这一流程主要解决项目的进度计划问题。在进度管理中常用的项目管理工具包括甘特图、网络图、关键路径法以及计划评审技术等。其中最常用、最便于理解的是甘特图，最重要的是关键路径法。甘特图线条图能够直观地表明任务计划进行时间，及实际进展与计划要求的对比。管理者由此可便利地弄清一项任务还剩下哪些工作要做，并可评估工作进度。关键路径法将项目分解成为多个独立的活动并确定每个活动的工期，然后用逻辑关系，即"结束—开始、结束—结束、开始—开始和开始—结束"将活动连接，从而能够计算项目的工期、各个活动时间特点（最早最晚时间、时差）等。医院建设项目管理工作千头万绪，业主方管理人员面对纷繁复杂的工作任务，为确保整体项目的进度目标实现，需要分清工作的关键路径，预留机动时间，如此方能合理调配资源、安排不同时期的工作侧重点。

7. 资金

对于医院建设项目业主方来说，掌控最重要的资源自然是资金资源，因此有效筹集资金尤为重要，既能满足建设需要，又能降低成本，这就需要管理者做出尽量精确的资金需求计划。资金需求计划需要由各参建单位结合自身合同标段的总造价、详细的进度计划以及合同付款比例来分别制定并上报，由业主方进行汇总累加得到。由于多数医院建设项目都是随着项目建设的进行来安排招标采购工作，对于未确定实施单位的标段，则需要由业主方根据市场调研和专家经验落实相应的资金使用计划。

朱亚东　朱敏生　耿平/供稿

一、项目概况

1. 工程概况

（1）工程项目名称：南京鼓楼医院南扩工程。

（2）工程项目建设地点：江苏省南京市鼓楼区中山路 321 号。

（3）南京鼓楼医院总土地面积：71 564.8 m²，总建筑面积：317 444.3 m²。

（4）南扩工程总建筑面积：224 813.3 m²。其中地上部分建筑面积：177 745.67 m²；地下部分建筑面积：47 067.63 m²。

（5）建筑层数：地下 2 层，地上 14 层。

（6）建筑高度：58.3m。

（7）新建病床数：1 600 床。

（8）设计日门诊量：8 000 人。

（9）建设工期：2007—2012 年。

2. 建设主要内容

位于南京市中心的鼓楼医院于 1892 年由加拿大传教士马林（Macklin）医生创建，在中国医学界具有崇高的地位。随着区域人口的快速增加以及社会对医疗服务需求的快速上升,鼓楼医院在 2004 年决定在紧邻原址南侧的一块约 32 000 m² 的夹缝地块上进行一次大规模的扩建。鼓楼医院南扩工程,建筑方案为国际招标工程。整个建筑自南向北由三个体块组成,分别为 A 区门诊部、B 区急诊和住院部及 C 区医技部。A 区门诊楼共五层、B 区急诊及住院部大楼共十四层、C 区医技楼共六层,均设二层地下室。医技部位于新、老建筑之间,新老院区功能共享。新医疗大楼新、老建筑结合,形成医院 126 年历史的文物保护建筑群、20 世纪 80 年代至 20 世纪末的现代建筑群和 21 世纪新建的南扩综合性大楼群三大医疗建筑群,成为集医疗、教学、科研和保健康复为一体的现代化医院,为患者提供一流服务。

3. 工程项目建设进程

2004 年开始立项,并列入省、市政府的"民生工程";

2005 年开始拆迁,拆迁面积约 5 万 m²,总户数约 220 户,其中居民 210 户,工企单位 10 户;

2005 年 5 月 10 日,举行了奠基典礼;

2006 年 1 月 11 日,南扩工程第一根 3 840 t 试验桩基试验成功,标志着南扩工程正式转入工程的建设阶段;

2007 年 8 月,印务中心拆迁完成,南扩工程全面展开;

2007—2009 年进入施工阶段,2009 年 7 月主体结构封顶;

2010 年进行设备安装和外立面装饰装修;

2011 年室内装饰施工,目前已完成全部施工,等待供电调试;

2012 年 12 月 18 日竣工验收,2013 年 6 月 18 日备案。

4. 工程项目荣誉

工程项目获得 2009 年度南京市建筑施工文明工地、2011 年度江苏省装饰装修行业科技示范工程奖、2012 年度新世纪魅力南京十佳标志性建筑、2013 年度江苏省公共机构节能示范单位、2013 年医疗类世界建筑奖、2014 年"鲁班奖"、国际新闻奖、江苏省及南京市优秀勘察设计一等奖。工程建设获得上海市用户满意工程、中国中铁杯优质工程、江苏省建筑装饰优质工程及江苏省文明工地等奖项。工程共获得其他大小奖项 20 余项。2014 年度江苏省新技术应用示范工程、2014 年度全国建设工程优秀项目管理成果二等奖、2014 年度北京市建设工程优秀项目管理成果一等奖、国家发明专利 2 项、国家实用新型专利 2 项等。

5. 建设理念

项目的设计理念来自中国传统文化中对医院一词的解释,在英语中,hospital 一词来自拉丁文,最初意思是召集客人,而在中文中,"医院"就是医疗的院落。鼓楼医院南扩项目是集住院、门诊、急诊、医技、学术交流等的综合性医院扩建项目。因此,鼓楼医院的设计既追求简洁而纯净,又强调功能性强。在功能方面,考虑到如果设计成立式的建筑,相当于金茂大厦的高度,这对于竖向运输系统无疑是巨大的挑战。所设计时考虑把这个巨型建筑放倒,变成一个横向的庭院式的建筑。

(1) 轴线

设计充分考虑到了与医院北侧明代鼓楼遗址的文脉关系,并且通过引入鼓楼的历史轴线,发掘出古都尘封已久的历史记忆,找寻到在革命时期医院的南侧是以中山路为轴线的,而在医院的西侧,则是以天津路为轴线的。根据这些弥足珍贵的历史轴线,把医院划分为北广场两个庭院,南广场两个庭院,西广场两个庭院,共计六个庭院。通过轴线让我们能够将南京从前的城市空间结构重新发掘和整合到一起。

计划让新医院北侧的住院部按照"明代"轴线布置,而南侧的门诊部分,则沿续"民国"轴线的方向。这种处理方式,能使居住者重新认识到这个古老医院的历史价值。

（2）花园

对于医院来说,不管外在的形象与内部环境如何变化,建筑美的内涵始终应是一种安全的美、健康的美、可持续的美。南京鼓楼医院秉承绿色节能、安全高效、人文智能理念,在加强医院学科、技术建设的同时,将医院优秀的文化基因通过建筑美绽放开来,打造人文医院。

鼓楼医院场地环境、空间布局、新老院区关系的呼应及院落空间的植入都颠覆了老旧医院刻板的印象。南扩工程设计充分考虑到了与医院北侧明代鼓楼遗址的文脉关系,引入鼓楼的历史轴线,表达对传统与历史的尊重。设计核心是将医院花园化,景观广场与通透的玻璃幕墙碰撞,描绘出一幅绝美画卷,为建筑美感注入生命力。

在重新发现历史的同时,两条轴线的叠合,也派生出丰富的形式组合,面对这个复杂而规模庞大的项目所提出的种种问题,这些空间形态与布局则提供了有意思的解决方案。通过建筑轴线的叠加与组合,我们在建筑中创造出了一系列院落——事实上,我们更愿意在中国传统意义上称它们为"花园"。

设计核心是将医院花园化,获取无处不在的花园。在中国传统文化中,花园是外部世界与家的界限,走进了花园也就隔绝了外部世界的烦扰,身心便得以放松。将医院花园化,不仅具有感官上的美感,更重要的是带给人心灵的抚慰。

在本项目中,花园渗透到了建筑的每个细部。设计者将传统意义上的花园解构为细小的单位,编织成建筑的表皮肌理,外立面成为花园的载体。镶嵌在外立面的植物与地面的各主题庭院连缀为一个巨大的花园系统,整个系统立体而丰满,使得花园无处不在并触手可及。

（3）岛

为了减少来访者所受的外部影响,我们在建筑之间以及建筑与周边环境之间留出了明确的空隙。这不但反映了医院在功能上的高效,而且为病患与访客营造出了安全舒适的环境。在某种东方意义上,医院就仿佛一个世外桃源般的"孤岛"。

（4）光

凸窗外层的磨砂玻璃通过漫射过滤为室内带来明亮柔和的自然光线。使得建筑物室内的光照度远高于普通窗体带来的室内照度。既节约了照明能源,又为处在闹市中心的病房和诊所带来了更好的私密性。

（5）窗

在每个凹凸窗的侧向区域都有开启的侧向通风窗。开启时,侧向的自然风非常足,及时地带走床边的积热,从而更好地稳定室内温度。最外层的铝合金孔板与凸窗具有极为接近的通透度,为建筑物整体提供了遮阳、透光功能。由于鼓楼医院处于四大火炉的南京,夏季能耗占比大,医院的主要朝向是东西向,这种大规模的外遮阳纱网板大幅度提升了建筑物的节能性能。两层窗户的完美结合,解决了室内采光问题,同时将阳光过滤得更为柔和,这也体现了其结构重构的设计特点。同时,针对南京地区夏季闷热的气候特点,立面设置了侧向的通风,有效带走表皮积热,大幅降低了能耗,让建筑更好地服务于人。

（6）修道院

医院是介于现世和彼世间的连接点,生命的起点与终点在医院相遇。南京百姓眼中的南京鼓楼医院又称马林医院,它的前身是1892年由传教士威廉·爱德华·麦克林医学博士创建的一所"基督医院"。为了在现代建筑中还原历史,在设计医院大堂的时候,为了回归传统,融入了很多教堂的元素,比如,设计挑高17.8 m的大堂,并在其中设置采光井,甚至大堂吊灯的选择,在点滴中塑造了传教士时代医院的风格,让医院如教堂一般,成为人与上帝沟通的场所。因此,鼓楼医院的设计追求简洁而纯净,大量庭院和日光井的采用以及层叠通透的花园立面,保证了充足的自然光照,给人宁静安详的抚爱,处处充盈着教堂般的诗意。

二、重点难点

1. 项目特点

1）功能性

秉承世界最先进的医疗理念,医技、门诊、住院部功能区域既相对独立,又有机结合。

2）国内首创就诊流程

各区域平面相连、垂直互通。

3）国内首创医院分区

医技部、住院部及门诊部三个功能单元。

4）自动化程度高

设有最先进的远程视频会议及手术监控传输系统,通过信息化、数字化、集成化的设计,保证了医疗系统安全、快捷的运行。

5）国际领先的信息服务管理

全面应用信息管理系统,医疗诊治系统全院联网并与医保系统联动;远程手术协同诊疗系统的建立,实现了多医院的协同诊治;医院设置了自助挂号、自助缴费、病人刷卡候诊、多媒体叫号等多种方便病人的措施;电梯、门禁、设备、消防、停车等全面应用 BS 系统,实现了全院各类系统设备的自动控制。

6）国际领先的应急医疗设施

医院建有江苏省省内最大的空中救援医疗通道。

7）国内领先的后勤保障系统

工程设有供电、空调风、排风、供氧、负压吸引、制冷、空气、蒸汽动力、热水供应等系统繁多的机电设备,通过 BA 楼宇控制系统操控。

8）国内领先的人文医疗环境

候诊休闲空间、手术患者家属等候区、钢琴独奏、手术恒温箱等,引入了餐饮、超市、药店、图书馆等服务设施。室内搭载乘客招手即停的免费电瓶车、急诊医疗街模式的绿色通道,直升机救援系统和楼顶的专业停机坪。

9）绿色建筑理念

鼓楼医院在全国医疗系统率先引入绿色建筑理念,采用节能环保型外幕墙、花园式景观庭院、雨水回收收集系统、透水混凝土、太阳能与建筑一体化等 9 大节能系统;主体大量应用钢结构、高强钢筋、预应力、装配式装饰材料,施工中采取多种四节一环保措施,打造全寿命周期的绿色节能建筑。

（1）绿色建筑 生态幕墙

鼓楼医院南扩工程建筑面积达 22 万余 m^2,在国内医院中单体建筑面积最大,有 4 个街区围绕着这座医疗大厦,其中门诊部 5 层,急诊及医疗中心 14 层,医技部 6 层,总投资 13 个亿。整个工程外立面设计新颖,造型独特,幕墙系统采用了独一无二的三层面板体系,错落有致如水晶般熠熠生辉。

引入绿色建筑元素,采用节能环保型外幕墙、花园式景观庭院、透水混凝土、太阳能及建筑一体化等 9 大节能系统,主体大量应用高强钢筋、预应力及空心楼盖,运用国际流行的模块化设计实现了装饰材料的装配化,施工中采用多种节能、节地、节水、节材和环境保护的四节一环保措施,打造出全寿命周期的绿色节能建筑。外围护保温节能 65%。玻璃幕墙设计"品"字形排列的三层面板体系的生态单元幕墙。最外层为 4 mm 厚穿孔复合铝板,通过铝合金圆管连接件穿过连接在单元龙骨体系上,主要作用为遮阳和装饰。穿孔复合铝板面积约 13 310 m^2,数量共计 2 917 块,穿孔率为 44.4%,遮阳节能贡献率约为 12%。

鼓楼医院南扩工程单元式幕墙系统采用横锁型高性能单元结构系统。面板主要采用6＋12A＋6 mm中空钢化玻璃、凸窗玻璃为6彩釉＋1.52PVB＋6low－e＋12A＋8玉砂夹胶中空钢化玻璃，3 mm厚氟碳喷涂铝单板；4 mm厚金属穿孔遮阳板；断桥隔热铝合金单元框架，铝型材室内外可视面均采用氟碳喷涂处理。鼓楼医院南扩工程单元幕墙龙骨采用高性能隔热断桥铝合金型材，铝合金牌号采用具有优异的力学性能6063A－T5材料，铝型材可视面采用氟碳喷涂，隔热材料采用聚酰胺玻璃纤维（PA66GF25）其截面高度达27 mm，具有优异的隔热性能。透明部位玻璃采用6low－e＋12A＋C6中空钢化玻璃，传热系数K＜1.8 W/ m²·K，透光率LT＞60；凸窗玻璃采用6玉砂（1♯）VST70（2♯）＋1.14乳白PVB＋0.38透明PVB＋6C＋12A＋8C夹胶中空钢化玻璃传热系数K＜1.8 W/ m²·K，层间非透明部位玻璃采用6C＋12A＋6C透明中空钢化玻璃＋2 mm铝单板＋50保温岩棉，传热系数K＜0.8 W/ m²·K。第三层穿孔板及第二层凸窗玻璃飞边充分起到遮阳的作用，整个幕墙所用材料均为环保无污染材料，其节能性能完全符合国家标准《公共建筑节能设计标准》（GB 50189—2005）关于夏热冬冷地区的节能要求，同时符合江苏省《公共建筑节能设计标准》（DGJ 32J96—2010）中夏热冬冷地区甲类公共建筑节能设计标准。

本工程单元幕墙采用了一体化花台设计，在凸窗的上部设计了花台系统，每个花台容积约0.15 m³，可容纳1～2个花盆用以种植绿色植物，花台面板采用3 mm厚氟碳喷涂铝合金板，花台上口宽下口窄可收集雨水并设计了T形管道排水系统，有利于雨水的顺利排出。

鼓楼医院单元板块独特的三层面板体系（图1、图2）：通透舒适的第一层面板（透明部分），整齐划一的第二层面板（凸窗玉砂玻璃），错落有致的第三层面板（穿孔遮阳板）。整个体系及绿色生态花台的设计充分展现了新时代绿色生态建筑的设计理念，展现了以人为本的设计理念。鼓楼医院单元幕墙工程是幕墙设计中具有里程碑的意义的又一项工程，相信在将来将有更多的生态设计应用到幕墙之中。

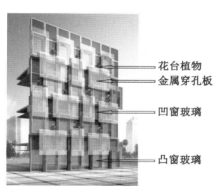

花台植物
金属穿孔板
凹窗玻璃
凸窗玻璃

⚠ 图1　三层面板体系图

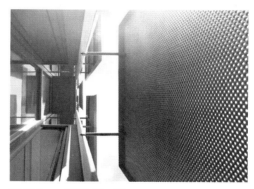

⚠ 图2　三层面板体系图

（2）集中式太阳能热水系统

南扩楼投资396.99万元（获省节能补助资金180万元，实际投资约220万元）建立太阳能系统集热面积1 746 m²，共设集热器472块。日产60 ℃热水约120 t，可满足3 000人左右的热水供应需求。

系统采用太阳能加蒸汽锅炉联合采热方式，优先使用太阳能，在阴雨雪天或光照不足的情况下，自动启动蒸汽锅炉进行加热。该系统充分利用可再生资源、清洁能源，达到了节能减排的目的。

2015年南扩工程太阳能系统热水使用量共计约30 000 t，折合节约天然气费用约60万元。

（3）冰蓄冷空调系统

为了积极响应南京地区移峰添谷措施，南扩工程建设完成了冰蓄冷空调系统。

目前运行方式为夜间低谷用电时段开启制冷机组，将储冰装置中的水制成冰，白天在空调用电高峰时段不开制冷机组，利用融冰取冷满足空调负荷，蓄冰量为5 580冷吨。通过合理利用峰谷电价差价，年运行费用较常规空调减少20％～30％，显著降低空调系统运行费用，2015年全年共节约运行费用 226.8 万元。

（4）蒸汽冷凝水回收系统

锅炉蒸汽冷凝水是一种清洁、优质的热源，其品质远高于软化水，接近纯水品质，是优质的热源给水。合理利用蒸汽冷凝水可以明显减少锅炉燃料消耗，减少软化水量，降低蒸汽生产成本，是锅炉供热过程中节能节水的有效措施。

通过铺设管道及安装回收泵组，收集蒸汽冷凝水统一回收至锅炉房，经过处理后作为锅炉补水使用。系统建成并投入使用后，极大地节约天然气资源和水资源的消耗，经初步估算分析，可在原基础上使生产每吨蒸汽的耗水量节约 60%～80%，每年节约天然气费用约 10%～20%。

以南扩工程锅炉房历史运行数据分析估算，全年可节约燃料费 182 万元，节约水费 16 万元，节约水处理费 7 万元，共计 205 万元，折合自产每吨蒸汽可节约费用 38 元。

（5）智能淋浴系统

每个床位都有 1 张洗澡卡，根据季节温度设定每天使用时间的长短（冬季 40 min、夏季 30 min）。节约大量水、电资源的同时，也规范了对用水人的管理，避免了非住院病人也在病房洗浴的情况发生。

（6）红外感应节水系统

院内的卫生间均安装红外线节水器，感应出水，避免了水资源的浪费。

（7）电梯电回馈系统

电梯加装电回馈装置后，能有效回收原来被转变为热能浪费掉的电能，转化效率可达 90%，直接节电效果可达 30%。

同时，机房基本可以不开空调，极大程度地节省了电梯机房用电降低了医院的运行成本。

（8）中央空调免费板换系统

在南扩大楼中央空调系统建设中加入一套免费板换子系统通过简单的切换即可实现对冬季室外自然冷源的利用，减少了空调主机的使用。当冬季室外平均温度低于 5℃时，通过操作选择免费供冷模式，即可实现将屋顶冷却塔作为冷源，给冷冻水降温，大大减少空调主机的消耗。

（9）智能照明系统

地下停车场、楼梯间等区域使用智能照明控制，如声控等。

（10）雨水回收系统

通过雨水回收系统，存储雨水灌溉草地，减少水资源的浪费。

（11）推进能耗管理信息化建设

能耗的计量、监测与管理，是实现节能减排及精细化管理的基础。

鼓楼医院着手打造一套适合自身特点的能耗管理平台，通过智能化的平台，实现对我院水、电、气能耗的分析监测，大型、重点设备系统的运行监控、故障告警等。同时，通过智能化系统生成一些有代表性的指标，如人均能耗、单位面积能耗等，对医院节能管理工作提供依据和指导。

（12）全面设备管理：设备运维系统

运维驾驶舱、能耗管理、告警管理、故障报修、工单管理、设备巡检、设备保养、KPI 管理、绩效分析、运维知识库。

2. 项目难点

1）工期

工期：A 区：110 日历天；B 区 145 日历天；C 区 75 日历天。为了对整个项目技术及投资进行有效的控制、确保工程顺利展开，在一年多的施工期间，基建办在医院领导的正确指导下，牢固树立节约思想，充分发挥监理作用，对设计图纸、施工技术、施工方案、设备选型都进行认真的审查。在医院领导的大力支持下，我们在遇到相应重大技术问题时，组织相应专家来现场通过会议的模式进行讨论与交流，从政策规定、技术、经济、医院管理、日后维修等层面全面评估。我们还请审计，财务，纪委等相关部门一起参加,群策群力,统一思想,根据专家的意见,设计院及施工单位及时对方案优化调整,为医院领导决策提供了准确依据。

　　2)施工条件及设计

　　地下室结构复杂,建筑面积大,又处于市中心地段,东侧紧临地铁,支护体系复杂(主楼三层支撑,二层混凝土,一层钢支撑),施工场地小,施工难度大。在实施过程中,遇到了如支护方案优化、结构设计超限、设备选型、施工方案及工艺、特殊医疗区域及流程、节能环保等各种问题,而好多问题都各有它的专业性,依据我们基建现有的技术力量很难应付,且这么多专业性很强的问题很难考虑全面。总体来说,南京鼓楼医院周边环境相对复杂,基地北侧是旧的马林医院,西面毗邻南京大学,其环境安静祥和,而基地东面主要是喧闹繁忙的高层商业区。通常医院要求私密性较高,从而缺乏对城市环境整体脉络上积极的联系,因此如何应对周边两种迥异的地块并形成整体脉络成了设计上的一个难题。

　　3)场地工程地质、水文地质条件

　　①-1杂填土(Q4 ml):杂色,稍湿—饱和,主要由粉质黏土混砖瓦碎石等建筑垃圾组成,结构松散。①-2素填土(Q4 ml):灰黄色,灰褐色,稍湿—饱和,软塑,结构松散,中偏高压缩性。②-1粉质黏土(Q4 al):灰黄色,饱和,可塑,局部软塑,中压缩性。无摇振反应,刀切面稍有光滑,干强度与韧性中等。②-2粉质黏土(Q4 al):灰—灰褐色,饱和,软塑,局部流塑,中偏高压缩性,分布不均。③-1粉质黏土(Q3 al):黄褐色,饱和,可塑,局部硬塑,中压缩性,含铁锰质结核及铁质氧化物。③-2粉质黏土(Q4 al):黄褐色,饱和,硬塑,局部可塑,中压2缩性。含有少量的铁锰结核。④残积土(Q1-2 al):棕红色,饱和,可塑,中压缩性,多含风化岩碎屑、砂砾岩砾石,砾石粒径1~3 cm,呈亚圆形~次棱角状,含量5%~10%,分布不均。⑤-1强风化砂砾岩(K2P):棕红色,岩石风化强烈,结构大部分被破坏,矿物成分明显变化,岩芯上部呈砂土状,下部呈碎块状,岩体结构呈散体状碎裂状结构,水冲易散,手捏易碎,干钻难以钻进。砾石成分主要为硅化灰岩和石英砂岩,砾石直径2~20 cm,呈亚圆状—次棱角状,分布不均匀,含量约30%~40%左右。⑤-2中风化砂砾岩(K2P):棕红色,岩芯呈短柱状-柱状,层状-块状结构,岩体完整性好。岩石结构部分破坏,有少量裂隙,锤击声哑,无回弹,有较深凹痕,易击碎,主要结构面类型为岩体裂隙。砾石成分主要为硅化灰岩和石英砂岩,砾石直径2~20 cm,呈棱角状—次棱角状,分布不均匀,含量约40%左右,由砂质胶结。岩石天然单轴抗压强度标准值Frk=6.71 Mpa,属软岩,岩体较完整,岩体本质量等级为Ⅳ类。

　　4)专业多、范围广

　　本项目涉及专业多、范围广、设备单体数量多、系统构成复杂、自动化程度高、接口复杂。

　　南扩工程是庞大的医疗建筑群,既包含有门诊楼、住院(含一层急诊)楼、医技楼三个医疗主体建筑,又有相关辅助建筑,还要同原有建筑接轨联网,没有完善的建筑智能系统是无法管理的。根据医院运行管理的特点进行分类归属,主要有:医院管理信息系统(MIS),临床信息管理系统(CIS),建筑智能化系统(BIS)以及医疗辅助智能化系统(BIS);自控系统采用开放式的 LONWORKS 总线,对空调、通风、给排水、变配电及医用系统进行监控;消防报警系统与医院其他重要建筑联网运行,实行联动控制、集中监控;停车场管理、门禁、医护对讲、排队叫号、有线电视、电子显示屏、公共广播及诊室专用广播、多媒体会议、远程诊断、门诊计算机管理等系统,大幅度提高了医疗的效率。

　　5)创新科技

　　整个建设过程共采用 2010 年建筑业推广应用十项新技术中的 10 大类 26 个子项(表1),攻坚克难,科技创新,使鼓楼医院呈现出较高的技术质量水准。

　　自主创新技术8项,分别为超长地下室钢筋砼剪力墙体接茬施工技术,大跨度钢桁架梁施工技术,框架结构中填充墙芯柱、芯梁、砌块砌筑施工技术,房屋建造过程中电梯井道的安全防护技术,模组式玻璃幕墙施工技术、模组式玻璃幕墙施工技术,中央空调监控与管理系统施工技术和太阳能集中供热技术。关键技术达到国内领先水平,获得 2014 年度江苏省新技术应用示范工程、2011 年度江苏省装饰装修行业科技示范工程。其中主体结构施工技术创新与改进技术、砌体无抹灰施工技术、钢筋

表 1　建筑业推广应用十项新技术子项表

序号	项 目	编号	子 项 新技术名称
一	地基基础与地下空间工程技术	1	工具式组合内支撑技术
二	混凝土技术	2	轻骨料混凝土
		3	混凝土裂缝控制技术
三	钢筋与预应力技术	4	高强钢筋应用技术
		5	钢筋焊接网应用技术
		6	大直径钢筋直螺纹连接技术
		7	有黏结预应力技术
四	模板及脚手架技术	8	早拆模板施工技术
五	钢结构技术	9	深化设计技术
		10	厚钢板焊接技术
		11	钢与混凝土组合结构技术
六	机电安装工程技术	12	管线综合布置技术
		13	金属矩形风管薄钢板法兰连接技术
		14	非金属复合板风管施工技术
		15	薄壁金属管道新型连接技术
七	绿色施工技术	16	预拌砂浆技术
		17	工业废渣及（空心）砌块应用技术
		18	太阳能与建筑一体化应用技术
		19	建筑外遮阳技术
		20	透水混凝土
八	建筑防水技术	21	遇水膨胀止水条施工技术
		22	聚氨酯防水涂料施工技术
九	抗震加固与监测技术	23	深基坑施工监测技术
十	信息化应用技术	24	虚拟仿真施工技术
		25	高精度自动测量控制技术
		26	工程量自动计算技术

　　混凝土梁桁架结构施工技术及芯柱芯梁与轻质砌块组合砌筑技术获得科技进步奖,形成了钢筋混凝土梁桁架结构施工工法、砌体无抹灰施工工法、轻质砌块与芯柱芯梁组合砌筑施工工法、可拆卸无框大玻璃墙柱面施工及拼装式铝蜂窝薄型防滑不锈钢板地面施工工法,钢筋砼剪力墙墙体接茬施工方法(获发明专利)、框架结构中填充墙芯柱、芯梁、砌块砌筑施工方法(获发明专利)、房屋建造过程中电梯井道的安全防护装置(获得实用新型专利)、可拆卸无框大玻璃龙骨干挂法施工系统(获得实用新型专利)。

　　混凝土结构阴阳角方正、线条顺直;4.2 万 m²、8 800 块模组式新型节能幕墙错落有致、安装牢固;

8 300 m² 橡胶颗粒屋面策划精细、分色美观、坡度顺畅;停机坪油漆分色清晰,活动栏杆及航标标识符合航空标准;1 760 m² 太阳能安装整齐有序;3 400 m² 水景楼地面、8 700 m² 种植屋面无渗漏;候诊休闲大厅张弦梁节点精细、墙顶地六面对缝、环境舒适;3.4 万 m² 石材地坪表面平整、铺贴牢固、缝隙均匀、色泽一致;9.7 万 m² 蜂窝铝板、铝合金拉伸网、矿棉板吊顶排版合理,灯具、喷淋等末端纵横成线;学术交流区装饰典雅,用料考究,做工细腻,烤漆钢板内墙面平整易清洁;PVC 地面平整无起泡、踢脚线铝合金压条收边,平直整洁;医院设 7 760 m² 净化、手术区,满足百级至十万级净化标准,独立净化机房安装规范,运行良好;1 023 套共 1.2 万 m² 涉水房间六面对缝,地漏设置规范,无渗漏;277 台配电柜接线整齐、标识明确、接地规范,挡鼠板型式新颖;智能机房排线规整;185 台空调机组、128 台水泵安装规范,阀门启闭灵活,屋面机组检修便捷;系统保温精致,虾弯圆滑,介质标识清晰;车库管线综合排布,分色美观;共配置各类电梯 53 部,运行平稳,平层准确。

　　6）推行"四节一环保"的措施

　　工程设计采用节能环保型外幕墙、low-E 中空玻璃、建筑一体化及装饰材料的装配化等,安装系统采用冰蓄冷空调设备、机房群控技术、锅炉冷凝水回收技术、太阳能热水系统、超静音排水管等,尽显节能减排意识。

　　主体结构应用高强钢筋、预应力筋、钢结构、空心楼盖、透水混凝土等,显著减少材料消耗,提高结构性能,实现了节能减排目标;候诊大厅采用张弦梁结构,用钢最省,造型新颖,性能突出。

　　工程设置屋顶花园、贯穿底层的庭院、垂直的玻璃内天井、环廊小型花园及病房窗外的立式迷你花园,不仅将大面积自然光和自然风引入室内,更创造了一个现代、开放、通透、舒适宜人的医疗环境。

　　工程从设计到施工真正实现了节能环保、绿色施工。

3. 医院项目管理的难点

　　1）建设周期长

　　在项目实施前,针对建设周期较长、管理协调事项多。2004 年 2 月 8 日,南京市市长、副市长以及市计委、规划局、财政局、房管局、鼓楼区政府、卫生局等相关部门领导 30 余人来鼓楼医院召开关于南扩工程现场办公会。为了圆满完成市委、市政府下达的鼓楼医院南扩工程任务,进一步做好南扩工程管理工作,经院长办公会研究决定,鼓楼医院成立南扩工程领导小组,下设四个工作组,积极组织实施该项目建设。

　　2）前期工作推进难

　　本工程占地面积大,作为政府投资的民生项目,各环节的审批手续繁杂,时间上无法把控,要在短时间内完成如此大的工程,对设计方、施工方提出了更高更难的要求。医疗建筑在满足结构、外立面、内部装修的同时,还要充分考虑到医院的人流、物流、感染控制、放射介入等特殊医疗要求,各种设备及管线错综复杂,某些建筑部位还有特殊的要求,如何克服工程专业技术人员缺乏、工期紧、施工难度大等困难,在保证工程质量同时,有效地推进前期工作成为鼓楼医院南扩工程管理人员共同面对的现实问题。

　　3）专业性强、专业多、范围广

　　本项目在实施过程中,遇到了如支护方案优化、结构设计超限、设备选型、施工方案及工艺、特殊医疗区域及流程、节能环保等各种问题,涉及专业多、范围广、设备单体数量多、系统构成复杂、自动化程度高、接口复杂。而好多问题都有它的专业性,依据我们基建现有的技术力量很难应付,且这么多专业性很强的问题很难考虑全面。

　　4）管理幅度全覆盖的难度大

　　由于管理层次增加,管理的指令落实效率不高信息无法实现全覆盖。

　　5）造价控制难度大

　　医院建设项目与一般公用建筑相比,建设规模大、建设标准高、使用功能杂、专业系统多;此外,随着我国国民经济和科学技术的快速发展,"控制院感""以人为本""绿色医院""可持续发展"等理念成为医院建设的新趋势,医疗活动对工作场所的特殊要求逐渐增多,患者对就医环境的需求不断多样化,各类高科技的医疗、建筑设备和材料也被首先应用在医院建筑中,使其造价明显高于普通民用建筑。由于医院建设项目呈现周期长、规模大、造价高、分工细和专业性强的特点,致使其造价控制一直是项目管理工作的重点和难点,这必然对政府投资医院建设项目的投资决策、投资水平和管理模式产生一定影响。因此,做好建设项目的造价管理,将其增长速度控制在合理范围内,对提高政府投资决策水平和投资效益有着十分重要的意义。

2015 年 12 月 25 日,经南京市审计局审计(宁审固报〔2015〕36 号),南京鼓楼医院南扩项目建筑安装工程投资单方造价控制在 5 500 元左右,低于同期完工的类似项目的建筑安装工程投资单位造价。

这在于,鼓楼医院较好地执行了工程及材料的招投标制度,经统计,在工程建设中共计招投标 290 次,其中设备及材料招标占一半。一般而言,材料费用的高低和水平对工程造价起决定性作用,在土建工程中,材料费用占项目工程造价的 65%左右,而在装饰工程及安装工程中,材料费用的比重占项目工程造价的 75%左右,在项目的开始阶段,我院就对材料的管控极其重视。

鼓楼医院南扩不单单有最终审计,在建设过程中也配备了相应的跟踪审计,严格进行内部审核,加强建设成本的控制。

加强合同管理,严格控制相关调价条款。合同于 2007 年签订,当时人工费和材料费用较低,我院根据相关政策和合同条款锁定合同价格。2007 年,安装人工费最高 48 元/工日,在随后的几年,人工工资不断上涨,国家也相应地不断调整人工单价,2018 年我省安装行业人工费最高 106 元/工日,基本上翻了一番。材料价格同样如此,涨幅很大,比如签订合同时的电缆价格市场价仅为 4 万元/t,在随后的几年材料价格飞速上涨,电缆价格涨到了 6 万~7 万元/t。医院考虑到当时价格的上涨因素和施工方、厂方协商并采取了一定的措施,锁死材料价格,在很大程度上控制了材料成本的上涨,同时也减低了整个项目的成本造价。充分发挥了专家咨询会在医院建设工程科学决策中的具体应用。

6) 基坑环境复杂,周边沉降变形控制要求高

本工程基坑面积 2.5 万 m²,平均深度 14 m,坑中坑最大深度 20 m。基坑东侧围护外边线距地铁退让保护线仅 0.9 m,北侧距正在使用的老住院部 12.2 m,南侧与西侧为市政主干道,东北角和西北角紧邻医院历史保护建筑,基坑施工过程的沉降变形控制要求高。

7) 结构体系多样,巨型转换桁架施工难度大

本工程由三个单元体组合而成,住院部 6~7 层为 11 榀巨型转换桁架,桁架高度 7.5 m,最大跨度 39 m,单榀重量 207 t,安装最大高度 28.55 m,周边紧邻深基坑及高压线,施工场地及吊装机械操作受限,巨型桁架吊装施工难度大。

8) 防水面积巨大,节点施工质量控制标准高

工程地下室面积达 2.4 万 m²,设水景、种植、橡胶颗粒等多种屋面,卫生间、茶水间、洗浴、洁净房等涉水房间多,防水区域面积达 5.7 万 m²,防渗漏处理是施工的重点及难点。

9) 幕墙新颖复杂,功能与室内布局协调要求高

工程外幕墙采用模组式单元幕墙,形式新颖、构造复杂,幕墙体系既要考虑自身的功能和模数,又要综合考虑室内布局和功能需求,做到模数协调、分割合理,深化设计工作复杂。

10) 安装专业繁多,管线综合排布及系统调试难

鼓楼医院建筑功能庞大,泵房、配电房、屋面设备众多,吊顶内各类管线复杂,机房内设备的合理布置及各专业管线的综合排布是工程施工的难点。

11) 智能系统先进,综合集成及联合调试难度大

本工程智能化设 6 个大系统、16 个子系统,包括医院信息化系统(HIS)、建筑智能化系统(BIS)、医院管理信息系统(MIS)、临床信息管理系统(CIS)、综合安防管理系统、数字会议及远程会诊系统,设备选型要求高,末端器件数量多,联合调试难度大。

三、组织构架与管理模式

1. 组织构架

图 3、图 4 为本工程的组织架构图。

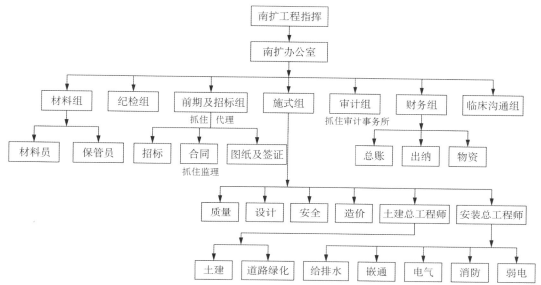

△图 3 鼓楼医院南扩工程组织机构

为了圆满完成市委、市政府下达的鼓楼医院南扩工程任务,进一步做好南扩工程管理工作,经院长办公会研究决定,鼓楼医院成立南扩工程领导小组,下设 4 个工作组(工作组、规划建设组、监察组、宣传组)。

2. 监察管理制度

鼓楼医院南扩工程系南京市社会发展的重点建设工程,为了确保南扩工程建设的顺利完成,制订以下工程监察管理制度。

(1)建立医院南扩工程监察工作台账。

(2)建立医院南扩工程监察工作会议记录本。

(3)建立医院南扩工程招投标记录本。

(4)建立医院南扩工程项目考察资料档案。

(5)制订南京市鼓楼医院南扩工程监察工作规定。

(6)制订南京市鼓楼医院南扩工程监察工作要点。

(7)制订南京市鼓楼医院南扩工程项目考察工作规定。

(8)制订南京市鼓楼医院南扩工程廉政建设合同。

(9)制订南京市鼓楼医院南扩工程纪检监察人员职责。

医院以制度建设为抓手,从规划咨询、项目建议、可行性研究、方案设计,到施工管理、竣工验收、

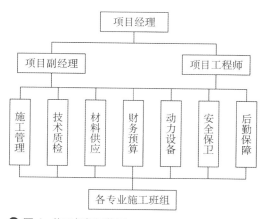

△图 4 施工组织网络图

工程财务监管审计、项目建成交付使用等环节进行管理,并建立了一整套规范化、专业化的管理模式。

四、管理实践

1. 管理理念

人性化、生态化、功能化、智能化。

2. 管理方式

1)项目全过程策划

(1)组织策划机构和医院进行需求分析,确定项目的建设规模、建设标准;

(2)组织进行项目策划报告的技术经济论证;

(3)根据项目策划书,组织进行立项报批工作,并取得立项批文。

2)工程前期阶段

(1)办理用地土地、规划、环保、抗震、人防、消防、园林绿化、市政等全部手续;

(2)组织完成测绘、日照分析、环评、交评、景观等工件;

(3)组织完成"三通一平";

(4)办理工程规划许可证、用地许可证及施工许可证的申领工作;

(5)完成工程合同以及其他各类合同的洽谈与签订(合同签订前须征得招标人的同意);

(6)完成并办理项目建设过程中的其他手续。

3)设计管理

(1)熟悉设计文件,审查设计文件的规范性、工艺的先进性和科学性、结构的安全性、施工的可行性和设计强制性标准的适宜性等;

(2)负责审查施工图及各项设计变更,向招标人提出意见与优化建议,在工程的各个阶段,医院有权根据实际情况提出设计变更的要求,建设公司应及时组织协调设计部门和施工单位进行落实;

(3)掌握关键设计环节和进度情况,督促设计单位按合同和协议要求及时供应合格的设计文件;

(4)对设计中出现的重大问题和情况,建设公司单位要及时向医院反馈,并积极主动与医院项目负责人进行磋商,寻求解决方法;

(5)验收设计图纸和设计文件(包括委托及督促图审单位进行图纸审查);

(6)组织设计单位进行现场设计技术交底;

(7)审核施工单位对设计文件的意见和建议,会同设计单位进行研究,并督促设计单位尽快给予答复;

(8)对设计的工作质量进行评定;

(9)保管所有设计文件及过程资料,项目代建期限届满或本合同终止时,移交给招标人和档案管理部门。

4)财务管理细则

为了加强我院基建财务管理,健全基建内部控制制度和会计核算监督机制,控制建设成本,确保建设资金合理、有效、节约使用,规范基建及维修项目的流程,特制订本细则。

(1)基建项目招标及合同签订的有关事项

Ⅰ.严格执行政府有关基建项目招标投标及政府采购的法律法规以及我院的有关规定,规范基建采购和招标行为。

Ⅱ.严格执行市政府《政府集中采购目录及标准》的规定,基建物资采购单项或批量金额50万元以上、工程项目100万元以上、电梯及锅炉等专用设备5万元以上必须进行政府采购公开招标。

Ⅲ.政府采购起点标准以下、采购金额达 10 万元以上(含 10 万元)的,由院纪委、财务处、审计办人员参加,在基建物资采购小组的参与下进行招标采购;采购金额 1 万元(含 1 万元)~10 万元的,由基建物资采购小组负责组织招标采购;采购金额 1 万元以下的,应在三家以上的供应商中进行比较后确定一家,由采购人员负责采购。

Ⅳ.所有采购均要做好出厂价格、市场价格的询价工作,询价结果要附在合同后备查;招标前应把询价表发给招标小组成员核查。

Ⅴ.所有万元以上自购的材料、设备,采购前均须和供货商家签订合同。

Ⅵ.采购合同的审签均执行医院经济合同审批权限的规定,即:单价 1 000 元以下(含 1 000 元)且总值 2 000 元以下(含 2 000 元)的合同由基建办负责人审签;单价 1 000 元以上或总值 2 000 元以上、50 000元以下(含 50 000 元)的合同由分管基建副院长审签;总值 50 000 元以上、300 000 以下的合同由院长审签;300 000 以上的合同须经院长办公会讨论,由院长审签。

Ⅶ.单项修缮和安装维修工程总值在 5 000 元以上的,签订合同时,必须附有工程预算书。

Ⅷ.招标文件制订后,实施招标两日前要报审计办审核。

Ⅸ.合同必须到财务处登记、盖章,并留存财务处一份备案。

Ⅹ.5 万元以上的合同必须报审计办审核,并盖"已审"章。

(2)基建资金的管理 Ⅰ.认真贯彻执行财政部关于基本建设管理的基本制度,即《财政基本建设支出预算管理办法》《投资项目工程概算决算审查制度》《财政性基本建设资金效益分析报告制度》等。

Ⅱ.本细则所称资金是指用于鼓楼医院基建工程项目的全部资金,包括基建工程项目专项资金、项目的各种配套资金,以及部分项目完工后的运营及维护资金。

Ⅲ.财务处应派专人对基建账户进行核算、监管。其中,南扩工程单独设立银行专用账户,工程财务组对专账进行单独建账和管理。

Ⅳ.资金的使用应当遵循合规、公正、透明的原则,必须做到专款专用,任何部门和个人不得截留、挤占和挪用。

Ⅴ.根据工程进度、材料供应计划,按月制订资金预算,由基建、物资及财务负责人共同签署拨款申请,报院财务处请领拨款。

Ⅵ.基建各用款部门须于当月 27 日前填报下月用款计划,未填报计划的请款当月一般不安排支付。

Ⅶ.在编制竣工财务决算前,要认真清理结余资金。应变价处理的库存设备、材料以及应处理的自用固定资产,要会同院纪委、审计办和财务处进行公开变价处理。应收、应付款项要及时清理,经清理的结余资金首先用于归还项目贷款。

Ⅷ.基建财务每月必须核对银行对账单,对未达账款进行清理和查询,并及时进行账务处理。

(3)基建会计核算的基本要求

Ⅰ.加强基建会计基础工作,完善并严格执行内部控制制度和其他内部会计管理制度,保证基建会计工作有序进行。

Ⅱ.原始凭证的格式、内容、填制方法、审核程序等符合国家统一会计制度的规定。

Ⅲ.记账凭证的内容、填制方法、所附原始凭证以及更正错误凭证的方法等符合国家统一会计制度的规定。

Ⅳ.总账、明细账、日记账和其他辅助性账簿的设置、启用、登记、结账、更正错误方法等符合国家统一会计制度的规定。记账及时,关系对应,数字准确。

Ⅴ.账证、账账、账表、账实相符,现金和银行日记账按日逐笔登记,银行存款账与银行对账单及时核对,月末未达账项,应编制《银行存款余额调节表》。

Ⅵ.在编制基本建设项目竣工财务决算前,要认真做好各项清理工作。清理工作主要包括基本建设项目档案资料的归集整理、账务处理、财产物资的盘点核实及债权债务的清偿,做到账账、账证、账实、账表相符。各种材料、设备、工具、器具等,要逐项盘点核实,填列清单,妥善保管,或按照国家规定进行处理,不准任意侵占、挪用。

(4)基建项目建设成本的核算范围

Ⅰ.严格执行国家有关基建财务规章制度的开支范围和开支标准,及时、正确、完整地核算基建工程建设成本。

Ⅱ.基建工程建设成本包括建筑安装工程投资支出、设备投资支出、待摊投资支出和其他投资支出。

Ⅲ.建筑安装工程投资支出是指按基建项目概算内容发生的建筑工程和安装工程的实际成本,其中不包括被安装设备本身的价值以及按照合同规定支付给施工企业的预付备料款和预付工程款。

Ⅳ.设备投资支出是指按基建项目概算内容发生的各种设备的实际成本,包括需要安装设备、不需要安装设备和为生产或经营准备的不够固定资产标准的工具、器具的实际成本。

Ⅴ.待摊投资支出是指按基建项目概算内容发生的,按照规定应当分摊计入交付使用资产价值的各项费用支出,包括:工程管理费、土地征用及迁移补偿费、勘察设计费、研究试验费、可行性研究费、临时设施费、设备检验费、负荷联合试车费、合同公证及工程质量监理费、(贷款)项目评估费、国外借款手续费及承诺费、社会中介机构审计(查)费、招投标费、经济合同仲裁费、诉讼费、律师代理费、土地使用税、耕地占用税、车船使用税、汇兑损益、报废工程损失、坏账损失、借款利息、固定资产损失、器材处理亏损、设备盘亏及毁损、调整器材调拨价格折价、航测费、其他待摊投资等。

Ⅵ.其他投资支出,是指按基建项目概算内容发生的构成基本建设实际支出的房屋购置,以及取得各种无形资产和递延资产发生的支出。

Ⅶ.要严格按照规定的内容和标准控制待摊投资支出。施工单位施工造成的单项工程报废由施工单位承担,不得计入报废工程损失。

(5)甲供材料的财务管理

Ⅰ.建立按品种、规格、数量、单价及金额的库存明细账进行金额数量管理,定期查库对账,与基建材料、设备总账保持一致。

Ⅱ.施工单位每月25日前提出用料申请(包括:材料名称、规格、数量、到货日期等),经监理审核、我院施工技术人员把关及基建负责人批准后,交物资主管编制下一月的月度材料供货计划。基建材料组应对甲供材进行施工进度控制,不得超供。

Ⅲ.甲供材料的采购按本细则第一部分的规定进行,询价单要报财务一份备审。

Ⅳ.甲供材料到达施工现场后,由采购员、保管员、院技术人员、监理工程师和施工方专人,依据送货计划及送货单共同检查材料的名称、规格、数量、型号是否相符,货物的合格证、质保书、使用说明书等是否齐全。如无异议,采购员、监理工程师和施工方专人共同在送货单上签字,同时将材料移交施工方保管并送检。

Ⅴ.供应商提供的结算票据必须是正式发票,发票上必须加盖填制单位公章,且与银行付款户名保持一致。入库单上要由保管员、采购员、医院相关技术人员、基建物资负责人签字,并注明工程项目名称及合同编号,再交材料会计办理账务入库。

Ⅵ.工程领用材料时,领料单及出库单上要由保管员、领用人、施工技术人员及基建负责人签字,并注明项目名称。

Ⅶ.材料发放以后,采购人员与保管员应按财务管理规定和预决算要求,及时办理好材料的领料手续,填写相关单据。保管员每月将收、领料单中的财务记账联交财务组记账,并与财务组核对材料账目。

Ⅷ.施工方将材料领出后,应按材料检测规范分报验批次填写"材料报验单",并将"材料报验单"和技术证件交监理安排材料抽样检验。材料经质检部门检验不合格,施工方应填写红字领料单及检验报告等检测文件到基建保管员处办理材料退换手续;材料员在核对无误后,收料、签单,并交采购人员依据购销合同,对不合格材料进行退货、换货或索赔。

Ⅸ. 南扩项目甲供材和其他基建项目材料应分开登记、保管，如本项目材料用完，急需使用它项目同类型库存材料，也必须填写内部调拨单，并定期相互结清。

Ⅹ. 基建财务每月月末应打印材料报表，和保管员核对账目并盘点库存材料。

Ⅺ. 基建办应对材料计划、材料供货、材料领用进行全程追踪，设立预警机制，最大限度避免"超领""超供"的发生。

（6）基建财务付款的规定

Ⅰ. 基建工程各项付款必须填写付款申请书，标明合同编号、付款批次，由相关责任人员在申请书上指示位置签字，并按医院财务付款审批权限办理审批手续后方可付款。

Ⅱ. 对外支付价款需凭正式发票，并附请款申请书、审计定案单、合同文本、项目竣工结算书等文件，审核是否与相应的合同文本规定的付款进度相符。

Ⅲ. 物资采购付款申请书由采购经办人请款，注明供应商名称及合同编号，再交工程主管、物资主管、财务主管根据采购计划审核签字后，由分管院长及院长签批付款。

Ⅳ. 工程预付款、进度款付款申请书须注明施工方名称、合同编号及付款进度情况，附监理方签字、盖章的支付证书，由专业技术人员、工程主管、财务主管审核签字后，交分管院长及院长签批付款。

Ⅴ. 工程预付款、进度款付款时必须提供建筑业专用发票，不得以收据、白条支付。

Ⅵ. 须支付的工程签证单最多只能付至签证金额的50%，审计定案后方可付清。

Ⅶ. 严格执行工程价款结算的制度规定，坚持按照规范的工程价款结算程序支付资金。各项付款必须按照合同规定的批次、进度执行，不得提前支付。工程预付款、进度款在审计决算前，只能付至合同造价的80%。

Ⅷ. 工程决算时，决算单按各级权限签字后报审；工程价款经审计决算后，还必须按工程价款结算总额的5%预留工程质量保证金，待工程竣工验收1年后再清算。

Ⅸ. 支出付款的审批执行医院财务支出审批权限的规定，即，单价1 000元以下（含1 000元）且总值2 000元以下（含2 000元），由基建办负责人审批；单价1 000元以上或总值2 000元以上、50 000元以下（含50 000元），由分管基建副院长审批；总值50 000元以上由院长审批。

（7）基建工程的财务监督与内部控制

Ⅰ. 财务处指派专人对基建的财务活动实施管理和监督，认真参与项目前期论证、立项审批等前期工作，做好项目概算、预算、竣工财务决算审核工作，参与项目招标投标等工作，对建设项目进行全过程跟踪管理，并对项目投资绩效进行评价。

Ⅱ. 基建财务应严格稽核制度，确保办理采购与付款业务的不相容岗位互相分离、制约和监督。支票印鉴要实行两人分管。

Ⅲ. 基建材料物资的采购、保管和会计三项职责，必须分管，不得由一人兼任其中任意两项；基建财务的出纳人员不得兼管稽核、会计档案的保管和费用、债权债务账目的登记工作。

Ⅳ. 财务处定期对基建财务的账目、现金进行检查，并派人参与基建库房的盘点清查。

Ⅴ. 基建财务应认真审核资金预算和资金使用计划，办理资金拨付手续，通过对资金申请、账户管理、资金使用、财务报表等审查，加强对资金使用情况的检查监督。

Ⅵ. 一般性基建项目的签改必须要由基建办施工技术人员去现场确认签字，签证单须经监理和基建负责人签字；同时，5万元以上的签证要报审计办备案，10万元以上的签证由审计办去现场察看。30万元以上的重大工程签证必须报院领导，经集体讨论决策后批准。

Ⅶ. 保管员对已签认的签证单应妥善保管，不得遗失，并将签证单"预决算核算联"交审计办备案，同时，应妥善保管签证的影像资料等其他文件。

Ⅷ. 院财务处要加强对基建工程资金管理使用的检查监督，严格审核拨付资金的请领，并加强对基建工程财务活动全过程的会计监督。

Ⅸ. 所有基建项目接受内部审计的监督；项目竣工后由审计办审计或对外送审。

医院建筑案例精选
|绿色·创新·引领|

Ⅹ.基建办对违反本办法的人员进行严肃处理,拿出处理意见,必要时提请上级部门进行党纪、政纪处罚。

(8)非立项维修项目的管理

Ⅰ.维修项目10万元以下的由行政处实施,在财务处核算、付款;10万~30万的维修项目由基建办实施,在财务处付款;30万元以上(含30万元)的维修项目必须报卫生局立项,由基建办实施,并单独核算。

Ⅱ.非立项维修项目原则上均不宜签订包死价的付款合同,而应套定额送审。

Ⅲ.非立项维修工程支付预付款及完工结算时,"工程预付款、决算审计"单上要注明有无甲供材,行政处或基建办自审后报审计办审核。

Ⅳ.非立项维修工程付款时,财务处要审核有无维修责任人及我院工程技术人员签字,是否已按医院支出审批权限的规定签批。审核无误后,按审计后的"工程预付款、决算审计"定案单审定金额付款。

5)工程造价控制

2014年,该项目获得最高建筑奖项"鲁班奖",2015年12月25日经南京市审计局审计(宁审固报〔2015〕36号),建筑安装工程投资单方造价控制在5 500元左右,低与同期完工的类似项目的建筑安装工程投资单位造价。

审计评价意见表明:南扩工程建成进一步提升了鼓楼医院的社会医疗保障能力。在功能设计上重视医疗功能和相关资源的整合,方便患者就医,营造了良好的医疗服务环境。

在项目实施前,针对建设周期较长、管理协调事项多,及时成立工程建设领导小组统筹管理,建立了内部管理制度和工程重大事项议事决策机制,积极组织实施该项目建设。

工程建设中,建设单位及参建各方树立打造新型医院综合体的"精品"意识,多次组织专家现场论证、设计师驻场指导,共同攻克施工技术难点;严格内部审核程序,加强建设成本控制;设计上积极采用新工艺、新技术、新材料,施工上注重方案优化和细节雕琢。在社会各界的关心下以及建设行政主管部门的关怀下,南扩工程取得较好社会效应,体现在以下几个方面:

(1)在项目的开展过程中,要对项目的各个组成部分进行一个必要的、详细的划分,划分的详细的程度对于项目的进度、质量、安全和成本的控制有着重要的意义。以南扩工程项目为例(表2、表3)。

表2 南扩工程表一

工程分类	工程决算造价(元)	占建安工程比	单位造价(元/m²)
土建工程	3 803 991	33.10%	1 692.92
装饰工程	2 865 598	24.94%	1 275.30
安装工程	3 473 387	30.22%	1 545.79
特殊医疗工程	952 645	8.29%	423.96
其他	396 164	3.45%	176.31

表3 南扩工程表二

单位工程	系统分类	占单位工程比	占建安工程比
土建工程	土建及结构系统	94.44%	31.26%
	人防系统	0.56%	0.19%
	污水处理系统	2.02%	0.67%
	室外道路及绿化	2.98%	0.99%

（续表）

单位工程	系统分类	占单位工程比	占建安工程比
装饰工程	装饰及装修系统	56.82%	14.17%
	幕墙系统	33.64%	8.39%
	门及五金系统	8.13%	2.03%
	标识系统	0.50%	0.12%
	亮化工程	0.91%	0.23%
安装工程	给排水系统	4.09%	1.58%
	通风与空调系统	17.37%	6.69%
	电气工程系统	24.30%	9.36%
	消防系统	9.02%	3.47%
	智能化工程	17.56%	6.76%
	升降设备系统	2.94%	2.14%
	食堂工程	0.30%	0.22%
特殊医疗工程	净化工程	16.21%	6.24%
	三气工程	3.09%	1.19%
	医疗专业工程	2.22%	0.86%

（2）项目在实施过程中，对项目架构的充分认识及详细了解，对项目的设计变更及费用控制有着重要的意义。

鼓楼医院南扩工程项目审定后的总投资与概算相比超出，其主要原因有：①设计功能及布局的调整；②供电配套以及概算项目不全，且费用估计不足等建设投入增加等；③个别工程发包采用方案图招标，设计深度不够、工艺特征描述不完整，导致招标工程量清单不准确，影响了对总投资的控制。

（3）高度重视特殊医疗区的预算管理。项目包含净化工程、医用气体工程、铅防护工程、供应室工程等特殊医疗区；特殊医疗区的工程造价占建安工程造价的8.29%；特殊医疗区的单方造价为423.96元/m²（表4）。

表4　工程造价管理表

工程分类	系统分类	范围及项目	工程决算造价（万元）	占单位工程比	占建安工程比	单位造价（元/m²）
特殊医疗工程	净化工程	净化手术室	465 647	10.52%	4.05%	207.23
		净化病房				
		杜邦三人位洗手池				
		门诊、ICU、妇科净化手术室	155 698	3.52%	1.35%	69.29
		洁净室及冷库装修	6 671	0.15%	0.06%	2.97
		供应室系统	87 018	1.97%	0.76%	38.73
		污水提升设备	2 400	0.05%	0.02%	1.07

（续表）

工程分类	系统分类	范围及项目	工程决算造价（万元）	占单位工程比	占建安工程比	单位造价（元/m²）
特殊医疗工程	三气工程	医用气体终端及管路系统	68 398	1.55%	0.60%	30.44
		医用气体机房系统	68 382	1.54%	0.60%	30.43
	医疗专业工程	防辐射	90 773	2.05%	0.79%	40.40
		五官科隔声室	2 855	0.06%	0.02%	1.27
		核磁屏蔽室	4 800	0.11%	0.04%	2.14
合计			952 645	21.52%	8.29%	423.96

（4）关注建设、管理、运营建筑全周期寿命管理，重视医院建筑节能项目的投入。建筑中节能措施的采用，符合我国当前可持续发展的战略思想和人与自然和谐相处的理念，在提高经济效益的同时，也兼顾了环保节能的投入。

南扩工程运用多项节能减排新技术，充分体现绿色、环保理念，2013 年被评为"江苏省公共机构节能示范单位"。节能减排新技术包括①幕墙节能设计；②照明采用智能控制系统；③智能热水洗澡系统；④感应红外线节水系统；⑤自动扶梯变频控制系统；⑥蒸汽冷凝水回收系统；⑦中央空调机组改造；⑧冰蓄冷空调系统；⑨建立雨水回收利用系统；⑩太阳能热水系统。节能技术的投资成本约 23 264 378.39 元，约占建安工程造价的 2.02%。

（5）为规范基建工程管理，保证工程质量和合理的造价，为决算和审计提供依据，结合近几年建设工程实际，现针对工程建设中发生的有关签证管理问题特制订南扩工程签证管理办法。工程签证管理主要依据所签订的合同、投标文件、施工图及相关法律法规。5 万元报审计办备案，10 万元派人到现场。

6）沟通管理

（1）政府职能部门沟通

2004 年 2 月 8 日，南京市市长以及市计委、规划局、财政局、房管局、鼓楼区政府、卫生局等相关部门领导 30 余人，来鼓楼医院召开关于南扩工程现场办公会。

南京市规划局为了落实市政府关于做好鼓楼医院南扩方案可行性研究的指示精神，于 2004 年 2 月 12 日在市规划局召开了鼓楼医院南扩工程前期工作协调会，会议召集了相关规划、设计、交通、市政等部门的负责同志共同商讨、研究鼓楼医院南扩方案，要求各相关部门将项目责任人、工作计划、时间安排上报至南扩指挥部。

（2）筹建办沟通机制

Ⅰ.建设单位定期将项目情况报送医院。

Ⅱ.每周以工程例会纪要形式或每周项目情况汇报形式，向各参建单位汇报项目情况及下周的工作安排。

Ⅲ.定期汇报工作进展。

Ⅳ.定期参加各类联席会议，汇报项目情况，落实分工及督查内容。

7）变更管理

为了加强南扩工程的设计变更、补充设计、技术核定、洽商记录、合同外增加工程管理，控制造价，特制订以下流程（图 5）。

8）招标、合同管理

如图 6 所示。

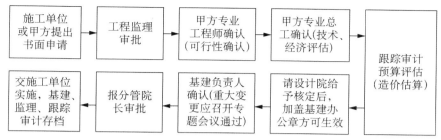

▲ 图5　变更管理流程图

备注：施工单位应在该工程实施前 7 d 提出书面申请（附变更预算），整个审批流程不得超过 3 d，遇特殊紧急情况立即召开相关单位联席会议。

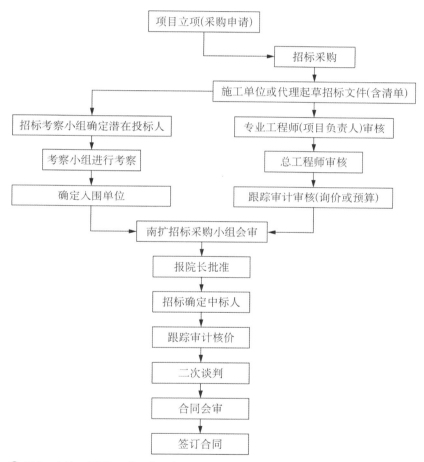

▲ 图6　南扩工程招标、合同管理流程

9）工程质量的特色

（1）工程技术资料情况

共包含 10 个分部、61 个子分部、309 个分项工程、7 984 个检验批，合格率 100%。随工程进度同步形成工程技术资料 39 卷 370 册，技术资料内容齐全、组卷合理、编目清楚、查阅方便、装订整齐、规范。工程立项、规划、土地、建设、环保、施工许可、档案、工程交工验收等管理资料真实齐全；各种试验资料和验评资料与工程同步；质量控制资料、安全和主要使用功能资料完整、齐全；施工组织设计、专项施工方案、技术交底有较强的针对性,能有效地指导施工。

（2）实物质量

Ⅰ.4.2万 m²、8 800 块模组式新型节能幕墙错落有致、安装牢固。

Ⅱ.8 300 m² 橡胶颗粒屋面策划精细、分色美观、坡度顺畅。1 760 m² 太阳能安装整齐有序。停机坪油漆分色清晰,活动栏杆及航标标识符合航空标准。

Ⅲ.3 400 m² 水景屋面、8 700 m² 种植屋面环境优美、景色宜人;景观与医院功能区融为一体、相得益彰。

Ⅳ.候诊中转大厅宽敞明亮,特有的钢琴演奏、高低错落式立面景观新颖别致,环境优雅;屋顶采用张弦梁结构,节点精细;大厅顶为玻璃采光顶,充分利用自然采光,张弦梁索柱底部巧妙设置照明灯具,光照互补,节能环保。

Ⅴ.3.4万 m² 石材地坪表面平整、铺贴牢固、缝隙均匀、色泽一致。

Ⅵ.7.3万 m² PVC 地面平整无起泡,踢脚线根部圆滑过度,符合洁净设计要求。

Ⅶ.9.7万 m² 蜂窝铝板、铝合金拉伸网、矿棉板吊顶排版合理;灯具、喷淋等末端居中布置、成排成线。

Ⅷ.大厅、走廊等公共部位烤漆玻璃立体贯通,不锈钢阴阳角做工精致。

Ⅸ.学术交流区应用火山岩吸音板等新型绿色材料,应用集成智能会议控制系统等新技术,环保智能,施工精细。

Ⅹ.1 023 套共 1.2万 m² 涉水房间六面对缝,地漏八字角设置,坡度合理,美观实用。

Ⅺ.7 760 m² 净化、手术区设计为十万级至百万级净化标准,满足手术、ICU 等功能区洁净要求;独立净化机房安装规范,运行良好。

Ⅻ.8 个内庭院设置垂直绿化墙,将自然采光与绿化融为一体,舒适节能。

ⅩⅢ.277 台配电柜排列整齐、成排成线;接线整齐、标识明确;接地规范,挡鼠板新颖方便实用。

ⅩⅣ.185 台空调机组、128 台水泵安装规范,阀门启闭灵活。

ⅩⅤ.安装系统保温精致,虾弯圆滑,介质流向清晰,管道穿墙封堵严密。

ⅩⅥ.车库管线综合排布,整体效果美观。

（3）相关分项作法、数据、检测结果

Ⅰ.建筑物共设沉降观测点 66 个,观测开始日期 2008 年 9 月,观测截止日期 2013 年 6 月,共观测 39 次。最大累计沉降量 4.8 mm,最大累计沉降量 2.3 mm,最近一次平均沉降速率为 0.001 mm/d,小于多层建筑日均沉降速率 0.04 mm/d 的稳定标准,沉降稳定。

Ⅱ.桩基采用冲孔灌注桩,共 604 根灌注桩。低应变反射波法检测 463 根（76.6%）,其中Ⅰ类桩 456 根,Ⅱ类桩 7 根,Ⅰ类桩数量占抽检总数的 98.5%,无三类桩;声波透射法检测 141 根（23.4%）,其中Ⅰ类桩 139 根,Ⅱ类桩 2 根,Ⅰ类桩数量占抽检总数的 98.6%;单桩竖向静载试验 8 根,基桩桩身完整性合格,承载力等各项指标均满足设计要求。

Ⅲ.建筑物四大角最大垂直度偏差 3 mm（允许偏差不大于 30 mm）,层间垂直度最大偏差 2 mm（允许偏差不大于 10 mm）。

Ⅳ.回填土设计压实系数 94%,最大干密度 1.73 g/cm³,经检测压实度达 94%,最小干密度 1.68 g/cm³,回填土检验共 16 组。

Ⅴ.主体结构为钢筋混凝土框架结构,工程用钢筋总量 17 192 t,复试试件 468 组,钢筋接头试验共 105 组;混凝土总方量 105 579 m³,试块制作 1 101 组,共用水泥 13 680 t,试验 97 组,试验全部合格。经检查,结构使用钢筋、型钢、水泥、石子、外加剂以及混凝土、砂浆标养和同养试块强度符合要求,主体砼线条顺直、阴阳角方正,内实外光,未发现影响主体结构安全的裂缝。

Ⅵ.11 榀巨型转换桁架合计 2 860 t,桁架高度 7.5 m,最大跨度 39 m,单榀最大重量 207 t,工厂化制作精度高,安装就位准确,成型美观;

10 691 m 焊缝 100%探伤检测，均达到Ⅰ级焊缝标准；扭剪型高强螺栓连接孔定位准确，安装规范；经第三方检测，紧固预拉力复验、抗滑移系数检验均符合技术要求；防火涂料厚度均匀、粘接牢固，符合设计要求。

Ⅶ. 工程基础、主体结构由南京市建筑安装工程质量监督站组织评定，达到优质结构工程评定标准。

Ⅷ. 2.4 万 m² 地下结构，防水等级为二级，地下室底板及外墙采用防水混凝土及高聚物改性沥青 SBS 防水卷材，结构无渗漏；1.2 万 m² 卫生间、开水间等涉水房间采用水泥基渗透结晶型防水，无渗漏。

屋面包括 3 400 m² 水景屋面、8 700 m² 种植屋面、8 300 m² 橡胶颗粒屋面，屋面防水等级为二级，采用高聚物改性沥青 SBS 防水卷材，屋面淋水试验合格，经雨季观察，无渗漏。

Ⅸ. 地面主要为 PVC 橡胶地板、花岗岩石材、环氧地坪，其中 PVC 地面 7.3 万 m²，石材地面 3.4 万 m²，环氧地坪地面 2.4 万 m²。

Ⅹ. 内墙面主要为烤漆钢板墙面、钢化烤漆玻璃墙面及涂料。

Ⅺ. 顶棚主要为铝条板、铝合金烤漆拉伸网、明框蜂窝板和优泰克板吊顶，总面积约 9.7 万 m²。

Ⅻ. 建筑外立面采用模组式玻璃幕墙，总面积 4.2 万 m²，四性检测合格。幕墙由南京金中建幕墙装饰有限公司设计安装，资质等级为一级。幕墙面板采用 6low－e＋12A＋6 中空钢化玻璃、凸窗玻璃为 6＋1.52PVB＋6low－e＋12A＋8 玉砂夹胶中空钢化玻璃，玻璃栏杆采用 8＋1.52PVB＋8 钢化夹胶玻璃，充分保证了使用的安全性能。

幕墙用 M12 化学锚栓采用喜利德牌锚固剂，抗拔承载力检测值最小为 9.2 kN，大于 JGJ 145—2004 技术要求的 7 kN，试验合格；SJ668 结构密封胶和 SJ168 耐候密封胶相容性检测合格。

ⅩⅢ. 安装工程包括建筑给水排水及采暖分部、通风与空调分部、自动喷水灭火系统、气体灭火系统、医气系统、药品传输系统等。安装工程总目录、卷内目录齐全，分类清楚，查找方便；竣工资料完整、齐全，符合江苏省竣工资料归档规定，内容翔实，与工程同步完成，可追溯性强；消防、水质检测检验等第三方检验、验收资料齐全、有效，符合法定建设程序要求，验收均一次通过。

ⅩⅣ. 电气工程包括：建筑电气分部、智能建筑分部、电梯分部等。电气工程资料总目录、卷内目录齐全，分类清楚，查找方便；竣工资料完整、齐全，符合江苏省竣工资料归档规定，内容翔实，与工程同步完成，可追溯性强；防雷装置检测等第三方检验、验收资料齐全、有效，符合法定建设程序要求，验收均一次通过。

10）工程质量评估报告

通过质量验收情况、资料核查情况、安全及使用功能检查、材料检测及现场实体检测工作均符合要求；目前规划、人防、消防、环境、节能均通过专项验收，综合上述情况，监理认为本次质量评估范围内的分部工程、分项工程质量符合以下要求：

（1）质量达到施工承包合同约定的要求；

（2）满足设计图纸等文件所要求的安全及使用功能要求，实现设计意图，满足业主使用要求；

（3）符合国家各专业验收规范强制性标准及条款的规定。

因此，监理质量评估结论为：合格。

11）南扩工程的评价节选（2014 年）

（1）首先，作为鼓楼医院南扩工程的建设单位，同时也是使用单位，我们对"鲁班奖"复查组专家亲临现场复查表示热烈的欢迎，也诚挚的期望本工程能够最终顺利取得"鲁班奖"工程奖项。

鼓楼医院南扩工程是南京市十大民生工程之首，是集医疗、教学、科研、保健康复为一体，是目前国内单体规模最大的综合性三级甲等医院。工程总建筑面积 224 813 m²，由医技部、住院部及门诊部 3 个功能单元组成，地下 2 层，地上 14 层，建筑总高度约 58.3 m。工程于 2007 年 3 月 10 日开工，2012 年 12 月 18 日竣工。

鼓楼医院南扩工程开工前,按照国家和江苏省、南京市有关规定,严格按照工程建设程序规范运作,通过公开招标方式择优选择了信誉好、实力雄厚的施工、设计、监理等参建单位,及时办理相关手续,立项、规划、环评、开工、验收等建设程序合法,所需文件齐全,并严格按照合同约定及工程建设进度及时拨付工程款,使各承包单位能按时发放民工工资。工程在投标阶段便确立了高标准、高质量、严要求的工程管理目标,要求各参建单位必须按"鲁班奖"标准控制施工质量。

在施工过程中,中铁建工集团有限公司高度重视该工程的建设,成立了精干高效的项目经理部,建立了有效的质量保证体系和质量组织机构,健全了各项管理制度。同时,与建设、设计、监理等单位密切配合,精诚合作,认真分析工程施工难点,克服了深基坑复杂环境施工、大型钢结构转换桁架施工、新型幕墙深化设计及施工、大面积防水工程施工、大规模设备管线综合排布、上百家专业分包施工协调等施工难点,从基础、主体、装饰等各个分部,全部按照精品工程的标准进行控制,对每道工序严格把关,认真执行"三检制"和"质量验收评定标准",保证了工程质量。

监理单位组建了经验丰富的项目监理部,编制了科学合理的监理大纲和监理细则。施工过程中严格执行监理规范的各项规定,严把质量关,使工程在确保质量的前提下顺利完成并交付使用。

鼓楼医院南扩工程交付使用已有 1 年多,建筑物沉降已经稳定,结构安全可靠,未出现裂缝,2 万多 m^2 屋面、2 万多 m^2 地下室及 1 千多套卫生间等部位无渗漏水现象,施工过程中贯彻并达到了设计要求,实现了"人性化、生态化、功能化和智能化"的建设目标。目前各系统运行正常,自投入使用以来,获得了患者、社会各界、各级政府的高度肯定,已经吸引了国内外 200 多家医院、2 500 多人次参观。中铁建工集团专门成立了土建、水暖电各专业服务小组,一直驻守在项目部,除了正常保修工作还帮助我们共同进行运营管理,我们对其施工质量及保修服务非常满意。

(2) 本工程设计由医技部、门诊部、住院部三个功能单位组成,整个建筑空间丰富,品面紧凑,外形设计新颖、简洁、明快、绿色节能,获得世界建筑新闻奖优胜奖,江苏省优秀勘察设计一等奖。工程报建手续齐全,符合法律程序,合同签订之日起明确创鲁班奖的目标。项目管理体系健全,策划先行,重点抓了二次深化设计,执行了高于国家标准的企业标准,过程中管理严行,措施到位,工程体量比较大,施工难度大,技术创新成果较突出,获得两项发明专利、两项实用新型专利,获五项企业工法和中国中铁杯。经过与各个单位座谈,各单位反映没有发现安全质量事故,获得江苏省建筑施工文明工地,工程基础稳定,结构安全可靠,屋面、地下室、浴间外墙符合外墙防水的部位均未发现渗漏,电气和设备安装排列整齐、运行平稳,管道保温、美观、细腻,所有的末端设备排列合理,屋面、外墙还有吊顶、报告厅、走道设备安装等多处可见做工细腻,质量上乘,技术资料齐全、真实准确具有可追溯性,项目没有违反强行条例的现象,全部项目达到验收的规范要求,业主、设计、监督、监理等单位对工程质量均表示非常满意,考察组同意参评鲁班奖。

12) 经济社会效益

(1) 经济效益

新建成的综合楼与院区原建筑,总面积将达到 30 万 m^2,等于再造了 3 个鼓楼医院,日门诊量 8 000 人次以上的设计最大满足就诊需求,总病床数 3 000 张,有效解决住院病床长期紧张的问题。鼓楼医院南扩工程从投入使用到现在,日最高门急诊量 14 073 人次,核定床位由 1 698 张增加到 3 000 张,最高留院病人达 2 453 人。

(2) 社会效益

项目建成后,获得了患者、社会各界、各级政府的高度肯定,已经吸引了国内外 200 多家医院、2 500 多人次参观,有效解决了日益突出的看病难、住院难等问题,改善就医条件。

一位市民说:"鼓楼医院新大楼代表未来和民众福祉,那么多摩天大楼、现代建筑,许多都是甲级写字楼、五星级酒店,防卫森严,拒人于千里之外,而鼓楼医院新大楼,是属于普通民众的,造福于人。"

赖震　许云松　徐廉政　方凌　张万桑　陆波　刘翔/供稿

一、项目概况

1. 工程概况

（1）工程项目名称：南京市儿童医院河西院区。

（2）工程项目建设地点：南京市江东南路 8 号。

（3）医院土地总面积：83 亩。

（4）新建南京市儿童医院河西院区共分为门诊楼、医技病房楼、综合楼、感染楼 4 个单位工程，另外有连体地下室。该项目占地面积：23 481.8 m²。

（5）南京市儿童医院河西院区总建筑面积 167 615.3 m²，其中地下建筑面积 48 701.7 m²（包括人防区域面积 27 956.41 m²），地上建筑面积 118 913.6 m²。

（6）建筑层数及建筑高度：地下为 1 层连体。门诊楼 4 层，高度 23.85 m；医技病房楼主楼 12 层，总高度 60m；综合楼 6 层，高度 24.8m；感染楼 4 层，高度 22.5 m。

（7）新建病床数和设计门诊量：新增床位 1 100 张，设计门诊量 8 000～9 000 人次/天。

（8）建设工期：2012 年 4 月开工建设，2015 年 12 月起部分投入使用，2017 年 5 月全面投入使用。

2. 建设主要内容

（1）门诊部分：位于整个项目的东面，主入口面对江东南路，江东南路是南京河西地区最主要的城市主干道。

（2）医技病房部分：在门诊楼的西侧，与门诊楼之间由4层连廊联系。病房楼四层以下为医技楼，五层以上为住院病房。其中一层为急诊科和影像科；二层为检验科和儿童输液室。影像科、检验科与门诊和急诊相连，是共用的，在设计中充分考虑方便病人，也易于医院管理；三层一半是ICU，一半是部分手术室；四层是手术室、PICU、SICU、CCU及手术病人家属等候区；设备层在四层手术室与五层之间；五至十二层为病房部分。

（3）综合楼部分：在医技病房楼北边，共6层。负一层为家长餐厅，一层为食堂操作间，二层为职工餐厅，三层以上是进修医生和保卫、物业工人宿舍。

（4）位于最北边的一幢楼是感染楼，共4层。平时作为儿童手足口病和其他一般传染性疾病的诊疗。如果一旦发生烈性传染病，该楼可立即按要求成为封闭式应急隔离区。一层是隔离门诊，二至四层为传染住院病区。

（5）整个地下连成一体，作为立体停车场、配电房、能源中心、库房以及公共辅助用房。停车位地下1 126个，地面150个。

3. 工程项目建设进程

2012年2月29日，南京市发改委批准立项。

2012年4月，基础施工（打桩）。

2012年8月，土建施工。

2013年7月，主体封顶。

2014年5月，为青奥会配套建成5 000 m²急诊区域。

2015年5月，室内装饰施工。

2015年11月18日，工程竣工验收。

2015年12月29日，部分投入使用。

2017年5月底，全部投入使用。

二、重点难点

1. 医院项目建设的难点

1）工期

医院工程本身较为复杂，而南京市儿童医院河西院区的建设对于工期的要求更高，面临的困难更大。河西新城建设项目部和医院项目办公室克服困难，努力完成任务。首先是前期手续的办理，其次，该项目位于青奥村附近，2014年青奥会在南京举办，那是举世瞩目的活动。南京市儿童医院河西院区作为青奥会的备用医疗场所，也是南京市重点任务之一，必须在青奥会之前部分开业。怎么办？河西项目部和南京市儿童医院共同努力，终于赶在青奥会之前建成5 000 m²急诊区域。为使整个医院环境符合要求，在内部来不及装修的情况下，外墙及室外园林绿化工程全面完成，满足了青奥会的需要。该项目在作为青奥会医疗救护场所的同时也进行了儿童门诊的试开诊，为后期的优化设计、施工及材料的选择总结了经验，提供了参考。河西项目部和医院项目办公室积极配合，互相协作，设计方案和流程多次磨合和优化，施工中积极配合，工序穿插进行，最后顺利验收。

2）施工条件

南京市儿童医院河西院区选址在江东南路，实际上与江东南路之间是隔了一河，施工车辆和材料无法进出，为施工方便，施工期间将河填埋。河的东边是轻轨的轨道地基及地下管线部分，轻轨施工与医院建设同时进行，轻轨的出入口与医院通过地下通道直接对接，且地下通道从河底穿过。该工程项目不但自身交叉施工，且与市政建设之间施工也有交叉。西面与部队安居房只有一条小路，路面较窄，只有南面与北面略宽。当时的这个区域一片荒芜，人烟稀少，根本没有道路，整个河西南部都在建设中，施工时运土的车辆进进出出，不是尘土就是泥泞，施工条件较为复杂艰苦。

3）基坑施工

本工程位于南京长江边河滩地上，属于江涂软弱地基，地质条件较差。该工程地下一层，有人防及地下停车库，基坑面积约 55 000 m²，开挖深度 6 m，部分区域 10 m。南边及东北均有河沟，不但进出不便，基坑安全也是重点，排水工作一直不能间断。施工时先将河沟填埋，工程收尾时再重新开挖修整河道、架设桥梁、铺设路面。

4）专业多、范围广

本项目具有医院的共同点，涉及专业多、范围广、设备单体数量多、系统构成复杂、自动化程度高、接口复杂。

本工程涉及专业有建筑、供配电、电气、机电一体化、控制、计算机、自动化、通信、暖通、给排水、消防、污水处理、蒸汽管道、燃气、垃圾处理等。范围包括变电站、电缆、动力照明、设备监控、信息控制、防灾报警及消防联动、通风空调系统（净化空调系统）、给排水及消防、垂直电梯与自动扶梯设备、通信系统、电缆电视系统、公共广播系统、安全防范系统、专用医用对讲系统、电子叫号系统、远程医疗系统、视频视教系统及电子会务系统、触摸屏信息查询、有线电视系统、物流传输系统、医用气体供应系统、停车自动缴费系统等。

根据这些特点，设备分布主要安排在地下室，消防控制室则安排在一楼靠近急诊区域，污水处理站在感染楼的西北边。设备的运行状态采用现代化的控制系统进行监视和控制，并根据实际状况及节能要求调整运行情况，以满足各环境状况的技术要求。

2. 医院项目管理的难点

1）建设周期长

医院项目建设周期长是众所周知，首先是前期策划和立项，南京市儿童医院河西院区原本选址在南京市的南部地区，在市政府的关怀和支持下，最终选址在河西地区。接着施工期间工程项目面临的问题和不确定因素较多，管理难度大。医院建设项目自立项前的策划至备案验收一般长达 4～5 年，建设周期长就给管理带来了困难，增加了项目管理的难度。针对工程建设较多的法律法规，必须遵守，特别是招标投标，必须按规定办理，同时也要满足技术要求，还希望选择好的施工队伍。在招标投标中也会出现一些无法预料因素，管理中提前做好准备工作，预留时间，尽量不让自己被动而延误工期。

2）前期工作推进难

前期工作协调工作量大，医院的功能定位、医疗流程的布局等要考虑医院学科发展的需要、医院发展规划、社会医疗需求，作为政府投资项目，各环节的审批手续繁杂，时间上无法把控。南京市儿童医院河西院区有个特殊情况，作为青奥会的备用医疗场所，必须在青奥会开幕前完成，前期设计方案必须考虑这一因素，给工程进度和管理带来很大的难度。

3）专业性强、专业多、范围广

本项目涉及专业多、范围广、设备单体数量多、系统构成复杂、自动化程度高、接口复杂。工程自身设备有配电、污水处理、空调机组、燃气锅炉等。还有医院的手术室、影像科、口腔科、供应室等专项建设需要医院与项目管理公司协调。这些科室的设备虽然由医院采购，但设备的安装与工程建设是密不可分的。

3. 项目管理全覆盖且难度大

管理是一门学问,管理靠的是人,管理全面覆盖难度大。南京市儿童医院河西院区项目分包单位多,有土建、安装、幕墙、装饰以及手术室、供应室、影像科防护等,对各专业施工队伍的协调管理工作量大。医院方面参与医疗流程设计与管理,不直接管理施工队伍。刚开始,河西项目部对医院一些专业不是太了解,工程施工单位按工程进度正常施工,院方有劲使不上。经过双方沟通,形成一致意见,院方的设备招标要先行一步,不同的设备基础及管线的预埋是不一样的,吊顶不能先做,地坪混凝土不能先打。医院对设备抓紧招标,提供预埋图纸,保证工程进度。

4. 投资控制难度大

1)河西项目部的投资控制

设计方面一是做好限额设计,二是尽量使设计细化完善,减少遗漏,使工程在施工期间减少变更,控制工程投资。

医院工程普遍变更多,未预料的项目多。由于该项目由政府委托代建,南京市儿童医院对资金的管理是不参与的,工程造价与南京市儿童医院关系不大。但是,作为医院方也本着为政府节约的原则,将资金用在刀刃上,该用的用,该省的省。在材料选择上并不需要用高档的建材堆砌,医院建议大胆应用活泼大方的色彩,造型上力求简洁明快。设计师采纳了医院的意见,设计手法独特,材料运用和色彩搭配和谐,既体现医疗环境的高品位,又不追求奢华的表象,更体现了儿童医院特色,符合儿童心理。手术室、智能化等费用不能省,墙面材料在同等效果的情况下,用价格低的。主体工程完成后装饰之前,在病区做了两个样板间,墙面分别采用康贝特板和钢板两种材料,请河西指挥部、卫计委领导、项目部以及施工单位人员到现场观看。两种材料外观及强度效果基本一样,则选择了价格低的钢板,既漂亮又节约资金。

作为工程的主要管理者、也是资金的主要控制单位河西项目部在工程施工期间,对投资控制极为重视,跟踪审计在现场办公,每笔付款都要严格审查。

2)医院项目办的投资控制

医院河西项目办公室协调医院设备采购部,该招标的医疗设备提前招标。医院从事过建设的同志提醒施工单位在工序上注意,有些墙可暂时不砌,有的地面暂时不做。比如:放射科,因为青奥会期间已安装一台 CT 机,周围的地面做还是不做,施工单位想一次完成。医院建议,未安装的部分暂时不做,等青奥会后安装另外一台设备时再同时做,减少变更,节约了资金。

医疗设备和家具、床单元的采购由医院负责,医院全部按招标要求,在保证质量的同时,以价格因素占较大比重,以合理低价中标。

三、组织构架与管理模式

1. 组织构架

该工程项目由政府直接委托南京新城建设管理公司代建。医院成立了河西项目办公室,由院领导、护理部主任及工程人员组成。项目办公室设在工地现场,与代建单位一起办公,参加代建单位例会和专项工程讨论会。在现场遇到问题及时沟通解决,较大的问题反馈回医院,由院领导研究决定。

工程项目建设全过程的管理通过项目管理公司实现,管理公司在现场项目部 3 人,项目经理 1 人,分管土建及安装各 1 人(图 1)。

2. 管理模式

本项目实行代建制管理模式,代建制管理模式有两种,一种是由政府直接委托代建,一种是由医院委托代建。南京市儿童医院河西院区是采用第一种代建模式,即由政府直接委托代建。代建单位为南京河西新城建设项目管理公司。代建公司的主要任务是按照批准的概算、规模和标准,严格规范建设程序,对建设项目实施质量、工期、投资及安全的有效控制。

代建单位从项目建议、可行性研究、方案设计,到施工管理、竣工验收、工程财务监管审计、项目建成交付使用等环节实行全方位研究和全过程项目管理服务,确保设计方案科学合理并在施工中得到充分体现,项目现场安全有序,加强合同管理、信息管理,并严格按照计划进度推进施工。

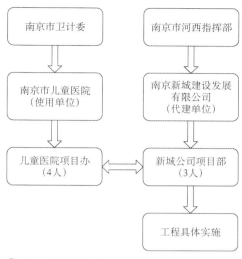

◢ 图1　组织架构图

南京市儿童医院派出由院领导、护理专家、工程技术人员组成项目部,协助代建公司设计医院平面流程、提供医院规模、床位数、医技等各种医疗需求,针对儿童医院特点和专项设计的特殊要求以及专项工程招标提供帮助(图2)。

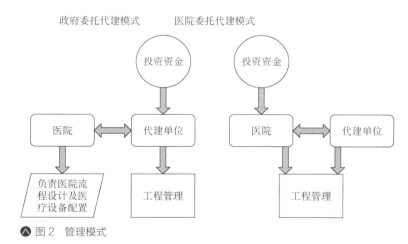

◢ 图2　管理模式

实践证明,南京市儿童医院与河西新城建设管理公司的沟通协作非常成功。在工程管理的过程中互相支持、最终实现目标。

四、管理实践

1. 管理理念

集约化、精细化、人性化、规范化、重视节能、合作共赢。

2. 管理方式

1)过程管理

项目全过程策划特别是前期策划、选址非常重要。实践证明,南京市儿童医院河西院区选址是成功的,极大地方便了病人,缓解了广州路的交通压力,对南京市的儿童医疗发展起到了重大作用。

该项目的管理分为两部分,一部分是河西新城项目部的管理,主要针对工程的质量、进度、投资进行有效管理。资金的筹集由政府投入和新城建设公司负责。工程的前期报建、施工全过程管理、材料采购、招标投标、工程竣工验收均由代建方负责。另一部分是医院方的管理,着重在医院流程管理,对实用性、美观性、儿童特点及使用管理方面提出建设性意见。医院方负责医院流程设计,现场配合协调。医疗设备采购、家具、床单元的招标工作由医院方负责。医院制定了"工程招标管理规定"和"资金使用规定",用于河西项目的资金独立核算,专款专用。

对于专项工程,比如手术室、供应室、ICU 等专项工程的招标由医院给出技术参数,专题会议讨论,确定招标方案及材料、设备等具体要求。

2)设计管理

设计任务书阶段,由河西指挥部与南京市儿童医院、南京市卫计委一起筹划、调研。医院提出各种需求,并配合编制设计任务书。在全国征集设计方案,设计方案由有关专家组成评审小组,讨论评选,最后投票表决选择最优方案,并提出优化意见。

在施工过程中,加强与设计单位的沟通协调,如遇重大问题,组织专题会,同时协调设计单位在施工阶段的配合工作。

其中手术室、供应室、影像科、ICU、检验科等由专业设计公司深化设计,更加专业完善。设计方案由医院相关科室和医院感染科共同审查,确保流程符合医疗规范要求。

3)招标采购管理

南京市儿童医院河西院区工程建设方面的招投标管理由河西负责。

对于专业性比较强的工程项目,单独设计、单独招标。专业方面征求院方意见,技术参数由院方提出,招标文件、招标方案及评标办法共同讨论,最后定稿(图3)。

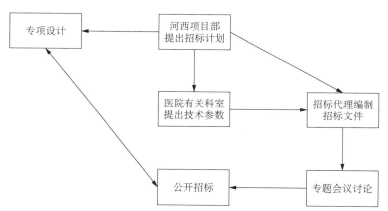

∧ 图3 专项工程招标采购流程

由医院采购的物品如家具、床单元、窗帘等,由医院项目办负责招标采购,提前做好准备工作;医疗设备采购由医院医学装备部和医院招标采购部负责。招标完成后,医院医学装备部提供设备预埋图纸及水电接口等要求,由医院项目办与河西新城公司项目部现场协调施工单位施工。

招标严格按照国家和医院的有关规定,一是尽量提前做好招标准备工作,为工程建设提供保障,为后续工作创造条件;二是招标过程公开、公平、公正。所有招标由医院纪委、审计部门全程跟踪监督。

案例 1

影像科设备招标

南京市儿童医院河西院区的影像科设计在医技楼一楼的北边。影像科共设计 7 台 DR,2 台 CT,

本次安装1台核磁,备用2台。而这几台设备安装要求完全不同,对土建施工也是影响最大的。医院有关科室与河西新城公司多次开会,新城公司希望了解设备的重量、体积、水电要求,医院积极组织招标、谈判,及时提供预埋图纸、位置、尺寸等,并派设备厂家技术人员现场配合,医院工程技术人员协调,顺利完成。

案例2 <center>供应室招标</center>

医院供应室提供技术参数,招标代理编制招标文件。在会审时,有人提出消毒设备只有技术参数,而不明确档次,会造成进口还是国产的差异,投标人一般会按低档次投标。经研究决定要求消毒设备为进口,其余设备自报。

4)投资控制

投资控制是项目管理的主线,贯穿于整个项目过程。

(1)建立跟踪审计制度,审计人员常驻现场,从可研阶段即介入,对投资控制的各个阶段,以及工作的重点和要点进行分析,对每项工程均审计,没有审计不付款。

(2)投资控制的关键是设计阶段,设计对于投资控制比例占工程总投资的70%。落实限额设计,将限额设计的要求明确在设计合同中,在过程中进行监督和落实。

(3)落实招标投标制度,通过招标投标,规范行为,节约资金,控制投资。

(4)投资控制是贯穿于全过程的管理,体现在每项工程中,之前不控制,施工过程中不控制,到工程结束,那时就无法控制了。

案例3

由医院项目办负责招标的家具项目,数量多,品种复杂。项目办公室首先安排设计,设计方案由设计师在医院会议上讲解,对家具功能、材质、色彩逐条讨论通过。其次编写招标文件和确定评标方法,与政府采购部门多次沟通,完成招标工作。家具生产前,项目办公室的同志还要在现场仔细核对数量、尺寸。通过招标节约资金如下(表1)。

表1 南京市儿童医院河西项目办公室负责招标项目节约资金情况

招标项目	财政预算(万元)	结算金额(万元)	节约资金(万元)	节约资金
床单元	400	363.23	36.77	9.19%
家具	800	489.09	310.91	38.86%
窗帘	140	72.79	67.21	48.01%

5)沟通管理

沟通有不同的方式和不同的层面:

(1)政府职能部门沟通。在市政府会议上及有关场合,对方案、投资、定位等大的决策进行汇报,领导对河西和南京市儿童医院建设工作予以充分肯定。

(2)院领导与河西新城公司领导的沟通。院领导与河西指挥部领导每月一次月会,通报工程进展情况。

(3)医院项目办与河西项目部的沟通。医院项目办公室参加每周的工程例会,遇到专业问题,专题会研究专项工作。

(4)充分理解河西代建单位是想建成一个满意的成功的医院。互相理解、互相支持、互相沟通,感情融洽了,工作开展起来就比较顺利。

6）进度控制、质量控制、安全控制

（1）进度控制

在项目建设初期，就制订了总进度计划，同时将总进度计划进行分解，分阶段落实，为了明确各阶段的工作任务，将进度计划各阶段任务细化，分解到每月、每周，制订相应的工程计划表。

过程中定期将计划与实际完成情况进行对比，发现问题，及时调整。同时，根据进度计划落实责任主体，监督落实。河西代建单位制订总进度计划，分解，跟进。院方积极配合，该设备招标的招标，该提供技术参数的尽早提供。医院积极配合新城公司的项目进度安排。

（2）质量控制

Ⅰ.质量是工程建设的根本，首先设计质量得到保证，精心设计，该工程建筑结构安全等级设计为二级。

Ⅱ.工程项目部重点抓工程质量，每周例会制度，有项目部、监理、各参建单位参加，汇报工程情况，项目部和监理对工程队提出质量要求，同时协调各专业之间的工作关系。

Ⅲ.鼓励施工单位成立全面质量管理控制小组（QC），运用质量管理的理论和方法，针对现场存在的问题，降低消耗、提高素质、改进工程质量。

Ⅳ.南京河西新城项目管理公司质量部定期对项目现场进行质量检查，并开展评比和竞赛活动。

Ⅴ.南京市儿童医院作为使用单位，项目办人员每天在现场，发现问题及时与河西项目部联系沟通。医院工程专业多、施工单位多、交叉施工多、工序复杂，要求各工种互相协作。南京市儿童医院项目办公室同时督促院内相关部门医疗设备尽早招标，确定型号，便于预留基础和管线，以保证工程质量，否则，会引起已施工的墙面或地面的破坏。

Ⅵ.为保证工程质量，该工程还自主研发了新技术，有"BIM仿真施工技术"

等4项创新技术，"幕墙组合式陶土板装饰线条施工工法""大截面镀锌钢板风管'L'形插条作接补强连接施工工法"获评江苏省省级工法，"坑中坑内模固定专用工具"等16项技术，这些技术获国家实用新型专利，同时提高了工程质量。

（3）安全控制

不管哪种管理模式，安全与质量同等重要，永远是第一位的。

Ⅰ.建立健全安全生产组织机构，定期检查和解决现场安全隐患。

Ⅱ.严格落实安全生产责任制度，认真贯彻执行国家法律法规。

Ⅲ.强化现场安全管理、跟踪检查，发现问题及时解决。

Ⅳ.区域划分，施工区与生活区严格分开，落实责任人，保证施工现场安全。

7）合同管理和信息管理

（1）建立合同管理制度，并有专人管理合同。

（2）合同管理信息化，编号、入档、存放。项目部一份、监理一份、跟踪审计一份。

（3）平时多熟悉，了解合同条款，特别是付款方式和付款条件，遇到争议时仔细研究合同，按合同办事。

8）变更管理

（1）建立变更制度并严格执行。

（2）规范变更程序，认真操作。

（3）坚持变更原则，不搞变通。

（4）为病人着想，以医疗为依据。

案例 4

急诊室门口雨棚

南京市儿童医院河西院区的外墙均为玻璃幕墙，急诊区域之前从外观设计上没有雨棚。在医院试运行期间,发现急诊区域急救车下雨运病人会淋到雨,应加做雨棚。医院领导与河西新城建设公司沟通,决定增加。但是施工难度比较大,经研究和反复论证,设计为钢结构雨棚。施工期间现场派人监督,保证安全、保证质量。

变更管理的程序是:①医院与河西新城公司沟通变更的必要性和可行性。②医院签发工程变更联系单。③河西项目部报新城公司备案。④设计图纸。⑤施工单位报预算。⑥工程实施。⑦决算审计。

9)廉政建设

(1)制度保障,一切按法律程序,该招标的招标,杜绝人情,使招投标工作公开、公平、公正。医院纪委与审计全程跟踪、监督。

(2)加强廉政教育,对项目参建单位所有人员进行党风廉政建设和法制宣传教育,提高他们的政治思想认识,增强他们的廉洁自律的意识。

10)经济社会效益

(1)经济效益

南京市儿童医院河西院区投入使用后,医疗环境大大提高。作为医院既要讲经济效益,又不能完全谈经济效益,河西院区使用后,医院总的就诊和住院人数增加了,总收入是增加了,但人均诊疗费并未增加,未增加病人负担。医院的经济效益怎么来呢?经济效益体现在更多更好地服务儿童和建筑节能方面,该工程采用多项节能技术,使医院在运行中节约成本、减少支出。

南京市儿童医院河西院区投入使用后,原2016年日平均门诊楼量为6 200人次/每日,现日平均门诊量为7 700人次,增长了24.19%;出院人次数增长了7.15%;检验人数 增长28.24%;拍片人数增长了28.21%;住院床位增加1 100个。新设一个一日病房,满足了不同病人的就医需求(图4)。

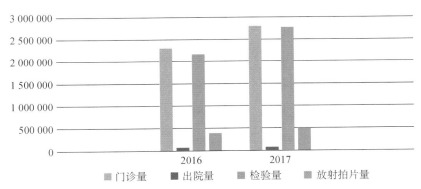

⋀ 图4 2016—2017年各项指标增长情况图

(2)社会效益

河西院区的投入使用,不仅改善了南京市儿童医院的医疗环境,并且极大地方便了南京西部及周边地区儿童就医,使南京地区医疗的分布更加合理,同时缓解了南京市广州路地区的交通压力。河西院区的使用,为医院扩大和开展新的医疗项目创造了条件,使南京市儿童医院能更好地发展,有的专科原来只有一个病区,远远不能满足病人需求,现增加病区后,病人能得到及时的治疗和减少住院等待时间。南京市儿童医院河西院区设计以新型医疗模式为先导,以便捷高效为目标,以减轻儿童病痛为己任,满足现代社会对医疗服务的更高要求,突出现代化、智能化、人性化的医疗环境。不但是病人,医院的医护人员的工作环境也大大改善,使医护人员也能愉快的工作。

11)项目特色

(1)色彩的应用

儿童的心理状态容易受到色彩的影响,因而在南京市儿童医院设计中,颜色的应用要丰富多彩。

该项目色彩运用活泼大方,充分体现儿童特色。利用色彩的积极作用作辅助治疗的同时,也改善了医疗环境,激发孩子们的创造性和好奇心。如图5所示。

△ 图5 儿童乐园图

医院以"童心"为主题,院内处处充满了这一理念。门诊区域设有"童心乐园",集娱乐、教育培训于一体。墙面有海洋、太空、十二生肖等图案。

病房采用大地、森林等自然色彩格调,并以卡通人物和各种动物为背景,每个病房都能看到绿色的草地与树林。病房还设有儿童活动中心。

设计中还提炼自然元素,比如"奔放的草原""奇幻的海底""神奇的太空",根据不同元素主题设计不同的图案,在空间中表达设计的趣味和神秘。处处体现儿童乐园的主题。

(2)节能

该工程全寿命周期贯穿绿色理念,获住建部绿色三星建筑认证,建筑节能达65%。其中,幕墙陶土板装饰条巧妙利用建筑布局,夏季遮挡阳光,冬季充分接受阳光;太阳能热水系统、屋面导光管采光系统、种植屋面等绿色技术的运用,实现了零污染、低能耗、节能环保;雨水回用、中水系统的运用,可直接节约用水;空调系统采用远大空调,利用热电厂废气转换为能量供暖和制冷;气动物流系统、取药处药品自动发放系统,实现了从库房到病房、库房到病人手中的智能、高效传输。病人家长洗澡采用刷卡取水,每次限定时间,节约了水资源。

(3)创新与实践

只有创新才有发展,只有创新才有生命力。该工程在施工过程中勇于创新,自主研发了新技术,有"BIM仿真施工技术"等4项创新技术,"幕墙组合式陶土板装饰线条施工工法""大截面镀锌钢板风管'L'形插条作接补强连接施工工法"获评江苏省省级工法,"坑中坑内模固定专用工具"等16项技术,这些技术获国家实用新型专利。

创新不但是技术创新,管理也同样需创新。医院在运维管理上改变传统思维,创新理念,实践管理现代化。空调管理改变医院工作人员或物业人员值班的传统做法,医院与远大空调有限公司签订协议,人员、值班、气源、运行、维护工作均由远大公司负责,医院只考核冬天暖气热不热,夏天空调冷不冷。

污水处理也是由专业单位负责,厂家的责任心大大加强。降低了费用,节约了人力成本,提高了解决问题的效率。地下停车场智能化管理,车辆进入无须取卡,微信、支付宝等均可实现付费。

由于各工程施工单位均是与河西新城公司签订合同,在施工期间南京市儿童医院不参与工程款的支付管理,但是工程竣工验收后在保修期都有一笔尾款,为了更好地保障医院的运行,河西新城公司除了安排施工单位留守人员承担保障工作,双方还签订协议,约定最后尾款的支付,在保修期结束由医院方签字认可才能付款。

12)获得奖项

医院自 2016 年 6 月 1 日正式使用以来,已接待各类病患 280 余万人次。工程各项功能满足设计和使用要求,各系统功能良好,所有设备运行正常,社会各界反映良好,先后获得了江苏省优秀设计、全国建筑业绿色施工示范工程、省部级建筑新技术应用示范工程、中国安装之星、江苏省"扬子杯"优质工程奖、江苏省建筑施工文明工地、南京市建筑优质结构等荣誉。

2017 年 11 月该项目荣获中国建筑工程最高奖——鲁班奖。

邵春燕　金福年/供稿

关于现代化医院建筑的经验与思考

——徐州市第一人民医院整体迁建工程

　　徐州市第一人民医院暨徐州医科大学附属徐州市立医院、徐州市红十字医院,始建于1935年,是一所设备先进、技术精湛、环境优美,在徐州市乃至淮海经济区有较大影响的、集医疗、教学、科研为一体的三级甲等综合性医院。先后被命名为国家级爱婴医院、江苏省医师进修基地、国际白内障复明基地、国际"微笑列车"纯腭裂手术定点医院、民政部、卫生部"明天计划"手术定点医院。徐州市眼病防治研究所、徐州市眼科医院、徐州市脑血管病研究所、徐州市不孕症研究所皆设于该院,2018年5月与江苏吴孟超医学中心合作共建"中国医师协会肝癌专委会淮海经济区肝胆胰诊疗学术中心"和"江苏吴孟超肿瘤精准医学中心"。

　　目前,医院(本部)占地面积4.2万 m²,建筑面积7.2万 m²,编制床位1 200张,全院设有28个病区、34个临床科室、11个医技科室、3个研究所、10个教研室。拥有3个省级临床重点专科、1个江苏省腹膜透析指导中心、1个市级优势科室、1个市级诊疗中心、1个市重点实验室、4个市级重点学科和26个市级重点专科;在职职工1 700人,其中高级技术职务419名,享有国务院政府特殊津贴的专家3名。博士、硕士研究生270名,江苏省"333"工程培养对象22名、徐州市优秀专家、徐州市拔尖人才38名,硕士生导师20名;拥有300余台代表当今先进水平的医疗设备,承担着徐州市及苏、鲁、豫、皖四省接壤地区的重要医疗抢救任务。

一、目前医院概况

为彻底解决徐州市第一人民医院场地狭小、交通拥堵、设施陈旧等一系列制约医院发展的关键因素，徐州市人民政府根据城市整体规划，对徐州市医疗系统进行了整体区域规划调整，确定第一人民医院进行整体搬迁。新院区位于铜山区大学路265号，并列入徐州市"三重一大"工程项目和重大民生工程，该项目于2015年10月12日正式开工，2016年10月主体封顶，于2018年12月全面竣工并投入运营。

1. 工程概况

（1）工程项目名称：徐州市第一人民医院整体迁建项目。
（2）工程项目建设地点：徐州市铜山区大学路265号。
（3）医院占地总面积：140 000 m²。
（4）医院总建筑面积：389 800 m²；一期工程建筑面积：346 000 m²，其中，地上部分建筑面积：233 000 m²，地下部分建筑面积：111 700 m²。
（5）设置机动车位：3 800个。
（6）建筑容积率：1.85。
（7）建筑密度：32.8%，绿化率：35%。
（8）一期建筑为8栋单体建筑。
（9）建筑高度：55m。
（10）病床数：2 500张。
（11）建设工期：2015年10月—2018年10月。

2. 建设主要内容

医院主要设置：急诊部、门诊部、住院部、医技科室、行政办公、保障系统及院内生活等。门诊楼为5层7.5万 m²，行政办公楼为6层1.7万 m²，后勤保障系统为7~8层（二期项目），综合楼为9层2.2万 m²，住院楼为15层2栋5.5万 m²，14层1栋（含裙楼）5.1万 m²，经济酒店6 500 m²，感染楼2 700 m²，住院楼最高为55m（表1）。

表1　建设内容

标段	单体名称	建筑面积(m²)	结构/层数		总高度	备注
1	门诊医技楼	75 100	主体73 963 连廊1 137	框架　5	23.1	地下：2
2	综合楼	22 653	/	框剪　9	37.5	地下：2
3	行政信息楼	17 052	主体14 426.5 连廊2 625.5	框剪　6	25	地下：2
4	病房楼1	27 126	/	框剪　15	56.4	地下：2
5	病房楼2	27 779	主体 连廊	框剪　15	56.4	地下：2
6	病房楼3	50 836	含裙楼	框剪　14	58.2	局部 地下：2
7	感染科楼	2 769	/	框架　3	13.5	
8	商务酒店	6 542	/	框架　5	20.55	

（续表）

标段	单体名称	建筑面积（m²）		结构/层数		总高度	备注
	地下车库	111 643	负一 68 128 负二 42 715	剪力墙	2		地下
	核医学科康复楼	4 688			3		
	合计	346 000					

3. 工程项目建设进程

本工程自 2013 年 6 月 14 日徐州市规划委员会批准立项；

2014 年 12 月 11 日获得桩基施工许可证；

2015 年 10 月完成桩基工程；

2015 年 10 月 12 日土建工程开工；

2016 年 10 月 30 日 8 栋主体结构封顶；

2018 年 12 月 30 日竣工；

2019 年 2 月 1 日对外试运行。

二、重点难点

1. 医院项目推进的难点

（1）工期

本工程建设周期为 3 年，项目为 2015 年 10 月份开工建设，原计划于 2018 年 6 月份前医院整体搬迁，因施工条件、基建规模以及环保督查原材料涨价等客观因素，工程延期至 2018 年 12 月底完成并部分投入使用。

（2）施工条件

本项目位于铜山区大学路西侧佛手山下，施工场地为山体结构，爆破任务是制约工程进展的重大因素。本项目在基础爆破方面进行了合理安排，由于基坑设计调整变更，基坑在原设计方案向下加深 400 mm，增加了工程难度。我们精心组织、周密安排，解决了各方面矛盾冲突，完成土石方爆破 100 万 m³。做到了现场施工安全，文明管理有方，工程有序推进。用 180 d 时间顺利完成基坑施工任务，为全面土建工程开展奠定了基础。

（3）专业多、范围广

大型综合医院建设具有特殊性，本项目涉及专业多、范围广、设备数量多、系统构成复杂、自动化程度高、接口复杂。

本工程涉及专业有供配电、电气、机电一体化、控制、计算机、自动化、通信、暖通、给排水和消防等。范围包括变电站、电缆、动力照明、设备监控、信息控制、防灾报警及消防联动、通风空调系统、净化空调系统、给排水及消防、垂直电梯与自动扶梯设备、通信系统、电缆电视系统、公共广播系统、安全防范系统、专用医用对讲系统、电子叫号系统、远程医疗系统、视频视教系统及电子会务系统、触摸屏信息查询系统等。

2. 医院项目管理的难点

（1）建设周期长

医院建设项目自立项前的策划至备案至验收一般长达 4～5 年，建设周期长就给甲方管理带来了诸多不确定性因素,增加了甲方的项目管理的难度。

（2）前期工作推进难

主要体现在协调工作量大,要考虑医院学科发展的需要、社会医疗需求、医院发展规划、医院的功能定位及医疗流程的布局等,作为"三重一大"重大民生项目,各环节的审批手续繁杂,时间上无法把控。

（3）专业性强、专业多、范围广

本项目涉及专业多、范围广、设备数量多、系统构成复杂、自动化程度高、接口复杂,所以,医院建立了职能科室、临床医技科室联络员制度,各职能科室、临床医技科室也可随时联络到工地现场对接,真正满足临床医技科室使用功能的需要,符合医疗规范要求。

（4）投资控制难度大

投资控制是医院工程建设的重要因素,主要是由于医疗技术、医疗设备快速发展,建筑布局配套条件出现了未使用已经先滞后的现状,由于近两年来环保督查等因素,导致各类原材料大幅涨价。另外由于有些医疗功能在前期阶段无法明确,给后期管理上投资控制带来一定困难。

三、组织构架与管理模式

（1）组织构架

组织结构:整体迁建工程由徐州市第一人民医院、市政府投资项目代建中心、铜山区重点办等责任单位及主管单位相关领导组成领导小组,建设领导小组下设办公室、综合协调处、施工管理处(项目部),隶属工程建设领导小组直接领导,明确分工、理清责任(图1)。

（2）管理模式

本项目由徐州市第一人民医院自筹资金投资建设,政府给予适当补助,徐州市代建中心参与技术指导。项目全过程的管理通过工程领导小组及监理、跟踪审计和相关职能部门来实现。项目经理行使项目工程建设的各项管理职责,并对项目工程具体指导。

工程领导小组以制度建设为抓手,提供了从规划咨询、项目建议、可行性研究、方案设计,到施工管理、竣工验收、工程财务监管审计、项目建成交付使用等环节的"一条龙"全过程项目管理服务,并建立了一整套规范化、专业化

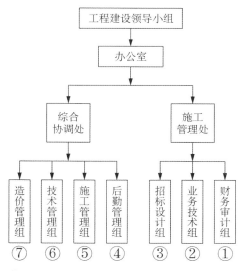

▲ 图1　组织架构图

的管理模式。实践证明,这一管理模式对控制项目建设的规模、建造工期、投资指标是行之有效的方法之一,切实提高投资的社会效益和经济效益。

四、管理实践

1）管理理念

（1）坚持集约化、精细化、人性化、规范化的管理实践理念。

（2）指导思想:达到指标、符合预算、质量创优、管理创新。

（3）施工管理指导思想:主体优质、装修精致、安装做细、工地达标。

（4）建设目标:确保省级标准化工地、江苏省扬子杯、争创国优。

（5）项目管理工作原则:监督与指导相结合、网格与专业管理相结合、检查与验收相结合。

2）管理方式

（1）项目全过程策划

本项目以"事前策划、目标清晰，过程控制、执行有力，事后总结、不断规范"为总体思路。

项目的前期策划工作主要是产生项目的构思，确立目标，并对目标进行论证，为项目的批准提供依据。它是项目的关键，对项目的整个生命期，对项目实施和管理起着决定性作用。尽管工程项目的确立主要是从上层系统、从全局和战略的角度出发的，这个阶段主要是上层管理者的工作，但这里面又有许多项目管理工作。为确保项目顺利实施，取得成功，我们在项目前期策划阶段就进行严格的项目管理，寻找并确立项目目标、定义项目，并对项目进行详细的技术经济论证，使整个项目建立在可靠的、坚实的、优化的基础上，因此顺利通过市规划委员会审查并获得通过。

（2）项目管理手册

整体迁建工程开始之初，医院基建处协调有关部门制订了"项目管理手册"，参与项目管理的各方明确各自的主要工作和担负的责任，做到分工明确、职责分明、有法可依、有章可循。"项目管理手册"编制了项目管理工作制度、项目管理工作职业道德和纪律、合同管理、信息和文档管理、财务管理细则、项目管理中变更控制的相关规定及施工违章处罚规定等制度。

徐州市第一人民医院"项目管理手册"中包括工程进度管理制度、甲控材料设备采购管理办法、合同管理制度、工程质量管理制度、安全生产管理制度、工程变更管理制度、工程签证管理制度、深化设计管理制度、工程档案管理制度、工程移交工作制度和廉勤建设"十不准"共计 4 部分 13 项，规范了各项工作的操作流程；明确了共建双方主要职责，以及项目领导小组（基建处）的工作职责；保障了项目建设中的各项工作有章可循，为迁建工程的执行创造了良好的条件。

（3）设计管理

设计任务书阶段，基建办通过研究熟悉项目前期的有关内容和要求，提出各种需求，并编制设计任务书。广泛调研、参观考察国内先进医院建设方案，吸取其精华，同时将设计方案组织各科室相关医疗专家进行讨论，在征求广泛意见的基础上，修改完善设计任务书。在医院设计过程中，明确设计总包、设计分包单位以及与医院之间在设计方面的责任关系。

明确各阶段的设计要求。在施工过程中，加强与设计单位的沟通协调，如遇重大问题，组织专题协调会，同时协调设计单位在施工阶段的配合工作。

（4）招标采购管理

Ⅰ．由于医院项目涉及面广，专业单位多，根据"项目管理手册"的要求编制招标采购计划，同时在医院项目招标过程中，特别重视招标的前期准备策划，工作界面和招标过程中分析评审，在招标过程中，充分考虑建设项目各方的需求，结合医院建设的特点，功能的需求，以及环境条件等，制订"采购制度"。如表 2 所示。

案例

在开工前准备阶段，为了确保桩位图的准确性，提前对项目污水处理站、电梯、锅炉、冷冻机等进行了公开招标。特别是污水处理站的提前招标，为后续的施工创造了极为有利的条件。

Ⅱ．专业分包与设备采购招标中，明确招标采购原则，分类进行招标采购，招标过程严格按照概算进行限额招标。同时，对于内部评议和询价的材料组成"五人工作小组"，并请医院纪委、工会、审计、财务部门全程参加。

（5）投资控制

投资控制是项目管理的主线，贯彻于整个项目过程。

Ⅰ．在项目前期阶段，对拟投资的项目从专业技术、市场、财务、经济效益等方面进行分析比较，结合以往相关工程的经验，完善投资估算，合理地计算投资，既不高估，也避免漏算。

表2　甲控材料、设备采购文件审批表

徐州市第一人民医院整体迁建工程

编号：

项目名称				
主要内容				
采购方式				
招标代理公司		年	月	日
施工承包方	项目负责人：	年	月	日
施工管理处 （代检中心）	经办人： 负责人：	年	月	日
综合协调处 （市一院）	经办人： 负责人：	年	月	日
法律顾问		年	月	日
建设领导 小组		年	月	日

Ⅱ. 建立财务监理制度，明确财务监理是主要责任人，财务监理从可研阶段即介入，对投资控制的各个阶段，以及工作的重点和要点进行分析，作为项目管理的指导。

Ⅲ. 落实限额设计，将限额设计的要求明确在设计合同中。在过程中进行监督和落实。

Ⅳ. 投资控制全过程动态管理，在工程初期阶段就要求将设计概算与投资估算进行对比分析，找到差异点，明确投资控制的目标。

在项目实施过程中，将批准的概算分项切块，明确分项控制目标。形成资金的"蓄水池"，同时将概算、清单、投标文件、施工预算进行分析比较，对投资控制趋势进行预测和分析，找出投资控制的难点和要点。

Ⅴ. 充分调动设计、监理、跟踪审计、代建中心以及参建单位的技术力量，学习和借鉴国内外大型医疗项目的管理经验，对设计方案和施工方案进行优化。

案例 1

现代化医院工程建设的设计、施工及其管理是十分复杂的，必须有高度的组织能力和人尽其能、物尽其用的安排技巧和正确最优的设计及施工方案，才能取得好的或比较好的投资效果。所以，要充分发挥设计、监理、跟踪审计、代建中心以及参建单位的技术力量，同时，借鉴国内外大型医院项目建设和管理经验，使该项目建设中发挥最优。

医院基建投资效果主要体现于两个方面：一是对于整个项目来说，要求缩短建设周期，确保工程按期或提前建成投产或交付使用，以创造价值和提供盈利，或迅速回收投资；二是对于建设施工来说，要求节约费用，降低成本，使用有限的资金完成更多的工作量。

施工方案的内容包括：计划工期和进度、劳动组织和编制、机械装备、施工程序、技术措施以及降低成本的途径等。其编制对象可能是一个建设项目，也可能是一个单项工程或单位工程；在特殊情况下，还可能是有重大技术问题或关系施工全局的分部分项工程（如工艺装置中新型特种仪表设备的安装，建筑工程特殊部位的钢筋混凝土构架浇注等）。随工程对象不同，施工方案内容的范围和深度可

能有所区别,但编制施工方案的目的是一致的,这就是全面衡量各种因素的影响,有条不紊地组织施工,提高速度,降低消耗,以追求良好的技术经济效果。作为建筑安装施工企业,对一项工程有可能同时存在几种施工方案。方案不同,经济效果也不一样,在满足某些基本要求的前提和客观条件的限制下,其中必定有一个效果较理想的方案,即最佳经济方案,这就需要对可采用的几种施工方案进行技术经济分析对比,择优而用。

事实表明,施工方案的经济效果是整个活动中各种影响因素的综合反应,而这些因素又是互有联系,互相制约,互为因果的。为了追求高速度而不计消耗、不讲核算,这种方案当然也是不足取的。因此,经济效果最佳的施工方案,应该是以满足工程质量(即设计规定的技术条件及采用的规范标准)和建设工期要求为前提,消耗最小,成本最低的方案。

施工组织设计,前者适用于指导全局的总体规划,后者是具体施工阶段的实践依据。重点应着眼于技术和效益两个方面,一般的基本内容是:①必须而且可能考核的施工指标,如工期、质量、工作量和生产率等;②主要消耗定额,如需用劳动量、材料量、施工机具及台班数量等;③重大技术课题及其所用工艺方法的先进性、现实性;④组织工序衔接和交叉作业的科学性、合理性;⑤技术经济效果,方案实施的可能性,相应于"这种"方案的全部施工费用(通常只能采取推算的方法)。对一个方案进行经济分析时,往往有多种矛盾交织,这就需要再综合考虑,全面权衡各种因素的基础上,围绕解决主要问题(比如究竟是保证工期为第一,满足技术条件为第一,还是控制成本为第一,等等)来评价各种参数和实施办法,从而得出较为理想的经济效果的"平衡点"。现行施工管理体制规定,施工方案的编制工作一般由负责项目技术汇总的工程师或工程部门的负责人来组织进行。因为他们全面掌握工程情况,对于施工方案各种因素的内在联系又有着比较深入的了解,可以由他们主持方案的经济分析工作最为相宜。如果这项工作由既明白施工技术和施工管理,又懂得经济核算的经济师来担任是比较理想的,只是这种人才目前尚不可多得。这正是施工方案的经济分析和效益评价工作在一些企业未能很好地开展的一个重要原因。为此,我们要求工程施工管理人员必须学习经济管理,懂得一些技术经济方面的业务知识,同时加强施工企业技术经济工作人员的全面业务的训练,取得了很好的效果。

Ⅵ.结算阶段,严格遵循合同、国家相关文件、设计图纸及相关工程资料,审核工程决算的真实性、可靠性、合理性,凡属于合同条款明确包含的,在投标时已经承诺的费用、属于合同风险范围内的费用,以及未按合同执行的费用等投资坚决剔除。同时,结算结束后配合财务决算和审计工作。

(6)沟通管理

Ⅰ.政府职能部门沟通

徐州市第一人民医院整体迁建项目是"十三五"期间徐州市,乃至淮海经济区规模最大的现代化医疗卫生建设工程。工程建设时间紧、任务重,工程组织难度大,但是建设领导小组充分发挥主观能动性,发挥团结协作、钻研创新、吃苦耐劳的精神,使这一项目扎实推进,仅用了1年的时间就完成了整体建筑全面封顶,又用了18个月的时间完成了装修、安装、调试等工程任务。该工程于2018年12月30日全面完工。在这一项目的申办过程中,得到了市政府、铜山区政府各相关部门的大力支持,项目领导小组先后与近20个部门联系协调、申请批复,保证工程顺利推进。

Ⅱ.沟通机制和信息上报机制

①定期将项目情况报送医院、市卫计委、市发改委、市建设局、市重点办。②每周以工程例会纪要形式或每周项目进展情况向各参建单位通报并布置下周的工作安排。③定期汇报工作进。④定期参加各类联席会议,汇报项目情况,落实分工及督查内容。

(7)进度控制、质量控制、安全控制

Ⅰ.进度控制

在项目建设初期,就明确了精心组织、周密安排、倒排工期、压茬推进的总体思路,制订了总进度计划。同时,将总进度计划进行分解,分阶段落实,为了明确各阶段的工作任务,将进度计划各阶段任务细化，分解到每月、每周制订相应的计划。

过程中定期将计划与实际完成情况进行对比，发现问题，及时调整，同时根据进度计划落实责任主体，监督落实。

Ⅱ.质量控制

①要求建立质量管理体系，明确各阶段的质量控制目标。②建立质量控制的相关制度，落实责任人。③在项目上，现场组织不定期质量检查；从医院层面，定期对项目进行检查、考评，考核结果作为对基建处的年度考评的依据。④交叉施工：由于医院建设的特殊性，专业施工单位多，难免产生交叉施工。在管理上要严格按照施工进度、施工工序、施工组织设计，遵循先难后易、先重后轻、先外后内、先表后里的原则来安排施工。督促监理和施工单位合理安排施工，上道工序为下道工序提供方便，做好成品保护，避免损坏及返工现象，确保工程质量。

Ⅲ.安全控制

①建立安全管理体系，要求相关单位建立相关制度，落实责任人，并督促制度落实。②督促施工单位，加强对新进施工人员进行安全教育。③监督安全措施费的落实情况。要求施工监理检查施工单位的安全措施的落实情况，财务监理审核相关费用支出情况，做到专款专用。④建立安全文明施工检查机制，每周定期对安全文明施工进行检查，发现问题，限时整改。⑤从医院层面，定期对项目进行检查、考评，考核结果作为对基建处的年度考评的依据。

（8）合同管理

Ⅰ.选择合适的合同类型，按照制度规定进行流转及分级管理。

Ⅱ.建立合同台账，对合同信息进行登记、编号、分类存档。

Ⅲ.熟悉合同条款，付款进度及付款条件。

Ⅳ.协助合同签订人解决合同纠纷。

（9）变更管理

Ⅰ.建立变更制度。

Ⅱ.规范变更程序。

Ⅲ.变更原则。

重要变更：先评估，再实施，再核算，后平衡；

一般变更：先评估，再核算，后实施。

案例 2

工程设计变更是工程建设的繁琐的事情，涉及工期及投资费用的控制，所以，我们制订了变更的范围及变更的估价的约定。

关于变更的范围的约定：除通用合同条款约定外，承包人应在发包人签署的工程变更后7天内，对任何变更的价值提交一份详细报告。如承包人未及时提交报告，或不及时以书面的形式阐明原因的，承包人承担一切后果，增加的费用视为自动放弃，减少的费用在当期工程进度款支付中双倍扣除。工程变更签证的审查与确认实行"月结"制度，即当月产生的工程变更必须当月申报，否则将被视为放弃权利。如表3所示。

关于变更估价的约定：①由于工程设计变更引起新增工程量清单项目或经发包方认可的工程量清单漏项，其相应综合单价按工程预算价计价办法计算，并乘以中标价与工程预算价的比率作为结算依据。以上变更的确认，必须由监理工程师、现场跟踪审计工程师和甲方代表签字确认。②由于工程设计变更引起工程量增加，经监理工程师、现场跟踪审计工程师和甲方代表确认后，按中标人投标报价中综合单价进行调整，但不得高于标底的综合单价。③由于工程变更引起清单项目减少或工程量减少，经监理工程师、现场跟踪审计工程师和甲方代表确认后，按中标人投标报价中综合单价进行调整。

表3 工程变更审批表

工程名称:编号:

申请单位			监理单位	

至:

由于原因,兹提出工程做下列变更(内容见附表),请审批。

附: 1. 工程变更申请(变更原因、内容、相关说明材料)

　　工程变更金额(工程量、单价及依据、金额)

申请单位代表人(签字):　　年　　月　　日

监理单位	专业监理工程师: 总监理工程师:	年	月	日
施工管理处 (代建中心)	经办人: 负责人:	年	月	日
综合协调处 (市一院)	经办人: 负责人:	年	月	日
跟踪审计单位	经办人: 负责人:	年	月	日
建设领导小组		年	月	日

（10）廉政建设

建立创"双优"领导小组,明确创"双优"工作的责任人,并签订廉洁承诺书。

根据属地管理的原则,与徐州市铜山区检察院建立了"创双优"联席会议制度,认真贯彻"创双优"活动,做到工程优质、干部优秀。

项目建设过程中的设计、勘察、监理、桩基施工、总包施工、手术室净化工程、暖通消防报警、放射防护屏蔽和电梯等公开招标工作,均由铜山区检察院、医院纪委全程进行监督,真正做到公开、公平、公正。

项目建设期间,创"双优"工作小组邀请铜山区检察院进行了多次不同形式的法制宣传教育。有形象生动的案例分析讲座,有宣传学习资料的发放、观摩警示教育片,并组织各参建单位前往监狱接受廉政教育,提高项目参建单位相关人员的政治思想认识,增强了廉洁自律的意识。

（11）经济社会效益

徐州市第一人民医院整体迁建项目受到市委市政府领导的高度关注,社会各界也给予了大力支持,市领导多次到工地现场视察指导。徐州市第一人民医院新院区于2018年12月30日全面竣工,这是一所设置床位2 500张,现代化园林式的三级甲等综合医院,是淮海经济区一次建成的占地面积最大的、建筑面积最大、功能齐全、技术先进、流程科学的现代化园林式三级甲等综合医院。新医院依山而建、傍湖而居,以综合医疗区和中心花园为核心,组成内部功能合理与最优的现代建筑群,同时还配套设置有康复中心、老年公寓、宾馆超市等服务设施。新医院与云龙湖风景区浑然一体,将成为城市另一处靓丽的风景,投入使用后,将为徐州市医疗卫生事业的发展提供新的动力,为全市和淮海经济区人民的健康作出更大的贡献,也为徐州市第一人民医院今后的发展奠定了坚实的基础。

杜钟祥　马乃营　赵桂廷　李玉强/供稿

整体、协调、宜人的都市集约型医疗中心
——苏州大学附属第一医院平江院区

一、项目概况

1. 工程概况

苏州大学附属第一医院始创于 1883 年,时称"苏州博习医院",是卫生部首批核准的三级甲等医院。百年老院经过几代人的不懈努力,取得了很多荣誉,在复旦大学医院管理研究所发布的最佳医院排行榜上连续多年进入前 50 强。2015 年香港艾力彼医院管理研究中心发布的顶级医院排行榜排行第 43 位。医院发展气势如虹,但是十梓街院区也逐渐无法承担医院在新时代的快速发展。2009 年,省发改委批准平江院区项目立项。

新院区一、二期总体规划用地 201.9 亩,除去河道面积,规划红线实际用地 186 亩。目前已建成的一期项目占地 100 亩,建筑面积20.8 万 m^2,分为地上 20 层,地下 2 层,设计床位1 200张,投资概算17.8 亿。一期项目 2010 年 12 月开工,2015 年 8 月 28 日正式启用。

(1)工程项目名称:苏州大学附属第一医院平江分院。

(2)工程项目建设地点:苏州市平海路 899 号。

(3)医院基地总面积:66 121 m^2。

(4)新建医疗综合楼总建筑面积:200 929 m^2。其中地上部分建筑面积:146 828 m^2,地下部分建筑面积:54 101 m^2。

（5）建筑层数：地下 2 层，地上裙房 5 层，主楼 20 层。

（6）建筑高度：82.8m。

（7）新建病床数：1 200 床。

（8）建设工期：2010 年 12 月—2015 年 8 月。

2. 建设主要内容

医院在新址建设新院区，新院整体规划、分批建设，目前已完成一期项目的建设。如图 1 所示。一期项目建成门急诊、医技与住院综合楼，地下 2 层主要为停车库，部分用于放疗科、药库等。裙房共 5 层，分布有门诊、急诊和医技用房，门急诊与医技用房以医疗街分隔。六层及以上为病房，一期主要设置外科病房。一期项目设计日门诊量 5 000 人，开放床位数 1 200 张。

▲ 图 1 规划建设中的苏州大学附属第一医院平江分院

3. 工程项目建设进程

本工程于 2009 年 11 月获得省发改委项目建议书的批复，2010 年 12 月获得可研报告的批复，2011 年 6 月获得初步设计的批复。

2010 年 12 月桩基工程开工，2011 年 1 月完成桩基施工。

2011 年 7 月完成基坑围护施工并开始地下室施工。

2012 年 9 月完成地下结构施工，出 ±0.00。

2013 年 8 月 18 日主体结构封顶。

2015 年 3 月开始设备调试及整体联调。

2015 年 8 月竣工并于 8 月 18 日正式启用。

二、重点难点

1.项目难点

1）建设过程过程中的规划调整

在平江新院的建设过程中,医院对自身的发展、新建医院与老院区的平衡等做了多方面的权衡。一期项目即将开工时,医院与市政府经过多次沟通达成一致,在新址增加建设用地,建设总床位为3 000张的新院,一次规划、分批实施。为了保证新老院区正常开展医疗服务,同时确保在分批建设、投用的过程中顺利衔接,一期项目在设计、建设过程中做出了改造条件的预留以及整体方案的分步实施。

为了实现新院3 000床的总床位数,一期项目由最初规划的800床拓展至1 200床,病房楼由原设计18层加至20层。这对已完成的桩机施工等都提出很大的挑战。

2）基地条件

新院南临平泷路,道路地下为连接2号、4号线地铁站的地下空间。北临锦莲河,河北侧同样为医院建设用地,地块狭长,污水处理站设置在此地块上。在医院一期项目建设期间,平泷路地下空间同步实施,路南为拟建苏州市行政服务中心。整个区域建筑密集,均为大体量公共建筑,给院区内外交通均造成了不小的压力。如图2所示。

区块内供电系统设计时未考虑此处将建成3 000床位的大型综合性医院,已有变电站不能供应充足电能,医院最终在院区北侧建设专属110 kV变电站。

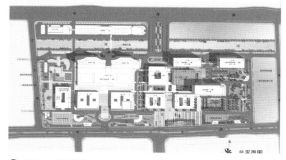

△ 图2　平面图

3）专业多、范围广

医疗建筑,尤其是大型综合性医院,其建设过程中涉及专业之多、范围之广、系统之复杂,均为其他公共建筑所不能企及。医疗建筑功能用房包括门诊、急诊、医技、病房、行政、后勤保障、院内生活、科研、教学、停车库等,不同功能区域对各专业的施工要求都有别于其他公共建筑。同时,建筑中装备有数量、种类繁多的基础设施、医疗设施。

除110 kV专用变电站,医疗建筑存在着公共建筑常见的给排水、供配电、暖通空调、消防、智能化等专业问题,但是各专业与普通公共建筑又有着巨大的差别。这些"同一性"和"差别性",都是医疗工作的正常开展的基础。

与其他公共建筑相比,医院的各类评价也较其他公共建筑要多,在环境影响评价、卫生学预评价、职业病危害预评价等均有特殊要求。

2.医院项目管理的难点

1）建设周期长

一期项目自2009年立项,将近1年后于2010年2月奠基,整个施工过程长达5年。在这么长的施工过程中,随着医疗技术的发展、医改政策的推进与调整,对医院建筑也提出了很多新的要求。全市医疗布局在此期间也发生了很大的调整,这使得医院建设几乎逃不开"边建设边调整"的结果,不仅对造价、工期产生了很大的影响,也大大增加了甲方管理的难度。

2）沟通工作的持续性、繁复性

医院建设期间需要持续不断地进行院内与院外的沟通交流。

院内沟通主要在于梳理项目建设的必要性,确定医院定位、功能、规模等内容。随着项目的推进,医院内部沟通交流的内容大到重要决策、小到方案细节,都需要做细致的交流,在内部沟通出现矛盾的时候,建设小组就需要做好协调,权衡利弊、明确要求。

院外主要是和政府部门的沟通交流,这一部分尤其重要。医院需要通过一次次的沟通,让各个政府部门了解到医院的需求以及项目推进存在的问题,同时也要就项目方案审批等与政府部门做好及时有效的沟通。

院外沟通还包含与设计单位、咨询单位的沟通。通过这一部分的沟通,协助设计、咨询单位明确医院的要求以及方案建设意图,出具满足政府部门审批要求的成果,协助报批。

3)专业性强、专业多、范围广

医院建筑是能耗最大、功能与部门最繁多、流程最繁杂、专业系统与设备最繁复、环境安全要求最高、发展与改扩建要求最灵活以及运行成本最高的公共建筑之一。平江院区一期项目为单体建筑,门急诊、医技与住院均在同一建筑内,支持系统机房设置在地下室各个机房内,在建筑各指标都较为紧张的情况下,集中设备机房供应整个建筑,对各个系统的设计、管线走向都提出了很高的要求,同时也相应地对项目管理提出了更高的要求。

4)管理幅度全覆盖的难度大

代建制建设模式在一定程度上弥补了医院基建人员不足、经验不够丰富的缺点,建设工作小组的成立使得院内各相关部门可以参与到建设全过程中。但是管理层次的增加,参建单位的加入,使得管理过程中指令下达、消息传送都存在一定的滞后后,误差也相应增加。由于建筑体量较大,功能复杂,涉及的临床科室众多,在沟通过程中也存在沟通有效性欠佳的问题。这些都导致项目管理不能够全面而深入覆盖项目整体。

5)投资控制难度大

医院建设的投资控制难度主要在以下几个方面:

(1)由于建设周期长,而医疗技术和设备的发展也在同时飞速前进,在建设过程中预设的一些设备与操作技术在医院投用时已经发生了很大的变化。

(2)医院建筑涉及的专业多,技术难度大,可以说,没有一家设计单位可以真正细致到顾及所有细节,常有功能被遗漏或者在设计中不能明确。

(3)一些新出现的功能,在设计时预想能够满足使用要求,但是在施工完成后却发现仍不尽如人意,必须进行一定的调整。

为了满足医疗功能,施工过程中必须进行必要的修改与补充,这使得变更无法避免,对造价的控制也带来了很大的难度。

三、组织构架与管理模式

1. 管理模式

医院建设采取全过程代建制管理模式,由医院委托代建单位进行项目全过程代建。同时,院内成立平江新院建设工作小组,由院长任组长,分管院领导任副组长,下设综合办公室、工程技术部、采供部、计划财务部,医务、后勤、保卫、财务、基建等职能科室分归入各小组。建设小组主要负责协调院内事项,完善建筑使用功能,配合代建单位做好与政府行政部门的沟通协调工作。

2. 组织构架

组织架构如图 3 所示。

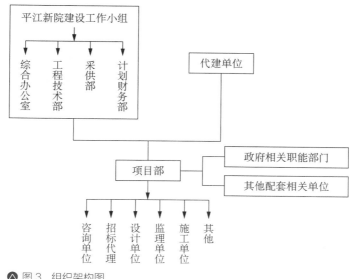

△ 图3　组织架构图

四、管理实践

1. 项目全过程策划

项目以"全过程策划、阶段性实施、重要节点控制、实时反馈纠偏"的思路开展工作,但总体来说,前期策划准备阶段对于项目管理、投资控制都有至关重要的作用。

2. 项目管理大纲

项目部成立后,由代建单位牵头制订了各项规章制度,参与项目管理的各方明确各自的主要责任和工作范围,做到分工明确,职责分明,有法可依,有章可循。同时,平江新院建设小组在院内各职能科室分工的基础上,针对小组下属各部门制订了各项规章制度。其中包括建设小组职责、签字制度、档案管理办法、跟踪审计实施办法、招标与采购规定、工程管理实施细则、监理管理规定、建设资金管理办法等。

3. 设计管理

医院建设的复杂性,使得设计进度、质量对施工质量以及投资控制都有极其重大的影响。从建设单位的角度,做好医院建筑设计管理既是控制投资的需要,也是保证施工过程顺利开展的前提条件,更是提高医疗建筑工程建设质量、确保医疗建筑功能实现、促进医院建设发展的必要内容。

在代建制模式下,由项目部负责设计管理工作,医院建设小组负责梳理医院需求。医院一般由急诊部、门诊部、住院部、手术部、医技科室、后勤保障、行政管理、教学科研、生活服务等部门和科室构成,24 h工作全年无休,复杂而庞大的机构在永不停息地运转,所有相关部门都会对建设项目有所要求和期待,建设小组必须有足够的耐心和判断力,把医院各个部门的需求筛选后传达给设计单位。代建单位负责把握设计流程以及图纸管理,同时还要协调好设计总承包单位、设计分包单位与医院之间在设计工作方面的责任关系。

设计阶段是投资控制最为关键的阶段。项目部要在初步设计的基础上进行总投资目标的分析、论证,编制项目总估算、总投资规划、资金使用计划等。同时,还对施工图设计从设计、施工、材料和设备等多方面进行必要的市场调查分析和技术经济比较,并在施工图设计过程中,逐一进行投资计划值和实际值的跟踪比较。

在初步设计阶段和施工图设计阶段,项目部,尤其是工程组专业技术人员,对设计成果进行审查,参加设计单位组织的专业协调会、技术方案研讨会等,了解和掌握所采用技术的合理性、先进性、安全性和经济性。对于重要节点和难度较大的区域,项目部组织了专家论证。

设计合同中应对设计进度、质量等有相关约束条款,并且在执行过程中实时检查完成情况。

4. 招标采购管理

项目施工及建筑基础设施的采购,由代建单位联系招标代理单位按照政府相关规定在指定招标平台进行采购。医疗设备及后勤保障设施等,由建设小组采供部向需求科室了解、咨询所需设备材料技术参数后组织采购。采购进度由代建单位根据现场进度进行整体布置。

(1)设计招标

设计单位的确定经过了多次方案的比选,由政府相关部门、医院各职能科室以及业内专家在听取方案介绍后进行多方面的比选,最终确定设计单位。本项目未采取设计总承包制,考虑医院建筑的特殊性,对于洁净手术部、消毒供应中心等专业性较强的功能区域,医院另行委托设计单位。

(2)施工招标

本项目施工分为建安工程、内装工程、智能化工程等多部分,按照苏州市建设工程招标相关规定,由招标代理单位在苏州市建筑有形市场进行公开招标。

(3)交钥匙工程

对于专业性较强的功能区域,医院提出使用需求以及初步的空间位置,然后进行设计施工总承包招标。中标单位提出满足医院使用要求的方案,同时进行一些细节上的调整,最终完善方案并据此施工。设计、施工总承包基本实行总价包干,施工单位最终交付一个能够投入使用的完整的功能区域。

(4)医疗设备

医疗设备的采购由建设小组采供部根据临床科室使用需求组织调研、询价、采购。采供部同时还负责组织对医疗设备的环评等手续办理。

5. 投资控制

投资控制应当在合理设置控制目标的基础上,以主动控制为主、技术与经济相结合的方式进行的全过程、全方位的控制。

全过程控制,是在工程建设项目的全过程(投资决策、设计、招投标、施工阶段)采取有效措施,把工程项目建设发生的全部费用控制在批准的限额内,并随时纠正发生的偏差,以保证投资估算、设计概预算和竣工决算等管理目标的实现,达到合理使用人力、物力、财力,获得最大投资效益的目的。

全方位投资控制不能单纯强调降低成本,必须兼顾到质量、进度、安全等方面。要在满足工程项目的质量、功能和使用要求的前提下,通过管理措施,使工程项目投资得到有效控制。

建设项目施工阶段对项目投资进行控制的影响程度对于整体投资控制是较为显见的,但是在全过程控制中仅占很少的一部分,投资决策和设计阶段的控制也是至关重要的。

(1)投资决策阶段的方案优化

投资决策阶段的投资控制需要与可行性研究结合。由代建单位牵头,医院与咨询单位参与,对医院整体以及各个科室的建设规模、建设标准、医疗流程设置以及建筑本体的各项功能等进行技术论证,在专家技术支持下从技术和经济角度优化设计方案,对一些投资额较大的工程,例如基坑围护、外立面等,提出意见指导初步设计,降低并控制风险。

(2)投资动态控制

项目委托设计单位、咨询单位编写了符合实际的投资估算,制作了概算表。为了确保项目实际投资不超概算，在项目实施过程中，项目财务部门将整个概算投资分配到各个工作单元中去，将各个工作单元中的概算投资作为项目分目标控制值，并根据实际情况，进行必要的调整。在项目推进过程中，计划财务部不断地将实际投资值与投资控制的目标值进行比较，并做出分析与预测，加强对各种投资风险因素的控制，及时采取有效的投资控制措施，确保项目投资控制目标的实现。

（3）招投标阶段的投资控制

招标工作首先要核对招标图纸与扩初文本的一致性，招标范围与概算批准范围的一致性，避免超范围招标或者缺漏项。在施工招标中，项目投资管理的重点之一是对招标工程量清单编制质量的把关，其编制质量直接关系到投标报价的合理性、有效性和完整性，进而间接影响到整个项目的投资控制管理工作。因此，在对标底编制单位管理的过程中，应当增加标底质量与合同金额支付之间的相关考核。必要时，可以采取背对背双编标形式。

在苏州建筑有形市场进行的施工招标，由市场进行统一的清标工作，避免投标单位采用故意漏项的手法恶意降低报价。在政府采购设备、材料的招标过程中，则由招标单位负责组织专家小组对投标清单、参数等进行复核与比对。

（4）施工过程中的跟踪审计

施工期间由跟踪审计单位派驻现场审计人员，对工程管理、施工进度、工程材料、变更洽商等事项进行实时的审计。跟踪审计可以分时段分内容地进行动态审计，使审核思路更清晰，缓解短时间内处理大量数据的压力。另一方面，跟踪审计可以分析前后阶段互相影响的关联因素，可以动态地监督全寿命过程各阶段的运作。

6. 进度控制

平江新院一期项目从立项起到投入使用，建设时间长达 5 年多，其中包含规划立项、方案审批、设计、施工招标、施工、验收等阶段。进度管理贯穿项目建设整个周期，设计建设单位、代建单位、设计单位、施工单位、材料设备供货单位等，同时与行政主管部门也是息息相关。平江新院一期项目是苏州市政府实事项目，受到广大群众的关注，在医疗资源紧缺的当下，不论是从政府部门，还是从就医群众，都对医院提出了较高的要求与期许。怎样缩短建设周期，怎样控制好建设项目各个阶段的进度，是一件困难重重又意义重大的事情。

首先是进度计划的确定。项目部根据项目总体要求，结合实际进展情况，编制总体进度计划。在总体计划的基础上，编制项目子系统进度规划和单项工程进度计划，逐层确定项目工程进度目标，由不同深度的计划构成进度计划系统。

在项目推进过程中，遵循 PDCA 原则，实时核对实际进度与计划进度，及时纠偏，查找原因，落实调整。

7. 质量控制

建设工程项目的质量控制，需要参建各方建立和运行工程项目质量控制体系，落实项目各参与方的质量责任，通过项目实施过程中各个环节质量控制的智能活动，有效预防和正确处理可能发生的工程质量事故，实现建设工程项目的质量目标。

除了招投标过程中的质量控制以及设计过程中的质量控制，建设项目质量更多地体现在施工过程中，在这一过程中，项目部主要做好以下几方面工作：

（1）对施工中的关键过程，有代建单位项目经理协助医院审核质量计划并监督检查监理和施工质量控制情况。

（2）对日常施工，项目部坚持采用现场巡视、抽查等方式监督检查施工管理质量。

（3）对隐蔽工程、重要单项工程，项目部采用组织和参与验收的方式监督控制工程质量。

（4）对分部、分项工程，在施工单位组织对已完成的分部、分项工程进行质量评定并经施工监理按照规定程序办理验收手续后,由监理确认,项目部负责审核,并抽查分部、分项工程质量评定的准确性。

（5）对工程质量事故,项目部在质量事故发生后及时组织和参与分析质量事故产生的原因;审核提出的处理技术措施,检查处理措施的效果,并按照经认可的处理措施监督施工,对最终结果形成书面记录。

8. 安全控制

安全管理是整个项目中最不容忽视的重要内容之一。为了确保项目参建人员在施工过程中的人身安全、产品安全、资金安全和建设工程顺利开展,项目部贯彻落实国家及地方有关安全文明施工的法律法规和标准,坚持"安全第一、预防为主"。确保无重大事故以及无一般事故。

在项目管理中,建立安全生产责任制度,确立安全责任人,在建设过程中,各单位管理人员、施工人员层层负责。遵守安全生产许可制度,在取得安全生产许可证后方可施工。落实安全生产教育培训制度,严格管理特种作业人员,加强日常安全教育。

项目部定期组织安全大检查,发现问题,解决问题,督促检查中存在的安全问题的整改,落实复查。对于安全检查中存在的通病与常见问题,组织现场施工人员进行专项交底,确保万无一失。

医院建设项目的安全管理是项目全过程中各环节的安全管理工作。在强调施工阶段的安全管理的基础上,项目部还将勘察设计、施工前准备等纳入安全管理体系中进行衔接和协调,分阶段保证项目质量。

9. 合同管理

项目在招标过程中需要进行招标文件的讨论,在这个讨论中,施工或采购合同也一并在讨论范围内,在医院财务、纪检部门审核过的合同范本的基础上,对合同特殊条款进行协商与修改。施工过程中,进度款的支付严格按照合同约定节点,杜绝多付、超付。

中标单位在约定时间内签署合同,合同签署流程如图4所示。

▲ 图4　合同签署流程图

10. 变更管理

在招标过程中以及施工过程中，不可避免存在一些变更，这里所指的变更主要是：①工程设计内容的变更；②将导致工期签证或造价签证（调增或调减）的施工方案的变更；③工艺、材料与设备的改变；④因施工现场条件等实际情况与勘察报告等技术资料不符而引起的施工变更或设计变更；⑤对招标的工程量清单数量和费用的调整；⑥对承包内容、范围的调整；⑦其他导致工程造价或工期变动的工程变更。

变更根据发起方的不同，有多种形式：①建设单位或代建单位提出的工程变更指令，包括工程变更通知单或联系单、有关工程变更的会议纪要等；②监理单位提出的工程变更指令，包括工程变更通知单或联系单、有关工程变更的会议纪要、技术核定单等；③设计单位提出的设计变更指令，包括设计变更通知单、设计变更图；④施工单位提出的变更要求，包括技术核定单、洽商记录等。

为规范工程变更、技术核定、现场签证管理，加快推进工程建设进度，按期保质完成建设任务，项目部队变更流程做了规定，具体流程如图5所示。

▲ 图5　变更流程图

11. 廉政建设

（1）建立廉政建设责任制，开展反腐宣传教育

建立工程项目廉政建设责任制，把廉政建设的要求和内容与项目管理的目标和任务结合起来，一起部署、一起检查、一起落实、一起考核。医院领导班子、部门负责人、工作人员分别签署廉洁自律承诺书，承诺书明确规定了各个层面参建人员在工作中的"可为""不可为"。参建单位在与医院签署合同的同时，签署廉政合同，对建设过程中可能发生的违规行为提前进行约束与处罚的约定。

项目部定期开展反腐倡廉的宣传教育活动，借助检察机关的资源和力量营造廉政氛围，通过邀请检察官到现场上廉政教育课、观看警示教育纪录片、组织参观监狱、听取服刑人员现身说法等形式,分层次、有组织、有针对性地部署预防职务犯罪宣传教育活动。提醒工程建设人员牢牢筑起思想上的防腐堤坝,不断强化基建管理人员的廉洁自律意识,努力做到关口前移、防范在前。

（2）完善管理制度,加强过程控制

在项目建设过程中,项目部按照纪检部门的要求,围绕工程建设的节点目标,强化约束监督机制,完善审批审核流程,紧抓重要环节和重点岗位,尤其是对存在风险隐患的环节,仔细排查风险点,不断改进工作流程,坚持以制度规范行为,从源头上堵漏。

12. 经济社会效益

2009年,苏州大学附属第一医院平江分院设计工作正式启动,2015年12月一期工程通过竣工验收,2016年1月医院正式交付使用,整个设计建设过程历经7年艰苦卓绝的奋斗。医院建成以来,各方面反映良好,总体运营顺畅,并获得多方肯定。新医院以功能完善、集约高效、整体发展、安全人性、环境宜人作为五大核心设计理念,加上苏大一附院强大的医疗技术和崭新的服务理念,聚力打造一座整体、协调、宜人的都市集约型医疗中心,肩负起守护民众健康,提供高品质医疗服务的光荣使命。

马恬蕾　王斐　蔡志芳　王昕/供稿

扬帆启航的现代化医疗巨轮

——连云港市第一人民医院高新区医院工程

一、项目概况

1. 工程概况

（1）工程项目名称：连云港市第一人民医院高新院区工程。

（2）工程项目建设地点：振华东路 6 号。

（3）工程简介：连云港市第一人民医院是徐淮东部地区规模最大的三级甲等综合医院和徐州医科大学附属医院、南京医科大学临床医学院、南京中医药大学中西医结合临床医学院、南京医科大学康达学院第一附属医院。医院现有 3 个院区、4 个专科医院。高新院区作为我院"一院三区"总体规划中的"一院"占有主体地位，项目建设功能定位为"大综合＋医教研主体"，三级甲等综合医院，区域性医疗中心。新院区建设超前而不奢华，先进与适用并举，医疗科室齐全且重点、专科特色突出，具备医、科、研、防保、康复、急救"六位一体"的医疗功能。医院项目占地面积 178 930.55 m²，总建筑面积 287 725 m²，院区由门急诊楼、住院医技楼、健康保健中心楼、教学行政科研楼和培训中心楼 5 幢建筑组成。其中：门急诊楼，地下 1 层，地上 3 层，建筑高度 17.2 m，建筑面积 52 925 m²（地下室 17 930 m²）；住院医技楼，地下 1 层，地上 13 层，建筑高度 57 m，建筑面积 159 485 m²（地下室 23 615 m²）；健康保健中心楼，地下 1 层，地上 13 层，建筑高度 57.0 m，建筑面积 32 465 m²（地下室 3 880 m²）；教学行政科研楼，地上 7 层，建筑高度 31.8 m，建筑面积 13 240 m²；培训中心楼，地下

1层,地上15层,建筑高度60.6 m,建筑面积36 895 m²(地下室4 050 m²)。其他附属工程如污水处理站、气体站、高压氧中心、垃圾站等共1 200 m²。

(2)新建病床数:2 000床。

(3)建设工期:2013年8月—2017年7月。

2. 建设主要内容

(1)门急诊楼包含了挂号收费、输液、急诊急救、EICU、MCI、康复中心等功能中心以及内外科、乳腺、妇科、耳鼻喉、皮肤、整形美容、疼痛科等门诊科室;

(2)住院医技楼地下室布置有核医学、高低压、暖通、信息等设备用房以及停车位,1~4层设置有放射影像科、中医科、感染科、内镜、输血、血透中心、病理科、中心实验室、静脉配置、中心药房、手术室、供应室(图1)、介入中心等临床医疗科室及信息中心(图2)、基建维保、临床设备维保、空调机房等用房,5~13层为标准护理单元;

▲ 图1 供应中心

▲ 图2 信息中心

▲ 图3 药理实验中心

(3)健康保健中心包含了体检中心、标准护理病房、一期临床、药理实验中心(图3)及一些预留发展空间;

(4)行政科研楼设置有图书馆、阅览室、学生培训室、会议室、档案资料室以及行政办公室等用房;

(5)培训中心1~4层为教职工、学生餐厅、办公室、会议室、健身房、多功能厅等用房,5~15层为学生宿舍及宾馆;

(6)门急诊与住院医技楼、住院医技楼与健康保健中心、住院医技楼与培训中心、培训中心与行政科研楼之间可以通过外部空中连廊联通,方便病患及医护、办公人员交通。

3. 工程项目建设进程

本工程2013年2月13日上报项目建议书,2013年9月11日获得市发改委项目建议书的批复。

2013年12月23日获得市发改委对可研报告的批复。

2014年5月28日获得市规划局"建设工程规划许可证"。

2014年8月28日获得"建设用地规划许可证"。

2015年1月获得国土局的建设用地批准。

2015年4月13日获得市建设局的"施工许可证"。

2013年8月13日开工典礼,2013年10月28日完成桩基施工,2013年11月2日开始挖土、放坡,2014年5月份完成基坑土方施工。

2014 年 4 月 2 日,门急诊楼结构出 ±0.00,2014 年 7 月 5 日培训中心最后一个结构出 ±0.00。

2014 年 5 月 28 日门急诊楼结构封顶,2015 年 2 月 2 日培训中心结构封顶。

2015 年 10 月门急诊楼外幕墙以及钢构屋面完成施工,2016 年 6 月外装全面结束。

2017 年 4 月,完成所有内装修,一般机电安装以及室外道路管网工程。

2017 年 5 月 31 日竣工。

2017 年 7 月 31 日对外试运营。

二、重点难点

1. 项目难点

1）工期

连云港市第一人民医院高新院区工程作为全市重大民生工程,本工程一直受到各界关注与期盼,早日完工及使用带来的不仅是经济上的效益,更多的是社会效益。尽管在工程推进过程中遇到了总包单位撤换以及后续一系列连锁反应(中间工程停滞大半年),遇到了为期几个月的创建全国卫生城市活动,遇到外装招标被拖延 8 个月的情况、也遭遇了消防施工单位退场等预料之外的事情,但我院项目办仍迎难而上,克服种种突发状况,对工程安全、质量、工期做动态管理与调整,围绕早日竣工使用这一目标扎实、灵活推进,最终,工程按照市委市政府的要求及既定目标,在 2017 年中段完成施工,并于 7 月份投入使用。

2）施工条件

本项目克服了场地东、北两侧(内部)有高压线、一侧为高速公路、两侧为未征农田,周边桥、路不完善的不便条件,协调拆移了院内的高压线,制订了合理有效的施工交通组织、场地使用功能规划,以及施工流程图,对周边以及施工堆场、作业区域进行了合理安排,解决了包括与市政、交通、城管、当地村民以及参建单位之间各方面的矛盾冲突,稳步、快速推进施工进度,现场未出 1 件安全、质量事故。如图 4 所示。

▲ 图 4 施工现场

3）协调关系多

本项目建设主体为连云港市第一人民医院与连云港市新海新区指挥部（后撤销，由连云港市润科集团接手），指挥部负责土建、结构、消防、暖通及一般水电安装，医院负责内、外装修、末端水电、绿化景观、智能信息、医疗设备以及各附属工程，也包括工程的调试、扫尾事宜，两个建设主体之间由于各自立场、利益、体制、流程等差异，加之早期管辖的专业界面划分模糊而存在不少认识上的偏差与意见分歧，如果处理不当或者处理不及时，对于工程的工期、质量及各医疗功能的实现将会是致命的。对此，医院项目部抱着理解、包容与积极主动的态度，多承担、多担当，着眼大局，围绕最终建设目标，妥善、及时地处理了存在的争议，后期两单位之间密切配合，求同存异，顺利推进各项工作。现场参建单位多达 60 多家，高峰期同时在场施工单位达 30 多家，各单位在区域划分、成品保护、界面交叉、工序衔接、收边收口等方面都存在许多冲突。为此，医院项目部与润科公司密切配合，首先双方经过初步调研与沟通，形成一致方案或意见；其次紧抓监理，充分发挥监理公司的专业职能，将意见或者方案更好、更细地落实下去，如发现方案与实际有偏差，则通过监理及时纠正、改进；再次是通过定期召开工程例会、不定期召开专题会，以及每天各家参建单位的情况登记汇总等措施，做到了事前及时发现提醒，事中果断协调解决，事后密切跟踪关注，直至工程结束，现场各单位虽也发生过口角争论，但从未发生严重冲突及滞后工期事件。对于工程外围需要协调的规划、市政、消防、交通、城管、城市通信、当地政府、建设主管部门、卫生部门以及附近的村委会等各单位与部门，我们从开工伊始就提前做好沟通，熟悉流程，并且多次邀请相关部门的专业人员来场指导，一是表示尊重，利于后续手续办理，二是多沟通学习，少走弯路、错路，这对后续的工程快速、高效推进也是大有帮助。所以，虽然需要协调的关系比较繁杂，但是通过自内而外、三管齐下地沟通，大部分的问题在初期即被处理解决，牵扯的精力不是太多，如果任由问题发展或者处理拖沓，那么后果将不堪设想。

4）体量大、专业多、范围广

首先本项目体量巨大，5 栋建筑群建筑面积近 30 万 m^2，且单层面积大，其中医技楼一层面积达 2.3 万 m^2，对于施工组织与管理来说，大体量绝不是多个小体量的简单叠加，量变导致质变，它意味着项目的施工人员组织、材料组织、交通组织、标段划分、投资控制，质量控制等各因素的复杂程度以及造成的影响会呈非线性增加。就比如人员组织，在抢雨季工期紧情况下，各分项工程集中施工，各工种流水紧密衔接，人员大量短缺，往往发生做哪个分项就缺人，各标段为按期完工，发生多次挖墙脚事情，造成人工费水涨船高，出正负零的一段时间，模板工和钢筋工的费用增加 20%；再比如变更控制，一个构造变更 1 m^2 增加 3 元，整个工程将会增加上百万的投入，诸如此类，巨大体量带来管理上的难度是显而易见的；再者涉及专业多、范围广、设备单体数量多、系统构成复杂、自动化程度高、接口复杂。本工程涉及专业有土建、装修、电气、暖通、给排水、消防、各种信息智能化、自动化、通信、污水处理、医用气体、医用纯水、医用净化、园林绿化（图 5）等，范围包括医技诊疗、病房、手术室、供应室、餐厅、厨房、会议、办公、宿舍、专业机房、消控室、污水处理、垃圾站等各功能建筑。从规划开始，就存在

▲图 5　园林绿化

大量的调研、评估、咨询工作,各项设计时,存在大量的与科室、设计院的对接工作,在施工期间,存在大量的界面交接协调工作以及现场优化调整工作,竣工期间存在大量调试、培训、与交接工作,除此以外的招投标工作以及变更签证及审计工作也是档期满满,工程事务繁杂交错、环环相扣,给管理带来很大的挑战。

2. 医院项目管理的难点

项目客观条件的难点即是管理上的难点,上述所提及的工期长不确定因素多、周边环境约束多不利于施工、参建单位多且关系复杂、工程功能复杂体量大等都会给项目管理带来难度,除此以外,监理、施工单位的管理理念与体制比较传统与陈旧,预见性、主动性、系统性以及精细化都比较滞后,与现代化的建设流程相违背;医院功能区域的定位不够细化,在建设的前中期用物科室参与度较低,不够积极,后期建成往往提出大量意见,造成一定返工,不利于项目管理;近几年,建设主管各部门以及行业规范调整、升级(如消防、规划、节能等)较多,在设计方案已出具甚至施工完成后,一些条款的调整给工程的推进以及验收带来管理上的难度;管理全覆盖难度大,两个主体管理,业主人员配备紧张,监理公司人员紧张且专业化程度不高。

三、组织构架与管理模式

1. 组织构架

组织架构如图 6 所示。

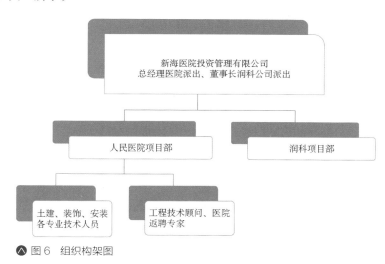

△ 图 6 组织构架图

由医院与新海新区建设指挥部(后由润科公司承担原指挥部建设职责)成立新海医院投资管理有限公司,公司总经理由我院派出,董事长由指挥部派出。医院任命 2 名副院长为项目总负责,派驻 1 中层干部为现场负责,设立 1 技术总负责,并调集土建、装饰、水电气暖人员成立医院项目部;润科公司由其公司工程部派驻人员到现场成立医院工程部。建设初期主要由指挥部承担主要任务,人民医院作为协助参与,中期双方共同协作,后期主要由人民医院承担建设任务以及收边收口、各项调试验收工作。

2. 管理模式

本项目实行医院与政府共建管理模式,双方各自分工,以合作框架协议为抓手,共同完成了从规划咨询、项目建议、可行性研究、方案设计、到施工管理,竣工验收、监管审计、项目建成交付等环节项目管理任务,并建立了一整套规范化、专业化的管理模式。

四、管理实践

1. 管理理念

（1）注重以人为本。坚持树立做"服务型业主"的项目管理理念。工程建设项目管理要管人,项目的各方参与者是人,后期使用者也是人,所以项目的根本宗旨就是人。"人本"原理的实质就是指一切管理工作必须调动人的积极性、主动性和创造性,以做好人的工作为根本。管人就是要充分使用各项管理职能,包括激励、组织、协调、控制以及教育等,特别是要重视教育与激励这两者。教育不光是专业技能范畴,还可以在思想层面让工程参与人做好定位,重新认识自己,让其富有使命感、责任感,从而自觉地爱岗敬业;激励使成员圈子充满竞争与活力,形成一种积极向上、你追我赶、以后进为耻的氛围。

（2）注重完善制度,形成用"制度管人,用制度管事"的有效机制。不以规矩,不成方圆,每个人的自觉程度不一样,对待任何事物有亲疏,如只凭感情、经验管事管人,难免有偏颇与遗漏。善于并且坚决利用一些先进的制度去管理工程,将会事半功倍,制度就像是隐形的梁柱,可以轻松支撑起整个工程管理架构,人人在大框架下各司其职,各自为整个大厦添砖加瓦。

（3）注重精细化管理。树立"无缝隙、零缺陷"工程管理理念。管理要求在广度上全覆盖,也要注重在细度上无缝隙。工程管理对象是由大量的流程、工序、人员、协调事项组成,工程目标的实现就需要将其最大化地分解到各个管理对象上,将管理细化、责任化后才能更好地去操作执行。工程的管理水平不是体现在目标的制订上,而是体现在管理的精细化上,管理的落实效果上。

（4）注重质量管理。工程建设的核心是质量品质,质量即价值,国家所提倡的工匠精神,对于工程建设来说一样适用。精品优质工程的意识应该贯穿于整个工程建设过程中,围绕工程质量,推行"开工必优、方案选优、工艺从优、过程创优、罚劣奖优"的质量工作标准,按照"环保为先、绿色施工,民生为重、共享发展,责任为本、和谐共建"的总体思路,通过精细化、信息化、专业化的质量管理手段全面推进工程建设的质量水平。

（5）注重合同管理。推行"优质优价、优监优酬",通过奖优罚劣,充分调动起参建单位积极性。合同管理是工程管理的抓手,我们调研发现,目前,不注重合同是管理中的通病,一是对合同不熟悉,条款吃不透;二是对合同执行缺少坚决性,认为稍微偏差点处理也不要紧,以上往往造成合同双方都站在自己角度出发,丢掉了合同原本的约束意义,特别是有些施工单位,遇到没有经验的业主或者监理,所谓无理也要辩三分,给合同和变更管理带来难度;三是双方都缺乏用法律捍卫权益的决心和勇气,施工单位和气生财,一般情况不会或者不敢去起诉业主,这往往会导致业主比较强势,有时不顾合同为所欲为,最终导致严重后果,纵容其实也是伤害。作为业主面对个别施工单位的无理要求及关键节点的卡制,有时也是息事宁人,未能按照合同约定去进行处罚或者处理,对于诉讼更是谈之色变,避之不及,其实利用法律捍卫自身权益是国家赋予权益,也是一种责任,是对不法行为坚决抵制的责任,是净化工程圈子不良风气的责任。

（6）注重科技创新。借鉴以往类似工程的先进或者失败案例,对本工程的管理方式、材料选用、施工工艺等做好筛选比较,原则上采用国家提倡、先进高效、绿色环保与安全可靠的材料、工艺与方法。利用信息化管理手段,提高管理效率与水平,鼓励施工单位使用新型的计算机网络管理系统以及专业软件,计算机网络系统将企业的生产经营、材料管理、设备管理、财务管理、劳资人事管理及行政物品管理等日常工作运用现代管理技术、计算机网络技术、数据库技术等实现管理手段现代化,如,使用管理软件 CEMIS"建筑装饰企业管理集成系统",使用工程量计算及项目成本管理软件"广联达"

"智慧"管理软件、UFIDA"用友"财务软件等,相较传统方法,能做到统筹、精准、高效、比对。在材料选用上,如将 TiO_2 与活性石墨按一定比例混合后,加到建筑材料中,从而使该建筑材料能吸收空气中的污染物,然后通过紫外线激活 TiO_2,利用这种光催化作用,将建筑物吸收的污染物转化为无害物质。又如,研究出一套同种材质科学配方补缝新工艺,即用与石膏板材质的石膏粉,放入加强筋,进行配方补缝,使所有的石膏板连成一体,所有缝隙的缩变形系数与石膏板一致,从而达到不变形,不开裂的预期目标。

(7)注重环境保护与节能降耗。工程建设要具有前瞻性,在设计初期就将环境保护理念及节能降耗的理念贯穿于中,设计时不光是从满足功能需求以及建设成本角度出发,是否环保、节能也是重要考虑因素。在招标采购及建设过程中,一些环保、低碳材料及工艺要优先选用;在设计、招标时,医院运行后能耗的信息化监控系统以及控制系统则应作为一项重要内容去实施。

(8)注重时间管理。时间管理不是完全的掌控,而是降低变动性,时间管理最重要的功能是透过事先的规划,作为一种提醒与指引。主动遵循时间管理法则,有效利用时间管理工具,详细周到地考虑工作计划——确定实现工作目标的具体手段和方法,预定出目标的进程及步骤;善于将一些工作分派和授权给他人来完成,提高工作效率;制订工作计划,将事务整理归类,并根据轻重缓急来安排和处理;为计划提供预留时间,掌握一定的应付意外事件或干扰的方法和技巧;准备应变计划。

(9)注重安全生产。严格落实安全生产责任制,坚持安全一票否决。加强宣传教育,落实责任制,开展一些安全专项活动,如消防演练,加强应急救援方案及物资管理,做好日常安全检查。

(10)注重廉政建设与阳光操作。积极响应中央的廉政反腐政策方针,在工程建设中,以案为鉴,牢固树立质量廉政"双安全"意识,盯死极易发生腐败的环节,如招标投标,工程变更管理;加强对工程监理与施工方的管理,阳光操作,自觉主动接受监督;建立完善党风廉政建设监督制约机制。实行"十个公开",确保权力透明运行。工程牵涉到很多的利益方,不排除里面也会存在着一些暗箱操作、打擦边球的行为,这些违法、违规行为对工程是不利的,一旦牵扯其中,将会对工程推进、国有财产与利益造成损失,那么就要在源头上、制度上杜绝它们的滋生。要做到公正、公开,阳光操作。项目在执行过程中,与润科公司做好了充分协调沟通,对如项目建设计划、项目审批结果、招标过程、征地拆迁管理、施工过程管理、设计变更管理、质量检查结果、合同履约情况、建设资金使用情况、竣(交)工验收结果做到了公开,任何单位、个人合理的问询、查询都会得到答复,做到了全透明,在整个建设过程中也确实很少有其他单位、个人对我们业主或者项目操作存在质疑与投诉的情况。

2. 管理方式

1) 全寿命管理

我国当前传统的建设项目管理存在很多的缺陷和不足:

(1)质量目标、进度目标、费用目标三大目标没有与安全、环境和健康目标很好地集成起来。引发安全事故和环境污染问题,最终导致工期的拖延和费用的超支。

(2)传统的阶段式的项目管理模式使得建设项目的整体目标不一致。传统的建设项目管理将建设分为项目决策阶段、设计阶段、施工阶段、运营阶段等阶段,各个阶段责任主体管理目标不一致,缺少对建设项目真正从全寿命周期角度进行分析,全寿命周期目标无法实现。

(3)我国建设项目管理手段落后。项目管理信息渠道不畅通,计算机的利用率低,造成全寿命周期不同阶段用于业主方管理的信息支离破碎,形成许多信息孤岛,不利于全寿命周期目标的实现。

(4)项目参与各方所拥有的知识和经验不能很好地为全寿命周期目标的实现服务,对不同阶段的任务不能进行很好的衔接,任务之间界面很难进行有效的组织和管理,导致效率低下。

针对以上传统的我国建设项目管理存在的问题,建设项目全寿命集成化管理的模式显得尤为重要。运用管理集成思想,在管理目标、管理过程、管理组织、管理信息等方面进行有机集成,实现全寿命周期目标。建设项目全寿命周期集成化管理的内容,主要由目标系统、过程系统、组织系统、信息系统集成几个方面组成,利用建设工程项目全寿命期集成化管理信息系统,在项目全寿命期中进行信息处理,为项目所有参与方提供信息服务,辅助其进行决策、实施和控制。

2)设计管理

"设计管理"最早的定义是由英国设计师 Michael farry 于 1966 年提出。整个工程建设下来,回顾设计管理历程,作为院方在设计管理方面需要具备的:

(1)技术层面

Ⅰ.要有项目总把关能力,有大局观,在特定条件下要能理清设计对象主要脉络,分清轻重缓急,知道抓大放小。

Ⅱ.熟悉设计规范,特别是涉及使用安全、消防、人防以及医院重要或特殊部门方面,针对性地或者经常性地对方案和初扩开展设计会审。

Ⅲ.了解施工技术、工艺,在图审及把关工作中能够解决图纸不合理的地方,以及结合后期使用提出合理化建议,这主要针对施工图会审。

Ⅳ.设计图纸分为总设计、专项设计、现场部分设计,除总设计外,其他一些分项设计也必须经过原设计单位确认方可进行下一步招标或者施工等工作。

(2)管理层面

Ⅰ.设计管理需要和招标采购中心、审计科、设备科、总务科包括一些专业医疗科室、专业设备厂家作密切沟通,做好信息参数获取等工作。

Ⅱ.一般设计管理过程中,应解决施工图纸上绝大部分的问题,细节小问题由项目部或现场解决。

Ⅲ.设计管理流程:医院牵头出项目设计任务书,参考项目定位,对外做好调研、咨询,对内做好沟通、确认;审查各阶段设计图纸,项目部牵头组织方案及初扩图纸设计会审,由相关科室参加,汇总意见;施工图会审由甲方组织,设计、监理及施工单位参加,由设计院对施工图纸进行解读与解答,对疑问进行回复,并形成书面资料。

3)招标采购管理

医院与润科公司对分工管辖范围内的工程及设备采购进行各自招标,并聘请招标代理公司。医院原设有招标采购中心,针对本工程,成立了由采购中心牵头,综合办、跟踪审计、项目办、审计科、招标代理公司参加的招标采购小组,小组由分管院领导直接负责,小组成员各自分工协作,完成各项招标采购任务。通常,我院工程招标流程是这样的:一般的工程招标,由项目办牵头,按照图纸,与设计院、专业厂家进行对接,然后各部门分工协作制订合理的招标条件,并报分管领导同意;招标对象涉及用物科室的,由综合办与项目办牵头,与科室对接(签字确认)并咨询调研,制订合理的参数与方案图纸,约定工期与维保条件等,跟踪审计单位、审计科与代理公司制订合理的资质要求、付款条件及其他各项要求,并报院领导审批。所有的流程都严格按照国家招投标法进行,特别是依法需要公开招投标的项目,都必须进入政府招标中心进行招标,招投标过程接受政府招标办以及纪委的监督与指导。需要指出的是,制订招标参数这一环节十分重要,其直接能够体与实现招标与采购目的,所以我院对参数的制订是慎之又慎,需综合权衡并评判,利用一些新技术、借鉴优秀项目的经验、优化一些参数是此阶段的重点工作。对于业主来说,参数制订得没有失误遗漏,招标工作就成功了一大半;如招标参数制订错误或者有遗漏,那将会后患无穷。

4)投资控制管理

对于这么一个庞大体量的工程来说,投资控制尤为重要,我们经过工程建设,得出一些经验,在工程的几个重要阶段即项目决策阶段、设计阶段、施工阶段要重点做好以下一些工作:

(1)决策阶段是项目开端,这一阶段的控制对整个工程资金投入影响占到 70%,因此项目的决策要严谨,要分析各项数据,一是做好地质勘查工作,地质土层分布对工程造价与质量影响较大;二是对市场价格充分调研了解,大型工程工期一般较长,价格浮动等因素对工程投资影响较大;三是充分了解政策法规,特别是工程进项税方面。

（2）设计阶段，设计需要兼顾成本及后期运营，并且要具有前瞻性，如，一些涉及医疗功能扩展、绿色环保、消防隐患治理等方面要提高设计标准，一些消耗性、非重要性的项目或设备要做到简单、实用、可靠。设计阶段直接决定工程施工的合理性以及后续使用中各功能的实现。设计阶段重点做好优化设计方案，方案初步完成后，牵头设计、施工、上级主管部门及一些专家顾问，从合理性、经济性、安全性及功能性方面共同对方案优化，重新得到更合理的方案；投资金额实行限额制度，在保证功能的前提下，对多余工程进行删减；同时加强工程内部控制、审计，通过合理利用资源将投入控制到最小。

（3）项目施工阶段，施工阶段是对前两阶段的实施，由于工程的状况及条件不断变化，会存在一些变动或者变更，相应资金控制也应该是动态的。这个阶段重点做好各项工程的变更审核工作，由业主、监理、审计公司对施工单位变更申请进行审核，严格参照合同及相关规范并结合现场实际对变更进行判断与控制，对于一些确需要变更的，如，满足新规范的变更申请以及优化功能参数的变更，原则上予以支持；对于可有可无或者效益不大的变更，予以拒绝。

另外，本工程建设伊始，国家审计局就派驻了第三方审计公司到现场，进行全过程、重点、全面的审计工作，作为业主，也积极支持与协助跟踪设计单位的工作。一方面，这是国家对公用资金监督的具体落实；另一方面，跟踪审计的介入，也弥补了业主对工程造价、审计专业方面上的短板。

5）安全控制、进度控制、质量控制

"安全、质量、进度"三要素是主线，一直贯穿于整个工程建设中，也是工程管理中的核心内容。

（1）安全管理的目标是保证项目施工过程中没有危险、不出事故、不造成人身伤亡和财产损失。"安全第一，预防为主"是安全管理必须遵循的原则，安全为质量服务，而质量必须以安全作保证。安全管理必须贯穿于施工管理的全过程，首先建立安全生产文明施工保证体系，加强施工作业人员安全生产文明施工的教育，并针对分部分项工程的特点，制订有针对性的安全技术措施和专项安全生产施工方案；突出抓好阶段性的安全工作重点，针对不同阶段的工程特点作重点防范，基础施工阶段重点抓好支护及围挡；主体施工阶段重点抓好洞口防护、脚手架的稳定、防高空坠落、高塔电梯防倾倒、防避雷等；装修阶段突出抓好防火工作，而施工全过程必须抓好安全用电管理。其次在施工过程中应认真贯彻执行《建筑工程文明施工标准》，实行总平面管理和文明施工责任制，创建"两型五化"施工现场，全面提高施工现场的文明施工程度，改善建筑工人的工作和生活环境。

（2）质量管理是施工项目现场管理中最为重要的环节，施工质量是工程的生命，在质量管理方面，首先建立完善的质量管理保证体系和领导体系，强化质量意识，落实质量责任，并强化质量技术管理工作，及时督促监理以及施工单位对工人进行技术交底，强化工人的质量责任心。同时，督促层层签订质量责任保证书，明确质量责任，使质量目标的实现落实到每一个人，并按规定建立奖罚制度，与各级工作人员的经济利益挂钩。其次应严格执行质量验收制度，对工程质量进行巡回检查，走动管理，对发现的问题必须查明原因，追查责任，并跟踪检查整改措施的落实情况。同时，在全面抓好施工质量时，应针对不同阶段的工程特点有针对性地加大管理措施，严把材料采购和进场质量验收关，杜绝不合格品材料混入现场。

（3）进度管理是施工项目现场管理中最主要的环节，是施工项目按照合同工期顺利完成，实现早日投入使用的有力保证。首先在进度管理方面，应严格执行项目部的各项管理制度，层层落实责任，加大奖罚力度，督促全体管理人员，群策群力，克服困难，确保工期目标的实现。分工明确、各负其责，对工期、安全、质量、成本等各项指标进行预控，同时与监理、设计共同配合协调一致，对工程实行有效管理。其次在进度管理过程中，应狠抓"两头工期"：一是加快开工前准备，一旦中标，项目部人员和工人立即进场，以最快的速度组织材料设备进场，搭设临建、布置临时用水用电线路，做好测量定位等工作，建立各类台账，做好管理准备工作，将开工前的准备时间压缩到最短；二是竣工收尾阶段加大管理协调力度，采取强有力措施，防止因各分项工程同时施工可能发生的混乱，使各项工序积极有序地进行。再次应运用信息管理技术，科学安排各工序和分部分项工程的施工作业计划，以总进度为大纲安排好月、旬、日施工作业计划和主要工期控制点。并以此为依据,督促各参建单位合理安排劳力、材料设备进场计划,科学地组织好各工种的配合,实现分段并进、平等流水、立体交叉做,以创造更多的作业面,投入更多劳力加快施工进度,做到宏观控制好、微观调整活,各关键工期控制点均在控制期内完成;同时加大协调力度,确保各施工方按计划有序地进行施工,做到各负其责,确保政令畅通,协调有力,确保各分项工程按施工进度计划组织施工。

6) 合同管理

合同管理是工程管理的抓手,特别是在与多家参加单位合作的过程,了解合同与执行合同尤为重要。合同管理方法如下。

(1) 合同交底。合同签订后,医院组织监理工程师、跟踪审计单位以及合同乙方施工单位对合同进行解读与分析,宣讲合同精神,落实合同责任与合同规定。

(2) 合同跟踪。在施工现场,作为业主紧抓监理,合同管理监理工程师将起着"漏洞工程师"的作用。他并不是寻求与其他各方面的对抗,而是以积极合作的精神,协助各个方面完成各个合同。项目施工前寻找合同和计划中的漏洞,以防造成对工程的干扰,对工程实施起预警作用,将计划、工作安全做得更完备。及时地寻找和发现项目监理部在合同执行中出现的漏洞、失误,以保证项目部在发出指令或决策时没有违反合同,不会因此产生索赔。

(3) 合同监督。给施工单位项目经理、项目部各职能人员、所属承(分)包商在合同关系上予以帮助,解释合同,做工作指导,对来往信件、会谈纪要、指令等进行合同法律方面的审查。协助项目经理正确行使合同规定的各项权利,防止产生违约行为。对工程项目的各个合同执行进行协调。

7) 变更管理

变更在工程过程中并不罕见,业主、设计、施工单位都会有变更的提请,在合同中一般会对工程变更的范围以及内容做出较为明确的约定,通常包括以下要点:对合同中的任何一项工作质量及相关特征进行取消或改变;对工程施工时间以及施工方案进行一定程度的修改等。我们对工程变更有一定的程序,依据所提出的工程变更对其合理性以及可行性进行一定程度的审查,最后由总监和施工单位分别对变更指示进行签发与执行。在管理工作中要注意:①变更不能降低工程质量标准,不能出现违反规范的情况;②变更的签发要在规定时间内完成,不得贻误工期;③所有变更项需要与跟踪设计沟通,得到一致意见。

8) 经济社会效益

(1) 经济效益

项目建成后,科室、病区(图 7)有序地进行了搬迁,至 2018 年 4 月,基本按既定计划完成了搬迁。经过几个月的磨合,医院基本医疗的综合服务能力得到有效提高,功能布局和就医环境得到较大改观,原来老院区路难进、车难停、病房紧张的情况不复存在。门诊人数、检验人数、手术人数都有较大幅度增长,对比 2017 年 6 月与 2018 年 6 月数据,检验人数 2017 年 6 月为 35 787 人次,2018 年 6 月为 41 596 人次;门诊人数 2017 年 6 月人数为 105 017 人次,2018 年 6 月为 115 302 人次;手术人数 2017 年 6 月人数为 1 968 人次,2018 年 6 月为 2 375 人次。

(2) 社会效益

医院紧跟市委市政府关于我市的发展规划进行布局与科室设置,从医疗资源区域分布来说,连云港市第一人民医院高新院区弥补了东部城区医疗资源的不足,从提供新进及高端特色的服务来说,医院新购置了 PET-CT、西门子双源 CT、3.0T 核磁共振、64 排 128 层螺旋 CT、大平板 DSA、SPECT、全数字化高能直线加速器、瓦里安直线加速器、神经导航系统、电子染色胃镜、超声胃镜、关节镜、胸腔镜等一大批高端医疗设备,为医疗技术水平的腾飞插上了翅膀。并且,新设置了康复中心(图 8)、MCI 中心、一期临床、胃镜中心、肿瘤放疗中心等功能中心,可更好、更有针对性地服务大众。高新院区的顺利建成,我院的医疗条件和医疗环境得到明显改善,医院医疗功能、医疗环境更上一个台阶,激发了患者的潜在需求,服务的人群不断扩大,大大提高了社会效益。

⋀ 图 7　门诊大厅、病区

（a）等候区　　　　　　　　　　　（b）活动区

⋀ 图 8　康复中心

李小民　　王乐平　刘菁　李明星　胡江/供稿

大型综合性医院建设理念探索与实践
——泰州市人民医院新区项目建设

一、项目概况

1. 工程概况

（1）工程项目名称：泰州市人民医院新区医院（一期）工程。

（2）工程项目建设地点：江苏省泰州市医药高新区太湖路 366 号。

（3）项目基地总面积：193 436 m²。

（4）新建一期工程用地面积：110 734 m²。

（5）新建的一期工程总建筑面积为 258 541 m²，建设完成门急诊楼、医技楼、病房大楼、广场地下室及后勤配套用房等，其中门急诊楼医技楼 64 383 m²、病房大楼 109 089 m²、后勤配套用房等 31 063 m²、地下建筑 53 165 m²（门急诊楼、医技楼、病房大楼地下一层，门诊南广场地下二层，负二层地下室为人防，其中战备医院 4 500 m²），设置地下停车位近 1 000 个，并考虑将来的发展空间，可采用立体停车位，设置总车位约 1 400 个。

（6）建筑层数：项目中的门急诊楼、医技楼为地上 5 层，地下 1 层；病房楼为地上 23 层，局部 25 层，地下 1 层；附属广场地下工程为地下 2 层；后勤配套用房中的综合楼为地上 9 层，地下 1 层、后勤楼为地上 4 层。

（7）建筑高度：病房楼 99.85 m，门急诊、医技楼 23.65 m，综合楼 41.4 m，后勤楼为 24 m。

（8）新建病床数：2 000 床，设置病区 40 个。

（9）建设工期：2011 年 12 月— 2018 年 1 月。

2. 建设主要内容

（1）门、急诊部分：位于项目南侧的 4 层建筑，通过内部通道，有效解决日常门、急诊需求。

（2）医技部分：位于门、急诊与住院楼之间的 5 层建筑，与门、急诊楼和病房楼相连，更有利于门急诊和住院患者的检查。

（3）病房部分：位于项目北侧，通过室外连廊连接医技及门急诊区域。新增 2 000 张有效床位，提供舒适温馨的住院环境。

（4）后勤配套部分：综合楼位于项目西侧，毗邻病房楼、门急诊医技楼，4 层独立餐区的设置有效对各类就餐人员进行分流管控，及时提供餐饮保障服务；行政办公区及学术会议厅设置在 5～9 层，有效集中办公区域，提高办公效率；后勤楼位于综合楼西侧，相对远离就医区域，尽量减少设备运行时的噪声影响。

（3）工程项目建设进程

项目 2010 年 1 月 26 日项目建议书上报，同年 2 月 4 日获得市发改委项目建议书的批复。

2011 年 6 月 1 日项目可研报告书上报，同年 10 月 26 日获得市发改委项目可研报告的批复。

2011 年 11 月 15 日获得市住建局的项目初步设计的批复。

2011 年 12 月 31 日举行了桩基工程的开工典礼仪式；2012 年 5 月 1 日完成桩基施工。

2012 年 12 月 5 日完成施工图纸，并通过江苏省审图中心审查批准。

2014 年 6 月 1 日完成地下结构施工，出 ±0.00。

2015 年 3 月 26 日主体结构封顶。

2017 年 8 月 9 日对外试运营（急诊）。

2017 年 10 月 28 日对外试运营（门诊、病房楼）。

二、项目重难点

1. 项目施工重点

1）质量目标

工程在建伊始，医院基建部门即与施工总承包单位约定了工程质量必须达到的 3 个目标：

（1）各分项工程的每一检验批均达到合格标准，即检验批合格率为 100%；

（2）达到江苏省优质工程"扬子杯"标准要求；

（3）争创中国建设工程"鲁班奖"。

根据工程的建设规模及总工期要求，制订了工程创优各阶段的目标计划表（表 1）。

表 1　各阶段目标计划表

序号	建设时间	工程建设形象要求	创优目标
1.	2014 年 4 月	建立健全项目质量管理体系及各项质量管理制度	明确创优目标，并分解落实到相关责任人
2.	2014 年 5 月	完成现场临建设施的建设，完成现场 VIS 形象的布设	创建文明工地
3.	2016 年 5 月	完成工程主体结构的建设	各分项工程的每一检验批均达到合格要求
4.	2017 年	工程质量、进度、安全、文明施工均达到预期目标	争创"鲁班奖"

与此同时,要求各承建单位在施工管理过程中积极推广并应用建设部 10 项新技术,构建良好有效的信息管理平台,建立由承建各方、业主和监理参加的计算机网络,统一配备工程管理软件。现场的技术、质量、安全以及进度计划控制等全部采用计算机网络进行动态跟踪管理,确保工程质量和工期等各项目标的实现。

2)深基坑施工

医院病房楼与门急诊医技楼为地下一层,南侧广场为地下二层。地下一层主要用作车辆停放和设备机组安置;地下二层在战时作为人防空间及战时医院,平时局部也可用来停放车辆。整个地下室面积约为 53 000 m²,经测算,开挖面积将达到约 70 000 m²,开挖深度最深将达到 11. 65 m。为了确保基坑安全施工,对基坑专项施工方案进行了多次的修改和专家论证,方案最终采用直径 400 mm 无砂混凝土管管井降水,管井埋深至地下 12 m,整体基坑内外合并布置 143 口井,确保降水深度至坑底下 0. 5 m~1. 0 m。基坑整体分 2 次开挖,开挖时采用 1∶1 二级放坡,局部深坑或坑中坑采用三级放坡。开挖过程中穿插基坑支护,其中病房楼与门急诊楼的基坑支护采用:钢筋头 + 钢丝网 + 喷射混凝土,局部坡脚增设 Φ150,$L = 4$ @1 000 的木桩防滑;南侧广场的基坑支护采用:注浆花管(直径 48 钢管 @1 500) + 钢丝网 + 喷射混凝土,局部坡脚增设 Φ150,$L = 4$ @1 000 的木桩防滑。严格控制喷射混凝土的实际强度,根据地层情况选择"先锚后喷"或"先喷后锚"(土质松散时),确保基坑侧壁稳定性。

3)大体积混凝土施工

医院病房楼与门急诊楼的基础为整体地下室,南侧广场则为单独地下室,两者之间设置地下连廊。基础垫层混凝土强度 C25,基础底板混凝土强度为 C40 + P6,顶板为 C30 + P6,墙柱为 C60 + P6。病房楼为桩筏基础,筏板厚度 2 100 mm;门急诊医技楼为筏板基础,筏板厚度 800 mm、局部 1 200 mm;南侧广场为桩筏基础,筏板厚度 500 mm。根据结构基础施工图纸以及大体积混凝土的定义,基础部位大多属于大体积混凝土施工范畴,综合结构特点和筏板厚度的考虑,需要对基础混凝土进行抗裂方案的编制和论证。抗裂方案主要控制 4 个方面:①底板大体积的混凝土控制;②地下室外墙混凝土控制;③内部墙柱高强混凝土的控制;④车库顶板混凝土控制。具体的构造措施则是通过增设沉降后浇带、增设膨胀加强带、外墙抗裂钢丝网片加密、增设超厚筏板温度钢筋,来提高底板和墙板的抗裂性能。同时,施工过程中选用高质量配比的混凝土原材,严格按照大体积混凝土施工方法浇筑、养护、测温,确保地下室基础结构质量良好。

4)主体结构质量要求

医院主体结构类型为框剪和框架结构,病房楼 25 层,建筑高度 99. 85 m;门诊楼医技楼 5 层,建筑高度 23. 65 m,结构耐火、防水等级均要求达到一级标准。施工体量大,混凝土强度等级要求高,高支模板部位多,对主体结构质量成型都是严峻的考验。医院要求总承包单位制订了详细的施工方案,联合监理方加强关键质量控制点的巡查和验收。另外,医院建筑对楼面、屋面、卫生间的防水要求较高,根据各个工程部位的特点,制订了特殊工序的专项施工方案,依据方案施工,加大蓄水、检查、监控力度,确保医院大楼的整体防水质量。还有,通过在病房标准层引入样板化施工工艺,很好地改善了施工过程中强弱电暗敷线管敷设不整齐、交叉多、转弯多或者线管错配、漏配引起的返工现象,避免了各施工班组打乱仗,大大加快施工进度。

5)机电管线系统安装

不同等级的空调管道、冷热水管线、雨污水管线、医用气体管线、蒸汽管线,大大增加了医院建设的复杂程度,且由于专业承包方较多,进度要求迫切,对医院基建部门的协调组织管理提出了很高的要求。为此,医院基建部门通过实行每日协调会、专人负责制、信息化共享,以期迅速解决交叉施工过程中产生的问题。同时,在技术层面事先进行深化设计、合理排布,对管线走线定位、点位开孔位置有合理的规划,确认后再进行有序施工。

风管系统:工程中风管施工具有体量较大,规格较多,等级各有不同,工序配合多,施工难度较高等特性。通过采取组织施工人员深入学习安装、土建、装饰等各个专业的施工图纸;安排管理人员进行沟通、互相交底；指定专业负责人相互配合。作好风管安装工程的综合管线布置图，并有针对性地编制各分项工程的施工技术方案。

消防水系统：由于医院工程的特殊要求，消防工程是重中之重。泰州市人民医院消防水系统分为消火栓系统、自动喷水灭火系统、水喷雾系统以及消防排水系统等；配电房、变压器、地下室车库配制气体灭火装置。在消防系统的施工质量把控方面，总承包单位组织各分承包商做好系统的二次设计和技术深化工作，并进行指导与配合。确定各系统施工的技术等级和标准，做好各系统之间的技术衔接和界面协调，保证整个消防系统施工完整性和连续性。

2. 医院项目管理难点

1）设计要求高

高标准的设计要求，需要医院建设方更严格地对工程进行材料把控、质量把控、细节把控、理念把控。泰州市人民医院的设计标准，从建设之初即为绿色建筑二星级标准。因此，医院建设过程中始终秉持绿色、节能的设计方针。建筑按65％节能设计标准进行设计，墙体保温材料采用岩棉60 mm，屋面保温材料采用泡沫玻璃板110 mm。建筑设计合理选用供暖空调系统的冷热源及输配系统，采用节能灯具，并按要求采用高强度钢筋、预拌混凝土。通过模拟软件对项目各栋建筑进行了室内自然通风、采光模拟分析，计算数据显示条件良好。室外采用了乔灌木相结合的复层绿化种植方法，且室外停车位均设计成生态停车位，保证绿地率达到35％。地下空间利用率达24.42％。在绿色建筑评估中，项目节地、节能、节水、节材和室内环境质量各章节得分均超过40分，总得分66.25分，达到绿色建筑设计二星级标准要求。

2）专业系统复杂

（1）手术室系统

医技科室作为医院医疗功能单元的核心部分之一，是医院设计施工中最为复杂的部分。针对医技科室的建设，院方采取了专业工程二次深化分包的措施，通过分包给专业技术实力更强的承包单位，来提高建设质量、达到一流医疗标准。

手术室系统工程通过采用设计施工生产安装一体化的模式和技术方法，对医疗洁净空间的结构做出了重大突破，研发定制了模块化标准，做到医疗洁净空间中的每一个节点可以调整，每一个面板可以拆卸，每一个模块可以更换，从而实现医疗洁净空间可变化，改变以前空间固定、功能单一的格局，使其在后期维护、升级、改造时更为方便和节约。医疗洁净空间中每个功能单元，如、净化空调、洁净装修、医气、强弱电、智能化、医疗家具等终端以模块化结构高效集成，充分满足医、护、患对医疗洁净空间的各功能实际需求。模块采用工厂化、标准化、自动化、流水线的工业制造生产模式，施工现场进行一体化装配的方式进行安装，拆装方便，便于今后的售后维护及升级改造。所有模块通过粘贴的条码及二维码标签，可录入物联网信息系统，对其规格、制作、质检、安装、物流、售后等信息进行管理。材料采用优质的金属材料，如电解钢板、不锈钢板。采用静电粉末喷涂可避免现场油漆喷涂造成的环境污染及异味，十分环保，并免去了油漆干燥的时间，且静电喷涂的粉末材料添加有无机抗菌剂，抗菌效果优异。其他各模块材通过专用连接件，直接拼装即可，既快捷又方便。在项目施工过程中利用BIM技术对风管系统、洁净手术室拼装等重点工艺进行模拟管理，实现工程项目管理由3D向4D发展，提高工程管理信息化水平和工作效率，保障后期工程运营管理。

手术室设计施工定制化的施工技术取得了很好的实践效果，被评为第二届全国优秀手术室工程。

（2）智能化系统

智能化系统工程中共包含15个子系统，分别为：①综合布线系统；②计算机网络系统；③有线电视系统；④时钟系统；⑤LED大屏幕及触摸查询系统；⑥手术视频示教系统；⑦ICU探视系统；⑧病房呼叫系统；⑨安全防范系统；⑩一卡通管理系统；⑪楼宇自控系统；⑫能源管理系统；⑬系统集成管理平台；⑭机房工程（UPS\空调）；⑮桥架及管路安装工程。

项目建筑智能化系统建设的目的,是将泰州市人民医院新区医院的智能化信息管理提高到一个新水平,为使用者提供舒适、安全、绿色节能的工作环境,为管理部门提供便捷、高度信息化、自动化的管理手段。

在智能化系统的布控过程中,医院信息部门和基建部门通力合作,严格按照以下5条原则指导项目管理。①开放及可扩展性:技术要求先进而又不追新;技术具有可扩展性;技术可升级,至少15年后仍能与将来新技术搭接。②稳定可靠性:必须保证每年365 d,每天24 h全天候不间断运行。③经济实用性:合理平衡系统的经济性与超前性,既要达到国内外先进水平的智能度,又要避免片面追求先进,最大限度地有效使用资金。④可维护性:重点考虑各子系统相对的集成化能力、系统人机界面的友好性、"傻瓜性",使设备维护量小、所需维护人员少,确保系统长期稳定运行。⑤规范性:强调技术规范化和企业规范化,智能化系统的方案、设计、施工、验收一定按国家标准要求严格执行。

3)投资控制难度大

医院建设过程中几乎不可避免的会出现预算超支的现象,这是由医院建设过程的复杂性和专业性决定的,初步设计和施工图设计中很难对医院的使用功能考虑全面,施工过程的变更及造价增加风险很难规避。再由于外界因素如不可控风险、政策影响,让泰州市人民医院建设的投资控制难度大大增加。

投资增加的原因主要有3点:

(1)医院功能定位转变,根据市委市政府指示要求,泰州人民医院新区医院功能由专科医院转变为综合性全学科医院,老人民医院全部搬迁至新区医院。随着医院功能的调整,规模也要加以调整,建设规模由1 500床调整为2 000床。其中:①对门诊进行扩建(原为4层,现调整为5层)。②增加建设高压氧、污水处理站等配套设施。③新区医院计划分二期建设,考虑新院区的医疗技术发展需要,将原先二期建设的学术中心和会议厅提前到一期建设。由于总建筑规模增加34 241.00 m²,导致增加土建投资8 022万元,增加装饰费用4 110万元,合计12 132万元。

(2)由于建设期长,期间钢材、水泥、黄沙等建筑材料价格及人工成本大幅上涨,造成土建投资增加12 018万元,装饰费用增加1 962万元;可研报告中对暖通系统、电梯、扶梯的投资估算偏低,实际增加投资12 487万元,合计26 467万元。

(3)可研报告投资估算深度不够,没有考虑医院特殊要求装饰工程,增加投资2 024万元;智能化工程、手术室、特殊病房的空气净化系统、消防工程、节能工程、安保工程配套工程等,可研报告中没有考虑,增加费用31 727万元,扣除可研报告不可预见费5 312万元,合计28 439万元。

如何更好地控制好造价,充分考虑设计条件,减少工程建设过程中产生的变更和签证,是值得医院基建部门充分思考的方向。

三、组织构架与管理模式

1.组织构架

2.管理模式

本项目实行的是医院自建,医院基建科主导管理的模式。在医院党政领导班子的领导下,由医院法人代表授权基建科科长为项目负责人,全面负责协调整个项目的管理工作。为避免各专业管理人员的不足,医院择优选择了监理公司,由监理公司负责监理项目的质量、安全、进度、造价。

医院制订了基建管理的各项规章制度:①基建科廉政建设制度;②基建科会议制度;③基建科合同管理和执行规定;④施工现场管理办法;⑤工程设计变更与签证管理规定;⑥基建科档案管理制度;⑦基建科财务管理制度;⑧基建科材料设备采购制度;⑨泰州市人民医院招投标管理制度。

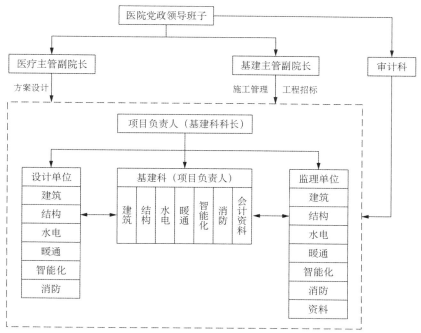

◣ 图1　项目组织构架图

医院基建科按专业分工分设了各专业负责人，各专业负责人按授权负责和设计单位、监理单位、施工单位沟通协调。

四、管理实践

1. 质量管理

1）质量管理程序

管理理念：在以安全生产为保障的前提下，确保质量，提升进度。

管理方式：①建立专人专项负责制度，分工明确，沟通及时，每周一下午基建科内部会议；每月院分管领导查房汇报工作进度。②采用PDCA循环管理模式，严格把控质量，在每一个环节上进行循环管理，确定清晰的建设目标，出现问题实时纠偏。

2）质量保证程序

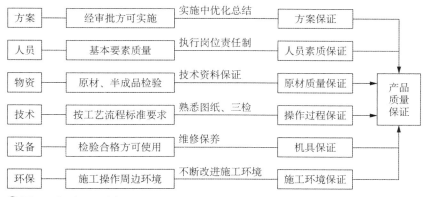

◣ 图2　质量保证程序框图

3）质量执行程序

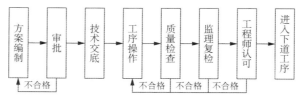

△图3　质量执行程序框图

4）质量策划程序

在开工前，组织相关人员制订分段施工质量目标及确保质量达标的具体措施。工程施工质量实行"工序质量"控制管理方法。对每道工序均实行基建科专项管理人员与项目技术负责人、施工员事先技术交底；"现场看工"质量跟踪控制；质检员对"工序质量"过程检查。做到以工作质量保证工序质量，以工序质量保证产品质量。

2.沟通管理

1）与政府部门

泰州市人民医院新区医院是市政府重点民生工程，基建科安排专人负责与住建局、质监局、消防大队等政府部门沟通，办理相关手续。与建委、环保局、城管、当地派出所、街道办事处、居民委员会等地方政府部门及当地居民取得联系，就工程施工的总体部署情况与他们沟通，取得他们的支持。

2）沟通机制

（1）定期将项目进度报送政府、医院领导。

（2）每周以工程例会纪要形式或每周项目情况汇报形式，向各参建单位汇报项目情况及下周的工作安排。

（3）每日开展早交班制度，及时沟通协调各单位施工作业要求。

3.进度、质量、安全控制

1）进度控制

在项目建设初期，就制订了总进度计划，同时将总进度计划进行分解，分阶段落实。为了明确各阶段的工作任务，将进度计划各阶段任务细化，分到每月、每周制订相应的计划。

过程中定期将计划与实际完成情况进行对比，发现问题，及时调整，同时根据进度计划落实责任主体，监督落实。

2）质量控制

（1）基本内容

Ⅰ.根据工程的质量目标编制相关的创优计划，并按照创优计划进行质量目标进行分解，在各单位入场时与监理方一起进行交底。

Ⅱ.对各单位的施工资质进行审核、报验工作，对于分包的组织机构和管理人员、特殊工种上岗证审核、报验。

Ⅲ.制订质量奖惩管理制度。

Ⅳ.专人负责对进场的施工材料进行复检，发现不合格材料有权禁止使用，坚决杜绝不合格成品（半成品）流入下道工序。负责办理各分包单位材料送样后的报审、复验工作。

Ⅴ.负责各分包单位隐检、预检的报审、报验工作。

Ⅵ.负责组织各单位施工前、后成品交接工作，做好现场成品保护的管理工作。

Ⅶ.根据确定的消防验收程序进行内部验收协调工作；安排总包监理配合组织竣工验收，并进行

大型综合性医院建
设理念探索与实践　343

竣工备案工作。

（2）质量管理措施

Ⅰ.工程实现样板引路制度,特别是典型的外墙饰面、室内贴面、抗静电、装饰节点、幕墙等。

Ⅱ.按月质量考评制度,对各参建各专业单位的质量按月进行综合评比,奖优罚劣,并采取标牌的形式进行公布,对连续2次评比最后的单位除常规处罚外,将建议更换项目经理的措施来保证质量。

Ⅲ.制订详细的质量验收制度,因参建单位较多,工程报验工作不仅大而且较为集中,为了合理安排和协调分包单位、监理及总包的工程报验工作,凡参建单位须报验的分部分项工程,必须先由参建方内部检验合格后再按照程序上报资料。

Ⅳ.参建单位报验须编制报验工作计划,以便四方人员工作的统一安排和过程监督检查,以过程合格率来保证整体合格率,从而保障工程进度。

Ⅴ.各单位必须编制质量通病预防制度,并通过执行情况由总包来统一组织质量分析和会诊制度,及时采取纠正和措施,以过程质量保整体精品。

Ⅵ.开展QC活动,提高项目全体人员的质量意识和行为。

3）安全控制

（1）安全施工措施

Ⅰ.安全教育。参建单位进入施工现场后,安排监理和总包将对其施工管理人员及施工操作人员进行全面入场教育,包括安全、质量、文明施工等内容,对施工现场的特殊部位进行详细交底,并记录在案。

Ⅱ.安全学习。在施工过程中,任何人必须参加每周1次的安全学习,并把学习的内容、记录交总包备案。

Ⅲ.安全交底。总承包在分包进场后进行详细的安全交底,并签订安全施工合同,要求每个分项工程施工前,必须进行安全交底,交底内容交总承包备案。

Ⅳ.安全例会。每周定期召开施工现场安全例会,对施工各分包现场安全负责人进行集中学习与训话,总结上周的工作,安排下周的计划和安全工作重点。

（2）安全设施管理

对于施工现场的安全设施,每月全面检查2次。平时随时检查,对不符合要求的设施,及时向负责单位提出并限期整改。在整改过程中贴上禁用标志,如有单位强行使用,则要求其停工直至清退出场。

（3）安全检查落实

在施工全过程中,每周专项检查3次。每天由专人进行巡视检查,将周、月安全检查结果进行总结和分析,并将评估报告交由监理及业主,对处罚结果进行落实。

（4）安全生产控制

将按照所制订的安全生产管理制度,在每次的安全生产会上,对违反安全生产人员所在的分包单位严肃处理,进行罚款及通报,屡教不改的则停止其施工,直至清退出场。

4.合同管理

合同是项目组织的纽带,是争执解决的依据,我们对专业分包单位的合同管理原则是"信守合同、真诚合作",严格按照合同管理工作程序进行,具体表现在如下几个方面进行控制和管理:

（1）合同实施的前导工作

进行合同交底;建立合同管理工作程序;建立文档系统;建立各种制度,如工程中的检查验收制度,文件的合同审查制度,报告制度,行文制度等,将它们融合在整个项目管理系统中;组织进行合同评审和交底,清楚了解合同条款内容,明确甲、乙双方权利、责任、义务,保证所有的合同要求都能有计划地逐步实现。

（2）合同的控制过程

主要为合同监督、合同跟踪、合同诊断和合同变更管理,通过以上几个方面的过程控制,能切实落实所有合同的要求。

（3）合同文档管理

合同文档管理即为信息管理，在整个项目管理中起着重要的作用，真实反映现场实际情况。

5. 廉政建设

项目建设过程中的设计、勘察、监理、外装幕墙、内装饰工程、消防报警、手术室净化工程、医用气体管道安装等公开招标工作，均由医院纪委全程进行监督，真正做到公开、公平、公正。

项目建设期间，院党委书记与纪委书记多次带队查房，进行学习廉政教育，落实一岗双责。

基建处处长与处内每一名工作人员签订了"廉政责任书"，明确了个人廉政责任，以使每个工作人员心理上绷紧廉洁之弦。

定期召开廉政专题会和廉政讨论会，在会上对廉政工作进行详细、认真的部署，结合具体案例对工作人员进行廉政专题教育，用活生生的事实来教育大家。要求工作人员按照图纸和有关规范认真做好工程管理工作，不准弄虚作假、懒散怠慢，杜绝出现"不给好处不办事，给了好处不负责"的事情发生。坚持廉政教育经常化，有效地去解决工作人员侥幸、攀比、虚荣心这三种极易出现不廉洁行为的心理，同时树立好慎足、自讼两个观念，从根本上拉紧预防犯罪之弦。

基建处利用会议时间，对一些法律知识进行学习，使人人明确国家法律对一些犯罪的处置，起到一种使人望而生畏的作用。不定期地对工作人员进行廉政调查，及时掌握全体工作人员在廉政建设方面的动态情况，一旦出现问题及时解决，保证廉政工作的正常展开。基建处在做好自身廉政建设的同时，积极监督基建工程的各参与单位做好廉政工作，每项基建工程都与参建的监承单位签订廉政合同，使廉政工作更好地为医院的基本建设保驾护航。

认真处理工程变更，达到合同内支付有手续，合同外支付有依据。为确保工程计量的准确，对计量过程进行层层把关，确保数据的准确。首先由监理工程师对施工单位计算的工程量确认单根据现场实际情况进行核实，其次由基建处工程管理人员对工程量进行核实，复杂工程量核实由工程跟踪审计人员进行复核；工程完成后，由跟踪审计单位对工程量进行重新计算核实并出具审计报告。坚持办事公开的原则，每一项敏感的工作，都在处内会议上充分与各管理干部及时沟通，让全体参与，从项目立项论证和审批、招投标管理、工程洽商和设计变更程序审批、材料认价监控等方面让全员参与监督，形成了由处领导、科室负责人、项目负责人等参与的三级管理监控体系，有层次并有全员参与的监督控制体系的形成，为严格执行国家和处内有关管理规章制度提供了体制上的保证。

6. 社会经济效益

（1）经济效益

泰州市人民医院新院自 2017 年 12 月底投入使用后，医院综合服务能力和患者就医环境得到较大提升和改善。其中 2018 年上半年总门急诊量为 71.94 万人次，出院人数为 54 922 人。各科手术总台数为 16 312 台。

（2）社会效益

泰州市人民医院始终把维护人民群众的身心健康作为自己神圣职责和使命。针对目前"看病难、看病贵"的社会热点和医院难点，坚持突出公立医院性质，把社会效益放在首位。通过加大硬件投入，优化就医流程，开展优质护理服务等实质性举措，切实提升群众对医院的满意度。新院建成并投入使用后，由南、北、新三个院区组成的泰州市人民医院医联体，极大地方便了群众就医。医院不断加大硬件设备投入，持续优化医疗区域的合理分区布局。坚持"厚德博学，生命至上"的院训为社会持续服务，争做区域医疗中心，百姓就医首选。

朱红忠　阮萌　吕彦枫　钱逸达/供稿

医院工程建设管理中的实践与探索

——宿迁市第一人民医院新建工程

一、项目概况

1. 工程概况

宿迁市第一人民医院项目位于宿城区，宿支路与环城西路交汇处东北角，东至市农委用地，南至宿支路(50 m)15 m 绿化带，西至环城西路绿化带及立交预留用地，北至京杭大运河二线大堤。

本项目总用地面积为 220 008 m²，总建筑面积为 254 284.80 m²，地上建筑面积为 218 909.80 m²，建筑密度为 17.50%，绿地率为 40%，建筑高度为 99.60 m，建筑层数为地上 22 层，地下 1 层，总床位数为 2 000 床，停车泊位为 1 500 辆。项目于 2013 年 2 月开工建设，2015 年 8 月 30 日通过竣工验收。

2. 项目选址

医院没有现成的规划建设医疗用地，在市区进行了广泛选址。选址情况综合拆迁成本、总体布局、交通组织、项目水、电、气、通信等基础设施配置多个因素综合论证，最终确定现在这一背靠大运河、南邻古黄河风光带的选址。

3.项目方案

宿迁市第一人民医院设计方案征集,采取专家领衔、部门联动、广泛征集意见的方式,经过前期反复比选,初步选定 4 家国内一流设计单位入围。组建了包括国内顶级医疗专家、建筑设计专家、市规划、卫建委等相关部门人员在内的专业评委会,经过评委会的认真评审,最后由政府集体决策,确定上海建筑设计研究院有限公司提供的方案在医疗诊治流程、功能分区方面优势突出,保证了医院规划的科学性。

4.建设主要内容

医院建设地下为车库及设备用房,地上由住院部 1 号楼、住院部 2 号楼、门急诊楼及医教研中心 4 个单体通过室内连廊串联组成。项目西侧建设 3 栋公寓楼。

5.工程项目建设进程

本工程 2011 年 7 月 20 日获得市发改委项目建议书的批复。

2012 年 2 月 17 日获得市发改委对可研报告的批复,2007 年 9 月 3 日获得上海申康医院发展中心对可研报告的批复。

医院于 2013 年 2 月开工建设,2015 年 8 月通过竣工验收,2015 年 10 月 28 日健康管理中心运行,2015 年 11 月 10 日门急诊投入使用,首期开放床位 500 张。2016 年 7 月 19 日正式营业,开放病床1 000 张。

二、工程重点难点

1.土建工程

1)工程特点:

(1)建筑采用弧形设计,由门急诊楼、医教研中心、住院部 1 号楼、住院部 2 号楼和独立地下室组成的建筑群,自南向北由低向高依次伸展。建筑平面采用大直径的弧形设计,外立面转角采用圆弧石材石材幕墙,屋面基础均进行弧形倒角;室内装修多处呈现弧形,所有的弧形元素都使得建筑物在刚劲中又体现出柔和之美。这座新生建筑,已迅速成为宿迁市的地标性建筑。

(2)花园式医院。项目总占地面积 22 万 m²,绿地率高达到 40%。医院西北角以开挖剩余土方塑造出人工假山,极富艺术气息。各种绿植布满整个医院,景观小品设计考究,与建筑群整体交相呼应。花园式的建筑让人远离城市的喧嚣,曲径通幽,给病患提供了良好的就医环境。建筑群周围红花绿树环绕,欣欣向荣,象征着生命生生不息。

(3)外立面多元素设计,和谐统一。外立面由玻璃幕墙、花岗岩石材幕墙、仿真石漆饰面铝板幕墙、仿真石漆墙面组成。玻璃幕墙通透明亮,天然花岗岩石材厚重典雅,米黄色仿真石漆铝板及墙面给人以温暖之感。整个外立面线条流畅,色泽均匀,胶缝饱满、宽度一致,分缝横平竖直,多元素和谐、过渡自然。

(4)高烈度区阻尼器创新应用。本工程抗震设防烈度为 8 度,并处地质断裂带。住院部 1 号楼21 层主体结构设计采用 253 套黏滞流体阻尼器进行耗能减震,可靠地保证了建筑物的抗震性能及安全性能。

(5)屋面整体布置美观。30 000 m² 屋面面砖采用电脑排版,精确调整砖缝宽度,弧形屋面采用大块面砖进行过渡,300 万块 100 mm×100 mm 小面砖全部整砖铺贴。面砖整体采用浅绿色的主色调,同时以米黄色进行分格点,整体给人以清新、温暖之感。屋面风帽成排,坐落有致,做工精美。屋面钢构架外包大块真石漆饰面铝板,美观大气。2 314个太阳能基础及各类设备基础做工精细,排列整齐一致。

（6）室内装修设计新颖。室内精装整体设计新颖,突显人性化、绿色理念。门急诊楼各层设计采用200 m超长医疗街串联各功能科室,分诊导向一目了然。门急诊大厅自然采光,宽敞明亮。天然石材柱体与人造石柱体错落有致。背景墙穿孔钢板烤漆,以银杏叶与水波纹为主题,突出医院以"健康长寿、幸福吉祥"的宗旨。儿科、产科护士站以柔美、优雅的圆弧形线条及粉色、米黄色石材台面给患者营造宁静、温馨的氛围。

618个普通病房和49个VIP病房满足不同人群就医需求。医教研中心大厅主要以临时接待和交流的功能,主背景采用绿色主题抽象画营造生态阳光厅的氛围;靠入口的左侧设置显示屏,方便发布信息;大厅右侧设计成休息区,墙面采用灰色水纹大理石竖向勾缝简洁大气营造挺拔的空间,并结合显示屏用于医院介绍,形成宣传展示的文化墙;观光电梯下方设计水景,给空间增加灵动感,阳光、水、植物形成一个生态的绿色大厅。可容纳800人的医教研中心大会议室,整体风格庄重大气,设计符合室内声学效果。顶面叠层设计采用直接和间接两种照明方式,满足不同使用功能需求;两侧墙面以大块面对称性布局符合突出较强的仪式感,选用环保、吸音材料,保证会议优质音效。

2）工程难点

（1）住院1号楼场地范围内普遍存在液化土层,液化深度达20 m。为减小地震作用下液化引起地面侧向扩展对桩基的影响,场地范围内液化土层必须一次性完全消除。液化分布范围广、处理难度大。

（2）本工程地处地质断裂带,抗震设防烈度为8度,住院部1号楼设计采用253套人字形黏滞阻尼器进行耗能减震设防,阻尼器最大阻尼力达到1 200 kN,单体建筑中阻尼器使用数量及阻尼力值在全国已建工程极为罕见。阻尼器深化设计及安装难度大,现场1 518块预埋件轴线位置、垂直度、平整度偏差精度控制难度大。

（3）本工程应用最高级别HRB500E级钢筋,总含量4 272 t,最大直径为50 mm,每米重量15.415 kg,加工安装及检测难度大。

（4）主体结构型钢混凝土中钢结构含量达6 188 t,含430根钢骨柱及部分型钢梁和箱型钢支撑,单根钢骨柱最重达6.7 t,钢构件的加工安装难度大。钢结构焊缝均为坡口全熔透焊缝,且最大钢板厚度为50 mm,焊接工作量大,焊接要求质量高。型钢混凝土结构梁柱节点处钢筋的绑扎复杂,梁柱节点处钢筋的处理难度大。

（5）本工程外立面采用了多种装饰形式,含18 000 m² 玻璃幕墙、33 000 m² 花岗岩石材幕墙、10 000 m² 铝板幕墙及46 000 m² 仿真石漆墙面。多种外装形式如何合理分格对缝,不同材料如何合理美观地过渡,深化及施工难度大。同时,门急诊楼及医教研中心部分立面采用了倾斜式圆弧幕墙,最大倾角12°,圆弧石材的加工精度及安装对精度要求高,施工难度大。

（6）本工程屋面面积29 321 m²,含2 314个太阳能基础,385个排气帽,铺贴100 mm×100 mm屋面防滑面砖219万余块,其中住院部1号楼、住院部2号楼为弧形屋面,屋面砖深化排版施工难度大。

（7）本工程主体结构含有多处弧形梁,其中住院部1号楼及住院部2号楼共设74个半圆形阳台,圆弧阳台半径为3.5 m,弧形梁模板支设难度大,垂直偏差控制要求高,弧形梁的轴线及控制线的投射放样施工难度大。

2. 安装工程

1）工程特点

机电专业策划周密、综合平衡技术应用效果显著。管道安装规范,竖井排布整齐,支吊架安装牢固,标识明确,坡度准确。68台电梯运行平稳,安装标高正确,电梯门开关灵活,门口无倒坡现象。配电箱柜安装规范,配线整齐,接地可靠;电气桥架安装牢固,跨接规范。机房空间布局合理,排列整齐有序,标识醒目清晰,使用维护方便,简洁美观大方。

智能建筑系统在本工程应用突出,包括:楼宇自控系统、视频监控系统、防盗报警系统、门禁系统、电子巡更系统、停车场管理系统、计算机网络系统、ICU重症探视系统、婴儿防盗系统、公共广播系统、信息发布系统、统一时钟系统、多媒体会议系统、多功能护理呼叫系统、排队叫号系统、手术示教系统、综合管槽系统、UPS电源及防雷接地系统、有线电视系统、电子培训教室、消控中心系统、水控系统等23个。目前所有智能化系统动作传输正常,信号可靠,系统稳定。

3)工程难点

(1)本工程结构预埋管线总长近14.5万m,预埋管路包括动力、照明、插座、消防、楼宇自控、综合布线以及防雷接地等多个系统,预埋管线工程量大,位置精度要求高,且公共区域管线集中,易造成管线交叉重叠、堵塞等问题。预留防水套管、穿墙套管、预留孔洞数量多达8 000多处,涉及给水排水、暖通、消防、强电及弱电等专业,定位精度要求高,难度大。

(2)本工程水电管井多达980个,配电箱1 950台,竖向管道近450根,管井空间布局、工序组织施工难度大。

(3)本工程机电系统复杂,设备机房多达368个,最大的净化机房面积2 560 m²,设备及管线安装工程量大。其中,大型设备82台,管线近28 000 m,主要集中在地下室、屋面及配套附属用房,管线排布错综复杂,设备吊装、运输、安装难度大。

(4)本工程矿物质防火电缆型号多、数量大,总计达18 000延m,最大型号为240 mm,单根电缆敷设最长达到250 m,线路长、重量大、弯曲困难,施工难度大。

(5)本工程52个机电系统,包括综合布线系统、计算机网络系统、视频监控系统、防盗报警系统、电子巡更系统、智能停车场管理系统、公共广播系统、有线电视系统、信息发布系统、统一时钟系统、隔离病房ICU探视系统、多功能呼叫系统、排队叫号系统及RFID婴儿防盗系统等,设备终端接口近20 138个,涉及给排水、消防、暖通、强电、净化、医用气体等专业,系统复杂。多专业多系统的联动调试难度大。

3. 医院项目管理的难点

(1)目标要求最高的建设工程

医院立项之初就将医院发展目标定位三级甲等综合性医院,也是一座集医疗、教学、研究为一体的示范型、引领型、研究型优质高等级医院。工程招标即确立了绿色建筑、文明工地、"鲁班奖"的建设目标,并将此写入合同,奖惩差高达3 000万元。

(2)总体规模最大的公益项目

占地330亩、建筑面积26.5万m²的第一人民医院工程建设一次到位,包含各类医疗设备,总投资超20亿元。这是建市以来总体规模最大的公益项目,也是单体投资最大的民生工程。医院的顺利建设、开院运营直接关系全市580万人民的医疗保障水平。

(3)综合保障最复杂的医疗工程

本工程地下室施工建筑面积大、使用功能多、层次高,大楼的"运行核心"都集中在地下室(如:冷水机房、暖通机房、换热机房、给水泵房、消防泵房、空压机房、气体灭火控制间、高低压配电房、送排烟机房、锅炉房等),进、出各机房的管线多,整个地下室涉及的专业多,各专业头位多(喷淋、烟感、灯具、风口、监控、通信等),专业管线及点位相互重叠、挤占、相交,仅机电设备就有8 530台,环保、环境、防辐射等各类技术标准均远远高于普通民用建筑。合理的施工组织、进度安排、人员机械配备成为工程施工的一大难点,同时工程主体异形结构多,管线纵横交错,给工程施工带来更大的难度。

(4)基础条件最为落后的医院工程

宿迁市第一人民医院,可以说是一所"零基础"的医院,也可以说是一所"四无"基础上诞生的医院。没有现成的规划建设用地：医院选址确定后，区政府进行大量拆迁，保障了医院建设用地供应；没有工程建设经验的管理团队：医院筹建之初，从市卫建委、卫校等抽调行政人员组建指挥部，管理人员没有大型工程建设管理经验；没有一台医疗设备：作为全新的医院，没有任何医疗设备体系，所有设备全部重新采购；没有一个医务人员。

（5）社会各界最为关注的医院工程

宿迁市2000年之初进行了医院改制，市一级没有一所大型的公立医院。医院规划建设之初，受到了社会各界的广泛关注，宿迁市委市政府、市各相关部门、全市群众大力支持、高度期盼。也有部分媒体对我们重新筹建公立医院建设提出了质疑。

三、组织构架与管理模式

（1）指挥部组织机构

为了保证医院建设的顺利推进，成立由市领导亲自挂帅的建设指挥部。指挥部下设：指挥部办公室、规划设计组、工程建设组、征收安置组及工程审计组等专业机构。分别抽调相关部门的领导和专业人员充实到各个工作机构，形成一名领导负责、一套班子管理的模式，职责明确、目标明晰。

建设管理的全过程由项目建设指挥部组织实施，指挥部由住建、规划、供电、消防等市直部门和宿迁市第一人民医院派出的管理人员共同组成。其主要任务是提供从规划咨询、项目建议、可行性研究、方案设计，到施工管理、竣工验收、财务监管设计、项目建成交付使用等方面的覆盖项目全过程的管理服务。

（2）实现建设运营职能分离

开院筹备工作由理事会领导下的院长负责制，确定了医务大部制管理、后勤集中性管理等组织格局。成立了医务、护理、总务等21个职能处室，设立22个病区，开设37个临床和医技科室，建立起科学规范的组织管理架构。高效推进设备、药品、物资采购以及后勤保障工作。

四、管理实践

1. 设计管理

（1）前期工作充分

宿迁市第一人民医院是"零基础"规划建设的高标准医院，在立项、规划、方案确定阶段组织采取专家领衔、部门联动、广泛征集意见的方式，最后政府集体决策，保证了规划的科学性。住建、规划、环保、供电、消防市直各相关部门联合把关，聘请专业工程管理团队和专业医疗顾问团队参与，组织考察了北京清华长庚医院、深圳滨海医院（港大医院）、上海国际医学中心等国内新建一流医院，基本建设程序清晰、工程概算科学、标段划分合理，给施工期间的工程管理带来了极大便利。

（2）规划设计充分整合

医院建设过程中，始终坚持统一和刚性的规划，科学合理的设计，严格把关中途调整，减少对工期的影响。在工程规划阶段，江苏省人民医院提前介入，组织江苏省人民医院32位医学专家对医院的25个功能区域提出内部流程的调整和优化建议，减少后期工程方案的调整。规划和运营紧密结合，保证了决策执行的有效性；这些周密的决策机制也保障了工程的有序推进。在设计阶段，设计方面实行设计总承包，建筑设计、内外装设计、净化设计、智能化设计、钢结构深化设计、市政园林设计以及各类医疗专业设备深化设计由上海建筑设计院进行合成设计，相互之间沟通衔接到位，减少了边设计、边审图、边施工、边使用的被动局面。

2. 规范的管理制度

（1）建设之初提前定制规范制度

为了规范管理，明确职责，加强参建人员的管理，指挥部办公室在工程建设伊始就编制下发了"宿迁市第一人民医院建设管理手册"。明确了现场人员管理制度、工程变更制度、工程签证制度、跟踪审计制度、安全管理制度、工程进度控制制度、工程质量管理制度、大宗材料采购及招标文件会审制度、现场例会制度及缺席默认制度等十余项规章制度，规范了医院管理的各项工作。

（2）建设过程不断完善制度建设。在施工、监理单位进场后，指挥部根据工程建设的特点，又制订了一系列制度，如工程造价管理制度、现场考核奖惩制度、预防职务犯罪工作制度等，使工程建设管理制度更加完善。

这些制度的建立，不仅规范了参加各方的行为，同时也对外树立了良好的社会形象，为打造精品工程、高效工程、廉洁工程提供了坚强保障。

3. 施工管理

在医院工程建设过程中，指挥部综合运用了"完善制度、责任到人、倒逼推进、化解矛盾、限时办结、综合施压、考核奖惩"等一系列工作措施，动真碰硬地进行各项考核，工程建设快速推进。

（1）形成合力加快推进

指挥部坚持周例会工作制度，组织协调市直各相关部门形成推进合力，宿迁市住建、规划、水务、质监、安监、城管、环保、海关、商检、供电、气象、消防等相关部门提前进驻，联合把关宿迁市第一人民医院的建设验收工作，特别是涉及电梯进口关键部位的检验检测、文明工地建设、供电保障、消防验收等，市相关部门大力支持，全力推进工程建设，保障了医务人员及时回院工作。市委组织部、市人社局等部门积极组织医务人员招聘招录和组织考核，共同保障医院开院需求。

（2）紧盯现场加快推进

宿迁市第一人民医院建设指挥部不断加强现场调度管理，自 2014 年 9 月份以来，指挥部主要领导带领指挥部全体人员和施工企业、设计单位、监理单位负责人坚持早 7:30 现场安排部署当天工作，晚 9:30 对当天施工进度、质量与安全进行现场检查，完不成当天任务的，连夜突击补救，高效有序地推进工程建设。

（3）分片包干加快推进

指挥部将现场分片分段，由指挥部领导、医院领导干部、市直相关部门负责人分片分段包干，层层加压，将医院建设责任传递到每个人。

（4）严管重罚加快推进

指挥部组织市住建局、质监局、安监局等部门先后约谈参与宿迁市第一人民医院建设的相关单位负责人并发出工程滞后、工程安全警示函、警告函，对严重违约单位记不良记录，公开曝光；对违反现场管理、影响工程进度的单位严管重罚。一系列倒逼措施，促使各参建单位总部高度重视，工程建设明显加快。

（5）明确目标高质量推进

按照创鲁班奖、创绿色建筑、创文明工地的要求，宿迁市第一人民医院指挥部每周组织"三创"推进情况大检查，每周二晚上 8:00 召开专题例会。现场成立垃圾清运、环境整治、隐患消除、质量整改等专业突击队伍，发现问题及时采取措施。同时，我们将"海绵城市"的理念融入医院建设中，在住院楼北侧建设蓄水池，用以调节蓄水排水，最大限度地降低能源和水资源消耗。鲁班奖、省级文明工地、省级绿色建筑创建目标均都实现。

（6）积极探索改革创新

医院工程不同于普通的民用建筑工程，安全要求高、技术规范严，各类安装工程相互交叉，施工工艺复杂、技术难度大,在建设过程中大量采用新技术、新工艺,应用建设部建筑业 10 项新技术 10 大项 32 个子项,江苏省建筑业 10 项新技术 10 大项 16 个子项。通过江苏省建筑业新技术应用示范工程验收。施工过程全面应用 BIM 技术,在现场临设布置、机电管线综合排布、大型机房深化设计、施工方案节点细化等方面取得良好效果。

4. 招标采购管理

在施工队伍选择方面,减少最低价中标选择队伍,避免施工单位在投标时为了争取中标,压低价格,减少利润空间,在施工过程中不愿加大投入,施工人员不足,材料供应不及时,变更项目和新增项目不愿施工,拖延工期。严格资格审查,要求中标施工单位的项目经理及管理人员与投标文件一致,让人员能力及素质满足招标要求。

项目土建、医用气体工程、成套配电柜配电箱、市政绿化等工程一次性招标成功,无质疑、投诉。编制清单招标前,需审查图纸全面性、减少工程量清单编制漏项、合理划分标段。此外,招标过程中避免指定品牌、指定供应商,使得业主和中标单位丧失主动权,避免工程推进经常受制于供货方的苛刻条件,形成大量矛盾,严重制约工程推进。

5. 工期进度管理

工程建设之初需综合考虑医院工程的特殊性,对工期进行科学论证及决策,招标时需合理地确定工期要求,考虑现场变更、工程量增加、相互交叉施工影响等因素。严格执行节点控制计划,指挥部实行挂图作战和工作倒逼机制,根据工程建设进度要求,制订总体时间节点控制计划,并要求各个工作组每周上报一次工作进展情况及计划落实情况,指挥部办公室、建设单位、监理单位根据计划安排,逐条、逐项对照检查,完成结果通过每周例会进行公布。

6. 运行维护管理

项目建设充分考虑运营维护需要。在医院前期的方案设计、可行性研究以及初步设计阶段,医院会多次聘请建筑和医疗方面的专家帮助论证,建立并坚持实施后勤管理部门全过程参与联动制度,后勤部门可以从后期管理的实际需求出发给出合理化建议,为以后的管理提供便捷性和安全性目的。

在新建医院过程中,医院借助监理公司、设计单位、施工单位,在关键岗位选拔高素质的后勤管理骨干参与施工工程管理,逐渐培养自己的管理人才团队,最终建立自己的后勤基建一体化专业管理团队。建设时作为建筑项目管理骨干,基建项目结束后,转到后勤管理岗位,承担运行维护管理。经过前期建设过程的磨炼,对医院建筑更熟悉,对后期运行维护更易上手,解决了临时性的基建管理团队和医院日常运维管理团队的有效融合问题。医院在筹建之初,从宿迁学院和市规划局分别选调 1 名电力专业工程师和规划土建工程师,作为建设指挥部成员全程参与工程建设,目前 2 人已成为医院后勤运营维保主要骨干力量。

7. 廉政建设

在认真执行《宿迁市第一人民医院建设管理手册》已经明确的各项制度的同时,进一步完善现场的各项管理制度。对质量管理、造价控制、开办运营等方面深入研究,并加强与纪检监察机关和审计部门合作,强化预防职务犯罪的制度建设,努力推动建设管理制度创新。多次与市纪检监察机关集中开展警示教育。指挥部成员单位坚持驻场办公,为医院建设提供有力保障;指挥部工作人员加班加点,恪尽职守,为景区建设作出了积极的贡献。

8. 经济社会效益

2015 年初,江苏省人民医院医务、护理、门诊、药学、财务、信息等管理骨干进驻医院后,确立了医务大部制管理、后勤集中性管理等组织格局。成立了医务、护理、总务等 21 个职能处室,设立 22 个病区,开设 37 个临床和医技科室。在此基础上,全面建立医疗质量和安全、药事服务、物资采购、信息管理和后勤保障等运行体系,形成了包括医疗、护理、行政等在内的 265 项管理制度和 109 项各类突发事件的应急处置预案,奠定了医院管理的基本构架。宿迁市第一人民医院设计床位 2 000 张,按照最初运营安排,一期开放 500 张,2 年后达到 1 000 张床位的规模。在江苏省人民医院及全省十三家三甲医院援宿专家的大力支持下,宿迁市第一人民医院提前完成规划目标。2017 年,医院实现业务收入 4.7 亿元、门急诊 5.14 万人次、出院 3.14 万人次、手术 1.36 万台,较 2016 年同比分别增长61.3%、52.1%、57.6%和 67.4%。

孙玉乐　戴磊/供稿

与时代同行 创建绿色节能质量
共赢

——溧阳市人民医院整体迁建工程

一、项目概况

1. 工程概况

（1）工程项目名称：江苏省常州市溧阳市人民医院新院工程。

（2）工程项目建设地点：建设西路70号。

（3）医院基地总面积：102 033 m²。

（4）新建门诊医技综合楼用地地：25 060 m²。

（5）新建门诊医技综合楼总建筑面积：192 000 m²。其中地上部分建筑面积：151 100 m²，地下部分建筑面积：40 900 m²。

（6）建设完成后医院地上部分总建筑面积：153 000 m²。

（7）建筑层数：地下1层，地上裙房4层，主楼22层。

（8）建筑高度：90.6m。

（9）新建病床数：1 200床。

（10）建设工期：2013年9月—2016年9月。

2. 建设主要内容

（1）门诊楼部分：位于新建项目南侧共 4 层（图 1）。

（2）病房楼部分：设置 1 200 张床位的病房位于医院北侧。一层为高压氧舱、消毒供应、营养餐厅及便民商铺，二层为病理科、进修生宿舍、静脉配置中心和药库，三层为ICU、血透，四层为手术室（图 2、图 3），5—22 层为病房。

（3）医技楼部分（图 4）：本项目东侧的医技大楼位于住院楼与门诊楼中间。共 4 层，一层为急救中心和放射科；二层为 B 超、心电图、急诊输液、EICU 和急诊病房；三层为化验、PCR 实验室、振波碎石；4 层为医疗培训中心和热疗中心。

△ 图 1　溧阳市人民医院南立面

△ 图 2　手术室公共区域

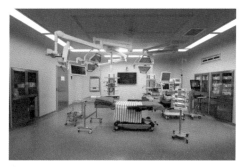

△ 图 3　手术室局部

△ 图 4　医技楼

△ 图 5　综合楼

（4）综合楼部分（图 2）：位于项目西侧、住院楼与门诊楼中间。共 4 层，1 层为总机房，职工餐厅，2 层为病案，信息机房。3 层为院部办公室，4 层为会议中心，图书馆。

3. 工程项目建设进程

本工程 2010 年 8 月 23 日项目建议书获得市发改委项目建议书的批复。

2012 年 11 月 19 日获得市国土资源局划拨用地批准。

2013 年 9 月 25 日获得施工许可证。

2013 年 12 月 10 日地下结构施工。

2014 年 9 月 28 日结构封顶。

2016 年 9 月 9 日竣工。

2017 年 8 月 26 日对外试运营。

二、工程特点、难点

1. 工程特点

（1）项目体量大，总建筑面 192 000 m²，主要单体住院楼 87 881 m²，门诊、医技、综合楼等 58 202 m²，布置集中，各单体施工相互干扰多、各阶段施工交叉多。通过科学部署、合理组织施工，快速优质完成工程施工。

（2）基坑深度超过 5 m，属危险性超过一定规模的专项工程，设计采用土钉局部灌注桩基坑围护。为保证施工和周边环境安全，施工前，编制专项方案，组织专家论证，通过后按方案组织施工，过程严格控制工序质量，确保基坑安全。

（3）主体结构超长：地下室平面尺寸约 192.8 m×204.72 m，住院楼主体结构长度147.6 m（裙房长度 182.1 m），门诊楼主体结构长度 162.8 m，医技楼主体结构长度 125.3 m，设计留设纵三横四条后浇带。通过优化混凝土配合比、地下室补偿收缩混凝土事先试配、混凝土终凝前增加机械收光、加强养护、后浇带部位整跨模板及支撑保留至 6～12 个月且严禁拆除后复撑、后浇带封闭采用高一等级补偿收缩混凝土且覆盖塑料薄膜补水养护至少 15 d。

（4）住院楼主楼区域框架柱至四层为钢混结构，钢骨柱，C50 混凝土。钢结构由专业单位实施，组织进行施工深化，与结构设计同步协调，尤其先确定每个节点贯穿钢筋位置、根数及贯穿预留孔位置标高。施工严格按深化设计控制钢结构制作，严格控制现场结构模板、钢筋加工制作和安装尺寸及空间位置精确，多专业工种施工交叉衔接无误，保证主体结构质量受控。

（5）高大空间多：门诊楼门厅（高度 17.4 m，平面 39.3 m×21 m）（图6）、住院楼门厅、综合楼门厅（图7）、急诊门厅高度分别为 13.2 m、9 m、17.4 m，给施工质量及安全生产控制带来一定难度。施工前，编制科学可靠地高支模专项施工方案，组织专家论证。施工中严格对每步架体的搭设进行验收，确保架体安全后施工。混凝土浇筑过程中进行架体的监测，严控施工安全和质量。

△ 图6　门诊楼大厅

△ 图7　综合楼门厅

（6）装饰工程量大，墙地转 189 752 m²，PVC 地胶 55 089 m²，花岗岩 17 224 m²，铝扣板吊顶50 660 m²，铝单板吊顶 13 855 m²，纸面石膏板吊顶 49 046 m²。室内精装修要求高、工程量大，与安装专业冲突多，收口收边多，各种装饰材料衔接及细部处理多。通过合理安排施工流程，预先深化设计策划，与安装专业策划协调，统一布置，有序穿插，工程施工一次成型，美观协调，细部做法精细。

（7）住院楼 36 个护理区、646 个病房、646 个标准卫生

△ 图8　公共卫生间

间,事先策划,统一装饰施工标准,尤其卫生间做到墙、地、顶对缝,卫生洁具、扶手、五金及其他设施整齐划一,位置一致。卫生间防水防潮施工质量控制到位,未发生渗漏返潮现象(图8)。

(8)墙地砖 118 935 m²(公共部位墙面采用同地面 800 mm×800 mm 地砖装饰),用量大。本项目采用墙地砖综合排版技术:在项目装饰设计确定后,进行施工深化设计,详细排版策划。先分区排版,遵循"平面交叉通缝、墙地对缝"的前提下,墙、地面砖加工余料搭配使用。相关用料区统一订货采购,防止不同批次交叉使用产生色差。

(9)采用了医用轨道物流系统(图9),该系统由计算机控制的现代化医院内部医疗物品综合传输

系统,通过水平和垂直轨道设在医院各临床科室和各层护士站的物流传输站点,实现医疗物品的自动传输。

(10)采用太阳能热水系统、雨水回用系统,门急诊楼部分屋面雨水经收集后接入雨水回用储水池,用于室外绿化浇洒;地源热泵系统,其供、回水温度为 45℃/40℃,可提供 20%空调负荷;公共区域照明采用智能灯光控制系统,根据现场的照度需求与建筑自然采光相结合,分时段、分区域控制。变电所、消防水泵等重要机房、公共疏散通道设置、应急备用照明及应急疏散指示灯,采用智能疏散指示标志系统。

△ 图9 医用轨道物流

2. 项目难点

本项目以建设国际一流的"绿色、生态、低碳"医院为目标,以可持续发展为核心,以绿色建筑建设为载体,以建筑节能与绿色医院优化设计先进适用技术集成为支撑,采用了绿色照明、排风热回收等十一项绿色技术,是一座节能环保的绿色建筑。施工过程中大量采用了绿色施工技术措施,充分体现可持续发展和绿色建造的理念。工程体量大,总建筑面积近 20 万 m²,而且工程量集中在一个地下室区域,对施工组织部署提出了高水平要求。项目专业多且工程量大,施工管理界面较多、衔接交叉多,协调关系复杂。在施工总承包基础上推行总包管理模式,除施工总承包范围内的专业工程外,业主单独发包的专业工程,也纳入总承包管理。实施总承包管理,进行总管理、总控制、总协调,充分发挥总包管理模式的优势和作用,全面提升现场管理水平,确保工程顺利进行,保证和提高工程质量。

(1)入岩钻孔灌注桩

住院楼基础设计直径 800 mm 泥浆护壁钻孔灌注桩,入中风化岩不小于 500 mm。一般钻孔灌注桩施工速度慢,尤其是入岩施工难度大、速度慢,判岩和控制入岩深度难度大,泥浆两次污染严重。

(2)机电专业管线设备综合布置

机电设备专业门类多、专业性强、系统复杂、设备种类、数量多、各专业施工交叉多;医院空间对高度有所要求,设备用房面积有限(图10)。

(3)施工部署难点

项目体量大,地下室面积大(约 192.8m×204.72m),施工平面布置难度大,97.19%的工程量集中布置在地下室区域,如按一般部署自下而上施工,临时场地多且散、垂直运输设备多且效率低、需对地下室顶板结构加固或限载,材料设备利用率低,管理难度大,施工成本高。

△ 图10 地下室管线桥架布置

3. 医院项目管理的难点

（1）建设周期长

医院建设项目自立项前的策划至备案制验收一般长达 6～7 年,建设周期长就给甲方管理带来了诸多不确定性因素,增加了甲方的项目管理的难度。

（2）前期工作推进难

主要体现在协调工作量大,要考虑医院学科发展的需要、社会医疗需求、医院发展规划、医院的功能定位和医疗流程的布局等,作为政府投资项目,各环节的审批手续繁杂,时间上无法把控。

（3）专业性强、专业多、范围广

本项目涉及专业多、范围广、设备单体数量多、系统构成复杂、自动化程度高和接口复杂。

（4）管理幅度全覆盖的难度大

由于管理层次增加,管理的指令落实效率不高,信息无法实现全覆盖。

（5）投资控制难度大

主要是由于医疗技术、医疗设备快速发展,建筑布局配套条件出现了未使用已经先滞后的现状。另外由于有些医疗功能在前期阶段无法明确,造成后期管理上投资控制无法把控。

三、组织构架与管理模式

1. 组织构架

工程项目筹建领导办公室(以下简称筹建办)由管理公司和医院共同组建,双方共同提名筹建办主任、副主任各一名,并上报申康医院发展中心批准。筹建办是工程项目建设期间的决策部门,筹建办正、副主任是工程项目合作代建的共同责任人。

工程项目建设全过程的管理通过项目管理部来实现,由管理公司和医院派出的管理人员共同组成,试行主任领导下的项目管理部经理责任制。项目管理部设正、副经理各一名,在管理公司和医院派出管理人员中选择并由筹建办主任聘任。项目经理行使工程项目建设的各项具体管理职责,并对项目管理部实行统一领导。如图 11 所示。

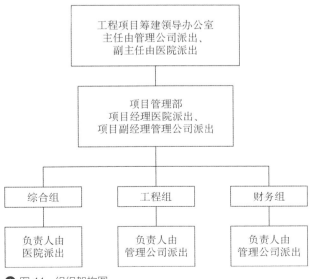

∧ 图 11　组织架构图

2. 管理模式

本项目实行代建制管理模式,在溧阳市人民医院领导下,由溧阳市燕山新城房地产开发有限公司代建。它的主要任务是按照批准的概算、规模和标准,严格规范建设程序,达到建设项目顺利实施并有效控制投资的目的。

管理公司以制度建设为抓手,提供了从规划咨询、项目建议、可行性研究、方案设计,到施工管理、竣工验收、工程财务监管审计及项目建成交付使用等环节的"一条龙"全过程项目管理服务,并建立了一整套规范化、专业化的管理模式。实践证明,实施代建制管理对控制项目建设的规模、建造工期、投资指标是行之有效的方法之一,可切实提高投资的社会效益和经济效益。

在人民医院新建项目领导小组办公室下设建设项目部,建设项目部人员、职责如下:

建设项目部职责:负责项目建设管理。

主　　任:负责全面工作。

副主任:协助主任负责全面工作;
　　　　项目负责人,分管工程建设。

综合科:会务、资料、后勤保障、宣传、建设周报及简报。

财务科:财务管理。

工程科:质量、安全、进度、现场管理、维稳。

技术科:工程技术、专项技术、造价控制、设备、材料技术管理。

院方代表:全过程参与、使用功能建议、熟悉设备系统与使用功能、了解工程建设情况。

审计局委派跟踪审计:对建设项目从投资立项到竣工交付使用各阶段经济管理活动的真实、合法、效益进行审查、监督、分析和评价的过程。

委派跟踪评审:配合协作跟踪审计加强项目建设过程中的监察工作。

四、管理实践

1. 管理理念

集约化、精细化、人性化、规范化。

2. 管理方式

1)项目全过程策划

本项目以"事前策划、目标清晰,过程控制、执行有力,事后总结、不断规范"为总体思路。前期策划阶段对投资的影响最大。

项目的前期策划工作主要是产生项目的构思,确立目标,并对目标进行论证,为项目的批准提供依据。它是项目的关键,对项目的整个生命期,对项目实施和管理起着决定性作用。尽管工程项目的确立主要是从上层系统、从全局和战略的角度出发的,这个阶段主要是上层管理者的工作,但这里面又有许多项目管理工作。为取得成功,必须在项目前期策划阶段就进行严格的项目管理,而项目前期策划工作的主要任务是寻找并确立项目目标、定义项目,并对项目进行详细的技术经济论证,使整个项目建立在可靠的、坚实的、优化的基础上。

2)项目管理大纲

筹建办成立初始,我们就制订了"项目管理大纲",参与项目管理的各方明确各自的主要工作和担负的责任,做到分工明确,职责分明,有法可依、有章可循。"项目管理大纲"编制了项目管理工作制度、项目管理工作职业道德和纪律、合同管理、信息和文档管理、财务管理细则、项目管理中变更控制的相关规定及施工违章处罚规定等制度。

溧阳市人民医院新院项目代建管理手册中包括项目管理、财务管理、进度计划、招标管理、廉洁责任制度、项目管理常用表式和附件等共计 7 部分 54 项,规范了各项工作的操作流程;明确了共建双方主要职责,以及项目筹建办公室的工作职责;保障了项目建设中的各项工作有章可循,为合作代建制的执行创造了良好的条件。

管理原则如下。

(1) 时效性原则:各项工作应严格按要求时限办理完成不得拖延,各项工作流程及时上报,严禁事后补办资料(对现场突发紧急事件可先电话请示各审批权限人同意先行实施,后办理流程)。

(2) 真实性原则:建设项目部各科室相关经办人员必须对现场发生相关事项的真实性、准确性进行核实无误后方可办理,并对其真实性负责。

(3) 完整性原则:上报审批事项的资料必须完整,能准确无误将相关事项表述清晰。设计变更、现场签证的办理应附事件发生的相关联系单及附图等有效证明资料。且一事一单,严禁将签证拆分或合并办理。

(4) 权限审批原则:建设项目部实行权限审批管理,严禁越权审批,不在权限范围的签字为无效审批。

(5) 实行事前审批原则:要求建设项目部的各类事项(除结构类变更外、特急工程指令)均需事前经过审批程序方可实施,禁止事后补办手续。

(6) 实行统一标准表格原则:所有涉及的上报事项、申请、签证、设计变更单和工程技术核定单,都必须使用规定的统一标准表格。

(7) 实行原件存档、结算原则:各项上报事项审批完成、设计变更、工程技术核定单、签证等资料原件报综合科存档,并按代建单位内部要求将复印件送相关科室存档,工程签证的结算必须要有齐全的、有效的原件作为结算的依据。

3) 设计管理

设计任务书阶段,筹建办通过研究熟悉项目前期的有关内容和要求,提出各种需求,并编制设计任务书。同时将设计方案组织各科室相关医疗专家进行讨论,在征求广泛意见的基础上,修改完善设计任务书。在医院设计过程中,明确设计总包、设计分包单位以及与医院之间在设计方面的责任关系,明确各阶段的设计要求。

在施工过程中,加强与设计单位的沟通协调,如遇重大问题,组织专题协调会,同时协调设计单位在施工阶段的配合工作。

4) 招标采购管理

(1) 由于医院项目涉及面广,专业单位多,根据管理大纲的要求编制招标采购计划。同时,在医院项目招标过程中,特别重视招标的前期准备策划,工作界面和招标过程中分析评审,在招标过程中,充分考虑建设项目各方的需求,结合医院建筑的特点,功能的需求,以及环境条件等,制订"采购制度"。

(2) 专业分包与设备采购招标中,明确招标采购原则,分类进行招标采购,招标过程严格按照概算进行限额招标。同时,对于内部评议和询价的材料组成"五人工作小组",并请医院纪委全程参加。

5) 投资控制

投资控制是项目管理的主线,贯彻于整个项目过程。

(1) 在项目前期阶段,对拟投资的项目从专业技术、市场、财务、经济效益等方面进行分析比较,结合以往相关工程的经验,完善投资估算,合理地计算投资,既不高估,也避免漏算。

(2) 建立财务监理制度,明确财务监理是主要责任人。财务监理从可研阶段即介入,对投资控制的各个阶段,以及工作的重点和要点进行分析,作为项目管理的指导。

(3) 落实限额设计,将限额设计的要求明确在设计合同中。在过程中进行监督和落实。

（4）投资控制全过程动态管理，在扩初阶段要求将设计概算与投资估算进行对比分析，找到差异点，明确投资控制的目标。

在项目实施过程中，将批准的概算分项切块，明确分项控制目标，形成资金的"蓄水池"，同时将概算、清单、投标文件和施工预算进行分析比较，对投资控制趋势进行预测和分析，找出投资控制的难点和要点。

（5）运用公司的技术力量和多年的项目管理经验，对设计方案和施工方案进行优化。

案例

Ⅰ. 缩短改细工程桩，节省了投资700万元。

Ⅱ. 采用经济科学的基坑围护方案，对241省道一侧采用地下连续墙，其余三面采用灌注桩的施工方案，节省投资600万元。

Ⅲ. 优化支撑体系，减少栈桥平台面积600 m²；同时取消第四道钢支撑，采用局部斜撑方式，节省费用60万元左右。

Ⅳ. 低成本合理化的清障方案，原方案预算318万元，实际68万元，节约250万元。

Ⅴ. 发挥专业优势，提出合理建议。对原先2 500厚大底板中的底板梁箍筋Φ16 mm,@150双向，建议改为Φ14 mm,@300双向。充分地利用混凝土不同的抗渗标号，地下室根部的墙体可以用B8，在B2层以上则可以用B6，取消地下室混凝土内掺入HEA掺和剂。上述节约资金约70万元。

Ⅵ. 争取最近端供电，35 kV变电站的供电电缆通过与供电部门的多次沟通，从离医院最近处接入医院，投资从4 000万元减少到1 500万元，节省2 500万元。

Ⅶ. 通过政府采购，节约投资。锅炉、电梯、空调冷冻机通过政府采购，比批复概算节约1 242.55万元。其中，锅炉批复概算177.1万元，签署合同115万元；电梯批复概算1 936万元，签署合同1 266万元；空调冷冻机批复概算807.05万元，签署合同296.6万元。

Ⅷ. 地下急救医院占地下室4 000 m²，通过优化方案，平战结合，只占用了300多m²，并争取人防财政补贴350万元。

Ⅸ. 通过谈判，使施工监理公司在530万元中标价格上优惠了20%，节省了100多万元。

Ⅹ. 院内监测报价140多万元，通过多方面的努力，争取监测单位优惠，经议标谈判，最后不超过50万元。

本项目节省费用总计达4 000万元左右，为项目建设节省了大笔投资，节省资金用于完善医疗功能，提升医疗水平。

（6）结算阶段，严格遵循合同、国家相关文件、设计图纸及相关工程资料，审核工程决算的真实性、可靠性、合理性，凡属于合同条款明确包含的，在投标时已经承诺的费用、属于合同风险范围内的费用，以及未按合同执行的费用等投资坚决剔除，同时结算结束后配合财务决算和审计工作。

6）沟通管理

（1）政府职能部门沟通

溧阳市人民医院门诊医技综合楼项目是溧阳市单体最大的政府投资项目，也是第一个溧阳市医院整体搬迁项目，管理公司和医院基建处顶住巨大压力，按时完成任务。

按常规速度，前期工作申报时间约为12个月左右，但筹建办积极争取，充分发挥主观能动性，克服了时间紧、建设难度大等困难，发挥团结协作、钻研创新、吃苦耐劳的精神，使项目扎实推进，仅用了9个月的时间，完成了所有申办手续，如期顺利开工。

在前期申办过程中先后向市规划局、消防局、水务局、交运局、供电局、电信局、燃气公司、抗震办、防雷办、卫监所、疾控中心、市政部门、市环保部门、徐汇区规划局、民防办、绿化局、市交警总队、市地铁运行公司和市招标办等19个部门请示汇报、联系协调、申请批复，共计300余次。

（2）质量控制目标：按施工合同

针对本工程特点，从抓施工现场管理入手，组织强有力的管理班子，从进场至竣工的整个施工过程中认真执行已通过认证的 GB/T 9000—2000 标准等一系列质量标准文件，严格按照国家规范、设计图纸、施工合同和质量评定标准进行管理，确保工程质量达到施工合同要求的江苏省优质工程扬子杯及绿色三星级甲等医院。

（3）进度控制目标

根据本工程施工范围，参考以往类似工程工期管理的经验并结合自身的技术力量，依据合同工期及施工的实际情况，对投入的劳动力、周转材料、机械设备等施工要素进行分析控制，采取有效措施，以强化管理、周密运筹为根本，根据施工阶段的实际情况，按总进度网络的要求落实到各分部分项工程。对周、月计划进行监督检查，确保工程按计划工期内完成施工总承包合同内的全部工作内容。

（4）投资控制目标

项目建设创造价值的重要形式在于为工程建设节约资金。在确保投资不超过概算和保证工程进度、质量目标的前提下，我们将通过专业化的管理节约尽可能多的投资，让资金创造更多的价值。在建设过程中，主要针对项目特点、内容、环境等，采取主动控制、动态控制、重点预控，切实做好有利于工程资金方面的使用工作。

（5）安全生产、文明监理控制目标：按省、市有关文明施工、安全生产要求执行，确保省文明标化工地

针对本工程的特点，主要从抓现场管理入手，严格执行国家及江苏省关于安全生产、文明施工的各项标准。在施工期间，严格按绿色施工标准具体要求实施监理，确保工程达到省文明标化工地。

（6）合同管理目标：

围绕投资、质量、进度、安全控制四大目标，优化合同结构，通过严谨的合同管理来实现项目管理的各项目标值。

（7）环保管理目标

按国家环保部门有关工程建设规定目标控制，降低噪音不扰民，绿化、硬化、覆盖场地无扬尘，进出场车辆清洗干净无泥浆。

（8）信息管理目标

通过信息化管理，运用计算机辅助管理，及时收集、整理承包人对本工程的工作动态信息，反馈业主并进行处理。确保建设过程中信息通畅、沟通及时。

筹建办沟通机制：①定期将项目情况报送溧阳市人民医院项目部。②每周以工程例会纪要形式或每周项目情况汇报形式，向各参建单位汇报项目情况及下周的工作安排。③定期汇报工作进展。④定期参加各类联席会议，汇报项目情况，落实分工及督查内容。

7）进度控制、质量控制、安全控制

（1）进度控制

Ⅰ. 组织措施

A. 建立进度控制目标体系，明确工程现场监理机构进度控制人员及其职责分工；

B. 建立工程进度报告制度及进度信息沟通网络；

C. 建立进度计划审核制度和进度计划实施中的检查分析制度；

D. 建立进度协调会议制度，包括协调会议举行的时间、地点、参加人员等；

E. 建立图纸审查、工程变更和设计变更管理制度。

Ⅱ. 技术措施

进度控制的技术措施主要包括：

A. 审查承包商提交的进度计划，使承包商能在合理的状态下施工；

B. 编制进度控制工作细则，指导监理人员实施进度控制；

C. 采用网络计划技术及其他科学适用的计划方法,并结合计算机的应用,对建设工程进度实施动态控制。

Ⅲ. 经济措施

A. 及时办理工程预付款及工程进度款支付手续;

B. 对应急赶工给予优厚的赶工费用;

C. 对工期提前给予奖励;

D. 对工程延误收取误期损失赔偿金。

（2）质量控制

Ⅰ. 各项目部、施工队领导必须坚决贯彻执行上级颁布的各种质量管理文件、规程、规范和标准,牢固树立"质量第一"的思想,宗旨是优质、优产、用户至上。

Ⅱ. 各项目部、施工队必须有保证工程质量的管理机构和制度,有专人负责施工质量检测和核验记录,并认真做好施工记录和隐蔽工程验收签证记录,整理完善各项技术资料,确保施工质量符合要求。

Ⅲ. 进行经常性的工程质量知识教育,提高工人的操作技术水平,在施工到关键性的部位时,必须在现场进行指挥和技术指导。

Ⅳ. 施工现场工程质量管理必须按施工规范要求抓落实,保证每道工序和施工质量符合验收标准。坚持做到每分项、分部工程施工自检自查,把好质量关,不符合要求的不处理好决不进行下道工序施工。

Ⅴ. 隐蔽工程施工前,必须经过公司质安员、建设单位工地代表和设计单位代表验收签证后,方可进行隐蔽工程施工。

Ⅵ. 严格把好材料质量关,不合格的材料不准使用,不合格的产品不准进入施工现场。工程施工前及时做好工程所需的材料化验、试验,材料没有检验证明,不得进行隐蔽工程施工。

Ⅶ. 建立健全工程技术资料档案制度,每个工地有专人负责整理工程技术资料,认真按照工程竣工验收资料要求,根据工程进行的进度及时做好施工记录、自检记录和隐蔽工程验收签证记录。将自检资料和工程保证资料分类整理保管好,随时接受公司质安员检查。

Ⅷ. 对违反工程质量管理制度的人,将按不同程度给予批评处理和罚款教育,并追究其责任。对发生事故的当事人和责任人,将按上级有关规定程序追究其责任并做出处理。

（3）安全控制

Ⅰ. 安全生产方针、原则

A. 方针

安全第一、预防为主。

B. 原则

①管生产必须管安全,谁主管谁负责的原则;②生产必须安全,不安全不生产的原则。③先防护,后施工,无防护不施工的原则。④发生事故"四不放过"的原则。

Ⅱ. 抓好安全生产教育

A. 在安全教育上,以抓正面经验介绍为主,对新工人要履行三级教育和职工全员教育,建立三级教育卡片,考核合格后才准上岗。转岗要有转岗教育,加强民工经常性安全教育,不断提高职工的自我保护能力。

B. 在培训工作中,以抓特殊工种培训为主,坚持先培训后上岗的原则,没有上岗证,不允许从事本岗位工作。

C. 做好安全技术措施交底,下达任务单时,必须写出安全注意事项,做到口头交底和书面交底相结合。

Ⅲ. 加强安全检查

A. 加强安全检查是贯彻执行安全标准的重要环节。坚持公司每季一次,分公司每月一次,项目部每周一次,施工员、班组长、安全员、值日员每日检查,法定节假日前应进行一次全面安全检查,施工用电、塔吊、卷扬机吊架、临时设施等进行专业检查。

B. 整改反馈,检查出来问题,要下达检查整改通知书,认真整改,做到三落实(措施、时间、执行人)。专业项目由专业人员和施工管理的主管领导批准。各项整改情况要及时复查,逐级书面反馈。对重大隐患应当立即处理,直至采取停机停产查封措施。

Ⅳ. 安全防护设计与管理

工程进入主体施工后,需要及时对工程施工面、施工通道及人员活动的场所进行安全防护。本工程拟采用水平、垂直两面交叉配合防护体系,平面防护包括安全通道防护棚、悬挑平网防护、洞口防护、工作面防护等内容;立面防护包括:立网防护、临边防护等内容。

安全防护所用的主要材料以钢管(用作防护栏杆时用黑、黄油漆刷警示标志)、安全网、安全带、拦风绳、竹笆、钢筋等工地常用材料为主。根据不同部位选择采用,原则是加大安全投入,确保安全生产。

施工临时用电设备等按《建筑安装工程安全技术规程》进行安全防护设计。

Ⅴ. 安全防护措施

A. 根据工程特点,主体施工至二层时,在临街部位用钢管搭设双层竹笆的防护棚,切实保障现场施工人员及过往人员的安全。在施工现场醒目处,要悬挂各种安全标志牌及安全管理制度。

B. 临边防护措施

(a) 基坑防护

为保证施工人员安全,整个基坑边采用钢管防护栏杆,每隔 4 m 左右设一钢管立杆,打入土内深度 70 cm,并离基坑边缘距离 60 cm,防护栏杆上杆距地 1.2 m,下杆离地 0.6 m,水平搭设好扶手栏杆,挂好标牌,严禁任意拆除。

(b) 楼层及屋面四周防护

主体结构施工时,采用双排脚手架,架体外侧均设立网防护。主体砼结构施工完成后,砌体工程施工前楼层边用栏杆防护,防护栏杆采用钢管高度为 1.2 m,均涂黄黑警告标志。

(c) 楼梯施工中,没有安装正式栏杆之前,必须安装临时防护栏杆,栏杆用钢管警示杆搭设,顺楼层升高而延伸。

C. 洞口防护

楼板预留孔。楼板预留孔当边长在 1 500 mm 以内,采用楼板原有结构钢筋网片,或另用 ϕ8@200 双向钢筋网。

当预留孔边长大于 1 500 mm 时,搭设扣件钢管网,再满铺架板。同时设栏杆,洞口下挂安全网。

D. 工作面安全防护

(a) 支撑用脚手架要经计算进行设计搭设。一般结构脚手架立杆间距不大于 2.0 m,大横杆间距不得大于 1.2 m,小横杆间距不得大于 1.4 m;一般装修脚手架立杆间距不得大于 2.0 m;大横杆间距不得大于 1.8 m,小横杆间距不得大于 1.4 m。

(b) 脚手架使用的钢管、扣件等材料必须是合格产品,有缺损的严禁使用。

(c) 搭设的脚手架必须保证整体结构稳定和不变形,与主体结构拉结牢固,外脚手架外侧设置剪力撑,间距控制在 15 m~20 m 一个。

(d) 结构用的里、外脚手架,使用荷载不得超过 2.6 kN/m²。

(e) 脚手架的操作面必须满铺脚手板,离墙面的缝隙不得大于 200 mm,不得有空隙和探头板、飞跳板。在作业层区内脚手板下层兜设水平网。操作面外侧设一道防护栏杆,立挂安全网。立面安全网下口封严。

(f) 按规定和作业程序支拆模板、绑扎钢筋和浇筑砼。模板未固定前不得进行下道工序。严禁上下同一垂直面上装拆模板,交叉作业。钢筋半成品吊至工作面前,要提前确定好临时堆放位置,不得放在未加固的架子上。

（g）上下吊运机具、材料必须用指定的钢丝绳，且吊运时绑扎牢固，不得用钢筋或其他临时绳索吊运机具材料。塔吊吊物宜避开作业区行走，整个吊运过程要有专人统一指挥。

E. 交叉作业防护

对支模、粉刷、砌墙等各工种进行上下交叉作业时，不得在同一垂直方向上。下层作业位置必须处于上层高度的可能坠落范围半径之外，否则，设置安全防护层。

模板、脚手架等拆除时，下方禁止有人操作或行走。临时堆放处距楼层边缘不得小于1 m，堆放高度不得高于1 m。楼层边口、通道口、脚手架边缘等处，严禁堆放任何拆下物件。

F. 操作平台

操作平台采用钢管搭设悬挑平台，上面堆物及搭设要求按技术交底进行。平台使用时，专人进行检查，发现问题及时处理。

G. 施工临时用电安全防护

（a）楼层上的配电线路必须按有关规定架设整齐。

（b）配电系统采用分级配电，各类配电箱、开关箱的安装和内部设置必须符合有关规定，电器开关应标明用途（图12、图13）。

△ 图 12　高压配电房　　　　　　　　　△ 图 13　高压配电柜

（c）对于塔吊要按规定设避雷装置。

（d）手持电动工具的电源线、插头、插座应完好，电源线不得任意接长和调换。电动工具的外壳绝缘应完好无损。使用、维修、保管应有专人负责。

（e）按规定布线和装设夜间施工照明灯具。地下室进行室内拆模、粉刷、水暖安装施工时要布置足够的照明灯具；对于较黑暗的楼层的孔洞处，要设置常明警示灯。所有灯具都要做好防雨水设施。

（f）电焊机应单独设开关，其外壳应做接零或接地保护。一次线长度应小于5 m，二次线长度应小于30 m，两侧接线应压接牢固，并安装可靠的防护罩。焊接线应双线到位，不得借用金属管道、脚手架、结构钢筋做回路接地线。焊接线应无缺损，绝缘良好。电焊机设置地应防潮、防雨、防砸。

H. 施工机具防护。

I. 乙炔瓶：应有高压表、低压表、减压阀、防震圈、瓶帽遮阳设施、消防设施等。

J. 氧气瓶：应有高压表、低压表、减压阀、防震圈、瓶帽遮阳设施等。应于乙炔瓶放置相距10 m以上。

K. 电锯：应有防护罩、铁档板、吸尘器。

L. 电刨（手压刨）：护指链或防护装置、安全挡板、活动盖板、手压推板。

M. 砂轮切割机：防护罩、托架、夹具。

N. 电弧焊机应有：外壳防护罩、一、二次线柱防护罩、露天防雨罩、一、二次线连接绝缘板、二次接线鼻子、保护接零或保护接地。

O. 对焊机：应有防护罩、冷却循环水装置、绝缘垫板、保护接零或保护接地。

P. 搅拌机:砂浆搅拌机应有防护罩,输送泵应有液压表、温度表、安全阀、防护罩。

Q. 振动器:应有保护接零、漏电保护器、绝缘防护用品。

R. 配电箱:箱门、锁及露天防雨设施、熔断保险器、漏电保护器、保护接零(连接端子板)或保护接地。

S. 电动机及照明器具:防护罩(室外防雨罩)接线盖、外壳保护接零或接地、移动式或拖地的电源线应用电缆扩套线。埋地或易受机械机具损伤的电源线加设保护装置,特殊、潮湿处照明使用36 V以下安全电压。

T. 塔吊的安全装置(四限位、两保险)必须齐全、灵敏、可靠。

U. 塔吊、卷扬机钢丝绳应有足够的安全储备,凡表面磨损、腐蚀、断丝超过标准不得使用。

Ⅴ. 对于新技术、新材料、新工艺、新设备的使用,在制订技术操作规程的同时,必须制订相应的安全操作规程。

Ⅵ. 高空作业安全防护

A. 高空作业人员必须经医生体检合格,不适合从事高空作业的人员一律禁止从事高空作业。

B. 高空作业区域应划出禁区,并设置围栏,禁止闲人通过和闯入。

C. 高空作业人员必须按规定路线行走,禁止在没有防护的情况下攀登和行走。

D. 高空作业应布置足够的照明设备和避雷设施。

E. 高空作业用的机具、设备等,必须根据施工进度,随用随运,禁止超负荷。

F. 六级以上大风及大雨、大雪、浓雾停止露天作业。

G. 高空作业面要设材料机具堆放区,确保材料机具堆放平稳,操作工具用完应随手放入工具包内,严禁乱堆放和从高处抛掷材料、工具、物件等。

H. 高空作业要正确使用安全带。

Ⅶ. 消防措施

进场后,要切实做好消防工作,成立以项目经理为首的治保机构,现场应制订消防措施,配齐消防器材。

A. 为了加强施工现场的防火工作,严格执行防火安全规定,消除安全隐患,预防火灾事故的发生。进入施工现场要健全防火安全组织,责任到人,确定专(兼)职现场防火员。

B. 施工现场在油站附近执行用火申请制度,如因生产需要动用明火,如电焊、气焊(割)、熬油膏等,必须实行工程负责人审批制度,办理动用明火许可证。在用火操作中引起火花的应有控制措施。在用火操作结束离开现场前,要对作业面进行一次安全检查,熄火、消除隐患。

C. 在各自施工的防火操作区内根据工作性质、工作范围配备相应的灭火器材或安装临时消防水管。生活区内应配备灭火器材。工地工棚避免使用易燃物品搭设,以防火灾发生。

D. 工地上乙炔、氧气等易燃易爆气体罐分开存放,挂明显标记,严禁火种,使用时由持证人员操作。

E. 严格用电制度,严禁乱拉乱接电源,严禁使用电炉。

F. 施工现场危险区还应有醒目的禁烟、禁火标志。

Ⅷ. 现场安全生产责任制

A. 项目经理安全生产责任制

(a) 对所辖范围的安全生产工作负直接领导责任,具体贯彻执行上级有关安全生产的政策、法规、标准和规章制度。

(b) 计划、布置、检查、总结、评比生产的同时,计划、布置、检查、总结、评比安全工作,组织编制施工组织设计,制订安全技术措施,组织交底与实施,实行单位工程经济承包,要有安全指挥要求和奖罚措施。

(c) 负责组织每周一次的安全检查。针对现场存在隐患和不安全因素,及时采取有效整改措施。经常组织开展活动,并有活动记录资料。

（d）发生事故后,组织调查分析,及时上报,并制订防范措施,组织实施文明生产和安全达标,加强对职工(民工)的安全教育。

（e）负责组织对现场的主要临建设施、脚手架、卷扬机、吊架及重要设备的安全技术检查鉴定与验收工作。

B. 施工员(生产副经理)安全生产责任制

（a）对所管的施工生产现场的安全生产负有直接责任。

（b）向班组布置生产任务的同时,必须要进行全面、有针对性的安全技术交底,并督促检查执行。

（c）认真执行上级有关安全生产规定,组织开展工地安全达标,无事故竞赛等安全活动。

（d）坚持每天进行安全检查,督促班组搞好安全活动,及时处理解决现场存在的不安全因素和隐患,及时制止处理违章作业行为,加强对施工生产人员(含民工)的安全教育。

（e）发生事故后要保护好现场,及时上报,查清事故原因,采取改进措施。

（f）组织参与对本施工生产区域的临建设施、脚手架、卷扬机、吊架及施工用机电设备、线路的检查验收工作,签证后存档。

（g）建立健全本工号的各项安全生产基层管理资料和活动记录。

C. 项目安全员安全生产责任制

（a）协助领导贯彻执行国家的安全生产劳动保护方针、政策、法规、标准和企业有关规章制度。

（b）协助领导组织开展安全生产目标管理、安全达标等竞赛评比活动,贯彻落实安全措施和计划。

（c）做好日常安全检查工作。对查出的问题,及时向领导汇报,提出整改意见和要求、下达有关人员,并督促实施。遇有严重险情,有权越级上报。

（d）配合组织对职工的安全教育和监督特种作业人员持证上岗。

（e）参与对现场临建设施、脚手架、塔吊等起重设备、卷扬机、吊架及施工设备、线路的检查验收工作以及安全防护设施装置的鉴定,推广工作。

（f）监督检查安全设施与劳动保护用品的正确使用与管理。

（g）建立与健全工作档案资料。参加伤亡事故及未遂重大事故的调查分析,负责工伤事故的统计上报工作及保健津贴的审查工作。

Ⅸ. 工地安全作业纪律

A. 工地安全作业纪律

（a）进入工地人员必须遵守安全生产规章制度和劳动纪律,严禁违章作业。

（b）进入施工现场,必须戴好安全帽。

（c）高空作业,必须系好安全带。

（d）在现场内不准赤膊、赤脚或穿拖鞋、高跟鞋。

（e）严禁酒后上岗工作。

（f）特种作业人员应持证上岗,无证人员禁止从事特种作业。

（g）不准在施工现场嬉耍、打闹或乱动设备。

（h）不准在施工现场往下或往上抛掷材料、工具等物件。

（i）施工现场一切安全设施、装置及安全标志,禁止随意拆除或移动。

（j）禁止带小孩进入施工现场,禁止在危险禁区通行。

B. 工地保卫防火制度

（a）工地一切人员进入施工现场,必须服从管理,听从指挥,遵守各项规章制度。

（b）一切外来人员未经保卫部门或工地领导允许,不准进入工地。

（c）工地公共财产,职工人人有责任爱护与保护。

（d）工地易燃、易爆物品存放、使用应符合安全规定。

（e）应严格遵守工地防火制度,禁火区内严禁吸烟及动火。

（f）工地一切安全消防设施应齐全有效，任何人不准随意拆除。

8）合同管理

（1）选择合适的合同类型，按照制度规定进行流转及分级管理。

（2）建立合同台账，对合同信息进行登记、编号、分类存档。

（3）熟悉合同条款、付款进度及付款条件。

（4）协助合同签订人解决合同纠纷。

9）变更管理

（1）建立变更制度

（2）规范变更程序

（3）变更原则：

Ⅰ．重要变更：先评估，再实施，再算钱，后平衡；

Ⅱ．一般变更：先评估，再算钱，后实施。

案例

重晶石混凝土

医院直线加速器放在地下一层，因此防护屏蔽的难度极大，需要进行五面防护。筹建办组织设计院、总包单位、混凝土供应单位、监理单位多次讨论，反复论证，最后决定使用重晶石混凝土。施工单位必须严格按照规定要求施工，并且要求混凝土供应单位派出技术人员在浇筑现场进行监督。

10）廉政建设

建立创"双优"领导小组，明确创"双优"工作的责任人，并签订廉洁承诺书。

与溧阳市检察院建立了"创双优"联席会议制度，认真贯彻"创双优"活动，做到工程优质、干部优秀。

项目建设过程中的设计、勘察、监理、桩基施工、总包施工、玻璃幕墙、消防报警、放射防护屏蔽等公开招标工作，均由溧阳市检察院、医院纪委全程进行监督，真正做到公开、公平、公正。

项目建设期间创"双优"工作小组邀请溧阳市检察院进行多次不同形式的法制宣传教育。有形象生动的案例分析讲座，有宣传学习资料的发放、观摩警示教育片，并组织各参建单位前往监狱接受廉政教育，提高项目参建单位相关人员的政治思想认识，增强了廉洁自律的意识。

11）经济社会效益

（1）经济效益

项目建成后，溧阳市人民医院基本医疗的综合服务能力得到有效提高，整个功能布局和就医环境得到较大改观。2017年8月至2018年8月与2016年8月至2017年8月年相比，门诊人数从44.23万人次增加到47.36万人次，增长了0.9％；B超增长人数从10.6万人次增加到12.4万人次，增长了8.5％；检验人数增长了12.65％；门诊手术增长了9.84％。

（2）社会效益

溧阳市人民医院的顺利建成，使医院医疗功能、医疗环境更上一个台阶，使溧阳市人民医院作为二级甲等综合性医院更具整体性、规划性、服务性于一体的标志性医院，也为医疗技术水平提高和培养高端医务人才作出应有的贡献，为溧阳市医疗资源合理配置尽到一份应尽的义务。

新医院建成后，溧阳市人民医院医疗条件和医疗环境的明显改善，激发了患者的潜在需求，吸引更多患者就医，提升医院品牌特色学科在国内更高知名度，进一步确立以创伤骨科、糖尿病和介入影像等优势特色的符合一流医学中心定位的现代化综合性医院的地位。项目建成后医院业务明显增长，服务的人群不断扩大，发挥了社会效益。

史丹　蒋小栋　许自力　潘杰/供稿

智慧医院建设
——中国科学技术大学附属第一医院（安徽省立医院）南区项目

一、中国科学技术大学附属第一医院（安徽省立医院）南区概况

1. 卓越南区　筑梦腾飞

中国科学技术大学附属第一医院（安徽省立医院）南区坐落在合肥市政务文化新区，传承着百年省医的厚重文化，焕发着卓越南区的青春活力，谱写着救死扶伤的生命赞歌。

2. 创业之路

2010年12月，南区一期开诊运行。神经外科、神经内科、心脏大血管外科、心血管内科、康复医学科等优势学科主体搬入南区，安徽省脑立体定向神经外科研究所、安徽省心血管病研究所等研究机构进驻南区。一座开放床位1 000张的安徽心脑血管医院为百姓健康保驾护航。

3. 跨越之路

2017年12月，南区迎来了里程碑式的发展机遇——南区二期开诊。至此，南区总占地面积达130亩，总建筑面积33.29万 m²，开放床位近2 000张。其中，与心脑血管疾病诊断与治疗的相关学科，床位数占总床位数的54%。拥有省内首个核磁共振复合手术室，杂交手术室等国内先进手术室38间，配备头部伽马刀、移动CT、双C臂DSA、超高端CT、3.0T MR等约40多套国内一流的大型诊疗设备。南区二期开诊标志着中国科学技术大学附属第一医院(安徽省立医院)集团化发展实现了新跨越。南区也从"大专科,小综合"踏上"强专科,大综合"战略发展之路。

2018年,恰值医院120周年华诞,也是全面融入科大、建设一流医院的开篇之年。这一年,南区挂牌安徽省心血管医院和安徽省脑科医院。"强专科,大综合"格局优势日益凸显,内涵建设卓有成效。脑卒中工作跻身国内一流,获评"示范高级卒中中心"和"五星高级卒中中心""脑卒中高危人群筛查与干预项目先进集体"。入选首批"中国心源性卒中防治基地"建设单位,授予首批"中国房颤中心示范基地"。成立安徽省脑卒中诊疗管理指导中心,启动安徽省卒中防治联盟,牵头成立安徽省康复医学专科联盟,完成合肥市脑卒中地图工作。

4. 提升之路

2019年,对标"双一流"的建设目标,以"科大新医学"创新实践为使命,南区进一步解放思想,精准发力,在内涵建设的道路上行稳致远。努力实现"三转变""三提高",即在发展方式上,从规模扩张型转向质量效益型,提高医疗质量;在管理模式上,从粗放管理转向精细管理,提高效率;在经济运营上,从医院规模发展建设转向内涵建设、技术提升。开年之初,器官移植中心两个病区已顺利落户南区,改善患者就医感受的行动迅速启动推进,医院处处焕发着积极向上的活力与激情。

5. 学科风采

神经外科,国家临床重点专科,是国内最早开展立体定向神经外科手术的学科,在立体定向和功能神经外科领域处于国内领先水平,在脑肿瘤诊治、癫痫外科治疗和脑血管病的介入治疗等方面处于国内先进水平。

心血管内科,为该学科唯一的省临床重点专科,是国家卫计委心血管介入诊疗技术培训基地。心脏再同步治疗心力衰竭技术全国领先。

心脏大血管外科为省临床重点专科,是省内唯一开展心脏移植和心肺联合移植的学科。无输血不停跳冠状动脉搭桥术等处于国内领先水平。

神经内科为省临床医学重点发展学科,在脑血管病、颅内脑血管狭窄的介入治疗及神经免疫介导性疾病基础研究等方面均达到国内先进水平。

正是因为在心脑血管疾病诊疗上的优势,南区成为国家心脑血管病联盟成员单位、国家神经系统疾病专科联盟成员单位、国家神经系统疾病临床研究网络成员单位;是安徽省首家心肌梗死协同网络救治中心、安徽省癫痫诊疗中心、安徽省垂体瘤诊疗中心。

南区在发力关键核心技术提升的同时,顺势强化"强专科、大综合"发展战略。南区新增神经重症监护病房、产科、儿科、肝胆外科、胃肠外科、泌尿外科、口腔医学科、血液科、风湿免疫科、手足创伤骨科、器官移植中心、健康管理中心、血液净化中心等16个病区。

创新驱动谋发展。南区着力强化亚专科建设,明确功能神经外科、脑血管病介入诊疗科、心脏大血管外科、冠心病介入诊疗科、脊柱外科等46个优势明显、特色突出的亚专科发展定位。

6. 创新管理

坚持安徽省立医院集团人事、财务、物资采购、信息、业务管理"五个统一"的管理原则,实行精细化管理。精简管理团队、推行药事合作、实行后勤全社会化托管。推进智慧医院建设,打造便捷、流畅、人性化的诊疗服务体系。重视医院文化建设,彰显"积极向上、团结互助"的南区特色文化。

二、中国科学技术大学附属第一医院(安徽省立医院)南区建设概况

南区一期工程于2005年开工建设,2010年12月3日正式投入使用,总占地面积60亩,总建筑面积127 300 m²,设计800张床位,17间手术室。主楼为十六层框架结构建筑,高77.70 m,裙楼为主体五层建筑,高23.40 m,地下二层。医疗设计理念是大专科、小综合,2018年一期进行翻新改造,将门诊统一迁至二期,增加血透中心、体检中心、视光中心、产前诊断中心等功能区域,改造建设日间手术室8间、整形美容手术室3间,一期开放床位突破1 100张。

南区二期工程于2014年6月17日开工,2017年12月3日正式投入使用。项目建设用地面积为46 776.53 m²,建设总建筑面积为209 666.5 m²,其中地上建筑面积为149 229.51 m²,地下建筑面积为60 436.99 m²。其中主体医疗区,建筑面积100 000 m²(住院1 000床,门诊、医技);教学培训办公区49 229 m²(安徽省立医院临床学院教学20层总面积2.4万m²、安徽省立医院临床学院公寓12层总面积1.44万m²、多功能会议中心4层总面积1.1万m²)

二期设计1 200张医疗床位,建设停车位1 200个,新建21间手术室,医疗设计理念是强专科、大综合(用一句话来简要概括就是——"头大心强、儿孙满堂")。整体布局分为主体医疗区、医疗附属配套区、行政培训后勤区。二期除了新增产科、儿科、口腔科等门诊,新生儿监护病房、儿童重症监护、专科ICU病房也已落户医院南区。主体医疗区包括门急诊,医技和U形住院楼;行政后勤区主要由安徽省立医院临床医学培训中心、安徽省国家医师培训中心公寓和多功能会议中心(含餐饮、职工活动)三栋楼组成;医疗附属配套主要指垃圾房和液氧站房、污水处理区域。

二期项目的建成并投入使用使医院一二期实际开放床位超过2 400张,在进一步完善医院各学科

△ 图1　南区门诊楼

建设的基础上,进一步加快并推进了神经内、外科及心血管病学科的医疗诊治与研究发展,全面提升了整个医院集团的教学及科研条件,为老百姓看病就诊提供了方便。

2017年,新建并投入使用的南区二期项目是集医疗、科研、教育、学术交流等功能为一体的大型综合建筑,项目建设内容包括中国科学技术大学临床医学院和临床培训中心。整个项目由门诊医技楼、临床培训中心楼,学术交流中心和学生公寓等建筑组成。如图1所示。

1)南区二期项目主要功能

(1)医疗部分:专科门诊、急救中心、门急诊输液室、24个护理单元1 200张床位、ICU、NICU、PICU、手术室(含杂交手术室、术中核磁共振手术室)、DSA、内镜中心等;

(2)医技部分:MRI、CT、DR、钼靶、心彩超、PET-CT、SPECT/CT、中心供应室、输血中心、影像中心等;

(3)科研部分:临床医学院实验平台;

(4)教学部分:临床培训中心、学术交流报告厅及分会场、示教室等教学中心;

(5)辅助部分:学生公寓、值班医师宿舍、营养室、职工食堂、停车库、各类配套的后勤机电设备设施用房、人防等。

2)南区二期项目于2014年6月17日开工,2017年12月3日正式竣工并交付使用

△ 图2　南区二期交付使用

3）项目管理

中国科学技术大学附属第一医院(安徽省立医院)南区二期项目在医院党政班子统一带领下,严格遵守各项国家法律法规,由南区基建办具体负责项目建设和管理职能,并根据医院自身实际情况,实行合理的项目建设管理模式——基本建设与后勤运维管理一体化,保持医院基建工作与后勤服务保障工作的连续性,有效实现无缝化的管理目标,将后勤运维体系中各个专业的技术人员与基本建设管理人员一起参与项目建设,有利于建筑内各个专业系统的融合,将运维人员的专业知识和工作经验运用到在建项目中,贯穿在设计、施工、设备安装等建设过程,目标就是确保项目交付后各系统正常运行。一体化的管理可以将有限的后勤管理资源在基本建设中有效体现,尤其在缩短项目试运行时间上,节约试运行成本,避免走弯路,使项目能够更早、更好地服务于社会。

4）中国科学技术大学附属第一医院(安徽省立医院)南区二期项目主要特点

南区二期项目,院区高容积率3.2,结合院区总体规划,创造"紧中求松"的医疗环境,采用"U"字形双护理单元模式,病区主体靠东侧布置,西侧布置多层的门诊楼。如图3所示。

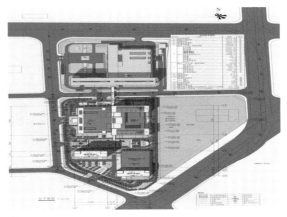

△图3　南区二期项目平面图

在有限的建设用地上最大程度满足医疗需求,创造良好的室内外就医环境。实现一期、二期建筑功能的有机衔接,风格整体统一,同时形成生动的天际线。与一期建筑形成开敞的空间序列和丰富的建筑空间,使之形成崭新的南区医院整体形象,"U"字形完善了医院区轴线关系,同时也强化了医院主入口的形象。

建筑造型与一期建筑协调统一,做到比例匀称,整体感强,突出医院的整体建筑形象。简洁、明快的设计手法,塑造出全新的、与国际医疗建筑潮流接轨的建筑环境。强调体块的"错落有致"与"对比穿插",既相互衬托又互为补充,从而产生独特而富有韵律的建筑美;现代简约风格结合时尚细部设计,使整体形象舒展大气,努力打造出全新的"安徽省立医院南区"建筑形象。

在色彩上呼应一期建筑色彩。造型元素采用一期建筑元素,运用浅黄色石材与灰白色铝板、透明玻璃搭配,达到通透、明快、亲切的效果。主楼立面采用方格网的形式,局部采用木色百叶作为造型元素,同时起到了遮阳的作用。素雅的整体效果,营造出自然、亲切、典雅的现代医院形象,从而为城市空间带来愉悦的视觉享受。

按照二星级绿色建筑要求设计,为患者营造一个花园式的住院、医疗环境(图4)。通过广场绿化、下沉庭院、庭院绿化、屋顶绿化,形成不同层次、全方位的立体绿化空间(图5)。

△图4　花园式住院环境

△图5　院区绿化建设

△ 图6　南区二期俯瞰图

加强院区内绿化建设,为市民提供了绿色生态的园林式医疗区,创造紧凑高效、生态自然、人性化、智能化、现代化的大型综合医院。

"U"字形双护理单元大平面,便于医疗功能的布置(图6)。

针对大型医院的特点,按照医患活动区域相对分离,内外有别,模块化灵活可变,减少交叉感染的思路,提出了整体规划的设计原则。

"医院街"的引入,使建筑功能组织更富条理性和人性化。

医院街的设计,明晰组织各科室单元,自然地加入更多的商业服务和人性化空间,从而较好的体现了"外重环境,内重功能"以及"对病人和医务人员的同等关怀"。如图7所示。

△ 图7　从左到右:在院时间最长的外籍院长、省医创始人、中科大校训

三、建筑平面介绍

(1) 地下部分

充分地利用宝贵的土地资源,通过严格造价审计,保证施工安全节省造价,大力发展地下空间,通过合理布局,除配套设备用房外,还布置了病理学实验中心、营养餐厅后厨、紧缺的物流仓储废弃物用房以及逾千辆车位的大型地下立体停车库,大大改善了医院停车难的问题并缓解了周边城市交通的拥堵。如图8~图10所示。

△ 图8　生活水泵房

△ 图9　二期地下室配电房

图 10　二期地下室暖通机房

图 11　门诊医技楼大厅

（2）门诊医技楼（1～4 层）

门诊医技及检查科室位于南区二期门诊医技楼 1～4，入口开在西侧，一楼南侧为挂号收费、儿科门诊及办公用房，北侧为门诊药房、检验医技用房，东侧是出入院办理大厅、影像中心和急诊中心等。如图 11 所示。

二楼到三楼分别是门诊检查区域、内镜中心、DSA 导管室、药库、超声心电图区域、急诊病房、创伤骨科、输液大厅等，门诊就诊人数多，流动频繁，因此营造建筑内部空间的舒畅感和提高内部环境的空气质量成为空间构成的目标。

上下的自动扶梯和宽大的主楼梯让大厅充满动感。所有的公共走廊、候诊区及休息空间均以敞亮的大空间为主导，使建筑内的主要公共区域均有统一的空间氛围。如图 12 所示。

图 12　自动扶梯、公共走廊

四楼为手术室、ICU 和输血科、皮肤科等，手术室布置为"外周回收型"，即洁净的手术器械、敷料等物品由专用电梯送至手术洁净区，污物由污物廊运出，确保手术室的洁净要求。如图 13 所示。

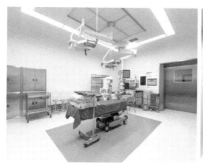

图 13　手术室等

（3）住院楼（6～16 层）

均为病房层，病区全部设在主楼的南北侧，均配套护士站、治疗室及相应的办公用房，医护流线简洁便利，病房开间宽大、通风良好、卫生和医疗设施齐全，绝大部分病房拥有很好的朝向和景观。如图

14 所示。

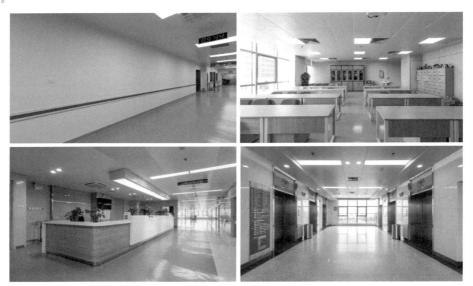

∧ 图 14　住院楼

（4）临床学院 A 楼（1～20 层）

1～8 楼为临床培训中心，9～16 楼为科研实验平台，17～20 楼为行政办公区。其中，临床培训中心承担每年一度的国家医师资格考试，实验平台为中科院院士、长江学者及杰青等专家提供创造良好的科研环境。如图 15 所示。

国家医师资格考试+实验平台

∧ 图 15　临床学院 A 楼

（5）学术交流中心（1～4 层）

作为教学型综合医院，医院的教学、科研平台是医学研究的保障条件和发展基础，因此在建设平台方面着重体现临床医学的特色，与其他高水平的平台建设形成互补。本项目在学术交流中心内设置了大中小 8 个会议室，可满足大型国际学术会议 666 个座位的学术报告厅、职工活动中心、信息中心核心机房及配套服务的营养餐厅。如图 16 所示。

（6）学生公寓楼（1～12 层）

作为中国科学技术大学的临床医学院，我院为该专业学生提供了优良的住宿环境，根据不同类型的学生，设计了单人间、四人间、八人间等不同房型。不仅如此，该公寓楼还承担国内外参加大型学术交流的学者大咖们的住宿任务。

▲ 图 16   学术交流中心

三、后勤管理对标赋能   助推智慧医院建设

1. 打造医院智慧后勤管理平台

携手专业智能科技公司,结合医院后勤运行管理的实际运行状况,在行业范围内率先开发可采用 "公众号 + 智能 APP + 微信小程序"三合一的智能化软件,形成一套完善的一站式后勤智能化管理系统,该系统能够提供数据支撑、优化调度服务、精准运送全流程。如图 17、图 18 所示。

▲ 图 17   微信小程序界面

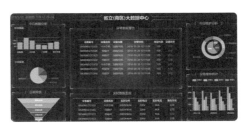

▲ 图 18   智能化管理系统

特色1：院内工单 PDCA 闭环管理(图19)。

工单任务 →工单反馈→工单处理→工单评价→消息推送。

▲ 图 19　PDCA 闭环管理

特色二：利用微信小程序 ＋ NFC ＋ 动态二维码技术完美解决了多卡、证合一的手机端应用，真正做到"一卡通"(图20)。

▲ 图 20　四证合一

智慧化医院后勤管理平台的打造，有助于监督提升标准化的执行，有助于实时展示安全化的成果，从而构建完善的外包服务评价体系、服务质量监督体系、质量控制考核体系及风险管理预防体系。

2019 年初"微医后勤"医院后勤安全服务管理平台正式上线运行，同时打造 24 小时后勤一站式受理服务中心(4111)。平台上半年累计服务报事报修次数 11 910 次，运送接单52 198 次。

2. 打造智能化后勤一站式服务中心

按照 10086 模式开通后勤保障服务热线(4111)，采用语音接入人工服务电脑派单模式 24 小时进行服务，以培养后勤管理物业储备干部的标准要求。经过科学系统的专业培训，组建专业后勤报事报修派单服务队伍。"后勤一站式服务中心"将后勤保障的水、电、气暖、空调各类维修、应急及临床其他后勤需求进行资源整合，建立并完善了一套关于医院后勤服务报事平台运营管理的方案及医院后勤报事报修业务受理的流程，由平台进行统一调度。临床只需要拨打一个号码或从微信小程序、App 端下达任务指令，服务中心人员将做好相关来电记录、派工、监督、回访、统计及反馈工作，减少职工及患者对后勤保障需求的判断难度,更优质高效的提供服务。

3. 借助智能平台推进后勤绩效改革及标准化流程建设

以机电部为模版,将原各岗位固定的工资改为职级工资＋职务工资＋岗位工资＋工时工资＋服务对象评价。职级工资分高中低三级,每级分 ABC 三档,职级工资以半年为周期进行考核评定,如有突出贡献,如技能比赛获奖、重要技术流程改进创新等可破格提升。职务工资为班组长,内分 ABC 三档,岗位工资按百分制依照 KPI 指标进行日常考核,从岗位纪律、专项技能培训、仪容仪表、现场维修、维修评定五个维度进行考量。推行工分制考核制度,根据医院实际机电维修工作条目制订电器、暖通给排水三大类共计 196 小项标准化工时,并通过后勤智能化平台录入,通过智能平台派单,实现院内工单闭环管理,智能化标准化工时建设,更科学合理地考量机电维修人员的工作量,充分调动机动员工的积极性,也是对医院后勤保障绩效改革的初步探索与尝试。

按照国家最新要求对医疗辅助部、保洁部架构进行重新优化调整,设置独立的运送服务中心,实施统一的调度派单模式。通过服务流程的改进,提升管理效率,更好更快地到临床一线,为来院就诊人群服务。根据患者需求在原有"一对一"生活照护的基础上,丰富类型新增一人多陪项目,降低收费标准,减轻患者负担,对病症较轻的同房间病人推广。

4. 便民服务配套设施建设

在医院设置 24 小时自助超市,采用智能刷脸技术实现收银,并在公共区域投放无人自助售卖设备,共享洗衣机、共享微波炉等,满足来院就诊及住院人群的日常生活用品需求。在医院门诊选取合适位置建造集阅读、休闲、文娱为一体的公共文化项目服务综合体,创新地以医院与书店合作的形式,以更好地满足医护人员及就医者的文化生活需求,服务医院文化建设和陪客管理工作需要。在便民服务中心设置共享轮椅、共享雨伞、平床服务,并提供导医导诊服务、问询服务、指引服务、打复印服务等一系列便民服务项目。在室外区域投入共享充电桩,解决室内电瓶车充电消防安全隐患。院内公共诊疗区域投入共享充电设备,满足手机充电需求的同时减少消除其在插座违规接电的用电安全隐患。建设陪客休息中心,投入共享陪护床解决无法在病区逗留的陪客夜间休息问题。投入共享纸巾机,落实厕所革命要求。如图 21 所示。

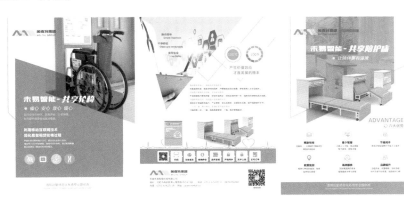

图 21　便民服务配套设施

5. 深入开展厕所革命,力争打造标准化智慧厕所

探索推进智慧厕所建设,投入"洗手间智能环境监测控制系统平台",加装臭氧离子发生器,依托物联网技术,智能传感、实时监控,实现对厕所服务所涉及的人、物、事进行全过程实时远程监控管理。通过氨气、硫化氢传感器,实时监测卫生间异味浓度值,自动调节通风效率,无线温湿度传感器提醒保

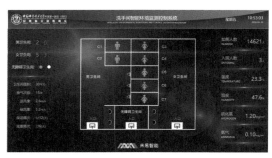

△ 图22　标准化智慧厕所

洁员进行地面清洁,自动开闭通风设备;人流量监测系统显示当天如厕人数及累计如厕人数,为卫生间保洁人员岗位规划、合理安排清扫时间提供数据支持。如图22所示。

6. 医院停车服务智能化建设

对医院一二期停车场共计1 462个车位实行全面智能升级改造,积极探索以六大系统的升级达到停车场智能化管理的目的。

停车场收费管理系统——视频免取卡停车场收费管理系统实现快速进出;智能车位引导系统——视频车位检测、场内车位引导系统、反向寻车机等;城市交通诱导系统——周边城市交通二、三级诱导系统,可显示空闲车位数;停车场视频监控系统——停车场内各区域及主要车辆通道监控;停车场智能照明系统——停车场内各区域照明智能化管理控制;停车场监控与调度中心——统一监控、调度管理,停车信息系统集成管理对车辆、人员、车位、停车场环境进行实时监控管理专人监管,对车辆和人员进行实时安全保障专业数字化存储,充分保证场内监控的调查取证管理人员通过监控大屏可及时调度相关人员处置应急事件,实现停车场管理统一监控、实时调度、应急指挥、信息服务。

7. 实现院内医疗废物可追溯智能化闭环管理

联合研发并上线"医疗废物电子追溯信息系统",医废收集人员手持智能PAD,点选"医废"分项,显示医废编号、产生部门、医废类型、医废重量等。扫描医疗垃圾分类箱上二维码,打包封口医疗废物并称重,随后输入重量,自动生成打印条码纸,贴在医废袋上。收送人员和收集点科室人员在手持PAD上双签名,之后医疗废物送达暂存点,同时相关数据实时上传至后台信息系统。相比传统的手动操作,更加便于通过该系统对医疗废物收集的全过程进行统计分析及跟踪管理,强化医疗废物收送的各环节管理,使其更加标准化,对防止医疗废弃物流失、泄漏、扩散等意外事故具有积极意义。如图23所示。

△ 图23　医废收集人员正在回收医疗废弃物

8. 陪客管理

为深入解决病区长期反映陪客多、管理难、环境嘈杂、影响治疗等问题,医院综合人力成本等多因素考虑,将陪客管理关口前移。方案经多轮上下论证调研调整,在护理、后勤、医务系统广泛征求意见后设立电梯中转层,安装陪客出入通行闸机,力求加强无陪客证人员管控,减轻病房压力。陪客需戴专门的陪客证通行,原则上一床一陪,特殊需要患者经管床主治医生开具医嘱。安排导梯人员控制专用全楼层停靠电梯协助手术、推车、推床病人转运,通过在电梯内安装可看到每层电梯厅电子屏幕,使电梯内驾驶人员了解到各楼层人员乘梯的具体情况及需求,使其高效不间断地运行。中转层设调度长协调电梯合理运行,对乘梯人员指引分流。负一层改造陪客管理中心,解决重症病房和普通监护病房陪客无处可去、扎堆病区外走道躺睡的难题。

9. 节能降耗方面

积极探索推进并引入合同能源管理降低能耗总支出。依靠专业的能源管理公司对制冷机房设备运行进行节能改造和智能化管控,实现从传统的以值班人员个人经验人为调控向变频自控系统升级。

系统随着气温变化及负荷大小自动调整制冷机组、循环水泵、冷却塔、空调机组等设备运行状态,提高控制精度,达到控制运行费用节约能源费用的目的。同时对门诊公共区域灯光进行升级改造,加装智能化控制感应系统,使其可根据室内外照度和人流量情况和使用时间及时有效管控。建设科室二级能耗管控平台,精细化考核科室能源支出情况。通过能源合同外包的方式将能源合同能源管理涉及的相关日常运行值班、节能改造、设备维修保养等工作统筹考虑,将行为节能、技术节能、管理节能进行有效结合,全面降低能源费用总支出。

盛文翔　董宇欣　贾东军/供稿

打造后勤保障体系
高效服务临床一线
——安徽医科大学第一附属医院项目

一、医院概述

安徽医科大学第一附属医院(图 1)是安徽省规模最大的综合性教学医院,集医疗、教学、科研、预防、康复、急救为一体,为国家卫生应急医疗移动救治中心(图 2、图 3)和安徽省紧急医疗救治基地。医院前身为上海东南医学院附属东南医院,创办于 1926年(图 4)。

医院连续八年入围中国最佳医院百强

⋀ 图 1　医院全景

榜,皮肤科、泌尿外科、生殖医学入围华东地区前五强;在中国医院科技影响力排行榜中综合排名第 77 位,25 个学科进入百强,21 个学科全省第一。医院综合实力稳居安徽省前茅。

目前,医院共开放床位 4 825 张,其中本部开放床位 2 825 张,高新院区开放床位 2 000 张,设临床科室 41 个,医技科室 19 个,临床教研室 26 个。年门诊量约 422 万人次,年住院病人约 19.2 万人次,年手术约 9.82 万台次,年教学工作量约 1.7 万学时,留学生教学约 1 100 学时,年接收实习生、进修医生 1 000 多人。

图 2　国家卫生应急移动医疗救治中心

图 3　国家卫生应急移动医疗救治中心

医院拥有国家级重点学科 1 个，国家临床重点专科建设项目 8 个，安徽省临床重点专科建设项目 26 个。拥有国家重点实验室培育基地 1 个，教育部重点实验室 1 个，省部级共建重点实验室 1 个，省级重点实验室 4 个。省级协同创新平台 2 个，学科综合实力位列全球前 1‰。

图 4　医院前身

医院拥有博士生导师 100 余人，副高职称以上专家 870 余人，享受国务院和省政府特殊津贴 120 多人，全国"百千万人才工程" 8 人，全国"有突出贡献的中青年专家" 8 人，国家百千万工程领军人才 1 人，长江学者 2 人，青年长江学者 1 人，国家万人计划中组部青年拔尖人才 1 人，皖江学者 3 人，一级主任医师 30 人，省厅以上跨世纪学术技术带头人、骨干教师 100 余人，"江淮名医" 44 人，担任中华医学会、中国医师协会等省级以上医学学术团体负责人 60 多人，人才实力位居安徽省医疗机构第一。

医院银屑病的遗传学研究和红斑狼疮基因研究处于国际领先水平。医院拥有安徽省唯一一台手术机器人（图 5），目前已经在泌尿外科、普外科、妇产科、心脏大血管外科广泛应用，处于国内领先水平。新增合肥市首台骨科机器人，机器人家族不断壮大。

3D 腹腔镜手术技术、辅助生殖技术、体外循环和心脏不停跳冠脉搭桥、心脑血管介入治疗、胸腔镜和腹腔镜微创手术、自体、异体造血干细胞移植、小儿先心病介入治疗、小儿脑瘫的康复治疗、电子耳蜗技术、中西医结合治疗大面积烧伤、中西医结合治疗肿瘤等专业技术水平达到国内先进水平。

图 5　手术机器人

在肝肾联合移植、婴幼儿捐献器官移植（最小的 6 个月）等复杂器官移植领域，取得了积极成效，达到国内领先水平。

近年来，医院承担国家 863 计划和 973 计划等科研课题 250 余项，获省部级以上奖项 70 余项，其中获国家科技进步二等奖 1 项，教育部自然科学一等奖 1 项，三获中华医学科技一等奖，华夏医学科技奖一等奖 1 项，安徽省科学技术奖数十项。每年发表 SCI 收录论文 330 余篇，主编和参编国家级规划教材 30 余部。

医院先后荣获"全国五一奖状""全国模范职工之家"、全国人文爱心医院、全国人文爱心科室、全国援外先进集体、"全国城市医院文化建设先进单位"、全国卫生系统"巾帼建功标兵"、全国城市医院思想政治工作先进集体、全国青年文明号、国家节约型公共机构示范单位、全国能效领跑者、"安徽省文明单位标兵"等多项荣誉。

二、案例展示

1. 以节能技改为抓手优化老院区建设与运维管理

"十二五"期间,在住院人次与门诊量分别增长 17.8% 和 32.2% 的情况下,医院单位建筑面积能源消耗指标下降 23.68%,人均能源消耗指标下降 39.44%,人均用水指标下降 53.18%,标准煤总数下降 23.57%,累计节约标准煤 3 167.36 t。能源资源的显著节约有效降低了医院管理成本,2017 年能源支出 3 630 万元,比 2012 年下降 17.65%,直接减少经费开支 777.72 万元,5 年来累计减少能源开支 2 692 万元。

(1)实施技能改造推进节能

医院是公共机构中的高耗能单位,室内环境控制要求高,各类用能设备多,人员流动性大。多年来医院能源消耗开支居高不下。2011 年以来,医院按照国管局关于创建节约型公共机构示范单位的工作部署,积极推动节能改造,先后投入 1 367.71 万元,对高耗能陈旧设备和输配系统进行有计划、有步骤的技能改造,显著降低了能源消耗,减少了环境污染,改善了医疗环境。

(2)优化管理手段推进节能

积极改变传统节能管理模式,创新管理思维,引入新技术、新方法,切实加强医院用能设施的日常管理。在病房内引入热水控制系统,实行定时限量刷卡管理,降低热水使用量近 70%。我们还研发应用蒸汽凝结水回收与再利用技术,对蒸汽转换中产生的凝结水进行再利用。自 2012 年应用此项技术以来,每年收集回收 70℃ 以上的凝结水近 5 万 t,主要用于全院生活洗浴热水与管网补水,有效减少了新鲜水和热能的消耗。我们会同专业技术公司合作研发应用病房中央空调窗磁联动技术,有效防止冷热源外泄造成运行负荷增加,减少出风口冷凝水所造成的保温层故障。

(3)加强数据分析推进节能

为加强节能工作的科学化、智能化、精细化管理,按照国管局的部署安排,在省管局的精心指导下,我们着力加强能耗数据采集和分析。采取租赁服务模式,与节能专业技术公司合作,建立了能源监管平台。自 2011 年以来,相继完成计量表具的网络链接与数据传输,实现电表四级计量、水表三级计量、气表二级计量,为数据采集和数据分析提供了技术基础。2016 年完成能耗平台与楼宇设备控制系统(BA)的对接,实现对运行数据的融通整合,充分利用信息化手段提升节能精细化管理水平,为实现能耗定额管理、全面落实医院能耗成本控制提供技术支撑。

(4)转变思想观念推进节能

我们深刻体会到,既要通过技术改造、科学管理实现节能,更要通过提升认识、转变观念实现节能。近年来,全院上下对节能工作的认识发生了深刻变化。在院整体工作层面,改变了过去重医疗轻保障、重投入轻节能的观念,将节能工作纳入全院年度重点工作和目标考核内容,设立节能专项经费年度预算,加强对节能工作的谋划和部署;在后勤业务管理层面,院总务处在实践探索和经验积累过程中,对节能管理的认识不断深化,管理手段不断完善,有效推进管理由粗放型向精细化转变,由经验型向标准化转变,节能工作科学化、标准化水平明显提升。在医护人员层面,节能工作从开始不被认可,到逐步接受,广泛认同,并转化为自觉行动,随手关灯、节约用水、光盘行动、双面打印等行为成为大家的良好习惯。

2. 以一体化后勤服务模式推动新院区精细化运维管理

《国务院办公厅关于建立现代医院管理制度的指导意见》中提出:推动各级各类医院管理规范化、精细化、科学化,基本建立权责清晰、管理科学、治理完善、运行高效、监督有力的现代医院管理制度。其中"健全后勤管理制度,推进医院后勤服务社会化",要求我们进一步创新与完善现有的后勤管理制度,促使医院后勤服务社会化稳步推进。安徽医科大学第一附属医院高新院区在医院后勤外包服务项目的管理实践中,尝试运用一体化管理的模式开展项目管理,取得了较好的实践效果。

（1）建设标准化体系,为一体化管理打下基础

在现代医院管理制度下,随着对医疗服务环境与就医满意度要求的逐步提升,医院后勤管理的复杂性和不确定性日益显现,为克服由此带来的分工与统一、规模与集约、开放与协调的矛盾,高新院区的后勤管理者通过制订统一的标准来明确分工、优化流程、规范操作,以保证工作有效执行。运用简化、统一、协调、优化等手段,使作业标准在特定环境与范围内,达到某种程度的一致和均衡有序,确保工作稳步开展。

（2）后勤服务供应商密切配合,为一体化管理铺平道路

高新院区是一所大型综合医院(图6),后勤工作涵盖基本建设、工程(机电、医疗)运维、信息运维、消防安保、物业服务、物资供应、营养膳食等各专业类别。在选择外包服务时,重点对企业的管理体系架构、标准作业文件、培训及相关管理控制程序、企业文化及宣贯、风险控制措施与能力、人才储备与新技术应用等进行了详细的调研与分析,并在此基础上,双方协作共进,运用基于一体

△ 图6　高新院区概念图

化管理的医院后勤外包服务模式,打造一支团结互助、运行高效、服务优良、保障有力的后勤服务团队,实现管理效率和经济效益的最大化,为高新院区各项事业腾飞保驾护航。

（3）运用 PDCA 闭环管理,为一体化管理持续改进

众所周知,PDCA 是管理的基本工作方法,是改进管理工作的有效方式。在医院后勤外包服务管理中,按照 PDCA 循环构建一个开放的、能够自我约束和自我完善的一体化管理体系,不仅能很好地实现目标,而且便于理解和操作,同时也是获取核心竞争优势的一种管理创新。

在支持 PDCA 循环的文化建设中,一是注重人本管理,建立和实施一体化管理体系必须得到包括管理者和基层员工在内的广泛的赞同和重视。二是注重社会责任,不论是医院还是外包服务企业,在保证和促进自身利益的同时,都必须兼顾社会整体利益,并承担一定的责任。三是强调管理质量、环境安全、经济和社会效益的统一,综合各方面的要求和影响,提高持续改进效果的全面性;充分考虑 PDCA 循环的全覆盖,确保从专业管理、层级管理和服务流程上的自我控制和自我完善。

（4）解决好关键要求和关键问题,保证一体化管理稳步推行

Ⅰ. 机构重组,职能优化,以消除交叉管理和重复管理等现象;根据职责和工作要求,强化对用工人员的统一管理和设施设备的统一维护,以降低运维成本,提高管理效率。

Ⅱ. 协调过程,督导同步。建立“一站式”后勤服务平台,相互协调、统一管理,提高管理的效率;根据对外包服务项目的考核与评定要求健全监督机制,结合检测标准对服务过程进行同步测量,采用多种督导检查方式,预防与纠正运行过程中的问题。

Ⅲ. 体系文件的标准化和一体化。按管理的系统方法,对每一个过程进行任务描述,并与标准规定的要求相融合,以适应于实际操作需要;同时,结合一体化管理的要求,制订作业文件管理规定,确保文件的互通互容,做到简明、适用和有效。

Ⅳ. 强化信息系统建设,提高信息收集处理效率,实现数据的全面共享。

Ⅴ. 注重文化建设,培育团队精神与合作能力,保持进取创新的热情。

周典　贾长辉　金炜　李峰/供稿

百卅芳华薪火相传
接力追梦再谱新篇
——弋矶山医院项目

皖南医学院弋矶山医院(图1)坐落于长江之畔的安徽省芜湖市弋矶山风景区,前身为1888年美国基督教美以美会创办的"芜湖医院"(Wuhu General Hospital),是安徽省第一所西医院,也是国内历史最悠久的医院之一。沈克非、陈翠贞、吴绍青等一批国内著名的医学家和医学教育家曾在医院工作。1926年,医院创办怀让高级护士学校,开创安徽省护理教育之先河。1949年后,医院几易其名。1974年成为皖南医学院直属附属医院,1986年医院更名为皖南医学院弋矶山医院,2013年增名为皖南医学院第一附属医院。

医院现为全国三级甲等医院、国家首批住院医师规范化培训基地、全国百姓放心百佳示范医院、全国改善医疗服务示范医院、全国人文爱心医院,是安徽省皖南及皖江地区最大的集医疗、教学、科研、预防、康复、急救为一体的医学中心和医学技术指导中心,服务范围覆盖皖南及周边地域多个地市,近2 800万人口。

∧ 图1 医院全景

医院现占地面积18 hm²,建筑面积21万 m²,开放床位2 332张(图2)。职工2 931人,其中高级职称 427 人,博士、硕士 737 人。有国医大师 1 人(图 3、图 4),安徽省"江淮名医"8 人,省学术技术带头人 7 人,省卫健委学术技术带头人 9 人,享受国务院、省政府特殊津贴专家 22 人。

△ 图 2 新住院部

△ 图 3 首届"国医大师"表彰会上,吴仪向李济仁表示祝贺

一、医疗篇

医院拥有完备的学科体系,现设有 75 个临床医技科室。其中国家级重点学科 1 个:中医弊病学;安徽省"十三五"临床医学优先发展重点专科 1 个:神经外科;省临床医学重点专科 3 个:骨科、医学影像科、血液内科;重点培育专科 2 个:重症医学科、妇产科;省中医药重点专科(病)1个:中医风湿病;皖南医学院重点学科 6 个:临床医学(一级学科)、内科学、外科学、影像医学与核医学、妇产科、临

△ 图 4 "国医大师"李济仁坐诊

床检验诊断学(二级学科)。脑血管疾病诊疗项目为国家疑难病症诊治能力提升工程项目。

医院建有华东地区规模最大的血液净化中心和省内一流的生殖医学中心、消化内镜中心、健康管理中心。拥有 PET-CT、3.0T 磁共振、双源 CT 等先进诊疗设备。近年来,医院大力推进医疗技术创新,完成皖南地区首例造血干细胞移植术(图 5)、ECMO 技术、诞生了首例皖南"试管婴儿"(图6),创造了多项区域第一。各类复杂心脑血管疾病介入诊疗技术、消化内镜诊疗技术、复杂颅内肿瘤切除手术、脊柱退行性疾病系统化治疗技术、心脏及胸腹盆腔腔镜下的微创手术,以及危急重症救治技术达到省内领先、国内先进水平,形成了以微创治疗为特色、各项高新医疗技术共同发展的诊疗体系。

△ 图 5 皖南首例异体干细胞移植术

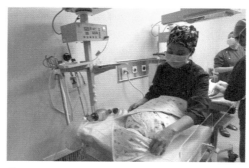

△ 图 6 皖南首例"试管婴儿"

二、教学篇

医院全面落实附属医院在临床教育教学中的主体责任,完善院校教育、毕业后教育、继续教育"三位一体"的医学教育体系。现有临床医学一级学科硕士学位和口腔医学专业学位硕士授权点,有国家级住院医师规范化培训专业基地 25 个、国家级专科医师培训试点基地、安徽省全科医学师资培训基地、省教育厅实验实训示范中心各 1 个。设教研室 34 个,有博士生导师 7 人、硕士生导师 147 人。医院承担皖南医学院 10 个二级学院 12 个专业的教学任务。近 3 年,完成理论教学 12 223 课时、实践教学 10 659 课时,接受实习生近 1 500 人。进一步完善医教协同育人机制,建成全国一流的"临床技能实践教学中心"(图 7)。近 3 年,获批省级精品课程 6 项、校级精品课程 4 项;获省级教学成果奖一等奖 1 项,二等奖 3 项,三等奖 2 项。指导医学生参加全国大学生临床技能竞赛、临床护理技能大赛、麻醉学知识竞赛,取得一系列佳绩,获得多项全国一等奖(图 8)。技能竞赛成为我院的教学品牌。

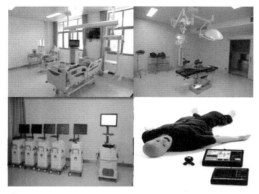

△ 图 7　临床技能实践教学中心

△ 图 8　全国大学生临床技能竞赛获奖

三、科研篇

坚持创新驱动发展,科研能力显著提升。近 3 年,共获批国家自然科学基金、省部级课题等 105 项;发表学术论文 1 600 余篇,SCI 收录论文 157 篇;获省、市科学技术奖 9 项,其中省科技技术二等奖 4 项,奖励层次和数量不断取得突破。向上建立高水平学术平台,先后设立孙颖浩院士工作站和周平红大国工匠名医工作室(图 9)。建成"重大疾病非编码 RNA 转化研究"省教育厅重点实验室。主办国家级学术期刊《中国临床药理学与治疗学》杂志,被评为"中国科技核心期刊",综合评价总分位列药学类核心期刊前 25%。神经外科入选中国医学科学院 2018 年中国医院科技量值专科百强榜单。

△ 图 9　芜湖市市长贺懋燮、皖南医学院院长章尧为孙颖浩院士工作站揭牌

四、建设篇

院本部新建皖南急救医学中心,建筑面积 8.5 万 m²,内设高标准的急救中心、住院部、安徽省紧急医疗救护基地分站。中心建成后,将依托空中连廊与门诊、住院部全面贯通,形成单体式设计、整体

化布局、一体化就医的新格局。新建三山医养结合示范园区,项目建筑面积 39.2 万 m²,分综合性医院、康复护理、健康养老三大功能模块,开放各类床位 3 000 张,建成后将成为全国一流的医养结合示范基地。

五、管理篇

1. 建设管理

院本部(图 10)坚持科学规划、循序渐进的原则,依托院区地貌特征,进一步完善山上康复区、山下诊疗区的功能布局。坚持"修旧如旧",加强山上历史古迹的保护利用,重新修葺老内科楼、专家楼等古建筑,保持旧有风貌,促进历史文化与自然景观深度融合。

△ 图 10　本院本部概念图

△ 图 11　三山医养结合示范园区概念图

新建三山医养结合示范园区(图 11),依照"小综合、大专科"的模式进行建设,计划一期与二期工程统一规划、分部实施,并利用立体交通和地下空间将一期和二期工程形成一个整体,达成资源共享,体现"边医边养、综合治疗、医养一体"特色。立足三山、辐射芜湖及皖南地区,力争打造全国一流医养结合示范基地样板。

2. 服务管理

改变传统思维,整合现有的后勤服务中心平台,打造大后勤一站式服务理念,明确首问负责制。统一处理各类报修、用工调配等工作。整合现有科室资源,促进医院后勤、外包公司联动,将业务受理点集中统一,简化医院各临床科室、职能部门对后勤设备、设施的故障报修流程,开通服务中心电话、OA 系统、手机微信等多条报修渠道,提高后勤服务响应速度。基于信息化平台,采用 PDCA 闭环管理模式,极大提升了后勤服务的满意度。

3. 社会化管理

后勤服务不能一包了之,需要慎重考虑外包服务的项目,对于有特殊专业要求的或出现问题后外包服务方无法及时整改的服务不应外包。同时,需根据医院自身实际情况来确定外包服务项目并择优选择外包服务公司,对现有的外包公司进行规范化、精细化、科学化管理。运用基于大后勤一站式服务的理念模式,在日常监管中,加强与外包服务的沟通并严格落实服务质量考核机制和第三方满意度调查机制,建立权责清晰、管理科学、治理完善、运行高效、监督有力的后勤管理制度,确保后勤服务质量不断提升。

4. 技改节能管理

组建技术攻关小组,解决运维中技术难题,实行科学管理、重视服务质量、节能降耗;另通过与专业的节能技术公司合作,用技改等措施有效地降低了能耗支出,在门诊量和住院人次不断增加的情况下,医院 2016 年收入能耗支出指标为 127.78,2017 年收入能耗支出指标为 116.15,2018 年收入能耗支出指标为 106.68,呈逐年递减趋势。

经过多年的建设和发展,医院制度管理、建设规划在不断地完善,软硬件水平明显提升,院区资源进一步优化。立足新起点,在"健康中国""健康安徽"战略的引领下,医院将根据全省医疗卫生战略总体布局,结合院情、立足省情,全面展开"一院两区"建设。至"十四五"初,形成"一院两区"统分结合、功能互补、协调发展的办院格局,把医院建设成为一流高水平省级区域医学中心。

凌江文/供稿

来自一座小城医院的物业服务外包招标与监管之法

——安庆市立医院（安徽医科大学附属安庆医院）项目

一、安庆市立医院介绍

安庆市立医院（图1）创建于1938年，1997年被批准为三级甲等医院，2007年2月被省政府批准为安徽医科大学附属安庆医院，2011年9月被批准为安徽省市级区域医疗中心，2014年10月被批准为国家住院医师规范化培训基地。

⋀ 图1 老院区

医院设老院区、新院区(图2)和北院区(图3)。目前总编制床位2 000张(其中老院区1 200张,新院区一期前期450张,北院区350张),总占地面积406.4亩(其中老院区40亩,新院区165.8亩,北院区200.6亩)。在职员工2 499人,卫生专业技术人员2 269人,正高75人,副高191人,硕士生导师38人,博士8人、硕士313名,享受省政府特殊津贴1人,市政府特殊津贴10人,"江淮名医"8人次。2018年门急诊105万人次;出院8.6万人次;手术3.4万台次,其中Ⅲ、Ⅳ类手术1.584万台次,占总手术的46.6%。

▲图2　新院区

▲图3　北院区

医院科室设置齐全,现有临床科室33个、医技科室10个。拥有1个省优先发展重点专科(消化内科),1个省重点培育专科(神经内科),3个省重点特色专科(心胸外科、儿科、神经外科),8个市级医学重点专科(儿科、重症医学科、心胸外科、神经外科、麻醉科、消化内科、神经内科、妇产科),13个重点培育专科(临床药学、肿瘤外科、检验科、甲状腺乳腺外科、泌尿外科、肾内科、呼吸内科、口腔科、耳鼻咽喉科、心血管内科、肿瘤内科、内分泌科、血液内科),7个重点特色专科(护理学、小儿外科、超声影像科、感染性疾病科、病理科、眼科、老年病科)。先后被批准为国家卫健委脑卒中筛查与防治基地、国家住院医师规范化培训基地、全国名老中医专家传承工作室、全国综合医院中医药工作示范单位、安庆市新生儿听力诊治中心。拥有8个国家药物临床试验专业、8个安徽省专科护士临床培训基地。拥有内、外、妇、儿、医学影像等16个安徽医科大学硕士点,3个皖南医学院硕士点,自主培养硕士研究生78名。

医院总资产18.35亿元,医疗设备总价值4.47亿元。拥有西门子Skyra 3.0T核磁共振、GE3.0T核磁共振、西门子PET-CT、西门子双源CT、西门子1.5T核磁共振、双光子高能直线加速器、西门子64层螺旋CT、GE64排CT、平板DSA、GE16排CT、SPECT、GE E8彩超、流式细胞仪、全自动生化分析仪等大型先进的医疗设备。

医院高度重视教学科研工作,近5年来承担(协作)国家级专项课题2项,被省科技厅、省卫健委、省教育厅立项科研课题9项,安徽医科大学科研课题37项;荣获省科学技术奖1项,获得市科学技术奖20项,主编及参编著作10部,SCI收录学术论文23篇。1963年,医院就成为安徽医科大学教学医院,承担医学本科生带教实习工作;2007年,成为安徽医科大学附属安庆医院,承担了本科生临床理论课的教学和硕士研究生的培养工作。

医院大力实施"互联网+智慧医疗"模式,数百台套高端自助设备分布在三个院区,方便患者预约挂号、导诊、支付以及各项检验、检查报告查询打印等全流程服务,实现了"让信息多跑路,让患者少走路"。推进新老院区信息系统集成平台、临床数据中心信息化建设。通过结构化电子病历系统的建设,实现了临床各业务系统的有效集成。通过无线网及相关业务系统的建设,实现了床边心电采集传输和静配中心输液药品的自动配制管理。

近10年来,医院荣获全国2018改善医疗服务优秀医院、全国创建文明行业工作先进单位、全国卫生系统先进集体、全国2015改善服务创新医院、安徽省文明单位、安徽省诚信医院、安徽省厂(事)务公开先进集体、安徽省办事公开示范点、安庆市先进集体、安庆市平安医院等50多项殊荣;多次在安徽省医疗质量督查中名列地市级医院前茅。

穿越岁月的长河,历经八十年的洗礼,安庆市立医院全院职工将凝心聚力,始终坚持"以病人为中心"的服务理念，不断加强自身内涵建设，坚持"科教兴院、人才立院、技术强院、文化塑院"的发展战略，加快发展，从严治院，为老百姓的健康提供更好的服务。

二、安庆市立医院物业服务公司及物业服务内容介绍

安庆市立医院现行的物业服务公司是安庆本地一家注册资金为 2 000 万元，拥有壹级物业服务资质的公司。该公司成立于 2004 年，现有员工 1 200 余人，其中中层管理人员 80 余人，专业技术人员 140 余人，保洁等各类专业设备价值 300 余万元。是一家集政府机关、医院后勤、银行写字楼、小区物业、道路综合养护、绿化工程施工、内外墙清洗及防水工程施工、劳务派遣、洗涤服务、餐饮管理、花卉租赁等多种经营形式于一体的物业管理公司。

医院招标引进该司以 2 450 元／人／月左右的标准，要求在 3 年合同期内不增加服务费。现该公司在医院物业服务项目部共计员工约 800 人，其中管理人员 27 人，工程类 80 人。保洁包括院内所有区域全方位保洁及门前三包，医疗废弃物收集，生活垃圾收集运送等；运送包括病人的运送（含 120 工作站担架工）、病区领物、供应室下收下送、传送标本及检验单、取药以及需要陪同检查的门诊、住院病人；专项类包括锅炉、污水处理、中心供氧运行、电梯运行及服务、水电、小型木瓦工维修、后勤维修报修、病人遗体管理、管道堵塞疏通、院内小型搬迁及装饰后开荒、门诊导医、门诊收费、120 司机、应急处理突发事件等院内非医护专业的其他工作（不含食堂、洗涤）。

医院对物业公司的监管考核主要是监管科室根据合同条款予以奖惩以及监管科室、监管小组和临床满意度综合满意度考核，现物业公司已连续服务两个合同期，合同期内，该公司按要求每年举办卫生评比活动、推行"药品封闭转运""一床一巾""一室一拖"、中央送送系统等，整体服务尚好。但无论是基层员工和管理人员的管理也都存在一些问题，尤其是基层管理人员难以发挥管理作用、基层员工依从性差、公司无医院满意的规范培训标准、虽有标准化工作流程但执行不到位等等问题，医院一直高态势要求物业公司逐步整改和完善。

为进一步加强医院物业服务的监管，医院开启了医院物业监管寻求之路，并最终小结出一套物业监管之法。在此期间，医院自行调查了物业基层员工的满意度，提出提高医院物业基层员工满意的对策和建议，申请了一项安徽医科大学校科研课题研究医院物业服务外包公司的招标引进与监管。

三、安庆市立医院物业公司基层员工管理现状介绍

1. 基层员工现状调查情况介绍

物业基层员工绝大部分来自农村，虽从事保洁工作，但其本身卫生保洁意识相对薄弱；虽从事陪检、运送工作，但其本身服务意识淡薄；虽从事专项工作，但专项工作技能较差，不能灵活变通，对医院物业基层工作的重要性认识不足。

保洁方面，医院保洁工作不同于其他行业，尤其是针对手术室、透析室、供应室、新生儿、ICU 等特殊科室、有感染性疾病病人所带来的污染以及医疗废弃物等，对于消毒隔离措施和保洁工作，国家及相关部门均有较为严格和明确的要求，如因员工不能正确操作或者保洁工作不到位，极易引起患者及其家属及医务人员的感染；另外，由于工作中不可避免地接触利器，需要做好职业防护，因未按照操作规程可能造成针刺伤，甚至造成职业暴露等致自身安全受损。

运送方面，运送、陪检人员需要运送手术前后的病人，陪同不能自行行走或卧床病人前往检查，运送过程中需要特别注意合理搬运病人，防止因搬运不当致病人导管滑脱、坠床等不良事件及加重病情情况的发生，员工需要有相关专业知识、较好的服务意识和较强的责任心。

专项工程方面，医院专项服务工作极其复杂，涉及多种特种作业岗位，包括锅炉、电梯、高压氧、污

水处理、水电木瓦维修、PVC地面清洗、空调过滤网清洗等,工作种类多、服务范围广。部分岗位需要持特种岗位作业证,各种维修项目五花八门,员工需要能灵活应对,否则无法满足业主方要求。

在日常管理中,医院发现物业工作存在较多问题,主要集中在员工行为随意性大较难管理、员工上班干私活整理废品现象屡禁不止、员工工作难以按照既定程序执行、员工存在较多抱怨和不满情况、员工流动性大与稳定性强并存等。为进一步发现问题和解决问题,医院对物业基层员工进行了满意度和现状调查分析。

调查借鉴文献及资料,结合相关理论,设计问卷从员工满意度角度针对员工工作本身、工资待遇、工作环境、个人发展、企业文化、培训学习六个方面予以调查,先发放15份问卷进行预调查,后根据预调查情况予以修改后进行正式调查。鉴于调查对象文化层次低的特点,调查采取方便抽样原则借员工例会时间分批次现场集中调查,由调查员逐题讲解并安排人员协助监督、解释的形式,调查共发放问卷168份,回收问卷168份,回收率100%,有效167份,有效率99.40%。

2. 物业基层员工年龄偏高、学历较低,管理难度大

调查工作共调查了168人,有效人数167人,其中男性62人(37.1%)、女性105人(62.9%),女性员工数量明显多于男性员工;年龄在30岁及以下的有6人(4.1%),有20人未填,以41~50岁人员为主,占到近一半的比例,平均年龄44.03±7.62岁,年龄中位数为43岁;未上过学的有29人(19.6%)、小学文化程度的39人(26.3%),未上过学和小学文化程度的占到了45.9%,近一半人群;保洁岗位116人(69.5%)、运送岗位28人(16.8%)、专项类岗位23人(13.8%),保洁岗位人数居多,接近70%,具体详见表1。

表1 调查物业基层员工基本情况表

类别	名称	人数	占比	类别	名称	人数	占比
性别	男	62人	37.1%	文化程度	未上过学	29人	19.6%
	女	105人	62.9%		小学	39人	26.3%
年龄	30岁及以下	6人	4.1%		初中	57人	38.5%
	31~40岁	41人	27.9%		高中	23人	15.6%
	41~50岁	70人	47.6%	岗位	保洁	116人	69.5%
	51~60岁	29人	19.7%		运送	28人	16.8%
	60岁以上	1人	0.7%		工程	23人	13.8%

医院物业基层员工文化程度低、年龄偏大,员工依从性差、学习能力弱,日常管理难以规范落实。日常监管可以发现,员工上班期间工作随意性大,不能按照相关制度及规范流程落实相关工作,上班期间收集、整理废品,管理难度大。

3. 医院部分物业员工在院固定岗位工作时间长,管理依从性差

从医院物业基层工作工龄来看,从事物业基层工作时长6~10年的有43人(31.4%)、11~20年的有16人(11.7%)、20年以上的有4人(2.9%),其中最长的有30年,有30人未填,详见图2。

从现任岗位时长来看,现任岗位时长6年~10年的有34人(24.5%)、10年以上的有10人(7.2%),其中最长的有30年;有28人未填,不到1年的占比只有23.7%,同时超过5年的占比超过30%,现任岗位工作时长平均时间为4.82±5.07,现任岗位工作时长中值为3年,详见图4。

医院患者人数多流动性大,部分员工在医院工作时间较长,对医院环境及患者需求熟悉,受利益驱使存在不当行为,有私卖/租生活用品;有充当医托,帮病人排队插队;但因在岗位上工作时间长,能得到业主方认可,且其帮所在科室做非岗位内工作以讨好科室寻求庇护,导致公司管理不便。

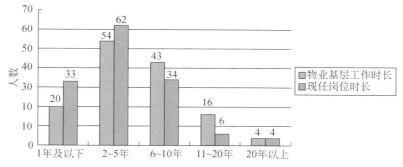

图 4　医院物业服务项目部基层员工满意度调查工作时长分布图

4. 物业基层员工素质较低但部分岗位专业性强，不可替代性较强

针对工作本身的调查，主要是从物业基层员工目前工作满意情况及对工作本身的认知情况来展开调查。

在被调查的 167 名基层员工中，在问到"是否乐于从事现在的工作，并觉得适合自己"时，有 89 人（53.3％）认为自己非常符合，共有 79.6％的人很明确自己乐于从事目前的物业基层工作或者是认为目前自己的情况比较适合从事物业基层工作。在问及"知道自己工作内容、流程、标准"时有 104 人（62.3％）选择了非常符合，共有 88.6％的人表示比较明确知道自己的工作内容和要求，但也有 11.4％的人表示不是特别清楚；在问及"我能接受目前工作时长"时，有 97 人（58.1％）选择了非常符合；在员工做目前自己工作的自我评价上，问及"在目前的岗位上，我已经把工作做到最好"时，有 84 人（50.3％）选择了非常符合，共有 83.8％的人认为自己已把目前工作做得较好；在问及"到目前为止，没人投诉过我"时，有 106 人（63.5％）选择了非常符合，也有 16.2％的人在工作中有相对较多次数的投诉；在进一步问到"如换岗，我还会找目前类似的工作"时，有 80 人（47.9％）选择了非常符合、有 15 人（9％）选择了不符合和很不符合；问到"对工作的意见和建议能得到回复和采纳"时，有 83 人（49.7％）选择了非常符合、有 7 人（4.2％）选择了不符合和很不符合，具体分析数据详见图 5。

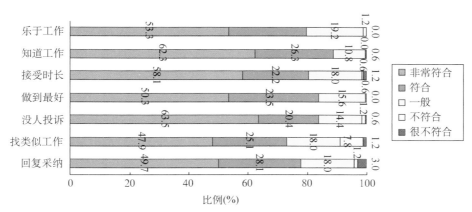

图 5　医院物业服务项目部基层员工工作本身调查情况汇总图

虽然调查数据可能存在一定的误差，但大部分员工对目前的工作尚满意。因医疗卫生行业的特殊性，很多岗位需要 24 h 在岗，工作专业性相对较强、工作强度大，如手术室、重症监护室、新生儿科及所有 ICU 科室、锅炉房、液氧站、水电维修工、运送人员、陪检人员、医院大环境保洁等，此类岗位员工一旦固定，其不可替代性就较强。公司难以找到可替代的员工，管理受牵制，此类岗位需要根据员工对工作时间的要求进行合理安排。

5. 工资发放未能区别对待,员工只求不被投诉

在关于工资待遇情况的调查,首先问的是目前员工工资与期望工作的差距,其次是希望实行什么样的薪酬制度,最后是问公司在薪酬制度方面对待员工是否公平、公正。

在问到"我的工资是我期望范围内的工资"时,认为目前工资在期望范围内人员有44.3%,而认为与自己期望范围内工资有较大差距的有31.8%;在问到"我不期望公司实行一定范围内的浮动工资"时有34.2%的员工有比较强烈的愿望实行浮动工资,有46.1%的员工不期望实行浮动工资,详见表2。

表 2 医院物业服务项目部基层员工工资待遇调查情况汇总表

	非常符合	符合	一般	不符合	很不符合	合计
我的工资是我期望范围内的工资	51 人 (30%)	23 人 (13.8%)	40 人 (24%)	26 人 (15.6%)	27 人 (16.2%)	167 人 (100%)
我不期望公司实行一定范围内的浮动工资	50 人 (30.0%)	27 人 (16.3%)	32 人 (19.3%)	31 人 (18.7%)	26 人 (15.7%)	166 人 (100%)
我期望公司有完善的奖惩条例	81 人 (49.1%)	28 人 (17.0%)	36 人 (21.7%)	10 人 (6.1%)	10 人 (6.1%)	165 人 (100%)
公司的薪酬制度是合理的	55 人 (32.9%)	22 人 (13.2%)	52 人 (31.1%)	27 人 (16.2%)	11 人 (6.6%)	167 人 (100%)
公司管理人员在落实奖惩时公平、公正	82 人 (49.5%)	15 人 (9.0%)	47 人 (28.3%)	10 人 (6.0%)	12 人 (7.2%)	166 人 (100%)

目前医院要求基层员工(不购买保险)的最低工资为 1 650 元/月、基层员工(购买保险)的最低工资为 1 300 元/月,而认为目前工资不在期望范围内的员工其期望工资大多在 2 200 元/月左右。从医院物业服务项目部工资发放情况来看,其常规工资组成分为本薪、加班工资、绩效、考核工资,基层员工工资本薪全部相同,加班工资根据具体要求的工作时长和加班计算。除少数业主方特殊要求的岗位,如手术室等,所有保洁人员工资基本没有区别;运送人员增加 50 元的绩效奖,当月未被投诉即发放,调度中心人员循环分配任务,未涉及过程监管;专项人员加班工资根据工作内容、要求、时长单独商议。总体上,绝大部分员工工作只与工作时长挂钩,与工作质量基本没有关联,员工只要保证不被投诉即可,单凭该公司假大空的奖励条款,基本起不到激励作用。

因此在管理过程中,部分保洁难度大的科室工人工作积极性明显较低,且保洁人员流动大,工作相对不到位;运送人员工资未考虑工作量,员工存在消极怠工、出勤不出力现象,很多人员运送陪检一天就几次,经常发生一上午或者一下午一去不复返现象。

6. 奖惩随意性较大,存在有失公允现象,奖惩力度和规范性不够

在公司的薪酬制度方面,当问到"我期望公司有完善的奖惩条例"时,只有66.1%的人相对期望公司有完善的奖惩制度;当问到"公司的薪酬制度是合理的"时,共有53.9%的人认为医院物业服务公司薪酬制度不甚合理;当问到"公司管理人员在落实奖惩时公正、公平"时,有22人(13.20%)选择了不符合和很不符合,1人未填,具体分析数据详见表2。

在是否期望实行浮动工资的事宜上,本调查中的员工在学历、岗位和性别上均无明显差异,P 值分别为 0.97 和 0.38,说明可以认为期望实行浮动工资的员工在学历和岗位上是没有差异的($P = 0.97 > 0.05$;$P = 0.38 > 0.05$;$P = 0.319 > 0.05$),详见表3。

因医疗行业的特殊性,假日期间物业服务公司亦需安排相应人员上岗,医院物业公司法定假日加班工资一律按照 60 元/天计算,未严格按照国家法律规定发放加班工资。

表 3　物业基层员工在是否期望实行浮动工资事宜上差异性分析表

项目	卡方值	P 值
学历	0.246	>0.05
岗位	1.958	>0.05
性别	0.992	>0.05

针对医院物业公司奖惩条例，奖惩依据源于业主方监管反馈和管理人员现场查看，对于业主方依照合同条款反馈有奖惩的，医院物业公司基本能落实。因奖惩条例的未明确细化，以致基层管理人员监管缺乏奖惩标尺，奖惩落实较难，部分管理人员还受到感情因素影响使奖惩落实有失公允。另外，部分员工在受到惩罚时会向业主方相关人员寻求帮助以减轻或免除惩罚，除以上原因外还受基层管理人员自身素质及管理水平影响，导致奖惩工作落实无法科学规范地落到实处。

7. 公司对改善员工工作环境努力不够，特殊岗位职业防护措施落实不足

因医院环境嘈杂，人员流动性极大，针对工作环境，主要是针对人际环境、工作氛围等主观情况展开调查分析。

在问到"需要帮助时，上司/同事会积极提供帮助"时，在调查的 167 名员工中有 88.7% 的人认为自己在工作中需要帮助时，上司/同事会积极提供；在问到"我可以和同事配合默契地完成工作"时，仅有 1.2% 的员工认为自己与同事配合不默契；在问到"我和上级关系很好、相处和谐"时，有 83.3% 的员工认为自己与上级关系处理比较和谐；针对公司组织的各项活动，在问到"我乐于参加公司组织的各项活动"时，有 25.8% 的人对医院物业公司组织的各项活动参与欲望不强甚至反对组织相关活动。

针对公司是否努力改善员工工作环境方面，在问到"公司努力改善我们的工作环境"时，有 68.1% 的员工认为公司在努力改善员工的工作环境；具体到公司是否配备齐全的工作必须用品和工具，即问到"工作中必需的用品和工具配备齐全"时，有 31.8% 的员工认为医院物业公司工作所需必需品配备不是很到位或者较欠缺；调查其是否喜欢所在科室工作环境，问及"我很喜欢我所在的科室（驻守人员）"时，有 14.2% 的员工对自己所在的科室不是很满意。

通过以上分析可知，大部分员工对目前的工作环境比较满意，但也存在极少数员工不是很满意，且可以看出医院物业公司为员工配备的必需用品或工具存在不足，具体分析数据详见图 6。

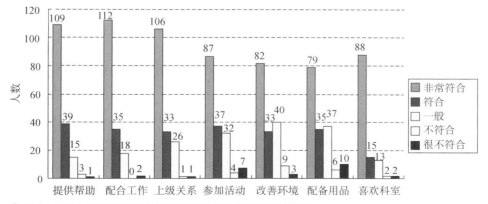

△ 图 6　医院物业服务项目部基层员工工作环境调查情况汇总图

公司对于改善员工工作环境努力程度不够，举办各类活动较少，特殊岗位职业防护措施落实不足，监管中可以发现医院物业公司严格控制垃圾袋的数量，导致部分员工不得不将一些垃圾合并、垃圾袋重复使用情况；存在未能严格按照医院要求分区域保洁配备保洁工具；高温恶劣天气防暑降温、工

人劳保用具、工人沐浴等物资及设施设备相对匮乏;因医院用房紧张,基层员工的私人物品及保洁工具存放地点和工作服更换在工作区域内很难解决,造成员工物品散落堆放使用不便;另外,专项工作人员工作涉及高空作业,防护措施不到位,对基层工人举办活动除卫生评比外,基本没有其他活动等。

8. 忽视员工个人感受,为职工提供发展机会不足

在个人发展情况方面,调查主要从工作目的出发,了解员工就业主要意图和在目前工作岗位上的成就感。

首先问的是"公司对我的成长和发展非常有帮助",仅有极少数人认为在医院不能得到公司的帮助;在问到"我在工作岗位上的努力能得到公司认可"时,有 77.7% 的员工认为自己在工作岗位上所做的努力是为公司认可的。

针对基层员工走向管理岗位,在问到"我希望提供走向基层管理岗位的机会"时,有 7 人(4.2%)选择了非常符合、25 人(15.1%)选择了符合,有部分人希望走向管理岗位;紧接着追问"我有信心在公司的带领下走向管理岗位"时,在 70 位希望公司提供走向管理岗位的员工中,有 45.7% 的还是有较大信心在公司的带领下走向基层岗位的。

另一方面,针对员工工作的最主要目的,在问到"我参加工作最主要的是为赚钱"时,有 92 人(55.1%)选择了非常符合、41 人(24.6%)选择了符合,但亦有少数(8.4%)人参加物业基层工作并不是主要为赚钱。在问及"在公司工作,我能得到尊重和重视"时,有 21% 的员工认为自己未能得到应有的尊重。

从以上分析可知,虽然物业基层工作是被很多人看作是不体面的工作,参加物业基层工作的人员文化层次较低,但也有不少员工希望走向基层管理岗位,且有部分员工需要提高他们的工作自信心,具体分析数据详见图 7。

部分物业员工是为了打发自己中老年

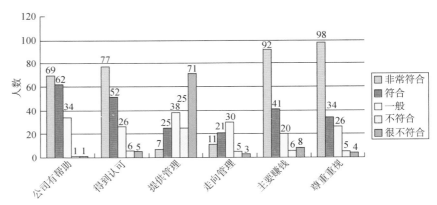

▲ 图7　医院物业服务项目部基层员工个人发展调查情况汇总图

时间,还有部分员工是想以此走向管理岗位,公司应了解不同工作目的员工的工作需求,采取不同的管理方式。然而,医院物业公司管理人员均从公司外部直接引入,且引入的管理人员中多数没有医院工作经验,违背了管理学原理中基层管理人员应具备较好的操作技能的要求,也打压了现有员工中希望走向基层管理岗位的员工的积极性。另一方面,未能重视部分员工感受,包括医院存在将其他环节问题导致工作落实不到位的矛盾转嫁到基层员工或使唤做其工作范围之外的事情,物业公司管理人员与基层员工未能建立同事之间应有的感情,管理人员对基层员工未能给予足够的尊重等。

9. 企业文化建设重视不够,企业凝聚力有待提高

针对企业文化的调查,因物业基层员工文化水平普遍较低,对企业文化的理解五花八门,甚至根本就不知道何为企业文化,因此,调查主要通过单个实际问题,从不同侧面来调查,间接反映医院物业服务公司企业文化建设情况。

因部分员工在医院做物业基层工作时间较长,首先问的是"我会很自豪地说我是××公司(实际

调查时使用医院物业服务公司名称)的"时,有88％的员工相对还是愿意说出自己是××物业公司的;在问到"我不认识医院外的公司其他各级领导"时,有38.6％的被调查员工不认识除医院物业公司项目管理外的该公司其他管理人员。

具体而言,当问到"公司管理及员工具有很强的团结协作精神"时,有76.1％的人还是认为医院物业公司管理及员工有相对强的团结协作精神,在日常工作中发现医院物业服务项目部管理的员工之间相互协调亦较好;当问到"我不觉得公司有任何氛围或精神值得学习"时,有46.1％觉得医院物业公司有值得学习的氛围或精神。

当问到"部门会根据职员意见和建议改进工作"时,有74.1％的员工认为医院物业公司部门管理人员还是会根据员工合理意见改善工作;当问到"公司的各项规章制度能有效落实"时,有78.3％的员工还是认为医院物业公司各项规章制度能基本得到有效落实。

当问到"我更希望科室来管理我工作"时,有53.5％的基层员工希望科室来管理其工作,相反只有29.5％的员工希望公司管理其工作;针对医院要求物业公司定期分批次召开员工例会,问及"我觉得每周的例会很有必要"时,仍然有7.8％的员工有相对强的反对意见,不愿意每周召开例会。

最后,在调查中明确提到公司文化,问"我强烈要求公司能有某种团结员工的文化"时,有66.5％的员工有较强的欲望能希望公司有让员工团结的企业文化。

根据以上分析,医院物业公司在日常管理工作中也灌输或者说形成了一定的企业文化,员工相对团结,但亦有不到位之处,具体分析数据相见图8。

企业文化能激发员工的使命感、凝聚员工的归属感、加强员工的归属感。调查

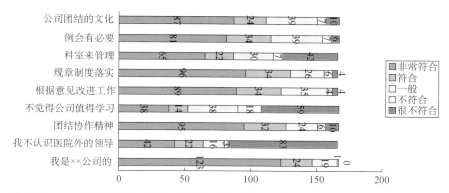

图8　××医院物业服务项目部基层员工企业文化调查情况汇总图

发现,在调查的基层员工中,有超过50％的员工有很强的愿望由科室来管理,而只有不到30％的员工希望由公司来管理,从岗位类别来看,差异没有统计学意义($P=0.093>0.05$,见表4)。经分析,部分原因为公司文化建设不足,员工的归属感弱;另外,部分员工更换了多个物业服务公司,却始终还是在所在科室工作,与科室人员接触多、时间长,更希望将自己融入医院与科室中去。虽然医院物业服务会通过招标变更服务方,而大部分基层员工却是固定的,甚至少数基层管理人员也是固定的,物业公司的入驻服务都需要稳定员工,引导员工服从公司的管理,公司需重视企业文化和员工职业道德建设。

表4　物业基层员工在我更希望由科室来管理我的工作事宜上差异性分析表

项目	卡方值	P值
岗位	4.753	0.093>0.05

10. 培训不规范,员工工作效率提升空间大

对于新员工,医院要求物业公司对新员工进行简要培训后,采取老员工带新员工现场操作学习的培训模式,对于常规事项和重要事宜采取滚动培训模式,定期开展培训,调查主要针对现有培训情况和员工希望的培训模式。

当问及"公司的培训能够满足我的工作需要"时,81.5%的基层员工已经认为医院物业公司员工已经满足其工作需求;问及"部门培训能够满足我的工作需要"时,有86.3%的员工认为其部门培训已满足其工作需求。

当问到"我喜欢领班一对一培训"时,有53.9%的员工喜欢领班一对一培训,也有23.4%的员工喜欢集体培训;在问及培训对象"我更喜欢科室护士长及科室老师培训"时,有47.0%的员工更喜欢院方人员对其进行培训,而也有28.9%的员工更喜欢公司对其进行培训;当问到"在培训中我学到了我想学的知识和技能"时,有76%的员工认为其还是在培训中学到了想学的知识和技能。

从以上分析可以看出,大部分员工还是认为医院物业公司培训达到了其工作需求,但员工喜欢的培训模式各有差异,具体分析数据相见表5。

表5　医院物业服务项目部基层员工培训调查情况汇总表

	非常符合	符合	一般	不符合	很不符合	合计
公司的培训能够满足我的工作需要	99人（59.3%）	37人（22.2%）	25人（15%）	1人（0.6%）	5人（3.0%）	167人（100%）
部门的培训能够满足我的工作需要	112人（67.1%）	32人（19.2%）	19人（11.4%）	2人（1.2%）	2人（1.2%）	167人（100%）
我喜欢领班一对一培训	64人（38.3%）	26人（15.6%）	38人（22.8%）	3人（1.8%）	36人（21.6%）	167人（100%）
我更喜欢科室护士长及科室老师培训	51人（30.7%）	27人（16.3%）	40人（24.1%）	10人（6.0%）	38人（22.9%）	166人（100%）
在培训中我学到了我想学的知识和技能	94人（56.3%）	33人（19.8%）	31人（18.6%）	6人（3.6%）	3人（1.8%）	167人（100%）

公司未设立独立的培训机构,没有专职培训人员,新员工岗前培训主要为管理层负责入职基本情况介绍,下发相关制度及手册,由老员工带新员工熟悉岗位及工作流程后上岗。从监管可以发现员工培训不到位,与调查员工反馈情况有出入,结合有88.6%的员工认为自己比较清楚工作流程、标准,印证了由于双方信息不对等,基层员工对工作重要性认识不足,标准、要求不高,也从侧面反映了公司培训强度、广度不足,系统性不强,只注重操作技能本身的培训,出现问题未能及时指出,公司在日常管理中对员工要求不够严格。公司在员工在岗培训方面相关制度不完善,未明确各岗位基层员工培训内容体现分层级培训,仅限于工作现场一对一教授及讲解,或利用例会时间做工作点评,未能形成系列培训流程和制度。

四、安庆市立医院提升医院物业基层员工满意度举措

针对调查发现的问题,安庆市立医院有针对性地对物业公司提出了一系列的要求,以提高物业员工工作的积极性,提高医院物业服务的质量和水平,也提升了物业公司的管理水平。

1. 合理安排员工工作时间

因医疗卫生行业的特殊性,部分岗位需要24 h有人在岗,然不同时段工作强度又有很强的规律性,因此可根据员工工作意愿、能力、特长,机动安排人员合理设岗,双向结合岗位特征和员工时间。例如:部分科室保洁可以上午安排两名员工共同工作,下午轮流安排一人休息;根据退休职工家庭角色需要匹配工作岗位,农村员工可合理延长工作时间增加其收入,部分相对年轻能力强的员工可通过提高工作时效、压缩工作时间以满足个性化需求,部分员工可安排值守岗位以解决其住宿问题等。

2. 完善员工薪酬制度

企业除在节假日加班工资、延长工作时间、提供一人多岗职等情况严格按照国家相关法律法规及规章制度的基础上执行之外,还需要有一套完善、合理的薪酬制度,要能严格落实和规范奖惩,对于工作超长的员工要给予充分的肯定和薪酬制度支持。针对医院对物业公司的工作中所发现的问题,医院要求物业公司从以下几个方面改进。

(1)满足员工增加收入需求。部分员工工作的主要目的是赚钱,而恰好还有部分员工的主要工作目的不是为了赚钱,要求将以赚钱为目的的员工安排在工作强度较大、时间较长的岗位,增加其工资待遇,并配合公司需要,为其提供工作之余的增加收入的途径,节假日安排加班,甚至提供一人多岗机会;对不是以赚钱为主要目的的员工,将其安排工作强度相对小的岗位,节假日安排休息,但需适当减少其收入;另外,对于其他因服务者需要,可开展和拓展的其他服务需要可由物业公司牵头规范开展,以适当增加员工收入。

(2)根据不同类别、不同工作区域区分工资待遇。医院普外科与口腔科相比,普外科床位53张且长期加床,而在楼下的口腔科床位22张,且基本没有住满的时候,同为保洁岗位,保洁工作量天壤之别。口腔科服务员一做就是10来年,而普外科却更换频繁,多的时候1年能换10来个。为此,医院要求在增加工资的时候,根据工作区域范围面积大小、住院病人床位使用率等相关因素作为薪资系数,不减少或小幅增加相对清闲科室人员工资,但增加工作量大的科室人员工资,以此拉开工资差距。

(3)逐步推行浮动工资,建立绩效考核机制。从调查中可以发现,虽为物业基层员工,但仍有34.2%的员工希望公司实现浮动工资,但因物业基层员工可能部分不能接受,初期全面推广可能出现较大阻力。医院要求先在运送员工中逐步实行,设定浮动幅度,计算工作量,建立绩效考核机制。后期在同一类别岗位中,根据各自不同岗位的特点、选取合适指标,根据岗位、工作强度、工作时间、工作要求设置难度系数,根据难度系数设置基础工资,然后根据工作质量、日常监管情况等实行绩效考评,对表现好的员工予以奖励,对始终不能达到要求的员工予以惩罚甚至辞退。

(4)提高员工福利待遇。员工福利与薪资不同,员工参与工作企业给予酬劳是天经地义,一般情况下员工不会心存感激。然而员工福利却不尽相同,其支出较少却能得到员工较大的付出与回报。医院要求物业公司采取在员工生日时一个简单的短信提示、问候、送一份小小的礼品;逢年过节时对仍然坚守岗位的员工提供一份简餐,或搞一次聚餐;天气炎热或严寒时送上简要的降温或保暖器具、药品;针对不同需求的老员工和青年员工办理相应的保险等方式,提高员工福利,使员工心存感激而努力工作,长时间下来会让员工觉得公司管理人性化,关爱员工,能够很好地提高员工工作积极性并能有效降低员工流失率。

3. 优化工作流程,努力改善员工工作环境

员工工作环境,直接影响着职工的工作状态,对基层物业员工来讲,良好的工作环境能让员工形成好的精神面貌,让员工抬头挺胸,工作起来才能事半功倍。

(1)合理的工作流程和良好使用的操作工具,可以让员工提高工作效率,工作效率的提高会使员工感觉工作顺风顺水,并具有成就感,能大大改善员工精神面貌和员工满意度。为此,医院推行了"一室一拖"和"一床一巾",病区内不再有各式各样的拖把和抹布,不仅提高了院感要求与标准,也减少了员工的工作量,提高了工作效率。

(2)医院要求物业公司着手改善员工工作环境,根据季节、岗位等的区别,为员工提供贴心服务,处处彰显人性化管理。从小事做起,关心每一名员工,尽最大的努力让员工兼顾家庭和工作,实行合理的请假制度;为高温、寒冬、高空作业、医疗废物收集员工做好各种保护措施;努力为员工提供舒适的休息场所,适当安排短暂的集中休闲娱乐时间;要求基层管理人员做好员工与外界(包括业主方、公司上级管理人员及其他人员)接触的桥梁,帮助员工建立职业精神;树立榜样,以奖励的形式激励员

工,努力祛除员工占小便宜心理,让员工在公司、业主单位得到认可和尊重。

(3)要求物业公司在医院内为员工创造有利于员工发展的氛围环境,宣传员工先进事迹、取得成就及其相关有利于员工发展的事宜,最大限度为员工创造、渲染温馨、人性化的工作环境。

4. 为员工个人发展铺平道路

医院要求物业公司创新物业基层员工管理模式,以奖代惩,积极评优,开展各类基层员工活动。对于有意欲走向基层管理岗位的员工,要给予足够的重视,并为其提供发展机会和展示平台,表现好的提拔为基层管理人员或带教人员,给予员工走向管理岗的机会,发挥表现优秀的员工的模范带头作用。

5. 强化企业文化建设,拓展员工素质

医院要求物业公司建立"以人为本"的企业文化氛围。企业文化是在一定时间内逐步形成和发展起来的稳定、独立的价值观以及以此为核心而形成的行为规范、道德准则、群体意识、风俗习惯。良好的企业文化不仅能培养员工归属感、责任心、自豪感,且能引领企业的发展,通过完善的制度、道德规范约束员工,共同的价值观来激励员工,还能通过企业的公众形象和社会公关活动向社会辐射。

要求物业公司传递正能量,引导从小事做起,培养员工爱岗敬业和主人翁精神,要求员工在日常工作中不仅自己要节约用水用电,并且劝说就诊患者及其家属节约水电。弘扬中华民族爱岗敬业精神,教导员工爱院为家,将企业文化辐射社会。

要求物业公司针对不同类型的员工,结合工作实际开展各式活动,一方面激发员工的工作积极性,另一方面也提升员工素质。如,可以举行员工保洁技能大赛、优质服务之星评比、专项技能能手,甚至工作中创新工作方式、方法和技能的评比,针对各种员工兴趣爱好组织员工业余时间开展活动等。

6. 形成规范培训体系,针对性、系统性、特色性培训

获得培训学习机会有利于提高基层员工的个人素质,保洁工作可能在绝大部分人看来是相对没有技术含量的,但医院的保洁工作更具专业性,需要掌握部分相关知识。如医院出院患者床位终末保洁、被患者血液体液污染的局部保洁、洁净区域的保洁、毛巾拖把的严格分类使用及消毒等都是其他保洁不可类比的。因此,医院保洁人员必须要经过一定的专业培训,包括消毒液的使用,终末保洁、手术室等洁净区域的保洁标准及医院常规保洁的流程等。

在运送方面,陪检人员需要知晓各项检查的注意事项,要知晓搬运病人上下轮椅、平车的技巧,送检过程中要协助病人做好检查前的各项准备工作,要熟识病人在转运过程中发生意外的应对措施等,这些均需要经过专业知识的培训。

因此,公司需形成规范的培训体系,组建专业培训师资队伍,建立完善的培训制度,并分不同类别开展针对性培训。

针对医院物业基层员工工作时长偏向两个极端,有的岗位人员相对固定,有的岗位人员流动性大,医院要求物业公司需要培养一批工作相对机动的人员,如专项人员和能长期从事物业基层工作的人员,成为医院物业基层员工"多能手",熟识多种特殊岗位工作,以免人员离开后短时间内无法找到合适的人员,影响医疗工作的正常进行。

在培训方式上,鉴于基层员工学习能力弱,医院要求物业公司创新培训形式,结合实际情况采用多渠道、多途径进行。主要通过发放员工教育手册(图片为主)、管理中心循环播放演示片集体培训,通过竞赛形式选拔岗位能手并以点带面教学同步提高;根据员工喜爱的培训形式,分一对一、一对多培训模式,新员工入职大多都是一对一培训,培训地点依据需要选择在工作现场,理论知识的培训要用实际操作来演示,甚至可依托医院资源,请院方专业人员予以培训及指导。

五、安徽省医院物业服务整体服务情况调查分析

安庆市立医院现有本部老院区、新院区和北院区三个院区,其中本部和北院区为一个物业服务合同,新院区为一个物业服务合同。按照3年一个服务期,安庆市立医院每3年要进行2次物业外包服务招标,现两个物业服务均为同一家物业服务公司中标,虽经过安庆市立医院和物业服务公司的共同努力,医院物业服务整体尚好,但安庆市立医院始终不满足于现状,总希望更上一层楼,于是再次踏上了寻求物业外包服务招标和监管之路。

1. 安徽医院物业服务招标引进与监管调查情况介绍

为做好医院物业的引进和监管工作,以期形成一套完善的医院物业招标引进与监管方案,安庆市立医院通过自制调查问卷,再通过专家预审、试调查后,根据意见进行修改,通过多对一问卷形式访谈调查了对安徽有一定代表性的皖北、皖中、皖南的阜阳、合肥、芜湖三个城市(安庆作为拟定问卷地市未纳入主要调查范围),三个城市内医院以整群抽样原则进行抽取,其中阜阳市、芜湖市对市区二级以上医院基本进行调查,合肥市抽取了市区内省级医院,合肥市级医院因时间关系未能予以调查。调查共访谈了省内12家有物业服务外包医院的20名医院后勤管理者,选择性调查访谈了12家医院后勤服务公司的10名管理人员,在填写的问卷中,剔除其中4份填写较为简单和同一个医院意见相对统一的问卷,回收有效问卷26份,问卷有效率86.67%。

2. 调查医院及管理人员基本情况

在被调查的16位医院后勤管理人员中,男性9人(56.25%)、女性7人(43.75%);年龄以在31~40岁、41~50岁为主,分别有7人(43.75%)、5人(31.25%);学历以本科为主,有11人(68.75%);所在岗位以医院中层管理人员为主,共有9人(56.25%),其他详见表6。

表6 调查医院个人基本情况

项目	类别	人数	占比	项目	类别	人数	占比
性别	男	9人	56.25%	岗位	院领导	1人	6.25%
	女	7人	43.75%		中层管理人员	9人	56.25%
年龄	30岁及以下	1人	6.25%		基层管理人员	6人	37.5%
	31~40岁	7人	43.75%	年限	3年以下	6人	37.5%
	41~50岁	5人	31.25%		3~5年	2人	12.5%
	51~60岁	3人	18.75%		6~10年	5人	31.25%
学历	大专	2人	12.50%		11~20年	2人	12.5%
	本科	11人	68.75%		20年及以上	1人	6.25%
	研究生	3人	18.75%				

在被调查的12家医院中三级甲等医院有10家(83.33%),三级和二级甲等医院各1家(8.33%);12家医院开放床位801~1 500张的6家(50%),1 501~2 500张的4家(33.33%);建筑面积10.01万~25万m²有7家(58.33%),详见表7。

3. 安徽医院物业服务外包程度相差较大

从物业外包服务合同中物业外包公司签约人数来看,最少的为75人,最多的1 600人;人数在

表 7　调查医院基本情况

项目	类别	医院数	占比	项目	类别	医院数	占比
医院等级	三级甲等	10 家	83.33%	建筑面积	10 万 m² 及以下	1 家	8.33%
	三级	1 家	8.33%		10.01~25 万 m²	7 家	58.33%
	二级甲等	1 家	8.33%		25.01~50 万 m²	3 家	25.00%
开放床位	801~1 500 张	6 家	50.00%		50 万 m² 以上	1 家	8.33%
	1 501~2 500 张	4 家	33.33%				
	2 500 张以上	2 家	16.67%				

200 人以下的有 5 家医院,200~600 人的有 6 家医院;而管理人员配比从 12:1 到 47:1,均值为 28.5±11:1;物业人员人均服务费也从 1 800 元到 4 250 元不等,各医院物业人员人均服务费均值为 2 735±628。

从医院后勤外包服务内容来看,调查列举了保洁、运送、工程/专项、小型基建维修、电梯运行、锅炉运行、中央空调运行、净化机组运行、水电运行值守、医疗设备维保、绿化、亮化、挂号收费、护工、导医、陪护用具租赁、布草洗、餐饮、安全保卫、消防监控、车辆管理、后勤智能监管共 22 项物业服务内容。其中有 1 家医院仅外包了保洁,其他服务尚在进一步论证中,下一轮招标可能将会扩大外包服务范围。6、7、8 项的各有 1 家医院,其余 8 家医院的外包服务项目数在 10 项及以上,但也有医院提出了有医疗辅助、文秘、库管、商业超市等。

总体上,医院保洁外包的比例为 100%;其次是运送,为 91.67%;第三则是电梯的运行(83.33%)。外包较少的则是门诊挂号收费、小型基建维修和陪护用具租赁,其原因挂号收费主要是目前还较少医院予以外包,而小型基建维修和陪护用具租赁则是未纳入物业服务中,单独外包,且部分医院陪护用具租赁则是由护理部门执行,不在后勤部门,其他详细情况见表 8。

表 8　调查医院物业服务外包服务内容统计表

项目内容	医院数	占比	项目内容	医院数	占比
挂号收费	1 家	8.33%	运送	11 家	91.67%
小型基建维修	2 家	16.67%	保洁	12 家	100.00%
陪护用具租赁	3 家	25.00%	护工	9 家	75.00%
医疗设备维保、布草洗涤	4 家	33.33%	电梯运行	10 家	83.33%
亮化、导医、餐饮、后勤智能监管、净化机组运行	5 家	41.67%	工程/专项、水电运行值守、消防监控	8 家	66.67%
绿化、安全保卫、车辆管理	6 家	50.00%	锅炉运行、中央空调运行	7 家	58.33%

对于物业服务外包的内容,有的医院已基本外包,尤其是新成立的院区,除一些核心技术岗位和管理岗位外已基本外包给物业服务公司,抑或是其他专业技术服务公司,但是否选择大外包给物业服务公司,在调查过程中亦给予了关注。焦点在于目前物业服务公司较多,管理水平和公司实力有较大差距,部分业务如外包给物业服务公司尚不够成熟,可由其他专业公司来服务,尤其是布草洗涤和食堂餐饮部分。

主要原因有:①很多物业公司尚未发展到能总览全部医院后勤业务的能力,大范围外包容易造成物业公司请第三方服务,增加服务监管环节,不利于监管;②尤其是餐饮、洗涤等需要大量投入的服务,为控制成本和提高服务效率,需在当地有餐饮酒店和洗涤设备等,否则难以保障良好的服务;③从专业程度来讲,专业从事餐饮、洗涤等服务的公司其专注性更高,能更好地节约成本,提供更好的服务;④在于本地物业服务公司和外驻跨区域物业服务公司的区别,对于本地中小物业服务公司一般实力尚不够雄厚，但其提供的物业服务确有其管理优势，会倾尽全力或者主要精力做好几所主要医院的服务。

4. 安徽医院物业服务采用综合评分法招标引进已成主流

在调查的 12 家医院中最近一次物业招标为代理机构公开招标的有 10 家（83.33%）医院，但也有 2 家医院是院内自行招标采购的。经过了解，在接下来的重新招标中均将会采取代理机构公开招标的形式，之前院内采购主要还会因为服务内容较少、总费用较少，接下来的重新招标将会扩大物业外包服务内容范围。在评标方式上是综合评分法的有 9 家医院（75%），采用有效最低价的有 3 家医院（25%）。

在物业服务总人数和总费用测算方面，所有 12 家医院在招标前均会对物业总数人和总物业服务费用进行测算，在测算方法上，各有 5 家（41.67%）医院选择 2 种及以上方法测算总费用和总人数。其中，总服务费的测算方法上各有 5 家医院选择了按照政府最低工资标准要求进行测算和参照物业行业市场标准进行测算，在总人数的测算方法上所有医院均采用按照岗位要求测算不同专业岗位人数的方法，也有 1 家医院选择了请第三方测算单位进行测算，详见表 9、表 10。

表 9　调查医院物业服务招标总费用测算方法统计表

物业服务总费用测算方法	医院数	占比
按照政府最低工资标准要求	5 家	41.67%
政府最低工资标准要求基础上增加一定费用	2 家	16.67%
参照物业行业市场标准	5 家	41.67%
在现有基础上按一定比例/要求增加	3 家	25.00%
按工作量测算	3 家	25.00%
第三方测算	1 家	8.33%

表 10　调查医院物业服务招标总人员数测算方法统计表

物业服务总人数测算方法	医院数	占比
按任务量测算不同专业岗位人员	6 家	50.00%
按照岗位要求测算不同专业岗位人数	10 家	83.33%
根据上一轮经验估算总人数	4 家	33.33%
请第三方进行测算	1 家	8.33%

医院物业服务招标，对医院不仅有政策要求，还有招标的专业性等原因，使得医院更多地会选择代理机构公开招标，且因为是服务类，综合评分法招标引进已成主流，在招标前医院会详细测算总人数和总费用。

5. 安徽各医院对后勤服务物业公司监管要求不同

在调查中根据对省内部分医院的了解，列出了目前普遍采取的对医院物业外包服务公司监管形式，从调查结果看，全部 12 家（100%）医院都在采用满意度调查的方式进行监管，尚无医院真正引进第三方机构来进行监管，但有 7 家（58.3%）医院在院内成立了外包服务社会化公司监管机构，共同参与监管，具体详见表 11。从多渠道监管来看，除 1 家医院仅采取满意度调查外，其余 11 家医院均会同时采取 3 种及以上监管方式来进行监管。

表 11　调查医院对物业外包服务公司监管形式统计表

监管形式	医院数	占比
成立外包监管机构	7 家	58.33%
满意度调查	12 家	100.00%
主管科室考核	9 家	75.00%
主管科室日常巡查	11 家	91.67%
网络、自媒体平台全员参与监管	3 家	25.00%
临床业务科室表扬、投诉	9 家	75.00%
第三方监管评测	0	0.00

在医院对物业服务外包公司的监管内容上,列举了 12 项可能涉及的监管内容项目,调查的 12 家医院中,最多的各有 11 家(91.67%)医院将工作质量、服务态度和公司管理情况纳入监管内容,而最少的是企业文化建设,没有医院将其纳入监管范围;其次是员工精神面貌,只有 2 家(16.67%);再次就是组织活动、员工奖惩和人员经费支出,均只有 3 家(25%),具体详见表 12。

表 12　调查医院对物业外包服务公司监管内容统计表

监管内容	医院数	占比	监管内容	医院数	占比
人员费用支出	3 家	25.00%	员工行为	9 家	75.00%
规章制度	6 家	50.00%	员工奖惩	3 家	25.00%
工作质量	11 家	91.67%	组织活动	3 家	25.00%
服务态度	11 家	91.67%	物资配备	4 家	33.33%
员工培训	7 家	58.33%	员工精神面貌	2 家	16.67%
公司管理情况	11 家	91.67%	企业文化建设	0	0.00

既有监管,即有反馈,自然就需要在一定的平台上进行。一般医院都是通过例会的形式进行面对面的反馈,在调查的 12 家医院中,有 10 家(83.33%)医院有固定的监管例会,2 家(16.77%)医院没有,主要通过网络和口头直接反馈等非固定形式反馈。

在有召开监管例会的 10 家医院中,有 9 家医院是固定形式,由院方组织召开监管例会,其中也有医院会参加物业公司组织的本院物业公司内部监管例会,但也有一所医院是不固定形式的,平时直接以微信等网络方式直接反馈。而在医院的监管例会中,例会内容均为医院监管反馈和工作要求、工作部署以及物业公司及医院物业项目部的整改反馈和工作落实及计划。

在物业服务外包公司的监督管理日常工作中,一直困扰着医院管理人员的一个问题是物业外包公司项目部除了项目经理和部门经理,基层管理人员的管理能力欠缺,尤其是发现问题的能力。为此,调查了各医院总人数和物业管理人员人数,结果显示管理人员配比,即管理幅度从 12 到 47,相差近 4 倍,均值为 28.5±11。

安徽医院基本形成以监管科室、监管小组、临床科室等三个主要监管主体的监管,但也有部分医院监管相对单一。安庆市立医院在医院对物业外包服务公司的日常监管中,真正纳入常规监管考核范围的有工作质量、服务态度、员工培训、公司管理情况、员工行为、员工奖惩、物资配备、员工精神面貌八项,其他内容有作要求但未真正纳入日常奖惩考核中,比部分医院相对偏多。

6. 调查医院物业服务中后勤智能化不高

对物业外包服务公司在招标引进和日常监管中是否要求提供后勤智能化和现代化办公管理要

求,12家医院中有7家医院有明确要求,而也有5家医院未作明确要求。在有要求的医院中,在招标时主要看中物业公司现服务单位中是否有在运用后勤智能化系统和平台软件的服务单位,而在实际监管工作中,采用的主要是要求物业公司提供或者运用已有的智能化后勤平台和使用网格化管理模式进行管理等。

对于医院后勤的智能化,全国有不少医院已在推行,并在医院后勤会议上予以推广。目前安徽省部分医院后勤智能化建设亦在一定程度上逐步推行,在调查的12家医院中,有5家医院已建立有不同程度的后勤智能化监管平台,并通过平台对医院后勤实施智能化监管。但是从整体情况来看,无论是从推行的深度还是广度来看,安徽省各医院的后勤智能化建设程度尚远远不够。以安徽省立医院为例,该院是目前安徽省医院中后勤智能化做的相对较好的医院,但其智能化程度与发达省份医院相比亦相对不足,该院后勤智能化监管平台包括设施设备的巡视监控、后勤报修及物业运送监督管理平台、消防集中监控监管平台等,但在能耗监管、后勤智能化办公等方面亦显不足,尚在进一步论证和推行之中。

7. 安徽医院现行物业服务公司实力有差

调查的10家医院后勤服务物业公司管理人员10人,其中男性8人(80%)、女性2人(20%);年龄以40岁以上为主,有9人(90.00%);学历以本科为主,有6人(60.00%);岗位分布各层级管理人员,公司高层、中层及管理人员均有,分别有4人(40.00%)、3人(30.00%)、3人(30.00%);在从事医院后勤管理工作年限上以3年以下和6~10年为主,均有4人(40.00%),详见表13。

表13 公司调查个人基本情况

项目	类别	人数	占比	项目	类别	人数	占比
性别	男	8人	80.00%	岗位	公司高层	4人	40.00%
	女	2人	20.00%		公司中层	3人	30.00%
年龄	31~40岁	1人	10.00%		管理人员	3人	30.00%
	41~50岁	4人	40.00%	年限	3年以下	4人	40.00%
	51~60岁	5人	50.00%		3~5年	1人	10.00%
学历	高中/中专及以下	1人	10.00%		6~10年	4人	40.00%
	大专	2人	20.00%		10年及以上	1人	10.00%
	本科	6人	60.00%				
	研究生	1人	10.00%				

调查的10家医院后勤服务提供物业公司规模人数(公司人员,不含项目部人员)从30及以下到500以上不等,30人及以下和31~100人的有9家公司,共占90%,另一家公司500人以上;公司项目部管理人员100人以下有6家公司,占60%,201~500人的有1家公司,占30%,另1家公司500人以上;公司物业基层人员数量,500人以下的1家公司,501~1 000、1 001~2 000、2 001~5 000人的均有2所,5 000人以上的有3家公司,详见表14。

调查公司在医院服务业绩方面,7家公司三家医院服务业绩在5家及以下,占70%,非三甲医院服务业绩在5所医院及以下的有6家,占比60%,其余均在20所以上,占40%;服务医院总建筑面积最多的在200万 m^2 以上的有6家,占60%,有3家公司只做医院物业,7家公司除医院物业同样也做写字楼、小区、企事业单位等的物业服务,具体详见表14。

在物业公司提供的物业服务内容上,在调查时列举了22项相对常见的医院物业服务内容(可能有部分说法尚不统一)。在调查的10家公司中,有1家公司仅提供医院保洁和运送2项物业服务,1家公司提供其中8项内容的物业服务,其余8家公司都提供15项及以上的物业服务内容,能提供各项服务内容的公司数量详见表15。

表 14　调查公司基本情况

项目	类别	公司数	占比	项目	类别	公司数	占比
公司规模	30 人及以下	5 家	50.00%	三甲医院服务业绩（家）	5 及以下	7 家	70.00%
	31～100 人	4 家	40.00%		6～20	2 家	20.00%
	101～500 人	0	0		20 以上	1 家	10.00%
	500 以上	1 家	10.00%	非三甲医院服务业绩（家）	5 及以下	6 家	60.00%
项目部管理人员	31 人以下	2 家	20.00%		6～20	0	0
	31～100 人	4 家	40.00%		20 以上	4 家	40.00%
	101～200 人	0	0	服务医院总建筑面积（万 m²）	50 以下	2 家	20.00%
	201～500 人	3 家	30.00%		51～100	1 家	10.00%
物业基层人员	500 人以上	1 家	10.00%		101～200	1 家	10.00%
	500 人以下	1 家	10.00%		200 以上	6 家	60.00%
	501～1 000 人	2 家	20.00%	是否提供其他行业物业服务	是	7 家	70.00%
	1 001～2 000 人	2 家	20.00%		否	3 家	30.00%
	2 001～5 000 人	2 家	20.00%	其他行业	写字楼	6 家	60.00%
	5 000 人以上	3 家	30.00%		小区	7 家	70.00%
					企事业单位	6 家	60.00%
					其他	1 家	10.00%

表 15　调查物业公司提供物业服务内容统计情况

服务项目内容	公司数量	占比	服务项目内容	公司数量	占比
陪护用具租赁、医疗设备维保	2 家	20.00%	工程/专项、小型基建维修、绿化	9 家	90.00%
锅炉运行、净化机组运行、亮化、布草洗涤、消防监控、后勤智能监管、安全保卫	6 家	60.00%	电梯运行、水电运行值守、挂号收费、护工、导医、餐饮、车辆管理	8 家	80.00%
中央空调运行	7 家	70.00%	保洁、运送	10 家	100.00%

　　在调查的 10 家为安徽医院提供物业服务的公司中，从各个方面都可以反映出其公司本身实力的差距。①从公司人员数量规模来看大小不一；②公司业绩悬殊；③外包服务物业公司所能服务的项目内容范围不同；④公司已投入现代化办公系统及投入设备能力不一。

六、建立医院物业服务招标引进与监管体系

1. 安庆市立医院物业外包服务招标体系建立分析

　　安庆市立医院以本院物业服务招标评分标准为基础，在省内予以调研，以期得到省内同行的确认和修改，拟定标准包括 7 个一级指标，13 个二级指标的综合评分标准。给每一个一级指标赋予相应的

权重分值,总分值 100 分;二级指标未给予具体权重分值(表 16),招标时由评委具体把握。按照相应的招标评分标准会将每个一级指标分为优秀、良好、一般三个等次,三个等次之间最大分值差不得超过 30%,评委评分先确定档次再给出具体分值,达不到一般档次需要予以书面说明。

从调查结果来看,在调查的 26 份管理人员的有效结果中,有 11 人基本认可,有 15 人(57.69%)管理人员提出了相应的修改意见。在修改意见中共有 6 人(23.08%)认为可以不予考虑利润控制,部分医院招标文件中有岗位最低工资标准,即便没有也有最低工资标准要求,认为利润控制后期监管难以掌握真实情况。但有管理人员提出可以增加业主方评价,共有 2 名医院管理人员认为暂可不考虑设备的投入,有 1 名管理人员甚至认为仅需从服务方案、人员要求、服务业绩、服务价格四个方面考虑即可,具体修改意见详见表 16。

表 16   医院物业服务招标评分因素及调查医院管理人员修改意见建议表

评分因素	拟定权重	建议权重		建议修改权重人数			包含内容
		最小	最大	减少	增加	不变	
资质评价	10	0	20	7	3	16	公司资质、人员证件
服务方案	20	5	30	8	3	15	工作流程、绩效考核、应急预案
利润控制	10	0	20	8	2	16	总利润控制
人员要求	15	5	25	2	7	17	管理人员要求、人员素质、人员配置
设备要求	10	0	20	3	4	19	办公软件、机具配备
服务业绩	5	5	15	0	9	17	服务业绩
服务价格	30	15	60	6	4	16	总服务报价

根据调查结果,对调查的 16 个医院管理人员和 10 个物业服务公司管理人员对于医院物业服务单位招标引进综合评分法评分体系指标意见分别进行汇总分析,结果如表 17。均值与拟定权重相差 1 分以上的有三个指标,分别为服务方案、利润控制、服务业绩,其中服务方案和利润控制差值为负数,倾向于降低权重,服务业绩倾向于增加权重。

表 17   调查所有管理人员指标修改意见汇总表

	拟定权重	N		Mean		Min	Max	均值与拟定权重之差
		Valid	Missing	Statistic	Std.Error			
资质评价	10	26	0	9.23	0.77	0	20	-0.77
服务方案	20	26	0	18.85	1.01	5	30	-1.15
利润控制	10	26	0	7.88	1.01	0	15	-2.12
人员要求	15	26	0	15.77	0.77	5	25	0.77
设备要求	10	26	0	10.00	0.78	0	20	0.00
服务业绩	5	26	0	7.31	0.69	5	15	2.31
服务价格	30	26	0	30.38	1.92	15	60	0.38

综合医院管理人员、物业公司管理人员、调查访谈相关意见认为,资质评价为一家公司综合实力的体现,其中二级指标除公司资质、持证上岗岗位人员证件外,在访谈调查中还提及一些特殊服务需要的资质,如化粪池清淤、废品回收(含未被污染的塑料输液瓶回收等)。从调查意见来看,虽然共有

10 人(38.46%)认为可以减小权重,且其中有 1 人认为可以不要该指标,因为只要能控制物业公司能提供所需的物业服务,实力强弱的公司(尤其是外地大公司和本地小公司)各有利弊,且大公司亦是"一分钱一分货",权衡认为可保持该指标及其权重,并可在二级指标中增加特殊(个性)服务资质,倾向于选择实力相对过硬的物业服务公司。

服务方案是医院后期对物业公司监管的重要依据之一,虽然医院在招标文件中提出相应的工作内容和质量要求标准,但投标公司会根据各自公司实际情况,提出具体的服务方案,包括不同工作的工作流程、服务模式,公司管理制度要求和员工的绩效考核方案,发生问题时的应急预案等。从调查情况来看,更多的管理人员倾向于降低权重,主要原因是方案是做出来的,通常情况下物业公司都难以达到方案的要求,在后期的监管中也难以细化考核,在此基础上,在二级指标中增加公司管理指标,在后期监管中可以监督公司对项目的监督管理情况是否按要求落实,决定不降低权重。

利润控制是持减少权重甚至取消该指标意见最多的指标,访谈中持取消和减少该指标权重的管理人员认为,利润控制是物业公司内部控制问题,医院无须监管也无法监管。经过讨论认为,对于整体的利润控制确实难度相对较大,但可以通过控制各类人员的工资要求,确保物业公司服务费有合适的人员经费支出比例,有工资保障即可根据当地经济发展水平招聘到相对合适的员工,此项可以纳入人员要求之中。

人员要求是大多管理人员认为应该进一步增加权重的指标之一,任何企业的竞争最终终将会演变为人才的竞争,调查共有 7 名管理人员认为应该进一步增加权重。综合各管理人员意见,物业公司本身的实力、服务方案和管理制度等固然重要,尤其是大的规范化公司,更需要以制度管人。物业公司作为劳动密集型企业,尤其是医院物业服务,需要 24 小时提供服务且全年无休,对于人的管理就显得更为重要,仅仅依靠制度管人,没有一个好的管理团队和运行团队是肯定不行的。因此,决定权重可以适当提高,并将人员的工资要求共同作为二级指标,包括管理人员学历、经验、素质等的要求,不同岗位人员不同的文化素质和专业要求,人员整体配置要求及不同岗位人员的最低工资要求四个二级指标。

现代化设备的投入是提高工作效率和一个公司实力的体现,也是优质物业服务的一个重要的保障措施。调查结果显示,增加或减少权重的人员也很少,所以保持 10 分的权重。在设备要求中,一方面是在管理人员办公上,包括智能化后勤中对员工的监管;另一方面则是机具配备,用于保洁、运送、洗涤等所需要的设备,如一床一巾、一室一拖所需工业洗涤机地面清扫和洗地的机具等。然而机具的配备一方面是院方为做好本院物业服务工作要求的设备,另一方面是物业公司为提高工作效率,降低成本等自行投入的机具设备。

服务业绩也是对一个公司评价的重要指标之一,在服务业绩方面,有管理人员提出,仅仅是考量服务业绩的多少尚不够,认为可在业绩增加业主方评价指标,以了解服务单位的口碑,尤其是在服务单位交接时,退出公司是否设置进入障碍,阻碍下一轮公司的进入。综合各管理人员意见,认为可以将业绩分设置为 10 分,并要求投标单位提供业主方评价,加盖单位公章。

服务价格是最关键的指标,涉及医院成本、服务要求总体定位和投报公司核心利益,且很明显。医院管理人员和物业公司管理人员意见有一定区别,管理人员既有认为应该增加服务价格权重的,也有减少权重的;而物业公司管理人员则更多认为应该减少权重,没有认为应该增加权重的。最终认为,医院设置投标限价即是给出服务定位可接受价格,意即投报单位围绕限价稍低报价即可,然而部分公司会选择低价中标,最后结果达不到医院的服务要求。这是服务类招标选择综合评分法评标的主要原因,目的就在于阻止最低价恶性中标,最大可能选择合适的服务公司。因此,决定保持 30 分的权重不变,但如果给予相对较高的投报限价,亦可以适当地提高权重。

根据各管理人员意见,安庆市立医院建立如表 18 的物业服务社会化引进招标评比体系指标,共 6 个一级指标,16 个二级指标。

表 18　物业服务社会化引进招标评分体系指标表

一级指标	权重（分）	二级指标
资质评价	10	公司资质、特殊（个性）服务资质、人员证件
服务方案	20	工作流程、公司管理、绩效考核、应急预案
人员要求	20	管理人员要求、人员素质、人员配置、人员工资要求
设备要求	10	办公软件、机具配备
服务业绩	10	服务业绩、服务单位业主评价
服务价格	30	总服务报价

2. 安庆市立医院物业外包服务监管体系建立分析

安庆市立医院对物业外包服务公司的监管，可根据日常事宜予以奖励和扣款，并形成总务科物业监督考核标准（100 分，25%）、临床物业公司满意度调查（100 分，50%）、物业监管小组考核（100 分，25%）。三项总分介于 85～90 分之间，若低于 85 分，每一分按照 500 元标准施行罚款；若高于 90 分，每一分按照 500 元标准予以奖励。每月考核结果由医院汇总后交物业服务公司进行整改，并将整改落实情况分别上报医院主管科室；如连续三次考核低于 70 分，医院有权单方面终止合同。

为进一步做好医院物业外包服务的监管，安庆市立医院将本院物业服务公司监管模式向各调研人员予以简要介绍，并了解调研医院的主要监管模式，以期寻求共同点和差异之处。在调查的 16 名医院管理人员和 10 名公司管理人员中，共有 7 名管理人员给出了不同意见，并有管理人员在考核形式上给出了不同意见，综合意见共有以下七点：

（1）临床满意度考核，应该增加患者满意度考核，患者既是物业服务运送陪检对象，是很多物业服务的亲身经历者，也是物业服务保洁等服务的最重要的感受人员，患者的满意度不可忽视。

（2）满意度考核难以遍布所有岗位和人员，特殊岗位的人员，如水电值守人员、锅炉工等不直接与临床接触的人员，满意度考核难以触及。因此，建议不同的工种单独考核，最后以一定的形式统一核算满意度。

（3）监管小组的组成形式，监管小组人员范围有的医院是固定临床护士长和部分行政人员，有的医院则固定是全部行政人员，而有的则是每次在护士长和行政人员中抽取，应该选取合适人员进行监管。监管小组检查关键在于人员的确定，非监管科室人员，很多人对外包服务业务不了解，监管小组难以起到真正监管的作用。因此，建议确定相对固定的监管小组人员，并对监管小组人员进行必要的培训或检查前进行必要的检查讲解，保证检查人员对物业服务内容和质量要求有基本的了解，只有相对固定人员参加，方可更深入进行检查，人员分布太广，检查容易浮于表面。

（4）主管科室考核应将投诉建议单独进行奖惩，包括物业服务公司服务过程中表现好的亦可予以奖励，不能仅仅单纯纳入满意度考核。

（5）关于主管科室权重和临床满意度考核权重。一部分意见认为主管科室是全面主管物业服务公司的，是应该最了解服务情况的，应该占主要权重分值。且临床科室对很多服务内容不甚了解，考核得不全，因此，比重不宜过大。另一部分意见则认为，主管科室无论怎么监管，最终服务的是临床，应该将更多的话语权交给临床科室，只要临床满意，则基本达到服务要求。

（6）考核的细致程度和覆盖面问题。大部分医院物业服务公司服务内容项目都较多，服务面较广，每次检查需要有一定的侧重点，然后确保一段时间内能基本检查全部服务项目，保洁、运送等需重点检查，但也不能仅仅局限于此，而在平时的检查中往往容易仅局限在保洁和运送等重点和常规服务上。

（7）根据满意度对物业公司奖惩，不建议设置单纯的分界点，应设置分界区间，如总体满意度在 85～90 分之间不予奖惩，否则当满意度持续在某一分界点上下时，奖惩就完全凭借主管科室的最后考核,或者出现满意度持续偏低后持续偏高,而持续予以奖励或者罚款,不利于监管。

临床科室是物业服务公司最直接、最主要的服务对象,是物业服务好坏最主要的直接或间接体验者,临床科室的评判可以说是对外包服务公司好坏的直接鉴定。因此,医院物业服务合同中要求如临床对物业服务公司满意度连续三个月低于 70 分,医院可以直接单方面解除服务合同,并可视物业服务公司违约,决定依旧给予 50 分的权重。

患者及其家属则是物业服务的直接体验者,而患者满意度则是相对容易忽视的。忽视的原因可能主要在以下两个方面:①一般患者不是很满意的时候会向院方相关部门或临床科室反馈,医院或卫生主管部门均会有其他各类患者满意度的调查,有一定的体现,而该类体现最后反馈至监管部门,最终会在物业服务考核中予以体现;②单纯的物业服务患者满意度调查可操作性和真实性相对较低,通过平时查房等的询问及临时的调查可发现,患者住院期间的调查难以真实了解患者及其家属的真实感受。因此,医院拟设置调查小程序等将二维码或芯片分布在各病区后门诊区域,由患者及其家属扫码自愿填写满意度调查表,视调查效果决定是否给予 15 分的权重。

监管小组考核,既是考核人员现场情况抽查的考核,也是日常情况的整体评价,是为主管科室考核做补充的,但也更容易走向形式化,要把握好监管小组的组成形式和人员把控,决定根据是否设置患者满意度一级指标分别给予 15 分和 25 分的权重。

主管科室是物业外包服务公司的主要监管部门,是外包服务合同的拟定部门和监管落实部门,是要求和条件的制定者。主管科室对物业服务公司的奖惩可通过满意度之外的服务条款予以奖惩,而主管科室参与满意度调查打分,有两个主要的原因:①对总体满意度进行矫正,在正常情况下,不能因为少数科室的极端满意度考核对物业公司实施奖惩;②主管科室的考核也是对主管科室提出的问题和要求的整改落实以及完成日常工作的书面考核反馈,是物业服务公司工作的导向之一。因此,决定根据是否设置患者满意度一级指标分别给予 20 分和 25 分的权重。

综合以上意见,对于整体考核是否可增加患者满意度或设二级指标考核纳入患者满意度内容,内容主要包含医院卫生保洁质量、运送服务质量和整体物业服务人员服务态度。安庆市立医院拟定如表 19 所示的监管标准,将根据患者满意度调查效果情况,确定下一轮招标中按哪种方式予以考核监管。

表 19 医院物业服务监管考核方式及监管指标体系建议表

考核形式	拟定权重		包含内容
	权重一(分)	权重二(分)	
临床满意度	50	50	工作质量、服务态度、管理情况
患者满意度	15	0	保洁质量、运送质量、人员态度
监管小组考核	15	25	现场服务抽查、日常印象
主管科室考核	20	25	工作质量、工作效率、服务态度 管理情况、投诉处理、应对检查

七、结语

通过对医院物业基层员工的现状了解和日常监管发现的问题,安庆市立医院找到了医院服务外包过程中存在的主要问题,并针对问题提出一些相应的对策,完善了医院物业外包服务的管理。再在医院及安庆区域内物业招标及监管现状的基础上,结合省内医院物业外包服务的引进和监管意见,取长补短、分析优劣,安庆市立医院总结出了一套医院物业外包服务招标引进评价标准体系和监管标准体系,相信将在实践中予以证实是值得区域内医院借鉴的。

吴泽兵 唐月霞 王琼 董金飞 余 牡/供稿

一、医院概述

阜阳市人民医院,始建于1949年(图1)。在各级领导和相关部门的支持下,在全院干部职工的共同努力下,医院秉承"诚信、厚德、仁爱、精业"的院训精神,始终坚持"科技兴院、技术强院、人才立院"和"一切为了人民健康"的办院宗旨。

阜阳市人民医院历经70余年的沧桑磨砺,经过几代人的砥砺奋进,现已发展成为一所集"现代、智能、园林、人文"为一体的三级甲等综合性医院、国家级爱婴医院、安徽医科大学阜阳临床学院和蚌埠医学院附属阜阳医院、国家住院医师规范化培训基地和全科医生培训基地、国家脑卒中筛查基地、阜阳听力筛查中心、阜阳生殖中心、阜阳产前诊断中心,同时也是阜阳市医疗、教学、科研、急救、预防、保健和康复的中心,肩负着为阜阳及皖西北、豫东南周边地区3 000万人民群众的生命健康保驾护航的使命。如图2所示。

目前,医院共有颖河西路(北区)、三清路(南区)两个院区,并托管了阜纺分院、临泉宋集分院,总编制床位3 650张。南区以综合医疗为主,总投资15亿元,按照"一轴四片区"建设,实现门诊空港式布局,高标准建设了康复中心、检验中心、血透中心、ICU、手术室等国内领先的现代化设施;并配备了一批国内先进的信息化系统、轨道物流传输系统、自动发药及智能静配系统、自助挂号及打印系统、自动检验流水线等智能化操作管理系统。北区以妇儿诊疗为主,兼含门诊、肿瘤放化疗、老年病、中西医结合、皮肤病、针灸理疗等治疗中心。如图3、图4所示。

⌃ 图 1　医院老照片

⌃ 图 2　医院现状

医院现有职工 2 700 余人,高级职称专业技术人员 326 人;博士、硕士研究生 381 人;"白求恩奖章"获得者 1 人;享受国务院特殊津贴3 人;江淮名医 5 人;"颍淮名中医"1 人,市委、市政府专业技术拔尖人才 29 人,市高层次专业技术后备人才 22 人;兼职教授、副教授78 人,博、硕研究生导师23 人;有60 余位专家担任省、市相应学术团体主任委员或学组组长、常委、委员。

设临床医技科室 56 个,省"十三五"临床医学重点专科 2 个(骨科、妇产科),省级重点特色专科 3 个,市临床医学重点专科 10 个,重点培育专科 7 个,优先建设重点专科 6 个,建成有阜阳市"无创 DNA 检测实验室""临床代谢组学联合实验室"(图5)、"陈孝平院士工作站"(图6)。

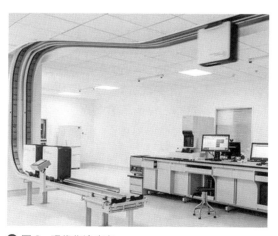

⌃ 图3　现代化诊疗室

△ 图 4 挂号室

△ 图 5 临床代谢组学联合实验室签约仪式

医院医疗设备齐全先进,配置合理。大型医疗设备 400 多台(套),包括 PET-CT、飞利浦 3.0T 磁共振、飞利浦 256 排"显微 CT"(图 7)、CX 3.0T 超导核磁共振、脊柱内窥镜、G 形臂、等离子双极电切镜、Stryker、奥林巴斯超高清腹腔镜系统、西门子乳腺超声等数十台高端彩超、两套一体化手术室等国内先进的现代化医疗设备。

医院坚持科教兴院战略,学术成果突出。先后荣获省、市科技进步奖 80 余项,中华医学奖 1 项,发表 SCI 论文 15 篇,出版专著 5 部。近年共选派学科带头人及业务技术骨干外出参加学术交流 100 余次,进修学习 30 余人

△ 图 6 院士工作站揭牌

次,选派 36 名管理干部和优秀人才赴中国香港和台湾地区,以及德国、新加坡、加拿大等国家考察进修(图 8),建立学习分享机制,营造良好学习氛围。每年选派 30 余名中青年学术骨干到北京协和医院、上海中山医院、解放军总医院、北京积水潭医院、北京肿瘤医院、南京军区总院等进行为期 6~12

个月的进修学习,将国内外先进的技术管理经验带回医院,更好地提升医院医疗技术和管理水平。邀请国内外知名学者、院士、专家等来院作专题报告或手术示范,推动了学术交流与业务能力的提升。

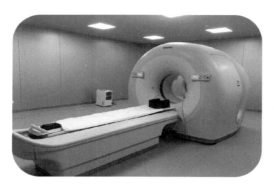

△图7　飞利浦256排"显微CT"　　　　　　　　△图8　出国交流

医院始终坚持公立医院公益性的定位,社会效益显著。先后高质量完成了非典、手足口病疫情防治等突发公共卫生事件,认真履行对口支援、卫生下乡、援藏援外等各项医疗工作任务。医院先后荣获国家第一批节约型公共机构节能示范单位、全国厂务公开民主管理先进单位、全国改善医疗服务先进典型、安徽省先进集体、安徽省卫生先进单位等40余项国家和省级荣誉称号。

经历70个春秋,历代市医院人的辛勤汗水和智慧结晶,镌刻了医院悠久厚重的文化积淀和精神风骨。面对医药卫生体制改革的深化以及人民群众日益增长的医疗服务需求,全院上下同心同德、凝心聚智,精心专注于建设"皖北领先、全省一流、全国知名的现代化医院",为保障人民群众身体健康、促进经济社会科学发展,共同绘制出一幅顺应医改新局面、实现跨越新发展的新时代领航图。

二、案例介绍

本案从三个方面介绍了阜阳市人民医院的智慧化建设在后勤精细化管理上的助力作用和简要解决方案,分别是楼宇自控管理系统、轨道小车物流传输系统和一站式服务平台。

1. 楼宇自控管理系统

1)系统概述

本项目为阜阳人民医院城南新区一期工程。

本项目的机电设备主要有冷水机组、冷冻水泵、冷却水泵等冷热源设备,空调机组、新风机组等空调设备,送风机、排风机等送排风设备,集水井、污水泵等排水设备,电梯设备和变配电设备等。

楼宇自控系统将对整座建筑的机电设备进行信号采集和控制,实现大楼设备管理系统自动化,旨在对楼内空调、通风、给排水以及动力系统进行集中管理和监控,以满足医患对于楼内温度、湿度、通风等环境条件的严格要求,减少患者因空气不洁(带菌)而引起感染的几率。缩短治疗周期,提高治愈率。此举将打造一个全新的智能化诊疗空间,全面提升医院的服务水准,并且在提高医院服务水平的基础上尽量节约能源,达到服务和能源双优的效果。

阜阳人民医院城南新区采用美国Honeywell公司楼宇自动化系统——WEBs系统,确保整个工程提供的设备为先进的、节能的、便于维护、操作方便,自动控制、技术经济性能符合规格书的要求,既满足高度智能化和系统集成化的技术要求,又能满足系统今后升级换代及系统扩展的需要。

本系统目前在阜阳人民医院城南新区主要实现了如下功能:

①实现设备的全自动运行;②实现系统的智能化管理;③维持设备正常的工作状况;④维持医院内部舒适的温度环境;⑤维持医院内部良好的空气质量;⑥发挥系统的控制优势,实现设备的节能;

⑦对设备的故障情况，实现实时报警和必要的保护；⑧运行数据、报警数据、操作数据的存储和归档。

从本项目的实际需要考虑，参考相关的建筑图纸，本项目楼宇自控管理系统需监控的内容有：①冷热源系统；②空调新风系统；③给排水系统；④送排风系统；⑤变配电系统；⑥照明系统；⑦电梯系统；⑧能耗计量。

2）实现的目标

（1）实现建筑各种机电设备的自动控制和管理

如空调机组、送排风机的程序启停自动控制，设备故障报警的自动接收，备用设备自动切换运行等。按管理者的需求，自动形成各种设备运行参数报表，或随时变更设备运行参数（如启停时间、控制参数等）。

（2）降低建筑的营运成本

楼宇自控管理系统只需在管理中心安排一至两名操作管理人员，即可承担对建筑内所有监控设备管理任务，从而可大大减少有关的管理人员及其日常开支。另外，由于楼宇自控管理系统其所具有的多种有效的能源管理方案，使得建筑在满足舒适性条件下，能耗可大大降低，从而进一步降低了建筑的日常营运支出，提高了建筑的整体效益。

（3）延长机电设备的使用寿命以及提高建筑安全性

楼宇自控管理系统可以通过编程实现有关机电设备的平均使用时间，从而提高大型机电设备（如空调机组、各种水泵等）的使用寿命。由于本系统具有极强的系统联网功能，在特定的触发条件下，可以和消防报警系统、安保系统等其他智能化子系统实现跨系统的联动功能，使建筑的安全性管理更可靠。

（4）空调、新风系统助力提高医院舒适程度和空气质量

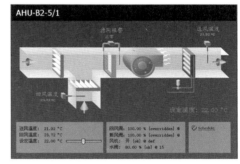

△ 图 9　楼层空调设备监视和控制

医院空调不仅要求舒适性，更关系到病人的治疗与康复、医护人员的健康。良好的空气品质已经成为治疗疾病、减少感染、降低死亡率的重要技术保障，对于医院空调、新风系统的要求是比较特殊的，下面介绍楼宇自控系统中关于空调和新风系统的部分（图9）。

需要强调的是，尽管机组不同、应用的场合不同，但是，对它们的控制均有一个共同的目标和控制重点就是：在保证舒适、健康的前提下，保证机组可靠运行，提供节能措施。对每一台机组的控制原理和控制方式，均建立在这个基础上。

楼宇自控管理系统，设置室外温湿度的监测，作为系统联动、新风量优化控制运行参数。

本系统通过DDC及预先编制的程序对各楼层空调设备进行监视和控制，设备的工作状况以图形方式在管理机上显示，并打印记录所有故障。

（5）空调机组监控

该机组的监控功能主要有：

①风机状态监测；②风机手自动状态监测；③风机故障报警；④风机启停控制；⑤水阀调节控制；⑥过滤网压差监测；⑦防冻开关报警；⑧新回风温度监测；⑨一氧化碳、二氧化碳浓度监测；⑩新回风阀调节控制。

该部分空调是大楼空调的主要形式，空气源来自新风和回风的混合。

送风温度的最佳控制（图10）：冬季自动调节热水阀开度，保证回风温度为设定值；夏季自动调节冷水阀开度，保证回风温度为设定值。根据新风的温湿度计算焓值，在保证舒适度的前提下，自动调节混风比可达到节能的目的。

联锁控制：风机、风阀、水阀联锁控制，停风机时自动关闭水阀和风阀，风机启动时，自动打开风

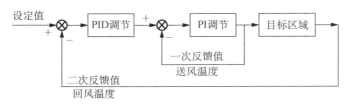

图 10　空调机组反馈调节

阀,并延时打开水阀。

为了防止风机频繁启/停,在停机后 20 min(可调整)后,才能投入再次运行,以延长风机和电路寿命。

过滤网的压差报警,提醒清洗过滤网。

风机运行状态、手自动状态及故障状态监测,启停控制。

防冻保护:在冬季,当防冻开关报警时,水阀则保持 10%(可调)的开度,以保护热水盘管,防止冻裂。

空气质量控制:部分区域,如人流量较大的区域,建议增加空气质量控制,即监测空气中 CO/CO_2 浓度,控制新风量;当空气中 CO/CO_2 含量超标时,增加新风量,减少回风量,直到空气质量达标。

ASHRAE 62—2001 中阐述:"如果通风能使室内 CO_2 浓度高出室外 700 ppm 内,人体生物散发方面的舒适性标准是可以满足的。"室内 CO_2 浓度通常控制在 1 000 ppm 内。在人员较少时,可以减少新风量,从而起到节能的目的。

温度梯度控制:办公楼室内区域的温度控制,应遵循梯度控制原则:

①冬季温度:办公区域 ＞ 走道/电梯厅 ＞ 办公楼大堂;②夏季温度:办公区域 ＜ 走道/电梯厅 ＜ 办公楼大堂。

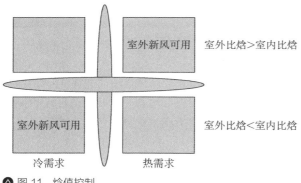

图 11　焓值控制

过渡季节的焓值控制:定风量全空气调节系统中,过渡工况下,分别计算室外新风和室内回风的焓值,进行比较决策,自动控制新风阀、回风阀开度,以达到自动调节混风比的作用,最大限度利用新风来节能。不同的气象条件,采用不同的新回风比和运行方式,以减少空调能耗,达到节能目的。过渡工况,不仅包括春秋过渡季节,还包括夏冬季的过渡时段。如图 11 所示。

报警功能:如机组风机未能对启停命令做出响应,发出风机系统故障警报;风机系统故障、风机故障均能在手操器和中央监控中心上显示,以提醒操作员及时处理。待故障排除,将系统报警复位后,风机才能投入正常运行。

启停时间控制从节能目的出发编制软件,控制风机启停时间;同时累计机组工作时间,为定时维修提供依据。例如,正常日程启停程序:按正常上、下班时间编制;节、假日启停程序:制定法定节假日及夜间启停时间表;间歇运行程序:在满足舒适性要求的前提下,按允许的最大与最小间歇时间,根据实测温度与负荷确定循环周期,实现周期性间歇运行。编制时间程序自动控制风机启停,并累计运行时间。

中央站用彩色图形显示上述各参数,记录各参数、状态、报警、启停时间(手动时)、累计时间和其历史参数,且可通过打印机输出。

2. 轨道小车物流传输系统

1）项目概述

本项目为阜阳人民医院城南新区一期工程。

阜阳市人民医院采用的智能轨道物流传输系统（图12），设置站点55个，配置15 kg级小车，覆盖中心药房、检验科、静配中心等科室及41个病区。

该系统于2016年6月完成调试，同年9月投入使用。每日中心药房通过轨道小车物流系统，分两个批次将所有住院病人所需药品运输至各病区。病区及其他科室，每日通过轨道物流系统向急诊检验和检验科运输的送检样本可达2 300余个，满足阜阳市人民医院41个病区、2 600张床位的大体量运输需求。如图13所示。

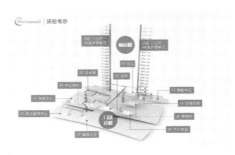

∧ 图 12 系统结构图

∧ 图 13 系统实景图

2）智能轨道物流传输系统的优势及特点

智能轨道物流传输系统应用广泛，可以用于多个科室之间静脉输液、血液制品、各种药品、小型手术器械包、消毒辅料、检验病理标本、X线片、病历档案、各种单据和文件等的传输。覆盖科室有：中心药房、中心供应室、检验科、静配中心、输液中心、手术部、ICU、血液中心、影像中心、所有病区、行政职能科室等。如图14所示。

（1）高度智能化

跟随产业发展的趋势和方向，轨道物流传输系统具备

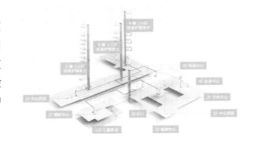

∧ 图 14 轨道分布图

智能化、信息化的特点,满足日益增加的医院数据信息化管理的需求。可配备发车追踪功能,实时掌握小车状态,跟踪物品运输情况,精准管控,便于追溯查询。系统具备扫码自动寻址发车功能,站点信息集成于编码内,扫码枪轻松一扫即完成后续一系列的操作。编码方案多样可定制,也可根据医院现有的编码进行整合。系统具备多种智能调度功能,可根据需求调取洁/污车等,能够最大化适应实际

应用。系统运行全程监控、定位,实时生成运行日志,可实现故障短信报警。深度分析系统运行,量化系统效率,生成定制可视化周报,使管理人员轻松掌握系统运行细节,为优化流程提升管理提供优质的数据支持。

△ 图 15 物流信息界面

(2)智能化——促成进阶的高效与安全

如图 15 所示。

①发车追踪功能,实时知晓物品运输状态;②编码集成站点信息,智能扫码自动寻址、发车;③编码方案可定制,或与现有的编码系统结合使用;④多种智能调度功能,最大化适应实际应用需求。

(3)信息化——精细管理助力提高医院管理运营水平

①深度分析系统数据,量化系统效率,为优化流程、提升管理提供数据支持(图 16);②定制版可视化周报一键生成,轻松掌握运行细节,便于提升物流管理水平(图 17);③系统运行全程监控,实时生成运行日志,实现远程故障报警。

△ 图 16 系统数据平台

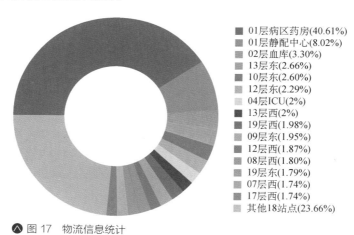

- 01层病区药房(40.61%)
- 01层静配中心(8.02%)
- 02层血库(3.30%)
- 13层东(2.66%)
- 10层东(2.60%)
- 12层东(2.29%)
- 04层ICU(2%)
- 13层西(2%)
- 19层西(1.98%)
- 09层东(1.95%)
- 12层西(1.87%)
- 08层西(1.80%)
- 19层东(1.79%)
- 07层西(1.74%)
- 17层西(1.74%)
- 其他18站点(23.66%)

△ 图 17 物流信息统计

(4)高效传输

运载小车运量大,多辆小车连续发车,解决繁忙站点大批量物品以及紧急物运输的难题。轨道灵活延伸覆盖全院各区域,运输物品可直达各站点终端,任意站点间无障碍传输,免去额外接驳。极简的操作模式,简化工作流程,实现真正的高效传输。物品运输交给智能轨道系统,革新传统医疗流程,使医疗过程更有序,更流畅。如图 18 所示。

(5)运量大,频次高

①多编组发车,满足繁忙站点的大运量的传输需求;②高频次发车,配合高峰时间物品紧急运输;

③各编组,水平垂直方向连续穿梭,全轨道持续运行。

图 18 运载小车

图 19 轨道站点

(6) 扎根深,分布广

如图 19 所示。

①站点呈多级分布,合理的布局保证运输流程顺畅;②全天候、任意站点间无障碍传输,全程无限制;③轨道延伸至终端,无需额外接驳,免于物品多次集散。

(7) 模式优,步骤简

①一站式极简操控,扫码自动发车,车载屏操控,简化工作流程(图 20);②多种车型,专车专用,优化物品运输过程(图 21);③丰富的配套附件,整装整取,细化物品运输方案。

图 20 工作人员正在操控运载小车

图 21 运载小车内部

(8) 安全安心

区别于其他的物流形式,轨道物流传输系统具备更为安全的特性,装载物品的车体无法被搬离、打开或实施其他操作,更配备进阶的安全保障措施,不仅能全程监控,还具备权限管理,操作记录查询等,保障物品的安全;车体内外消毒功能、专车专用洁污分离、颜色区分智能呼叫等功能,确保符合医院对感控的要求。

(9) 系统安全——不丢物品不丢车,全程可管可控

①小车通过卡轨结构固定,无法擅自搬离;②刷卡鉴限,操作记录可追溯,责任明确(图 22);③安全锁自动锁定,避免物品污染和破坏;④全程实时定位小车,可管可控,保障运输安全。

(10) 感控安全——洁污分离,减少污染,减少感染

①洁、污车可按颜色明确区分,根据需求呼叫特定车辆;②车体内配备紫外消毒功能,保障洁净安全;③专车专用,洁污分离,保证物品安全。

图 22 刷卡处

（11）建筑全适配

适配性高，灵活匹配各类建筑布局或多楼宇的链接组合；施工安装灵活便捷，可配合建筑建设的各阶段分期进行施工；高效利用空间资源，占用空间小，将有限的资源还给医疗活动；可以配备独立防火门，建立防火分区，确保能顺利通过消防验收。

①轨道延伸至科室终端，无需额外接驳，适配多种科室布局；②适配各类新、旧建筑及多楼宇组合；③设计安装灵活，可配合建筑各阶段，机动调整介入时间，分期建设；④配合其他建筑单位，有机结合既有结构，节约空间与成本；⑤设备层占用小，垂直向、水平向占用空间小，高效利用空间资源；⑥甲级防火门系统，有效建立防火分区，符合国家相关消防法规。

3.一站式服务平台

1）平台概述

一站式服务平台为阜阳人民医院城南新区使用的一体化后勤管理服务平台，目前，医院通过与勤好物业的合作，充分利用使用该"智慧管家"平台，为医院提供着医院后勤的全方位、一站式、一体化的服务。目前，通过该平台构建的服务包括日常维修、安保、保洁、陪护、伺梯、机电工程、餐饮、医辅、导诊等。本案着重介绍后勤工作中工程运维和质量巡检。

2）需求分析和解决方案

（1）把控实况

①通过手机随时查看后台，任何前一秒钟的工作可以呈现在眼前，每完成一项工作即形成一条工作记录，一项工作记录完整包含了工作的发起人、中间人、完成人、工作记录的时间、地点和最终的结果；②各级领导层可以根据权限审批员工工作完成的情况，随时检验员工工作效率和质量。如图23所示。

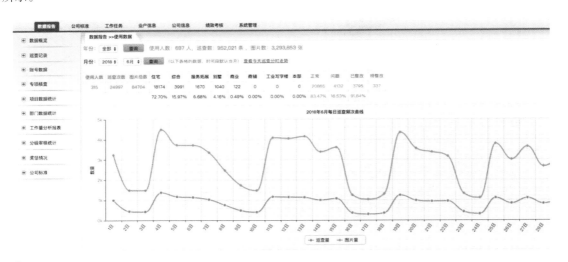

∧ 图23　后台监控界面

（2）制度标准管理

①通过对管理标准、服务标准的梳理，形成图文结合操作标准和核查标准，让制度统一、落地一线；②形成一套完整的标准化操作流程，对于新增的项目可进行一系列缜密清晰的标准设定和执行，加强对新项目管理的复制能力；③将医院管理制度等通过系统传达到一线员工，标准化模式管理，在制度中得到落实执行。如图24所示。

（3）工作培训

操作简单，要点易记。工作简单，按图索骥，记录真实。点选式操作，无需输入任何文字，即能定

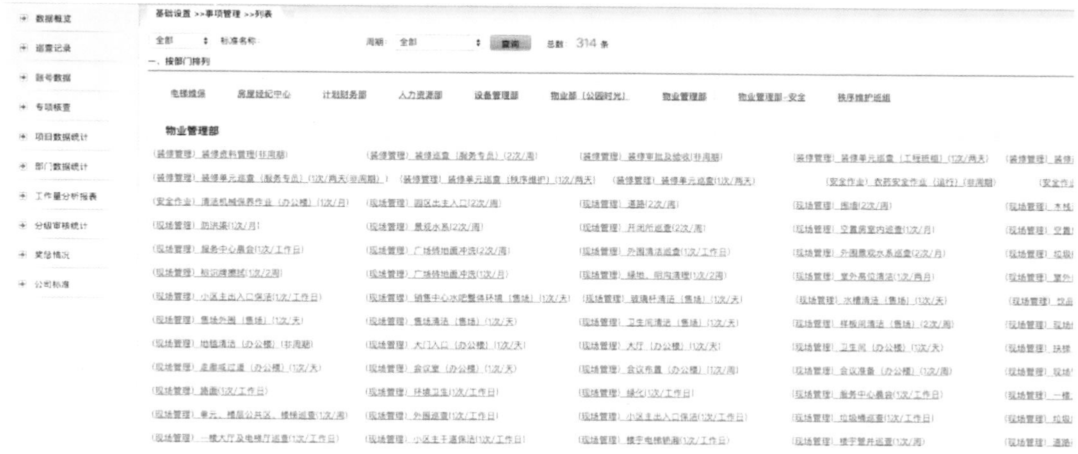

▲ 图 24　网上管理平台

点定位。

（4）"携带"标准，培训轻松

图片化的工作标准手机查看，员工将现场工作标准装进口袋里，使员工培训轻松高效，无需"课堂教学"或"口口相传"。

（5）流转自动化

任务自动流转，随时可以通过手机端/PC 端上传工作记录和进行工作指派；系统也会根据岗位定义，自动派发岗位相关任务至责任人手中，任务进行自动流转。如图 25 所示。

▲ 图 25　手机端界面

（6）自定义巡检路线、巡检任务

后台可自定义按巡检点、巡检事项、巡检时间、巡检项目制定项目所属巡检路线。员工每天上班通过 App 进行项目、岗位签到，领取巡检任务，并按巡检路线进行每日工作。如图 26 所示。

（7）设备巡查保养智能化

①巡查保养，简单易行。设备巡查、保养按照系统指引完成精细化的设备管理，覆盖各类设备设施全生命周期保养。②任务派发，高效智能。常规巡查保养工作，按计划实现任务派发及任务提醒，员工只需根据提醒进行工作，保证常规的巡查工作按计划如期完成。③工程维修流程缩短 90%。传统的工作单模式需要手动传递工作单，从客服到维修工手中的时间非常漫长，而且还有遗失的风险。运用工单系统以后，实现工单无纸化，从报修到维修工接到维修单的时间减少 90% 以上，同时，流程的缩短让工程主管和工程经理的工作量大幅度减少，可以精简工程主管和工程经理级员工。④无纸化

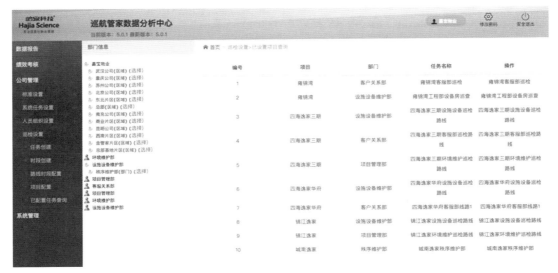

▲ 图 26 巡检设置界面

设备巡查保养,大数据汇总报表。有计划性提供系统巡查和保养工作内容,按照巡查保养的周期和标准录入系统后可以生成大数据汇总报表,从项目和个人层面做不同维度的数据统计,简便易查,数据可永久保留。支持做不同维度数据的统计开发工作。

马杰/供稿

"灵活多变"适应医院多种发展模式

——蚌埠医学院第二附属医院新院区规划及方案设计

一、医院简介

蚌埠医学院第二附属医院(图1)历史可上溯至1915年,距今已有百年院史,是一所集医疗、教学、科研、预防、康复、保健和急诊急救为一体的省属大型综合性教学医院、国家级三级甲等医院、国家级爱婴医院、全国百姓放心示范医院。连续多年被省、市政府和行政主管部门授予"诚信医院""文明单位"。院内环境优雅,多次被评为"花园式医院"。医院原为蚌埠铁路中心医院,隶属上海铁路局蚌埠铁路分局,是该分局卫生系统的医疗、教学、科研以及人才培训中心,也是全国铁路系统建院最早的医院之一。2000年5月与蚌埠医学院建立了非直属附属医院关系,冠名为"蚌埠医学院第二附属医院"。随着铁路系统改革,2004年转变隶属关系,正式移交蚌埠医学院管理,成为其直属附属医院,更名为"蚌埠医学院第二附属医院",进入安徽省直事业单位管理序列。2011年,经安徽省等级医院评审专家团评审和省卫生厅审定,获评三级甲等医院;2013年通过国家级三级甲等医院评审。

医院老院区位于风景秀丽的蚌埠市龙子湖畔,东连大学城及高铁站,西临市政府,交通便利环境优美。医院设有临床科室35个,医技科室12个,实际开放床位1 000张。医院现有高级职称专家、教授百余人,研究生导师30余人。院内泌尿外科、普外科(微创外科)、脑外科、骨科、运动康复等特色专科力量雄厚,临床诊疗技术领先。

新院建设——随着省委省政府加快皖北建设战略大幕的拉开,为更好地服务广大人民群众,构建与全面建设小康社会相适应的医疗卫生保健体系,蚌埠医学院第二附属医院提出新院区建设项目。

一所现代化三级甲等综合性教学医院,即将耸立在淮河岸边,以精湛的技术、优质的服务为皖北千万人民的身心健康保驾护航。

∧ 图1　老院全景

二、新院项目介绍

2012年9月,蚌埠市政府与安徽省卫生厅、蚌埠医学院共同签订共建蚌埠医学院第二附属医院新院的三方协议。2013年4月,该项目经安徽省发改委正式批准立项,被列为国家健康与养老服务重大工程项目、安徽省"861"项目投资计划、安徽省"十三五"规划重大项目、2016—2018年安徽省财政统筹投资支持的省级重点项目和蚌埠市重点建设项目。项目另含两个国家专项拨款的子项目:全科医生培养基地和儿童医学中心。整个项目建设由蚌埠市重点工程建设管理局实施代建管理。

蚌埠医学院第二附属医院新院项目(图2)选址蚌埠市淮上区龙华路与昌平街交口,占地面积324亩,总投资概算13.5亿元,规划总建筑面积33万 m²,总床位3 000张,该项目一次性规划,分期建设,按照三级甲等综合性医院的要求设置。目前,项目一期建筑面积21.4万 m²,投资概算7.67亿元,设置床位2 000张。一期建设项目含有8个单体,分别是门急诊医技楼(地上4层,局部5层,地下1层)、病房楼(地上20层,地下1层)、儿童医学中心一号楼(地上6层)、儿童医学中心二号楼(地上6层)、全科医生培训楼(地上7层)、感染科楼(地上3层)、后勤辅助楼一(地上1层)、后勤辅助楼二(地上1层)。该项目整体施工实行施工总承包方式,设计亦采用总承包模式。

∧ 图2　新院概念图

三、用地概况

蚌埠医学院第二附属医院新院区坐落在蚌埠市淮上区,南邻龙华路,东临昌平街。西侧和北侧为规划道路。基地(图3)四面环路,交通便捷。地势整体相对平整,西侧现有一条南北向的水沟。

四、规划理念

1. 合理的功能分区

蚌埠医学院第二附属医院作为蚌埠市一所三级甲等综合性教学医院,其功能性是首要的;功能分

△ 图 3　基地现场实拍

区的合理性,能够有效提高医院的使用效率。

2. 有效的交通体系

医院的交通系统分为内环和外环"双环"道路体系,高效、清晰、便捷、畅通的交通体系,为医院的良好运行提供可靠保障。

3. 中心明确的布局方式

在以患者为中心的发展理念下,医院的整体布局以医疗区为中心,医疗区布局以医技为中心,采用环绕式布局,放射状生长式发展模式。

4. 有机发展的医院

医院的当下建设与长远发展均非常重要,保证医院发展的有序性、合理性,我们提出可持续发展的理念,以及灵活多变的发展模式,力求在以后的更新设计中始终保持在国内医疗机构中的先进性,可持续性。

5. 高适应性的医院

医院的高速发展带来医院的常变性,设计中使医院的规划高适应化,引入模块化设计,柱网采用8m1 模数化柱距,适用医院以后的功能调整,并适用于地下室各方向停车。

6. 灵活多变的发展模式

门诊医技周围设计四栋既相对独立又与中心区紧密联系的建筑,既可作为医院优势科室的分中心发展,也可统一管理作为医技与住院的发展用房,适应医院发展的多种可能性。

五、医院整体规划

规划设计既满足医院的近期需求,功能完善,造型完整,又充分考虑医院的二期发展,并为更远期的发展预留用地,满足医院不同时期不同发展模式的需求。如图 4 所示。

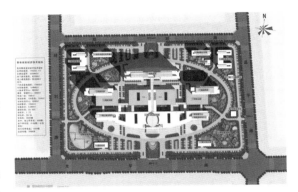

△ 图 4　新院规划图

1. 规划布局

基地呈东西长的矩形用地,四面环路,并位于老城区的北侧,考虑上述因素将医院的主出入口

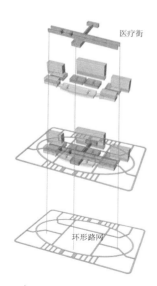

医疗街

环形路网

∧ 图 5　新院结构布局分解
　　　 示意图

放于用地的南向,结合东南侧一处公交停靠点,方便前来就诊的患者。

布局设计中,采用了集中与分散相结合的方式,将医院的医疗区集中布置于用地的中心部位,各功能区通过医疗街紧密联系,形成集中的医疗区。将科研教学、行政办公、后勤辅助、感染门诊等功能区围绕医疗区发散布置,并通过设置"双环"的交通体系将医院的各个功能串联起来。

整个医疗区又以医技为中心,门急诊、住院、医院分中心等各功能区域均能便捷地到达医技区域,方便病人的检查及治疗,缩短就诊流线。如图 5 所示。

2. 出入口设置

将医院的主入口设于南向龙华路,作为医院的门急诊、分中心的出入口。北向设次入口,作为医院的住院入口及科研教学、后勤辅助的出入口。东侧设次入口,作为污物的出口。西侧设次入口,医院四面均有出入口。

3. 交通系统

结合医院内部功能形成内环与外环"双环"式交通体系,内环将医疗区串联起来。外环将后勤办公及科研教学区域串联起来,与内环内的医疗区形成区域性的独立。两环之间又通过道路的衔接,使各个功能便捷地串联起来。并使医院道路交织成网,满足消防要求。

4. 医院停车

医院停车采用地上与地下相结合的方式,在院区入口就近位置设置集中的地上停车,停车采用绿荫式停车场。地下停车采用集中式布置,设置立体停车库,适应远期发展。

5. 分期建设

医院采用整体规划,分期建设的方式。一期建设为:门急诊医技楼,住院部,全科医生培训基地,后勤服务楼;办公部分一期设于门诊楼 4 楼,独立一区,方便到达医疗区各个部位,远期建成行政办公楼后,将现有办公迁走,可将其改为门诊发展空间。在医院南向门诊楼两侧分别设立心脑血管中心和康体保健中心。发挥大专科优势,还可以对患者进行分流,避免人流过于集中,交叉感染等问题。

二期在一期建设的基础上,通过主医疗街向东西两侧延伸,分别接到二期新建的医技住院综合楼,这样二期建筑即与一期医疗区连成一个整体,形成完整的综合医疗区。在全科培训楼旁边增建二期科研教学楼,在医院的西北角形成独立的教学区。在东北侧增建二期后期服务及办公楼,形成独立的办公后勤区。

∧ 图 6　分期建设示意图

在医院的东南与西南侧预留了两处远期发展用地,满足医院更长远的发展需求。如图 6 所示。

6. 立体式洁污分流

污物通过污物专梯汇总到地下一层各区域垃圾站,定期通过专车统一收集,并通过东侧专设的污物出口运出医院,洁物通过地上各层运送,行成立体式的洁污分流。

△ 图 7　花园式医院

7. 景观设置

打造"花园式医院"(图 7),使老院区的花园式特点得到延续。

医疗功能集中布置,节省了大量用地用于景观绿化,共形成六个集中的景观庭院,分散于医院的各个位置,使患者在院内一步一景,处处都能享受到优美的景色,并可提供休憩的场所。在医院的西侧保留了原有的水系,加以改造,形成内湖,为医院增添了景观亮点,改善局部小气候,提高舒适度。

另外,还对内部的景观进行了独特的设计,我们将绿化庭院引入到医疗大厅即珍珠大厅内,结合医疗街,在医疗区的中心部位形成两个优美的绿化庭院。结合医疗街,为患者提供一个开敞明亮、景色优美的候诊空间,使其真正感受到"花园式医院"的特色。并将庭院局部下沉至地下一层,改善地下的通风采光环境,且紧靠交通核心,便于快速找到目标。

六、建筑方案设计

医院具有很强的公共性和开放性,设计要使其在运营中具有可控性,对内避免交叉感染,对外避免环境污染。设计优化了使用流程,明晰了动线,互不交叉干扰,提高了效率。如图 8 所示。

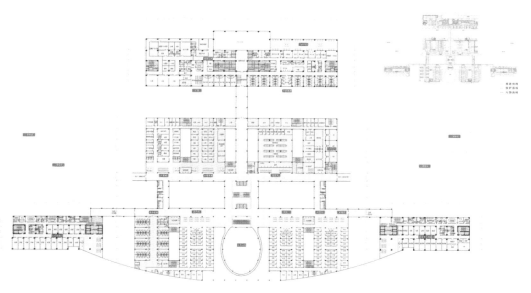

△ 图 8　建筑方案平面图

1. 现代化医疗街

设计中采用现代化医疗街体系,既可方便联系门急诊区、医技区和病房区,又可便捷联系二期发展区域。同时医疗街上布置了大量公共服务设施,流线简洁明了。

2.医患分流

设计中,遵循医患分流原则,病员和医生分别从各自的入口和专用通道进入医疗区,严格分流,分区控制,减少了交叉感染,可以从容应对突发医疗事件。

3.资源有效共享

设计时充分考虑相关科室就近布置,如内科与检验科及功能检查科就近布置;产科与产房就近布置;门诊输液与门诊药房相连布置;手术部与病理科和输血科上下对应;手术部与中心供应室通过洁物专梯和污物专梯垂直联系,避免二次污染。各区域布置详见图9。

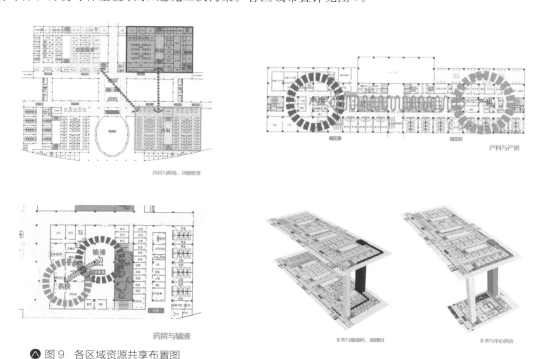

△ 图9 各区域资源共享布置图

整合资源,共享资源,避免人员的重复分配,降低运行成本提高效率,如门诊挂号收费与急诊挂号收费共享(图10),门诊输液与儿科输液共享,手术中心、介入中心与门诊手术共享共同形成综合手术

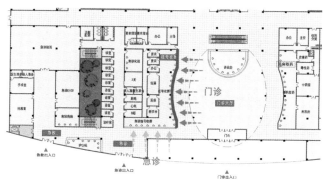

△ 图10 挂号收费共享

区(图 11)等。在地下一层设置物流中心,将药库、器械库、物资库等各种物资库房,统一就近布置,方便医院的物资采购与物资发放,统一管理。

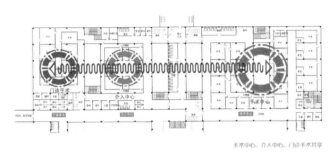

△ 图 11　手术中心、介入中心与门诊手术共享

4. 人性化的医院

贯彻"以人为本、尊重生命"的原则,为医院的使用者(患者和职工)创造舒适便捷的就医、工作空间。

5. 绿色医疗空间

设计注重自然采光通风(图 12),尽量避免无窗房间,在门诊医技区设计了多个采光井,解决了自然通风采光,又将绿色和阳光引入建筑,在有限的空间中创造出明亮、舒适、温馨的绿色生态环境。

通过一次集中候诊厅和二次候诊廊(图 13),实现患者分级候诊、治疗,方便管理,提高就诊效率和舒适度。一次候诊靠近东西主医疗街,并正对中心庭院,使候诊空间开场明亮,易于辨识,患者在候诊时能够欣赏到优美景色,减缓患者紧张的情绪,体现医院的人文关怀。

△ 图 12　自然通风采光示意图

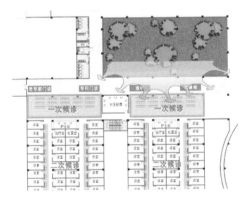

△ 图 13　分级候诊示意图

6. 人性化设置

检验科采样窗口旁边设置专用卫生间,通过传递窗口与检验区相连(图 14),使患者在大小便取样后直接通过传递窗口送至检验科,有效避免对公共交通的污染。

医技科室如放射科设置患者专用更衣间,既避免了患者随身物品对检查仪器的干扰,又保护病人的隐私和物品安全。每层均设置挂号收费服务区,方便患者就近使用。

注重无障碍设计,各主要出入口均设计为无障碍缓坡,同时建筑配置无障碍电梯和无障碍卫生间,盲文提示等,方便了病员和残障人士的使用。

病患和医护人员各自有专用电梯,医患分流,并有效地缓解了人流、物流压力;同时对住院部患者电梯进行分区分层设置,提高电梯的运行效率,节约能耗;住院大楼设置手术专用梯,缩短路程时间,能第一时间对患者进行有效的抢救,体现了医院以人为本,生命至上的理念。

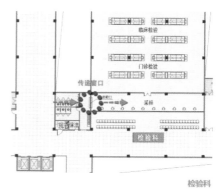

▲ 图 14　传递窗口

7. 绿色医院建筑

贯彻"四节一保"即节能、节水、节材、节地,保护环境和减少污染的理念,采用多种节能技术,实现绿色医院的设计目标。如图 15 所示。

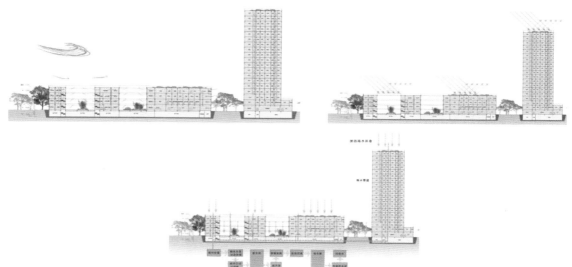

▲ 图 15　绿色建筑

8. 建筑造型

建筑整体造型稳重大气,弧形裙房和简洁主楼展现了宏伟、大气的建筑形象,建筑整体态势成南低北高,形成强烈的秩序感,在满足医疗功能的同时,又能使病房及门急诊医技办公等有着良好的采光通风。建筑立面简洁现代,相互错落的窗户,创造出有韵律感的立面形式,在形成丰富光影变化的同时,却不失传统意蕴。建筑体量穿插组合,整个建筑群体协调统一,为周边打造出崭新的天际线。

蚌埠医学院第二附属医院建成后,将以完善的医疗体系,清晰的医疗流程,科学的医疗管理,先进的医疗设备,精湛的医疗技术,成为皖北医学领域一颗崭新的明珠!

李传辉　毛炳飞/供稿

医院老旧建筑改扩建管理的实践

——太和县人民医院项目

一、案例背景

改革开放以来,随着国民经济和社会生产力的不断发展,人民群众对医疗服务需求也越来越高,现有的医疗服务质量已无法满足人民群众日益增长的就医需求。为进一步提升患者就医感受,太和县人民医院以落实现代医院管理制度为统领,以优化就医流程、改造老旧建筑为抓手,在保障医院诊疗业务正常开展情况下,对门诊楼、病房楼部分业务用房进行有计划的升级改造,整合现有资源,为患者创造一个优美的就医环境,同时有效解决医院业务发展空间不足这一难题。

二、太和县人民医院的现实状况

太和县人民医院始(图1)建于1950年,现是一所集医疗、急救、康复、保健、科研与教学于一体的三级甲等综合医院、全国综合医院中医药工作示范单位、省级文明医院、国际爱婴医院、全国医院后勤管理创新示范单位,连续多年荣登"中国县级医院百强榜"。

医院编制床位1 600张,设立43个临床学科、15个医技科室,4个重症加强监护病区,设有层流净化手术室、静脉药物集中调配中心、健康体检中心及血液净化室。医院在岗职工人数1 834人,其中卫生专业技术人员总数1 628人。高级职称111人,中级438人。70多名专家担任省、市医学会相关专业分会委员以上职务。

▲ 图1　医院全景

配置 1.5 T 超导磁共振、3.0 T 磁共振、64 排 CT、256 层极速 CT、PET-CT、直线加速器、心脏数字化造影机、大型生化分析仪、体外循环机等百万元以上医疗设备 40 余台(套),医学影像科与介入诊疗部门可提供 24 小时急诊诊疗服务,为拓宽诊疗领域、提高诊疗水平创造了可靠的科技平台,同时使所承担的服务区域内急危重症和疑难疾病诊疗的设施设备得以健全。

2018 年,全院门诊总量 79 万人次,出院患者 8.11 万人次,手术台次 2.16 万台次,三四类手术占比 56.95%,平均住院日 8.6 d,年业务收入 8.1 亿元,为全县保持 90%病人不出县做出积极贡献。

医院新区(图 2)于 2018 年 7 月破土动工,占地面积 210 亩。设计床位 2 200 张,建筑面积约 35 万 m²,设置急诊、门诊、医技、住院、康复、感染及后勤保障、行政管理、教学、科研用房等十大区域,配套建设信息智能、通风空调、设备用房、停车场地、道路、绿化、给排水、供电、导医标识标牌、污水处理与医疗垃圾处理站等设施,总投资约 16 亿元。

▲ 图2　医院新区

目前,全院职工正积极发扬“仁爱、敬业、精诚、进取”的医院精神,努力建设成为布局合理、资源优化、学科领先、技术精湛、服务满意的皖西北综合性医疗区域中心,打造一所现代化的大型三级甲等综合医院。

三、对医院老旧院区改造的意义

医院门诊大楼(图 3)始建于 20 世纪 90 年代,使用年限已久,基础设施破损、老化,初始设计观念老旧,已不符合现实使用实际需要。临床科室不断更新的治疗方式需要建筑布局做基础,而很多建筑在格局上无法满足前进中的诊疗技术。同时,由于这些年社会各方面对消防安全的重视,防火规范变更的频率越来越快,新规范不断涌现,现有建筑安全布局已经不能满足消防安全的需要。另外,医疗环境要求与现有就医流程不通畅,业务量的增加与信息化在医院各个部门的运用上让原有流畅的医疗秩序不流畅。再加之国家和医院不断推进的双满意工程,医院“7S工作理念”“五心服务工作要求”也需要我们能提供一个安全、舒心的就医环境。因此,各方面的原因都助推我们必须抓紧实施老旧院区的改造步伐,以便于更好地服务临床与患者。

▲ 图3　门诊大楼

四、老旧院区改造的注意事项

在改造过程中,我们首先要坚持总体规划,专项计划;每一次改造都会牵涉到影响临床运行,务必在整体规划的基础上减少对正常医疗秩序的影响;尽量少的重复装修。其次,做好老旧院区改造过程中的过渡方案;通常老旧院区内都是比较拥挤的,改造一直无法进行或无法完全做好的原因也是医疗需求不能打断,为此,我们提前为临床业务科室制订过渡方案,尽可能提供一个能让临床业务继续开展的场所,这样就能较好地实施改造;同时也可以避免施工中患者或职工因为太靠近改造区域而导致受伤。再次,改造过程中要整合医院业务增长的用房需求,提前步做好调整布局,

积极协调相关各部做好五到十年的发展规划,根据各科室情况对各科室流程和配置进行优化改造。最后,要做好改造过程中的水电气实施设备的可拓展性,要预留科室发展新设备新区域的需求,在保障安全的前提下提前预留好电源、水源、气源的接入点。

五、太和县人民医院门诊大楼改扩建案例分析

通过近些年的系统改扩建管理,我院后勤科室对医院基础设施改扩建有了深刻的理解,对公立医院老旧建筑进行改造要把握好以下几个方面。

1. 科学公开招标,规范合同管理

基建改造,必然需要施工单位,监理单位来实施,在施工、监理单位的选择上,要坚持科学公开的招标程序,在标书制订过程中要注意对报名企业的信誉与能力的要求;科学地制订招标要求,合理确定施工金额,不得盲目压低价格;把各项要求与措施写入合同,规范合同管理。将施工计划的落实与资金落实相结合,制订详细的考核指标,根据进度控制工程资金,做到心中有数。施工方与院方相互协作,按规章制度办事。

2. 制订应急预案,把工作做在前面

医院老院区有近七十年历史,内部地下管线错综复杂,因此,我们在开始动工前,查阅了大量资料,做了充分的调研,将可能出现的问题进行罗列并有针对性地实施应急演练。如地下管网复杂,资料缺乏,我们就制订了施工地下水管破裂的应急预案,在地面开挖前准备好应急人员和物资。对施工过程中出现的任何不正常故障都要引起足够的重视,秉承"将工作做在前面"的理念,查找根本原因并解决,以免后期作业中出现更大安全隐患。

3. 从实际出发,整体统一规划设计

老旧建筑的改扩建是一个系统的工程,涉及临时性水、暖、电、信息、消防临时防护、现场管理等很多方面。我们后期管理者要有原则标准,不能在设计阶段遗漏到什么工艺或少了预留的设施,要力求减少功能区的交叉及流程不合理、不科学的问题;不能盲目,不能急于求成,要多听取各方面的建议;更不能因为表面条件有限,就放弃一些改进标准。施工方案上一定要考虑到医院的正常业务开展,对施工期间的人流物流进行充分的论证。规划要以突出整体性、可持续性、可行性的总体目标,要有一定的超前设计,预留部分余地,考虑过渡时的临时措施。当然也要对改造的预算有一个严格的控制,利用跟踪审计,严控费用的无序增加。始终以医护人员和病人就医为出发点,坚持集思广益、坚持合理配置,防止决策失误。

医院总务后勤团队为做到有的放矢,多次召开多部门联席会议,从业务科室,到工程施工方,以及设备科、信息科等相关科室都聚集一堂,集思广益。做到充分论证,超前设计,切合需求,使整个工程

的推进稳步向前。

4. 加强现场协调,注重质量监管

如何安全有效的保障每个点都能顺利地进行是项庞大的协调事项,是医院管理能力的体现;施工的工期与工序是其中最难设置管理的,注重一环扣一环的管理思路,这一点更是要提早规划,群策群力地制订相应的工作计划,每天按计划实施,并每周进行总结反思与调整,确保工程的顺利进行。另外,工程质量是基建管理的根本所在,质量不到位就没有安全、无法按期完工,也无法体现投资回报的价值;所以我们要能对现场进行有效质量管理,督促监理或我们管理团队能及时发现工作质量上的不良问题,并对其中的根本性原因进行针对性改进,防止出现返工而影响工期或质量的问题。

通过一系列的精心准备与认真实施,对老旧院区成功的实施了系统改扩建。首先是设施系统和医疗流程得到了翻新与优化,医院老旧院区的病房大楼实施了厕所革命改造、眼科门诊改造、新生婴儿病区改造、儿科诊区个性化改造(图4)等为病区创造了一个舒适的就医环境;急诊楼内部流程合理规划;对急诊区域改建,扩建了远程会诊中心,新建了急诊"生命之树"业务大楼(图5),提升了医院急诊能力,实施了危重症患者区域的功能划分。通过改护建改善了院区室内外的环境,新改建的母婴休息室为母婴病患提供了一个优雅的候诊交流空间(图6);室外绿化设施与休闲凉亭的配置为病人提供了一个舒适的绿化空间,也为院内职工提供了一个舒畅的环境。其次是改造了全院防火门,安全指示灯、烟雾感应器等消防设施,疏通了消防通道,从整体上提升了建筑主动消防防护的能力;让医护人员更加安心地在院内工作,让患者更加便利地在院内活动。

∧ 图4 儿科诊区个性化改造

∧ 图5 急诊"生命之树"业务大楼

经过老旧建筑改扩建工程的锻炼,使得医院后勤管理团队的能力得到提升;对工程质量有了系统的认知,对改扩建设施的资金投入和招投标工作的规范化运行都能熟练掌控;制订了医院小型维修的

︿ 图 6　改造后的候诊空间

标准流程,实施了维修项目精细化管理标准管理流程。后勤管理团队的凝聚力,解决问题的思考能力都得到了提升。

六、结语

在改扩建中我们学到了很多管理方法,丰富了个人知识,提升了团队建设,优化了医院流程,美化了院内空间。但在实施改造管理过程中,也有些不足之处,如专业人员的缺少让我们在不同工种的衔接之间的管理上不够,导致交接仍不够流畅;工序交接处还是有配合上的问题;另外在施工时间的把握上有待进步精细化管理,尽量减少对来院患者和医护人员的干扰。

卢海彬　王宇豪/供稿